国家林业和草原局普通高等教育"十四五"规划教材

土木工程材料

黄显彬 陈 伟 莫 忧 侯超平 主 编

中国林业出版社
China Forestry Publishing House

内 容 简 介

本教材主要讲述土木工程材料，涵盖两个工程类代表性专业（土木工程、道路桥梁与渡河工程）的常用材料。本教材共分14章，包括绪论、材料的基本状态参数及性质、金属材料、集料、无机气硬性胶凝材料、水泥、普通混凝土、特种水泥混凝土、建筑砂浆、墙体材料、沥青、沥青混合料、建筑装饰材料、新型土木工程材料。其中重要章节为金属材料、集料、水泥、普通混凝土、沥青及沥青混合料6章。

本教材可作为高等院校土木工程、道路桥梁与渡河工程、交通工程、水利水电工程、工程管理、工程造价、无机非金属材料等工程类专业及相关专业的本科教材，也可作为高等院校土木工程职业教育本科教材，还可作为自学考试、网络教育本科教材。本教材也可供从事土木工程及相关专业的生产、科研、勘测、设计、施工、管理、试验、检测等方面工作人士参考。

图书在版编目（CIP）数据

土木工程材料 / 黄显彬等主编. —北京：中国林业出版社，2023.8（2024.1 重印）
国家林业和草原局普通高等教育"十四五"规划教材
ISBN 978-7-5219-2197-7

Ⅰ.①土… Ⅱ.①黄… Ⅲ.①土木工程-建筑材料-高等学校-教材 Ⅳ.①TU5

中国国家版本馆 CIP 数据核字（2023）第 082362 号

策划编辑：高红岩　田夏青
责任编辑：田夏青　马吉萍
责任校对：苏梅
封面设计：周周设计局

出版发行　中国林业出版社
　　　　　（100009，北京市西城区刘海胡同 7 号，电话 010-83223120）
电子邮箱：cfphzbs@163.com
网址：www.forestry.gov.cn/lycb.html
印刷　北京中科印刷有限公司
版次　2023 年 8 月第 1 版
印次　2024 年 1 月第 2 次
开本　787mm×1092mm　1/16
印张　26.75
字数　660 千字
定价　75.00 元

《土木工程材料》
编写人员

主　编：黄显彬　陈　伟　莫　忧　侯超平
副主编：李　琦　胡　建　张笑笑　赵　宁　张　可
编写人员：(按姓氏拼音排序)

陈　伟(四川农业大学)

陈雪梅(成都大学)

戴必辉(西南林业大学)

丁　虹(西华大学)

高喜安(四川轻化工大学)

郭　航(长春工程学院)

侯超平(四川农业大学)

胡安奎(西华大学)

胡　建(四川农业大学)

黄显彬(四川农业大学)

亢　阳(西北农林科技大学)

孔　洁(安徽农业大学)

李　琦(四川农业大学)

李绍先[亚洲水泥(中国)控股公司]

梁　危(四川农业大学)

刘　飞(四川农业大学)

刘　倩(西南科技大学)

刘中华(山西农业大学)

陆天石(西南石油大学)

莫　忧(四川农业大学)

舒志乐(西华大学)

涂兴怀(西华大学)

王文义[亚洲水泥(中国)控股公司]

王学伟(四川农业大学)

吴启红(成都大学)

吴志勇(四川省交通勘察设计研究院有限公司)

徐　迅(西南科技大学)

许　玥(山西农业大学)

杨期柱(邵阳学院)

杨智良(安徽农业大学)

游潘丽(西昌学院)

袁书成(四川农业大学)

曾宇声(四川农业大学)

张　华(河南工业大学)

张　可(四川农业大学)

张玲玲(西南科技大学)

张青青(四川农业大学)

张笑笑(四川农业大学)

赵　宁(四川农业大学)

赵振国(黑龙江省公路勘察设计院)

前言 Preface

　　本教材编写组的老师们在长期教学过程中发现学生学习遇到一些问题，如教材引用陈旧知识、理论脱离实际，学生学习后难以应用到毕业设计和实际工程中，对现行材料规范及相关规范缺乏全面梳理，教材缺乏理论和应用创新，等等。本教材编写组针对性地进行思考、规划、设计，试图在一定程度上解决这些问题。编写老师们线上线下交流讨论，集思广益；邀请有关水泥、沥青和沥青混合料方面的专家交流并参与编写，把最新的工程材料理论和应用技术写进教材。全面梳理不同工程材料的现行规范；结合教材知识点，总结提炼复习思考题，理论和实际紧密结合；整理水泥混凝土配合比设计理论，搜集实际工程的水泥混凝土配合比设计报告，专业性和应用性强；整理沥青类路面的沥青混合料配合比设计理论，搜集实际工程的沥青混合料配合比设计报告，专业渗透力强。在水泥混凝土抗渗和新型土木工程材料章节，编写组结合多年积累的实验、应用、教学和科研经历，自然而然引导读者思考创新。

　　本教材共分14章，其中金属材料、集料、水泥、普通混凝土、沥青及沥青混合料是重点章节。便于教学实验，同时出版配套教材《土木工程材料实验》(黄显彬等主编)。

　　为丰富和完善教学，本教材还配有数字资源。数字资源包括附录、复习思考题及参考答案、PPT课件。其中，附录包括水泥混凝土粗集料掺配Excel计算表、某项目水泥混凝土C50桥梁上部结构配合比设计报告、某项目沥青混合料配合比设计报告等27个；复习思考题从题目构思设计、理论联系实际、绘图和答案各个环节精心凝练，囊括教材绝大部分知识点，结合工程应用，展示工程背景，拓展思维空间，每道复习思考题备有参考答案；PPT课件来源于教材，高于教材，是教材的高度凝练，囊括教材主要知识点，逻辑条理清晰，图文并茂，精美流畅。本教材的数字资源不对单独购买教材的个人开放，仅对订阅本教材的高校相应任课老师开放。

　　本教材由四川农业大学黄显彬、陈伟、莫忧和侯超平任主编，由四川农业大学李琦、胡建、张笑笑、赵宁和张可任副主编；由四川农业大学、西北农林科技大学、西南石油大学、四川省交通勘察设计研究院有限公司、黑龙江省公路勘察设计院、亚洲水泥(中国)控股公司、西华大学、西南科技大学、四川轻化工大学、成都大学、西南林业大学、山西农业大学、安徽农业大学、河南工业大学、西昌学院、邵阳学院、长春工程学院共17个单位合作编写。具体编写分工如下：莫忧、赵宁、陈伟、胡建编写第1章；莫忧、赵宁、张笑笑、张青青、陈雪梅、张华编写第2章；黄显彬、侯超平、亢阳、徐迅、刘倩、刘中华、杨智良、张华、杨期柱、丁虹、曾宇声、王学伟编写第3章；黄显彬、莫忧、侯超平、李琦、亢阳、杨期柱、刘倩、戴必辉、许玥、孔洁、游潘丽、涂兴怀、王学伟、曾宇声编写第 4 章；莫忧、陈伟、李琦、杨期柱、胡建、刘飞、张玲玲、吴启红、许玥、丁虹编写第 5 章；黄显彬、侯超平、陈伟、王学伟、李绍先（中国台湾）、王文义（中国台湾）、张笑笑、李琦、赵宁、胡建、刘倩、高喜安、许玥、张华、舒志乐、胡安奎编写第 6 章；黄显彬、李绍先、王文义、王学伟、莫忧、赵宁、张笑笑、张玲玲、吴启红、杨智良、杨期柱、丁虹、胡安奎编写第 7 章；胡建、张青青、陈伟、亢阳、侯超平、梁危、袁书成编写第 8 章；赵宁、张笑笑、高喜安、戴必辉编写第 9 章；张笑笑、张可、刘飞、张玲玲、吴启红、杨智良、郭航、舒志乐、梁危、袁书成编写第 10 章；莫忧、吴志勇、赵振国、胡建、张可、侯超平、陆天石、戴必辉、涂兴怀、梁危、袁书成、曾宇声编写第 11 章；黄显彬、赵振国、吴志勇、陈伟、张青青、陆天石、徐迅、陈雪梅、游潘丽、郭航、涂兴怀编写第 12 章；陈伟、刘飞、张青青、张可、刘中华、孔洁、杨期柱、郭航、梁危、袁书成编写第 13 章；张可、陆天石、高喜安、徐迅、刘中华、孔洁、游潘丽、陈雪梅、舒志乐、胡安奎编写第 14 章。

本教材由四川农业大学黄显彬教授发起和组织，经过编写组成员反复讨论、交流、修改、校核，最后由黄显彬统稿。

为了教材的系统性和多样性，我们在编写过程中参阅了相关规范和一些同类教材，在此，表示衷心感谢。

本教材新增内容较多，由于时间仓促，加之水平有限，难免有错误或不妥之处，恳请读者批评指正。

本教材交流、获取数字资源、纠错及意见建议，请加 QQ 群：724439034。

编　者
2023 年 6 月

目录 Contents

第1章 绪 论

土木工程包括房屋、桥梁、道路、水利工程、环境工程等,它们是用各种材料建成的,用于这些工程的建筑材料总称为土木工程材料,又称为建筑材料。土木工程材料是土木工程建设的物质基础。本章主要从土木工程材料发展历史、土木工程材料分类、建筑模数等方面进行介绍。

1.1 土木工程材料发展历史

土木工程材料是伴随着人类社会的不断进步和社会生产力的发展而发展的。在远古时代,人类居于天然山洞或巢穴中,之后逐步采用黏土、石块、木材等天然材料建造房屋。18 000 年前的北京周口店龙骨山山顶洞人(旧石器时代晚期),仍然住在天然岩洞里。在距今约 6000 年的西安半坡遗址(新石器时代后期),已是采用木骨泥墙建房,并发现有制陶窑场。

大约在公元前 14 世纪(约公元前 1401—公元前 1060),距今 3000 年前的殷商王朝的都城(河南安阳)——殷墟(20 世纪中国 100 项重大考古发现之首),甲骨文的故乡,中华文明的圣地。当时,殷墟的建筑技术水平有了明显提高,并有制陶、冶铜作坊,青铜工艺也已相当纯熟。考古发现,在殷墟的道路上有车辙的痕迹,证明了道路被车马碾压过。殷墟一些直通宫殿的道路或大型道路,修筑得非常讲究,当时用鹅卵石、打碎的碎陶片和吃剩的骨头搅拌了以后,就像混凝土一样铺起来,每一层能够铺到 10cm 左右,在这个上面可以看到清晰的车辙的痕迹。这是有记载以来的最早的似混凝土黏结复合材料。

烧土瓦在西周早期(公元前 1060—公元前 711)的陕西凤雏遗址中已有发现,并有了在土坯墙上采用三合土(石灰、黄砂、黏土混合)抹面。这说明我国劳动人民在 3000 年前已能烧制石灰、砖瓦等人造建筑材料,冶铜技术也相当高明。到战国时期(公元前 475—公元前 221),铜瓦、板瓦已广泛使用,并出现了大块空心砖和墙壁装修用砖。在临淄齐国都城遗址(约公元前 1045—公元前 221)中,发现有炼铜、冶铁作坊,说明当时铁器已有应用。

在欧洲,公元前 2 世纪已有用天然火山灰、石灰、碎石拌制天然混凝土用于建筑,直到 19 世纪初,才开始采用人工配料,再经煅烧、磨细制造水泥,因它凝结后与英国波特兰岛的石灰石颜色相似,故称波特兰水泥(即我国的硅酸盐水泥)。此项发明于 1824 年由英国人阿斯普定(Aspdin)取得专利权,并于 1925 年用于修建泰晤士河水下公路隧道工程。

钢材在土木工程中的应用也是 19 世纪的事。1823 年英国建成世界第一条铁路；1850 年法国人郎波制造了第一只钢筋混凝土小船；1872 年在美国纽约出现了第一所钢筋混凝土房屋；1889 年建造的法国巴黎埃菲尔铁塔高达 320m；1983 年在美国纽约建成布鲁克林悬索桥，主跨 486m。由此可知，水泥和钢材这两种材料的问世，为后来大规模建造高层建筑和大跨度桥梁提供了物质基础。

土木工程材料的发展概括来说，大致分为下列几个阶段：

①穴居巢处(约 18000 年前)。

②凿石成洞，伐木为棚(距今约 6000 年)。

③筑土垒石演变为秦砖汉瓦　由于保护耕地和生态环保的需要，普通黏土砖瓦已经逐渐淡出历史舞台，但在当时，秦砖汉瓦算得上土木工程材料历史上的一次革命，推动了建筑业的巨大发展。约在公元前 3000 年，西亚的美索不达米亚开始用砖砌筑圆顶和拱。我国的"秦砖汉瓦"是建筑中使用砖瓦的初盛时期，制陶技术实际上远早于秦汉。

④钢筋混凝土　18、19 世纪建筑钢材、水泥、水泥混凝土(简写为砼)相继问世，出现了钢筋混凝土。钢筋混凝土的问世，也是土木工程材料历史上的一次革命，正是因为有了钢筋混凝土，人们建设了高楼大厦，人居环境大大改善。

⑤预应力混凝土　20 世纪预应力混凝土的出现，也算得上是土木工程材料历史上的又一次革命。预应力混凝土为梁板式大跨度、大荷载结构提供了广阔的空间。

⑥轻质高强低碳环保新材料　现在和未来，土木工程材料发展方向是轻质高强低碳环保新材料等。这就需要大学生以中华民族伟大复兴为己任，努力学习刻苦钻研，聚焦前沿，探索创新，在国家重大需求和经济主战场中赢得先机和主动。

随着土木工程材料生产和应用的发展，材料科学已成为一门独立的新学科。采用现代的电子显微镜、X 射线衍射分析、测孔技术等先进仪器设备，可从微观和宏观两方面对材料的形成、组成、构造与材料性能之间的关系及其规律性和影响因素等进行研究。应用现代技术已可以实现按指定性能来设计和制造某种材料，以及对传统材料按要求进行各种改性。

在工程建设中，材料费用一般要占工程总造价的 50% 左右，有的甚至高达 70%，因此，发展建材工业意义十分重大，在我国现代化建设中，是一个必须先行的行业。为适应国民经济可持续发展的要求，土木工程材料的发展趋向是研制和开发高性能材料和绿色材料等新型材料。

高性能土木工程材料，是指比现有材料的性能更为优异的土木工程材料。例如：轻质、高强、高耐久性、优异装饰性和多功能性的材料，以及充分利用和发挥各种材料的特性，采用复合技术，制造具有特殊功能的复合材料。

绿色建筑材料，又称生态建筑材料或健康建筑材料，是指采用清洁生产技术，不用或少用天然资源和能源，大量使用工农业或城市固体废弃物生产的无毒害、无污染、无放射性，达到使用周期后，可回收利用、有利于环境保护和人体健康的建筑材料。总之，绿色建材是既能满足可持续发展之需，又做到发展与环保统一；既满足现代人需要、安居乐业，又不损害后代人利益的一种材料。因此，绿色建筑材料已成为世界各国 21 世纪建材工业发展的重点。

1.2 土木工程材料分类

土木工程材料的种类繁多、成分各异、用途不一，可按多种方法进行分类，见表1.1。

①按材料化学成分分类 可分为有机材料、无机材料和复合材料。

②按材料建筑功能分类 可分为承重材料、非承重材料、保温和隔热材料、吸声和隔声材料、防水材料、装饰材料等。

③按材料使用部位分类 可分为结构材料、墙体材料、屋面材料、地面材料、饰面材料以及其他用途的材料等。

表 1.1 土木工程材料分类

按材料化学成分分类	有机材料	植物材料	木材、竹材
		沥青材料	沥青制品
		高分子材料	涂料、塑料
	无机材料	金属材料	黑色金属(钢)、有色金属(铜等)
		非金属材料	水泥混凝土、烧结砖、陶瓷、玻璃
		非金属与非金属复合材料	水泥混凝土
	复合材料	金属与非金属复合材料	钢筋混凝土
		有机和无机复合材料	玻璃钢
按材料建筑功能分类	承重材料、非承重材料、保温和隔热材料、吸声和隔声材料、防水材料、装饰材料等		
按材料使用部位分类	结构材料、墙体材料、屋面材料、地面材料、饰面材料等		

1.3 技术标准

土木工程材料的技术标准，是产品质量的技术依据。对于生产企业，必须按照标准生产合格的产品，同时它可促进企业改善管理，提高生产率，实现生产过程合理化。对于使用部门，则应按照标准选用材料，才可使设计和施工标准化，从而加速施工进度，降低工程造价。技术标准是供需双方对产品质量验收的依据，是保证工程质量的先决条件。

我国古人很早就注重材料的标准化，如在秦始皇兵马俑墓穴陪葬佣坑中，以及明代修建的长城山海关段，所用砖的规格已向条砖转化，长宽厚之比接近4∶2∶1，与目前普通砖的规格比例相近。天津蓟州区独乐寺，是公元984年的建筑，其观音阁的梁枋斗拱种类多达几十种，构件上千件，但规格仅为6种。

目前，我国绝大多数建筑材料都有相关的技术标准。标准一般包括：产品规格、分类、技术要求、检验方法、验收规则、标志、运输和贮存等方面内容。

我国土木工程材料的技术标准分为国家标准、行业标准、地方标准和企业标准等，各级标准分别由相应的标准化管理部门批准并颁布，我国国家市场监督管理总局是国家标准化管理的最高机关。国家标准是全国通用标准，是国家指令性技术文件，各级生产、设计、施工等部门均必须严格遵照执行，行业标准是在全国某一行业范围内使用的标准。

各级标准都有各自的部门代号，如 GB——国家标准；GB/T——国家推荐标准；JGJ——建工行业建设标准；JC——建材行业标准；JG——建筑工业标准；YB——冶金标准；JT——交通标准；SD——水电标准；DB——地方标准；QB——企业标准。

我国的土木工程标准分为强制性标准和推荐性标准。强制性标准具有法律属性，在规定的使用范围内必须严格执行；推荐性标准具有技术上的权威性、指导性，是推荐执行的标准，它在合同或行政文件确认的范围内也具有法律属性。

标准的表示方法由标准名称、部门代号、编号和批准年份等组成。例如，国家标准《通用硅酸盐水泥》(GB 175—2007)(含修改单)(2019 年国家标准第 3 号修改单)，其中国家标准代号为 GB，编号 175，批准年份 2007 年(国家标准第 3 号修改单批准年限为 2019 年)。国家推荐标准《预应力混凝土用钢绞线》(GB/T 5224—2014)，其中国家推荐标准代号为 GB/T，编号为 5224，批准年份为 2014 年。

在世界范围内统一执行的标准称为国际标准，代号 ISO。各个国家均有自己的国家标准，如 ANSI 是美国国家标准代号，JIS 是日本标准代号，BS 是英国标准代号，NF 是法国标准代号等。

1.4 建筑模数

材料标准化除了依据相关标准以外，还需考虑建筑模数。建筑结构的设计、施工、生产尺寸均需要考虑模数化，如门窗的设计、生产、施工需要考虑标准的尺寸，便于加工安装，这就需要尺寸模数化。建筑模数依据《建筑模数协调标准》(GB/T 50002—2013)。

(1)模数的概念

模数指选定的尺寸单位，作为尺度协调中的增值单位。也可以这样解释，模数指建筑设计、制造、施工、安装中，为了实现建筑工业化规模化生产，使不同材料、形式和制造方法的建筑构配件、组合件具有一定的通用性和互换性，统一选定的协调建筑尺度的增值单位。

模数协调指应用模数实现尺寸协调及安装位置的方法和过程。

(2)模数的作用

模数既是指选定的尺寸单位作为尺度协调中的增值单位，又是建筑设计、建筑施工、建筑材料与制品、建筑设备、建筑组合件等各部门进行尺度协调的基础，其目的是使构配件安装吻合，并有互换性。

(3)模数协调实现目标

①实现建筑的设计、制造、安装等活动的互相协调。

②能对建筑各部位尺寸进行分割，并确定各部件的尺寸和边界条件。

③优选某种类型的标准化方式，使得标准化部件的种类最优。

④有利于部件的互换性。

⑤有利于建筑部件的定位和安装，协调建筑部件与功能空间之间的尺寸关系。

(4)模数分类

模数分为基本模数和导出模数。

基本模数，指模数协调中的基本单位尺寸，其值为 100mm，符号为 M，即 1M＝100mm。

导出模数又分扩大模数和分模数。扩大模数，指基本模数的整数倍数，如 3M、6M、12M、15M、60M，相应尺寸为 300mm、600mm、1200mm、1500mm、6000mm。分模数，指基本模数的分数值，一般为整数分数，例如 1/10M、1/5M、1/2M，相应尺寸为 10mm、20mm、50mm。

建筑物的开间或柱距，进深或跨度，梁、隔墙和门窗洞口宽度等分部件的截面尺寸宜采用水平基本模数或水平扩大模数数列，且水平扩大模数数列宜采用 $2n$M、$3n$M（n 为自然数）。

建筑物的高度、层高和门窗洞口高度等宜采用竖向基本模数和竖向扩大模数数列，且竖向扩大模数数列宜采用 nM。

构造节点和分部件的接口尺寸等宜采用分模数数列，且分模数数列宜采用 M/10、M/5、M/2。

复习思考题

1.1　土木工程材料按化学成分可分为哪几类？
1.2　国家标准的表示方法由什么组成？试举例说明。
1.3　解释模数。
1.4　模数的作用有哪些？
1.5　模数分为哪几类？分别解释其概念。

第2章 材料的基本状态参数及性质

2.1 概述

材料的基本状态参数包括密度、表观密度、堆积密度、孔隙率、空隙率，它们直接或间接地影响材料与水有关的性质、材料的力学性质和耐久性。在计算材料用量，构件自重，配料、材料堆场体积或面积，以及计算运输材料的车辆时，也要用到材料的基本状态参数。同一材料具有不同的孔隙率和含水率，其强度、保温隔热性能和耐久性都具有较大的差异。理解和掌握材料基本状态参数及对材料性质的影响，有利于选择和使用工程材料。

实验，是检验某种科学理论而进行某种操作。学生在学校期间开展的，称为实验。试验，是为了判断某种材料的性能、观察材料的结果而进行的试用操作，工程上开展的，称为试验。本教材涉及的土木工程材料规范，大多采用试验。

2.2 材料基本状态参数

2.2.1 材料密度、表观密度和堆积密度

(1) 材料的密度

材料在绝对密实状态下单位体积的质量，称为材料的密度，见式(2.1)。

$$\rho = \frac{m}{V} \tag{2.1}$$

式中：ρ——材料的密度，g/cm^3；

m——材料在干燥状态下的质量，g；

V——干燥材料在绝对密实状态下的体积，cm^3。

材料在绝对密实状态下的体积，是指不包括材料内部孔隙的固体物质本身的体积，又称实体体积。建筑材料中除钢材、玻璃、沥青等外，绝大多数材料均含有一定的孔隙。作为理论研究，测定含孔隙材料的密度时，须将材料磨成细粉（粒径小于 0.02mm），经干燥后用李氏瓶测得其实体体积。材料磨得越细，测得的密度值越精确。

(2) 材料的表观密度

材料在自然状态下单位体积的质量，称为材料的表观密度，见式(2.2)。

$$\rho_0 = \frac{m}{V_0} \tag{2.2}$$

式中：ρ_0——材料的表观密度，kg/m^3；

　　　m——材料在干燥状态下的质量，kg；

　　　V_0——材料在自然状态下的体积，m^3。

　　块体材料在自然状态下的体积，是指材料的实体体积与材料内所含全部孔隙体积之和。对于外形规则的材料，其表观密度测定很简单，只需要测得材料的质量和体积。不规则材料的体积要采用排水法求得，但材料表面应预先涂上蜡，以防水分渗入材料内部而使测值不准。土木工程中常用的砂、石材料，其颗粒内部孔隙极少，用排水法测出的颗粒体积与其实体体积基本相同。

　　材料表观密度的大小与其含水率有关。当材料含水率大时，其质量增大，体积也会发生不同程度的变化。因此，测定材料表观密度时，须同时测定其含水率。通常材料表观密度是指气干状态下的表观密度。材料在烘干状态下的表观密度，称为干表观密度。

　　（3）材料的堆积密度

　　散粒材料在自然状态下单位体积的质量，称为堆积密度，见式（2.3）。

$$\rho_0' = \frac{m_{sl}}{V_0'} \tag{2.3}$$

式中：ρ_0'——散粒材料的堆积密度，kg/m^3；

　　　m_{sl}——散粒材料在干燥状态下的质量，kg；

　　　V_0'——散粒材料在自然堆积状态下的体积，m^3。

　　散粒材料在自然堆积状态下的体积，既含颗粒内部的孔隙，又含颗粒之间空隙在内的总体积。测定散粒材料的体积可通过已标定容积的容器计量。若以捣实体积计算时，称为紧密堆积密度。

　　大多数材料或多或少的有些孔隙，一般材料的表观密度总是小于其密度。常用土木工程材料的密度、表观密度和堆积密度，见表2.1。

表 2.1　常用土木工程材料的密度、表观密度和堆积密度

材料	密度/（g/cm^3）	表观密度/（kg/m^3）	堆积密度/（kg/m^3）
钢	7.8~7.9	7850	—
花岗岩	2.7~3.0	2500~2900	—
石灰石	2.4~2.6	1600~2400	1400~1700（碎石）
砂	2.5~2.6	—	1500~1700
水泥	2.8~3.1	—	1100~1300
烧结普通砖	2.6~2.7	1600~1900	—
烧结多孔砖	2.6~2.7	800~1480	—
红松木	1.55~1.60	400~600	—
泡沫塑料	—	20~50	—
玻璃	2.45~2.55	2450~2550	—
铝合金	2.7~2.9	2700~2900	—
普通混凝土	—	1950~2600	—

2.2.2　材料的孔隙率和空隙率

（1）孔隙率

材料内部孔隙的体积占材料在自然状态下总体积的百分率，称为材料的孔隙率，见式（2.4）。

$$P_0 = \frac{V_0 - V}{V_0} \times 100 = (1 - \frac{\rho_0}{\rho}) \times 100 \qquad (2.4)$$

式中：P_0——材料的孔隙率，%；

其余符号意义同前。

材料的孔隙率的大小直接反映材料的密实程度，孔隙率大，则密实度小。孔隙率相同的材料，它们的孔隙特征（即孔隙构造与孔径）可以不同。按孔隙的构造可分为开口孔和闭口孔 2 种，两者孔隙率之和等于材料的总孔隙率。按孔隙的尺寸大小，又可分为微孔、细孔及大孔 3 种。不同的孔隙对材料的性能影响各不相同。土木工程中对需要保温隔热的材料，要求孔隙率较大；反之，对强度要求较高或不透水的材料，则要求孔隙率较小。

（2）空隙率

散粒材料（如砂、石子）颗粒之间的空隙体积所占的百分率，称为空隙率，见式（2.5）。

$$P_0' = \frac{V_0' - V_0}{V_0'} \times 100 = (1 - \frac{\rho_0'}{\rho_0}) \times 100 \qquad (2.5)$$

式中：P_0'——材料的空隙率，%；

其余符号意义同前。

2.3　材料与水有关的性质

2.3.1　材料的亲水性与憎水性

当材料与水接触时，有的能被水润湿，有的不能被水润湿；前者具有亲水性，后者具有憎水性。产生亲水性的原因是材料与水接触时，材料与水之间的分子亲和力大于水本身分子间的内聚力所致。反之，材料则表现为憎水性。

材料被水湿润的情况，可用润湿边角 θ 表示，如图 2.1 所示。当材料与水接触时，在材料、水、空气三相交处，作沿水滴表面的切线，此切线与材料和水接触面的夹角 θ，称为润湿边角。

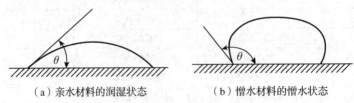

（a）亲水材料的润湿状态　　　　（b）憎水材料的憎水状态

图 2.1　材料润湿边角示意图

θ 越小，表明材料越易被水润湿。实验证明，当 $\theta \leqslant 90°$ 时，材料能被水润湿而表现出亲水性；当 $\theta > 90°$ 时，材料表面不易吸附水而表现出憎水性。

亲水性材料易被水润湿，且水能通过毛细管作用被吸入材料内部，如水泥、混凝土、砂、石、砖、木材等。憎水性材料则能阻止水分渗入毛细管中，从而降低材料的吸水性。憎水性材料常被用作防水材料，或用作亲水性材料的覆面层，提高其防水、防潮性能，如沥青、石蜡及某些塑料等。

不同材料的毛细水沿毛细管上升的高度不一样，一般说来亲水性材料毛细水上升高度较大，憎水性材料毛细水上升的高度较小。例如，黏土毛细水上升高度 $0.5 \sim 0.7m$，砂砾石毛细水上升高度 $0.2 \sim 0.5m$，砂砾石填料比黏土更透水、更防潮。

2.3.2　材料的吸水性和吸湿性

（1）吸水性

材料在水中能吸收水分的性质，称为吸水性，用吸水率表示。

①质量吸水率　是指材料在吸水饱和时，其内部所吸水分的质量占材料在干燥状态下质量的百分率，见式（2.6）。

$$W_m = \frac{m_b - m_g}{m_g} \times 100 \tag{2.6}$$

式中：W_m——材料的质量吸水率，%；

　　　m_b——材料在吸水饱和状态下的质量，g；

　　　m_g——材料在干燥状态下的质量，g。

②体积吸水率　是指材料在吸水饱和时，其内部所吸水分的体积占材料在干燥状态下的自然体积的百分率，见式（2.7）。

$$W_V = \frac{m_b - m_g}{V_0} \times \frac{1}{\rho_w} \times 100 \tag{2.7}$$

式中：W_V——材料的体积吸水率，%；

　　　ρ_w——水的密度，g/cm^3；

　　　其余符号意义同前。

土木工程材料一般采用质量吸水率。质量吸水率与体积吸水率之间的关系，见式（2.8）。

$$W_V = W_m \times \rho_0 \tag{2.8}$$

式中：符号意义同前。

材料所吸水分是通过开口孔隙吸入的，开口孔隙越大，材料的吸水量越多。材料吸水达饱和时的体积吸水率，即为材料的开口孔隙率。

材料的吸水性与孔隙率、孔隙特征有关。对于细微连通孔隙，孔隙率越大，则吸水率越大。闭口孔隙水分无法吸进去，开口大孔虽然水分易进入，但不能存留，只能润湿孔壁，所以吸水率仍然较小。各种材料的吸水率各不相同，差异较大，如花岗岩的吸水率只有 $0.5\% \sim 0.7\%$，混凝土的吸水率为 $2\% \sim 3\%$，烧结黏土砖的吸水率达 $8\% \sim 20\%$，而木材的吸水率可超过 100%。

（2）吸湿性

材料在潮湿空气中吸收水分的性质，称为吸湿性。潮湿材料在干燥的空气中也会放出水分，称为还湿性。材料的吸湿性用含水率表示。含水率，又称为含水量，指材料内部所含水的质量占干燥状态下质量的百分率，见式（2.9）。含水率是土木工程材料中的一个重要概念，具有重要的理论和现实意义。

$$\omega = \frac{m_s - m_g}{m_g} \times 100 \tag{2.9}$$

式中：ω——材料的含水率，%；

m_s——材料在吸湿状态下的质量，g；

其余符号意义同前。

材料的吸湿性随空气的湿度和环境温度的变化而改变，当空气湿度较大且温度较低时，材料的含水率就大，反之则小。材料中所含水分与空气的湿度相平衡时的含水率，称为平衡含水率。具有微小开口孔隙的材料，吸湿性特别强，如木材及某些绝热材料，在潮湿空气中能吸收很多水分，这是由于材料的内表面积大，吸附水分的能力强。

材料的吸水性和吸湿性均会对材料的性能产生不利影响。材料吸水后会导致其自重增大、绝热性降低、强度和耐久性将产生不同程度的下降。材料还湿后还会引起其体积变形，影响使用。不过，利用材料的吸湿性可起到除湿作用，常用于保持环境干燥，如生石灰和木炭干燥剂。

2.3.3　材料的耐水性

材料长期在饱和水作用下不破坏，强度也不显著降低的性质，称为耐水性。材料的耐水性用软化系数表示，见式（2.10）。

$$K_R = \frac{f_b}{f_g} \tag{2.10}$$

式中：K_R——材料的软化系数；

f_b——材料在饱和水状态下的抗压强度，MPa；

f_g——材料在干燥状态下的抗压强度，MPa。

材料的软化系数 K_R 为 0~1。K_R 的大小表明材料在浸水饱和后强度降低的程度。一般来说，材料被水浸湿后，强度有所降低，这是因为水分被组成材料的微粒表面吸附，形成水膜，削弱了微粒间的结合力。K_R 值越小，表示材料吸水饱和后强度下降越大，耐水性越差。不同材料的 K_R 值相差较大，如黏土 $K_R = 0$，而金属的 $K_R = 1$。土木工程中，将 $K_R > 0.85$ 的材料，称为耐水材料。在设计长期处于水中或潮湿环境中的重要结构时，应选用 $K_R > 0.85$ 的材料。

2.3.4　材料的抗渗性

材料抵抗压力水渗透的性质，称为抗渗性。材料的抗渗性用渗透系数表示，渗透系数的物理意义：一定厚度的材料，在单位压力水头作用下，单位时间内透过单位面积的水量，见式（2.11）。

$$K_S = \frac{Qd}{Ath} \qquad (2.11)$$

式中：K_S——材料的渗透系数，cm/h；

　　　Q——渗透水量，cm^3；

　　　d——材料的厚度，cm；

　　　A——渗水面积，cm^2；

　　　t——渗水时间，h；

　　　h——静水压力水头，cm。

K_S 值越大，表示材料渗水量多，抗渗性越差。

材料的抗渗性，也可用抗渗等级表示。抗渗等级是以规定的试件、在规定的条件和标准实验方法下，所能承受的最大水压力来确定，以符号"Pn"表示，其中 n 为材料所能承受的最大水压力(MPa)的 10 倍值，如 P4、P6、P8 等分别表示材料最大能承受 0.4MPa、0.6MPa、0.8MPa 的水压力。

材料的抗渗性与其孔隙率和孔隙特征有关。细微连通的孔隙易渗水，这种孔隙越多，材料的抗渗性越差。闭口孔不渗水，闭口孔隙率大的材料，其抗渗性仍然良好。开口孔大且连通的孔隙，最易渗水，抗渗性也最差。

在设计地下建筑、压力管道、容器等结构时，要求其所用材料必须具有良好的抗渗性能。

2.3.5　材料的抗冻性

材料在水饱和状态下，能经受多次冻融循环而不破坏，也不严重降低强度的性质，称为抗冻性。

材料的抗冻性用抗冻等级表示。抗冻等级是以规定的试件、在规定的实验条件下，测得其强度降低不超过规定值，并无明显剥落时所能经受的冻融循环次数来确定，用符号"Fn"表示，其中 n 即为最大冻融循环次数。

材料抗冻等级是根据结构物的种类、使用条件、气候条件等决定的。例如，烧结普通砖、陶瓷面砖、轻混凝土等墙体材料，一般要求其抗冻等级为 F15 或 F25；用于桥梁和道路的混凝土应为 F50、F100 或 F150，而水工混凝土要求更高。

材料受冻融主要是因其孔隙中的水结冰所致。水结冰时体积增大约 9%，若材料孔隙中充满水，则结冰膨胀对孔壁产生很大应力，此应力超过材料的抗拉强度时，孔壁将产生局部开裂。随着冻融次数的增多，材料破坏加重。材料的抗冻性取决于其孔隙率、孔隙特征及充水程度。孔隙未充满水，远未达饱和，具有足够的自由空间，即使受冻也不致产生很大冻胀应力。极细的孔隙，虽可充满水，但因孔壁对水的吸附力极大，吸附在上的水其冰点很低，它在较大负温下才会结冰。粗大孔隙当水分未充满其中，对冰胀破坏可起缓冲作用。闭口孔隙水分无法渗入，而毛细管孔隙既易充满水分，又能结冰，故其对材料的冰冻破坏最大。材料的变形能力大、强度高、软化系数大时，其抗冻性较高。一般认为软化系数小于 0.80 的材料，其抗冻性较差(白宪臣等，2011)。

从外界条件来看，材料受冻融破坏的程度，与冻融温度、结冰速度、冻融频繁程度等因素有关。环境温度越低、降温越快、冻融越频繁，则材料受冻破坏越严重。材料受冻融破坏作用后，将由表及里产生剥落现象。

抗冻性良好的材料，对于抵抗大气温度变化、干湿交替等风化作用的能力较强，抗冻性常作为考查材料耐久性的一项重要指标。在设计寒冷环境(如冷库)的建筑物时，需要考虑抗冻性。

2.4 材料的力学性质

材料的力学性质，是指材料在外力作用下的变形性和抵抗破坏的性质，它是选用土木工程材料时首要考虑的基本性质。

2.4.1 材料强度与等级

(1)材料的强度

材料在外力作用下抵抗破坏的能力，称为材料的强度。当材料受外力作用时，其内部就产生应力，外力增加，应力相应增大，直至材料内部质点间结合力不足以抵抗所作用的外力时，材料发生破坏。材料破坏时，应力达极限值，这个极限应力值就是材料的强度，也称极限强度。

根据外力作用形式的不同，材料的强度有抗压强度、抗拉强度、抗剪强度及抗弯强度等，如图2.2所示。

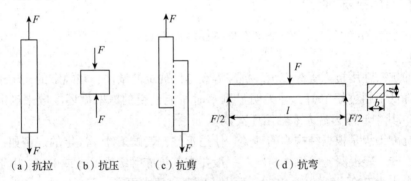

(a)抗拉 (b)抗压 (c)抗剪 (d)抗弯

图2.2 材料受外力作用

材料的强度是通过静力实验来测定的，称为静力强度。材料的静力强度是通过标准试件的破坏实验而测得。材料的抗压强度、抗拉强度和抗剪强度的计算，见式(2.12)。

$$f=\frac{P}{A} \tag{2.12}$$

式中：f——材料的极限强度(抗压、抗拉或抗剪)，MPa 或 N/mm^2；

P——试件破坏时的最大荷载，N；

A——试件的受力面积，mm^2。

材料的抗弯强度又称为抗折强度(游普元等，2012)。抗折强度分2种情况：1个集中荷载(2个支点)，代表构件为水泥胶砂试件(40mm×40mm×160mm)的抗折强度；2个集中荷载(2个支点)，代表构件为公路水泥混凝土路面的水泥混凝土试件(150mm×150mm×

550mm）的抗折强度，见式（2.13）和式（2.14）。注意工程中常见单位的换算，见表 2.2。

$$f_{tm} = \frac{3Pl}{2bh^2} \tag{2.13}$$

$$f_{tm} = \frac{Pl}{bh^2} \tag{2.14}$$

式中：f_{tm}——材料的抗弯极限强度，MPa；

　　　l——试件 2 个支点间的距离，mm；

　　　b、h——分别为试件的宽度和高度，mm；

　　　其余符号意义同前。

表 2.2　常用工程单位换算关系

换算前	换算后	换算前	换算后
1升	1dm³	1kg	1000g
1升	1000g	1MPa	10^6Pa
1m	10dm	1Pa	1N/m²
1dm	10cm	1kPa	1000Pa
1cm	10mm	1MPa	100t/m²
1m³	1000dm³	1kN	1000N
1dm³	1000cm³	10kN	1t
1cm³	1000mm³	1kg	10N
1t	1000kg		

材料的强度与其组成及结构有关，即使材料的组成相同，其构造不同，强度也不一样。材料的孔隙率越大，强度越低。对于同一品种的材料，其强度与孔隙率之间存在近似直线的反比关系，如图 2.3 所示。一般表观密度大的材料，强度也大。

材料的强度还与其含水状态、温度等有关，含有水分的材料，其强度较干燥时偏低。一般温度高时，材料的强度将降低，如沥青混合材料。

材料的强度与其测试所用的试件形状、尺寸有关，也与实验时加荷速度及试件表面性状有关。相同材料采用小试件测得的强度值比大试件高；加荷速度快者强度值偏高；试件表面不平或涂有润滑剂时，所测强度值偏低。

可见，材料的强度是在特定条件下测定的数值。为了使实验结果准确，且具有可比性，各国都制定了统一的材料实验标准，在测定材料强度时，必须严格按照规定开展实验。

（2）材料的等级与牌号

材料的强度是大多数材料划分等级的依据。

各种材料的强度差别甚大，在相应章节中详述。土木工程材料常按其强度值的大小划分若干个等级或牌号。例如：硅酸盐水泥按抗压强度和抗折强度分为多个强度等级；普通混凝土按其抗压强度分为若干个强度等级。土木工程材料按

图 2.3　材料强度与孔隙率关系

强度划分等级或牌号，对生产和使用具有重要意义。部分土木工程材料的强度，见表2.3。

表 2.3 部分土木工程材料的强度   MPa

材料	抗压强度	抗拉强度	抗弯强度
花岗岩	100~250	5~8	10~14
烧结普通砖	10~30	0.7~0.9	2.6~4.0
普通混凝土	7.5~60	1~4	3~10
松木(顺纹)	30~50	80~120	60~100
建筑钢材	235~1600	235~1600	235~1600

（3）材料的比强度

对于不同强度的材料进行比较，采用比强度。比强度，指材料强度与其表观密度之比。比强度是衡量材料轻质高强性能的指标，优质结构材料的比强度更高。部分材料的比强度，见表2.4。

表 2.4 部分材料的比强度

材料	表观密度/(kg/m^3)	强度/MPa	比强度
低碳钢(抗拉)	7850	420	0.054
铝合金(抗压)	2800	450	0.160
普通混凝土(抗压)	2400	40	0.017
松木(顺纹)(抗拉)	500	100	0.200
玻璃钢(抗拉)	2000	450	0.225
烧结普通砖(抗压)	1700	10	0.006
花岗岩(抗压)	2550	175	0.069

由表2.4可知，玻璃钢和木材是轻质高强材料，而普通混凝土为质量大、强度较低的材料。促进普通混凝土这一重要的结构材料向轻质高强方向发展，是一项重要的工作。部分材料的等级符号，见表2.5。

（4）材料的理论强度

通过实验实际测定的材料强度，称为实测强度。材料的实测强度远低于其理论强度。理论强度，是从材料结构的理论上分析，材料所能承受的最大应力。理论强度是克服固体内部质点间的结合力，形成两个新表面时所需的力。材料受力破坏主要是因为外力致使材料质点间产生拉裂或位移所致。计算固体材料理论强度一般可用奥洛旺公式，见式（2.15）。

$$\sigma_L = \sqrt{\frac{E\gamma}{d}} \qquad (2.15)$$

式中：σ_L——理论抗压强度，Pa；

E——弹性模量，N/mm^2；

γ——固体表面能，J/m^2；

d——原子间距离，m。

表 2.5　部分材料的等级符号

材料	等级符号	材料	等级符号
热轧光圆钢筋	HPB300	热轧带肋钢筋	HRB400
碳素结构钢	Q235	钢绞线	1×7-15.20-1860
桥梁结构用钢	Q420qD	水泥混凝土用砂	2 区机制砂/中砂
水泥混凝土用碎石	碎石 5~20	普通硅酸盐水泥	P. O42.5
水泥混凝土	C30	砌筑水泥	M32.5
水泥混凝土路面	设计弯拉强度 5MPa	道路水泥	P. R7.5
烧结砖	MU20	道路石油沥青	90 号
沥青混凝土	AC-20	改性沥青	SBS
沥青玛蹄脂碎石	SMA-16	砌筑砂浆	M10
排水沥青混合料	PAC-16	烧结普通砖	MU20

实际工程中所用的材料，其内部组织结构中均存在一定的缺陷，主要是晶格缺陷(位错、杂原子)、微裂缝等。晶格缺陷能使材料在较小应力下就发生晶格位移。而微裂缝使材料受力时易在裂缝尖端处出现应力集中，使裂缝不断扩大、延伸、相互连通，从而降低材料的强度。这些因素使得材料的实测强度远低于理论强度。例如，钢的理论抗拉强度为 30 000MPa，普通碳素钢的实测强度仅为 400MPa；玻璃在常温下的理论强度为 14 000MPa，而普通玻璃的实测抗压强度只有 70~150MPa，实测抗拉强度为 3500~5000MPa。

2.4.2　材料的其他力学性质

(1)材料的弹性与塑性

材料在外力作用下产生变形，当外力去除后恢复到原始形状的性质，称为弹性。材料的这种可恢复的变形，称为弹性变形。弹性变形属于可逆变形，其数值大小与外力成正比，这时的比例系数 E，称为弹性模量。材料在弹性变形范围内，E 为常数，其值可用应力(σ)与应变(ε)之比表示，见式(2.16)。

$$E = \frac{\sigma}{\varepsilon} = 常数 \tag{2.16}$$

弹性模量是结构设计时的重要参数，各种材料的弹性模量相差很大，通常原子键能高的材料具有高的弹性模量。弹性模量是衡量材料抵抗变形能力的一个指标，E 值越大，材料越不易变形，刚度越好。

材料在外力作用下产生变形。当外力去除后，有一部分变形不能恢复，称为材料的塑性。这种不能恢复的变形，称为塑性变形。塑性变形为不可逆变形。

实际上纯弹性变形的材料是没有的，通常一些材料在受力不大时，表现为弹性变形，而当外力达到一定值时，则呈现塑性变形，如低碳钢。另外，许多材料在受力时，弹性变形和塑性变形同时发生；当外力取消后，弹性变形会恢复，而塑性变形不能消失。混凝土就是这类弹塑性材料的代表，其变形曲线如图 2.4 所示。

(2)材料的脆性与韧性

①脆性　材料受外力作用，当外力达一定值时，材料发生突然破坏，且破坏时无明显

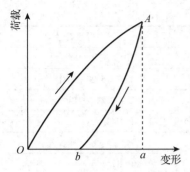

图 2.4　弹塑性材料的变形

的塑性变形，这种性质称为脆性，具有这种性质的材料称为脆性材料。脆性材料的抗压强度远大于其抗拉强度，可高达数倍甚至数十倍，所以脆性材料不能承受振动和冲击荷载，也不宜用于受拉，只适用于作承压构件。土木工程材料中大部分无机非金属材料均为脆性材料，如天然岩石、陶瓷、玻璃、普通混凝土等。

②韧性　材料在冲击或振动荷载作用下，能吸收较大的能量，同时产生较大的变形而不破坏的性质，称为韧性。用带缺口的试件做冲击破坏实验时，断口处单位面积所吸收的功为冲击韧性指标，见式(2.17)。

$$\sigma_k = \frac{W}{A_0} \tag{2.17}$$

式中：σ_k——材料的冲击韧性指标，J/mm^2；

　　　W——试件破坏时所消耗的功，J；

　　　A_0——试件受力净截面积，mm^2。

在土木工程中，对于要求承受冲击荷载和有抗震要求的结构，如吊起车梁、桥梁、路面等所用的材料，均应具有较高的韧性。

(3)材料的硬度与耐磨性

①硬度　是指材料表面抵抗硬物压入或刻划的能力。材料的硬度越大，则其强度越高，耐磨性越好。测定材料硬度的方法有多种，通常采用的有刻划法、压入法和回弹法，不同材料测定方法不同。刻划法常用于测定天然矿物的硬度，按硬度递增顺序分为滑石、石膏、方解石、萤石、磷灰石、正长石、石英、黄玉、刚玉、金刚石10级。钢材、木材及混凝土等材料的硬度常用压入法测定，如布氏硬度就是以压痕单位面积上所受压力来表示的。回弹法常用于测定混凝土构件表面的硬度，并以此估算混凝土的抗压强度。

②耐磨性　是材料表面抵抗磨损的能力。土木工程中常用的无机非金属材料及其制品的耐磨性，可按《无机地面材料耐磨性能试验方法》(GB/T 12988—2009)规定的钢轮式实验法或按《混凝土及其制品耐磨性试验方法(滚珠轴承法)》(GB/T 16925—1997)规定的滚珠轴承法进行测定。滚珠轴承法的原理是：以滚珠轴承为磨头，通过滚珠在额定负荷下回转滚动时研磨试件表面，在受磨面上磨成环形磨槽。通过测量磨槽尝试各磨头的研磨转数，计算耐磨性。此法操作简便，数据可靠，适用面广。耐磨性用耐磨度表示，见式(2.18)。

$$I_a = \frac{\sqrt{R}}{P} \tag{2.18}$$

式中：I_a——材料的耐磨度；

　　　R——磨头转数；

　　　P——磨槽深度，mm。

材料的耐磨度越大，表示其耐磨性越好。材料的耐磨性与材料的组成成分、结构、强度、硬度等有关。在土木工程中，对于用作踏步、台阶、地面、路面等的材料，均应具有较高的耐磨性。

复习思考题

2.1　解释含水率。

2.2　解释材料的强度。根据外力作用形式，强度分为哪几种？

2.3　确定建筑成品或半成品的质量在工程上用来分析设计活载、地基承载力、现浇模板荷载、预制吊装荷载等具有重要意义。如某房屋小梁(图 1)，混凝土表观密度为 2400kg/m³，钢筋的密度为 7850kg/m³。该梁的水泥混凝土质量计算应该采用什么密度？钢筋的质量计算应该采用什么密度？计算该梁的质量(计算混凝土体积时按梁体实体体积忽略钢筋的体积)。如果该梁在现场现浇水泥混凝土，计算该梁的自重对安装模板支架哪些方面有意义？模板支架除了考虑梁的自重外，还需要考虑什么荷载？

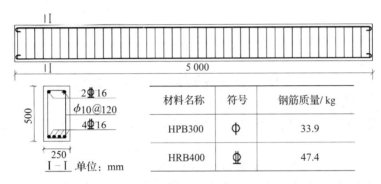

图 1　某房屋小梁配筋图

材料名称	符号	钢筋质量/ kg
HPB300	ϕ	33.9
HRB400	Φ	47.4

2.4　实验室称河砂 500g，烘干至恒重时质量为 494g，计算该砂的含水率。

2.5　某工程共需要煤矸砖(240mm×115mm×53mm)15 万匹，用载质量为 5t 的汽车分五批运完，每批需要安排汽车多少辆运砖？已知 1m³ 砖的理论匹数为 684 匹，砖的表观密度为 1800kg/m³。

2.6　有一批直径 20mm、长 14m 的钢筋 25 根，计算该批钢筋的质量。已知钢筋的密度为 7850kg/m³。

2.7　强度单位常用 MPa，1MPa=t/m²？硅酸盐水泥 42.5 相当于每 m² 承受多少 t 的压力？HRB400 热轧带肋钢筋的屈服强度相当于每 m² 承受多少 t 的拉力？如果检测地基承载力，0.2MPa 相当于每 m² 施加多少 t 的力？

第3章 金属材料

3.1 概述

本章着重阐述土木工程用钢、钢材的技术性质以及钢材的连接等。

金属材料通常分为黑色金属和有色金属两大类。黑色金属(或称铁金属)材料,主要成分为铁或铁碳合金的金属材料。有色金属材料指除了黑色金属材料以外的金属材料,如铜、铝、锌等。

黑色金属按照其化学成分(含碳量)分为钢(含碳量<2.06%)和生铁(含碳量>2.06%的铁碳合金),其中钢材是土木工程中用途最广、用量最大的金属材料。

建筑钢材是指用于土木工程中的各种钢材,是土木工程中的重要材料之一,是钢结构构件、钢筋混凝土、预应力混凝土的主要材料之一。建筑钢材有型材、线材和管材等类别,主要使用钢筋和建筑用型材。型材包括型钢(工字钢、槽钢、角钢)、钢板等;线材包括钢筋混凝土和预应力混凝土用的钢筋、钢丝和钢绞线等;管材主要用于钢桁架和供水(气)管线等。

生铁包括白口铁、灰口铁等。白口铁:断面呈现银白色,是炼钢用的铁,称为炼钢生铁。白口铁主要成分是铁,但是还含有较多的碳、硫、磷、硅、锰等化学成分,所以生铁脆性大,硬度大,强度低,韧性差,必须通过冶炼成钢才能用于各种建筑工程。灰口铁:断面呈现灰色,用于铸造各种铸件,称为铸造生铁,也称铸铁。

3.1.1 我国钢材发展概况

新中国成立初期,各行各业百废待兴,我国工业生产十分落后,钢产量捉襟见肘,1949年我国钢产量仅为15.8万t,1952年达到134.9万t,1978年突破3000万t,2003年突破20 000万t(2亿t),2008年50 091万t(5.0091亿t),2010年63 723万t(6.3723亿t),2011年68 300万t(6.83亿t)。在2012年,我国钢产量达到71 600万t(7.16亿t),约占全球64个主要国家(或地区)粗钢总产量(12.27亿t)的1/2(刘艳,2013)。2021年我国钢产量103 524万t(10.3524亿t)。目前,我国已经成为世界第一钢产量和钢铁应用大国。

改革开放以来,特别是党的十八大以来,我国的工业生产无论从数量、质量,还是从代表先进技术的先进制造业来说,取得很多令世人惊叹的成绩。单从钢材生产来说,我国不仅在钢产量制造和应用位居世界第一,在新材料、新工艺上也不断取得突破,如北京城建集团的高强度钢 Q460E、太原钢铁(集团)有限公司生产的双相不锈钢和 0.015mm 的手撕钢等方面的新材料。同样在钢铁用量为主的高端制造业,不断诞生了我国自主研发的新产品,如三一集团的特种钢及混凝土泵车、徐工集团生产的超级移动起重机、中国船舶集团生产的高端客滚船等,这些令人骄傲的先进制造业,不断从跟跑、并跑到领跑的新技术、新产品层出不穷。

3.1.2　钢材的优点和缺点

3.1.2.1　钢材的优点

钢材质地均匀,抗压、抗拉强度均高,具有良好的塑性和韧性,能够进行焊接、铆接和切割,便于装配,安全性大,自重较轻(同等强度下,材料用量较少;同等截面下,强度更高)。

(1)建筑钢材强度高,塑性、韧性好

①钢材强度高　适用于建造跨度大、高度高、承载重的结构。但由于强度高,一般构件截面小而壁薄,在受压时容易被稳定计算和刚度计算所控制,强度难以得到充分的利用。

②钢材塑性好　钢结构在一般条件下不会因超载而突然断裂,增大变形时,易发生断裂。此外,钢材能将局部高峰应力重分配,使应力变化趋于平缓。

③钢材韧性好适宜在动力荷载下工作,在地震区采用钢结构较为有利。

(2)钢结构的质量轻

钢材密度大,强度高,钢结构因用量少总质量较轻。

(3)材质均匀和力学计算的假定比较符合

钢材由于在冶炼和轧制过程受到科学控制,其组织比较均匀,接近各向同性,为理想的弹塑性体,其弹性模量和韧性模量皆较大。因此,钢结构实际受力情况和工程力学计算结果比较符合,在计算中采用的经验公式不多,减少计算上的不确定性,计算结果比较可靠。

(4)钢结构制作简便,施工工期短

①钢结构构件一般是在金属结构厂制作,施工机械化、准确度和精密度较高。

②钢结构所有材料可以轧制成各种型材,加工简便。钢构件较轻,连接简单,安装方便,施工周期短。

③少量钢结构和轻型钢结构可在现场制作,吊装、焊接方便。钢结构具有可连接特性,易于加固、改建和拆卸。

3.1.2.2　钢材的缺点

价格昂贵,容易锈蚀,维修费用大,生产工艺复杂。

3.1.3　钢材的分类

钢材种类繁多,钢材的系统分类,见表 3.1。

表3.1 钢材的系统分类

分类方法	类别		特性
按化学成分分类	碳素钢	低碳钢	含碳量<0.25%
		中碳钢	含碳量0.25%~0.60%
		高碳钢	含碳量>0.60%
	合金钢	低合金钢	合金元素总含量<5%
		中合金钢	合金元素总含量5%~10%
		高合金钢	合金元素总含量>10%
按冶炼方法分类	按脱氧程度分	沸腾钢	脱氧不完全,硫、磷等杂质偏析较严重,代号"F"
		镇静钢	脱氧完全,同时去硫,代号"Z"
		半镇静钢	脱氧程度介于沸腾钢和镇静钢之间,代号"B"
		特殊镇静钢	比镇静钢脱氧程度还要充分彻底,代号"TZ"
	按炉种分	平炉钢	炼钢方法不同
		转炉钢	
		电炉钢	
按品质分类	普通钢		含硫量≤0.055%,含磷量≤0.045%
	优质钢		含硫量≤0.03%,含磷量≤0.035%
	高级优质钢		含硫量≤0.02%,含磷量≤0.027%
按专业方向分类	建筑钢结构用钢		《钢结构设计标准》(GB 50017—2017)
	公路钢结构桥梁用钢		《公路钢结构桥梁设计规范》(JTG D64—2015)
	铁路桥梁钢结构用钢		《铁路桥梁钢结构设计规范》(TB 10091—2017)
按施加预应力分类	预应力钢		预应力混凝土用钢绞线
			预应力混凝土用螺纹钢筋
			预应力混凝土用钢棒
	非预应力钢		钢筋混凝土用光圆钢筋
			钢筋混凝土通热轧带肋钢筋
按用途分类	结构钢		工程结构构件用钢、机械制造用钢
	工具钢		各种刀具、量具及模具用钢
	特殊钢		具有特殊物理、化学或机械性能的钢,如不锈钢、耐热钢、耐酸钢、耐磨钢、磁性刚等
其他分类	普通钢		碳素结构钢、低合金结构钢、特定用途普通结构钢
	优质钢		结构钢、工具钢、特殊性能钢

3.2 钢材的冶炼、组织及结构

3.2.1 钢材的冶炼

钢材冶炼原理，即氧化-还原反应原理。将高温熔融的生铁进行氧化，成为 Fe_2O_3、CO、CO_2、SO_3、P_2O_5、SiO_2、Mn_2O_3 等化合物，使碳的含量降低到预定范围，杂质含量降低到允许的范围内；然后再将氧化铁(Fe_2O_3)还原成铁(Fe)，即钢。钢的品质好坏，取决于含碳量的高低和有害杂质含量的多少。经过冶炼，炼出的钢水绝大多数浇铸成钢锭，然后加工成各种钢材，极少数直接铸成铁件。

钢的冶炼过程是杂质的氧化过程，炉内为氧化气氛，故炼成的钢水中会含有一定量的氧化铁，这对钢的质量不利。为消除这种不利影响，在炼钢结束后加入一定量的脱氧剂(常用的有锰铁、硅铁和铝锭)，使之与氧化铁反应从而将其还原成铁，称为"脱氧"。脱氧减少了钢材中的气泡并克服了元素分布不均的缺点，能明显改善钢的技术性质。

目前世界各国采用的炼钢方法主要是转炉炼钢和电炉炼钢两种。

(1)转炉炼钢

转炉炼钢是利用氧与铁水中的碳、硅、锰、磷元素反应放出的热量来进行冶炼的，不用从外部进行加热。

转炉炼钢法，又分空气转炉炼钢法和碱性氧气转炉炼钢法，其中用得较多的是碱性氧气转炉炼钢法。

①空气转炉炼钢法 即酸性空气底吹转炉炼钢法，又称贝塞麦(Bessemer)转炉炼钢法。此法是利用来自原料铁水物理热及所含硅、碳和其他元素氧化反应所发的热进行冶炼，并使钢水达到浇铸所要求的高温。

②氧气转炉炼钢法 即碱性氧气顶吹转炉炼钢法，它的热平衡条件更好，原料中可以加入较多废钢，炼出的钢含氮量低、质量好，且不多耗燃料。氧气底吹转炉炼钢法和复合吹炼转炉炼钢法，已在许多国家应用。

目前，世界上每年约有 60% 的钢是用转炉(碱性氧气转炉)生产的。虽然近年电炉钢发展较快，使高炉-转炉流程受到一定的冲击，但转炉有着铁源来自矿石、钢质纯净等优势，在世界上转炉炼钢仍然占据主要份额。

(2)电炉炼钢

电炉炼钢是利用电能作为主要热源来进行冶炼。最常用的电炉有电弧炉和感应炉两种，而电炉炼钢占电炉钢产量的绝大部分。一般来说电炉即是指电弧炉。电炉可全部用废钢作金属原料，可冶炼力学性能和化学成分要求严格的钢，如特殊工具钢、航空用钢和不锈钢等。

3.2.2 钢材的组织

钢材的技术性质和性能，由钢材自身的组织和结构决定。

3.2.2.1 钢材的组织

钢材和一切金属材料一样，为晶体结构，它是铁-碳合金晶体。其晶体结构中，各个原子以金属键相互结合在一起，这种结合方式就决定了钢材具有很高的强度和良好的塑性。借助先进的测试手段对钢材的微观结构进行观察，可以发现钢材的晶格并不都是完好无缺的规则排列，而是存在许多缺陷，如点缺陷、线缺陷、面缺陷等，它们将显著影响钢材的性能。

要得到含铁纯度100%的钢是不可能的，钢是以铁为主的铁碳合金，基本元素是铁和碳，其中含碳量很少，但对钢材性能的影响很大。碳素钢冶炼时在钢水冷却过程中，铁和碳以固溶体(铁中固溶着微量的碳)、化合物(铁和碳结合成化合物)、机械混合物(固溶体和化合物的混合物)3种形式存在(王立久，2013)。固溶体是以铁为溶剂，碳为溶质所形成的固体溶液，铁保持原来的晶格，碳溶解其中；化合物是铁和碳化合成碳化三铁(Fe_3C)，其晶格与原来的晶格不同；机械混合物是由上述固溶体与化合物混合而成的。钢的组织就是由上述的单一结合形成或多种形式构成的，具有一定形态的聚合体。在显微镜下能观察的微观形貌图像，也称为显微组织。碳化三铁(Fe_3C)在不同温度下的形态，如图3.1所示。

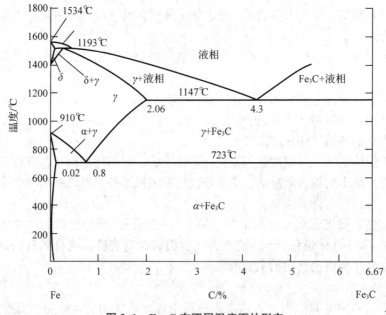

图 3.1　Fe-C 在不同温度下的形态

钢的基本组织主要有下列4种：

(1)铁素体

铁素体是在α-铁中的固溶体。纯铁在1400~1534℃为体心立方结构，这种铁称为δ-铁，碳的固溶量很少，接近于纯铁；纯铁在910℃以下为体心立方结构，这种结构称为α-铁。由于铁素体原子之间的空隙很小，对碳的溶解度也小(最大0.04%)，接近于纯铁(指在常温下含碳量在0.006%以下的)。

铁素体溶碳能力较差，含碳量很少，它决定了钢材的塑性、韧性很好，但强度、硬度很低。

（2）奥氏体

奥氏体是碳和铁的固溶体，纯铁在 910～1400℃ 为面心立方结构，这种铁称为 γ-铁。这种结构原子间距较大，对碳的溶解度也大（最大 2.06%）。奥氏体的强度和硬度低、塑性大，在高温下具有很好的延性，适于加工、轧制成型。

（3）渗碳体

渗碳体是铁和碳组成的化合物碳化三铁（Fe_3C），渗碳体的含碳量高达 6.67%，其晶体结构复杂，性质硬而脆，是碳钢中的主要强化成分。

（4）珠光体

珠光体是铁素体和渗碳体的机械混合物，其层状结构可认为是铁素体基体上分布着硬脆的渗碳体片，其强度较高，塑性和韧性界于铁素体和渗碳体之间，在含碳量 C=0.8% 时，全部具有珠光体的钢，称为共析钢；当含碳量 C<0.8% 时的钢，称为亚共析钢；当含碳量 C>0.8% 时的钢，称为过共析钢。土木工程领域使用的钢材，都是亚共析钢。

钢从同样的奥氏体中缓慢冷却后，从碳化三铁（Fe_3C）在不同温度下的形态（图 3.1）所示温度发生变态得到的组织标准组织，这个组织的力学性质、共析与含碳量的关系，含碳量与标准组织的关系（王立久，2013），见图 3.2、表 3.2 和表 3.3。

| （a）纯铁 | （b）亚共析钢
（白色：铁素体
黑色：珠光体） | （c）共析钢
（全部成为珠光体） | （d）过共析钢
（白色：渗碳体
黑色：珠光体） |

图 3.2　钢材的标准组织图（放大效果）

表 3.2　钢材的组织与共析和含碳量的关系

共析类型	组成成分	含碳量 C/%
亚共析钢	珠光体+铁素体	<0.80
共析钢	珠光体	0.80
过共析钢	珠光体+渗碳体	>0.80

3.2.2.2　钢材的化学成分及其影响

钢中除了主要化学成分铁外，还含有少量的碳、硅、锰、磷、硫、氧、氮、钛、钒等元素，这些元素虽然含量很少，但对钢材的性能影响却很大。除铁、碳外，在原料、燃

表 3.3　钢材组织的组成成分与力学性质

组织	组成成分	抗拉强度/MPa	伸长率/%	布氏硬度/HB
铁素体	晶体组织中的纯铁晶粒	343	40	80
珠光体	由一定比例的铁素体和渗碳体组成的层状组织	833	10	200
渗碳体	碳化三铁(Fe_3C)晶粒	<343	0	600

料、冶炼过程使钢材中存在大量的其他元素，这些元素存在于钢材的组织中，对钢材的结构和性能有重要影响，一般可分为两类：一类起到改善钢材性能的，称为合金元素，如硅、锰等；另一类起到劣化钢材性能的，属于钢材的有害杂质，如硫、磷、氧等（钱小倩等，2009）。

（1）碳元素的影响

碳是决定钢材性能的最主要元素，碳对钢材的强度、塑性、韧性等机械性能影响显著。当钢中含碳量小于0.8%时，随着含碳量的增加，钢的强度和硬度增加，塑性和韧性下降；当含碳量大于1.0%时，随着含碳量的增加，钢的强度反而下降。钢的含碳量增加，还会使钢的焊接性能变差。一般工程用碳素钢均为低碳钢，含碳量小于0.25%，工程用低合金钢，含碳量小于0.52%。

（2）硅元素的影响

硅在钢中是有益元素，炼钢时起到脱氧作用。通常碳素钢中硅含量小于0.3%，低合金钢硅含量小于1.8%。

（3）锰元素的影响

锰是有益元素，炼钢时起到脱氧去硫作用。

（4）磷元素的影响

磷是钢中很有害的元素，磷含量增加，钢材的强度、硬度提高，塑性和韧性显著下降。建筑用钢一般要求磷含量小于0.045%。

（5）硫元素的影响

硫是钢中很有害的元素，硫含量增加将降低钢材的各种机械性能，同时使钢的可焊性、冲击韧性、抗疲劳强度和抗腐蚀性均降低。建筑用钢要求硫含量小于0.045%。

（6）氧元素的影响

氧是钢中的有害元素，可降低钢的机械性能和可焊性。通常要求钢中氧含量小于0.03%。

（7）氮元素的影响

氮是钢中的有害元素，氮含量增加，可使钢材强度提高，但韧性和可焊性显著下降。钢中氮含量一般应小于0.008%。

（8）钛和钒元素的影响

钛和钒是钢中的合金元素，钛能显著提高强度，改善韧性，但塑性稍微降低；钒能有效提高强度，可减弱碳和氮的不利影响。

总之，钢材的化学成分对钢材的影响如下：铁（Fe）是钢材的基本元素，纯铁质软，在碳素结构钢中约占 99%，碳和其他元素仅占 1% 左右，但对钢材的力学性能却有着决定性的影响。含碳量越高，钢的强度越高，而塑性、韧性和抗疲劳强度降低。硫和磷（特别是硫）是钢中的有害成分，会降低钢材的塑性、韧性、可焊性和抗疲劳强度。氧和氮都是钢中的有害杂质。氧使钢热脆；氮使钢冷脆。硅和锰是钢中的有益元素，都是炼钢的脱氧剂。它们使钢材的强度提高，含量不过高时，对塑性和韧性无显著的不良影响。钒和钛是钢中的合金元素，能提高钢的强度和抗腐蚀性，又不显著降低钢的塑性。铜在碳素结构钢中属于杂质成分。但它可以显著地提高钢的抗腐蚀性，也可以提高钢的强度，但对可焊性有不利影响。

3.2.3　钢材的结构

　　王立久（2013）认为钢材的结构为晶体结构，钢材的宏观力学性能是其晶体结构的外在表现，钢材的晶体力学性能取决于钢材的晶体结合、晶体构造、晶体滑移和晶体缺陷等多个方面。

　　钢材的晶体结构中各个原子是以金属键方式结合的，这是钢材有较高强度和较好塑性的根基。钢材是多晶体材料，由许多晶粒的无序列排列组成，这导致了钢材的各向同性。

　　钢材的晶格中有部分平面的原子较为密集，这部分原子结合力较强；有部分平面与相邻面之间的原子间隙较大，这部分原子结合力较弱。这种晶格在外力作用下，很容易向原子密集平面之间产生相对滑移。在铁素体晶格中，导致滑移的平面较多（图 3.3），这导致钢材具有较大塑性。

　　钢材晶格中同时存在较多的诸如空位、间隙原子、线缺陷、位错、晶粒间的面确定、晶界等缺陷（图 3.4）。总的来说，钢材的缺陷对钢材的宏观性能大致有两个方面的影响：第一，晶格受力滑移不是平行滑移面，而是缺陷处滑移面有部分原子在移动，这可能导致钢材的实际强度小于理论强度较多。

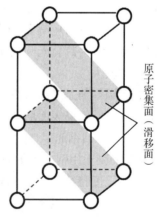

图 3.3　钢材的晶体滑移面
示意图

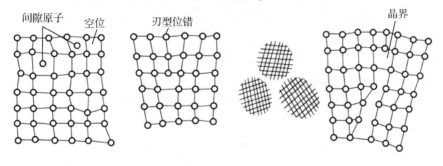

（a）点缺陷空位和间隙原子　　（b）线缺陷刃型位错　　（c）面缺陷晶界面

图 3.4　钢材的晶格缺陷示意图

第二，钢材的缺陷导致晶格畸形，初步滑移以后，因缺陷的进一步增加、密集，钢材的缺陷反过来又进一步产生新的滑移，这导致低碳钢拉伸实验出现屈服和强化(符芳，2001)。

3.3 土木工程用钢

3.3.1 钢筋混凝土结构用钢

钢筋分类方法较多，按外形分为光圆钢筋和带肋钢筋，按供应方式分为盘圆钢筋和直条钢筋。

钢筋混凝土结构用钢包括热轧钢筋和冷轧带肋钢筋。

3.3.1.1 热轧钢筋

热轧钢筋是经热轧成型并自然冷却的成品钢筋，由低碳钢和普通合金钢在高温状态下压制而成，主要用于钢筋混凝土和预应力混凝土结构中的普通钢筋(非预应力筋)，热轧钢筋是土木工程中使用量最大的钢材品种之一。

热轧钢筋为直径 6~9mm 的钢筋，大多数卷成盘条；直径 10~40mm 的一般是 6~12m 长的直条。热轧钢筋应具备一定的强度，即屈服点和抗拉强度，它是结构设计的主要依据。热轧钢筋分为热轧光圆钢筋和热轧带肋钢筋。热轧钢筋为软钢，断裂时会产生颈缩现象，伸长率较大。

热轧光圆钢筋是采用 Q235 碳素结构钢热轧制成的产品；带肋钢筋是采用低合金钢热轧制成的产品，钢筋表面肋纹可提高混凝土与钢筋的黏结力。

(1)热轧光圆钢筋

《钢筋混凝土用钢 第 1 部分：热轧光圆钢筋》(GB/T 1499.1—2017)规定，热轧光圆钢筋按屈服强度特征值表示 HPB300，取消了旧标准(GB/T 1499.1—2008)中的 HPB235 牌号及其相关技术，见表 3.4。

表 3.4 热轧光圆钢筋的牌号构成

牌号	牌号构成	英文字母含义
HPB300	由 HPB+屈服强度特征值构成	HPB——热轧光圆钢筋的英文(Hot rolled Plain Bars)缩写

(2)热轧带肋钢筋

《钢筋混凝土用钢 第 2 部分：热轧带肋钢筋》(GB/T 1499.2—2018)规定了 9 个牌号，见表 3.5。从热轧带肋钢筋按屈服强度特征值来说，分为 400、500、600 三级；从类别来说，分为普通热轧钢筋和细晶粒热轧钢筋 2 类；从是否抗震来说，分为抗震钢筋和非抗震钢筋 2 类。

新标准(GB 1499.2—2018)增加了 600MPa 级，并取消了旧标准(GB/T 1499.2—2007)中的 335MPa 级。

表 3.5　热轧带肋钢筋类别及牌号

类别	牌号	牌号构成	备注
普通热轧钢筋	HRB400	由 HRB+屈服强度特征值构成	HRB——热轧带肋钢筋的英文（Hot rolled Ribbed Bars）缩写。E——"地震"的英文（Earthquake）首位字母
普通热轧钢筋	HRB500	由 HRB+屈服强度特征值构成	HRB——热轧带肋钢筋的英文（Hot rolled Ribbed Bars）缩写。E——"地震"的英文（Earthquake）首位字母
普通热轧钢筋	HRB600	由 HRB+屈服强度特征值构成	HRB——热轧带肋钢筋的英文（Hot rolled Ribbed Bars）缩写。E——"地震"的英文（Earthquake）首位字母
普通热轧钢筋	HRB400E	由 HRB+屈服强度特征值+E构成	HRB——热轧带肋钢筋的英文（Hot rolled Ribbed Bars）缩写。E——"地震"的英文（Earthquake）首位字母
普通热轧钢筋	HRB500E	由 HRB+屈服强度特征值+E构成	HRB——热轧带肋钢筋的英文（Hot rolled Ribbed Bars）缩写。E——"地震"的英文（Earthquake）首位字母
细晶粒热轧钢筋	HRBF400	由 HRBF+屈服强度特征值构成	F——"细晶粒"的英文（Fine）首位字母。E——"地震"的英文（Earthquake）首位字母
细晶粒热轧钢筋	HRBF500	由 HRBF+屈服强度特征值构成	F——"细晶粒"的英文（Fine）首位字母。E——"地震"的英文（Earthquake）首位字母
细晶粒热轧钢筋	HRBF400E	由 HRBF+屈服强度特征值+E构成	F——"细晶粒"的英文（Fine）首位字母。E——"地震"的英文（Earthquake）首位字母
细晶粒热轧钢筋	HRBF500E	由 HRBF+屈服强度特征值+E构成	F——"细晶粒"的英文（Fine）首位字母。E——"地震"的英文（Earthquake）首位字母

普通热轧钢筋的金相组织主要是铁素体加珠光体，不得有影响使用性能的其他组织存在。细晶粒热轧钢筋是指在热轧过程中，通过控轧和控冷工艺形成的细晶粒钢筋，其晶粒度为 9 级或更细。

带 E 钢筋是新标准 GB 1499.2—2018 规定的抗震钢筋。带 E 钢筋符号 HRB400E，是指强度级别为 400MPa 且具有抗震性能的普通热轧带肋钢筋。带 E 钢筋的核心是钢筋超屈比指标不能过大，而强屈比和伸长率指标不能太小。

E 钢筋和普通钢筋的区别，新标准对于相关的钢筋使用进行了规范，主要针对钢筋强度和伸长率的实测值在技术指标上做了一定的提升，如第一条对抗震钢筋规定从屈服到拉断还应承受 25% 以上的拉力；第二条保证钢筋屈服强度离散性不会过大而影响到设计对结构延性要求的效果；第三条由对普通钢筋规定的最大力总伸长率不小于 7.5% 提高到不小于 9%。这些技术指标的提高，加强了钢筋的抗震能力，保证了结构构件在地震力作用下具有更好的延性。因此，带 E 钢筋和普通钢筋的本质区别就是使钢筋获得更好的延性，从而能更好地保证重要结构构件在地震时具有足够的塑性变形能力和耗能能力。

3.3.1.2　冷轧带肋钢筋

现行标准《冷轧带肋钢筋》（GB/T 13788—2017）适用于预应力混凝土和普通钢筋混凝土用冷轧带肋钢筋，也适用于制造焊接网用冷轧带肋钢筋。

冷轧带肋钢筋指热轧圆盘条经过冷轧后，在其表面带有沿长度方向均匀分布的横肋的钢筋。

公称直径指相当于横截面相等的光圆钢筋的公称直径。

相对投影肋面积指横肋在钢筋轴线垂直平面上的投影面积与公称周长和横肋间距的乘积之比。

横肋间隙指钢筋周围上横肋不连续部分在垂直于钢筋轴线平面上投影的弦长。

（1）分类

冷轧带肋钢筋按照延性高低分为冷轧带肋钢筋（CRB）和高延性冷轧带肋钢筋（CRB+抗拉强度特征值+H）两类，C、R、B、H 分别为冷轧（cold rolled）、带肋（ribbed）、钢筋

（bar）、高延性（high elongation）4 个词的英文首位字母。

（2）牌号

冷轧带肋钢筋分为 CRB550、CRB650、CRB800、CRB600H、CRB680H、CRB800H 6 个牌号。CRB550、CRB600H 为普通钢筋混凝土用钢筋，CRB650、CRB800、CRB800H 为预应力混凝土用钢筋，CRB680H 既可作为普通钢筋混凝土用钢筋，也可作为预应力混凝土用钢筋使用。

（3）力学性能和工艺性能

冷轧带肋钢筋力学性能和工艺性能，见表 3.6。

表 3.6 冷轧带肋钢筋力学性能和工艺性能指标

类型	牌号	规定塑性延伸强度 $R_{p0.2}$/MPa，≥	抗拉强度 R_m/MPa，≥	$R_m/R_{p0.2}$，≥	断后伸长率/%，≥		最大力总延伸率/%，≥	弯曲实验 180°	反复弯曲次数
					A	A_{100mm}	A_{gt}		
普通钢筋混凝土	CRB500	500	500	1.05	11.0	—	2.5	$D=3d$	—
	CRB600H	540	600	1.05	14.0	—	5.0	$D=3d$	—
	CRB680H	600	680	1.05	14.0	—	5.0	$D=3d$	4
预应力混凝土	CRB650	585	650	1.05	—	4.0	2.5		3
	CRB800	720	800	1.05	—	4.0	2.5		3
	CRB800H	720	800	1.05	—	7.0	4.0		4

注：D 为弯心直径，d 为钢筋公称直径。

3.3.2 预应力混凝土结构用钢

3.3.2.1 预应力混凝土用预应力钢

预应力混凝土用钢包括预应力钢和非预应力钢，其中的非预应力钢同钢筋混凝土用钢。预应力混凝土用钢中的预应力钢包括预应力混凝土用钢绞线、预应力混凝土用钢丝、预应力混凝土用螺纹钢筋、预应力混凝土用钢棒，也包括前面提到的冷轧带肋钢筋中的 CRB650、CRB800 和 CRB970 等。本节仅介绍预应力混凝土中的预应力用钢。在预应力混凝土用预应力钢中，用量最大、范围最广的是公路桥梁和铁路桥梁上广泛使用的钢绞线。

（1）钢绞线

《预应力混凝土用钢绞线》（GB/T 5224—2014）中提到，钢绞线是由冷拉光圆钢丝及刻痕钢丝捻制而成的用于预应力混凝土结构。

钢绞线按结构分为 8 类。其代号为：

①用 2 根钢丝捻制成的钢绞线　　　　　　　　　　　　　　1×2

②用 3 根钢丝捻制成的钢绞线　　　　　　　　　　　　　　1×3

③用 3 根刻痕钢丝捻制成的钢绞线　　　　　　　　　　　　1×3I

④用 7 根钢丝捻制成的标准型钢绞线　　　　　　　　　　　1×7

⑤用 6 根刻痕钢丝和一根光圆中心钢丝捻制而成的钢绞线　　1×7I

⑥用 7 根钢丝捻制又经模拔成的钢绞线　　　　　　　　　　（1×7）C

⑦用 19 根钢丝捻制而成的 1+9+9 西鲁式钢绞线　　　　　　　　　　　1×19S

⑧用 19 个钢丝捻制的 1+6+6/6 瓦林吞式钢绞线　　　　　　　　　　1×19W

1×7 结构钢绞线的尺寸及允许偏差、公称横截面积、每米参考质量，见表 3.7。1×7
结构钢绞线的力学性能，见表 3.8。

表 3.7　1×7 结构钢绞线的尺寸及允许偏差、每米参考质量

钢绞线结构	公称直径 D_n/ mm	直径允许偏差/ mm	钢绞线公称横截面积 S_n/ mm²	每米钢绞线参考质量/ (g/m)
1×7	9.50	+0.30 −0.15	54.8	430
	11.10		74.2	582
	12.70	+0.40 −0.20	98.7	775
	15.20		140	1101
	15.70		150	1178
	17.80		191	1500
(1×7)C	12.70	+0.40 −0.20	112	890
	15.20		165	1295
	18.00		223	1750

产品标记应包括预应力钢绞线、结构代号、公称直径、强度级别、标准号。常使用在
公路桥梁和铁路桥梁的预应力混凝土中的钢绞线是 1×7。

标记示例：公称直径 15.20mm，强度级别为 1860MPa 的 7 根钢绞线捻制成的标准型
钢绞线，标记为预应力钢绞线 1×7-15.20-1860-GB/T 5224。

表 3.8　1×7 结构钢绞线力学性能

钢绞线结构	公称直径/ mm	公称抗拉强度/ MPa，≥	整根钢绞线最大力/kN	规定非比例延伸力/kN	最大总伸长率 ($L_0 \geqslant 500mm$)/ %，≥	应力松弛性能/%	
						始负荷相当于公称最大力的百分率	1000h 后应力松弛率，≤
1×7	9.50	1720	94.3	84.9		70	2.5
		1860	102	91.8			
		1960	107	96.3			
	11.10	1720	128	115	3.5		
		1860	138	124			
		1960	145	131			
	12.70	1720	170	153		80	4.5
		1860	184	166			
		1960	193	174			
	15.20	1470	206	185			
		1570	220	198			
		1670	234	211			

（续）

钢绞线结构	公称直径/mm	公称抗拉强度/MPa，≥	整根钢绞线最大力/kN	规定非比例延伸力/kN	最大总伸长率（$L_0 \geqslant 500$mm）/%，≥	应力松弛性能/%	
						始负荷相当于公称最大力的百分率	1000h后应力松弛率，≤
1×7	15.20	1720	241	217	3.5	70	2.5
		1860	260	234			
		1960	274	247			
	15.70	1770	266	239			
		1860	279	251			
	17.80	1720	327	294		80	4.5
		1860	353	318			

1×7 结构钢绞线横截面，如图 3.5 所示。

图 3.5 1×7 结构钢绞线截面示意图

钢绞线弹性模量为（195±10）GPa，1GPa＝1000MPa，195GPa＝1.95×10^5MPa。

钢绞线应力腐蚀实验应按《预应力混凝土用钢材试验方法》（GB/T 21839—2019）规定进行。在实际最大力 F_{max} 的 80% 时，应满足表 3.9 的规定。

表 3.9 钢绞线耐腐蚀性能指标

实验溶液	组成钢绞线的单丝直径/mm	实验时间/h	
		最小值	中值
溶液 A	≥3.2	2.0	5
	<3.2	1.5	3

（2）预应力混凝土用钢丝

《预应力混凝土用钢丝》（GB/T 5223—2014）规定，预应力混凝土用钢丝是用优质碳素结构钢经冷拔或再回火等工艺处理制成的高强度钢丝。该钢丝按加工状态分为冷拉钢丝和消除应力钢丝两类。消除应力钢丝按松弛性能又分为低松弛级钢丝和普通松弛级钢丝。冷拉钢丝代号为 WCD、低松弛级钢丝代号为 WLR、普通松弛级钢丝的代号为 WNR。钢丝按外形分为光圆、螺旋、刻痕 3 种，光圆钢丝代号为 P、螺旋肋钢丝代号为 H、刻痕钢丝代号为 I。

预应力混凝土钢丝与钢绞线具有强度高、韧性好、无接头等优点、且质量稳定、安全可靠、施工时不需要冷拉及焊接，主要用作大跨度桥梁、吊车梁、电杆、轨枕等预应力钢筋。

（3）预应力混凝土用螺纹钢筋

《预应力混凝土用螺纹钢筋》（GB/T 20065—2016）规定，预应力混凝土用螺纹钢筋（又称精轧螺纹钢筋）是一种热轧成带有不连续的外螺纹的直条钢筋，该钢筋的任意截面处，均可用带有匹配性状的内螺纹的连接器或锚具进行连接或锚固。预应力混凝土用螺纹钢筋以屈服强度划分级别，其代号为"PSB"加上规定屈服强度最小值表示，P、S、B 分别为英文 prestressing、screw、bsrs 的首字母，分为 PSB785、PSB830、PSB930、PSB1080、PSB1200 等 5 个强度等级。

预应力混凝土用螺纹钢筋是在整根钢筋上有外螺纹的大直径、高精度的直条钢筋，具有连接、锚固简单，张拉锚固安全可靠，黏结力强等优点。可省略焊接工艺，避免由于焊接而造成的内应力及组织不稳定等引起的断裂。预应力混凝土用螺纹钢筋可用于核电站、水电站、桥梁、隧道和高速铁路等重要工程。例如：连续钢构桥梁的 0 号块与桥墩固结，在施加竖向预应力时常采用精轧螺纹钢筋。

预应力混凝土螺纹钢筋的力学性能，见表 3.10。

表 3.10　预应力混凝土用螺纹钢筋的力学性能

级别	屈服强度/MPa	抗拉强度/MPa	断后伸长率/%	最大力下总伸长率/%	应力松弛性能	
	≥				初始应力	1000h 后应力松弛率/%
PSB785	785	980	8	3.5	0.7 倍抗拉强度	≤4.0
PSB830	830	1030	7			
PSB930	930	1080	7			
PSB1080	1080	1230	6			
PSB1200	1200	1330	6			

（4）预应力混凝土用钢棒

《预应力混凝土用钢棒》（GB/T 5223.3—2017）规定，预应力混凝土用钢棒是用低合金钢热轧盘条经冷加工后（或不经冷加工）淬火和回火所得。预应力混凝土钢棒按外形分为光圆钢棒、螺旋槽钢棒、螺旋肋钢棒和带肋钢棒 4 种。

预应力混凝土用钢棒不能冷拉和焊接，且对应力腐蚀及缺陷敏感性加强。它主要用于预应力混凝土梁、预应力混凝土轨枕或其他各种预应力混凝土结构。

3.3.2.2　建筑用预应力钢筋

依据《混凝土结构设计规范》（GB 50010—2010），建筑用预应力钢筋强度标准值，见表 3.11。建筑用预应力筋强度设计值，见表 3.12。

表 3.11 建筑用预应力钢筋强度标准值

种类		符号	公称直径/mm	屈服强度标准值/MPa	极限强度标准值/MPa
中强度预应力钢丝	光面	ϕ^{PM}	5、7、9	620	800
	螺旋肋	ϕ^{HM}		780	970
				980	1270
预应力螺纹钢筋	螺纹	ϕ^T	18、25、32、40、50	785	980
				930	1080
				1080	1230
消除应力钢丝	光面	ϕ^P	5	—	1570
				—	1860
	螺旋肋	ϕ^H	7	—	1570
			9	—	1470
				—	1570
钢绞线	1×3(三股)	ϕ^S	8.6、10.8、12.9	—	1570
				—	1860
				—	1960
	1×7(七股)		9.5、12.7、15.2、17.8	—	1720
				—	1860
				—	1960
			21.6	—	1860

表 3.12 建筑用预应力筋强度设计值   MPa

种类	极限强度标准值	抗拉强度设计值	抗压强度设计值
中强度预应力钢丝	800	510	410
	970	650	
	1270	810	
消除应力钢丝	1470	1040	410
	1570	1110	
	1860	1320	
钢绞线	1570	1110	390
	1720	1220	
	1860	1320	
	1960	1390	
预应力螺纹钢筋	980	650	400
	1080	770	
	1230	900	

3.3.2.3　桥梁用预应力钢筋

依据《公路钢筋混凝土及预应力混凝土桥涵设计规范》(JTG 3362—2018)，桥用预应力钢筋抗拉强度标准值，见表 3.13。

表 3.13　桥梁用预应力钢筋抗拉强度标准值

钢筋种类		符号	公称直径/mm	预应力钢筋抗拉强度标准值/MPa
钢绞线	1×7(t 股)	ϕ^S	9.5、12.7、15.2、17.8	1720、1860、1960
			21.6	1860
消除应力钢丝	光面 螺旋肋	ϕ^P ϕ^H	5	1570、1770、1860
			7	1570
			9	1470、1570
预应力螺纹钢筋		ϕ^T	18、25、32、40、50	785、930、1080

依据《公路钢筋混凝土及预应力混凝土桥涵设计规范》(JTG 3362—2018)，桥用预应力钢筋抗拉、抗压强度设计值，见表 3.14。

表 3.14　桥梁用预应力钢筋抗拉、抗压强度设计值　　　　　　　　MPa

钢筋种类	抗拉强度标准值	抗拉强度设计值	抗压强度设计值
钢绞线 1×7(七股)	1720	1170	390
	1860	1260	
	1960	1330	
消除应力钢丝	1470	1000	410
	1570	1070	
	1770	1200	
	1860	1260	
预应力螺纹钢筋	785	650	400
	930	770	
	1080	900	

3.3.3　建筑钢结构用钢

钢材按照化学成分分为碳素钢和合金钢，在建筑工程中一般采用的是碳素结构钢，大型结构级桥梁等工程采用低合金高强结构钢，性能要求高时采用优质碳素结构钢。钢结构用钢主要有热轧型钢、冷弯薄壁型钢、冷(热)扎钢板和钢管等。热轧型钢是一种具有一定截面形状和尺寸的实心长条钢材，常用的热轧型钢有角钢、L 型钢、工字钢、槽钢、H 型钢和扁钢等。冷弯薄壁型钢是一种经济的截面轻型薄壁钢材，土木工程中使用的厚度为1.5～6.0mm的钢板或钢带经冷轧或冷弯或模压而成。土木工程结构用钢管有无缝钢管和焊接钢管。

钢结构用钢的基本要求是：

①有足够的强度和韧性　因为这类钢大都在-50～100℃的范围内使用，就要具有较高的低温韧性，有时还会受到风力或海浪冲击等交变荷载，必然要求有较高的抗疲劳强度。

②有良好的焊接性和成型工艺　焊接是构成金属结构的常用方法，要求焊接与母材有牢固结合度，强度不能低于母材，焊接影响区有较高的韧性，没有焊接裂纹，这就是可焊性。另外，工程构件成型时往往承受剧烈变形，如剪切、冲击、热弯等。因此，必须要有良好的冷热加工和成型工艺。

③有良好的耐腐蚀性　这里主要指大气环境下的抗腐蚀能力。

3.3.3.1　碳素结构钢

按钢的品质分类，碳素结构钢可分为普通碳素结构钢和优质碳素结构钢。

普通碳素结构钢，又称普通碳素钢，对含碳量、性能范围以及磷、硫和其他残余元素含量的限制较宽。根据交货的保证条件又分为3类：甲类钢（A类钢），是保证力学性能的钢；乙类钢（B类钢），是保证化学成分的钢；特类钢（C类钢），是既保证力学性能又保证化学成分的钢，常用于制造较重要的结构件。中国目前生产和使用最多的是含碳量在0.20%左右的A3钢（甲类3号钢），主要用于工程结构。有的碳素结构钢还添加微量的铝或铌（或其他碳化物形成元素）形成氮化物或碳化物微粒，以限制晶粒长大，使钢强化，节约钢材。

碳素结构钢适用于焊接、铆接、栓接工程结构用热轧钢板、钢带、型钢和钢棒，也适用于钢锭、连铸坯、钢坯及其制品。

(1)碳素结构钢的牌号和化学成分

普通碳素结构钢产量约占钢总产量的70%。由于普通碳素结构钢易于冶炼、价格低廉以及性能基本满足一般工程需要，在工程上用量很大。

《碳素结构钢》（GB/T 700—2006）规定，碳素结构钢的牌号由代表屈服强度的字母、屈服强度数值、质量等级符号、脱氧方法符号4个部分按顺序组成。例如：Q235AF，Q指屈服强度中"屈"字汉语拼音首位字母；屈服点数值共分为195、215、235、275等4级；按质量等级将碳素结构钢分为A、B、C、D等4类，在保证钢材力学性能符合规范的前提下，各牌号A级钢的碳、锰、硅含量可以不作为交货条件，但其含量在质量证明书中应注明，B、C、D级均应保证屈服强度、抗拉强度、伸长率、冷弯及冲击等力学性能。

碳素结构钢的牌号和化学成分，应符合表3.15的规定。

(2)碳素结构钢的力学性能

碳素结构钢的力学性能中的拉伸和冲击实验结果应符合表3.16的规定。

做拉伸和冷弯实验时，型钢和钢棒取纵向试样，钢板和钢带取横向试样。

夏比（V型缺口）冲击吸收能量，按一组3个试样的算术平均值进行计算，允许其中有1个试样单个值低于规定的最小值，但不得低于最小值的70%。

表 3.15　碳素结构钢的牌号和化学成分

牌号	统一数字代号	等级	厚度(或直径)/mm	脱氧方法	化学成分(质量分数)/%，≤				
					碳	硅	锰	磷	硫
Q195	U11952	—	—	F、Z	0.12	0.30	0.50	0.035	0.040
Q215	U12152	A	—	F、Z	0.15	0.35	1.20	0.045	0.050
	U12155	B							0.045
Q235	U12352	A	—	F、Z	0.22	0.35	1.40	0.045	0.050
	U12355	B			0.20				0.045
	U12358	C		Z	0.17			0.040	0.040
	U12359	D		TZ				0.035	0.035
Q275	U12752	A	—	F、Z	0.24	0.35	1.50	0.045	0.050
	U12755	B	≤40	Z	0.21			0.045	0.045
			>40		0.22				
	U12758	C	—	Z	0.20			0.040	0.040
	U12759	D		TZ				0.035	0.035

表 3.16　碳素结构钢的拉伸和冲击实验指标

牌号	等级	屈服强度/MPa，≥						抗拉强度/MPa	断后伸长率/%，≥					冲击实验(V 型缺口)	
		厚度(或直径)/mm							厚度(或直径)/mm					温度/℃	冲击吸收功纵向/J，≥
		≤16	>16~40	>40~60	>60~100	>100~150	>150~200		≤40	>40~60	>60~100	>100~150	>150~200		
Q195	—	195	185	—	—	—	—	315~430	33	—	—	—	—	—	—
Q215	A	215	205	195	185	175	165	335~450	31	30	29	27	26	—	—
	B													+20	27
Q235	A	235	225	215	215	195	185	370~500	26	25	24	22	21	—	—
	B													+20	27
	C													0	
Q275	A	275	265	255	245	225	215	410~540	22	21	20	18	17	—	—
	B													+20	27
	C													0	
	D													-20	

(3)碳素结构钢的主要特性及用途

碳素结构钢的性能主要取决于含碳量。随着含碳量的增加，钢的强度、硬度升高，塑性、韧性和可焊性降低。

碳素结构钢一般情况下都不经热处理，而在供应状态下直接使用。通常 Q195、Q215、Q235 钢碳的质量分数低，焊接性能好，塑性、韧性好，有一定强度，常轧制成薄板、钢筋、焊接钢管等，用于桥梁、建筑等结构和制造普通铆钉、螺钉、螺母等零件。Q275 钢碳的质量分数稍高，强度较高，塑性、韧性较好，可进行焊接，通常轧制成型钢、条钢和钢板作结构件，以及制造简单机械的连杆、齿轮、联轴节、销等零件。

此外，对于优质碳素结构钢，我国制定了《优质碳素结构钢》(GB/T 699—2015)标准，这是针对碳素结构钢棒材，适用于公称直径或厚度≤250mm热轧和锻制优质碳素结构钢棒材。

优质碳素结构钢按含锰量不同分为正常含锰量(Mn为0.25%~0.80%)和较高含锰量(Mn为0.70%~1.20%)，后者具有较好的力学性能和加工性能。

优质碳素结构钢热轧薄钢板和钢带，也可以轧制厚钢板和钢带。

3.3.3.2　低合金高强度结构钢

低合金高强度结构钢是含碳量≤0.20%的碳素结构钢基础上，加入小于5%的合金元素发展起来的，韧性高于碳素结构钢，同时具有良好的焊接性能、冷热压力加工性能和耐腐蚀性，部分钢种还具有较低的脆性转变温度。此类钢中除含有一定量的硅或锰基本元素外，还含有其他适合我国资源情况的元素，如钒(V)、铌(Nb)、钛(Ti)、铝(Al)、钼(Mo)、氮(N)和稀土(RE)等微量元素。按化学成分和性能要求，其牌号由Q355B、C、D、E、F，Q390B、C、D、E，Q420B、C、D、E，Q460C、D、E，Q500C、D、E，Q690C、D、E等钢级表示。

低合金高强度结构钢改善了钢材的塑性和韧性，提高了钢材的强度。低合金高强度钢适用于一般结构和工程用低合金高强度结构钢钢板、钢带、型钢、钢棒等，其化学成分也适用于钢坯。

(1)低合金高强度结构钢的牌号

低合金高强度结构钢的牌号由代表屈服强度"屈"字的汉语拼音首字母Q，规定的最小上屈服强度数值、交替状态代号、质量等级符号(B、C、D、E、F)4个部分组成。如Q355ND：

Q——低合金高强度结构钢的屈服强度"屈"字的汉语拼音首字母；

355——规定的最小上屈服强度数值，MPa；

N——交货状态为正火或轧制；

D——质量等级为D级。

当需方要求钢板具有厚度方向性能时，则在上述规定的牌号后加上代表厚度方向(Z向)性能级别的符号。例如：Q355NDZ25。

(2)低合金高强度结构钢的技术要求

热轧钢的牌号及化学成分(熔炼分析)应符合表3.17的规定，碳当量应符合表3.18的规定。

碳当量(CEV)由熔炼分析成分并采用式(3.1)计算。

$$CEV(\%) = C + Mn/6 + (Cr + Mo + V)/5 + (Ni + Cu)/15 \tag{3.1}$$

焊接裂纹指数(Pcm)由熔炼分析成分按式(3.2)计算。

$$Pcm(\%) = C + Si/30 + Mn/20 + Cu/20 + Ni/60 + Cr/20 + Mo/15 + V/10 + 5B \tag{3.2}$$

表 3.17　低合金高强热轧钢的牌号及化学成分

钢级	质量等级	C ≤40	C >40	Si	Mn	P	S	Nb	V	Ti	Cr	Ni	Cu	Mo	N	B
Q335	B	0.24		0.55	1.60	0.035	0.035	—	—	—	0.30	0.30	0.40	—	0.012	—
	C	0.20	0.22			0.030	0.030									
	D	0.20	0.22			0.025	0.025								—	
Q390	B	0.20		0.55	1.70	0.035	0.035	0.05	0.13	0.05	0.30	0.50	0.40	0.10	0.015	—
	C					0.030	0.030									
	D					0.025	0.025									
Q420	B	0.20		0.55	1.70	0.035	0.035	0.05	0.13	0.05	0.30	0.80	0.40	0.20	0.015	—
	C					0.030	0.030									
Q460	C	0.20		0.55	1.80	0.030	0.030	0.05	0.13	0.05	0.03	0.08	0.04	0.20	0.015	0.004

注：化学成分（质量分数）/% ，化学成分限值均为 ≤。

表 3.18　热轧状态交货钢材的碳当量(基于熔炼分析)

钢级	质量等级	碳当量 CEV(质量分数)/% ，≤ 公称厚度或直径/mm				
		≤30	>30~63	>63~150	>150~250	>250~400
Q355	B	0.45	0.47	0.47	0.49	—
	C					—
	D					0.49
Q390	B	0.45	0.47	0.48	—	
	C					
	D					
Q420	B	0.45	0.47	0.48	0.49	—
	C					
Q460	C	0.47	0.49	0.49	—	—

　　低合金高强度结构钢的正火及正火轧制钢的牌号及化学成分(熔炼分析)应符合表3.19 的规定，其相应碳当量应符合表 3.20 的规定。

表 3.19　低合金高强度结构钢中正火及正火轧制钢的牌号及化学成分

牌号		化学成分(质量分数)/%													
钢级	质量等级	C	Si	Mn	P	S	Nb	V	Ti	Cr	Ni	Cu	Mo	N	Als
		≤			≤					≤					≥
Q355N	B	0.20	0.50	0.90~1.65	0.035	0.035	0.005~005	0.01~0.12	0.006~0.05	0.30	0.50	0.40	0.10	0.015	0.015
	C				0.030	0.030									
	D				0.030	0.025									
	E	0.18			0.025	0.020									
	F	0.16			0.020	0.010									
Q390N	B	0.20	0.50	0.90~1.70	0.035	0.035	0.01~0.05	0.01~0.20	0.006~0.05	0.30	0.50	0.40	0.10	0.015	0.015
	C				0.030	0.030									
	D				0.030	0.025									
	E				0.025	0.020									
Q420N	B	0.20	0.60	1.0~1.70	0.035	0.035	0.01~0.05	0.01~0.20	0.006~0.05	0.30	0.80	0.40	0.10	0.015 / 0.025	0.015
	C				0.030	0.030									
	D				0.030	0.025									
	E				0.025	0.020									
Q460N	C	0.20	0.60	1.0~1.70	0.030	0.030	0.01~0.05	0.01~0.20	0.006~0.05	0.30	0.80	0.40	0.10	0.015 / 0.025	0.015
	D				0.030	0.025									
	E				0.025	0.020									

表 3.20　低合金高强度结构钢中正火及正火轧制钢的碳当量(基于熔炼分析)

牌号		碳当量 CEV(质量分数)/%，≤			
钢级	质量等级	公称厚度或直径/mm			
		≤63	>63~100	>100~250	>250~400
Q335N	B、C、D、E、F	0.43	0.45	0.45	协议
Q390N	B、C、D、E	0.46	0.48	0.49	协议
Q420N	B、C、D、E	0.48	0.50	0.52	协议
Q460	C、D、E	0.53	0.54	0.55	协议

　　低合金高强度结构钢中热机械轧制钢的牌号及环形成分(熔炼分析)应符合表 3.21 的规定，其相应碳当量应符合表 3.22 的规定。

表 3.21　热机械轧制钢的牌号及化学成分

牌号		化学成分(质量分数)/%														
钢级	质量等级	C	Si	Mn	P	S	Nb	V	Ti	Cr	Ni	Cu	Mo	N	B	Als
		≤														≥
Q355M	B	0.14	0.50	1.60	0.035	0.035	0.01~0.05	0.01~0.10	0.006~0.05	0.30	0.50	0.40	0.10	0.015	—	0.015
	C				0.035	0.030										
	D				0.030	0.025										
	E				0.025	0.020										
	F				0.020	0.010										
Q390M	B	0.15	0.50	1.70	0.035	0.035	0.01~0.05	0.01~0.12	0.006~0.05	0.30	0.50	0.40	0.10	0.015	—	0.015
	C				0.035	0.030										
	D				0.030	0.025										
	E				0.025	0.020										
Q420M	B	0.16	0.50	1.70	0.035	0.035	0.01~0.05	0.01~0.12	0.006~0.05	0.30	0.80	0.40	0.20	0.015	—	0.015
	C				0.030	0.030										
	D				0.030	0.025								0.025		
	E				0.025	0.020										
Q460M	C	0.16	0.60	1.70	0.030	0.030	0.01~0.05	0.01~0.12	0.006~0.05	0.30	0.80	0.40	0.20	0.015	—	0.015
	D				0.030	0.025								0.025		
	E				0.025	0.020										
Q500M	C	0.18	0.60	1.80	0.030	0.030	0.01~0.11	0.01~0.12	0.006~0.05	0.60	0.80	0.55	0.20	0.015	0.004	0.015
	D				0.030	0.025								0.025		
	E				0.025	0.020										
Q550M	C	0.18	0.60	2.00	0.030	0.030	0.01~0.11	0.01~0.12	0.006~0.05	0.80	0.80	0.80	0.30	0.015	0.004	0.015
	D				0.030	0.025								0.025		
	E				0.025	0.020										
Q620M	C	0.18	0.60	2.60	0.030	0.030	0.01~0.11	0.01~0.12	0.006~0.05	1.00	0.80	0.80	0.30	0.015	0.004	0.015
	D				0.030	0.025								0.025		
	E				0.025	0.020										
Q690M	C	0.18	0.60	2.00	0.030	0.030	0.01~0.11	0.01~0.12	0.006~0.05	1.00	0.80	0.80	0.30	0.015	0.004	0.015
	D				0.030	0.025								0.025		
	E				0.025	0.020										

表 3.22 热机械轧制钢的碳当量(基于熔炼分析)

牌号		碳当量 CEV(质量分数)/%,≤					焊接裂纹敏感性 Pcm(质量分数)/
		公称厚度或直径/mm					%,≤
钢级	质量等级	≤16	>16~40	>40~63	>63~120	>120~150	
Q355M	B、C、D、E、F	0.39	0.39	0.40	0.45	0.45	0.20
Q390M	B、C、D、E	0.41	0.43	0.44	0.46	0.46	0.20
Q420M	B、C、D、E	0.43	0.45	0.46	0.47	0.47	0.20
Q460M	C、D、E	0.45	0.46	0.47	0.48	0.48	0.22
Q500M	C、D、E	0.47	0.47	0.47	0.48	0.48	0.25
Q550M	C、D、E	0.47	0.47	0.47	0.48	0.48	0.25
Q620M	C、D、E	0.48	0.48	0.48	0.49	0.49	0.25
Q690M	C、D、E	0.49	0.49	0.49	0.49	0.49	0.25

(3)低合金高强度结构钢的力学性能

低合金高强度热轧钢的力学性能,应符合表 3.23 和表 3.24 的规定。

表 3.23 低合金高强度热轧钢材的拉伸性能

牌号		上屈服强度/MPa,≥									抗拉强度/MPa			
		公称厚度或直径/mm												
钢级	质量等级	≤16	16~40	40~63	63~80	80~100	100~150	150~200	200~250	250~400	≤100	100~150	150~250	250~400
Q355	B、C	355	345	335	325	315	295	285	275	—	470~630	450~600	450~600	—
	D									265				450~600
Q390	B、C、D	390	380	360	340	340	320	—	—	—	490~650	470~620	—	—
Q420	B、C	420	410	390	370	370	350	—	—	—	520~680	500~650	—	—
Q460	C	460	450	430	410	410	390	—	—	—	550~720	530~720	—	—

表 3.24 低合金高强度热轧钢材的伸长率

牌号			断后伸长率/%,≥					
			公称厚度或直径/mm					
钢级	质量等级	试样方向	≤40	>40~63	>63~100	>100~150	>150~250	>250~400
Q355	B、C、D	纵向	22	21	20	18	17	17
		横向	20	19	18	18	17	17
Q390	B、C、D	纵向	21	20	20	19	—	—
		横向	20	19	19	18	—	—
Q420	B、C	纵向	20	19	19	19	—	—
Q460	C	横向	18	17	17	17	—	—

低合金高强度结构钢中正火及正火轧制钢材的拉伸性能,见表 3.25。

低合金高强度结构钢中的热机械轧制钢材的拉伸性能,见表 3.26。

表 3.25　低合金高强度结构钢中正火及正火轧制钢材的拉伸性能

牌号		上屈服强度/MPa，≥								抗拉强度/MPa			断后伸长率/%，≥					
钢级	质量等级	公称厚度或直径/mm								公称厚度或直径/mm			公称厚度或直径/mm					
		≤	>							≤	>		≤		>			
		16	16~40	40~63	63~80	80~100	100~150	150~200	200~250	100	100~200	200~250	16	16~40	40~63	63~80	80~200	200~250
Q355N	B/C/D/E/F	355	345	335	325	315	295	285	275	470~630	450~600	450~600	22	22	22	21	21	21
Q390N	B/C/D/E	390	380	360	340	340	320	310	300	490~650	470~620	470~620	20	20	20	19	19	19
Q420N	B/C/D/E	420	400	390	370	360	340	330	320	520~680	500~650	500~650	19	19	19	18	18	18
Q460N	C/D/E	460	440	430	410	400	380	370	370	540~720	530~710	510~690	17	17	17	17	17	16

表 3.26　低合金高强度结构钢中的热机械轧制钢材的拉伸性能

牌号		上屈服强度/MPa，≥						抗拉强度/MPa					断后伸长率/%，≥
钢级	质量等级	公称厚度或直径/mm						公称厚度或直径/mm					
		≤		>				≤	>				
		16	16~40	40~63	63~80	80~100	100~120	40	40~63	63~80	80~100	100~120	
Q355M	B/C/D/E/F	355	345	335	325	325	320	470~630	450~610	440~600	440~600	430~590	22
Q390M	B/C/D/E	390	380	360	340	340	335	490~650	480~640	470~630	460~620	450~610	20
Q420M	B/C/D/E	420	400	390	380	370	365	520~680	500~660	480~640	470~630	460~620	19
Q460M	C/D/E	460	440	440	410	400	385	540~720	530~710	510~690	500~680	490~660	17
Q500M	C/D/E	500	490	480	460	450	—	610~770	600~760	590~750	540~730	—	17
Q550M	C/D/E	550	540	530	510	500	—	670~830	620~810	600~790	590~780	—	16
Q620M	C/D/E	620	610	600	580	—	—	710~940	750~920	730~900	—	—	15
Q690M	C/D/E	690	680	670	650	—	—	770~940	750~920	730~900	—	—	14

注：热机械轧制（TMCP）状态包括热机械轧制（TMCP）加回火状态。

(4)低合金高强度结构钢的特性和用途

Q355 分 B~E4 级。在较低强度级别的钢中，以 Q355 最具有代表性，其强度比相同碳的质量分数的碳素结构钢高 20%~30%，耐大气腐蚀性比碳素结构钢高 20%~38%，用它制造工程结构件时用量可减少 20%~30%。Q355(18Nb)综合力学性能和低温冲击韧性良好，焊接性能和冷热压力加工性能良好，用于建筑结构、化工容器、管道等领域。Q355(16Mn)具有良好的综合力学性能、低温冲击韧性、冷冲压、切削加工性、焊接性能等，但缺口敏感性较大，广泛用于受动荷载作用的焊接结构，如桥梁、车辆、船舶等领域。

Q390 分 B~E 4 级，具有良好的综合力学性能，应用于桥梁、车辆、起重机及其他较高荷载的焊接结构件等。

Q420 分 B~E 4 级，具有良好的综合力学性能，应用于桥梁、大型船舶、重型焊接结构件等。

Q460 分 C~E 3 级，具有良好的力学性能，可淬火后用于大型钢架建筑、大型挖掘等。例如，国家体育馆"鸟巢"主体钢架结构就是采用 Q460E。

Q500 分 C~E 3 级，强度和硬度很高，需在 500℃下使用，多用于高压容器或锅炉等。

Q690 分 C~E 3 级，强度和硬度非常高，应用面较小，多用于高层建筑杆件、液压支架等。

3.3.3.3　建筑结构用钢板

建筑结构用钢板依据《建筑结构用钢板》(GB/T 19879—2015)。建筑结构用钢板适用于制造高层建筑结构、大跨度结构及其他重要建筑用厚度 6~200mm 的 Q345GJ，厚度 6~150mm 的 Q235GJ、Q390GJ、Q420GJ、Q460GJ，厚度 12~40mm 的 Q500GJ、Q550GJ、Q620GJ、Q690GJ 热轧钢板。

建筑结构用钢板的牌号及化学成分(熔炼分析)应符合表 3.27 的规定。建筑结构用钢板的碳当量和焊接裂纹指数应符合表 3.28 的规定。

表 3.27　建筑结构用钢板的牌号及化学成分

牌号	质量等级	化学成分(质量分数)/%											
		C	Si	Mn	P	S	V	Nb	Ti	Als	Cr	Cu	Ni	Mo
		≤			≤					≥	≤			
Q235GJ	B、C	0.20	0.35	0.60~1.50	0.025	0.015	—	—	—	0.015	0.30	0.30	0.30	0.08
	D、E	0.18			0.020	0.010								
Q345GJ	B、C	0.20	0.55	≤1.60	0.025	0.015	0.15	0.07	0.05	0.015	0.30	0.30	0.30	0.20
	D、E	0.18			0.020	0.010								
Q390GJ	B、C	0.20	0.55	≤1.70	0.025	0.015	0.20	0.07	0.03	0.015	0.30	0.30	0.70	0.50
	D、E	0.18			0.020	0.010								
Q420GJ	B、C	0.20	0.55	≤1.70	0.025	0.015	0.20	0.07	0.03	0.015	0.80	0.30	1.00	0.50
	D、E	0.18			0.020	0.010								

（续）

牌号	质量等级	化学成分(质量分数)/%												
		C	Si	Mn	P	S	V	Nb	Ti	Als	Cr	Cu	Ni	Mo
		≤			≤					≥	≤			
Q460GJ	B、C	0.20	0.55	≤1.70	0.025	0.015	0.20	0.11	0.03	0.015	1.20	0.50	1.20	0.50
	D、E	0.18			0.020	0.010								
Q500GJ	C	0.18	0.60	≤1.80	0.025	0.015	0.12	0.11	0.03	0.015	1.20	0.50	1.20	0.60
	D、E				0.020	0.010								
Q550GJ	C	0.18	0.60	≤2.00	0.025	0.015	0.12	0.11	0.03	0.015	1.20	0.50	2.00	0.60
	D、E				0.020	0.010								
Q620GJ	C	0.18	0.60	≤2.00	0.025	0.015	0.12	0.11	0.03	0.015	1.20	0.50	2.00	0.60
	D、E				0.020	0.010								
Q690GJ	C	0.18	0.60	≤2.20	0.025	0.015	0.12	0.11	0.030	0.015	1.20	0.50	2.00	0.60
	D、E				0.020	0.010								

表 3.28　建筑结构用钢板的碳当量和焊接裂纹指数

牌号	规定厚度(mm)的碳当量 CEV/%				规定厚度(mm)的焊接裂纹敏感性指数 Pcm/%			
	≤50	>50~100	>100~150	>150~200	≤50	>50~100	>100~150	>150~200
	≤				≤			
Q235GJ	0.34	0.36	0.38	—	0.24	0.26	0.27	—
Q345GJ	0.42	0.44	0.46	0.47	0.26	0.29	0.30	0.30
	0.38	0.40	—	—	0.24	0.26	—	—
Q390GJ	0.45	0.47	0.49	—	0.28	0.30	0.31	—
	0.40	0.43	—	—	0.26	0.27	—	—
Q420GJ	0.48	0.50	0.52	—	0.30	0.33	0.34	—
	0.44	0.47	0.49	—	0.28	0.30	0.31	—
	0.40	双方协商	—		0.26	双方协商	—	
Q460GJ	0.52	0.54	0.56	—	0.32	0.34	0.35	—
	0.45	0.48	0.50	—	0.28	0.30	0.31	—
	0.42	双方协商	—		0.27	双方协商	—	
Q500GJ	0.52	—			双方协商			
	0.47	—			0.28			
Q550GJ	0.54	—			双方协商			
	0.47	—			0.29			
Q620GJ	0.58	—			双方协商			
	0.48	—			0.30			
Q690GJ	0.60	—			双方协商			
	0.50	—			0.30			

碳当量(CEV)有熔炼分析成分并采用式(3.1)计算。焊接裂纹指数(Pcm)由熔炼分析成分按式(3.2)计算。

建筑结构用钢板力学性能中拉伸性能、弯曲性能指标,应符合表3.29和表3.30的规定。

表3.29 建筑结构用钢板力学性能拉伸和弯曲指标(一)

牌号	质量等级	拉伸实验										断后伸长率/%	纵向冲击实验	弯曲实验	
		钢板厚度/mm												弯曲180°	
		下屈服强度/MPa					抗拉强度/MPa			屈强比			冲击吸收能量/KV_2/J	弯头直径 D	
		>						>		>				钢板厚度/mm	
		6~16	16~50	50~100	100~150	150~200	≤	100~150	150~200	6~150	150~200	≥		≤16	>16
Q235GJ	B	≥235	235~345	225~335	215~325		400~510	380~510		≤0.80	—	23	47	D=2a	D=3a
	C														
	D														
	E														
Q345GJ	B	≥345	345~455	335~445	325~435	305~415	490~610	470~610	470~610	≤0.80	≤0.80	22	47	D=2a	D=3a
	C														
	D														
	E														
Q390GJ	B	≥390	390~510	380~500	370~490		510~660	490~640		≤0.83		20	47	D=2a	D=3a
	C														
	D														
	E														
Q420GJ	B	≥420	420~550	410~540	400~530	—	530~680	510~660		≤0.83		20	47	D=2a	D=3a
	C														
	D														
	E														
Q460GJ	B	≥460	460~600	450~590	440~580		570~720	550~720		≤0.83		18	47	D=2a	D=3a
	C														
	D														
	E														

注:a为试件厚度。

表 3.30　建筑结构用钢板力学性能拉伸和弯曲指标(二)

牌号	质量等级	拉伸实验					纵向冲击实验		弯曲实验
		下屈服强度/MPa		抗拉强度/MPa	断后伸长率/%，≥	屈强比，≤	温度/℃	冲击吸收能量/J	180°弯曲压头直径 D
		厚度/mm							
		12~20	>20~40						
Q500GJ	C	≥500	500~640	610~770	17	0.85	0	55	D=3a
	D						−20	47	
	E						−40	31	
Q550GJ	C	≥550	550~690	670~830	17	0.85	0	55	D=3a
	D						−20	47	
	E						−40	31	
Q620GJ	C	≥620	620~770	730~900	17	0.85	0	55	D=3a
	D						−20	47	
	E						−40	31	
Q690GJ	C	≥690	690~860	770~940	14	0.85	0	55	D=3a
	D						−20	47	
	E						−40	31	

3.3.4　桥梁结构用钢

公路桥梁和铁路桥梁用结构钢可参照《桥梁用结构钢》(GB/T 714—2015)规定选用，公路钢结构钢依据《公路钢结构桥梁设计规范》(JTG D64—2015)规定。

桥梁用钢的牌号由代表屈服强度的"屈"字汉语拼音字母、规定最小屈服强度值、桥字的汉语拼音首位字母、质量等级等部分组成。例如，Q420qD。

当以热机械轧制状态交货的 D 级钢板具有耐候性能及厚度方向性能时，则在上述的牌号后面分别加上耐候(NH)及厚度方向(Z 向)性能级别的代号，例如：Q420qDNHZ15。

下面将简要介绍桥梁结构用钢的技术要求和实验检测。

(1)牌号及化学成分

不同交货状态钢的牌号及化学成分(熔炼分析)应符合表 3.31～表 3.35 的规定。

表 3.31　各牌号及质量等级钢硫、磷、硼、氢成分要求

质量等级	化学成分(质量分数)/%			
	P	S	B	H
	≤			
C	0.030	0.025	0.0005	0.0002
D	0.025	0.020		
E	0.020	0.010		
F	0.015	0.006		

表 3.32 热轧或正火钢化学成分

牌号	质量等级	C	Si	Mn	Nb	V	Ti	Als	Cr	Ni	Cu	N
		≤							≤			
Q345q	C D E	0.18	0.55	0.90~1.60	0.005~0060	0.010~0.080	0.006~0.030	0.010~0.045	0.30	0.30	0.30	0.0080
Q375q				1.00~1.60								

表 3.33 热机械轧制钢化学成分

牌号	质量等级	C	Si	Mn	Nb	V	Ti	Als	Cr	Ni	Cu	N
		≤								≤		
Q345q	C D E	0.14	0.55	0.90~1.60	0.010~0.090	0.010~0.080	0.006~0.030	0.010~0.045	0.30	0.30	0.30	0.0080
Q370q	D E			1.00~1.60								
Q420q	C	0.11		1.00~1.70					0.50	0.30		
Q460q	D											
Q500q	E								0.80	0.70		

表 3.34 调质钢化学成分

牌号	质量等级	C	Si	Mn	Nb	V	Ti	Als	Cr	Ni	Cu	Mo	N
		≤											
Q500q	D E F	0.11	0.55	0.80~1.70	0.005~0.060	0.010~0.080	0.006~0.030	0.010~0.045	≤0.80	≤0.70	≤0.30	≤0.30	≤0.0080
Q550q		0.12											
Q620q		0.14			0.005~0.090				0.40~0.80	0.25~1.00	0.15~0.55	0.20~0.50	
Q690q		0.15							0.40~1.00	0.25~1.20		0.20~0.60	

注：可添加 B 元素 0.0005%~0.0030%。

表 3.35 耐大气腐蚀钢化学成分

牌号	质量等级	C	Si	Mn	Nb	V	Ti	Cr	Ni	Cu	Mo	N	Als
											≤		
Q345qNH	D E F	≤0.11	0.15~0.50	1.10~1.50	0.01~0.10	0.01~0.10	0.006~0.030	0.40~0.70	0.30~0.40	0.25~0.50	0.10	0.008	0.015~0.050
Q370qNH											0.15		
Q420qNH											0.20		
Q460qNH													
Q500qNH								0.45~0.70	0.30~0.45	0.25~0.55	0.25		
Q550qNH													

（2）碳当量

各牌号钢的碳当量应符合表 3.36 的规定。碳当量应由熔炼分析成分并采用式（3.1）计算。

表 3.36　各牌号钢的碳当量

交货状态	牌号	碳当量（质量分数）/%		
		厚度≤50mm	50mm<厚度≤100mm	100mm<厚度≤150mm
热轧或正火	Q345q	≤0.43	≤0.45	协议
	Q370q	≤0.44	≤0.46	
热机械轧制	Q345q	≤0.38	≤0.40	—
	Q370q	≤0.38	≤0.40	
调质	Q500q	≤0.50	≤0.55	协议
	Q550q	≤0.52	≤0.57	
	Q620q	≤0.55	≤0.60	
	Q690q	≤0.60	≤0.65	

（3）裂纹敏感性指数

除耐候钢外的各牌号钢，当碳当量≤0.12%时，采用焊接裂纹敏感性指数（Pcm）代替碳当量评估钢材的可焊接性，裂纹敏感性指数应采用式（3.2）有熔炼分析计算，计算结果应符合表 3.37 的规定。

表 3.37　裂纹敏感性指数

牌号	Pcm（质量分数）/%	牌号	Pcm（质量分数）/%
	≤		≤
Q345q	0.20	Q500q	0.25
Q370q	0.20	Q550q	0.25
Q420q	0.22	Q620q	0.25
Q460q	0.23	Q690q	0.25

（4）力学性能

桥梁结构用钢的力学性能中的拉伸性能，应符合表 3.38 的规定。桥梁用结构钢的力学性能中的其他性能也应符合 GB/T 714—2015 要求。

（5）工艺性能

桥梁结构用钢的工艺性能用弯曲实验测定，应符合表 3.39 的规定。

（6）钢筋的弹性模量

钢筋的弹性模量，见表 3.40。

表 3.38 桥梁结构用钢的力学性能

牌号	质量等级	拉伸实验				
		下屈服强度/MPa			抗拉强度/MPa	断后伸长率/%
		厚度≤50mm	50mm<厚度≤100mm	100mm<厚度≤150mm		
		≥				
Q345q	D	345	335	305	490	20
	E					
	F					
Q370q	D	370	360	—	510	20
	E					
	F					
Q420q	D	420	410	—	540	19
	E					
	F					
Q460q	D	460	450	—	570	18
	E					
	F					
Q500q	D	500	480	—	630	18
	E					
	F					
Q550q	D	550	530	—	660	16
	E					
	F					
Q620q	D	620	580	—	720	15
	E					
	F					
Q690q	D	690	650	—	770	14
	E					
	F					

表 3.39 桥梁结构用钢的工艺性能

180°弯曲实验		
厚度≤16mm	厚度>16mm	弯曲结果
$D=2a$	$D=3a$	在试样外表面不应有肉眼可见的裂纹

注：D 为弯曲压头直径，a 为试样厚度。

表 3.40 钢筋的弹性模量

钢筋种类	弹性模量 $E_s/\times 10^5 \text{MPa}$	钢筋种类	弹性模量 $E_p/\times 10^5 \text{MPa}$
HPB300	2.10	钢绞线	1.95
HRB400、HRB500、HRBF400、RRB400	2.00	消除应力钢丝	2.05
		预应力螺纹钢筋	2.00

3.3.5 钢纤维混凝土用钢

（1）钢纤维概念

钢纤维混凝土用钢依据《混凝土用钢纤维》（GB/T 39147—2020）。钢纤维是指钢材料经一定工艺制成的、能随机均匀分布于混凝土中短而细的纤维。

在混凝土中掺入钢纤维，能大大提高混凝土的抗冲击强度和韧性，显著改善其抗裂、抗剪、抗弯、抗拉、抗疲劳等性能。钢纤维的原材料可以使用碳素结构钢、合金结构钢和不锈钢，生产方式有钢丝切断、薄板剪切、熔融抽丝和铣削。表面粗糙或表面刻痕、性状为波形或扭曲形、端部带钩或端部有大头的钢纤维与混凝土的黏结力较好，有利于混凝土提高强度。钢纤维直径控制在 0.45~0.7mm，长度与直径比控制在 50~80。

钢纤维按抗拉强度可分为 1000MPa、600MPa 和 380MPa 3 个等级。普通混凝土很少使用钢纤维混凝土，主要是造价高、使用不方便；但公路桥梁的伸缩缝混凝土等常使用钢纤维混凝土。

（2）钢纤维分类

①按原材料分　碳素结构钢，CA；合金结构钢，AL；不锈钢，ST；其他钢，OT。

②按生产工艺分　Ⅰ类，钢丝冷拉型；Ⅱ类，钢板剪切型；Ⅲ类，钢锭铣削型；Ⅳ类，钢丝削刮型；Ⅴ类，熔抽型。

③按形状和表面分　平直型和异型。

④按成型方式分　黏结成排型，G；单根散状型，L。

⑤按镀层方式分　带镀层型，C；无镀层型，B。

（3）钢纤维抗拉强度和等级

钢纤维强度以抗拉强度计，分为 5 个强度等级，见表 3.41。

表 3.41 钢纤维的强度等级

等级	400 级	700 级	1000 级	1300 级	1700 级
抗拉强度/MPa	400~<700	700~<1000	1000~<1300	1300~<1700	≥1700

（4）钢纤维的长度和直径

钢纤维长度分为>30mm 和≤30mm；直径分为>0.30mm 和≤0.30mm。钢纤维长度和直径尺寸较小，似纤维。

3.4 钢材的技术性质

3.4.1 拉伸性能

钢材的技术性质主要包括力学性质(拉伸性能、冲击韧性、耐疲劳、硬度等)和工艺性能(冷弯、焊接)两个方面(戴国欣,2020)。

拉伸性能是建筑钢材最重要的技术性质。建筑钢材的抗拉性能,可用低碳钢受拉时的应力–应变图来阐明,如图 3.6 所示。高碳钢的拉伸与低碳钢的拉伸比较,如图 3.7 所示。

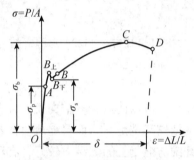

图 3.6 低碳钢拉伸示意图

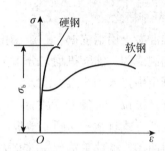

图 3.7 高碳钢与低碳钢拉伸比较

3.4.1.1 低碳钢拉伸的 4 个阶段

(1)弹性阶段(OA 段)

在 OA 段,如卸去荷载,试件将恢复原状,表现为弹性变形。此阶段应力与应变成正比,其比值为常数,称为弹性模量,用 E 表示,即 $\sigma / \varepsilon = E$。弹性模量反映了钢材抵抗变形的能力,即产生单位弹性应变时所需的应力大小。它是钢材在受力条件下计算结构变形的重要指标。常用低碳钢的弹性模量 $E = (2.0 \sim 2.1) \times 10^5 \mathrm{MPa}$,弹性极限应力 $\sigma_p = 180 \sim 200 \mathrm{MPa}$。

(2)屈服阶段(AB 段)

当荷载增大,试件应力超过 σ_p 时,应变增加的速度大于应力增长速度,应力与应变不再成比例,开始产生塑性变形。图 3.6 中 $B_上$ 点是这一阶段应力最高点,称为屈服上限,$B_下$ 点称为屈服下限。$B_下$ 点比较稳定易测,故一般以 $B_下$ 点对应的应力作为屈服点,用 σ_s 表示。常用低碳钢的 σ_s 为 185~235MPa。

钢材受力达到屈服点后,应变迅速发展,尽管尚未破坏,但因变形过大已不能满足使用要求,故设计中一般以屈服点作为钢材强度取值依据。

高碳钢的拉伸没有明显的屈服阶段,即没有明显的屈服强度,高碳钢与低碳钢拉伸比较如图 3.7 所示。高碳钢的屈服强度取塑性延伸率的 0.2%时对应的应力。

(3)强化阶段(BC 段)

当荷载超过屈服点以后,由于试件内部组织结构发生变化,抵抗变形能力又重新提高,故称为强化阶段。对应最高点 C 的应力,称为抗拉强度,用 σ_b 表示。常用低碳钢的 σ_b 为 375~500MPa。

工程上使用的钢材，不仅希望具有高的 σ_s，还应具有一定的屈强比（σ_s/σ_b）。屈强比越小，钢材受力超过屈服点工作时的可靠性越大，结构越安全。但如果屈强比过小，则钢材有效利用率太低，造成浪费。常用的碳素钢的屈强比为 0.58~0.63。合金钢为 0.65~0.75。

（4）颈缩阶段（CD 段）

当钢材强化达到最高界限点后，在试件薄弱处的截面将显著缩小，产生"颈缩现象"，由于试件断面急剧缩小，塑性变形迅速增加，拉力也就随着降下来，最后发生断裂。

3.4.1.2　伸长率

伸长率是指钢筋拉断后伸长量占原来标距长度的百分率。将拉断后的试件拼合后，测出断后标距，按式（3.3）计算伸长率。

$$A = \frac{l_u - l_0}{l_0} \times 100 \tag{3.3}$$

式中：A——断后伸长率，%；

　　　l_u——试件断后标距，mm；

　　　l_0——试件原始标距，mm。

伸长率是衡量钢材塑性的重要技术指标，伸长率越大，表明钢材的塑性越好，尽管结构是在钢的弹性范围内使用，但在应力集中处，其应力可能超过屈服点，此时产生一定的塑性变形，可使结构中的应力重分布，从而免遭破坏。

可以用断面收缩率来衡量塑性，断面收缩率是指试件拉断后，颈缩处横截面积的缩减量占原横截面积的百分率，显然断面收缩率越大，钢材的塑性越好。

钢材拉伸实验采用万能实验机或钢材拉力实验机完成，这是一个非常重要的实验，无论理论研究还是在工程单位判断钢筋的质量都是极其重要的。钢材的拉伸性能中，屈服强度、抗拉强度和断后伸长率是建筑结构设计必需的 3 个重要参数，也是评判钢材力学性能质量的 3 项主要指标（游普元等，2012）。

3.4.2　冷弯性能

冷弯性能是指钢材在常温下承受弯曲变形的能力，为钢材的重要工艺性能。冷弯性能是以实验时的弯曲角度 β 和弯心直径 d 为指标表示的，如图 3.8 所示（图中 a 为钢筋直

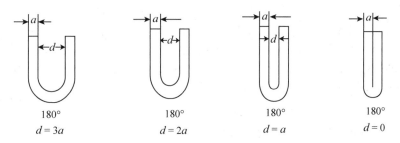

图 3.8　钢材的冷弯

径），钢筋母材冷弯实验弯曲角度一般为180°。钢材冷弯时的弯曲角度越大，弯心直径越小，表示钢材的冷弯性能越好。

钢材的冷弯性能也是检验钢材塑性的一种方法。冷弯和伸长率都反映了钢材的塑性，两者存在着有机联系。伸长率大的钢材，其冷弯性能必然好，但冷弯实验对钢材塑性的评定比拉伸实验更严格、更敏感。冷弯还有助于暴露钢材的某些缺陷，如钢材因生产过程中，可能产生气孔、杂质、裂纹和严重偏析等。在焊接时，局部脆性及焊接接头质量的缺陷都可以通过冷弯发现。所以，钢材的冷弯性能不仅仅是加工性能的需求，也是评定焊接质量的重要指标之一。

3.4.3 其他技术性质

3.4.3.1 冲击韧性

冲击韧性是钢材抵抗冲击荷载而不被破坏的能力。钢材的冲击韧性用冲断试样所需能量的多少来表示。钢材的冲击韧性实验是采用中间有V型缺口的标准弯曲试样，置于冲击机的支架上，并使切槽位于受拉的一侧，如图3.9所示。当实验机的重摆从一定高度自由落下将试件冲断时，试件所吸收的能量等于重摆所做的功。冲断试件消耗的能量越多，钢材断裂吸收的能力越多，钢材的韧性越好(戴国欣，2020)。

钢材的冲击韧性对钢的化学成分、组织结构以及生产质量都较为敏感。

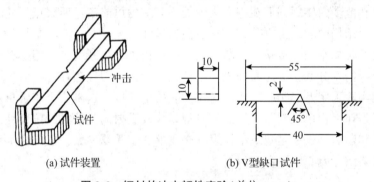

(a) 试件装置　　　　(b) V型缺口试件

图3.9　钢材的冲击韧性实验(单位：mm)

3.4.3.2 硬度

钢材的硬度是指其表面抵抗硬物压入产生局部变形的能力。测定钢材硬度的方法很多，如布氏法、洛氏法和维氏法等，建筑钢材常用硬度指标为布氏硬度值，代号为HB。

布氏法的测定是利用直径为D(mm)的淬火钢球，以荷载P(N)将其压入试件表面，经过规定的持荷时间后卸载，得到直径为d(mm)的压痕，以压痕表面积A(mm^2)除荷载P，应力值兆帕数为试件的布氏硬度值HB，此值无量纲，如图3.10所示。布氏法测定时所得压痕直径就

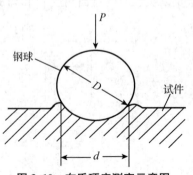

图3.10　布氏硬度测定示意图

在 $0.25D<d<0.6D$ 范围内，否则测定结果不准确。故在测定前应根据试件厚度和估计的硬度范围，按实验方法的规定选定钢球的直径、所加荷载以及荷载持续时间。当被测材料硬度 HB>450 时，测定用钢球本身将发生较大的变形，甚至破坏。故这种硬度实验方法仅适用于 HB<450 的钢材。对于 HB>450 的钢材，应采用洛氏法测定其硬度。布氏法比较准确，但压痕较大，不适宜用于成品检验。

洛氏法是用 120° 角的锥形金刚石压头，以不同荷载压入试件，根据其压痕尝试确定洛氏硬度值 HR。洛氏法压痕小，常用于判断工件的热处理效果。

钢材的布氏硬度与其力学性能之间有着较好的相关性。实验证明，碳素钢的 HB 值与其抗拉强度 σ_b 之间存在以下关系：

当 HB<175 时，$\sigma_b \approx 3.6HB$；当 HB>175 时，$\sigma_b \approx 3.5HB$。

3.4.3.3　可焊性

可焊性是指在一定焊接工艺条件下，在焊缝及附近过热区不产生裂纹及硬脆倾向，焊接后的力学性能，特别是强度不得低于原钢材的性质。

可焊性主要受化学元素及其含量的影响，含碳量高将增加焊接的硬脆性，含碳量小于 0.25% 的碳素钢具有良好的可焊性。加入合金元素如硅、锰、钒、钛等，也将增大焊接的硬脆性，降低可焊性。有害杂质硫能使焊接产生热裂纹及硬脆性。

3.4.4　热轧钢筋的技术标准及实验检测

热轧钢筋在工程上使用量大、面广，且工地实验室一般都能开展热轧钢筋的常规力学性能检测，本节对热轧光圆钢筋和热轧带肋钢筋的技术标准和实验检测进行介绍。

3.4.4.1　热轧光圆钢筋技术标准

（1）热轧光圆钢筋的技术标准

《钢筋混凝土用钢　第 1 部分：热轧光圆钢筋》（GB/T 1499.1—2017）规定，热轧光圆钢筋力学特征值，见表 3.42。新标准取消了 HPB235 这一等级，只保留了 HPB300 这一个等级。

表 3.42　热轧光圆钢筋力学特征值

牌号	下屈服强度/MPa	抗拉强度/MPa	断后伸长率/%	最大力总伸长率/%	冷弯实验弯曲 180°
	≥				
HPB300	300	420	25.0	10.0	$a=d$

注：a 为钢筋直径，d 为弯心直径。

（2）热轧光圆钢筋的取样方法和实验方法

《钢筋混凝土用钢　第 1 部分：热轧光圆钢筋》（GB/T 1499.1—2017）规定，热轧光圆钢筋的检验项目，见表 3.43。

表 3.43 热轧光圆钢筋的取样和实验方法

序号	检验项目	取样数量	取样方法	实验方法
1	化学成分 (熔炼分析)	1	GB/T 20066—2006	GB/T 223 GB/T 4336—2016
2	拉伸	2	不同根(盘)钢筋切取	GB/T 228 GB 1499.1—2017
3	弯曲	2	不同根(盘)钢筋切取	GB/T 232 GB 1499.1—2017
4	尺寸	逐支(盘)		GB 1499.1—2017
5	表面	逐支(盘)		目视
6	质量偏差		GB 1499.1—2017	

3.4.4.2 热轧带肋钢筋

(1)热轧带肋钢筋分类

《钢筋混凝土用钢 第2部分:热轧带肋钢筋》(GB/T 1499.2—2018)适用于钢筋混凝土用普通热轧带肋钢筋和细晶粒热轧带肋钢筋,见表3.5。

热轧带肋钢筋通常带有纵肋(平行于钢筋轴线的均匀连续肋),也可以不带纵肋。因此,热轧带肋钢筋分为带有纵肋的月牙肋钢筋和不带纵肋的月牙肋钢筋,这里的月牙肋指横肋(与钢筋轴线不平行的其他肋)。

(2)热轧带肋钢筋化学成分和碳当量

热轧带肋钢筋的化学成分和碳当量,见表3.44。

表 3.44 热轧带肋钢筋的化学成分和碳当量

牌号	化学成分(质量分数)/%					碳当量/%
	C	Si	Mn	P	S	
	≤					
HRB400 HRBF400 HRB400E HRBF400E	0.25	0.80	1.60	0.045	0.045	0.54
HRB500 HRBF500 HRB500E HRBF500E						0.55
HRB600	0.28					0.58

(3)热轧带肋钢筋的力学性能

热轧带肋钢筋的力学性能分为下屈服强度、抗拉强度、断后伸长率、最大力总伸长率等,见表3.45。热轧带肋钢筋弯曲角度为180°弯曲实验时的弯心直径,见表3.46。

表 3.45　热轧带肋钢筋的力学特征值

牌号	下屈服强度/MPa	抗拉强度/MPa	断后伸长率/%	最大力总延伸率/%	钢筋实测抗拉强度与下屈服强度之比	实测下屈服强度与其标准值之比
			≥			≤
HRB400	400	540	16	7.5	—	—
HRBF400			—	9.0	1.25	1.30
HRB400E						
HRBF400E						
HRB500	500	630	15	7.5	—	—
HRBF500						
HRB500E			—	9.0	1.25	1.30
HRBF500E						
HRB600	600	730	14	7.5	—	—

表 3.46　热轧带肋钢筋的弯心直径

牌号	公称直径/mm	弯曲压头直径/mm
HRB400 HRBF400 HRB400E HRBF400E	6~25	4d
	28~40	5d
	>40~50	6d
HRB500 HRBF500 HRB500E HRBF500E	6~25	6d
	28~40	7d
	>40~50	8d
HRB600	6~25	6d
	28~40	7d
	>40~50	8d

（4）热轧带肋钢筋的取样方法和实验方法

《钢筋混凝土用钢　第2部分：热轧带肋钢筋》（GB/T 1499.2—2018）规定，热轧带肋钢筋的检验项目，见表 3.47。

表 3.47　热轧带肋钢筋的取样方法和实验方法

序号	检验项目	取样数量	取样方法	实验方法
1	化学成分（熔炼分析）	1	GB/T 20066	GB/T 223、GB/T 4336、GB/T 20123、GB/T 20124、GB/T 20125
2	拉伸	2	不同根（盘）钢筋切取	GB/T 28900、GB 1499.2
3	弯曲	2	不同根（盘）钢筋切取	GB/T 28900、GB 1499.2
4	反向弯曲	1	不同根（盘）钢筋切取	GB/T 28900、GB 1499.2
5	尺寸	逐根/盘		GB 1499.2
6	表面	逐根/盘		目视
7	质量偏差		GB 1499.2	
8	金相组织	2	不同根（盘）钢筋切取	GB/T 13298、GB 1499.2

热轧钢筋实验检测分为母材检测和钢筋的连接检测，母材检测需要进行拉伸实验和弯曲实验，两个实验均应满足规范要求；钢筋的连接检测参见 3.6 节。钢筋拉伸和弯曲实验取样长度，见表 3.48。

表 3.48　钢筋拉伸和弯曲实验取样长度

材料属性	检验批	实验项目	试件数量/根	理论取样长度/mm	一般取样长度/mm	备注
钢筋母材	60t	拉伸	2	$\geq 10d+200$	500~600(550)	原材
		弯曲	2	$\geq 5d+150$	300~400(350)	原材
闪光对焊接头	300 个	拉伸	3	—	500~600(550)	对称
		弯曲	3	—	300~400(350)	对称
电弧焊接头	300 个	拉伸	3	—	500~600(550)	对称
机械连接接头	500 个	拉伸	3	—	500~600(550)	对称

注：对称指钢筋切取长度应以焊点中心对称取样，两头各占一半长度；d 为钢筋直径。

实际工程中钢筋母材的拉伸试件 $L \geq 10d+200$mm；一般截取 500~600mm。万能实验机上钢筋拉伸伸缩夹具长度界限范围为 500~600mm，钢筋直径小时可适当短一些，钢筋直径大时可适当长些，太短万能实验机夹不住，太长安装不上去。实际工程中钢筋弯曲试件长度 $L \geq 5d+150$mm，一般截取 350mm 左右。

热轧钢筋实验检测，详见本教材配套实验教材《土木工程材料实验》。

3.4.4.3　建设系统混凝土结构用钢筋

建设系统混凝土结构用钢筋，依据为《混凝土结构设计规范》（GB 50010—2010）、《钢筋混凝土用钢　第 1 部分：热轧光圆钢筋》（GB/T 1499.1—2017）和《钢筋混凝土用钢　第 2 部分：热轧带肋钢筋》（GB/T 1499.2—2018）。

（1）混凝土结构的钢筋选用

①纵向受力普通钢筋可选用 HRB400、HRB500、HRBF400、RRB400、HRBF500 钢筋，其中 RRB400 是余热处理带肋钢筋。

②梁、柱和斜撑构件的纵向受力普通钢筋宜采用 HRB400、HRB500、HRBF400、HRBF500 钢筋。

③箍筋宜采用 HRB400、HRBF400、HPB300、HRB500、HRBF500 钢筋。

④预应力筋宜采用预应力钢丝、钢绞线和预应力螺纹钢筋。

上述钢筋中，注意《混凝土结构设计规范》（GB 50010—2010）中与新规范《钢筋混凝土用钢　第 1 部分：热轧光圆钢筋》（GB/T 1499.1—2017）、《钢筋混凝土用钢　第 2 部分：热轧带肋钢筋》（GB/T 1499.2—2018）的区别。

（2）钢筋的强度标准值

钢筋的强度标准值应具有不小于 95% 的保证率，见表 3.49。

表 3.49　普通钢筋强度标准值

牌号	符号	公称直径/mm	屈服强度标准值 f_{yk}/MPa	极限强度标准值 f_{stk}/MPa
HPB300	Φ	6~22	300	420
HRB335 HRBF335	Φ Φ^F	6~50	335	455
HRB400 HRBF400 RRB400	Φ Φ^F Φ^R	6~50	400	540
HRB500 HRBF500	Φ Φ^F	6~50	500	630

注：为了体现钢筋符合的系统性，本表未删除335等级钢筋。

（3）普通钢筋强度设计值

普通钢筋的抗拉、抗压强度设计值，见表 3.50。

表 3.50　普通钢筋的抗拉、抗压强度设计值　　　　　　　　　　　　MPa

牌号	抗拉强度设计值	抗压强度设计值
HPB300	270	270
HRB400、HRBF400、RRB400	360	360
HRB500、HRBF500	435	435

从表 3.50 可以看出，规范规定普通钢筋强度设计值比钢筋的屈服强度标准值要低一些，这是从更为安全的角度考虑安全系数。

3.4.4.4　交通系统桥梁混凝土结构用钢筋

交通系统公路钢筋混凝土和预应力混凝土桥涵用普通钢筋，依据为《公路钢筋混凝土及预应力混凝土桥涵设计规范》（JTG 3362—2018）。

（1）公路桥涵混凝土结构的钢筋选用

钢筋混凝土及预应力混凝构件中的普通钢筋宜选用 HPB300、HRB400、HRB500、HRBF400 和 RRB400 钢筋，预应力混凝土构件中的箍筋应选用带肋钢筋。

（2）普通钢筋抗拉强度标准值

普通钢筋抗拉强度标准值，见表 3.51。

表 3.51　桥梁用普通钢筋抗拉强度标准值

牌号	符号	公称直径/mm	抗拉强度标准值/MPa
HPB300	Φ	6~22	300
HRB400 HRBF400 RRB400	Φ Φ^F Φ^R	6~50	400
HRB500	Φ	6~50	500

《混凝土结构设计规范》（GB 50010—2010）的屈服强度标准值，就是《钢筋混凝土用钢 第 1 部分：热轧光圆钢筋》（GB/T 1499.1—2017）、《钢筋混凝土用钢 第 2 部分：热轧带肋钢筋》（GB /T 1499.2—2018）中的下屈服强度；《混凝土结构设计规范》（GB 50010—2010）的极限强度标准值，就是《钢筋混凝土用钢 第 1 部分：热轧光圆钢筋》（GB/T 1499.1—2017）、《钢筋混凝土用钢 第 2 部分：热轧带肋钢筋》（GB/T 1499.2—2018）中的抗拉强度。而《公路钢筋混凝土及预应力混凝土桥涵设计规范》（JTG 3362—2018）中采用抗拉强度标准值。显然，屈服强度标准值、下屈服强度和抗拉强度标准值是一致的。

（3）普通钢筋的抗拉强度和抗压强度设计值

普通钢筋的抗拉、抗压强度设计值，见表 3.52。

表 3.52 桥梁用普通钢筋的抗拉、抗压强度设计值 MPa

牌号	抗拉强度设计值	抗压强度设计值
HPB300	250	250
HRB400、HRBF400、RRB400	330	330
HRB500	415	400

关于普通钢筋的设计值，交通（表 3.52）和建筑（表 3.50）是有所区别的，交通系统取值略微偏小。

3.5 钢材的冷加工及热处理

3.5.1 钢材的冷加工与时效

（1）钢材冷加工强化与时效处理的概念

将钢材于常温下进行冷拉、冷拔或冷轧，使之产生一定的塑性变形，强度明显提高，塑性和韧性有所降低，这个过程称为钢材的冷加工强化。

工程中常对钢筋进行冷拉或冷拔加工，以期达到提高钢材强度和节约钢材的目的。钢筋冷拉是在常温下将其拉至应力超过屈服点，但远小于抗拉强度时即卸荷。

将经过冷拉的钢筋，于常温下存放 15~20d，或加热到 100~200℃并保持 2~3h 后，则钢筋强度将进一步提高，这个过程称为时效处理，前者称为自然时效，后者称为人工时效。通常对强度较低的钢筋可采用自然时效，强度较高的钢筋则需要采用人工时效。

（2）钢材冷加工强化与时效处理的机理

钢筋经冷拉、时效处理后的力学性能变化规律，可明显地从其拉伸实验的应力-应变图看到反应（黄政宇等，2011），如图 3.11 所示。

图中 OBCD 为未经冷拉和时效处理试件的拉伸应力-应变曲线。将试件拉至应力超过屈服点 B 后的 K 点，然后卸去荷载，由于拉伸时试件已产生塑性变形，故卸荷曲线沿 KO′下降，KO′大致与 BO 平行。若此时将试件立即重新拉伸，则新的屈服点将升高至 K 点，以后的应力-应变关系将与原来曲线 KCD 相似。这表明钢筋经冷拉后，屈服强度得到提高。若在 K 点卸荷后不立即重新拉伸，而将试件进行自然时效或人工时效处理，然后再拉伸，则其屈服点又进一步升高至 K_1 点，继续拉伸时曲线沿 $K_1C_1D_1$ 发展。这表明钢筋经冷拉及时效处理以后，屈服强度得到进一步提高，且抗拉强度也有所提高，塑性和韧性则要相应降低。

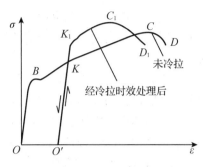

图 3.11　钢筋冷拉时效处理前后对比

钢材冷加工强化的原理：一般认为钢材经冷加工产生塑性变形后，塑性变形区域内的晶粒产生相对滑移，导致滑移面下的晶粒破碎，晶格歪扭畸变，滑移面变得凹凸不平，对晶粒进一步滑移起阻碍作用，亦即提高了抵抗外力，故屈服强度得以提高。同时，冷加工强化后的钢材，由于塑性变形后滑移面减少，从而使其塑性降低，脆性增大，且变形中产生的内应力使钢的弹性模量降低。

（3）钢材冷加工和时效处理在工程中的应用

工程中对大量使用的钢筋，往往是冷加工和时效处理同时采用。实际施工时，应通过实验确定冷拉控制参数和时效处理方式。冷拉参数的控制，直接关系到冷拉效果和钢材质量。一般钢筋冷拉仅控制冷拉率即可，称为单控。对用作预应力的钢筋，需采取双控，即既控制冷拉应力，又控制冷拉率。

钢筋采用冷加工具有明显的经济效益。钢筋经冷拉后，屈服点可提高 20%～25%，冷拔钢丝屈服点可提高 40%～90%，由此即可适当减小钢筋混凝土结构设计截面，或减少混凝土中配筋数量，从而达到节约钢材的目的。钢筋冷拉还有利于简化施工工序，如盘条钢筋可省去开盘和调直工序，冷拉直条钢筋则可与矫直、除锈等工艺一并完成。

3.5.2　钢材的热处理

热处理是指将钢材按规定的温度进行加热、保温和冷却处理，以改变其组织，得到所需要的性能的一种工艺。钢厂的某些产品，是以热处理状态提供的，如建筑用钢中的热处理钢筋、优质碳素钢丝等。建筑工地有时需要对焊件进行热处理，基本的热处理工艺有退火、正火、淬火和回火。

（1）退火

退火工艺常用于在钢材进行冷加工后，消除内应力、减少缺陷和晶格畸变。退火工艺分为低温退火和完全退火。低温退火即退火加热温度在铁素体等基本组织相变温度下，它将使少量位错重新排列。如果退火加热温度高于钢材基本组织的转变温度，通常可加温至 800～850℃，再经适当保温后缓慢冷却，使钢材再结晶，即完全退火。

（2）正火

正火工艺常用于钢厂对大型钢件的热处理。正火工艺是将钢件加热至基本组织相变温度以上，然后在空气中冷却，是晶格细化，钢的强度提高而塑性降低，内应力消除。

（3）淬火

淬火工艺是将钢材加热至基本组织相变温度以上，保温使基本组织转变成奥氏体，然后投入水或矿物油中急冷，使晶粒细化，碳的固溶量增加，机械强度提高，硬脆性增加。淬火效果与冷却速度有关。

（4）回火

回火工艺一般紧跟淬火工艺后面，是将仍存在内应力的钢材再加热至基本组织相变温度以下（150~650℃），保温后按一定温度冷却至室温的热处理方法。其目的是促进淬火后的不稳定组织转变为所需要的组织，消除淬火产生的内应力，使硬脆性降低，韧性得到改善。

对于含碳量高的高强钢筋和焊接时形成硬脆组织的焊件，适合以退火方式来消除内应力和降低脆性，保证焊接质量。

对于经淬火或冷加工以提高机械强度的钢件，可采用再经回火以改善塑性和韧性的方法，来提高钢件的综合性能。热处理钢筋，即将中碳低合金钢筋经油浴淬火和铅浴高温（500~650℃）回火后制得的。

3.6 钢材的连接

3.6.1 钢筋连接的分类

本节仅介绍钢筋的连接，钢材的铆接等连接参照有关标准。

钢筋的连接方式可分为 3 类：绑扎、焊接和机械连接。纵向受力钢筋和竖向受力钢筋的连接方式应符合有关规范和设计要求。

一般较小直径的非受力钢筋采用绑扎。纵向受力钢筋通常采用电弧搭接焊。桩基础中竖向受力钢筋的直径大于 22mm 时通常采用机械连接。纵向受力钢筋和竖向受力钢筋的焊接或机械连接应符合《钢筋焊接及验收规程》（JGJ 18—2012）和《钢筋机械连接技术规程》（JGJ 107—2016）的相关规定。

3.6.2 钢筋的绑扎

钢筋绑扎安装前，应先熟悉施工图纸，核对钢筋配料单和料牌，研究钢筋安装和与有关工种配合的顺序，准备绑扎用的铁丝、绑扎工具、绑扎架等。钢筋绑扎一般用 18~22 号铁丝，其中 22 号铁丝只用于绑扎直径 12mm 以下的钢筋。

同一构件中相邻纵向受力钢筋的绑扎搭接接头宜相互错开，满足《混凝土结构施工图平面整体表示方法制图规则和构造详图》中有关绑扎长度与锚固长度的规定。

3.6.3 钢筋的焊接

3.6.3.1 钢筋焊接分类

《钢筋焊接及验收规程》（JGJ 18—2012）将钢筋焊接分为电阻点焊、闪光对焊、电弧焊、电渣压力焊、气压焊 5 种方法。此外，还有预埋件埋弧压力焊和预埋件钢筋埋弧螺柱焊接，这是预埋件焊接。

3.6.3.2 电弧焊

①钢筋电弧焊　是以焊条作为一极，钢筋为另一极，利用焊接电流通过产生的电弧热进行焊接的一种熔焊方法。

②钢筋电弧焊分类　搭接焊、帮条焊、熔槽帮条焊、坡口焊、窄间隙焊 5 种接头形

式。此外，还有钢筋与钢板搭接焊、预埋件钢筋电弧焊 2 种与钢筋有关的焊接形式。其中，搭接焊分为单面焊和双面焊；帮条焊分为单面焊和双面焊；坡口焊分为平焊和立焊；预埋件钢筋电弧焊分为角焊、穿孔塞焊、埋弧压力焊和埋弧螺柱焊。工程中常用电弧搭接焊，这里仅介绍搭接焊中的单面焊和双面焊。

③电弧焊的适用范围　见表 3.53。

表 3.53　电弧焊的适用范围

焊接方法	牌号	钢筋直径/mm
单面焊	HPB300	10~22
	HRB400、HRBF400	10~40
	HRB500、HRBF500	10~32
	RRB400W	10~25
双面焊	HRB300	10~22
	HRB400、HRBF400	10~40
	HRB500、HRBF500	10~32
	RRB400W	10~25

④钢筋搭接焊焊接长度，见表 3.54，如图 3.12 和图 3.13 所示。

表 3.54　钢筋搭接焊焊接长度

牌号	焊缝方法	焊接长度/mm
HPB300	单面焊	$\geqslant 8d$
	双面焊	$\geqslant 4d$
HRB400、HRBF400 HRB500、HRBF500 RRB400	单面焊	$\geqslant 10d$
	双面焊	$\geqslant 5d$

注：d 为钢筋直径。

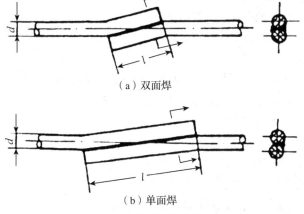

（a）双面焊

（b）单面焊

图 3.12　钢筋电弧焊搭接接头

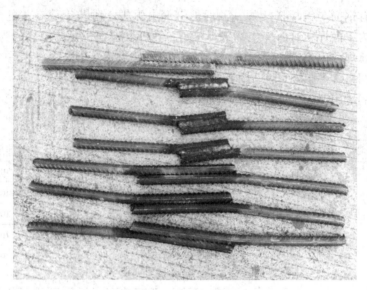

图 3.13　钢筋电弧焊

3.6.3.3　焊接质量检验与验收

钢筋焊接质量检查与验收依据为《钢筋焊接及验收规程》（JGJ 18—2012）。

（1）焊接接头检查内容

钢筋焊接接头的质量检验与验收包括外观质量检查和力学性能检验。纵向受力钢筋焊接接头验收中，闪光对焊接头、电弧焊接头等的连接方式应符合设计要求，并应全数检查，检查方法为目视观察。焊接接头力学性能检验应为主控项目，外观质量检查为一般项目。

（2）焊接接头拉伸实验结果评定

闪光对焊接头、电弧焊接头等的拉伸实验，应从每一检验批接头中随机切取 3 个接头进行拉伸实验并按下列规定对实验结果进行评定：

符合下列条件之一应评定该检验批接头拉伸实验合格：

①3 根试件均断于钢筋母材，呈现延性断裂，其抗拉强度不小于钢筋母材抗拉强度标准值。

②2 根试件断于钢筋母材，呈现延性断裂，其抗拉强度不小于钢筋母材抗拉强度标准值；剩余 1 根试件断于焊缝，呈现脆性断裂，其抗拉强度不小于钢筋母材抗拉强度标准值。

注：试件断于热影响区，呈现延性断裂，应视为断于钢筋母材；试件断于热影响区，呈现脆性断裂，应视为断于焊缝。

符合下列条件之一，应复验：

①2 根试件断于钢筋母材，呈现延性断裂，其抗拉强度不小于钢筋母材抗拉强度标准值；剩余 1 根试件断于焊缝，或热影响区，呈现脆性断裂，其抗拉强度小于钢筋母材抗拉强度标准值。

②1 根试件断于钢筋母材，呈现延性断裂，其抗拉强度不小于钢筋母材抗拉强度标准值；剩余 2 根试件断于焊缝或热影响区，呈现脆性断裂。

③3 根试件断于焊缝，呈现脆性断裂，其抗拉强度不小于钢筋母材抗拉强度标注值。

注：复验应加倍取样，这里应重新随机取样切取 6 根试件进行抗拉实验。

弯曲实验结果按规定评定：

①当实验结果，弯至 90°，有 2 个或 3 个试件外侧（含焊缝和热影响区）未发生破裂，应评定该批接头弯曲实验合格。

②当 3 根试件均发生破裂，则一次判定该批接头为不合格。

③当有 2 根试件发生破裂，应进行复验。

④复验时，应再切取 6 个试件。

3.6.3.4　焊接接头检验批

电弧焊接头，在同一台班内，由同一个焊工焊成的 300 个同牌号、同直径钢筋焊接接头作为一个检验批；累计不足 300 个接头时，应按一个检验批计算。

力学性能检验时，应从每批接头中随机切取 3 个接头，做拉伸实验，不做弯曲实验。

3.6.4　钢筋的机械连接

钢筋机械连接是通过钢筋与连接件的机械咬合作用或钢筋端面的承压作用，将一根钢筋中的力传递至另一根钢筋的连接方法，又称为套筒连接。对于直径大于 25mm 的单向受压桩、柱和桥墩通常采用机械连接，如图 3.14 所示。

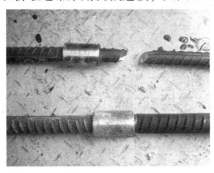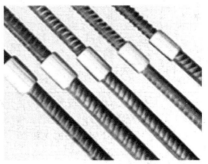

图 3.14　钢筋机械连接

（1）机械连接接头的设计原则和性能等级

钢筋机械连接依据为《钢筋机械连接技术规程》（JGJ 107—2016）。

①接头的设计应满足强度及变形性能的要求。

②接头应根据其性能等级和应用场合，对单向拉伸性能、高应力反复拉压、大变形反复拉压、抗疲劳等各项性能确定相应的检验项目。

③接头应根据极限抗拉强度、残余变形以及高应力和大变形条件下反复拉压性能的差异，分为Ⅰ级、Ⅱ级、Ⅲ级 3 个等级，Ⅰ级接头最好，Ⅲ级接头最差。

（2）不同等级接头的力学性能要求

①Ⅰ级接头　断于钢筋时，接头试件实测极限抗拉强度≥钢筋极限抗拉强度标准值；断于套筒时，接头试件实测极限抗拉强度≥钢筋极限抗拉强度标准值的 1.10 倍。

②Ⅱ级接头　接头试件实测极限抗拉强度≥钢筋极限抗拉强度标准值。

③Ⅲ级接头　接头试件实测极限抗拉强度≥钢筋屈服强度标准值的 1.25 倍。

钢筋的机械连接接头的等级及其力学性能，见表 3.55。

(3)不同等级接头的变形性能要求

Ⅰ级、Ⅱ级、Ⅲ级接头应能经受规定的高应力和大变形反复拉压循环，且经历拉压循环后，其期限抗压强度仍符合Ⅰ级、Ⅱ级、Ⅲ级相应的力学性能要求。

Ⅰ级、Ⅱ级、Ⅲ级接头的变形性能要求，见表 3.56。

表 3.55　钢筋接头的等级及其力学性能要求

接头等级	Ⅰ级		Ⅱ级		Ⅲ级	
	指标/MPa	断裂位置	指标/MPa	断裂位置	指标/MPa	断裂位置
极限抗拉强度 f_{mst}^0	$\geq f_{stk}$	断于钢筋	$\geq f_{stk}$	不限	$\geq 1.25 f_{stk}$	不限
	$\geq 1.10 f_{stk}$	断于套筒				

表 3.56　不同等级接头的变形性能要求

接头等级		Ⅰ级	Ⅱ级	Ⅲ级
单向拉伸	残余变形/mm	$u_0 \leq 0.10 (d \leq 32)$	$u_0 \leq 0.14 (d \leq 32)$	
		$u_0 \leq 0.14 (d > 32)$	$u_0 \leq 0.16 (d > 32)$	
	最大力下总伸长率/%	≥6.0		≥3.0
高应力反复拉压	残余变形/mm	$u_{20} \leq 0.3$		
大变形反复拉压		≤0.3，且 $u_8 \leq 0.6$		$u_4 \leq 0.3$

注：u_0 指接头试件加载至 0.6 钢筋屈服强度标准值并卸载后在规定标距内的残余变形；u_4 指接头试件按规定加载至经大变形反复拉压 4 次后的残余变形；u_8 指接头试件按规定加载至经大变形反复拉压 8 次后的残余变形；u_{20} 指接头试件按规定加载至经高应力反复拉压 20 次后的残余变形。

3.7　钢材的锈蚀和防护

钢材的锈蚀是指其表面与周围介质发生化学反应而遭到的破坏。钢材若存放中严重锈蚀，不仅使有效截面积减小、性能降低甚至报废，而且使用前还需要除锈。钢材若在使用中锈蚀，将使受力面积减小，且因局部锈坑的产生，造成应力集中，导致结构承载力下降。尤其在有反复荷载作用的情况下，将产生锈蚀疲劳现象，使用前抗疲劳强度大为降低，出现脆性断裂。

3.7.1　钢材的锈蚀

根据锈蚀作用的机理，钢材的锈蚀可分为化学锈蚀和电化学锈蚀。

（1）化学锈蚀

化学锈蚀是指钢材直接与周围介质发生化学反应而产生的锈蚀。这种锈蚀多数是氧化作用，使钢材表面形成疏松的氧化物。在常温下，钢材表面能形成一薄层氧化保护膜，可以防止钢材进一步锈蚀，在干燥环境下，钢材锈蚀进展缓慢，但在温度和湿度提高的情况下，锈蚀进展加快。

（2）电化学锈蚀

电化学锈蚀是指钢材与电解质溶液接触而产生电流，形成微电池而引起的锈蚀。潮湿环境中的钢材表面会被一层电解质水膜所覆盖，而钢材是由铁素体、渗碳体及游离石墨等多种成分组成，由于这些成分的电极电位不同，首先钢的表面层在电解质溶液中构成以铁素体为阳极，以渗碳体为阴极的微电池。在阳极，铁失去电子成为 Fe^{2+} 进入水膜，在阴极，溶于水膜中的氧被还原生成 OH^-，随后两者结合成不溶于水的氢氧化亚铁 $[Fe(OH)_2]$，并进一步氧化为疏松易剥落的红棕色铁锈氢氧化铁 $[Fe(OH)_3]$。由于铁素体基体的逐渐锈蚀，钢组织中的渗碳体等暴露的越来越多，形成的微电池数目也越来越多，钢材的锈蚀速度越快。

电化学锈蚀是建筑钢材在存放和使用中发生锈蚀的主要形式。影响钢材锈蚀的主要因素是水、氧及介质中所含的酸、碱、盐等。另外，钢材本身的组织和化学成分对锈蚀也有影响。

埋于混凝土中的钢筋，因为混凝土的碱性环境（混凝土的 pH 值为 12 左右），使其形成一层碱性保护膜，有阻止锈蚀继续发展的能力，故混凝土中的钢筋一般不易锈蚀。

3.7.2　钢材锈蚀的防治措施

（1）涂敷保护层

涂刷防锈涂料（防锈剂）；采用电镀或其他方式在钢材的表面镀锌、铬等；涂敷搪瓷或塑料层。利用保护膜将钢材与周围介质隔开，从而起到保护作用。

（2）设置阳极保护或阴极保护

对于不易涂敷保护层的钢结构，如地下管道、港口结构等，可采取阳极保护或阴极保护。

阳极保护又称为外加电流保护法，是在钢结构的附近埋设一些废钢铁，外加直流电源，将阴极接在被保护的钢结构上，阳极接在废钢铁上。通电后废钢铁成为阳极而被腐蚀，钢结构成为阴极而被保护。

阴极保护是在被保护的钢结构上连接一块比铁更为活泼的金属，如锌、镁，使锌、镁成为阳极而被腐蚀，钢结构成为阴极而被保护。

（3）掺入阻锈剂

在土木工程中大量采用的钢筋混凝土用钢筋，由于水泥水化后产生大量的氧化钙，以及混凝土的碱度较高，处于这种强碱环境的钢筋，其表面产生一层钝化膜，对钢筋具有保护作用，因而不容易生锈。但随着碳化作用的进行，混凝土的 pH 值降低，或氯离子侵蚀作用下钢筋表面的钝化膜被破坏，此时与腐蚀介质接触时将会受到腐蚀，可通过提高密实度和掺入阻锈剂提高混凝土中钢筋阻锈能力，常用的阻锈剂有亚硝酸盐、磷酸盐、铬盐、氧化锌、间苯二甲酸等。

复习思考题

3.1 金属材料分为哪两类？

3.2 黑色金属主要成分是什么？

3.3 黑色金属按含碳量分为哪两类？具体划分指标是多少？

3.4 简述钢材的优点。

3.5 钢材按是否施加预应力分为哪两类？

3.6 简述钢材冶炼的原理。

3.7 GB 1499.1—2017 规定钢筋混凝土用热轧光圆钢筋的牌号是什么？

3.8 GB 1499.2—2018 规定，普通热轧钢筋有哪几个牌号？

3.9 分析直径 20mm 的钢筋 HRBF400。

3.10 分析直径 32mm 的钢筋 HRBF400E。

3.11 比较 HPB300 和 HRB400 的下屈服强度、抗拉强度和断后伸长率，总结其规律。

3.12 某工地新运进一批钢筋 HRB400，直径 20mm，共 50t。回答下列问题：(1)多少 t 钢筋为一个检验批？该批钢筋应该算几个检验批？(2)一个检验批的热轧带肋拉伸实验应该取样多少组？一组多少个拉伸试件？一个拉伸试件的长度大致是多少？(3)一个检验批的 HRB400 弯曲实验应该取样多少组？一组多少个弯曲试件？一个弯曲试件的长度大致是多少？(4)实验人员对这批钢筋取样进行拉伸实验，屈服强度分别为 430MPa、440MPa，极限抗拉强度分别为 550MPa、570MPa，第一根拉伸试件标距原长、拉伸后的长度分别为 200mm、222mm，第二根拉伸试件标距原长、拉伸后的长度分别为 200mm、230mm。该组拉伸试件是否合格？(5)实验人员对这批钢筋取样进行弯曲实验，其弯曲角度和弯芯直径分别为多少？

3.13 某同学毕业设计中，选择某房屋框架梁纵向受力钢筋为 HRB335，箍筋为 HPB235。分析该同学选择钢筋是否正确。

3.14 分析机械连接断于套筒的原因。

3.15 钢筋机械连接性能等级分为哪几级？

3.16 钢筋机械连接的 I 级接头拉伸实验允许断于什么位置？其相应的指标要求是什么？

3.17 某特大桥桩基采用直径 28mm 的 HRB400 的纵向受力钢筋，设计图上要求采用机械连接的 I 级接头。现场抽样一个检验批的 3 根钢筋钢筋进行拉伸实验，第 1 根试件实测极限抗拉强度为 600MPa，断于套筒；第 2 根试件实测极限抗拉强度为 595MPa，断于钢筋；第 3 根试件实测极限抗拉强度为 595MPa，断于套筒。分析该热轧钢筋的机械连接的拉伸实验是否符合 I 级接头指标。

3.18 某大桥桩基采用直径 22mm 的 HRB400 纵向受力钢筋，设计图上要求采用机械连接的 III 级接头。现场抽样一个检验批的 3 根钢筋钢筋进行拉伸实验，第 1 根试件实测极限抗拉强度为 535MPa，断于套筒；第 2 根试件实测极限抗拉强度为 540MPa，断于钢筋；第 3 根试件实测极限抗拉强度为 550MPa，断于套筒。分析该热轧钢筋的机械连接的拉伸实验是否符合 III 级接头指标。

3.19 某特大桥桩基采用直径 28mm 的 HRB400 纵向受力钢筋，设计图上要求采用机械连接的 I 级接头。现场抽样一个检验批的 3 根钢筋钢筋进行拉伸实验，第 1 根试件实测极限抗拉强度为 580MPa，断于套筒；第 2 根试件实测极限抗拉强度为 575MPa，断于钢筋；第 3 根试件实测极限抗拉强度为 585MPa，断于套筒。分析该热轧钢筋的机械连接的拉伸实验是否符合 I 级接头指标。

3.20 某同学毕业设计某房屋的框架梁，纵向受力钢筋采用 HPB300，箍筋采用 HRB400。试分析该钢筋的合理性。

第4章 集 料

4.1 概述

集料是由不同粒径矿质颗粒组成，并在混合料(水泥混凝土或沥青混合料)中具有骨架和填充作用，又称为骨料。按粒径大小划分，集料可分为粗集料和细集料。在道路路面用的沥青混合料中，集料也称为矿料，矿料分为粗集料、细集料和矿粉等。本章将详细介绍水泥混凝土用集料和沥青混合料用矿料的技术性质及筛分知识点。

其中，4.2节对集料的技术性质进行通识介绍。4.3节和4.4节主要针对水泥混凝土用集料的内容进行介绍，而涉及集料的含泥量和筛分实验知识点也适用于道路路面用的沥青混合料的矿料，相关实验及计算等重要内容可具体参照相应规范和本教材的配套实验教材《土木工程材料实验》。4.5节针对道路路面用沥青混合料的矿料的掺配及设计进行详细介绍。

本章主要依据最近颁布的《建设用砂》(GB/T 14684—2022)和《建设用卵石、碎石》(GB/T 14685—2022)而编写。

4.2 集料的技术性质

集料技术性质，按其内在品质可分为物理性质、力学性质和化学性质等；按技术性质要求，可分为两类：一类是反映材料来源的"资源特性"，又称为料源特性，它是由石料产地决定的，如密度、压碎值、磨光值等；另一类是反映加工水平的"加工特性"，如石料的级配组成、针片状颗粒含量、破碎砾石的破碎面比例、棱角性、含泥量、砂当量、亚甲蓝值、细粉含量等。

4.2.1 集料的物理性质

集料的物理性质包括由料源特性决定的物理常数和加工特性。集料的物理常数有表观密度、毛体积密度。加工特性有堆积密度、空隙率、粗集料骨架间隙率、细集料的棱角性、含泥量、粗集料的针片状颗粒含量、泥块含量、表面特征等。下面对一些常用的物理性质进行介绍。

（1）集料的含泥量

含泥量，一般指集料中粒径小于 0.075mm 的颗粒含量。泥在混凝土中含量过多，将大大降低混凝土质量和强度，用于混凝土中的集料必须对含泥量加以控制。

（2）集料的针片状颗粒含量

针片状颗粒是指粗集料中细长的针状颗粒与扁平的片状颗粒。当颗粒形状的各方向中的最小厚度（或直径）与最大长度（或宽度）的尺寸之比小于规定比例时，也属于针片状颗粒。粗集料的颗粒形状对集料颗粒间的嵌挤力有着显著影响，比较理想的形状是接近球体或立方体。而针片状颗粒本身容易折断，回旋阻力和空隙率大，会降低集料与沥青黏附性能以及水泥混凝土的和易性与强度，因此必须对其含量加以限制（李军，2015）。对于粗集料针片状颗粒含量测定方法，水泥混凝土用粗集料采用规准仪法，沥青混合料用粗集料采用卡尺法。

4.2.2　集料的力学性质

粗集料在路面结构层或混合料中反复受到车轮的碾压，因此应具有一定的强度和刚度，同时还应具备耐磨、抗磨耗和抗冲击的性能。这些性能用压碎指标、坚固性、母岩强度、磨光值、冲击值和磨耗值等指标来表示。

（1）集料的压碎指标

集料压碎指标，又称压碎值，是集料在连续增加的荷载作用下抵抗压碎的能力，是衡量集料强度的一个相对指标，用以鉴定集料品质。《建设用卵石、碎石》（GB/T 14685—2022）中规定，压碎指标指用粗集料中粒径为 9.50~19.0mm 的颗粒，在压碎指标测定仪上压碎后，过 2.36mm 方孔筛，小于 2.36mm 的颗粒质量占原来试样质量的百分比，见表 4.1（表中砂类别Ⅰ、Ⅱ和Ⅲ见 4.3 节）。《公路工程集料试验规程》（TJG E42—2005）中规定，压碎值用粗集料粒径为 9.50~13.2mm 的颗粒，在压碎指标测定仪上压碎，过 2.36mm 方孔筛，小于 2.36mm 的颗粒质量占原来试样质量的百分比。

表 4.1　压碎指标 %

类别	Ⅰ	Ⅱ	Ⅲ
碎石压碎指标	≤10	≤20	≤30
卵石压碎指标	≤12	≤14	≤16

（2）集料的坚固性

《建设用卵石、碎石》（GB/T 14685—2022）中规定，采用硫酸钠溶液法进行实验，卵石、碎石的质量损失，见表 4.2。

表 4.2　坚固性指标 %

类别	Ⅰ	Ⅱ	Ⅲ
质量损失	≤5	≤8	≤12

（3）集料的母岩强度

采用岩石切割机将随机取样的母岩加工成立方体试件（50mm×50mm×50mm）或圆柱体

试件(φ50mm×50mm)，在水饱和状态下浸泡48 h，在量程为1000 kN的压力机上抗压，其抗压强度必须符合以下要求：岩浆岩不小于80 MPa，变质岩不小于60 MPa，沉积岩不小于45 MPa。

4.2.3　集料的化学性质

集料的化学性质有碱集料反应、有机物含量、云母含量、三氧化硫含量和轻物质含量等，这里仅介绍前面3种。

（1）碱集料反应

碱集料反应指水泥、外加剂等混凝土组成物及环境中的碱与集料中碱活性矿物在潮湿环境下缓慢反应并导致混凝土开裂破坏的膨胀反应。经碱集料反应实验后，试件应无裂缝、酥裂、胶体外溢等现象，在规定的实验龄期膨胀率应小于0.10%。在碱集料反应实验前，应用岩相法鉴定岩石种类及所含的活性矿物种类。

（2）有机物含量

集料中有机物含量过多，会延缓水泥的硬化过程，应降低混凝土强度特别是早期强度。集料有机物含量试样采用比色法测定：将粗集料试样过19mm筛（细集料为4.75mm筛），取筛上部分集料，将其注入3%的氢氧化钠溶液，通过比较混合液上部溶液与标准溶液的色泽以确定集料有机物含量是否符合规定。

（3）云母含量

云母呈薄片状，表面光滑，极易沿节理裂开，与水泥和沥青的黏附性极差。若砂中含有云母，对沥青混合料的黏附性、耐久性以及混凝土拌和物的和易性、硬化后混凝土的强度、抗冻性和抗渗性都有不利影响。细集料的云母含量以云母占细集料总质量的百分比表征。

4.3　细集料

4.3.1　细集料的分类

（1）按来源分类

细集料是指粒径小于4.75mm的集料，即砂。

细集料按来源分为天然砂、人工砂。天然砂，是指由自然风化、水流冲刷或自然堆积形成的且粒径小于4.75mm的岩石颗粒，包括河砂，亦称破碎砂。人工砂，又称机制砂，指经人为加工处理得到的符合规格要求的细集料，常是岩石经除土开采、机械破碎、筛分而成的细集料。

新规范GB/T 14685—2022集料粒径4.75mm、9.50mm、19.0mm、26.5mm、31.5mm等，与旧规范对应的粒径是5mm、10mm、20mm、25mm、30mm等。例如《沥青路面施工及验收规范》（GBJ 92—86）提及：粒径规格5mm、10mm、20mm等。现在还常常提到的粗骨料中采用碎石粒径5~20mm，实际上是4.75~19.0mm，这也是便于国内标准规范与国际接轨。

（2）按技术要求分类

集料技术性质按砂、石等级确定，要明确集料的技术性质首先应明确其分类。

根据《建设用砂》（GB/T 14684—2022），建设用砂按颗粒级配、含泥量（石粉含量）、亚甲蓝（*MB*）值、泥块含量、有害杂质、坚固性、压碎指标、片状颗粒含量技术要求分为Ⅰ类、Ⅱ类和Ⅲ类。

在《建设用砂》（GB/T 14684—2022）中，含泥量指天然砂中粒径小于0.075mm的颗粒含量；在《公路工程集料试验规程》（JTG E42—2005）中，含泥量指天然砂中颗粒小于0.075mm的尘屑、淤泥和黏土的含量。在机制砂中小于0.075mm的颗粒大多数属于石粉，但也可能混有泥，适量的石粉对水泥混凝土的质量影响不大，但泥对混凝土质量影响就较大。

4.3.2　细集料的含泥量（石粉含量）

细集料的物理性质主要包括含泥量（石粉含量）、级配，工程上细集料也主要开展这2个重要实验。细集料的力学性质主要有坚固性、压碎指标（参见4.2.2节）。本节主要介绍含泥量（石粉含量），4.3.3节介绍级配。

天然砂开展含泥量实验。机制砂开展石粉含量实验，包括测定小于0.075 mm颗粒的实验（同天然砂的含泥量实验）、亚甲蓝实验。细集料有关实验，可参照配套教材《土木工程材料实验》。

4.3.2.1　天然砂的含泥量实验及标准

（1）含泥量实验

天然砂含泥量实验可以按照《建设用砂》（GB/T 14684—2022）或《公路工程集料试验规程》（JTG E42—2005）规定执行，采用筛洗法测定天然砂的含泥量。有关筛洗法实验，参见本教材的配套教材《土木工程材料实验》。

对于机制砂，可以采用筛洗法测定机制砂中小于0.075mm的颗粒含量。机制砂中小于0.075mm的颗粒最大的可能性是石粉，而不是泥；特殊情况下，可能是泥。

如果要判断机制砂中小于0.075mm的颗粒是泥还是石粉，需要继续进行亚甲蓝实验或者砂当量实验。《建设用砂》（GB/T 14684—2022）规定，建设用水泥混凝土的机制砂中小于0.075mm采用亚甲蓝实验判断是泥还是石粉。而《公路沥青路面施工技术规范》（JTG F40—2004）规定，沥青混合料中的机制砂中小于0.075mm是泥还是石粉，可以采用亚甲蓝实验或者砂当量实验。有关亚甲蓝实验和砂当量实验，参见本教材的配套教材《土木工程材料实验》。

（2）天然砂含泥量及泥块含量标准

按照《建设用砂》（GB/T 14684—2022），天然砂的含泥量和泥块含量，见表4.3。

表 4.3　天然砂的含泥量和泥块含量　　　　　　　　　　　　%

类别	Ⅰ	Ⅱ	Ⅲ
含泥量（质量分数）	≤1.0	≤3.0	≤5.0
泥块含量（质量分数）	≤0.2	≤1.0	≤2.0

4.3.2.2　机制砂的石粉含量实验及标准

（1）机制砂的石粉含量实验

机制砂的石粉含量实验可能需要开展筛洗法实验和亚甲蓝实验。其中筛洗法实验目的是测定机制砂中小于 0.075mm 颗粒，实验方法与天然砂含泥量是相同的，工程上必须开展这个实验；亚甲蓝实验目的是测定天然砂中小于 0.075mm 的颗粒是泥还是石粉，需要根据实际情况判断是否需要开展这个实验。

机制砂中小于 0.075mm 的颗粒按照常理绝大多数应该是石粉；若母岩比较脏（含泥较多），小型加工料场又没有认真清洗，则生产出来的细集料泥含量可能超标。混凝土的细集料中石粉比泥要好一些，对混凝土强度影响也要小一些，如何判断后者生产出来的小于 0.075mm 的颗粒是石粉还是泥，是机制砂非常值得注意的问题。

比较切实可行的实验程序是：首先按照天然砂的含泥量实验方法（筛洗法），测定出机制砂中小于 0.075mm 颗粒的含量；实验结果如果小于表 4.3 中的指标，则不管是石粉还是泥，即使全部看成泥，含量已经很小了，满足《建设用砂》（GB/T 14684—2022）的含泥量标准，此时可以直接判断该机制砂含泥量或石粉含量合格；其次实验结果超过表 4.3 中的指标，而没有超过表 4.4 中的指标，则需要进行亚甲蓝实验。

亚甲蓝实验的目的是判断细集料中是否存在膨胀性黏土矿物（就是一般认为的泥）（李军，2015）。

（2）机制砂石粉含量标准

因机制砂中几乎不含泥，不采用含泥量，而采用石粉含量。《建设用砂》（GB/T 14684—2022）规定机制砂石粉含量标准，见表 4.4。当机制砂中含有泥块时，泥块含量限制同天然砂，见表 4.3。

表 4.4　机制砂的石粉含量

类别	亚甲蓝值 MB	石粉含量（质量分数）/%
Ⅰ 类	$MB \leqslant 0.5$	$\leqslant 15.0$
	$0.5 < MB \leqslant 1.0$	$\leqslant 10.0$
	$1.0 < MB \leqslant 1.4$ 或快速实验合格	$\leqslant 5.0$
	$MB > 1.4$ 或快速实验不合格	$\leqslant 1.0^a$
Ⅱ 类	$MB \leqslant 1.0$	$\leqslant 15.0$
	$1.0 < MB \leqslant 1.4$ 或快速实验合格	$\leqslant 10.0$
	$MB > 1.4$ 或快速实验不合格	$\leqslant 3.0^a$
Ⅲ 类	$MB \leqslant 1.4$ 或快速实验合格	$\leqslant 15.0$
	$MB > 1.4$ 或快速实验不合格	$\leqslant 5.0^a$

注：砂浆用砂的石粉含量不做限制。a 根据使用环境和用途，经实验验证，由供需双方协商确定。Ⅰ 类砂石粉含量可放宽至不大于 3.0%，Ⅱ 类砂石粉含量可放宽至不大于 5.0%，Ⅲ 类砂石粉含量可放宽至不大于 7.0%。

4.3.2.3 机制砂的石粉含量标准分析

(1) Ⅰ类机制砂

①当 MB>1.4 或快速实验不合格时,石粉含量≤1.0%。此时,可以理解为机制砂中小于 0.075mm 颗粒全部为泥(非石粉),Ⅰ类机制砂中含泥量控制标准与Ⅰ类天然砂含泥量要求一样(表4.3),宽容度≤1.0%。

②当 1.0<MB≤1.4 或快速实验合格时,石粉含量≤5.0%。此时,可以理解为机制砂中小于 0.075mm 颗粒的泥含量较重,也含有石粉,宽容度≤5.0%。

③当 0.5<MB≤1.0 时,石粉含量≤10.0%。此时,可以理解为机制砂中小于 0.075mm 颗粒适当含泥,主要是石粉,宽容度为≤10.0%。

④当 MB≤0.5 时,石粉含量≤15.0%。此时,可以理解为机制砂中小于 0.075mm 颗粒全部为石粉(无泥),石粉对混凝土质量的影响比泥要小得多,宽容度≤15.0%。

(2) Ⅱ类机制砂

①当 MB>1.4 或快速法不合格时,石粉含量≤3.0%。此时,可以理解为机制砂中小于 0.075mm 颗粒全部为泥(非石粉),Ⅱ类机制砂中含泥量控制标准与Ⅱ类天然砂含泥量要求一样(表4.3),宽容度≤3.0%。

②当 1.0<MB≤1.4 或快速实验合格时,石粉含量≤10.0%。

③当 MB≤1.0 时,石粉含量≤15.0%。

(3) Ⅲ类机制砂

①当 MB>1.4 或快速法不合格时,石粉含量≤5.0%。此时,可以理解为机制砂中小于 0.075mm 颗粒全部为泥(非石粉),Ⅲ类机制砂中含泥量控制标准与Ⅲ类天然砂含泥量要求一样(表4.3),宽容度≤5.0%。

②当 MB≤1.4 或快速实验合格时,石粉含量≤15.0%。

4.3.3 细集料的筛分及颗粒级配

本节重点介绍细集料的筛分实验、相关计算、标准级配区和粗细判断。

4.3.3.1 细集料的筛分实验标准套筛

《建设用砂》(GB/T 14684—2022)中细集料的筛分实验使用方孔筛,规格为 0.15mm、0.30mm、0.60mm、1.18mm、2.36mm、4.75mm 及 9.50mm 的筛,其中 9.50mm 为筛除不属于砂的超粒径筛子。

《公路工程集料试验规程》(JTG E42—2005)中沥青混合料用细集料的筛分实验使用方孔筛,规格为 0.075mm、0.15mm、0.30mm、0.60mm、1.18mm、2.36mm 及 4.75mm 的筛,其中 4.75mm 为筛除不属于砂的超粒径筛子。两者基本上相同,不同点是:沥青混合料用细集料的筛子多了一个 0.075mm 的细筛,少了一个 9.50mm 的粗筛。

级配,是不同粒径颗粒的按照一定比例搭配。本节依据《建设用砂》(GB/T 14684—2022),以水泥混凝土用细集料为研究对象进行细集料级配分析。

4.3.3.2　细集料的筛分实验

（1）细集料取样方法

在料堆上取样时，取样部位应均匀分布。取样前先将取样部位表层铲除，然后从不同部位随机抽取大致等量的砂 8 份，组成一组样品。从皮带运输机上取样时，应用皮带等宽的接料器在皮带运输机头出料处全断面定时随机抽取大致等量的砂 4 份，组成一组样品。从火车、汽车、货船上取样时，从不同部位和深度随机抽取大致等量的砂 8 份，组成一组样品。

（2）细集料单项实验取样数量

部分单项实验的最少取样数量应符合表 4.5 的规定。若进行几项实验时，如能保证试样经一项实验后不致影响另一项实验的结果，可用同一试样进行几项不同的实验。

表 4.5　细集料单项实验取样数量

实验项目	最小取样数量/kg	实验项目	最小取样数量/kg
颗粒级配	4.4	云母含量	0.6
含泥量	4.4	表观密度	2.6
泥块含量	20.0	碱集料反应	20.0
石粉含量	6.0		

（3）试样处理

①分料器法　将样品在潮湿状态下拌和均匀，然后通过分料器，取接料斗中的其中一份再次通过分料器。重复上述过程，直至把样品缩分到实验所需量为止。

②人工四分法　将所取样品置于平板上，在潮湿状态下拌和均匀，并堆成厚度约为 20mm 的圆饼，然后沿互相垂直的两条直径把圆饼分成大致相等的四份，取其中对角线的两份重新拌匀，再堆成圆饼。重复上述过程，直至把样品缩分到实验所需量为止。

（4）细集料的筛分实验简介

在料场按规定取样细集料，烘干试样后首先过 9.50mm 的筛，然后称取小于 9.50mm 细集料 $M = 500g$。从上到下筛子的放置顺序为 4.75mm、2.36mm、1.18mm、0.60mm、0.30mm、0.15mm，筛顶 4.75mm 的筛子盖上筛盖，最下面的 0.15mm 筛子套上筛底，在摇筛机上或手筛 10min，筛分合格后，分别称取每号筛上的筛余质量 m_i。每号筛上的筛余质量之和 $\sum m_i$（含筛底质量）与筛分前的试样总质量 $M = 500g$ 的差值不得超过试样总质量的 1%，否则应重新实验。

细集料的筛分实验在判断砂的级配区、计算砂的细度模数方面具有重要意义。

4.3.3.3　细集料筛分实验的计算

（1）计算分计筛余百分率

$$a_i = \frac{m_i}{M} \times 100 \tag{4.1}$$

式中： a_i——分计筛余百分率，%，精确至 0.1%；

　　　m_i——各号筛上的筛余质量，精确至 1g；

　　　M——试样总质量，g。

进行式（4.1）计算时常常取消百分号。a_1、a_2、a_3、a_4、a_5 和 a_6 分别为 4.75mm、2.36mm、1.18mm、0.60mm、0.30mm 和 0.15mm 筛上的分计筛余百分率。

（2）计算累计筛余百分率

$$A_i = a_1 + a_2 + a_3 + \cdots + a_i \tag{4.2}$$

式中： A_i——累计筛余百分率，%，精确至 1%；

　　　其余符号意义同前。

进行式（4.2）计算时，常取消百分号。累计筛余百分率，表示大于和等于该号筛上的累计筛余质量占试样总质量的百分率，这个比例所包含的颗粒表示没有比该粒径更小的颗粒。A_1、A_2、A_3、A_4、A_5 和 A_6 分别为 4.75mm、2.36mm、1.18mm、0.60mm、0.30mm 和 0.15mm 筛上的累计筛余百分率。在水泥混凝土集料中，通常采用累计筛余百分率。

（3）通过百分率

按照式（4.3）计算通过百分率。在沥青混合料的矿料中，通常采用通过百分率。

$$P_i = 100 - A_i \tag{4.3}$$

式中： P_i——通过百分率，%；

　　　其余符号意义同前。

事实上，累计筛余百分率和通过百分率可以进行互换。《建设用砂》（GB/T 14684—2022）和《建设用卵石、碎石》（GB/T 14685—2022）中水泥混凝土用的细集料和粗集料推荐采用累计筛余百分率；而《公路沥青路面施工技术规范》（JTG F40—2004）中沥青混合料路面推荐使用通过百分率。

（4）级配区判断

除特细砂外，Ⅰ类砂的累计筛余应符合表 4.6 中 2 区的规定，分级筛余应符合表 4.7 的规定；Ⅱ类砂和Ⅲ类砂的累计筛余应符合表 4.6 的规定。砂的实际颗粒级配除 4.75mm 和 0.60mm 筛档外，可以超出，但各级累计筛余超出值总和不应大于 5%。

（5）细度模数

衡量砂粗细程度的指标，用细度模数表示。

①砂的细度模数　细度模数的计算，见式（4.4）。

$$M_x = \frac{(A_2 + A_3 + A_4 + A_5 + A_6) - 5A_1}{100 - A_1} \tag{4.4}$$

式中： M_x——砂的细度模数；

　　　其余符号意义同前。

②砂的规格　砂按细度模数分为粗砂、中砂、细砂和特细砂四种规格，其细度模数分别为 3.7~3.1、3.0~2.3、2.2~1.6 和 1.5~0.7。Ⅰ类砂的细度模数应为 3.2~2.3。

表 4.6　砂的累计筛余和分计筛余

砂类别	天然砂			机制砂、混合砂		
级配区	1 区	2 区	3 区	1 区	2 区	3 区
方孔筛/mm	累计筛余/%					
4.75	10~0	10~0	10~0	5~0	5~0	5~0
2.36	35~5	25~0	15~0	35~5	25~0	15~0
1.18	65~35	50~10	25~0	65~35	50~10	25~0
0.60	85~71	70~41	40~16	85~71	70~41	40~16
0.30	95~80	92~70	85~55	95~80	92~70	85~55
0.15	100~90	100~90	100~90	97~85	94~80	94~75

表 4.7　砂的分级筛余

方孔筛/mm	4.75[a]	2.36	1.18	0.60	0.30	0.15[b]	筛底[c]
分计筛余/%	0~10	10~15	10~25	20~31	20~30	5~15	0~20

注：a 对于机制砂，4.75mm 筛的分计筛余不应大于 5%。b 对于 $MB>1.4$ 的机制砂，0.15mm 筛和筛底的分计筛余在之和不应大于 25%。c 对于天然砂，筛底的分计筛余不应大于 10%。

4.3.3.4　细集料筛分计算示例

【例 4.1】某工地实验室使用机制砂。准确称取烘干试样 500g，筛分结果见表 4.8。要求计算该砂的分计筛余百分率、累计筛余百分率、细度模数；完成实验报告中的有关筛分表格；完善实验报告中的有关筛分示意图；判断该砂属于哪个区？

【解】

(1)计算分计筛余百分率(%)

筛分后质量之和 497g，质量损失 3g 占原来质量 500g 的 0.6%，没有超过 1%。如果超过 1%，需要重新实验。

$a_i=\dfrac{m_i}{M}\times100$；例如：$a_1=\dfrac{m_1}{M}\times100=\dfrac{25}{500}\times100=5(\%)$；计算结果见表 4.8。

(2)计算累计筛余百分率(%)

$A_i=a_1+a_2+a_3+\cdots+a_i$；例如 $A_1=a_1=5(\%)$；$A_2=a_1+a_2=5+13.6=18.6(\%)$；计算结果见表 4.8(表中累计筛余取整)。

表 4.8　机制砂的筛分结果和计算过程表

孔径/mm	筛余质量/g	分计筛余百分率/%	累计筛余百分率/%	2 区规范 GB/T 14684—2022 规定的累计筛余百分率/%
9.50	0	0		0~0
4.75	25	5	5	0~10
2.36	68	13.6	19	0~25
1.18	101	20.2	39	10~50

（续）

孔径/mm	筛余质量/g	分计筛余百分率/%	累计筛余百分率/%	2区规范 GB/T 14684—2022 规定的累计筛余百分率/%
0.60	113	22.6	62	41~70
0.30	115	23	85	70~92
0.15	45	9	94	80~94
筛底	30			
合计	497	原来试样筛分前总质量为500g		

（3）级配区判断

根据 GB/T 14684—2022 规定2区砂的累计筛余百分率界限，判断该砂为2区砂；可以用级配表格判读，见表4.8。也可以用级配曲线图判断，如图4.1所示。画出级配曲线图时，应以筛孔径为横坐标，累计筛余百分比为纵坐标，坐标轴距以该曲线外观舒适为度，没有特别的规定，该曲线主要起示意作用，筛孔间距不相等但画成等距离的。

（4）计算细度模数

$$M_x = \frac{(A_2+A_3+A_4+A_5+A_6)-5A_1}{100-A_1} = \frac{(18.4+38.6+61.2+81.8+95.5)-5\times4.9}{100-4.9} = 2.9$$

（5）结论

对于重要结构的混凝土，往往设计图纸上明确要求使用2区中砂。

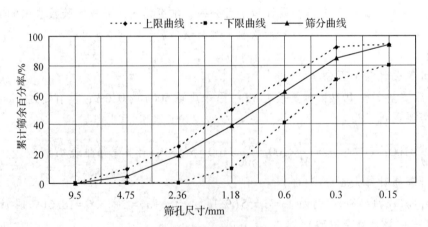

图 4.1　机制砂的累计筛余级配曲线示意图

4.4　粗集料

4.4.1　粗集料的分类

（1）粗集料按粒径分类

建设用石分为碎石和卵石两类，建设用石又称为粗集料（粗骨料）。

碎石大多由天然岩石经破碎、筛分而成，也可将大卵石轧碎、筛分而得。碎石表面粗糙，多棱角，且较洁净，与水泥浆黏结比较牢固。碎石是土木工程中用量最大的粗骨料。卵石又称砾石，它是由天然岩石经自然条件长期作用而形成的粒径大于 5mm 的颗粒。按其产源可分为河卵石、海卵石及山卵石等，其中以河卵石应用较多。卵石中有机杂质含量较多，但与碎石比较，卵石表面光滑，拌制混凝土时需用水泥浆量较少，拌和物和易性较好。但卵石与水泥的黏结力较差，在相同配制下，卵石混凝土的强度较碎石混凝土稍低。

（2）粗集料按技术要求分类

根据《建设用卵石、碎石》(GB/T 14685—2022)，建设用石按卵石含泥量（碎石泥粉含量），泥块含量，针、片状颗粒含量，不规则颗粒含量，硫化物及硫酸盐含量、坚固性，压碎指标，连续级配松散堆积空隙率，吸水率技术要求分为 I 类、II 类和III 类。

4.4.2　粗集料的筛分及颗粒级配

同细集料一样，粗集料的性质包括物理性质和力学性质。粗集料的物理性质主要包括针片状含量、含泥量（表 4.9）、级配等。粗集料的力学性质常用的有坚固性、压碎值等（见 4.2.2 节）。

表 4.9　卵石、碎石的含泥量和泥块含量　　　　　　　　　　　　　　　%

类别	I	II	III
含泥量（质量分数）	≤0.5	≤1.0	≤1.5
碎石泥粉含量（质量分数）	≤0.5	≤1.5	≤2.0
泥块含量（按质量计）	≤0.1	≤0.2	≤0.7

本节依据《建设用卵石、碎石》(GB/T 14685—2022)，重点讨论粗集料的筛分和掺配，包括粗集料筛分实验、相关计算及其颗粒级配，以及粗集料的掺配设计。粗集料的有关实验，可参照配套教材《土木工程材料实验》。

4.4.2.1　粗集料的筛分实验用筛

粗集料的筛分实验使用方孔筛，规格为 2.36mm、4.75mm、9.50mm、16.0mm、19.0mm、26.5mm、31.5mm、37.5mm、53.0mm、63.0mm、75.0mm、90.0mm 的筛子。

4.4.2.2　粗集料的筛分实验

（1）粗集料实验取样方法

在料堆上取样时，取样部位应均匀分布。取样前先将取样部位表层铲除，然后从不同部位随机抽取大致等量的石子 15 份（在料堆的顶部、中部和底部均匀分布的 15 个不停部位取得）组成一组样品。从皮带运输机上取样时，应用接料器在皮带运输机头的出料处用与皮带等宽的容器全断面定时随机抽取大致等量的石子 8 份，组成一组样品。从火车、汽车、货船上取样时，从不同部位和深度抽取大致等量的石子 16 份，组成一组样品。

（2）单项实验取样数量

部分单项实验的最少取样数量应符合表4.10的要求。如进行几项实验时，如能保证试样经一项实验后不致影响另一项实验的结果，可用同一试样进行几项不同的实验。

粗集料的颗粒级配实验所需试样数量，见表4.11。

表4.10　粗集料单项实验取样数量　　　　　　　　　　　　　kg

序号	实验项目	最大粒径/mm							
		9.5	16.0	19.0	26.5	31.5	37.5	63.0	75.0
1	颗粒级配	9.5	16.0	19.0	26.5	31.5	37.5	63.0	80.0
2	含泥量	8.0	8.0	24.0	24.0	40.0	40.0	80.0	80.0
3	泥块含量	8.0	8.0	24.0	24.0	40.0	40.0	80.0	80.0
4	针、片状颗粒含量	1.2	4.0	8.0	12.0	20.0	40.0	40.0	40.0
5	表观密度	8.0	8.0	8.0	8.0	12.0	16.0	24.0	24.0
6	碱集料反应	20.0	20.0	20.0	20.0	20.0	20.0	20.0	20.0

表4.11　粗集料的颗粒级配实验所需试样数量

最大粒径/mm	9.5	16.0	19.0	26.5	31.5	37.5	63.0	75.0
最小试样质量/kg	1.9	3.2	3.8	5.0	6.3	7.5	12.6	16.0

（3）试样处理

将所取样品置于平板上，在自然状态下拌和均匀，并堆成锥体，然后沿互相垂直的两条直径把锥体分成大致相等的四份，取其中对角线的两份重新拌匀，再堆成锥体。重复上述过程，直至把样品缩分到实验所需要量为止。

（4）粗集料的级配

粗骨料的颗粒级配原理要求大小石子组配适当，使粗骨料的空隙率和总表面积均比较小，减少水泥用量，密实度也较好，利于改善混凝土拌和物的和易性，提高混凝土强度。对于高强度混凝土，粗骨料的级配更为重要。简单来说级配就是集料中大中小颗粒互相搭配。

粗骨料的颗粒级配原理要求大小石子搭配适当，使粗骨料的空隙率和总表面积均比较小，减少水泥用量，密实度也较好，利于改善混凝土拌和物的和易性，提高混凝土强度。级配就是集料大中小颗粒互相搭配。对于高强度混凝土，粗骨料的级配更为重要。

粗骨料的级配分为连续级配和间断级配两种。

连续级配，又称连续粒级，由小到大各粒级相连的级配，工程中多采用连续级配的碎石。

间断级配，又称单粒粒级，是指石子用小颗粒的粒级直接和大颗粒的粒级相配，中间为不连续的级配。如将5~20mm和40~80mm的2个粒级相配，组成5~80mm的级配中缺少20~40mm的粒级，这时大颗粒的空隙直接由比它小很多的颗粒去填充，可以获得更小的空隙率，从而节约水泥，但混凝土拌和物易产生离析现象，增加施工难度，工程中用得较少。卵石、碎石的颗粒级配应符合表4.12。

（5）粗集料的筛分实验

初学者容易掌握细集料筛分和计算，而粗集料的筛分和计算稍微繁琐。粗集料筛分和计算思路：

①首先确定碎石筛分试样质量　这与砂的筛分质量固定为 500g 完全不一样，确定碎石筛分试样质量之前，首先要知道碎石的粒级范围，判断最大粒径，则由表 4.11 确定实验数量。

②确定筛子粒径和筛子个数　例如：以连续粒级 5～25 为例，查表 4.12，筛子为 31.5mm、26.5mm、16.0mm、4.75mm、2.36mm5 个粒级规格的，其中 31.5mm 为超粒径筛子。中间不需要 19.0mm 和 9.5mm2 个粒级筛子。也就是说粗集料的筛分不像砂的筛分筛子固定，粗集料的筛子根据粗集料的粒级范围查规范（表 4.12）确定，规范中有哪几个粒径就选那些筛子，而不是从大到小所有筛子都使用，也不一定连续使用，中间也可能有些筛子不用。

表 4.12　粗集料的颗粒级配

公称粒径/mm		相应筛子(mm)的累计筛余百分率/%											
		2.36	4.75	9.50	16.0	19.0	26.5	31.5	37.5	53.0	63.0	75.0	90.0
连续粒级	5~16	95~100	85~100	30~60	0~10	0							
	5~20	95~100	90~100	40~80		0~10	0						
	5~25	95~100	90~100		30~70		0~5	0					
	5~31.5	95~100	90~100	70~90		15~45		0~5	0				
	5~40		95~100	70~90		30~65			0~5	0			
单粒粒级	5~10	95~100	80~100	0~15	0								
	10~16		95~100	80~100	0~15								
	10~20		95~100	85~100		0~15	0						
	16~25			95~100	55~70	25~40	0~10	0					
	16~31.5		95~100		85~100		0~10		0				
	20~40			95~100		80~100		0~10	0				
	25~31.5				95~100	80~100	0~10	0					
	40~80					95~100		70~100		30~60	0~10	0	

③根据碎石的累计筛余判断碎石级配是否良好　碎石筛分只要计算到累计筛余百分率就可以判断级配是否良好，根据累计筛余百分率结果，与规范要求的累计筛余百分率比较。粗集料的分计筛余与累计筛余计算与细集料筛分公式一样。如果试样的累计筛余百分率在规范要求的累计筛余百分率上、下限范围内，则该碎石级配良好；否则该碎石级配不良或不符合规范要求。粗集料筛分实验，不计算细度模数。

④粗集料筛分实验　按照表4.10规定在料场取样，并将试样缩分至大于表4.11规定的数量，烘干或风干后备用。根据试样的最大粒径，称取按照表4.11规定数量试样一份，将试样倒入按表4.12选取的，按孔径大小从上到下组合的套筛上，附上筛底，盖上筛盖，然后进行筛分。按照规定筛分后，称取每号筛上的筛余质量，如每号筛的筛余质量与筛底的筛余量之和同原试样质量之差超过1%时，应重新进行实验。计算分计筛余百分率、累计筛余百分率，判断粗集料的级配是否符合表4.12的规定。

4.4.3　粗集料级配示例及掺配分析

4.4.3.1　粗集料级配示例

按照规范规定，粗集料颗粒需要适当级配，下面以级配合格的示例说明粗集料的级配问题。

【例4.2】某工地实验室进行5~25mm碎石筛分。准确称取烘干碎石试样5000g，筛分结果见表4.13。要求计算该碎石的分计筛余百分率、累计筛余百分率；完成实验报告中的有关筛分表格；完善实验报告中的有关筛分示意图；判断该碎石级配是否符合规范要求。

【解】

(1)计算分计筛余百分率(%)

首先计算各号筛上的筛余质量与筛底质量之和等于4994g；质量损失6g占原质量5000g的0.12%，没有超过1%。如果超过1%，则需要重新进行实验。

值得注意：5~25这个连续粒级，规范中没有19.0mm和9.50mm2个筛子。

按照式(4.1)计算。

例如 $a_1 = \dfrac{m_1}{M} \times 100 = \dfrac{0}{5000} \times 100 = 0.0(\%)$；$a_2 = \dfrac{m_2}{M} \times 100 = \dfrac{155}{5000} \times 100 = 3.1(\%)$。

此处 a_1、a_2、a_3、a_4 和 a_5 分别为31.5mm、26.5mm、16.0mm、4.75mm和2.36mm对应的筛上的分计筛余百分率；计算结果保留0.1%，见表4.13。

(2)计算累计筛余百分率(%)

按式(4.2)计算。

例如 $A_1 = a_1 = 0(\%)$；$A_2 = a_1 + a_2 = 0 + 3.1 = 3.1(\%)$。

A_1、A_2、A_3、A_4 和 A_5 分别表示31.5mm、26.5mm、16.0mm、4.75mm和2.36mm对应的筛上的累计筛余百分率；计算结果保留1%，见表4.13。在水泥混凝土集料中常常采用累积筛余百分率，在道路用沥青混合料的矿料中，常常采用通过百分率。

(3)判断级配是否合格

根据计算的累计筛余百分率和规范规定的累计筛余百分率，判断该碎石的级配是否满足规范要求。判断方法有2种，第1种方法是直接在表4.13中比较判断，即判断计算出的累计筛余百分率是否在规范规定的累计筛余百分率范围内；第2种方法是用累计筛余百分率曲线图判断，以筛孔孔径为横坐标，累计筛余百分率为纵坐标，坐标轴距以该曲线外观舒适为度，画出累计筛余百分率曲线图，在曲线图中就能明显看出级配是否在规范规定的界限范围内，级配曲线采用等间距坐标轴绘制出示意图效果即可，如图4.2所示。

表 4.13　碎石的筛分结果和计算过程表

孔径/mm	筛余质量/g	分计筛余百分率/%	累计筛余百分率/%	规范规定的累计筛余百分率/%
31.5	0	0	0	0~0
26.5	155	3.1	3	0~5
16.0	2444	48.9	52	30~70
4.75	2013	40.3	92	90~100
2.36	256	5.1	97	95~100
筛底	128			
合计	4994	原来实验筛分实验前碎石总质量为5000g		

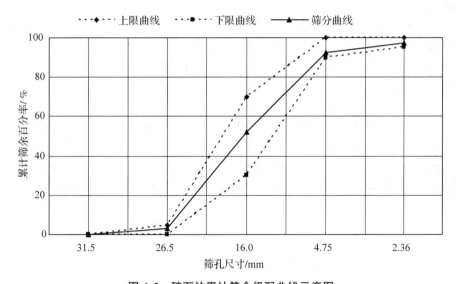

图 4.2　碎石的累计筛余级配曲线示意图

4.4.3.2　粗集料掺配分析

通过实验和计算粗集料的其他指标符合要求，仅仅级配不合格怎么办呢？工程中，如果某碎石级配不良，要么不用它，选择其他料场的合格粗集料。要么可以采用两种或两种以上的不良级配掺配，通过筛分实验和计算确定掺配比例，只要掺配后的级配符合规范要求即可。本节以水泥混凝土粗集料为例，说明粗集料掺配。

当采用一种集料的级配不满足规范的累计筛余百分率时（表 4.12），应采用 2~3 种集料掺配，掺配后的合成级配应符合规范要求。下面举例介绍工程上常用的水泥混凝土粗集料掺配方法（Excel 表格法）。

Excel 表格法，计算粗集料的掺配时可以分为 4 个步骤：每一种集料的筛分实验；计算每一种集料的累计筛余百分率（或通过百分率）；利用 Excel 表格法进行掺配比例试算；确定集料的最终掺配比例。

（1）每一种集料的筛分实验

首先应对每一种拟掺配的集料进行筛分实验，摸清集料的级配情况。筛分实验的方法和计算同【例4.2】，应注意选择规范规定的筛子。

（2）计算每一种集料的累计筛余百分率

通过筛分实验，获得每一种集料的累计筛余量，计算得到每一种集料的累计筛余百分率。

（3）利用Excel表格法进行掺配比例试算

调整每一种集料掺配比例，使得掺配后的混合集料合成级配满足规范设计级配要求范围（表4.12），若不满足，则可以通过反复调节各集料的配比实现。

（4）确定集料的最终掺配比例

通过调节每一种集料掺配比例，使得最终混合集料的级配满足规范要求，此时的掺配比例为最终掺料配比。下面以某单一粗集料级配不合格，需要进行掺配的例题说明粗集料掺配的过程。

【例4.3】某工地浇筑水泥混凝土，设计采用碎石5~30mm。但工地及附近料场没有符合规范要求（表4.12）的碎石5~30mm。工地现有非标准级配A碎石5~30mm、B碎石5~20mm两种料源，试通过Excel表格法计算这两种规格的集料的掺配比例。

【解】

（1）每一种集料的筛分实验

查表4.12碎石5~30mm需要2.36mm、4.75mm、9.5mm、19mm、31.5mm、37.5mm方孔筛。A碎石5~30mm、B碎石5~20mm和掺配目标碎石5~30mm放置于同一个单元簿表格中，分别命名为A碎石5~30mm、B碎石2~20mm、掺配碎石5-30mm。A碎石5~30mm筛分实验结果如图4.3所示；B碎石5~20mm筛分实验结果如图4.4所示。

	粗集料及集料混合料筛分试验（干筛法）							
	A	B	C	D	E	F	G	H	I
1	**粗集料及集料混合料筛分试验（干筛法）**							
2	干燥试样总量m₀/g		第1组			第2组			平均累计筛余/%
3			6244.0			5552.5			
4	筛孔尺寸/mm	筛上重 mᵢ/g	分计筛余/%	累计筛余/%	筛上重 mᵢ/g	分计筛余/%	累计筛余/%	
5	37.5	0.0	0.0	0.0	0.0	0.0	0.0	0.0
6	31.5	0.0	0.0	0.0	0.0	0.0	0.0	0.0
7	19	3912.5	62.7	62.7	3655.0	65.8	65.8	64.3
8	9.5	2060.5	33.0	95.7	1707.0	30.7	96.5	96.1
9	4.75	185.5	3.0	98.7	103.5	1.9	98.4	98.6
10	2.36	23.5	0.4	99.1	17.5	0.3	98.7	98.9
11	筛底	58.0	0.9	100.0	63.5	1.1	99.8	99.9
12	筛分后总量Σmᵢ/g	6240.0	99.9		5546.5	99.9		
13	损耗m₅/g	4.0			6.0			
14	损耗率/%	0.1			0.1			
15								

A碎石5~30 mm   B碎石5~20 mm   掺配5~30 mm   +

图4.3 A碎石5~30mm碎石筛分实验

		第1组			第2组			平均累计筛余/%
干燥试样总量m_0/g		2953.5			2273.5			
筛孔尺寸/mm	筛上重m_i/g	分计筛余/%	累计筛余/%	筛上重m_i/g	分计筛余/%	累计筛余/%	
37.5	0.0	0.0	0.0	0.0	0.0	0.0	0.0
31.5	0.0	0.0	0.0	0.0	0.0	0.0	0.0
19	0.0	0.0	0.0	0.0	0.0	0.0	0.0
9.5	568.5	19.2	19.2	554.0	24.4	24.4	21.8
4.75	1740.0	58.9	78.1	1412.0	62.1	86.5	82.3
2.36	431.5	14.6	92.7	226.5	10.0	96.5	94.6
筛底	204.0	6.9	99.6	76.5	3.4	99.9	99.8
筛分后总量Σm_i/g	2944.0	99.7		2269.0	99.8		
损耗m_5/g	9.5			4.5			
损耗率/%	0.3			0.2			

粗集料及集料混合料筛分试验（干筛法）

A碎石5~30 mm　　B碎石5~20 mm　　掺配5~30 mm　　+

图 4.4　B 碎石 5~20mm 筛分实验

(2)计算每一种集料的累计筛余百分率

采用式(4.1)和式(4.2)计算每一种集料的分级筛余和累计筛余。为了考虑代表性，每种集料进行2组筛分实验，最终结果的平均值作为实验结果。Excel 表格中，竖列采用字母 A、B、C 等；横行采用数字 1、2、3 等。其中，A 列当中的 A5~A10 为筛孔尺寸；C5~C10 和 F5~F10 分别为集料第 1 组和第 2 组筛分实验后各筛上的筛余量。D5~D10 和 G5~G10 分别为集料第 1 组和第 2 组的分计筛余百分率；分级筛余百分率的自动计算，在 Excel 表格中输入的方式为：

D5＝C5/CDE3；G5＝F5/FGH3；（CDE3 表示单元格＝6244.0）

D6＝C6/CDE3；G6＝F6/FGH3；

D7＝C7/CDE3；G7＝F7/FGH3；

……

E5~E10 和 H5~H10 分别为集料第 1 组和第 2 组的累计筛余百分率，在 Excel 表格中输入的方式为：

E5＝D5；　　　　　　　H5＝G5；

E6＝D5+D6；　　　　　H6＝G5+G6；

E7＝D5+D6+D7；　　　H7＝G5+G6+G7；

……

I5~I10 为集料第 1 组和第 2 组的累计筛余百分率的平均值，在 Excel 表格中输入的方式为：

I5＝（E5+H5）/2；

I6＝（E6+H6）/2；

I6＝（E6+H6）/2；

……

（3）利用 Excel 表格法进行掺配比例试算

分别将两种集料的累计筛余百分率输入至 Excel 中，采用同一工作簿连接的方式，分别将 A 碎石和 B 碎石的累计筛余百分率连接至掺配碎石表格中，实现数据的自动更改及计算。在掺配表格中，A 碎石连接的输入方式为：

B5＝'A 碎石 5~30mm'！I5；

B6＝'A 碎石 5~30mm'！I6；

B7＝'A 碎石 5~30mm'！I7；

……

B 碎石连接的输入方式为：

C5＝'B 碎石 5~20mm'！I5；

C6＝'B 碎石 5~20mm'！I6；

C7＝'B 碎石 5~20mm'！I7；

……

将表 4.12 中粒径范围为 5~30mm 的标准级配范围输入至 Excel 中（图 4.5）的 D 列和 E 列，并且计算中值输入至 F 列，输入方式为：

F5＝（D5+E5）/2；

F6＝（D6+E6）/2；

F7＝（D7+E7）/2；

	A	B	C	D	E	F	G
1	粗集料及集料混合料筛分级配合成试验（干筛法）						
2	材料名称	累计筛余百分率/%		按累计筛余计级配范围/%			级配
3		A碎石 5~30 mm	B碎石 5~20 mm	上限	下限	中值	
4	配比/%	68	32	——	——	——	100
5	37.5	0.0	0.0	0	0	0.0	0.0
6	31.5	0.0	0.0	5	0	2.5	0.0
7	19	64.3	0.0	45	15	30.0	43.7
8	9.5	96.1	21.8	90	70	80.0	72.3
9	4.75	98.6	82.3	100	90	95.0	93.4
10	2.36	98.9	94.6	100	95	97.5	97.5

A碎石5~30 mm　B碎石5~20 mm　掺配5~30 mm　+

图 4.5　掺配碎石 5~30mm 合成级配

……

分别调整两种集料的配比(B4、C4)，使得集料混合料合成级配满足 D 列和 E 列范围要求，且 2 个配比的和为 1。其中，集料混合料的每种粒径级配等于每种集料的该粒径通过百分率乘以配比，即：

$G5 = B4 * B5 + C4 * C5$；

$G6 = B4 * B6 + C4 * C6$；

$G7 = B4 * B7 + C4 * C7$；

……

(4)确定集料的最终掺配比例

当掺配比例调整至满足混合集料级配要求时，即确定最终掺配比例。此调整可能需要多次试算输入比例，这一过程所需时间相对较少，Excel 表可实现自动计算，相比纯手工计算快捷方便很多。经过调配确定，A 碎石 5~30mm 掺配比例为 68%，B 碎石 5~20mm 掺配比例为 32%。判断掺配比例是否满足要求，既可以采用图 4.5 中范围判断，也可以画级配曲线图判断。

在 Excel 表中插入折线表，然后点击数据编辑，选择轴标签，对话框中选择图 4.6 区域。

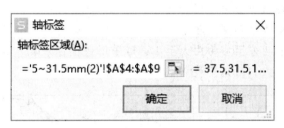

图 4.6　轴标签对话框

输入上限、下限、中值及合成级配数值，图表数据区域选择如图 4.7 所示。

图 4.7　数值选择对话框

当数据输入完成后，即可绘制合成级配曲线图，如图 4.8 所示。

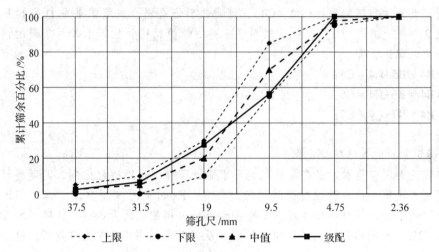

图 4.8 掺配碎石 5~30mm 的合成级配示意图（累积筛余百分率）

粗集料的掺配级配也可以采用通过百分率表示，如图 4.9 所示。采用累积筛余百分率和通过百分率做曲线的表现区别主要是以筛孔作为横坐标的数值排序，如果采用累积筛余百分率，则横坐标筛孔由左至右为由大至小，若采用通过百分率，则刚好相反，即横坐标筛孔由左至右为由小至大，规范中建议采用累积筛余百分率表示。

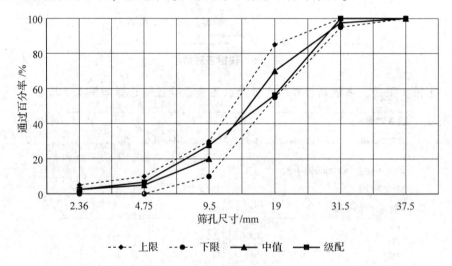

图 4.9 掺配碎石 5~30mm 的合成级配示意图（通过筛余百分率）

某公路工程实验检测实验室分别用 1#碎石和 2#碎石进行粗集料掺配设计，其筛分实验报告，如图 4.10~图 4.12 所示。

实际工程中，往往一种碎石，难以满足水泥混凝土粗集料的级配要求，多数情况需要 2 种或 2 种以上的碎石掺配，掺配后的合成级配满足规范要求即可，2 种粗集料掺配这是常态，为了便于读者迅速掌握掺配过程中实现快速掺配、快速计算、快速绘图。

★★★★★公路工程试验检测中心

★★★★★项目试验室

粗集料筛分试验报告(JTG E42-2005　JTJ041-2000)

抽检单位：★★★★★　　　　　　　　　抽检编号：★★★★★

受检单位：★★★★★　　　　　　　　　报告编号：★★★★★

工程名称：★★★★★　　　　　　　　　发报告日期：★★★★★

试样描述	碎石				粒径范围		10-20 mm	
试样编号	1#				用　途		普通混凝土	
筛孔尺寸/ mm	筛余质量/ g	分计筛余/ %	累计筛余/ %	通过率/ %	规范要求/%		级配曲线	
					上限	下限		
31.5	0.0	0.0	0.0	100.0	100	95		
19	5115.0	56.5	56.5	43.5	85	55		
9.5	3905.5	43.1	99.7	0.3	30	10		
4.75	2.5	0.0	99.7	0.3	10	0		
2.36	2.5	0.0	99.7	0.3	5	0		
底盘	25.5	0.3	100.0	0.0	0	0		
合　计	9051.00							

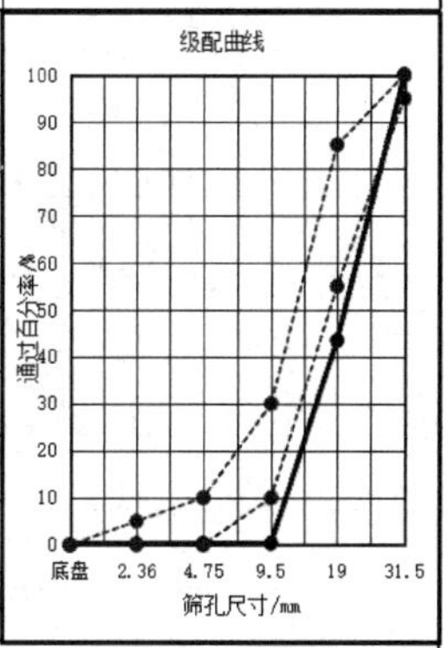

备　注：

结　论：级配不符合规范要求，待掺配

监　理：

审核：　　　　　　复核：　　　　　　试验：

图 4.10　10~20mm 碎石筛分实验结果

★★★★★公路工程试验检测中心
★★★★★项目试验室
粗集料筛分试验报告(JTG E42-2005　　JTJ041-2000)

抽检单位：★★★★★　　　　　　　　　　　抽检编号：★★★★★
受检单位：★★★★★　　　　　　　　　　　报告编号：★★★★★
工程名称：★★★★★　　　　　　　　　　　发报告日期：★★★★★

试样描述		碎石			粒径范围		5-10 mm	
试样编号		2#			用　途		普通混凝土	
筛孔尺寸/mm	筛余质量/g	分计筛余/%	累计筛余/%	通过率/%	规范要求/% 上限	下限	级配曲线	
31.5	0.0	0.0	0.0	100.0	100	95		
19	0.0	0.0	0.0	100.0	85	55		
9.5	544.0	17.5	17.5	82.5	30	10		
4.75	1859.0	59.9	77.4	22.6	10	0		
2.36	680.0	21.9	99.3	0.7	5	0		
底盘	22.0	0.7	100.0	0.0	0	0		
合　计	3105.00							

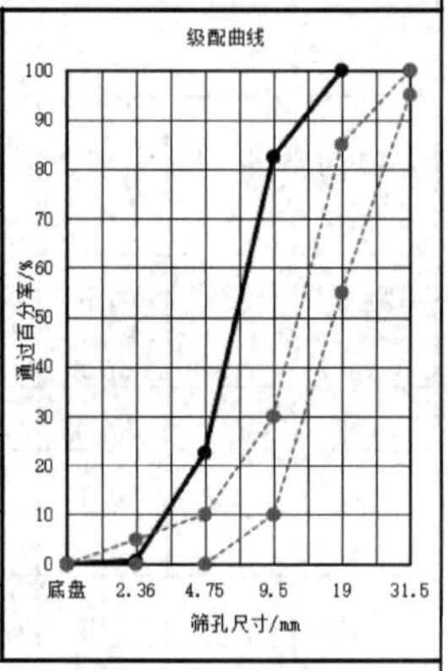

备　注：

结论：　级配不符合规范要求，待掺配

监　理：

审核：　　　　　　复核：　　　　　　　　　试验：

图4.11　5~10mm碎石筛分实验结果

★★★★★公路工程试验检测中心

★★★★★项目试验室

粗集料筛分试验报告(JTG E42-2005　JTJ041-2000)

抽检单位：★★★★★　　　　　　　　　抽检编号：★★★★★

受检单位：★★★★★　　　　　　　　　报告编号：★★★★★

工程名称：★★★★★　　　　　　　　　发报告日期：★★★★★

试样描述		碎石			粒径范围		5-20 mm	
试样编号		掺配结果			用　途		普通混凝土	
筛孔尺寸/ mm	分 计 筛 余		分计筛余/	累计筛余/	通过率/	规范要求/%		级配曲线	
	1#	2#	%	%	%	上限	下限	
	75%	25%						
31.5	0.0	0.0	0.0	0.0	100.0	100	95	
19	42.4	0.0	42.4	42.4	57.6	85	55	
9.5	32.4	4.4	36.7	79.1	20.9	30	10	
4.75	0.0	15.0	15.0	94.1	5.9	10	0	
2.36	0.0	5.5	5.5	99.6	0.4	5	0	
底盘	0.2	0.2	0.4	100.0	0.0	0	0	
合　计	75.0	25.0						

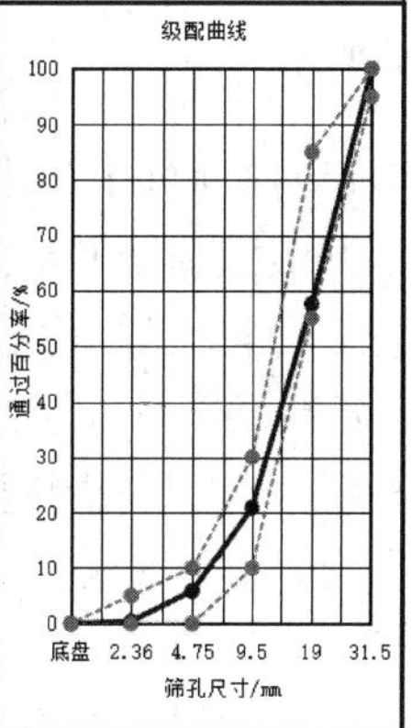

备　注：

结　论：掺配合格

监　理：

审核：　　　　　　　　复核：　　　　　　　　试验：

图 4.12　集料混合料合成级配实验结果

4.5 矿质混合料

道路路面大多采用沥青类柔性路面。本节针对沥青类路面的沥青混合料中的矿质混合料进行分析。

沥青混合料所用矿质混合料(粗集料、细集料和矿粉)的粒径尺寸范围较大,而天然或人工轧制的一种集料一般粒径尺寸范围较小,难以满足工程对某一混合料的目标级配范围要求。因此,需要将两种或两种以上的矿料进行掺配。矿质混合料组成设计的目的,就是根据目标级配范围要求,确定各种矿料在混合料中的掺配比例。本节详细介绍级配理论、目标级配范围确定方法和基本组成设计方法。

4.5.1 矿质混合料的级配

4.5.1.1 级配类型

根据《公路沥青路面施工技术规范》(JTG F40—2004)规定,沥青混合料所用矿料级配种类有密级配、开级配和半开级配。其中密级配,又分为连续级配和间断级配。这里的各种级配均指沥青混合料,如"密级配"指"密级配沥青混合料"。各类级配含义如下:

(1)密级配沥青混合料

密级配沥青混合料,是指按照密实级配原理设计组成的各种粒径颗粒的矿料与沥青结合料拌和而成,设计空隙率较小。

①连续级配沥青混合料 是指某一矿质混合料在标准筛孔配成的套筛中进行筛分时,所得的级配曲线平顺圆滑,具有连续不间断的性质,相邻粒径的粒料之间有一定的比例关系的混合料。这种由大到小,逐级粒径均有,并按比例互相搭配组成的矿质混合料。

②间断级配 是指在矿质混合料中剔除一个或几个分级,形成一种不连续的混合料。连续级配和间断级配曲线,如图4.13所示。

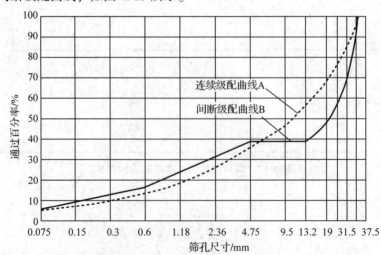

图 4.13 连续级配和间断级配曲线图

（2）开级配沥青混合料

开级配沥青混合料，指设计空隙率（约18%）较大的混合料。主要由粗集料嵌挤组成，细集料及填料较少。

（3）半开级配沥青混合料

半开级配沥青混合料，由适当比例的粗集料、细集料及少量填料（或不加填料）与沥青结合料拌和而成，空隙率介于密级配和开级配之间的级配。

4.5.1.2　级配理论

目前常用的级配理论，主要有最大密度曲线理论和粒子干涉理论。前者主要描述连续级配的粒径分布，可用于计算连续级配；后者不仅可用于计算连续级配，而且也可用于计算间断级配（黄维蓉等，2020）。

（1）最大密度曲线理论

富勒公式：W. B. 富勒（Fuller）根据实验提出了一种理论曲线，认为矿质混合料的颗粒级配曲线越接近抛物线，则其密度越大（王立久，2013）。根据上述理论，当矿质混合料的级配曲线为抛物线时，最大密度理想曲线（图4.14）可用颗粒粒径 d_i 与通过量 p_i 表示。见式（4.5）。

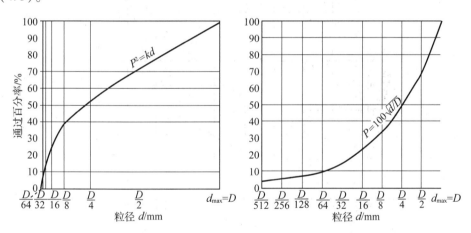

图 4.14　富勒理想级配曲线

$$p_i^2 = kd_i \tag{4.5}$$

式中：p_i——第 i 级颗粒粒径集料的通过率，%；

　　　d_i——矿质混合料第 i 级颗粒粒径，mm；

　　　k——常数；当颗粒粒径 d_i 等于最大粒径 d_{max} 时，通过量 $p_i = 100\%$ 时，则按式（4.6）计算。

$$k = \frac{100^2}{d_{max}} \tag{4.6}$$

当求第 i 级筛孔尺寸的颗粒通过量 p_i 时，式（4.5）转化为式（4.7），即最大密度理想曲线的级配计算公式。

$$p_i = 100 \times \left(\frac{d_i}{d_{max}}\right)^{0.5} \tag{4.7}$$

式中：d_{max}——最大粒径，mm；

其他符号意义同前。

泰波公式：A. N. 泰波（Talbol）认为富勒曲线是一种理想的级配曲线，细料可能偏少，矿质混合料中的级配最好在一定范围波动，泰波公式可以用于确定矿料连续级配的级配范围，如图 4.15 所示。故将富勒最大密实度曲线改为 n 次幂的公式，见式（4.8）。

$$p_i = 100 \times \left(\frac{d_i}{d_{max}}\right)^n \tag{4.8}$$

式中：n——经验指数，一般为 0.3～0.6，对于沥青混合料，当 $n = 0.45$ 时密度最大；对于水泥混凝土，当 $n = 0.25～0.45$ 时工作性较好；

其余符号意义同前。

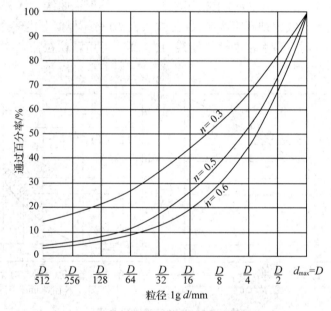

图 4.15　泰波级配曲线范围图

（2）粒子干涉理论

C. A. C. 魏矛斯（Weymouth）研究认为，为达到最高密度，前一级颗粒之间的空隙，应由次一级颗粒所填充；其所余空隙又由再次小颗粒填充，但填隙的颗粒粒径不得大于其间隙间距，否则大小颗粒粒子之间势必发生干涉现象（图 4.16）。为避免干涉发生，大小粒子间应按一定数量分配，并从临界干涉的情况下导出前一级颗粒间的距离 t，见式（4.9）。

$$t = \left[\left(\frac{\psi_0}{\psi_a}\right)^{1/3} - 1\right] D \tag{4.9}$$

当处于临界干涉状态时 $t = d$，则式（4.9）可写成式（4.10），即粒子干涉理论。

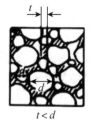
(a) 粒子干涉空隙增大
$t < d$

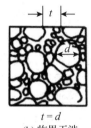
(b) 临界干涉
$t = d$

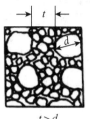
(c) 不发生干涉
$t > d$

图 4.16　粒子干涉理论模式

$$t = \frac{\psi_0}{\left(\dfrac{d}{D}+1\right)^3} \tag{4.10}$$

式中：t——前粒级的间隙间距（即等于次粒级的粒径 d）；

　　　D——前粒级颗粒的粒径；

　　　ψ_0——次粒级颗粒的理论实积率（实积率即堆积密度与表观密度之比）；

　　　ψ_a——次粒级颗粒的实际实积率；

　　　d——次粒级颗粒的粒径。

4.5.2　矿质混合料组成设计及掺配计算

4.3 节中研究了水泥混凝土的细集料的级配，4.4 节中研究了水泥混凝土的粗集料级配及其掺配。本节主要针对道路用沥青混合料的矿料及其级配问题展开分析。

水泥混凝土的集料级配设计和沥青混合料矿料的级配设计有 2 个不同点：其一，水泥混凝土集料级配分为细集料和粗集料两类，要分别满足细集料级配（表 4.6）和粗集料级配（表 4.12）要求；沥青混合料矿料级配，不仅要考虑多档矿料的规格，最终还要满足合成级配符合规范要求。其二，水泥混凝土集料级配采用累积筛余百分率；沥青混合料的矿料级配采用通过百分率。搞清楚沥青混合料的矿料级配及其掺配，是进行沥青混合料配合比设计的基本前提。

矿质混合料组成设计方法主要有数解法、图解法和 Excel 表格法 3 类，常用 Excel 表格法。设计需要 2 个基本条件：一是各种集料的级配参数；二是根据设计要求、技术规范或理论计算，确定矿质混合料目标级配范围。矿质混合料的级配组成，不仅需要将粗细集料分开考虑，而且整体混合级配也要满足要求。

4.5.2.1　数解法

用数学求解矿质混合料组成的方法很多，最常用的为试算法和正规方程法（又称线性规划法）。前者用于 2~3 种矿料组成；后者可用于多种矿料组成，所得结果准确，但计算较为繁杂（申爱琴，2020）。

（1）试算法

在数解法中最简单的方法为试算法。试算法的基本思路：设有几种矿质集料，欲配制成某一种一定级配要求的混合料；在决定各组成集料在混合料中的比例时，首先假定混合料中某种粒径的颗粒是由某一种对这一粒径占优势的集料所组成，其他各种集料不含这种粒径；这样根据各个主要粒径去试探各种集料在混合料中的大致比例；如果比例不合适，则稍加调整，这样逐步接近，最终达到符合混合料级配要求的各级料配合比例。

例如现有 A、B、C 三种矿质集料，欲配合成 M 级配的矿质混合料。

设 x、y、z 为 A、B、C 三种集料组成矿质混合料的配合比例。则：

$$x+y+z=100 \tag{4.11}$$

又设，混合料 M 中某一级粒径要求的含量为 $M_{(i)}$，A、B 和 C 三种集料在某一级粒径的质量为 $m_{a(i)}$、$m_{b(i)}$、$m_{c(i)}$，则：

$$m_{a(i)} \times x + m_{b(i)} \times y + m_{c(i)} \times z = M_{(i)} \tag{4.12}$$

可按下列步骤求得 A、B 和 C 三种集料在混合料中的比例：

①计算 A 料在矿质混合料的用量　在计算 A 料在混合料中的含量时，按 A 料占优势含量的某一粒径计算，而忽略其他集料在此粒径的含量。

设按粒径尺寸为 I mm 进行计算，令 $m_{b(i)}$ 和 $m_{c(i)}$ 均等于零，由式(4.12)得：
$m_{a(i)} \times x = M_{(i)}$，故 x 可按式(4.13)计算。

$$x = \frac{M_{(i)}}{m_{a(i)}} \tag{4.13}$$

②计算 C 料在矿质混合料的用量　同理，在计算 C 料在混合料中的含量时，按 C 料占优势的某一粒径计算，而忽略其他集料在此粒径的含量。设按粒径尺寸为 j(mm)计算，即 $m_{a(j)}$ 和 $m_{b(j)}$ 均等于零，则

$m_{c(j)} \times z = M_{(j)}$，故 z 可按式(4.14)计算

$$z = \frac{M_{(j)}}{m_{c(j)}} \tag{4.14}$$

③计算 B 料在矿质混合料的用量　由式(4.11)得 y 计算式(4.15)。

$$y = 100 - (x+z) \tag{4.15}$$

（2）正规方程法

设有 k 种集料，各种集料在 n 级筛析的通过百分率为 $p_{i(j)}$，欲配制如级配范围中值的矿质混合料，其组成见表4.14。

表4.14　矿质混合料级配范围中值

序号	各种集料		...		各种集料用量/g		...		级配范围中值/%
	1	2	...	k	x_1	x_2	...	x_k	
1	$p_{1(1)}$	$p_{2(1)}$		$p_{k(1)}$	$p_{1(1)} \cdot x_1$	$p_{2(1)} \cdot x_2$		$p_{k(1)} \cdot x_k$	$P_{(1)}$
2	$p_{1(2)}$	$p_{2(2)}$		$p_{k(2)}$	$p_{1(2)} \cdot x_1$	$p_{2(2)} \cdot x_2$		$p_{k(2)} \cdot x_k$	$P_{(2)}$
⋮	⋮	⋮		⋮	⋮	⋮		⋮	⋮
n	$p_{1(n)}$	$p_{2(n)}$		$p_{k(n)}$	$p_{1(n)} \cdot x_1$	$p_{2(n)} \cdot x_2$		$p_{k(n)} \cdot x_k$	$P_{(n)}$

设矿质混合料任何一级筛孔的通过量为 $p_{(j)}$，它是由各种组成集料在该级的通过百分率 $p_{i(j)}$ 乘各种集料在混合料中的用量(x_i)之和。即：

$$\sum p_{i(j)} \cdot x_i = P_{(j)}$$

式中：i——集料种类，$i=1$，2，$\cdots$，k；

j——筛孔数，$j=1$，2，$\cdots$，n。

①按表 4.14 级配组成可列为下方程组

$$\begin{cases} p_{1(1)} \cdot x_1 + p_{2(1)} \cdot x_2 + \cdots + p_{k(1)} \cdot x_k = P_{(1)} \\ p_{1(2)} \cdot x_1 + p_{2(2)} \cdot x_2 + \cdots + p_{k(2)} \cdot x_k = P_{(2)} \\ \cdots\cdots\cdots\cdots\cdots\cdots\cdots\cdots\cdots\cdots\cdots\cdots\cdots \\ p_{1(n)} \cdot x_1 + p_{2(n)} \cdot x_2 + \cdots + p_{k(n)} \cdot x_k = P_{(n)} \end{cases}$$

②按高斯（Gauss）法可以列出下列正规方程组

$$\begin{cases} \left(\sum p_{1(j)} \cdot p_{1(j)}\right) \cdot x_1 + \left(\sum p_{1(j)} \cdot p_{2(j)}\right) \cdot x_2 + \cdots + \left(\sum p_{1(j)} \cdot p_{k(j)}\right) \cdot x_k = \sum p_{1(j)} \cdot p_{(j)} \\ \left(\sum p_{2(j)} \cdot p_{1(j)}\right) \cdot x_1 + \left(\sum p_{2(j)} \cdot p_{2(j)}\right) \cdot x_2 + \cdots + \left(\sum p_{2(j)} \cdot p_{k(j)}\right) \cdot x_k = \sum p_{2(j)} \cdot p_{(j)} \\ \cdots\cdots\cdots\cdots\cdots\cdots\cdots\cdots\cdots\cdots\cdots\cdots\cdots\cdots\cdots\cdots\cdots\cdots\cdots\cdots\cdots \\ \left(\sum p_{k(j)} \cdot p_{1(j)}\right) \cdot x_1 + \left(\sum p_{k(j)} \cdot p_{2(j)}\right) \cdot x_2 + \cdots + \left(\sum p_{k(j)} \cdot p_{k(j)}\right) \cdot x_k = \sum p_{k(j)} \cdot p_{(j)} \end{cases}$$

为方便计算可简写为：

$$\begin{cases} L_{11}x_1 + L_{12}x_2 + \cdots + L_{1k}x_k = L_1 Y \\ L_{21}x_1 + L_{22}x_2 + \cdots + L_{2k}x_k = L_2 Y \\ \cdots\cdots\cdots\cdots\cdots\cdots\cdots\cdots\cdots \\ L_{k1}x_1 + L_{k2}x_2 + \cdots + L_{kk}x_k = L_k Y \end{cases}$$

③用消元法解出 x_1，x_2，$\cdots$，x_k 即为各种材料的配合比例。

4.5.2.2 图解法

（1）级配曲线坐标图的绘制

级配曲线图通常采用半对数坐标系，即纵坐标通过率（p）为算数坐标，横坐标粒径（d）为对数坐标。因此，按 $p = 100(d/D)^n$ 所绘出的级配中值为一曲线。但图解法为使要求级配中值为一直线，纵坐标通过率（p）认为算术坐标，而横坐标粒径采用 $(d/D)^n$ 表示，则级配曲线中值为直线。因此，按上述原理，通常纵坐标通过量取 10cm，横坐标粒径（或筛孔尺寸）取 15cm。连对角线（图 4.17 为要求级配曲线中值），纵坐标按算术标尺，标出通过量百分率（0%~100%）。根据要求级配中值的各筛孔通过百分率标于纵坐标上，则纵坐标引水平线与对角线相交，再从交点作垂线与横坐标相交，其交点即为各相应筛孔尺寸的位置。

（2）各种集料用量的确定

将各种集料的通过量绘于级配曲线坐标图上，图 4.18 中横坐标为筛孔尺寸的 0.45 次方（表 4.15），纵坐标为普通坐标。实际集料的相邻级配曲线并不是均为首尾相接的，可能有下列三种情况：

①两相邻级配曲线重叠（如集料 A 级配曲线的下部与集料 B 级配曲线上部搭接时）在两级配曲线之间引一条垂直于横坐标的直线（即 $a=a'$）线 AA' 与对角线 OO' 交于点 M，通

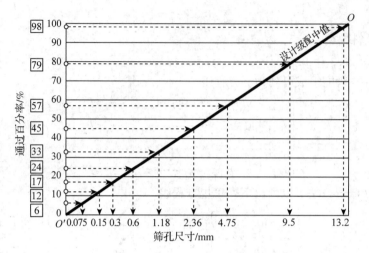

图 4.17 图解法级配曲线坐标图

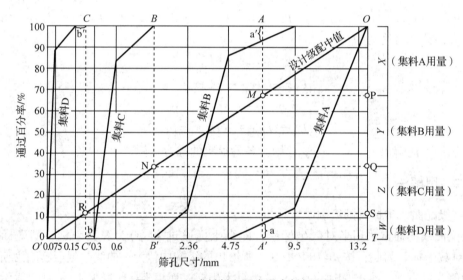

图 4.18 组成材料和要求混合料级配图

过 M 作一水平线与纵坐标交于 P 点。OP 即为集料 A 的用量。

②两相邻级配曲线相接(如集料 B 的级配曲线末端与集料 C 的级配曲线首端,正好在一垂直线上时) 将前一集料曲线末端与后一集料曲线首端作垂线相连,垂线 BB' 与对角线 OO' 相交于点 N。通过 N 作一水平线与纵坐标交于 Q 点。PQ 即为集料 B 的用量。

③两相邻级配曲线相离(如集料 C 的级配曲线末端与集料 D 的级配曲线首端,在水平方向彼此离开一段距离 x 时) 作一垂直平分 x 的直线(即 b=b'),垂线 CC' 与对角线 OO' 相交于点 R,通过 R 作一水平线与纵坐标交于 S 点,QS 即为 C 集料的用量,ST 即为集料 D 用量。

(3)校核

按图解析所得的各种集料用量,校核计算所得合成级配是否符合要求。如不能符合要求(超出级配范围),应调整各集料的用量,重新计算。

表 4.15　级配曲线的横坐标($x=d_i^{0.45}$ 计算)

筛孔 d_i/mm	0.075	0.15	0.3	0.6	1.18	2.36	4.75	9.5	13.2	16	19	26.5	31.5	37.5
横坐标 x	0.312	0.426	0.582	0.795	1.077	1.472	2.016	2.745	3.193	3.482	3.762	4.370	4.723	5.109

4.5.2.3　Excel 表格法

表格法即计算机求解法，通过 Excel 软件，建立数据工作表，完成矿质混合料的配合比。实际工程中，Excel 表格法是最为常用的方法，也是最为简单快捷的方法。

Excel 表格法主要的步骤主要有 3 步：对每一档矿料进行筛分实验，确定的每一种矿料的通过百分率；利用 Excel 表格法进行掺配比例试算，求解合成级配；确定每一种矿料的掺配比例。

下面以例题形式阐述 ATB-25 普通沥青混合料矿质混合料级配设计表格法具体步骤。

【例 4.4】某工地附近有碎石 19～30mm、11～19mm、6～11mm、3～6mm、石屑 0～3mm 和矿粉等六档矿料，这些矿料数量满足工程需求。设计要求该 ATB-25 沥青混合料的合成级配满足表 4.16。采用 Excel 表格法，对这六档矿料进行掺配，得到满足表 4.16 的 ATB-25 沥青混合料矿料的合成级配。

表 4.16　ATB-25 沥青混凝土混合料要求级配范围

级配名称		筛孔(方孔筛)尺寸/mm												
		31.5	26.5	19.0	16.0	13.2	9.5	4.75	2.36	1.18	0.6	0.3	0.15	0.75
		通过质量百分率/%												
合成级配	上限	100	100	80	68	62	52	40	32	25	18	14	10	6
	下限	100	90	60	48	42	32	20	15	10	8	5	3	2

【解】

(1)筛分确定每一档矿料的通过百分率

分别对六档矿料进行筛分实验，可得到各类矿料的通过百分率，其中，每种矿料筛分实验需要进行 2 组，筛分结果取两者平均值作为终值。19～30mm、11～19mm、6～11mm、3～6mm、石屑 0～3mm 和矿粉等六档矿料的筛分实验结果与最终的合成级配结果放置于同一个单元簿表格中，分别命名为碎石 19-30、碎石 11-19、碎石 6-11、碎石 3-6、石屑 0-3、矿粉和合成级配。以碎石 19～30mm 和碎石 11～19mm 的筛分实验为例说明，其筛分实验结果如图 4.19、图 4.20 所示，其余 4 档矿料的筛分实验和结果计算与碎石 19～30mm 和碎石 11～19mm 的筛分实验一致。其中，A21～A32 为筛孔尺寸；B21～B33 和 F21～F33 分别为集料第 1 组和第 2 组筛分实验后各筛上的筛余量；C21～C33 和 G21～G33 分别为集料第 1 组和第 2 组的分计筛余百分率，在 Excel 表格中输入的方式为：

C21＝B21/BCDE1213；G21＝F21/FGHI1213；（BCDE1213 表示单元格＝2497.5）

C22＝B22/BCDE1213；G22＝F22/FGHI1213；

C23＝B23/BCDE1213；G23＝F23/FGHI1213；

……

D21~D33 和 H21~H33 分别为集料第 1 组和第 2 组的累计筛余百分率，在 Excel 表格中输入的方式为：

D21＝C21；　　　　　H21＝G21；

D22＝C21+C22　　　　H22＝G21+G22；

D23＝C21+C22+23；　　H23＝G21+G22+G23；

……

	A	B	C	D	E	F	G	H	I	J
10	干燥试样总量m₃/g		第一组				第二组			
11			2500				2500			
12	水洗后筛上总量m₄/g		2497.5				2496.7			平均
13										
14	水洗后0.075 mm筛下量 m₀.₀₇₅/g		2.5				3.3			
15										
16										
17	0.075mm通过率P₀.₀₇₅/%		0.1				0.1			0.1
18										
19	筛孔尺寸/mm	筛上重 mi/g	分计筛余/%	累计筛余/%	通过百分率/%	筛上重 mi/g	分计筛余/%	累计筛余/%	通过百分率/%	通过百分率/%
20										
21	31.5	0.0	0.0	0.0	100.0	0	0.0	0.0	100	100.0
22	26.5	0.0	0.0	0.0	100.0	0	0.0	0.0	100	100.0
23	19	1602.5	64.1	64.1	35.9	1630.1	65.2	65.2	34.8	35.3
24	16	709.4	28.4	92.5	7.5	694.3	27.8	93.0	7.0	7.3
25	13.2	132.1	5.3	97.8	2.2	136.4	5.5	98.4	1.6	1.9
26	9.5	52.3	2.1	99.9	0.1	35.7	1.4	99.9	0.1	0.1
27	4.75	0.0	0.0	99.9	0.1	0.0	0.0	99.9	0.1	0.1
28	2.36	0.0	0.0	99.9	0.1	0.0	0.0	99.9	0.1	0.1
29	1.18	0.0	0.0	99.9	0.1	0.0	0.0	99.9	0.1	0.1
30	0.6	0.0	0.0	99.9	0.1	0.0	0.0	99.9	0.1	0.1
31	0.3	0.0	0.0	99.9	0.1	0.0	0.0	99.9	0.1	0.1
32	0.15	0.0	0.0	99.9	0.1	0.0	0.0	99.9	0.1	0.1
33	0.075	0.0	0.0	99.9	0.1	0.0	0.0	99.9	0.1	0.1
34	筛底m/g	0.0				0.0				
35	干筛后总量∑mi /g	2496.3	99.9			2496.5	99.9			
36	损耗m₅/g	1.2				0.2				
37	损耗率/%	0.05				0.01				
38	扣除损耗后总量/g	2498.8				2499.8				

合成级配　碎石19-30 mm　碎石11-19 mm　碎石6-11 mm　碎石3-6 mm　石屑0-3 mm　矿粉　＋

图 4.19　碎石 19~30mm 筛分结果

E21~E33 和 I21~I33 分别为集料第 1 组和第 2 组的通过质量百分率，在 Excel 表格中输入的方式为：

E21＝1-D21；I21＝1-H21；

E22＝1-D22；I22＝1-H22；

E23＝1-D23；I23＝1-H23；

……

		第一组				第二组				平均
干燥试样总量m₃/g		2000				2000				
水洗后筛上总量m₄/g		1998.8				1998.9				
水洗后0.075 mm筛下量 m₀.₀₇₅/g		1.2				1.1				
0.075 mm通过率P₀.₀₇₅/%		0.1				0.1				0.1
筛孔尺寸/mm	筛上重 mi/g	分计筛余 /%	累计筛余 /%	通过百分 率/%	筛上重 mi/g	分计筛余 /%	累计筛余 /%	通过百分 率/%		通过百分 率/%
31.5	0.0	0.0	0.0	100.0	0	0.0	0.0	100		100.0
26.5	0.0	0.0	0.0	100.0	0	0.0	0.0	100		100.0
19	0.0	0.0	0.0	100.0	0	0.0	0.0	100.0		100.0
16	256.0	12.8	12.8	87.2	262.1	13.1	13.1	86.9		87.0
13.2	724.5	36.2	49.0	51.0	724.5	36.2	49.3	50.7		50.8
9.5	885.3	44.3	93.3	6.7	888.4	44.4	93.8	6.3		6.5
4.75	130.1	6.5	99.8	0.2	123.6	6.2	99.9	0.1		0.1
2.36	0.0	0.0	99.8	0.2	0.0	0.0	99.9	0.1		0.1
1.18	0.0	0.0	99.8	0.2	0.0	0.0	99.9	0.1		0.1
0.6	0.0	0.0	99.8	0.2	0.0	0.0	99.9	0.1		0.1
0.3	0.0	0.0	99.8	0.2	0.0	0.0	99.9	0.1		0.1
0.15	0.0	0.0	99.8	0.2	0.0	0.0	99.9	0.1		0.1
0.075	0.0	0.0	99.8	0.2	0.0	0.0	99.9	0.1		0.1
筛底mₖg	0.0				0.0					
干筛后总量∑mi/g	1995.9	99.8			1998.6	99.9				
损耗m₅/g	2.9				0.3					
损耗率/%	0.15				0.02					
扣除损耗后总量/g	1997.1				1999.7					

合成级配　碎石19-30 mm　碎石11-19 mm　碎石6-11 mm　碎石3-6 mm　石屑0-3 mm　矿粉 ＋

图 4.20　碎石 11~19mm 筛分结果

（2）进行掺配比例试算，求解合成级配

ATB-25 沥青混凝土矿质混合料设计级配范围见表 4.17。

表 4.17　ATB-25 沥青混凝土矿质混合料要求级配范围和中值

级配名称		通过下列(方孔筛)筛孔尺寸(mm)通过百分率(%)											
		31.5	26.5	19	16	13.2	9.5	4.75	2.36	1.18	0.6	0.3	0.15	0.75
设计级配	上限	100	100	80	68	62	52	40	32	25	18	14	10	6
	下限	100	90	60	48	42	32	20	15	10	8	5	3	2
	中值	100	95	70	58	52	42	30	23.5	17.5	13	9.5	6.5	4

将六档矿料的最终通过质量百分率输入进入 Excel 软件中。采用同一工作簿连接的方式，分别将六档矿料的通过百分率连接至合成级配表格中，实现数据的自动更改及计算。如图 4.21 所示，12~17 行为各档矿料的通过百分率。在合成级配表格中，连接碎石 19~30 的输入方式为：

D12＝＝'碎石 19~30'！J21；

E12＝＝'碎石 19~30'！J22；

F12＝＝'碎石 19~30'！J23；

……

将 ATB-25 沥青混凝土矿质混合料要求级配范围和中值（表 4.17）输入至 Excel 中（图 4.21）的 27 行和 28 行，并且计算中值输入至 29 行，在 Excel 表格中输入方式为：

D29 = (D27+D28)/2；

E29 = (E27+E28)/2；

F29 = (F27+F28)/2；

……

分别调整六档矿料的配比(C20~C25)，使得矿料混合料合成级配满足 27 行和 28 行范围要求，且 6 个配比的和为 1。其中，每一种矿料混合料的每种粒径占比等于该粒径通过百分率乘以配比，在 Excel 表格中输入方式为：

D20 = D12 * C20；

E20 = E12 * C20；

F20 = F12 * C20；

……

	A	B	C	D	E	F	G	H	I	J	K	L	M	N	O	P
9							矿料筛分试验结果									
10	筛孔尺寸/mm			31.50	26.50	19.00	16.00	13.20	9.50	4.75	2.36	1.18	0.60	0.30	0.15	0.075
11	筛孔尺寸的0.45次方			4.723	4.370	3.762	3.482	3.193	2.754	2.016	1.472	1.077	0.795	0.582	0.426	0.312
12	碎石19-30			100.0	100.0	35.3	7.3	1.9	0.1	0.1	0.1	0.1	0.1	0.1	0.1	0.1
13	碎石11-19			100.0	100.0	100.0	87.0	50.8	6.5	0.1	0.1	0.1	0.1	0.1	0.1	0.1
14	碎石6-11			100.0	100.0	100.0	100.0	100.0	99.8	22.5	1.5	0.1	0.1	0.1	0.1	0.1
15	碎石3-6			100.0	100.0	100.0	100.0	100.0	100.0	97.0	7.5	2.0	0.2	0.2	0.2	0.2
16	石屑0-3			100.0	100.0	100.0	100.0	100.0	100.0	100.0	93.0	67.5	42.1	26.9	17.3	11.4
17	矿粉			100.0	100.0	100.0	100.0	100.0	100.0	100.0	100.0	100.0	100.0	100.0	99.7	97.0
18							矿料混合料级配组成									
19	筛孔尺寸/mm			31.50	26.50	19.00	16.00	13.20	9.50	4.75	2.36	1.18	0.60	0.30	0.15	0.08
20	碎石19-30		39%	39.0	39.0	13.8	2.8	0.7	0.1	0.1	0.1	0.1	0.1	0.1	0.1	0.1
21	碎石11-19		20%	20.0	20.0	20.0	17.4	10.2	1.3	0.0	0.0	0.0	0.0	0.0	0.0	0.0
22	碎石6-11		11%	11.0	11.0	11.0	11.0	11.0	11.0	2.5	0.2	0.0	0.0	0.0	0.0	0.0
23	碎石3-6		6%	6.0	6.0	6.0	6.0	6.0	6.0	5.8	0.5	0.1	0.0	0.0	0.0	0.0
24	石屑0-3		22%	22.0	22.0	22.0	22.0	22.0	22.0	22.0	20.4	14.9	9.3	5.9	3.8	2.5
25	矿粉		2%	2.0	2.0	2.0	2.0	2.0	2.0	2.0	2.0	2.0	2.0	2.0	2.0	1.9
26	合成级配		100%	100.0	100.0	74.8	61.2	51.9	42.3	32.4	23.1	17.1	11.4	8.0	5.9	4.6
27	设计级配	上限		100	100	80	68	62	52	40	32	25	18	14	10	6
28		下限		100	90	60	48	42	32	20	15	10	8	5	3	2
29		中值		100	95	70	58	52	42	30	23.5	17.5	13	9.5	6.5	4

合成级配　碎石19-30 mm　碎石11-19 mm　碎石6-11 mm　碎石3-6 mm　石屑0-3 mm　矿粉　＋

图 4.21　合成级配设计表

最终计算合成级配，合成级配即各矿料相同粒径占比之和，在 Excel 表格中输入方式为：

D26 = D20+D21+D22+D23+D24+D25；

E26 = E20+E21+E22+E23+E24+E25；

F26 = F20+F21+F22+F23+F24+F25；

……

(3)确定每一种矿料的掺配比例

调整每一种矿料的掺配比例，在图 4.21 中 C20~C25 单元格中的数据，可通过调整

C20～C25 单元格中的数据改变调整合成级配，重复试调配比，使最终的合成级配满足规范要求。也可以绘制合成级配曲线，观察合成级配试调结果。

在图 4.21 中计算得到合成级配通过百分率，绘制成级配曲线图，合成级配曲线完全在规范要求的级配范围之内，且接近中值，呈一光滑平顺的曲线，如图 4.22 所示。如果配合比不合理，可直接调整 C20～C25 单元格中的数据，其他单元中的数据和级配曲线会随之改变。重复上述步骤直至级配曲线达到满意程度，此时 C20～C25 单元中的各种数据即为设计配合比。

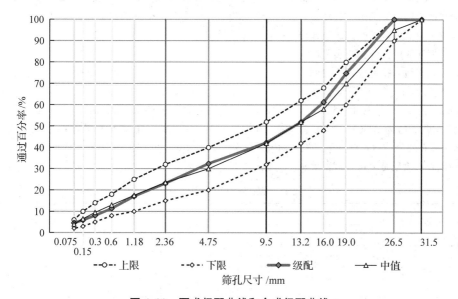

图 4.22 要求级配曲线和合成级配曲线

复习思考题

4.1 解释含泥量。

4.2 解释集料。集料按照粒径如何分类？

4.3 某工地实验人员进行河砂的含泥量实验，实验前称取烘干试样质量 A、B 均为 400g，通过 1.18mm 和 0.075mm 的方孔筛筛洗并烘干，实验后的烘干试样质量 A、B 分别为 390g、392g。（1）计算该组实验的含泥量。（2）规范（GB/T 14684—2022）要求每类天然砂的含泥量分别是多少？根据该组实验结果判断该天然砂为符合哪类天然砂？（3）采用什么实验判定机制砂中小于 0.075mm 颗粒是石粉还是泥？机制砂中小于 0.075mm 颗粒如果全部是泥，根据规范（GB/T 14684—2022）标准衡量各类机制砂含泥量标准是多少？

4.4 细集料按照来源分为哪几类？

4.5 根据规范（GB/T 14684—2022），砂按技术要求分哪几类？其中哪类砂标准最高、质量最好？

4.6 机制砂中小于 0.075mm 的颗粒是石粉的可能性更大，还是泥的可能性更大？

4.7 根据规范（GB/T 14685—2022），卵石、碎石按技术要求分为哪几类？

4.8 规范（GB/T 14684—2022）对 Ⅰ 类、Ⅱ 类和 Ⅲ 类机制砂的石粉含量怎么规定的？每一种机制砂都需要进行亚甲蓝实验吗？

4.9 细集料筛分实验的方孔筛有哪些？

4.10 规范(GB/T 14684—2022)中，砂按细度模数分为哪几种规格？

4.11 某工地实验室使用机制砂。准确称取烘干试样 500g，筛分结果见表 4.8。要求计算该砂的分计筛余百分率、累计筛余百分率、细度模数；完成实验报告中的有关筛分表格；完善实验报告中的有关筛分示意图；判断该砂属于哪个区？

4.12 按照规范(GB/T 14684—2022)最理想的砂是什么？

4.13 规范(GB/T 14685—2022)中粗集料筛分实验有哪些筛子？某水泥混凝土 C30，采用连续级配碎石 5~20，该碎石进行筛分实验每一粒径筛子都要用到吗？

4.14 某工地实验室进行 5~25mm 碎石筛分。准确称取烘干碎石试样 5000g，筛分结果见表 4.13。要求计算该碎石的分计筛余百分率、累计筛余百分率；完成实验报告中的有关筛分表格；完善实验报告中的有关筛分示意图；判断该碎石级配是否符合规范要求。

4.15 简述亚甲蓝的实验实验目？

4.16 某工地实验室进行 5~25 碎石筛分。筛分实验前准确称取烘干碎石试样 Mg(假定实验过程中质量损失为 0)，筛分后各筛 31.5mm、26.5mm、16.0mm、4.75mm、2.36mm 和筛底筛余质量分别为 0g、186g、2933g、2416g、308g 和 157g。后来，实验人员认为忽略了 9.50mm 和 19mm 筛子，再次筛分，这两个筛子上的筛质量为 2730g、2560g。规范 GB/T 14685—2022 规定粗集料的颗粒级配见表 1。要求：(1)计算该碎石的分计筛余百分率、累计筛余百分率，完善表 2。(2)画出实验报告中筛分级配曲线示意图；判断该碎石级配是否符合规范要求。

表 1　粗集料的颗粒级配要求

公称粒径		累计筛余百分率/%								
		2.36	4.75	9.50	16.0	19.0	26.5	31.5	37.5	53
连续粒级	5~16	95~100	85~100	30~60	0~10	0	—	—	—	—
	5~20	95~100	90~100	40~80	—	0~10	0	—	—	—
	5~25	95~100	90~100	—	30~70	—	0~5	0	—	—
	5~31.5	95~100	90~100	70~90	—	15~45	—	0~5	0	—
	5~40	—	95~100	70~90	—	30~65	—	—	0~5	0

表 2　碎石的筛分结果和计算过程表

孔径/mm	筛余质量/g	分计筛余百分率/%	累计筛余百分率/%	规范规定累计筛余百分率/%		备注
				下限	上限	

4.17　矿质混合料设计的目的是什么？

4.18　根据规范(JTG F40—2004)规定，沥青混合料所用矿料级配种类有哪些？

4.19　矿质混合料是针对水泥混凝土还是沥青混合料的？矿质混合料组成设计方法有哪几种？常用哪种方法？

4.20　规范(GB/T 14685—2022)规定的粗集料颗粒级配见表 4.12。某工地实验室进行 5~20 碎石筛分，筛余质量损失为 0。该工地新来实验员 A 进行 5~20 碎石筛分时选择 26.5mm、19.0mm、9.50mm、4.75mm、2.36mm 筛子，每号筛上的筛余质量分别为 0g、144.6g、2837.5g、1924.9g、69.8g，筛底质量 23.2g。后来，实验员 A 认为应该加上 16.0mm，单独取 16.0mm 补充筛分，16.0mm 筛子的筛余质量为 2000g。(1)按照规范规定，该 5~20mm 碎石筛分实验之前的累计质量是多少？(2)计算该碎石的分计筛余百分率、累计筛余百分率。(3)将计算结果填入表 3，并绘制筛孔粒径与累计筛余百分率曲线图，分析该碎石级配是否满足规范要求。

表 3　碎石的筛分实验记录表

孔径/mm	筛余质量/g	分计筛余百分率%	累计筛余百分率/%	规范规定的累计筛余百分率范围/%	备注
26.5	0				
19.0	144.6				
9.50	2837.5				
4.75	1924.9				
2.36	69.8				
筛底	23.2				
合计	5000				

第 5 章　无机气硬性胶凝材料

5.1　概述

土木工程中用来将散粒材料(如砂、石子等)或块状材料(如砖、石块等)黏结成为整体的材料,统称为胶凝材料。胶凝材料按其化学成分,可分为无机胶凝材料和有机胶凝材料两类。前者如水泥、石灰、石膏等,后者如沥青、树脂等。

无机胶凝材料,按其硬化条件的不同,又可分为气硬性和水硬性两类。气硬性胶凝材料,是指只能在空气中硬化,也只能在空气中保持或继续发展其强度的胶凝材料,如石膏、石灰、水玻璃和菱苦土等。水硬性胶凝材料,是指不仅能在空气中硬化,而且能更好地在水中硬化,并保持和继续发展其强度的胶凝材料,如各种水泥。气硬性胶凝材料只适用于地上或干燥环境,不适用于潮湿环境,更不可用于水中;而水硬性胶凝材料既适用于地上,也可用于地下或潮湿环境与水中。

本章着重介绍无机气硬性胶凝材料中的石膏、石灰、水玻璃。

5.2　石膏

以石膏作为原材料,可以制成多种石膏胶凝材料,建筑中使用最多的石膏胶凝材料是建筑石膏,其次是高强石膏,此外还有硬石膏水泥等。

5.2.1　建筑石膏的原料与生产

(1)建筑石膏的概念

建筑石膏依据《建筑石膏》(GB/T 9776—2022),适用于天然石膏、烟气脱硫石膏和磷石膏制成的建筑石膏。

建筑石膏,是指天然石膏或工业副产品经脱水处理制成的,以 β 型半水石膏(β-$CaSO_4 \cdot 0.5H_2O$)为主要成分,不添加任何外加剂或添加物的粉状胶凝材料。

天然建筑石膏,是指以天然石膏为原料制成的建筑石膏。

工业副产品石膏,包括化学石膏、烟气脱硫石膏、磷石膏等。化学石膏,是指工业生产过程中产生的富含二水硫酸钙的副产品。烟气脱硫石膏,是指采用石灰或石灰石湿法脱除烟气中二氧化硫时产生的以二水硫酸钙为主要成分的副产品。磷石膏,是指采用磷矿石为原料，湿法制取磷酸时所取得的以二水硫酸钙为主要成分的副产品(邓德华，2004)。

此外，《石膏基自流平砂浆》(JC/T 1023—2021)，规定了适用于室内地面找平用石膏基自流平材料。石膏基自流平砂浆，是指以半水石膏为主要胶凝材料，与骨料、填料及外加剂组成，与水搅拌后具有一定流动性的室内地面用自流平材料。自流平地面，是指在基层上，采用具有自动流平或稍加辅助流平功能的材料，经现场搅拌后摊铺形成的面层。常见的自流平地面有泥基自流平地面、树脂自流平地面及树脂水泥复合砂浆自流平地面等。

(2)建筑石膏的原料

建筑石膏又称烧石膏、熟石膏，生产建筑石膏的原料主要是天然二水石膏。

天然二水石膏又称生石膏。根据《天然石膏》(GB/T 5438—2008)，以二水硫酸钙($CaSO_4 \cdot 2H_2O$)为主要成分的天然矿石是石膏；以无水硫酸钙($CaSO_4$)为主要成分的天然矿石是硬石膏。石膏和硬石膏按矿物组分分为 3 类。G 类为石膏，以二水硫酸钙的质量百分含量表示其品位；A 类为硬石膏，以无水硫酸钙与二水硫酸钙的质量百分含量之和表示其品位，且 $CaSO_4(CaSO_4+CaSO_4 \cdot 2H_2O) \geqslant 0.80$(质量比)；M 类为混合石膏，以无水硫酸钙与二水硫酸钙的质量百分含量之和表示其品位，且 $CaSO_4(CaSO_4+CaSO_4 \cdot 2H_2O) < 0.80$(质量比)。各类石膏按其品位分级，并应符合表 5.1 的要求。

生产普通建筑石膏时，采用二级以上的 G 类石膏，特级的 G 类石膏可以用来生产高级石膏。天然二水石膏常被用作硅酸盐系列水泥的调凝剂，也用于配制自应力水泥。硬石膏结晶紧密、质地较硬，不能用来生产建筑石膏，仅用于生产无水石膏水泥，或少量用作硅酸盐系列水泥的调凝剂。

表 5.1　各类石膏的品位及等级

级　　别	品味(质量分数)/%		
	石膏(G)	硬石膏(A)	混合石膏(M)
特　级	≥95	—	≥95
一　级	≥85		
二　级	≥75		
三　级	≥65		
四　级	≥55		

化学石膏(chemical gypsum)是工业生产过程中化学反应产生的二水硫酸钙的总称。其中，磷石膏是在磷酸生产中用硫酸处理磷矿时产生的固体废渣，其主要成分为硫酸钙；脱硫石膏是火力发电烟气脱硫的附加固体产品，主要成分为硫酸钙。此外，还有硼石膏、盐石膏、钛石膏等。采用化学石膏时应注意，如废渣(液)中含有酸性成分时，须预先用水洗涤或用石灰中和后才能使用。用化学石膏生产建筑石膏，可扩大石膏原料的来源。

(3)建筑石膏的生产

建筑石膏是将天然二水石膏或化学石膏加热至107~170℃时，经脱水转变而成(符芳，2001)，其反应式如下：

$$CaSO_4 \cdot 2H_2O \rightarrow CaSO_4 \cdot 1/2H_2O + 3/2H_2O$$

将二水石膏在不同压力和温度下加热，可制得晶体结构和性质各异的多种石膏胶凝材

料,现简述如下:

在压蒸条件下(0.13MPa、124℃)加热,则生成 α 型半水石膏,即高强石膏,其晶体比 β 型半水石膏的粗,比表面积小。若在压蒸时掺入结晶转化剂十二烷基硫酸钠、十六烷基硫酸钠、木质素磺酸钙,则能阻碍晶体往纵向发展,使 α 型半水石膏晶体变得更粗。近年来的研究证明,α 型半水石膏也可用二水石膏在某些盐溶液中沸煮的方法制成。

当加热温度为 170~250℃时,石膏继续脱水成为可溶性硬石($CaSO_4$Ⅲ),与水调和仍能很快凝结硬化。当温度升高为 200~250℃时,石膏中残留很少的水,凝结硬化非常缓慢,但遇水后还能逐渐生成半水石膏直到二水石膏。

当温度高于 400℃,石膏完全失去水分,成为不溶性硬石膏($CaSO_4$Ⅱ),失去凝结硬化能力,称为死烧石膏,但加入适量激发剂混合磨细后又能凝结硬化,成为无水石膏水泥。

当温度高于 800℃时,部分石膏分解出 CaO,磨细后的产品称为高温煅烧石膏,此时 CaO 起碱性激发剂的作用,硬化后有较高的强度和耐磨性,抗水性也较好,也称为地板石膏。

5.2.2　建筑石膏的水化与硬化

建筑石膏与适量的水混合后,初期为可塑的浆体,但很快就失去塑性而产生凝结硬化,继而发展成为固体。这种现象发生的实质是由于浆体内部经历了一系列的物理化学变化。首先,β 型半水石膏溶解于水,很快成为不稳定的饱和溶液。β 型半水石膏又与水化合形成了二水石膏,水化反应按下式进行:

$$CaSO_4 \cdot 1/2H_2O + 1.5H_2O \rightarrow CaSO_4 \cdot 2H_2O$$

由于水化产物二水石膏在水中的溶解度比 β 型半水石膏小得多(仅为 β 半水石膏溶解度的1/5),因此,β 型半水石膏的饱和溶液大于二水石膏就成了过饱和溶液,从而逐渐形成晶核,在晶核大到某一临界值以后,二水石膏就结晶析出。这时溶液浓度降低,使新的一批半水石膏又可以继续溶解和水化。如此循环进行,直到 β 型半水石膏全部耗尽。

随着水化的进行,二水石膏生成量不断增加,水分逐渐减少,浆体开始失去可塑性,这称为初凝。而后浆体继续变稠,颗粒之间的摩擦力、黏结力增加,并开始产生结构强度,表现为终凝。石膏终凝后,强度才停止发展,这就是建筑石膏的硬化过程(图5.1)。

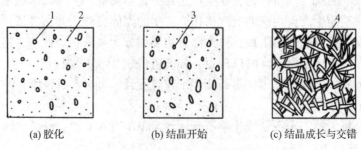

(a)胶化　　　　　　　(b)结晶开始　　　　　　(c)结晶成长与交错

图 5.1　建筑石膏凝结硬化示意图

1—半水石膏;2—二水石膏胶体微粒;3—二水石膏晶体;4—交错的晶体

5.2.3　建筑石膏的技术性质及特性

（1）建筑石膏的等级及质量标准

根据《建筑石膏》（GB/T 9776—2022）的规定，建筑石膏按 2h 湿抗折强度分为 4.0、3.0 和 2.0 三个等级。按原材料分为 3 类，见表 5.2。

建筑石膏的密度一般为 2.60~2.75g/cm³，堆积密度为 800~1000kg/m³。

表 5.2　建筑石膏的分类

类别	天然建筑石膏	脱硫建筑石膏	磷建筑石膏
代号	N	S	P

（2）建筑石膏特性

建筑石膏的物理力学性能，见表 5.3。建筑石膏组成中 β 型半水硫酸钙含量不应小于 60.0%。

表 5.3　建筑石膏的物理力学性能

等级	凝结时间/min		强度/MPa			
			2h 湿强度		干强度	
	初凝	终凝	抗折	抗压	抗折	抗压
4.0	≥3	≤30	≥4.0	≥8.0	≥7.0	≥15.0
3.0			≥3.0	≥6.0	≥5.0	≥12.0
2.0			≥2.0	≥4.0	≥4.0	≥8.0

①凝结硬化快　建筑石膏的初凝时间不小于 3min，终凝时间不大于 30min，一星期左右完全硬化。由于凝结快，在实际工程使用时往往需要掺加适量缓凝剂，如可掺 0.1%~0.2% 的动物胶或 1% 的亚硫酸盐酒精废液，也可掺 0.1%~0.5% 的硼砂等。

②建筑石膏硬化后空隙率大、强度较低　按照《建筑石膏力学性能的测定》（GB/T 17669.3—1999）测定建筑石膏的力学性能，因建筑石膏的凝结时间和力学性能测定的时间很短，建筑石膏的实验自始至终均应抓紧时间有序开展。

其硬化后的抗压强度仅 4.0~15.0MPa，但它已能满足用作隔墙和饰面的要求。强度测定采用 40mm×40mm×160mm 三联试模。先按标准稠度需水量（标准稠度是指半水石膏净浆在玻璃板扩展成（180±5）mm 的圆饼时的需水量）加水于搅拌锅中，再将建筑石膏粉均匀撒入水中，并手工搅拌、成型，在室温（20±5）℃、空气相对湿度为 55%~75% 的条件下，从建筑石膏粉与水接触开始达 2h 时，测定其抗折强度和抗压强度。

不同品种的石膏胶凝材料硬化后的强度差别很大。高强石膏硬化后的强度通常比建筑石膏要高 2~7 倍。这是因为两者水化时的理论需水量虽均为 18.61%，但成型时的实际需水量要多一些，由于高强石膏的晶粒粗、比表面积小，所以实际需水量小，仅为 30%~40%，而建筑石膏的晶粒细，其实际需水量高达 50%~70%。显而易见，建筑石膏水化后剩余的水量要比高强石膏多，因此，待这些多余水分蒸发后，在硬化体内留下的孔隙多，因而其强度低。高强石膏硬化后抗压强度高达 10~40MPa。通常建筑石膏在贮存 3 个月后强度将降低 30%，故在贮存及运输期间应防止受潮。

③建筑石膏硬化体绝热性和吸音性能良好，但耐水性较差 建筑石膏制品的导热系数较小，一般为 $0.121 \sim 0.205 W/(m \cdot K)$。在潮湿条件下吸湿性较强，水分削弱了晶体粒子间的黏结力，故软化系数较小，仅为 $0.30 \sim 0.45$，长期浸水还会因二水石膏晶体溶解而引起溃散破坏。在建筑石膏中加入适量水泥、粉煤灰、磨细的粒化高炉矿渣及各种有机防水剂，可提高制品的耐水性。

④防火性能较好 建筑石膏硬化后的主要成分是带有两个结晶水分子的二水石膏，当其遇火时，二水石膏脱出结晶水，结晶水吸收热量蒸发时，在制品表面形成水蒸气幕，有效地防止火的蔓延。制品厚度越大，防火性能越好。

⑤建筑石膏硬化时体积略有膨胀 一般膨胀 $0.05\% \sim 0.15\%$，这种微膨胀性使硬化体表面光滑饱满，干燥时不开裂，且能使制品造型棱角很清晰，有利于制造复杂图案花纹的石膏装饰件。

⑥装饰性好 石膏硬化制品表面细腻平整，色洁白，具雅静感。

⑦硬化体的可加工性能好 可锯、可钉、可刨，便于施工。

此外，石膏还是生产水泥的调凝剂，在硅酸盐水泥熟料中掺加适量石膏，调节水泥的凝结时间在工程可控范围内。

5.2.4 建筑石膏的应用

建筑石膏广泛适用于配制石膏抹面灰浆和制作各种石膏制品。高强石膏适用于强度要求较高的抹灰工程和石膏制品。在建筑石膏中掺入防水剂可用于湿度较高的环境中，加入有机材料，如聚乙烯醇水溶液、聚醋酸乙烯乳液等，可配成黏结剂，其特点是无收缩性。

建筑石膏制品种类很多，我国目前生产的主要有纸面石膏板、空心石膏条板、纤维石膏板、石膏砌块和装饰石膏制品等。

纸面石膏板、石膏空心条板、纤维石膏板和石膏砌块详见第 10 章墙体材料。本章只介绍装饰石膏制品。

(1)装饰石膏板

装饰石膏板以建筑石膏为主要原料，掺入适量纤维增强材料和外加剂，与水搅拌成均匀的料浆，经浇筑成型、干燥后制成，主要用作室内吊顶，也可用作内墙装饰板。装饰石膏板包括平板、孔板、浮雕板、防潮平板和防潮浮雕板等品种。孔板上的孔呈图案排列，分盲孔和穿透孔两种，孔板除具有吸声特性，还有较好的装饰效果。

(2)嵌装式装饰石膏板

如在板材背面四边加厚带有嵌装企口，则可制成嵌装式装饰石膏板，其板材正面可为平面、穿孔或浮雕图案。以具有一定数量穿透孔洞的嵌装式装饰石膏板为面板，在其背后复合吸声材料，就成为嵌装式吸声石膏板，它是一种既能吸声又有装饰效果的多功能板材。嵌装式装饰石膏板主要用作天棚材料，施工安装十分方便，特别适用于影剧院、大礼堂及展览厅等观众比较集中又要求雅静感的公共场所。

(3)艺术装饰石膏制品

艺术装饰石膏制品主要包括浮雕艺术石膏角线、线板、角花、灯圈、壁炉、罗马柱、灯座、雕塑等。这些制品均采用优质建筑石膏为基料，配以纤维增强材料、胶黏剂等，与水拌制成料浆，经注墨成型、硬化、干燥而成。这类石膏装饰件用于室内顶棚和墙面，会顿生高雅之感。装饰石膏柱和装饰石膏壁炉，是以西方现代装饰技术，把东方传统建筑风格与罗马雕刻、德国新古典主义及法国复古制作融为一体，糅合精湛华丽的雕饰，美观、舒适、实用，将高雅而华丽的气派带入居室和厅堂。

5.3 石灰

5.3.1 建筑石灰的概念和分类

(1) 建筑石灰的概念

建筑石灰是建筑中使用最早的矿物胶凝材料之一。建筑石灰，常简称为生石灰，实际上它是具有不同化学成分和物理形态的生石灰、消石灰、水硬性石灰的统称。生产石灰的原料石灰石分布很广，生产工艺简单，成本低廉，在建筑上应用广泛。

依据《建筑生石灰》(JC/T 479—2013)，建筑石灰适用于建筑工程用的(气硬性)生石灰与生石灰粉。

(气硬性)生石灰，由石灰石(包括钙质石灰石和镁质石灰石)焙烧而成，呈块状、粒状或粉状，化学成分主要为氧化钙，可与水发生放热反应生成消石灰。

钙质石灰，主要有氧化钙或氢氧化钙组成，而不添加任何水硬性的或火山灰质的材料。

镁质石灰，主要由氧化钙和氧化镁(含量大于5%)或氢氧化钙和氢氧化镁组成，而不添加任何水硬性的或火山灰质的材料。

(2) 建筑石灰(生石灰)的分类

建筑石灰按照加工情况，可分为建筑生石灰和建筑生石灰粉。

建筑石灰按照化学成分，可分为钙质石灰和镁质石灰。根据化学成分，又可分为相应等级，见表 5.4。

表 5.4 建筑石灰的等级

类别	名称	代号
钙质石灰	钙质石灰 90	CL 90
	钙质石灰 85	CL 85
	钙质石灰 75	CL 75
镁质石灰	镁质石灰 85	ML 85
	镁质石灰 80	ML 80

5.3.2 建筑石灰的生产

石灰是以碳酸钙($CaCO_3$)为主要成分的石灰石、白垩等为原料，在适当温度下煅烧所得的产物，其主要成分是氧化钙(CaO)，在 900~1000℃下煅烧反应式如下：

$$CaCO_3 \rightarrow CaO + CO_2 \uparrow$$

为使 $CaCO_3$ 能充分分解生成 CaO，必须提高温度，但煅烧温度过高或过低，煅烧时间过长或过短，都会影响石膏的质量。过烧石灰(又称过火石灰)的内部结构致密，CaO 晶粒粗大，与水反应的速率较慢。当石灰浆中含有过火石灰时，它将在石灰浆硬化以后才发生水化作用，会因膨胀而引起硬化体崩裂或隆起等现象(符芳，2001)。

因石灰原料中常含有一些碳酸镁，石灰中也会含有一些氧化镁(MgO)。在《建筑生石灰》(JC/T 479—2013)中规定，按 MgO 含量的多少，建筑石灰分为钙质石灰和镁质石灰两类，前者 MgO 含量小于或等于 5%，后者 MgO 含量大于 5%。

根据成品的加工方法不同，石灰有以下 4 种成品：

①生石灰　由石灰石煅烧成的白色疏松结构的块状物，主要成分为 CaO。

②生石灰粉　由块状生石灰磨细而成。

③消石灰粉　将生石灰用适量水经消化和干燥而成的粉末，主要成分为 $Ca(OH)_2$，也称熟石灰。

④石灰膏　将块状生石灰用过量水(约为生石灰体积的 3~4 倍)消化，或将消石灰粉和水拌和，所得到具有一定稠度的膏状物，主要成分为 $Ca(OH)_2$ 和水。

5.3.3　建筑石灰的水化和硬化

5.3.3.1　石灰的水化

石灰石的水化，又称熟化或消化，是指生石灰与水发生水化反应，生成 $Ca(OH)_2$ 的过程，其反应式如下：

$$CaO + H_2O \rightarrow Ca(OH)_2 + 64.9(kJ)$$

生石灰水化反应的特点：

(1)反应可逆

在常温下反应向右进行。在 547℃下，反应向左进行，即 $Ca(OH)_2$ 分解为 CaO 和 H_2O，其水蒸气分解压力可达 0.1MPa，为使消化过程顺利进行，必须提高周围介质中的蒸汽压力，而且不可使其温度升得过高。

下文从石灰的生产和自然界的钟乳石和石笋等现象分析石灰的演变。大自然中石灰的演变与石灰的生产有异曲同工之妙，大自然更为鬼斧神工。

①石灰生产和使用化学流程

石灰石($CaCO_3$)→生石灰(CaO)→熟石灰 $Ca(OH)_2$→碳化($CaCO_3$)，碳化后就能够较为长久保持碳酸钙状态。

②钟乳石和石笋长期化学流程

钟乳石和石笋的形成：

石灰石($CaCO_3$)→生石灰(CaO)→熟石灰 $Ca(OH)_2$→在喀斯特地貌沟渠中流淌→碳化($CaCO_3$)，碳化后就能够较为长久地在自然界中保存。

钟乳石和石笋的消融：

钟乳石和石笋，即石灰石(CaCO₃)→生石灰(CaO)→熟石灰 Ca(OH)₂→在喀斯特地貌沟渠中流淌→消失。

石灰石与生石灰的反应可逆。石灰石(CaCO₃)⇌生石灰(CaO)。石灰生产可速成，而大自然钟乳石和石笋的形成则是一个漫长的过程。

(2)水化热大，水化速率快

生石灰的消化反应为放热反应，消化时不但水化热大，而且放热速率快。1kg 生石灰消化放热 1160kJ，它在最初 1h 放出的热量几乎是硅酸盐水泥 1d 放热量的 9 倍，是 28d 放热量的 3 倍。这主要是由于生石灰结构多孔、CaO 的晶粒细小、内比表面积大。过火石灰的结构紧密、晶粒大，水化速率就慢。当生石灰块太大时，表面生成的水化产物 Ca(OH)₂ 层厚，易阻碍水分进入，此时消解需强制搅拌。

(3)水化过程中体积增大

块状生石灰，消化过程中其外观体积可增大 1.5~2.0 倍，这一性质不利于工程质量。

5.3.3.2　石灰的硬化

石灰浆体在空气中会逐渐硬化，是由下面 2 个过程同时进行完成的(白宪臣，2020)。

①结晶作用　游离水分蒸发，氢氧化钙逐渐从饱和溶液中结晶析出。

②碳化作用　氢氧化钙与空气中的二氧化碳和水化合生成碳酸钙，释放出水分并蒸发，其反应式为：

$$Ca(OH)_2 + CO_2 + nH_2O \rightarrow CaCO_3 + (n+1)H_2O$$

碳化作用实际上首先是二氧化碳与水形成碳酸，然后再与氢氧化钙反应生成 CaCO₃。CaCO₃ 的固体体积比 Ca(OH)₂ 固体体积略大，故使石灰浆硬化体积的结构更加致密。

石灰浆体的碳化是从表面开始的。若含水量过小，处于干燥状态时，碳化反应几乎停止。若含水量过多，空隙中几乎充满水，CO₂ 气体渗透量小，碳化作用只在表面进行，所以只有当空隙壁完全湿润而孔中不充满水时，碳化作用才能较快进行。由于生成的 CaCO₃ 结构较致密，当表面形成的 CaCO₃ 层达一定厚度时，将阻碍 CO₂ 气体内向渗透，同时也使浆体内部的水分不易脱出，使氢氧化钙结晶速度减慢。因此，石灰浆体的硬化过程很缓慢。

5.3.4　建筑石灰的特性及技术性质

5.3.4.1　建筑石灰的特性

(1)可塑性好

生石灰消化为石灰浆体时，能形成颗粒极细(粒径为 1μm)呈胶体分散状态的氢氧化钙粒子，表面吸附一厚层的水膜，使颗粒间的摩擦力减小，因而其可塑性好。利用这一性质，将其掺入水泥砂浆中，配制成混合砂浆，可显著提高砂浆的保水性。

(2)硬化缓慢

石灰浆体的硬化只能在空气中进行，由于空气中 CO₂ 气体含量少，使碳化作用进行缓慢，加之已硬化的表层对内部的硬化起阻碍作用，石灰浆体的硬化过程较长。

(3)硬化后强度低

生石灰消化时的理论需水量为生石灰质量的 32.13%，但为了使石灰浆体具有一定的可塑性便于应用，同时考虑到一部分水因消化时产生热量大而被蒸发掉，故实际消化用水量较大，多余水分在硬化后蒸发，留下大量孔隙，使硬化石灰体密实度小，强度低。例如 1∶3 配比的石灰砂浆，其 28d 的抗压强度只有 0.2~0.5MPa。

(4)硬化时体积收缩大

由于石灰浆体中存在大量的游离水，硬化时大量水分蒸发，导致内部毛细管失水紧缩，引起体积显著的收缩变形，使硬化石灰浆体产生裂纹，故石灰浆体不宜单独使用，通常工程施工时掺入一定量的骨料(砂子)或纤维材料(麻刀、纸筋等)。

(5)耐水性差

石灰浆体硬化慢、强度低，当其受潮后，其中尚未碳化的 $Ca(OH)_2$ 易产生溶解，硬化的石灰浆体遇水会产生溃散，因此，石灰不宜用于潮湿环境。

5.3.4.2　建筑生石灰的技术性质

建筑生石灰依据标准《建筑生石灰》(JC/T 479—2013)。

(1)标记

生石灰由"产品名称+加工情况+产品依据标准编号"标记，生石灰块在代号后面加 Q，生石灰粉在代号后面加 QP。例如：符合《建筑生石灰》(JC/T 479—2013)的钙质生石灰粉 90，标记为 CL 90-QP JC/T 479，其中 CL 表示钙质生石灰，90 表示 CaO+MgO 含量，QP 表示粉状，见表 5.4。

(2)技术要求

建筑生石灰的化学成分及其含量应满足表 5.5 要求，建筑生石灰粉的物理性质见表 5.6。

表 5.5　建筑生石灰的化学成分及其含量　　　　　　　　　　　　　%

名　称	CaO+MgO 含量	MgO 含量	CO_2 含量	SO_3 含量
CL 90-Q	≥90	≤5	≤4	≤2
CL 90-QP				
CL 85-Q	≥85	≤5	≤7	≤2
CL 85-QP				
CL 75-Q	≥75	≤5	≤12	≤2
CL 75-QP				
ML 85-Q	≥85	>5	≤7	≤2
ML 85-QP				
ML 80-Q	≥80	>5	≤7	≤2
ML 80-QP				

表 5.6　建筑生石灰粉的物理性质

名　称	产浆量/(dm³/10kg)	细度/%	
		0.2mm 筛余量	90μm 筛余量
CL 90-Q	≥26	—	—
CL 90-QP	—	≤2	≤7
CL 85-Q	≥26	—	—
CL 85-QP	—	≤2	≤7
CL 75-Q	≥26	—	—
CL 75-QP	—	≤2	≤7
ML 85-Q	—	—	—
ML 85-QP	—	≤2	≤7
ML 80-Q	—	—	—
ML 80-QP	—	≤7	≤2

5.3.5　建筑石灰的应用

建筑石灰是土木工程中使用范围广、用量大的建筑材料之一，下文介绍其最常见的用途。

5.3.5.1　广泛用于建筑室内粉刷

建筑室内墙面和顶棚采用消石灰乳进行粉刷。由于消石灰乳是一种廉价的涂料，施工方便，且颜色洁白，能为室内增白添亮，因此在建筑中应用十分广泛。

消石灰乳由消石灰粉或消石灰浆掺大量水调制而成，消石灰粉和消石灰浆则由生石灰消化而得。生石灰的消化方法有人工法和机械法两种，现简述如下：

(1)消石灰粉的制备

工地制备消石灰粉常采用人工喷淋(水)法和机械法。人工喷淋(水)法是将生石灰块分层平铺于能吸水的基层上，每层厚约 20cm，然后喷淋占石灰重量的 60%~80% 的水，接着在其上铺一层生石灰，再淋一次水，如此使之成粉为止。所得消石灰粉还需经筛分后方可贮存备用。

机械法是将经破碎的生石灰小块用热水喷淋后，放进消化槽进行消化，消化时放出大量蒸汽，致使物料流态化，收集溢流出来的物料经筛分后即可成品。

生石灰消化成消石灰粉时其用水量的多少十分重要，水分不宜过多或过少。加水过多，将使所得消石灰粉变潮湿，影响质量；加水太少，则使生石灰消化不完全，且易引起消化温度过高，从而使生石灰颗粒表面已形成的 $Ca(OH)_2$ 部分脱水，发生凝聚作用，使水不能渗入颗粒内部继续消化，造成消化不完全。消石灰粉的优等品和一等品适用于粉刷墙体的饰面层和中间涂层，合格品用于配制砌筑墙体用的砂浆。

(2)消石灰浆的制备

生石灰块直接消化成消石灰浆，大多是在使用现场进行。可采用人工或机械方法消化。人工消化方法是把生石灰放在化灰池中，消化成石灰水溶液，然后通过筛网，流入储灰坑。在储灰坑内，石灰水中大量多余的水从坑的四壁向外溢走，随着水分的减少逐渐形成消石灰浆，最后可形成石灰膏。

机械消化法是先将生石灰块破碎成 5cm 大小的碎块，然后在消化器(内装有搅拌设备)中加入 40~50℃ 的热水，消化成石灰水溶液，再流入澄清桶内浓缩成消石灰浆。

用消石灰乳粉刷室内面层时粉刷室内面层时，掺入少量佛青颜料，可抵消因含铁化物杂质而形成的淡黄色，使粉白层呈纯白色。掺入 107 胶可提高粉刷层的防水性，并增加黏结力，不易掉白。

5.3.5.2　大量用于拌制建筑砂浆

消石灰浆和消石灰粉可以单独或与水泥一起配制成砂浆，前者称为石灰砂浆，后者称为混合砂浆。石灰砂浆可用作砖墙和混凝土基层的抹灰；混合砂浆则用于砌筑，也常用于抹灰。

5.3.5.3　配制三合土和灰土

三合土是采用生石灰粉(或消石灰粉)、黏土和砂子按 1：2：3 的比例，再加水拌和夯实而成。灰土是用生石灰粉和黏土按 1：2~1：4 的比例，再加水拌和夯实而成。三合土和灰土在强力夯打下，密实度大大提高，而且黏土中的少量活性氧化硅和氧化铝与石灰粉水化产物 $Ca(OH)_2$ 作用，生成了水硬性矿物，因而具有一定抗压强度、耐水性和相当高的抗渗能力。三合土和灰土主要用于建筑物的基础、路面或地面的垫层。

5.3.5.4　加固含水的软土基础

生石灰块可直接用来加固含水的软土基础(称为石灰桩)。它是在桩孔内灌入生石灰块，利用生石灰吸水熟化时体积膨胀的性能产生膨胀压力，使地基加固。

5.3.5.5　生石灰硅酸盐制品

以石灰和硅质材料(如石英砂、粉煤灰等)为原料，加水拌和，经成型、蒸养或蒸压处理等工序而成的建筑材料，统称为硅酸盐制品。如蒸压灰砂砖，主要用作墙体材料。

5.3.5.6　磨制生石灰粉

目前，土木工程中大量采用磨细生石灰来代替石灰膏和生石灰粉配制灰土或砂浆，或直接用于制造硅酸盐制品，其主要优点如下：

①由于磨细生石灰具有很高的细度(80μm 方孔筛筛余小于 30%)，比表面积极大，水化时加水量也随之增大，水化反应速度可提高 30~50 倍，水化时体积膨胀均匀，避免了产生局部膨胀过大现象，可不经预先消化和陈伏而直接应用，不仅提高了功效，而且节约了场地，改善了环境。

②将石灰的熟化过程与硬化过程合二为一，熟化过程中所放热量又可加速硬化过程。从而改善了石灰硬化缓慢的缺点，并可提高石灰浆体硬化后的密实度、强度和抗水性。

③石灰中的过水石灰和欠水石灰被磨细，提高了石灰的质量和利用率。

5.3.6　建筑石灰的陈伏

石灰在烧制过程中，往往由于石灰石原料的尺寸过大或窑中温度不均等原因，使得石灰中含有未烧透的内核，这种石灰称为欠火石灰。欠火石灰消解后，未消化残渣含量较高，在使用时缺乏黏结力。若煅烧温度过高或时间过长，会使石灰表面出现裂缝或玻璃状的外壳，块体密度大，消化缓慢，这种称为过火石灰。过火石灰用于建筑结构物中仍能继续消化，以致引起体积膨胀，导致产生裂缝等现象。

为了降低过火石灰的危害，保证石灰完全熟化，石灰膏必须在坑中保存 2 周以上，这个过程称为陈伏。陈伏期间，石灰表面应保有一层水分，与空气隔绝，以免碳化。

5.3.7　建筑石灰的贮存

生石灰在空气中放置时间过长，会吸收水分而熟化成消石灰粉，释放出大量的热，并产生体积膨胀，而在放热条件下消石灰可发生碳化反应形成碳酸钙粉末。因此，生石灰与熟石灰均不宜长期贮存，并且在贮存和运输过程中要防止受潮，同时不能与易燃易爆和液体物品混装。运至现场的石灰应尽快进行熟化或陈伏处理，将贮存期变为陈伏期。

5.4　水玻璃

水玻璃，俗称泡花碱，主要由碱金属氧化物和二氧化硅组成，是一种矿黏合剂和水溶性的无机硅酸盐，用途广泛。根据碱金属氧化物种类不同，可分为钠水玻璃($Na_2O \cdot nSiO_2$)和钾水玻璃($K_2O \cdot nSiO$)等。由于钾水玻璃价格较高，目前使用较多的是钠水玻璃。

5.4.1　水玻璃的生产

水玻璃的生产方法有湿法生产和干法生产 2 种(钱晓倩等，2009)。湿法生产，是将石英砂和氢氧化钠水溶液在蒸压釜(0.2~0.3MPa)内，用蒸汽加热溶解制成水玻璃溶液。干法生产，是将石英砂和碳酸钠按一定比例磨细拌匀，在熔炉中于 1300~1400℃温度下熔融，其反应式如下：

$$Na_2CO_3 + nSiO_2 \rightarrow Na_2O \cdot nSiO_2 + CO_2$$

熔融的水玻璃冷却后得到固态水玻璃，然后在 0.3~0.8MPa 的蒸压釜内加热溶解成胶状玻璃溶液。

水玻璃分子式中 SiO_2 与 Na_2O 分数比 n 称为水玻璃的模数，一般为 1.5~3.5。水玻璃的模数越大，越难溶于水。模数为 1 时，能在常温水中溶解，模数增大，只能在热水中溶解，当模数大于 3 时，要在 4 个大气压(0.4MPa)以上的蒸汽中才能溶解。但水玻璃的模数胶体组分越多，其水溶液的黏结力越大。当模数相同时，水玻璃的密度越大，则浓度越稠、黏性越大、黏结力越好。工程中常用的水玻璃模数为 2.6~2.8，其密度为 1.3~1.4g/cm³。

5.4.2 水玻璃的硬化

水玻璃溶液在空气中吸收 CO_2 形成无定形硅胶，并逐渐干燥而硬化，其反应式为：

$$Na_2CO_3 \cdot nSiO_2 + CO_2 + mH_2O \rightarrow Na_2CO_3 + nSiO_2 \cdot mH_2O$$

由于空气中的 CO_2 的浓度很低，上述反应过程进行缓慢。为加速硬化，常在水玻璃中加入促硬剂氟硅酸钠，促使硅酸凝胶加速析出，其反应式为：

$$2[Na_2O \cdot nSiO_2] + Na_2SiF_6 + mH_2O \rightarrow 6NaF + (2n+1)SiO_2 \cdot mH_2O$$
$$(2n+1)SiO_2 \cdot mH_2O \rightarrow (2n+1)SiO_2 + mH_2O$$

氟硅酸钠的适宜用量为水玻璃重量的 $12\% \sim 15\%$。用量太少，硬化速度慢，强度降低，且由于反应的水玻璃易溶于水，导致耐水性差；用量过多会引起凝结过快，造成施工困难，而且渗透性大，强度低。

5.4.3 水玻璃的特性与应用

水玻璃具有良好的胶结能力，硬化时析出的硅酸凝胶有堵塞毛细孔而防止水渗透的作用。水玻璃不燃烧，在高温下硅酸凝胶干燥得很快，强度并不降低，甚至有所增加。水玻璃具有高度的耐酸性能，能抵抗大多数无机酸(氢氟酸除外)和有机酸的作用。

①作为灌浆材料，用以加固地基　使用时将水玻璃溶液与氯化钙溶液交替灌入土壤中，其反应式如下：

$$Na_2O \cdot nSiO_2 + CaCl_2 + mH_2O \rightarrow nSiO_2 \cdot (m-1)H_2O + Ca(OH)_2 + 2NaCl$$

反应生成的硅胶起胶结作用，能包裹土粒并填充其孔隙，而氢氧化钙又与加入的 $CaCl_2$ 发生反应生成氧氯化钙，也起胶结和填充孔隙的作用。这不仅能提高基础的承载能力，也可以增强不透水性。

②涂刷建筑材料表面，提高密实性和抗风能力　用浸渍法处理多孔材料也可达到同样目的。上述方法对黏土砖、硅酸盐制品、水泥混凝土等均有良好的效果，因水玻璃与制品中的 $Ca(OH)_2$ 反应生成硅酸钙胶体，可提高制品的密实度。其反应式如下：

$$Na_2O \cdot nSiO_2 + Ca(OH)_2 \rightarrow Na_2O \cdot (n-1)SiO_2 + CaO \cdot SiO_2 \cdot H_2O$$

注意：此法不能用于涂刷或浸渍石膏制品，因硅酸钠会与硫酸钙发生反应生成硫酸钠，硫酸钠在制品孔隙中结晶，体积发生膨胀，使制品胀裂。调制液体水玻璃时，可加入耐碱颜料和填料，兼有饰面效果。

③配制快凝防水剂　水玻璃能促进水泥凝结，所以可用它配制各种促凝剂，掺入水泥浆、砂浆或混凝土中，用于堵漏、抢修，因而称为快凝防水剂。如在水泥中掺入约为水泥重量 0.7 倍的水玻璃，初凝为 2min，可直接用于堵漏。

以水玻璃为基料，加入 2 种、3 种、4 种或 5 种矾配制成的防水剂，分别称为二矾、三矾、四矾或五矾防水剂。

以水玻璃为基料，掺入 1% 硫酸钠和微量荧光粉配成的快燥精也属此类。改变其在水泥中的掺入量，其凝结时间可在 $1 \sim 3min$ 任意调节。

④配制耐酸混凝土和耐酸砂浆。

复习思考题

5.1　解释胶凝材料。胶凝材料按照化学成分分为哪几类？试举例说明。

5.2　无机胶凝材料分为哪几类？试举例说明。

5.3　解释建筑石膏和天然石膏。

5.4　规范(GB/T 9776—2022)中，建筑石膏按物理力学性能中强度分为哪几类？

5.5　建筑石膏的凝结时间是怎么规定的？

5.6　建筑石膏完全可以用在建筑结构上。分析这一论断。

5.7　建筑石膏有哪些特性？

5.8　建筑石膏主要应用在哪里？

5.9　解释钙质石灰和镁质石灰。

5.10　从石灰的生产及应用角度，分析自然界中钟乳石和石笋现象，说明石灰的演变。

5.11　为什么石灰陈伏 2 周左右再使用更好？

5.12　解释水玻璃。

5.13　水玻璃可以应用在哪些地方？

第6章 水 泥

6.1 概述

6.1.1 水泥的概念

水泥，是一种水硬性胶凝材料，常指由石灰石、黏土等主要原材料经过磨细、均化、煅烧、冷却、再磨细等一系列复杂工艺流程，生产出来并呈现粉末状的物质。它与水混合经物理化学作用后，由可塑性浆体逐渐变成坚硬的石状体，并能将砂、石等散粒状材料胶结成为整体。《水泥的命名原则和术语》(GB/T 4131—2014)定义：水泥是指用细磨材料，与水混合形成塑性浆体后，能在空气中水化硬化，并能在水中继续硬化保持强度和体积稳定性的无机水硬性胶凝材料。

水泥的品种繁多，化学组成复杂多样，不同水泥性能和用途表现出多样性。其中用途最广、用量最大的是硅酸盐水泥，又称为通用硅酸盐水泥，简称通用水泥。根据《通用硅酸盐水泥》(GB 175—2007)(含修改单)，通用硅酸盐水泥是指以硅酸盐水泥熟料和适量的石膏，以及规定的混合材料制成的水硬性胶凝材料。

通用水泥包括硅酸盐水泥、普通硅酸盐水泥和掺加水泥混合材料的硅酸盐水泥。

通用水泥是土木工程最重要的材料之一，常用来配制混凝土、钢筋混凝土、预应力混凝土、建筑砂浆等，在建筑、市政、道路、水利和国防等工程中应用极广。经过长期发展，由硅酸盐水泥、水、砂、石等组成的水泥混凝土已经成为非常成熟的、抗压强度较高的、受力可靠稳定的、耐久的复合结构抗压材料。

近年来，随着中国经济的腾飞，基建规模的不断扩大，水泥需求量也节节攀升，中国水泥的年产量占世界主要水泥生产国总年产量的55.82%(表6.1)。早在2010年，中国的水泥品质及生产工艺主机设备等方面，就达到了世界先进水平(高长明，2013)；同时，中国在生产质量控制系统(化验及检测)的自动化与智能化方面，近年来也在不断升级。

2020年英国ICR(International Cement Review)杂志上发布了2019年度世界水泥排行榜，其中我国的中国建材CNBM和安徽海螺Conch分别名列第1位和第2位。这2家中国水泥集团的产能和产量分别占世界7强总和的54.2%和53.7%(表6.2)(高长明，2020)，2018年分别占53%和49%。

从近年水泥年产能(表6.1和表6.2)来看，我国水泥总产量雄踞世界第一，我国龙头水泥企业产量也位于世界水泥企业前列，我国水泥品质及生产工艺主机设备等方面达到了世界先进水平，这说明我国技术和经济发展势头强劲。

表 6.1　近年来部分国家的水泥年产量及占比

国　家	年份水泥产量(万 t)及占比/%							
	2017 年	占比	2018 年	占比	2019 年	占比	2020 年	占比
美　国	8660	2.14	8850	2.26	8900	2.13	9000	2.11
巴　西	5300	1.31	5200	1.33	5400	1.29	5700	1.34
中　国	231 625	57.24	217 667	55.57	233 036	55.71	237 691	55.82
埃　及	5300	1.31	5500	1.40	4700	1.12	5000	1.17
印　度	29 000	7.17	29 000	7.40	34 000	8.13	34 000	7.99
印度尼西亚	6500	1.61	6700	1.71	7000	1.67	7300	1.71
伊　朗	5400	1.33	5300	1.35	6000	1.43	6000	1.41
日　本	5520	1.36	5550	1.42	5300	1.27	5300	1.24
韩　国	5650	1.40	5600	1.43	5000	1.20	5000	1.17
俄罗斯	5470	1.35	5500	1.40	5600	1.34	5600	1.32
沙　特	4710	1.16	4500	1.15	—	—	—	—
土耳其	8060	1.99	8400	2.14	5700	1.36	6600	1.55
越　南	7880	1.95	8000	2.04	9700	2.32	9600	2.25
其他国家	75 600	18.68	75 900	19.38	88 000	21.04	89 000	20.90
总产量	404 675	—	391 667	—	418 336	—	425 791	—

数据来源：美国地质调查局和中国华经产业研究院。

表 6.2　2019 年度世界水泥企业产能排行榜　　　　　　　　　百万 t

名次	水泥公司名称	产　能	名次	水泥公司名称	产　能
1	中国建材	521	9	中国红狮	100
2	中国安徽海螺	359	10	墨西哥 Cemex	93
3	瑞士 LH	286	11	中国华润	84
4	德国 Heideberg	187	12	中国台湾	75
5	中国金隅冀东	170	13	爱尔兰 CRH	65
6	印度 UltraTech	115	14	俄罗斯欧洲	60
7	中国山水	102	15	中国天瑞	57
8	中国华新	101			

6.1.2　水泥的分类

水泥品种多，按水泥的主要水硬性矿物名称，《水泥的命名原则和术语》(GB/T 4131—2014)将水泥分为硅酸盐水泥、铝酸盐水泥，硫铝酸盐水泥、铁铝酸盐水泥、氟铝酸盐水泥等，以硅酸盐水泥应用最广，见表 6.3。其中，硅酸盐水泥，是指主要水硬性矿物为硅酸三钙、硅酸二钙、铝酸三钙和铁铝酸四钙；铝酸盐水泥，是指主要水硬性矿物为铝酸钙；硫铝酸盐水泥，是指主要水硬性矿物为无水硫铝酸钙和硅酸二钙；铁铝酸盐水泥，是指主要水硬性矿物为无水硫铝酸钙、铁铝酸钙和硅酸二钙；氟铝酸盐水泥，是指主要水硬性矿物为氟铝酸钙和硅酸二钙。

水泥按其性能和用途不同，又可分为通用水泥、专用水泥和特性水泥三大类。其中通用水泥应用最为广泛，见表6.3。

表6.3　水泥分类

分类方法	大 类	小 类	代 号	成 分	特 点
按水硬性矿物名称	硅酸盐水泥				
	铝酸盐水泥				
	硫铝酸盐水泥				
	铁铝酸盐水泥				
	氟铝酸盐水泥				
按性能和用途	通用水泥	硅酸盐水泥	硅酸盐水泥Ⅰ型P.Ⅰ	熟料+石膏	强调抗压
			硅酸盐水泥Ⅱ型P.Ⅱ	（熟料+石膏）≥95%+≤5%的粒化高炉矿渣或石灰石	
		普通硅酸盐水泥	P.O		
		掺水泥混合材料的硅酸盐水泥	矿渣硅酸盐水泥P.S.A		
			火山灰质硅酸盐水泥P.P		
			粉煤灰硅酸盐水泥P.F		
			复合硅酸盐水泥P.C		
	专用水泥	道路硅酸盐水泥			强调抗折
		砌筑水泥			低标号
		油井水泥			
		……			
	特性水泥	快凝水泥			凝结速度快
		膨胀水泥			
		低中热水泥			水化热低
		白色硅酸盐水泥			
		彩色硅酸盐水泥			
		……			
	其他水泥	磷渣硅酸盐水泥			
		镁渣硅酸盐水泥			
		石灰石硅酸盐水泥			
		钢渣硅酸盐水泥			
		抗硫酸盐硅酸盐水泥			
		钢渣道路硅酸盐水泥			
		……			

通用水泥，又称为通用硅酸盐水泥，《通用硅酸盐水泥》（GB 175—2007）（含修改单）是指以硅酸盐水泥熟料和适量的石膏，以及规定的混合材料制成的水硬性胶凝材料。通用水泥大量用于一般土木工程，按其所掺混合材料的种类及数量不同，又有硅酸盐水泥、普通硅酸盐水泥(简称普通水泥)和掺加水泥混合材料的硅酸盐水泥3类，见表6.3。其中掺

加水泥混合材料的硅酸盐水泥又可以分为矿渣硅酸盐水泥(简称矿渣水泥)、火山灰质硅酸盐水泥(简称火山灰水泥)、粉煤灰硅酸盐水泥(简称粉煤灰水泥)和复合硅酸盐水泥4类。以上均属于硅酸盐水泥系列,都是以硅酸盐水泥熟料为主要成分,用石膏作缓凝剂。

这些不同品种硅酸盐水泥之间的差别,主要在于所掺加水泥混合材料的种类和数量不同。在水泥粉磨过程中掺加的矿物质材料,即在熟料烧成水泥熟料的基础上,在水泥熟料中掺加水泥混合材料(粉煤灰等)、适量石膏、水泥助磨剂混合,研磨成水泥;这些在水泥生产阶段掺加的,叫作水泥混合材料。

而在混凝土拌和阶段掺加的,称为混凝土掺合料。它是指水泥已经生产完成,施工现场在混凝土拌和阶段,按照配合比将水泥、水、细集料、粗集料、外加剂和掺合料(粉煤灰等),一起混合拌制而成水泥混凝土,这一阶段掺加的掺合料(粉煤灰等),就叫作混凝土掺合料。

结合《水泥的命名原则和术语》(GB/T 4131—2014)、《通用硅酸盐水泥》(GB 175—2007)(含修改单)和《砌筑水泥》(GB/T 3183—2017),对有关水泥进行定义和阐释。

6.1.2.1　硅酸盐水泥

硅酸盐水泥,是指以硅酸盐水泥熟料和适量的石膏磨细制成的水硬性胶凝材料,分为硅酸盐水泥Ⅰ型和硅酸盐水泥Ⅱ型2种。其中,硅酸盐水泥Ⅰ型,仅由硅酸盐水泥熟料+石膏制成。而硅酸盐水泥Ⅱ型,在硅酸盐水泥熟料+石膏基础上,允许掺加微量水泥混合材料,其中,硅酸盐水泥熟料+石膏二者含量应≥95%,微量水泥混合材料含量应≤5%;硅酸盐水泥Ⅱ型根据添加微量水泥混合材料品种不同,又可分为粒化高炉矿渣和石灰石2种情况。由于添加的水泥混合材料是微量的,硅酸盐水泥Ⅱ型和硅酸盐水泥Ⅰ型的技术性质几乎没有差别,实际工程中也很少有严格区分。

6.1.2.2　普通硅酸盐水泥

普通硅酸盐水泥,是指以水泥熟料和不超过水泥总质量20%的水泥混合材料为主要成分,掺加适量的石膏磨细制成的水硬性胶凝材料,代号为P·O。普通硅酸盐水泥,是在硅酸盐水泥单纯的熟料+石膏基础上,掺加了少量水泥混合材料,具体质量分数指标为80%≤熟料+石膏总量<95%,5%<少量水泥混合材料含量≤20%,见表6.4。这里掺加的少量水泥混合材料,分为粒化高炉矿渣、火山灰质混合材料、粉煤灰、石灰石等。普通硅酸盐水泥由于掺加了少量水泥混合材料,保留了硅酸盐水泥基本技术性质,但还是有一些差异。

6.1.2.3　掺加水泥混合材料的硅酸盐水泥

掺加水泥混合材料的硅酸盐水泥,是指以水泥熟料基础上,掺加大量水泥混合材料,水泥混合材料掺量在20%以上,有的水泥混合材料掺量可以接近70%,掺加适量的石膏磨细制成的水硬性胶凝材料,见表6.4。掺加水泥混合材料的硅酸水泥分为4类:矿渣硅酸盐水泥、火山灰质硅酸盐水泥、粉煤灰硅酸盐水泥和复合硅酸盐水泥。由于掺加了大量水泥混合材料,掺加水泥混合材料的硅酸盐水泥与硅酸盐水泥、普通硅酸盐水泥的技术性质,存在较大差异。

表 6.4 通用硅酸盐水泥的组分指标

品　种	代号	组　分/%				
		熟料+石膏	粒化高炉矿渣	火山灰质混合材料	粉煤灰	石灰石
硅酸盐水泥	P·Ⅰ	100	—	—	—	—
	P·Ⅱ	≥95	≤5	—	—	—
		≥95	—	—	—	≤5
普通硅酸盐水泥	P·O	≥80且<95	>5且≤20			
矿渣硅酸盐水泥	P·S·A	≥50且<80	>20且≤50			
	P·S·B	≥30且<50	>50且≤70			
火山灰质硅酸盐水泥	P·P	≥60且<80	—	>20且≤40		
粉煤灰硅酸盐水泥	P·F	≥60且<80	—		>20且≤40	
复合硅酸盐水泥	P·C	≥50且<80	>20且≤50			

（1）矿渣硅酸盐水泥

矿渣硅酸盐水泥，是指以硅酸盐水泥熟料和粒化高炉矿渣为主要组分，掺加适量的石膏磨细制成的水硬性胶凝材料。矿渣硅酸盐水泥分为 P·S·A 和 P·S·B 两类。P·S·A 是在硅酸盐水泥单纯的熟料+石膏基础上掺加了大量粒化高炉矿渣，具体质量分数指标为 50%≤熟料+石膏总量<80%，20%<大量粒化高炉矿渣含量≤50%。P·S·B 是在硅酸盐水泥单纯的熟料+石膏基础上掺加了大量粒化高炉矿渣，具体质量分数指标为 30%≤熟料+石膏总量<50%，50%<大量粒化高炉矿渣含量≤70%。

（2）火山灰质硅酸盐水泥

火山灰质硅酸盐水泥，是指以硅酸盐水泥熟料和火山灰质混合材料为主要组分，掺加适量的石膏磨细制成的水硬性胶凝材料，代号为 P·P。火山灰质硅酸盐水泥是在硅酸盐水泥单纯的熟料+石膏基础上掺加了大量火山灰质混合材料，具体质量分数指标为 60%≤熟料+石膏总量<80%，20%<大量火山灰质混合材料含量≤40%。

（3）粉煤灰硅酸盐水泥

粉煤灰硅酸盐水泥，是指以硅酸盐水泥熟料和粉煤灰为主要组分，掺加适量的石膏磨细制成的水硬性胶凝材料，代号为 P·F。粉煤灰硅酸盐水泥是在硅酸盐水泥单纯的熟料+石膏基础上掺加了大量粉煤灰，具体质量分数指标为 60%≤熟料+石膏总量<80%，20%<大量粉煤灰含量≤40%。

（4）复合硅酸盐水泥

复合硅酸盐水泥，是指以硅酸盐水泥熟料和两种或两种以上的水泥混合材料为主要组分，掺加适量的石膏磨细制成的水硬性胶凝材料，代号为 P·C。复合硅酸盐水泥是在硅酸盐水泥单纯的熟料+石膏基础上，掺加了的两种或两种以上的大量水泥混合材料，具体质量分数指标：50%≤熟料+石膏总量<80%，20%<2 种或 2 种以上的混合材料含量≤50%。掺加的大量水泥混合材料可以是粒化高炉矿渣、火山灰质混合材料、粉煤灰、石灰

石中的两种或者两种以上的复合水泥混合材料,所以叫作复合硅酸盐水泥。

6.1.2.4 专用水泥

专用水泥指具有专门用途的水泥。

(1)道路硅酸盐水泥

道路硅酸盐水泥,是指以硅酸三钙含量不超过 5.0%、铁铝酸四钙含量不低于 16.0% 的硅酸盐水泥熟料和少量混合材料为主要组分,掺加适量的石膏磨细制成的水硬性胶凝材料。道路硅酸盐水泥主要用于水泥混凝土路面,强调抗折强度,详见 7.5.4 节。

(2)砌筑水泥

砌筑水泥,是指以混合材料为主要组分,掺加适量的硅酸盐水泥熟料和石膏磨细制成的水硬性胶凝材料。砌筑水泥标号往往较低,有 12.5、22.5 和 32.5 共 3 个水泥强度等级,主要用于砌筑和抹面砂浆,详见第 9 章。

(3)油井水泥

油井水泥,是指以适当成分的硅酸盐水泥熟料为主要组分,掺加适量的石膏磨细制成的具有固井性能的水硬性胶凝材料。

6.1.2.5 特性水泥

特性水泥,是指具有某方面特殊性能的水泥。

(1)低中热水泥

低中热水泥,是指以铝酸三钙含量较低的硅酸盐水泥熟料为主要组分,掺加适量的石膏磨细制成的具有中等或较低的水化热的水硬性胶凝材料。

(2)白色硅酸盐水泥

白色硅酸盐水泥,是指以适当成分的生料煅烧至部分熔融,所得的以硅酸钙为主、且氧化铁含量少的硅酸盐水泥熟料为主要组分,掺加适量的混合材料和石膏磨细制成的具有一定白度的水硬性胶凝材料。

(3)彩色硅酸盐水泥

彩色硅酸盐水泥,是指以白色硅酸盐水泥熟料为主要组分,掺加适量石膏和颜料磨细制成的水硬性胶凝材料;或在生料中掺加少量着色剂,煅烧成彩色熟料,再掺加适量的石膏制成的水硬性胶凝材料。

6.1.2.6 其他水泥

其他水泥,是指上述水泥以外的水泥。

(1)磷渣硅酸盐水泥

磷渣硅酸盐水泥,是指以硅酸盐水泥熟料和粒化电炉磷渣为主要组分,掺加适量的石膏磨细制成的水硬性胶凝材料。

(2)镁渣硅酸盐水泥

镁渣硅酸盐水泥,是指以硅酸盐水泥熟料和镁渣为主要组分,掺加适量的石膏磨细制成的水硬性胶凝材料。

(3)石灰石硅酸盐水泥

石灰石硅酸盐水泥，是指以硅酸盐水泥熟料和石灰石为主要组分，掺加适量的石膏磨细制成的水硬性胶凝材料。

(4)钢渣硅酸盐水泥

钢渣硅酸盐水泥，是指以硅酸盐水泥熟料、转炉或电炉和粒化高炉矿渣为主要组分，掺加适量的石膏磨细制成的水硬性胶凝材料。

(5)抗硫酸盐硅酸盐水泥

抗硫酸盐硅酸盐水泥，是指以适当成分的硅酸盐水泥熟料为主要组分，掺加适量的石膏磨细制成的具有较高抗硫酸盐侵蚀性能的水硬性胶凝材料。

(6)钢渣道路硅酸盐水泥

钢渣道路硅酸盐水泥，是指以铝酸三钙含量不超过 5.0%、铁铝酸四钙含量不低于 16.0% 的硅酸盐水泥熟料、转炉或电炉钢渣和粒化高炉矿渣为主要组分，掺加适量的石膏磨细制成的水硬性胶凝材料。

6.2 硅酸盐水泥

6.2.1 硅酸盐水泥的原材料及生产

6.2.1.1 概论

硅酸盐水泥是通用水泥中的一个基本品种，主要原料包括石灰质原料、黏土质原料、砂岩和铁质原料等。其中，石灰质原料主要是石灰岩，主要提供 CaO。黏土主要提供 SiO_2、Al_2O_3 及少量 Fe_2O_3，它可以采用黏土、黄土、页岩、泥岩、粉砂岩及河泥等。为满足成分要求还常用校正原料，如铁矿粉等铁质原料。砂岩主要提供 SiO_2 及少量 Al_2O_3。为了改善煅烧条件，提高熟料质量，常加入少量矿化剂，如萤石、石膏等(张令茂，2013)。

烧制水泥虽烧成设备各异，但生料在窑内都要经历干燥、预热、分解、烧成和冷却 5 个阶段，形成熟料，这就是熟料生产的五阶段。然后，在熟料中添加石膏、混合材料、水泥助磨剂，在水泥磨中磨细，最终才能生产出合格的水泥。

烧制水泥熟料的燃料有煤炭、天然气、重油、电、替代燃料等，视各种燃料取得的成本与便利性而定。我国煤炭资源丰富，采用煤炭烧制综合性价比最高，目前我国主要采用煤炭烧制水泥。中东地区天然气和重油资源丰富，该地区有些国家采用天然气和重油烧制，天然气和重油的品质较为稳定均匀，发热量高且几乎没有灰分，对水泥熟料烧成有利。

采用煤炭烧制水泥的工艺流程，简称为"三磨一烧法"。"三磨"，是指生料磨细、原煤研磨、水泥磨磨细，其中，原料中的石灰岩、黏土、砂岩和铁质原料均需要磨细，块状材料进场前宜磨细至 60mm 以下，块状煤炭也需要磨细。熟料、石膏、混合材料和水泥助磨剂等混合以后，形成的块状水泥需要在水泥磨设备上磨细，水泥磨多使用辊压磨+球磨，可以使用立磨，也可以立磨+球磨。"一烧"，是指烧成熟料，熟料在熟料烧成系统里面烧成，包括预热及分解和旋窑煅烧两个环节，其中，预热及分解大概需要 60% 的煤炭粉末，在旋窑里面煅烧大概需要 40% 的煤炭粉末。采用天然气和重油烧制水泥工艺流程简称为"两磨一烧法"，省略了原煤研磨环节。

更新后的水泥生产流程，如图 6.1 所示。目前先进的水泥生产工艺流程，如图 6.2 所示。

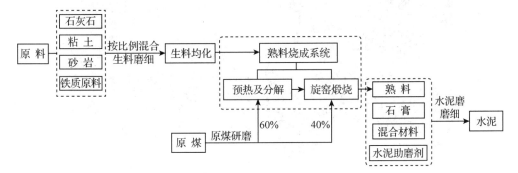

图 6.1　更新后的水泥生产概略图

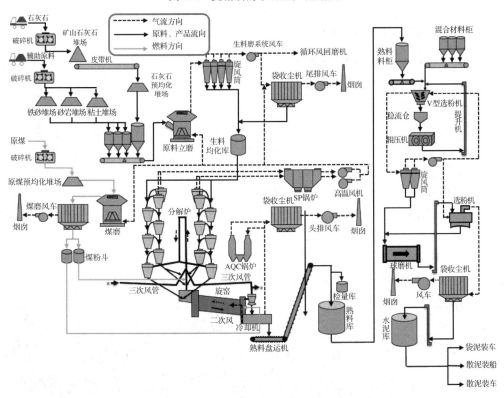

图 6.2　水泥生产工艺流程示意图

水泥厂生料磨细设备为生料立磨机(图 6.3)，原煤研磨设备为煤粉立磨机，如图 6.4 所示。

图 6.3　生料立磨机　　　　　　　　　图 6.4　煤粉立磨机

6.2.1.2　硅酸盐水泥的生产方法

　　水泥煅烧过程在窑内进行，水泥窑型主要分为立窑和旋窑（又称为回转窑）两种。立窑早已经被淘汰。旋窑产量大，质量稳定，但建厂一次性投资大。旋窑分为干法和湿法，湿法因其耗能大已被淘汰。

　　目前，先进的窑是采用预分解窑的新型干法回转窑。水泥先进的工艺和设备有原燃料自动堆料机、原燃料自动取料机、生料立磨、生料滚压机终粉磨、煤粉立磨、超低风阻六级旋风筒预热器、低氮燃烧管道分解炉、两档短窑、旋窑低氮燃烧器、推棒式及步进式冷却机、滚压机+球磨机半终粉磨、大袋收尘机、袋装水泥自动包装机、袋装水泥自动装车机，进厂原燃料及制程中热生料、熟料、水泥全自动取样、制样、化验、留样系统，生料全自动取样、制样、化验、留样、与配料系统等。回转窑是水泥生产的核心，回转窑又分为三档长窑（图 6.5）和两档短窑（图 6.6）。早在 2010 年前后，我国在工艺主机设备和成套辅机设备等方面，就已经达到国际先进水平。

图 6.5　三档长窑　　　　　　　　　　图 6.6　两档短窑

6.2.1.3　新型干法两档短窑

新型干法两档短窑是先进的回转窑，其优势如下：

(1)减少入窑生料在过渡带的不必要热耗

短窑的入窑生料在与之配套的预热及分解环节(图6.1)分解率达到95%(长窑90%)以上，只有少部分碳酸盐在回转窑中分解。对于传统的干法三档长窑来说，绝大部分完成脱酸分解的生料还要在900~1300℃的窑过渡带内停留15min左右才能进入高温烧成带，会增加热耗。而短窑长度较短，生料在过渡带仅停留5min就进入烧成带，有效降低了热耗。

(2)减少窑筒体的表面散热

短窑的窑体较短，表面积比长窑小，因而短窑的表面散热损失更少。

(3)降低电耗

短窑窑体较短，重量比长窑减少约10%，因而回转窑电动机用电量下降。

(4)熟料品质的提升

长窑的入窑热生料在过渡带的长时间停留会使游离CaO结晶长大，活性降低，不利于C_3S的形成。短窑的入窑热生料在过渡带仅停留5min就进入烧成带，使游离CaO的活性得到了充分的利用，熟料的C_3S含量增加，游离CaO含量低，3d、28d强度会有所提高，易磨性也得到改善。

(5)窑砖耗成本的降低

短窑长径比小，窑内热辐射、对流、传导效果优于三档长窑，窑内气体速度也随之降低，而且可减少熟料粉尘的再循环，单位容积产量提高，加之机械方面的有利因素，因此，耐火砖寿命明显提高，砖耗显著降低。

(6)机械结构上的优势

短窑具有可靠性高、降低窑烧成带单位有效内截面积热负荷和窑砖消耗，窑体采用静定支承系统、负荷分布均匀、受力稳定，窑体重量减轻10%以上等优势。

(7)环保上的优势

短窑配置窑头低氮燃烧器、低氮分解炉、煤粉分级燃烧设备，实际运转可以达成100%低氮煤粉燃烧脱硝，不需要喷入氨水即可控制窑尾NO_x小于400mg/m³，具有明显的环保效益。

(8)投资上的优势

短窑具有可减少投资费用，相关设备重量较轻，占地面积较小等优势。

6.2.1.4　水泥生产的烧制温度

我国通用硅酸盐水泥熟料，烧成的最高温度是1380~1450℃，熟料饱和比(KH值)和硅酸率(SM值)越高，需要的烧成温度也越高。偏低的烧成温度无法得到优质的水泥熟料，但是过高的烧成温度不仅浪费大量热能，而且伤害窑皮、衬砖，还会使熟料过烧、死烧，反而使熟料缺乏活性，强度也不会高。

二钙水泥以硅酸二钙C_2S为主要矿物，其熟料理论最高烧成温度为1280~1320℃。

在同等熟料率值条件下，降低水泥熟料烧成温度可以在熟料煅烧过程中添加矿化剂、萤石、黄磷渣等，降低液相出现温度，加速熟料矿物的形成，节约熟料单位综合煤耗。

此外，水泥生产过程中会产生热辐射，即熟料烧成系统边界将向其周界外围辐射一定热量，即使冬季低温时段在其附近的人也能够明显感受到热辐射的存在。热辐射主要产生于预热器、三次风管、冷却机、各处高温风管等静态设备和回转窑。降低热辐射的主要途径为加强内保温和外保温，目前是采用新型纳米隔热材料代替传统保温板，有效降低了静态设备表面温度，减少了静态高温散热损失。回转窑筒体表面温度为 $200 \sim 400℃$，主要采用新型低导热多层复合耐火砖代替传统耐火砖，降低回转窑筒体表面散热。熟料烧成系统表面散热通常占热量总支出的10%左右，如果隔热材保温效果好，可以将表面散热比例降低到8%左右。

生料均化后，经过熟料烧成系统，即预热及分解和旋窑烧制（图6.1）。旋窑烧制后，高温熟料经过冷却机器冷却，冷却后的熟料通过熟料盘运机送至熟料库（图6.2）。熟料库的熟料运送至水泥磨磨细，入磨熟料温度最好控制在120℃以下。

经过水泥磨磨细后，出磨进入水泥库的水泥温度不宜高于80℃。

刚刚生产出来的水泥温度一般在80℃左右，若此时直接检测水化热会偏高，一般需将取样水泥冷却至室温再进行测定。正常生产期间，进入水泥库中的水泥若要降低至常温须贮存3个月以上，很少有水泥厂会留存水泥至降到常温再出厂，可通过带有水循环的水泥冷却器来降低出库水泥温度至60℃以下出厂。

出厂3d后水泥温度一般就接近室温了，其水化热主要由水泥矿物水化产生，此时的水化热已不再受水泥温度的影响。

6.2.1.5 水泥收尘

（1）收尘分类

水泥生产过程中，生料磨细阶段和旋窑煅烧阶段都会产生大量尘埃，需要收集处理，即收尘，又称为除尘。

按收尘技术，收尘可分为静电收尘和袋式收尘。静电收尘器内有电晕极与集尘极，通电后其高压电场使通过的烟气发生电离，产生电离的粉尘带上电荷向集尘板（阳极板）与电晕极（阴极线）移动并吸附在上面（主要吸附在集尘板上），具有一定厚度的烟尘在自重和敲打设备的振动双重作用下跌落在电收尘器下方的灰斗中，从而达到清除烟气中粉尘的目的。静电收尘性能受粉尘性质、设备构造和烟气流速等因素的影响。袋式收尘是含尘烟气通过过滤材料，粉尘被过滤下来，袋式收尘器收尘效果的优劣与多种因素有关，但主要取决于收尘滤袋滤料，滤料有合成纤维、天然纤维或玻璃纤维织成的布或毡，根据需要再把布或毡缝成圆筒或扁平形收尘滤袋。目前，水泥厂常使用袋式收尘机收尘（图6.7）。

（2）袋式收尘机

①袋式收尘机优点　最大的优点是收尘效率高，回收率可达99.99%，只要收尘袋不破损掉袋，收尘机壳体不磨损，可以保证粉尘排放浓度在 $10mg/m^3$ 以下。内部结构简单、附属设备少，投资少，技术要求也没有电收尘机那样高。

能捕集比电阻高，电收尘难以回收的细粉尘。

袋式收尘机性能稳定可靠，对负荷变化适应性好，运行管理简便，特别适用于捕集细微而干燥的粉尘，所收的干尘便于处理和回收利用。

能实现不停机检修，可以在线检修。

收尘器占地面积较小，并能按场地要求专门设计。

②袋式收尘机缺点　袋式收尘器用于净化含有油雾、水雾及黏结性强的粉尘时，对收尘滤袋滤料有相应要求。

袋式收尘机净化有爆炸危险或带有火花的含尘气体时需要采取防爆措施。

用于处理相对湿度高的含尘气体时，需要采取保温措施（特别是冬天）；当用于净化有腐蚀性气体时，需要选用适宜的耐腐蚀收尘滤袋滤料；当用于处理高温烟气时，需要采取降温措施。

图 6.7　袋式收尘机

袋式收尘机用于温度连续高于 240℃ 以上时会烧毁收尘滤袋，除非改用昂贵的金属滤袋或陶瓷滤管。

袋式收尘器较静电式收尘器阻力大，且随着运转时增加（5 年以上），袋式收尘器进出口压差会升高（收尘滤袋阻力增加），造成压力损失而耗电。

6.2.1.6　石灰岩矿山的植生与绿化

水泥厂配套的灰岩矿山或是硅铝质原料的矿山，因开采期限比较长，道路运输成本高，水泥厂宜临近矿区。水泥厂投入生产后，促进附近居住群落、商业的发展及人口密度的提高，在矿区开发前的规划需要考量到环境影响冲击、附近居住品质降低，以期降低开采过程的环境冲击，提高土地二次利用价值的最大化。

一个好的矿前规划，除了基本了解资源特性外，必须结合生产计划（包含开采及复垦计划）、区域性特性、矿后土地利用计划，以矿山生命周期的概念考量。

在矿前规划阶段，矿区所处区域的自然环境需要仔细调查，包括气候、土壤、地表及地下水、地形、植被、野生动物及原有土地利用等，收集这些资料与生产过程的环境资料做比较，进行环境影响评价，判别是否因开采行为造成或者是其他污染来源导致。然后，评估或决定此区域因开采行为发生变化后如何与周围环境契合，规划时需注意环境因子特性、采矿行为及周遭群体的相互关系，有了这些调查与分析，就可以探讨出多个开采与复垦的替代方案，最后，在现有的技术、社会及经济条件下，制订出最适合开采计划、复垦计划及土地利用计划。矿山生命周期规划概念如图 6.8 所示。

矿前规划经过审批并实施后，按照计划进行复垦或植生绿化。某水泥企业砂岩矿区开采前与植生绿化后对比，如图 6.9 所示。

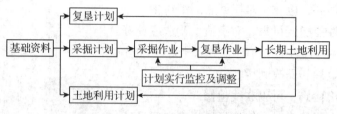

图6.8 矿山生命周期规划概念

图6.9 某砂岩矿区开采前与植生绿化后对比

6.2.1.7 水泥产业的生态冲击与可持续发展

在过去的100多年中,水泥工业技术取得了很大进步,水泥窑从立窑发展到旋窑,水泥煅烧从湿法到干法,再到现在先进的预分解窑的新型干法回转窑(短窑),在降低能耗方面也取得重大进展。

水泥厂的总能耗水平降低了很多,水泥厂能耗相比钢铁厂、造纸厂能耗低得多。虽然不少水泥生产企业在收尘和开采石灰石矿区时做了很多减少因水泥生产带来的生态冲击和可持续发展方面的积极工作,也收到了较好的成效,但是水泥产业仍然面临巨大的生态冲击和可持续发展问题。

目前国内各大水泥厂的基本做法是，NO_x 及 SO_x 的排放量可以通过降低熟料烧成温度和采用分级燃烧、脱硝、脱硫等措施获得控制；回转窑内产生的粉尘则可通过高效的大袋除尘装置收集；绝大多数回收粉尘可再次送入回转窑内制备熟料，但当碱含量很高时，则可采用窑尾旁路排风将其收集下来作为水泥混合材料使用。

NO_x 治理技术：降低熟料烧成温度；保持适宜的火焰温度和形状，控制过剩空气量；确保喂料量和喂煤量均匀稳定；保障冷却机运行良好；采用低 NO_x 的喷煤管；低氮燃烧技术，如低氮燃烧器、分级燃烧等；脱硝技术，如 SCR、SNCR 等。

SO_x 治理技术：更换含硫量高的原料；新型干法生产线可选择合适的硫、碱比；在生料磨内吸收；加消石灰-$Ca(OH)_2$；设 $D-SO_x$ 旋风筒；设水洗塔；热生料脱硫等。

依据《温室气体排放核算与报告要求　第 8 部分：水泥生产企业》（GB/T 32151.8—2015）和《中国化工生产企业温室气体排放核算方法与报告指南（试行）》，每生产 1t 水泥熟料需要约 $1.2 \sim 1.3t$ 的水泥生产的主要原料石灰石，约排放 $(1.2 \sim 1.3) \times 44/100 = 0.53 \sim 0.57(t)$ 的 CO_2，约消耗 $120 \sim 140kg$ 的原煤，煤炭燃烧又产生约 $(0.11 \sim 0.14) \times 44/12 \times 0.65 = 0.26 \sim 0.33(t)$ 的 CO_2。折算出来，每生产 1t 水泥熟料累计约排放 $0.79 \sim 0.90t$ 的 CO_2。该估算未包括矿料开采、运输、生料粉磨、熟料粉磨等过程中因燃油、电能消耗所排放的二氧化碳。可见，水泥生产仍然是高耗能、高排放。

2018 年 5 月，习近平总书记在出席全国生态环境保护大会上指出，生态环境是关系党的使命宗旨的重大政治问题，也是关系民生的重大社会问题。

高长明专家提出水泥工业最终将走向"四零一负"，即生态环境零污染、电能零消耗、"三废"零排放、天然化石燃料零消耗及废料、废渣负增长。"四零一负"是指引我国水泥行业发展的最高境界，鼓励水泥工业所有人员不断努力奋斗前行，为创建美丽中国全力以赴，预期中国水泥工业在生态环保政策的高压下、在碳达峰和碳中和政策目标下，水泥生产在减排节能方面将得到快速发展。

在未来相当长的时期内，工程结构抗压材料，依然以水泥混凝土为主体，水泥混凝土在力学性能、经济性、耐久性方面优势显著，其胶凝材料主要是水泥，短期内难以找到从质和量上与水泥性价比匹配的替代材料。水泥行业的理论研究、科学实验、探索应用的全体工作者，应着力瞄准需求牵引，突破瓶颈，聚焦国家重大需求和经济主战场，聚焦前沿，鼓励探索，突出原创，可以在以下几个方面寻找突破口。

①寻找替代燃料，开发新能源。

②降低水泥熟料烧成温度，减少熟料单位产品耗能。

③寻找替代原料，研发新的原材料。

④生态环境零污染，"三废"零排放。

⑤降低综合成本。

6.2.1.8　水泥的创新发展预期

当今正处于水泥科技转型发展的又一个十字路口，目前应尽快增加转向将各种废料用作水泥混合材料的探索加工技术、各种混凝土的新型外加剂技术、无熟料或少熟料水泥技术等项目的科研投入。用最少量的熟料生产出各种高性能混凝土，满足工程施工应用的需要，彻底解决新型混凝土胶凝材料的便捷施工实用性问题，以及处于应力场、氯硫碱离子浓度场、温度场等多场耦合环境作用混凝土的耐久性难题，更好地应对全球气候变化，完成水泥工业低碳绿色转型的历史使命。

6.2.2 硅酸盐水泥熟料的矿物组成及特性

6.2.2.1 硅酸盐水泥熟料的矿物组成

（1）通用硅酸盐水泥的组成

通用硅酸盐水泥由熟料、石膏、混合材料混合（也可以同时加入水泥助磨剂），经过磨细至粉末状而成。

石膏，主要是二水石膏（$CaSO_4 \cdot 2H_2O$），作为水泥生产的缓凝剂。在水泥粉磨时适量添加石膏，抑制铝酸三钙的早期反应速度、调节水泥的凝结时间、改善水泥的收缩和强度。如果不添加石膏，磨细的水泥加水后将发生闪凝，工程上来不及施工。应控制石膏的掺量，以免因石膏添加过多而影响水泥的体积安定性。

混合材料，是指粒化高炉矿渣、火山灰质混合材料、粉煤灰等，混合材料掺量和种类，决定通用硅酸盐水泥的品种和性质。在熟料中添加少量混合材料，就能生产出普通硅酸盐水泥，在熟料中添加大量混合材料则能生产出掺混合材料的硅酸盐水泥。

水泥助磨剂是一种改善水泥粉磨效率的化学添加剂。常见水泥助磨剂有液体和粉体两种，二者均能显著地提高磨机产量，或降低粉磨电耗或提高水泥质量。按化学结构分类，水泥助磨剂可以分为有机盐助磨剂、无机盐助磨剂和复合助磨剂 3 种。

（2）硅酸盐水泥熟料中的氧化物和矿物组成

通过煅烧，形成具有一定矿物组成的熟料（图 6.10），是水泥生产的关键。《通用硅酸盐水泥》（GB 175—2007）（含修改单）规定，硅酸盐水泥熟料由氧化钙与氧化硅、氧化铝和氧化铁原料，按适当比例磨成细粉，煅烧至部分熔融，所得以硅酸钙为主要矿物成分的水硬性胶凝材料，其中硅酸钙矿物含量（质量分数）不小于 66%，氧化钙和氧化硅质量比不小于 2.0。硅酸盐水泥熟料也是一种胶凝材料，只是这种硅酸盐水泥熟料会闪凝，需要冷却机冷却，在后续环节添加石膏调节凝结时间，必要时添加混合材料，再经过水泥磨磨细，最后才能成为工程可以使用的水泥。

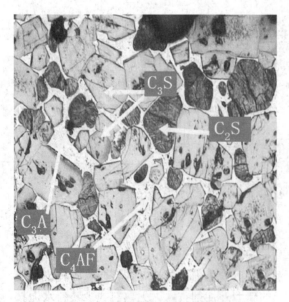

图 6.10 熟料矿物组成光学显微图

生料在煅烧过程中，各种原料分解成氧化钙、氧化硅、氧化铝和氧化铁，这些氧化物一般不是独立存在于硅酸盐水泥熟料当中。在更高的温度下，氧化钙与氧化硅、氧化铝和氧化铁相化合，形成以硅酸钙为主要成分的熟料矿物。硅酸盐水泥熟料的主要矿物组成及其含量范围，见图 6.10 及表 6.5。硅酸盐水泥中的 4 种矿物非常重要，它们在水泥生产中的含量决定着水泥技术性质和品质。

表 6.5 硅酸盐水泥熟料的主要矿物组成及其含量

矿物名称	化学组成	简写	含量/%	备注*
硅酸三钙	$3CaO \cdot SiO_2$	C_3S	55~72	Alite
硅酸二钙	$2CaO \cdot SiO_2$	C_2S	13~22	Belite
铝酸三钙	$3CaO \cdot Al_2O_3$	C_3A	4~10	Celite
铁铝酸四钙	$4CaO \cdot Al_2O_3 \cdot Fe_2O_3$	C_4AF	10~18	Ferrite

注：其含量根据水泥企业实际生产情况有所变化。*代表熟料实际是以固溶体形式存在。

6.2.2.2 硅酸盐水泥熟料矿物特性

硅酸盐水泥熟料的矿物特性，见表 6.6。熟料是由几种矿物组成的混合物，改变熟料中矿物组成的相对含量，熟料的技术性质将会随之改变。

表 6.6 硅酸盐水泥熟料主要矿物特性及其水化产物性质

矿物名称	密度/(g/cm^3)	凝结硬化速度	水化放热量	抗压强度	收缩	抗硫酸盐腐蚀
硅酸三钙	3.25	快	大	早期高	一般	一般
硅酸二钙	3.28	慢	小	后期高	一般	最好
铝酸三钙	3.04	最快	最大	最低	大	差
铁铝酸四钙	3.77	快	中	低	小	好

硅酸盐水泥的硬化及强度贡献影响因素，主要是硅酸盐水泥中的熟料，熟料硬化后抗压强度主要贡献者是 C_3S 和 C_2S，它们在熟料中含量可占到 75% 以上。C_3S 含量占熟料质量的 55%~72%，贡献早期和后期抗压强度。C_2S 含量占熟料质量的 13%~22%，贡献后期抗压强度。C_3A 含量占熟料质量的 4%~10%，贡献早期抗压强度，水化速度快、放热快、放热最大。C_4AF 含量占熟料质量的 10%~18%，贡献早期和后期抗压强度，有助于提高抗折强度。随着水泥生产的变化，目前，使用预分解窑工艺生产的熟料，C_3A 含量较低，C_3S 含量较高。

(1)硅酸三钙

硅酸三钙，贡献早期强度和后期强度，凝结硬化速度较快。

(2)硅酸二钙

硅酸二钙，在 28d 以前对强度影响不大，主要贡献后期强度，水化热较小，抗水性较好。

(3)铝酸三钙

铝酸三钙，本身强度不高，但其凝结硬化快。强度 3d 内就发挥出来，但绝对值不高，以后几乎不增长，甚至倒缩。干缩变形大，抗硫酸盐性能差。熟料中 C_3A 含量偏高时，因其水化速率比其他矿物组分快且易吸附外加剂，导致外加掺量偏高，或使水泥与外加剂相容性不好，从而影响混凝土的施工性能。

(4)铁铝酸四钙

铁铝酸四钙，在水泥中含量不高，强度和硬化速度也不显著，但是 C_4AF 有助于水泥抗折强度的提高，可以降低水泥的脆性。应用于公路水泥混凝土路面用的道路水泥中时，须有合适掺量。

C_4AF 抗冲击能力和抗硫酸盐性能好，但含 C_4AF 的熟料难磨，在道路水泥和抗硫酸盐水泥中，C_4AF 含量宜适当提高。

道路水泥更加强调水泥的耐磨与干缩率，其要求抗折强度高，就得提高熟料中的 C_3S 含量，耐磨性好，就得增加 C_4AF 含量；干缩率小，就得降低 C_3A 含量。

此外，在生产水泥过程中，可能还有游离氧化钙、氧化镁、含碱矿物和玻璃体等，它们的存在可能导致水泥的体积安定性变差、产生碱骨料膨胀反应等不良后果。

6.2.3 硅酸盐水泥的水化及硬化反应机理与影响因素

水泥加水拌和后，最初形成具有可塑性的浆体，然后逐渐变稠失去可塑性，这一过程称为凝结。此后，强度逐渐提高，并变成坚硬的石状物质水泥石，这一过程称为硬化。水泥的凝结和硬化过程是一个连续的、复杂的物理和化学变化过程，这些变化决定了水泥的技术性质。

水泥的凝结和硬化，与水泥的矿物组成相关。硅酸三钙水化反应很快，水化放热量大，生成的水化硅酸钙几乎不溶于水。硅酸二钙水化反应的产物与硅酸三钙基本相同，而它水化反应速度极慢，水化放热量小。铝酸三钙水化反应极快，水化放热量甚大，且放热速度很快。

水泥的凝结和硬化，除了与水泥的矿物组成有关外，还与水泥的细度、拌和水量、硬化环境(温度和湿度)和硬化时间有关。水泥颗粒越细，水化越快，凝结与硬化也快。拌和水量越多，水化后形成的胶体偏少，水泥的凝结和硬化就慢。温度对水泥的水化、凝结和硬化影响很大，当温度低于 0℃ 时，水化反应基本停止。水泥石的强度只有在潮湿的环境中才能不断增长，混凝土工程在浇筑后的 2~3 周内必须洒水养护。水泥石的强度随着硬化时间增长而提高，一般在 3~7d 内强度增长较快，之后逐渐减慢，但持续时间很长。

6.2.3.1 硅酸盐水泥熟料单矿物的水化

水泥熟料单矿物水化放热量和水化后产物的抗压强度随着龄期的变化，如图 6.11 和图 6.12 所示。

(1)硅酸三钙(C_3S)的水化

由于 C_3S 的水化过程对水泥来说具有代表性，许多学者把 C_3S 的水化作为水泥水化的参考。C_3S 水化速度很快，反应生成水化硅酸钙 $xCaO \cdot SiO_2 \cdot yH_2O$(简式 C-S-H)和氢氧化钙 $Ca(OH)_2$(简式 CH)，同时放出大量的水化热，其水化产物(即水化石)的强度很高。

在常温下，C_3S 的水化大致用下列方程表示：

$$3CaO \cdot SiO_2 + nH_2O \rightarrow xCaO \cdot SiO_2 \cdot yH_2O + (3-x)Ca(OH)_2$$

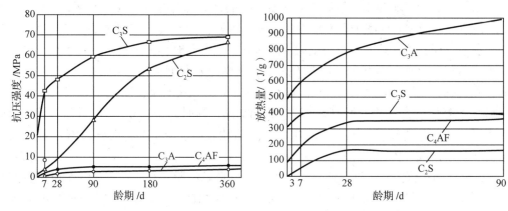

图 6.11　水泥熟料在不同龄期的抗压强度　　**图 6.12　水泥熟料在不同龄期的放热量**

　　根据 C_3S 水化时的放热速率随着时间的变化关系，大体可把 C_3S 的水化过程分为初始期、诱导期、加速期、衰退期、稳定期 5 个阶段，如图 6.13 所示。

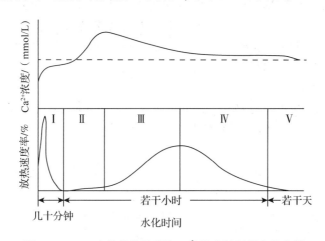

图 6.13　C_3S 水化放热速率和 Ca^{2+} 浓度随时间变化曲线

　　①初始期　加水后立即发生急剧反应，但该阶段的时间很短，一般在 15min 内结束。
　　②诱导期　又称为静止期，这一阶段反应速率极其缓慢，一般持续 2~4h，是硅酸盐水泥浆体能在规定时间(根据工程需要的初凝时间)内保持塑性的原因。
　　③加速期　反应重新加快，反应速率随着时间而增长，出现第二个放热高峰，在达到峰值时本阶段即结束。针对普通水泥，且未掺加早强剂时，加速期约 4~8h。
　　④衰退期　又称为衰减期，反应速率随着时间而下降的阶段，水化作用逐渐受扩散速率的控制。针对普通水泥，且未掺加早强剂时，加速期 12~24h。
　　⑤稳定期　反应速率很低，反应过程基本趋于稳定，水化作用完全受扩散速率控制。
　　C_3S 的早期水化包括初始期、诱导期和加速期 3 个阶段。硬化浆体的性能与水化早期的浆体结构形成是密切相关的，并且诱导期的终止时间与浆体的初凝时间相关，而终凝大致发生在加速期的终止阶段。学者对 C_3S 早期水化进行了大量研究，主要是围绕诱导期起止因素(即形成诱导期的本质因素)进行研究的。

一般认为，当 C_3S 与水接触后在 C_3S 表面有晶格缺陷的部位即发生水解，使得 Ca^{2+} 和 OH^- 进入溶液，而在 C_3S 离子表面形成一个缺钙的富硅层，接着溶液中的 Ca^{2+} 被该表面吸附而形成双电层，这导致 C_3S 溶解受阻而出现诱导期。此时，由于双电层所形成的 ξ 电位使颗粒在液相中保持分析状态。由于 C_3S 仍在缓慢地水化而使溶液中 $Ca(OH)_2$ 浓度继续增高，当达到一定的过饱和度时，$Ca(OH)_2$ 晶体析出，双电层作用减弱或消失，因而促进了 C_3S 的溶解，诱导期结束，$Ca(OH)_2$ 析晶加速，同时，还有 C-S-H 析晶沉淀。因硅酸根离子的迁移速度比 Ca^{2+} 慢，C-S-H 主要在颗粒表面区域析晶，而 $Ca(OH)_2$ 晶体可以在远离颗粒表面或浆体的原充水空间中形成。

C_3S 的中期水化主要是衰退期，后期水化主要是稳定期，有学者将这两个阶段合并为扩散控制期。扩散控制期对水泥的性能（如强度、体积稳定性、耐久性等）的影响十分重要。有实验表明，在加速期的开始伴随着 $Ca(OH)_2$ 及 C-S-H 晶核的形成和长大，同时发生的是液相中 $Ca(OH)_2$ 及 C-S-H 的饱和度降低，它反过来又会使得 $Ca(OH)_2$ 及 C-S-H 的生长速率逐渐变慢。随着水化物在颗粒周围的形成，C_3S 的水化作用也受到阻碍，水化从加速过程又逐渐转向减速过程。有研究表明，最初生成的水化产物大部分生长在 C_3S 离子原始周界以外的原充水空间，称为"外部水化物"。后期水化所形成的产物则大部分生长在 C_3S 离子原始周界以内，称为"内部水化物"。随着"内部水化物"的形成，C_3S 的水化由减速期向稳定期转变。

（2）硅酸二钙的水化

C_2S 水化放热量少，水化产物的早期强度低，后期强度高，在 1 年后可接近或达到 C_3S 水化物的强度。$\beta\text{-}C_2S$ 的水化过程和 C_3S 极为相似。

（3）C_3A 的水化

C_3A 对水泥的早期水化和浆体的流变性质起着重要作用。C_3A 遇水后很快发生剧烈的水化反应。在常温下 C_3A 在纯水中的水化反应如下：

$$2(3CaO \cdot Al_2O_3)+27H_2O \rightarrow 4CaO \cdot Al_2O_3 \cdot 19H_2O +2CaO \cdot Al_2O_3 \cdot (5:8)H_2O$$

C_4AH_{19} 在湿度低于 85% 时容易失水变成 C_4AH_{13}。

C_4AH_{19}、C_4AH_{13} 和 C_2AH_8 均为六方体片状晶体，在常温下处于介稳状态，有转化为等轴晶体的 C_3AH_6 趋势，见下式：

$$C_3AH_{13}+C_2AH_8 \rightarrow C_3AH_6+9H$$

由于晶型转换，造成了孔隙率增加，同时 C_3AH_6 本身强度较低，C_3A 水化后强度很低。

在硅酸盐水泥浆体中，熟料中的 C_3A 实际上是在 $Ca(OH)_2$ 饱和溶液的环境中水化的，其水化反应为：

$$C_3A+CH+12H \rightarrow C_4AH_{13}$$

在水泥浆体的碱性介质中，C_4AH_{13} 在室温下能稳定存在，其数量增长也较快，这就是水泥浆瞬时凝结的主要原因之一。在水泥粉磨时，需加入适量的石膏以调整其凝结时间。在石膏、$Ca(OH)_2$ 同时存在的条件下，C_3A 开始也很快水化成 C_4AH_{13}，但接着它会与石膏反应生成三硫型水化硫铝酸钙，即钙矾石，用 AFt 表示，其反应式为：

$$4CaO \cdot Al_2O_3 \cdot 13H_2O+3(CaSO_4 \cdot 2H_2O)+14H_2O \rightarrow$$

$$3CaO \cdot Al_2O_3 \cdot 3CaSO_4 \cdot 32H_2O + Ca(OH)_2$$

当浆体中的石膏被消耗完毕后，水泥中还有未完全水化的 C_3A，C_3A 的水化物 C_4AH_{13} 又与上述反应生成的钙矾石继续发生反应，生成单硫型水化硫铝酸钙，用 AFm 表示，其反应式为：

$$3CaO. Al_2O_3 \cdot 3CaSO_4 \cdot 32H_2O + 2(4CaO \cdot Al_2O_3 \cdot 13H_2O) \rightarrow$$
$$3(3CaO \cdot Al_2O_3 \cdot CaSO_4 \cdot 12H_2O) + 2Ca(OH)_2 + 20H_2O$$

用放热速率表示 $C_3A-CaSO_4 \cdot 2H_2O-Ca(OH)_2-H_2O$ 体系的水化过程，如图 6.14 所示。

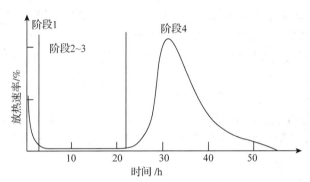

图 6.14　$C_3A-CaSO_4 \cdot 2H_2O-Ca(OH)_2-H_2O$ 体系的放热过程

在图 6.14 中可以看出 $C_3A-CaSO_4 \cdot 2H_2O-Ca(OH)_2-H_2O$ 体系放热分为 4 个阶段。第一阶段相应于 C_3A 的溶解和钙矾石的形成；第二阶段由于 C_3A 表面形成钙矾石包裹层，水化速率减慢，并延续较长时间。但由于水化继续进行，Ft 包裹层变厚，并产生结晶压力，当结晶压力超过一定数值时，包裹层局部破裂；第三阶段由于包裹层破裂处促使水化加速，所形成的钙矾石又使破裂处封；第四阶段则是 $CaSO_4 \cdot 2H_2O$ 消耗完毕，体系中剩余的 C_3A 与已经形成的钙矾石继续作用，形成新相 AFm，出现第二个高峰，可见在形成钙矾石的第一放热高峰以后较长时间才出现形成单硫铝酸钙。第二阶段和第三阶段是包裹层破坏与修复的反复阶段。由于石膏的存在，C_3A 的水化延缓了，直至石膏被消耗完成，以后 C_3A 有重新水化形成第二个放热高峰。石膏的掺量决定着 C_3A 的水化速度、水化产物的类别及其数量。此外，石膏的溶解速率对浆体的凝结时间也有重要影响。若石膏不能及时向溶液中提供足够的硫酸根离子，C_3A 可能在形成钙矾石之前先形成单硫型硫铝酸钙（AFm），而使浆体出现早凝或速凝。若石膏的溶解速率过快，如半水石膏的存在，可能使浆体在钙矾石包裹层出现之前由于半水石膏的水化而使浆体出现假凝。因此，硬石膏、半水石膏等不同类型的石膏对 C_3A 水化过程的影响是存在差异的，相同的水泥熟料与不同类型的石膏共同磨细后得到的水泥，其技术性质是不同的。

（4）铁铝酸四钙的水化

C_4AF 的水化反应与 C_3A 相似，水化速率较 C_3A 略慢，水化热、水化产物强度较低，水化生成水化铝酸三钙和水化铁酸一钙 $CaO \cdot Fe_2O_3 \cdot H_2O$，简式为 CFH，又称为凝胶，其反应式为：

$$4CaO \cdot Al_2O_3 \cdot Fe_2O_3 + 2H_2O \rightarrow 3CaO \cdot Al_2O_3 \cdot H_2O + CaO \cdot Fe_2O_3 \cdot H_2O$$

C₄AF 在 CH 饱和溶液中水化生成水化铝酸钙和水化铁酸钙的固溶体 $4CaO \cdot (Al_2O_3 \cdot Fe_2O_3) \cdot 13 H_2O$，用简式 $C_4(A \cdot F)H_{13}$ 表示，其反应式为：

$$4CaO \cdot Al_2O_3 \cdot Fe_2O_3 + 4Ca(OH)_2 + 22 H_2O \rightarrow 2[4CaO \cdot (Al_2O_3 \cdot Fe_2O_3)] \cdot 13H_2O$$

6.2.3.2 硅酸盐水泥的水化和凝结硬化过程

前文提到，硅酸盐水泥的硬化及强度贡献影响因素主要是硅酸盐水泥中的熟料，其中，熟料硬化后抗压强度主要贡献者是 C_3S 和 C_2S，它们在熟料中含量可占到75%以上，28d 强度贡献率可达标号强度的70%~80%。C_3S 含量占熟料质量的55%~72%，贡献早期和后期抗压强度。C_2S 含量占熟料质量的13%~22%，贡献后期抗压强度。C_3A 含量占熟料质量的4%~10%，贡献早期抗压强度，水化速度快、放热快、放热最大。C_4AF 含量占熟料质量的10%~18%，贡献早期和后期抗压强度。道路水泥更加强调水泥的耐磨与干缩率，其要求抗折强度高，就得提高熟料中的 C_3S 含量，耐磨性好，就得增加 C_4AF 含量，干缩率小就得降低 C_3A 含量(曹文聪等，2005)。

一般硅酸盐水泥的凝结硬化过程按照水化反应速率和水泥浆体的结构特征分为5个阶段：初始反应期、诱导期、加速期、减速期和稳定期，如图 6.15 所示，不过这5个阶段难以严格区分。

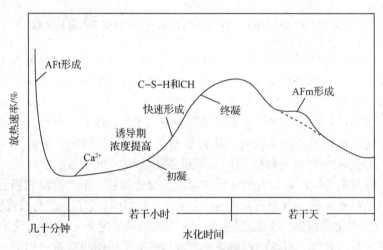

图 6.15　硅酸盐水泥的水化放热过程

(1)初始反应期

水泥与水接触后立即发生水化反应，在初始的 5~10min 内，放热速率剧增，可达 168.5J/(g·h)，然后降至 4J/(g·h)。此阶段，C_3S 开始水化并释放 $Ca(OH)_2$，且立即溶解，使其 pH 值增大到 13 左右，浓度达到过饱和，$Ca(OH)_2$ 结晶析出；而首先与是水发生反应的暴露在水泥颗粒表面的 C_3A 的水化物与已经溶解的石膏在 $Ca(OH)_2$ 过饱和溶液中反应形成 A_{ft} 且结晶析出，附着在水泥颗粒表面，这个阶段约有1%的水泥发生水化。

(2)诱导期(又称为潜伏期)

在初始反应之后的相当长一段时间(1~2h)，在水泥的放热速率一直很低，约 4J/(g·h)。在此期间，由于颗粒表面形成的以 C-S-H 和 AFt 为主的渗透膜层的水化反应缓慢，水化产物熟料不多，水泥颗粒仍然是分散的，水泥浆体基本保持塑性。

（3）加速期

在诱导期后，因渗透压力作用，水泥颗粒表面的膜层破裂，水泥继续水化，放热速率又开始增大，6h 内可增大至最大约 20J/(g·h)，然后缓慢下降。在这个阶段，水化产物不断增多，水化产物的体积约为水泥体积的 2.2 倍，在水化过程中产生的水化物填充料水泥颗粒之间的空间，随着接触点的增多，形成由分子结合的凝聚结构，使水泥浆体逐渐失去塑性，这也可以称为水泥的凝结过程，此阶段大约有 15% 的水泥水化。

（4）减速期

凝结结束后，放热速率缓慢下降，水泥水化继续进行，水化铁铝酸钙、水化铝酸钙固溶体 $C_4(A \cdot F)H_{13}$ 开始形成，硫酸根离子逐渐耗尽，AFt 转换为 AFm。水泥硬化可以持续相当长时间，在适当温度、湿度条件下，几年甚至几十年后水泥石的强度还会继续增长。

（5）稳定期

进入硬化期后，水泥浆体开始失去塑性而逐渐具有强度，开始强度很低，以后逐渐增长。前 3d 具有较快的强度增长速率，3~7d 强度增长速率有所降低，7~28d 强度增长速率进一步降低，28d 以后强度将继续发展，表现为发展速率非常低且较为平稳，如图 6.16 所示。

水泥的凝结硬化 5 个阶段并不是彼此孤立的，而是交错进行的，不同的凝结硬化阶段是由于不同的物理化学变化起主导作用。硅酸盐水泥的水化过程是一个综合反应，水泥和水拌和后铝酸三钙立即反应，硅酸三钙和铁铝酸四钙也较快，而

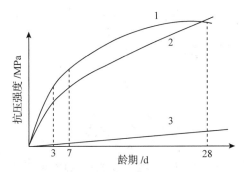

图 6.16　水泥石的强度发展规律

1—硅酸盐泥水泥；2—掺加混合材料的水泥；
3—混合材料

硅酸二钙反应缓慢。在电镜下观察，几分钟后可见水泥颗粒表面生成钙矾石针状晶体，无定形水化硅酸钙和氢氧化钙六方体晶体产物。因钙矾石不断形成，使得液相中的 SO_4^{2-} 逐渐减小并消耗殆尽，随即将有单硫型水化硫铝酸钙和铁铝酸钙形成，假设铝酸三钙或铁铝酸四钙还有剩余，则会生成单硫型水化产物和 $C_4(A \cdot F)H_{13}$。硅酸盐水泥水化产物主要有 C-S-H 凝胶、$Ca(OH)_2$、水化硫铝酸钙和水化铁铝酸钙、水化铝酸钙、水化铁酸钙等。

6.2.3.3　水泥石强度及其影响因素

水泥石强度研究很多，至今没有大家认可的一致性的理论性结论。脆性材料断裂理论，认为水泥石断裂能符合格林菲斯学说，取决于水泥石的弹性模量、表面能及裂缝，而且水化硅酸钙凝胶的表面能是决定水泥石的一个极为重要的因素，水泥石形成强度除了范德华力外还有化学键胶结。结晶理论，认为水泥是由无数多种形貌的 C-S-H 凝胶、针状的钙矾石晶体和六方板状的氢氧化钙及单硫型水化硫铝酸钙晶体交叉又连生在一起形成的结晶结构网。多孔材料强度理论，认为水泥石强度取决于孔隙率或者水化物充满原始充水空间的程度，与胶空比有关。

鲍尔斯(T. C. Powers)建立的水泥石强度与胶空比 x 关系，见式(6.1)，如图 6.17

所示。

$$f=f_c x^n \tag{6.1}$$

式中：f——水泥石强度；

f_c——毛细孔隙率为零（$x=0$）时的水泥石强度；

x——胶空比，$x=\dfrac{0.675\alpha}{0.319\alpha+\dfrac{W}{C}}$，其中 α 表示水化程度（各个龄期结合水量与完全水化

后结合水量的比值），$\dfrac{W}{C}$ 表示水灰比（水与水泥的质量或体积之比）。

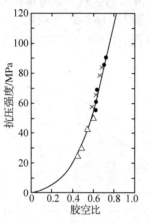

上述公式表明，水泥石强度与水灰比之间的关系极为重要，进一步影响着混凝土性能关键参数，由此推导出混凝土强度与水灰比的倒数呈线性关系的保罗米（Bolomey）。

影响水泥石强度的主要因素有熟料组成及其含量、水灰比和水化程度、水化物种类、孔结构、温度与压力。

（1）熟料组成及其含量

硅酸三钙和硅酸二钙是供给水泥强度的主要复合矿物。硅酸三钙不仅控制水泥早期强度，对后期强度增长也有贡献。硅酸二钙主要提供水泥后期强度。水泥石强度与 C_3S 和 C_2S 的关系，如图 6.18 和图 6.19 所示。

图 6.17 抗压强度与胶空比曲线关系

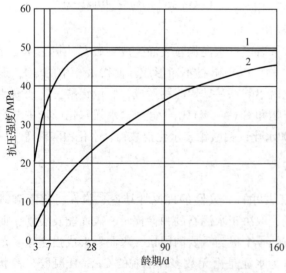

图 6.18 C_3S 和 C_2S 含量对水泥石强度的影响

1—$C_3S=65.7\%\sim71.3\%$，$C_2S=25.0\%\sim31.0\%$；

2—$C_3S=6.2\%\sim11.8\%$，$C_2S=47.1\%\sim59.7\%$

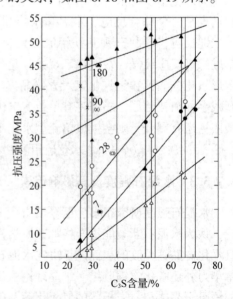

图 6.19 C_3S 含量对水泥石强度的影响

（2）水灰比和水化程度

鲍尔斯(T. C. Powers)公式已经说明了这个问题。

（3）水化物种类

各种水化物中，容易相互交叉的纤维状、针状、棱柱状或六方板状的水化产物强度较高，而立方体、近似球体的多面体强度较低，C－S－H 凝胶对强度发展起着重要作用。$Ca(OH)_2$ 尺寸较大，妨碍其他微晶体的连生与结合，影响水泥石的强度，在混凝土集料与水泥石之间形成界面过渡区，即薄弱环节。

（4）孔结构

孔结构对水泥石强度影响是明显的，尤其是大孔结构。

（5）温度与压力

水泥水化随着温度升高而加速，尤其是早期强度，是由于高温下形成的凝胶产物分布不均匀，只能集中在颗粒周围，且饱和空气剧烈膨胀产生相当大内应力使内部连接遭到损坏。

6.2.4　硅酸盐水泥的技术性质

硅酸盐水泥的技术性质较多，有学者将其分为化学性质、物理性质和力学性质，这些性质也有互相交叉的部分。本节结合《通用硅酸盐水泥》(GB 175—2007)(含修改单)从水泥的化学指标、密度和表观密度、细度、标准稠度用水量、凝结时间、体积安定性、强度、水化热、碱含量 9 个方面介绍水泥的技术性质。其中合格品判定标准涉及化学指标、凝结时间、体积安定性、强度和水溶性铬(Ⅵ)，这 5 个技术性质当中有任何一项技术要求不满足规范规定时，均判定该水泥为不合格品，见表 6.7。水泥技术性质涉及的有关实验可参见本教材配套教材《土木工程材料实验》。实际工程中必做的重要实验有标准稠度用水量、凝结时间、体积安定性和胶砂强度。

表 6.7　水泥合格品和不合格品判定

检测项目	合格品判定		不合格品判定		综合结论
	检验结果	综合结论	检验结果	单项结论	
化学指标	符合 GB175—2007	合格品	不符合 GB175—2007	不合格品	任何一项不符合均判定其为不合格品
凝结时间	符合 GB175—2007		不符合 GB175—2007		
体积安定性	符合 GB175—2007		不符合 GB175—2007		
强　度	符合 GB175—2007		不符合 GB175—2007		
水溶性铬(Ⅵ)	符合 GB 31893—2015	合格品	不符合 GB 31893—2015		

水泥中水溶性铬，是指水溶性六价铬，它毒性很大，同时还对地下水、土壤有很大危害。水泥中水溶性铬(Ⅵ)实验，《水泥中水溶性铬(Ⅵ)的限量及测定方法》(GB 31893—2015)(含修改单)对水泥中水溶性六价铬提出了限量要求，其重要性不亚于《通用硅酸水泥》(GB 175—2007)中的水泥化学指标。该规范晚于《通用硅酸水泥》(GB 175—2007)颁布，是基于环保和人体健康出发的。《水泥中水溶性铬(Ⅵ)的限量及测定方法》(GB 31893—2015)(含修改单)规定：水泥中水溶性铬(Ⅵ)的含量不大于 10.0mg/kg。否则，该

水泥应判定为不合格品(表 6.7)。有关水泥中水溶性铬详细内容及实验,参见配套教材《土木工程材料实验》。

《水泥胶砂强度检验方法(ISO)法》(GB/T 17671—2021)规定,水泥实验室条件:实验室的温度应保持在(20±2)℃(安装空调),相对湿度不应低于 50%;实验室温度和相对湿度在工作期间每天至少记录 1 次(建立台账)。水泥试件养护条件(又称为标准养护条件,口语简称"标养"):对于养护箱,带模养护试件的养护箱温度应保持在(20±1)℃(安装温控器),相对湿度不应低于 90%(安装湿度计),养护箱的温度和湿度在工作期间应至少每4h 记录 1 次(建立台账),在自动控制的情况下记录次数可以酌情减至每天 2 次;对于养护池,水养用养护水池(带箅子)的材料不应与水池发生反应,试件养护池水温度因保持在(20±1)℃,养护池的水温在工作期间每天至少记录 1 次(建立台账)。只有在规定养护条件(包括实验室条件和标准养护条件)下养护的试件,有关技术性质实验才具有可比性,后文第 7 章对水泥混凝土试件也有类似规定。

实验用水泥、中国 ISO 标准砂和水,应与实验室温度条件(20±2)℃相同。

《水泥标准稠度用水量、凝结时间、安定性检测方法》(GB/T 1346—2011)有关水泥标准稠度用水量、凝结时间、体积安定性检测的实验条件,也有类似规定:实验室的温度为(20±2)℃,相对湿度不应低于 50%;水泥试样、拌和水、仪器和用具的温度应与实验室一致。湿气养护箱的温度与实验室的温度为(20±1)℃,相对湿度不应低于 90%。

6.2.4.1 化学指标

水泥的化学指标,包括不溶物、烧失量、三氧化硫、氧化镁和氯离子 5 个指标,影响水泥的质量和水泥混凝土的耐久性等。通用硅酸盐水泥的化学指标,见表 6.8。

表 6.8 水泥的化学指标

水泥品种	代 号	化学指标(质量百分比)/%,≤				
		不溶物	烧失量	三氧化硫	氧化镁	氯离子
硅酸盐水泥	P·Ⅰ	0.75	3.0	3.5	5.0	0.06
	P·Ⅱ	1.50	3.5			
普通硅酸盐水泥	P·O	—	5.0			
矿渣硅酸盐水泥	P·S·A			4.0	6.0	
	P·S·B				—	
火山灰质硅酸盐水泥	P·P			3.5	6.0	
粉煤灰硅酸盐水泥	P·F					
复合硅酸盐水泥	P·C					

水泥不溶物、烧失量、三氧化硫和氧化镁可按照《水泥化学分析方法》(GB/T 176—2017)测定,水泥化学分析方法可分为基准法和代用法,有争议时以基准法为准。水泥氯离子含量可按照《水泥原料中氯离子化学分析方法》(JC/T 420—2006)测定,规定了采用磷酸蒸馏-汞盐滴定法测定水泥原料中氯离子的化学分析方法。

6.2.4.2 密度和表观密度

硅酸盐水泥的密度，主要取决于熟料的矿物组成，它也是测定水泥细度指标比表面积的重要参数，一般为 $3.1 \sim 3.2 g/cm^3$。因贮存过久受潮的水泥，密度稍有降低。硅酸盐水泥在松散状态时的表观密度，一般为 $900 \sim 1300 kg/m^3$，紧密状态时可达 $1400 \sim 1700 kg/m^3$。表观密度除了与密度有关外，还与粉磨细度有关，一般来说，水泥越细，表观密度越小。

6.2.4.3 细度

细度是指水泥颗粒总体的粗细程度。细度是影响水泥性能的重要物理指标。颗粒越细，与水起反应的表面积越大，水化作用既迅速又安全，而且较完全，凝结硬化的速度越快，早期强度也就越高，但是硬化后体积收缩较大，水泥易于受潮。水泥颗粒越细，粉磨过程消耗能量越大，水泥生产成本越高。水泥细度不合格的水泥，为不合格品。

《通用硅酸盐水泥》(GB 175—2007)(含修改单)规定，水泥细度是选择性指标，硅酸盐水泥和普通硅酸盐水泥以比表面积表示，不小于 $300 m^2/kg$，采用勃氏透气仪测定；矿渣硅酸盐水泥、火山灰质硅酸盐水泥、粉煤灰硅酸盐水泥和复合硅酸盐水泥以筛余百分率表示，0.08mm 的方孔筛筛余百分率不大于 10%，或 0.045mm 的方孔筛筛余百分率不大于 30%，采用负压筛析仪测定，见表 6.9。

表 6.9 水泥细度测定方法及指标对比

水泥品种	细度测定方法	仪器设备	比表面积/ (m^2/kg)，$\geq$	筛余百分率/%，$\leq$	
				$80\mu m$	$45\mu m$
硅酸盐水泥	勃氏法	勃氏透气仪	300	—	—
普通硅酸盐水泥					
矿渣硅酸盐水泥	筛析法	负压筛析仪 $45\mu m$ 方孔筛 $80\mu m$ 方孔筛	—	10	30
火山灰质硅酸盐水泥					
粉煤灰硅酸盐水泥					
复合硅酸盐水泥					

6.2.4.4 标准稠度用水量

(1)标准稠度用水量的概念

标准稠度，是指以规定的标准法测试达到统一规定的水泥净浆的可塑性程度。

标准稠度用水量，指标具有标准稠度的水泥净浆所需的加水量。标准稠度用水量的计算，在水泥净浆标准稠度状态下，水的质量占水泥质量的百分比。

标准稠度用水量，不是水泥的直接技术标准，而是间接指标，它是用来测定水泥安定性和凝结时间的加水量的标准，即测定水泥安定性和凝结时间的加水量不是随意的，而是必须按照规定的量进行掺加，这个规定的量就是标准稠度用水量。标准稠度用水量测定准确与否，关系到水泥安定性和凝结时间测定的准确性。

（2）标准稠度用水量的测定

水泥的标准稠度用水量必须进行实测，一般为24%～30%。水泥熟料中矿物成分不同，水泥的细度不同时，其标准稠度用水量也有差异。

根据《水泥标准稠度用水量、凝结时间、安定性检验方法》（GB/T 1346—2011），标准稠度用水量的测定方法有标准法和代用法，其中，代用法又可分调整水量法和固定水量法，在有争议时应以标准法为准。标准稠度用水量的标准法，采用水泥净浆搅拌机搅拌，采用标准法维卡仪和稠度试杆测定，标准稠度试杆采用有效长度50mm、直径φ10mm 的圆柱形耐腐蚀金属制成。标准稠度用水量的代用法，仍然采用水泥净浆搅拌机搅拌，采用代用法维卡仪和试锥。《水泥净浆标准稠度与凝结时间测定仪》（JC/T 727—2005）中规定，试锥锥角为43°36′，锥高为50mm，试锥由铜质材料制成。

标准法按照规定的方法，以试杆沉入水泥净浆，并距离底板（6±1）mm 处的稠度，对应的用水量为标准稠度用水量。标准法实际上就是逐渐调整水量，逐渐逼近直到找到标准稠度用水量。标准稠度用水量（P），为达到该水泥的标准稠度时掺加的水量，以水泥质量的百分比计。

采用代用法测定水泥标准稠度用水量，可用调整水量和不变水量两种方法中的任一种测定。代用法中的调整水量法与标准法理论差不多，只不过标准法采用试杆，而调整水量法采用试锥，采用调整水量法时拌和水量按经验找水；当试锥下沉深度为（30±1）mm 时的稠度对应的用水量为标准稠度用水量。代用法中的不变水量法，又称为固定水量法，固定水泥500g，固定用水 142.5mL，一次就可以计算出标准稠度用水量 $P(\%)=33.4-0.185\times S$，S 为试锥下沉深度（mm）。

调整水量法稍微麻烦，一般为24%～30%按照经验找水，但是较为精确，当试锥下沉深度<13mm 时，必须采用调整水量法。

实验时可由两种方法逐渐逼近标准稠度用水量，或减少调整的次数。一是利用水泥生产厂的出厂前抽样检测结果作为参考值验证；二是先用不变水量法确定一个不太准确但是大致差不多的标准稠度用水量，然后以此为标准采用标准法或调整水量法测定其标准稠度用水量。这可以大大减少盲目性，缩短实验时间。

6.2.4.5　凝结时间

（1）水泥凝结时间的概念

《水泥的命名原则和术语》（GB/T 4131—2014）中，水泥凝结时间，是指水泥标准稠度净浆从加水开始，至失去塑性或达到硬化状态时所需要的时间。

凝结时间的掺水量，应为标准稠度用水量。基于水泥的原材料和矿物组成的复杂性，水泥的凝结是一个十分复杂的过程，目前还没有一种理论公式能够完全计算水泥的凝结。从工程实际需要出发，人为地将水泥的凝结分为初凝和终凝。水泥的凝结时间，自然而然地分为初凝时间和终凝时间，有时初凝和初凝时间、终凝和终凝时间在概念上没有严格区分，凝结和凝结时间常常混同，但这并不影响工程应用。

水泥初凝时间，是指水泥从加水时刻开始，到水泥浆开始失去塑性时刻的时间。水泥的终凝时间，是指水泥从加水时刻开始，到水泥浆完全失去塑性时刻的时间。终凝时间包含初凝时间，终凝时间要比初凝时间长，如图 6.20 所示。

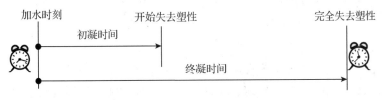

图 6.20 水泥凝结时间示意图

（2）水泥凝结时间的意义

理论上，只要水泥浆超过初凝时间还没有完成搅拌、运输、浇筑、振捣和抹平等操作，水泥浆就会作废，即所有操作必须在初凝时间之内完成，超过初凝时间继续操作将会人为地破坏已经凝结的水泥浆，内部产生微裂纹或粗裂纹。

但实际上，单单使用水泥浆的情况极少，绝大多数使用的是水泥混凝土，混凝土与水泥净浆相比掺加了粗骨料、粉煤灰掺和料和外加剂等，这导致了混凝土凝结时间与水泥的凝结时间差异较大。水泥初凝时间，仅仅作为判断水泥浆能否继续使用的标准和水泥技术性质指标，不能直接作为水泥混凝土凝结时间的判断标准。

水泥的凝结时间有两点意义：一是规范意义。它作为判断水泥技术性质指标之一。二是工程意义。针对工程应用的水泥净浆，如后张法预应力混凝土中管道注浆 M40、M50 等凝结时间具有工程意义；超过其相应的初凝时间，仍然可以继续施作，但可能影响水泥净浆的完整性。

读者一定要区分水泥的凝结时间和水泥混凝土的凝结时间，两者的实验方法完全不同，凝结时间长短也有所不同。一般来说，水泥混凝土的凝结时间由于掺加粗集料，要比水泥的凝结时间长 1h 左右（掺外加剂除外），具体时长要通过实验才能判断，混凝土的凝结时间详见 7.3.6 节。

（3）规范规定的水泥凝结时间

《通用硅酸盐水泥》（GB 175—2007）（含修改单）规定硅酸盐水泥的初凝时间不得小于 45min，终凝时间不大于 390min（即 6.5h）。普通硅酸盐水泥和掺加水泥混合材料的硅酸盐水泥（包括矿渣硅酸盐水泥、火山灰质硅酸盐水泥、粉煤灰硅酸盐水泥和复合硅酸盐水泥）的初凝时间不小于 45min，终凝时间不大于 600min（即 10h）。初凝时间和终凝时间中任何一项不符合要求，判定该水泥为不合格品。在常温常压下，普通水泥初凝时间一般为 1~3h，终凝时间为 5~8h。

（4）水泥凝结时间测定

水泥凝结时间测定的前提，是以标准稠度用水量制成标准稠度的水泥净浆。

水泥凝结时间测定的标准法，在水泥净浆搅拌机中搅拌，采用法维卡仪、初凝试针和终凝试针测定。试针由钢制成，初凝试针、终凝试针有效长度 30mm，直径为 $\varphi1.13mm$。凝结时间实验按《水泥标准稠度用水量、凝结时间、安定性检验方法》（GB/T 1346—2011）执行。凝结时间测定之前，应按照标准养护条件养护水泥浆。

初凝状态，是指初凝试针沉至底板（4±1）mm 处的状态。终凝状态，是指终凝试针沉入试体 0.5mm 处的状态，即环形附件开始不能在试体上留下痕迹的状态。初凝时间，用分钟(min)表示，修约至 5min。终凝时间，用分钟(min)表示，修约至 15min。

6.2.4.6 体积安定性

(1)体积安定性的概念

体积安定性，是指水泥浆体硬化后，因体积膨胀不均匀而发生变形。《通用硅酸盐水泥》(GB 175—2007)(含修改单)规定，水泥体积安定性用沸煮法检测必须合格。如果煮沸法不合格，该水泥判定为不合格品。

(2)体积安定性不合格的原因及后果

水泥体积安定性不合格的原因，大多是因水泥成分中存有过量的游离石灰、石膏、氧化镁及三氧化硫等，遇水时消化极其缓慢，当水泥已经硬化成型具有强度后，它在其中继续消化，体积膨胀而使水泥遭到破坏，出现龟裂、弯曲、松脆或崩溃等现象，会使水泥制品、混凝土构件产生膨胀性裂缝，降低建筑物质量，甚至引起严重工程事故。

(3)体积安定性测定

体积安定性测定的前提，是以标准稠度用水量制成标准稠度的净浆。《水泥标准稠度用水量、凝结时间、安定性检验方法》(GB/T 1346—2011)中，体积安定性测定方法，可分为标准法和代用法，其中，标准法又称为雷氏夹法或雷氏夹沸煮法，代用法又称为试饼法或试饼沸煮法，当发生争议时以标准法为准。

标准法测定水泥体积安定性，是采用标准稠度用水量的净浆，雷氏夹试件规格要求直径和高度均为 30mm，按照规定沸煮 180min 后，测量试件沸煮前后雷氏夹指针尖端之间的距离差值。用标准法测定水泥体积安定性时，在水泥净浆搅拌机中搅拌，采用雷氏夹、沸煮箱、雷氏夹膨胀测定仪、玻璃板等仪器工具。沸煮前后两个试件雷氏夹指针尖端之间的距离差值的平均值不大于 5.0mm，判定为水泥体积安定性合格。雷氏夹法制作试件方便，既有定性，又有定量，易于把握。

代用法测定水泥体积安定性时，仍采用标准稠度用水量的净浆，试件规格为直径 70~80mm、中心厚 10mm、边缘渐薄、表面光滑的试饼，沸煮 180min 后，目测试饼是否发生裂纹、弯曲。用代用法测定水泥体积安定性时，在水泥净浆搅拌机中搅拌，采用沸煮箱、玻璃板等仪器工具。两个试件沸煮前后，目测试饼未发现裂纹、钢直尺检查未发生弯曲，判定为水泥体积安定性合格。试饼法制作试件困难，仅可定性，难以定量，是早期的体积安定性测定方法，现在较少采用。

6.2.4.7 强度

(1)水泥强度等级

国家标准对水泥强度等级进行了多次修改，最新的现行国家标准在《通用硅酸盐水泥》(GB 175—2007)基础上，2019 年新增国家标准第 3 号修改单。

《通用硅酸盐水泥》(GB 175—2007)(含修改单)规定了不同品种硅酸盐水泥的强度等级，见表 6.10。通用硅酸盐水泥强度等级分类，依据 28d 抗压强度下限值分级，其所有强度(28d 抗压强度、3d 抗压强度、3d 抗折强度和 28d 抗折强度)不低于表 6.10 的规定。不符合表 6.10 中相应强度等级的 4 个强度范围值中的任何一项规定，该水泥判定为不合格品。

表 6.10　通用硅酸盐水泥品种及强度等级　　　　　　　　　　　MPa

品　种	强度等级	抗压强度		抗折强度	
		3d	28d	3d	28d
硅酸盐水泥	42.5	≥17.0	≥42.5	≥3.5	≥6.5
	42.5R	≥22.0		≥4.0	
	52.5	≥23.0	≥52.5	≥4.0	≥7.0
	52.5R	≥27.0		≥5.0	
	62.5	≥28.0	≥62.5	≥5.0	≥8.0
	62.5R	≥32.0		≥5.5	
普通硅酸盐水泥	42.5	≥17.0	≥42.5	≥3.5	≥6.5
	42.5R	≥22.0		≥4.0	
	52.5	≥23.0	≥52.5	≥4.0	≥7.0
	52.5R	≥27.0		≥5.0	
矿渣硅酸盐水泥 火山灰质硅酸盐水泥 粉煤灰硅酸盐水泥	32.5	≥10.0	≥32.5	≥2.5	≥5.5
	32.5R	≥15.0		≥3.5	
	42.5	≥15.0	≥42.5	≥3.5	≥6.5
	42.5R	≥19.0		≥4.0	
	52.5	≥21.0	≥52.5	≥4.0	≥7.0
	52.5R	≥23.0		≥4.5	
复合硅酸盐水泥	42.5	≥15.0	≥42.5	≥3.5	≥6.5
	42.5R	≥19.0		≥4.0	
	52.5	≥21.0	≥52.5	≥4.0	≥7.0
	52.5R	≥23.0		≥4.5	

　　如：全面分析 P·Ⅰ42.5，表示 P·Ⅰ型硅酸盐水泥，表示水泥强度等级 42.5，隐含其 28d 抗压强度≥42.5MPa、28d 抗折强度≥6.5MPa、3d 抗压强度≥17.0MPa、3d 抗折强度 ≥3.5MPa。《通用硅酸盐水泥》(GB 175—2007)(含修改单)，将通用水泥分为 4 大类：

　　第一类，硅酸盐水泥按强度等级，分为 42.5、52.5 和 62.5 共 3 个强度等级，每一个 强度等级又有带 R 的早强型水泥，这样硅酸盐水泥实际上分为 6 个强度等级。硅酸盐水泥 有最高的强度等级 62.5。需要结合硅酸盐水泥代号进行区分，例如，P·Ⅰ42.5R，表示 P·Ⅰ型强度等级为 42.5 的早强型硅酸盐水泥；P·Ⅰ52.5，表示 P·Ⅰ型强度等级为 52.5 的硅酸盐水泥。

　　第二类，普通硅酸盐水泥，分为 42.5 和 52.5 共 2 个强度等级，每一个强度等级又有 带 R 的早强型水泥，这样普通硅酸盐水泥实际上分为 4 个强度等级。结合普通硅酸盐水泥 代号简写，例如，P·O42.5R，表示强度等级为 42.5 的早强型普通硅酸盐水泥；P· O52.5，表示强度等级为 52.5 的普通硅酸盐水泥。

　　第三类，包括矿渣硅酸盐水泥、火山灰质硅酸盐水泥、粉煤灰硅酸盐水泥三大掺加水 泥混合材料的硅酸盐水泥，分为 32.5、42.5 和 52.5 共 3 个强度等级，每个强度等级又有带 R 的早强型水泥，这样普通硅酸盐水泥实际上分为 6 个强度等级。三大掺加水泥混合材料的硅酸盐水泥有最低的强度等级 32.5。结合三大掺加水泥混合材料的硅酸盐水泥代号简写，例如，P·S·A32.5R，表示强度等级为 32.5 的早强型矿渣硅酸盐水泥；P·P42.5，表示强度等级为 42.5 的火山灰质硅酸盐水泥；P·F42.5R，表示强度等级为 42.5 的早强型粉煤灰硅酸盐水泥。

第四类，复合硅酸盐水泥，分为 42.5 和 52.5 共 2 个强度等级，每一个强度等级又有带 R 的早强型水泥，这样复合硅酸盐水泥实际上分为 4 个强度等级。结合复合硅酸盐水泥代号简写，例如，P·C42.5R，表示强度等级为 42.5 的早强型复合硅酸盐水泥。

根据中国数字水泥网，我国通用硅酸盐水泥用量为 42.5 强度等级水泥占 65%~70%，32.5 强度等级水泥占 25%~30%，52.5 强度等级水泥及更高(含特种水泥)占 5%~10%。

(2)水泥 28d 抗压强度变异系数和富余系数

根据《水泥生产企业质量管理规程》(T/CBMF 17—2017)规定：

出磨水泥质量应稳定，且 28d 抗压强度月(或一个统计周期)平均变异系数 $C_V \leqslant 5.0\%$ (强度等级 32.5)、$C_V \leqslant 4.0\%$ (强度等级 42.5)、$C_V \leqslant 3.5\%$ (强度等级 52.5 及以上)，其中强度应根据出磨水泥品种和强度等级分别建立早期强度与实物水泥 3d 和 28d 强度的关系式。

水泥 28d 抗压富余强度，见表 6.11。

表 6.11　水泥 28d 抗压富余强度

水泥品种	28d 富余强度/MPa	合格率
通用硅酸盐水泥	≥2.0	
白色硅酸盐水泥	≥1.0	
中热硅酸盐水泥	≥1.0	
低热矿渣硅酸盐水泥	≥1.0	100%
道路硅酸盐水泥	≥2.5	
钢渣水泥	≥2.5	

规定了 28d 水泥实际强度的平均变异系数和富余系数。平均变异系数要求水泥强度稳定，富余系数要求比水泥标准规定值的强度适当提高。总之，出厂水泥 28d 抗压强度控制值有两点要求：目标值±3S(S 为 28d 抗压强度标准差)；目标值≥水泥强度等级+富裕强度值。

(3)胶砂强度实验

①水泥胶砂概念及配合比　一份水泥胶砂，是指由水泥 450g、中国 ISO 标准砂 1350g 和水 225g(或 225mL)拌制而成的混合物质。水泥胶砂的配合比，水泥：中国 ISO 标准砂：水=1:3:0.5，初始拌制的水泥胶砂具有塑性。水泥胶砂中，水泥：中国 ISO 标准砂=1:3，水灰比 W/C=0.50。抽样检测水泥的强度值是通过胶砂强度实验实现的，依据国家推荐标准《水泥胶砂强度检验方法(ISO 法)》(GB/T 17671—2021)。通用硅酸盐强度等级(表 6.10)中的抗压强度和抗折强度，就是依据该标准，将胶砂试件养护至规定龄期，测定其胶砂试件的强度(包括抗折强度和抗压强度)，将测定值与规范规定值(表 6.10)比较，

以判定该水泥的强度等级。

中国 ISO 标准砂，又称为基准砂，由 SiO_2 含量不低于 98%、天然的圆形硅质砂组成，见表 6.12。显然，中国 ISO 标准砂不同于一般的水泥混凝土用的细集料砂，两者的化学成分含量不同，筛分实验的筛子不同，级配要求不同，最大粒径和最小粒径要求不同。中国 ISO 标准砂是专门用于配制水泥胶砂、测定水泥抗压和抗折强度的专用基准砂。

表 6.12　中国 ISO 标准砂的累计筛余百分率

方孔筛孔径/mm	2.00	1.60	1.00	0.50	0.16	0.08
累计筛余百分率/%	0	2~12	28~38	62~72	82~92	98~100

2001 年 4 月至今，我国水泥强度检验用标准砂，等同采用国际标准 ISO 679。中国建筑材料科学研究总院开展了大量的调研、砂源勘查以及科学实验研究工作，成功研制出中国 ISO 标准砂，又经过几年的生产工艺技术及质量控制研究，实现了中国 ISO 标准砂工业化稳定生产。中国 ISO 标准砂砂源产地：老砂产地为福建省平潭县，新砂产地有福建省东山县、厦门市沧海县等。

②水泥胶砂强度检验方法　胶砂强度检验，采用的主要设备有水泥胶砂搅拌机、胶砂试模、胶砂振实台、抗折实验机、抗压夹具、抗压实验机等。

量取水泥 450g、中国 ISO 标准砂 1350g 和水 225g 混合，按规定方法制成塑性胶砂，制成一组 3 个 40mm×40mm×160mm 棱柱试件，一般制作 2 组。其中一组标准养护 3d，先测定抗折强度，后测定抗压强度；另一组标准养护 28d，先测定抗折强度，后测定抗压强度。根据胶砂试件 3d、28d 的抗折和抗压强度，判定该水泥的强度等级。胶砂试件折断后，应采用受压面积 40mm×40mm 的专用抗压夹具抗压。3d 抗折强度数值 3 个，抗压强度数值 6 个；28d 抗折强度数值 3 个，抗压强度数值 6 个。

③胶砂强度实验的抗折强度值确定　胶砂试件 3d 抗折强度一组有 3 个试件，28d 抗折强度同样一组有 3 个试件，按照下列规定确定该组 3d 和 28d 抗折强度值。

当 3 个胶砂试件抗折强度测值较为平均时，取 3 个棱柱体抗折强度测值的平均值，作为该组胶砂试件的抗折强度值。

当 3 个胶砂试件抗折强度测值中，有 1 个超出平均值±10%时，应在剔除该测值后，再取剩余 2 个胶砂试件的抗折强度测值的平均值，作为该组胶砂试件的抗折强度值。

当 3 个胶砂试件抗折强度测值中，有 2 个均超出平均值±10%时，则以剩余 1 个作为抗折强度结果。

④胶砂强度实验的抗压强度值确定　胶砂试件 3d 抗折强度一组有 3 个试件，将 1 个试件折断成 2 个，这样胶砂试件 3d 抗压强度一组有 6 个试件；胶砂试件 28d 抗折强度一组有 3 个试件，将 1 个试件折断成 2 个，这样胶砂试件 28d 抗压强度一组有 6 个试件。按照下列规定确定该组 3d 和 28d 抗压强度值。

当 6 个胶砂试件抗压强度测值较为平均时，取 6 个试件抗压强度测值的平均值，作为该组胶砂试件的抗压强度值。

当 6 个胶砂试件抗压强度测值中，有 1 个超出平均值±10%时，应在剔除该测值后，再分两种情况：第一种情况，剩余 5 个试件的抗压强度测值较为平均时，取这 5 个试件的抗压强度测值的平均值，作为该组胶砂试件的抗压强度值；第二种情况，剩余 5 个试件的抗压强度测值中，再有 1 个超出这 5 个测值的平均值的 ±10% 时，该组实验无效，实验结果作废。

当 6 个胶砂试件抗压强度测值中，有 2 个或 2 个以上超出平均值 ±10% 时，该组实验无效，实验结果作废。

水泥强度确定应掌握 3 个关键点：总平均值、剩余平均值、平均值的 ±10%。总平均值，意为所有试件测值较为平均时；剩余平均值，意为有一个测值超出平均值的 ±10% 时，剔除之，取剩余的平均值。注意区别水泥混凝土强度确定（详见 7.4 节）。

需要说明的是，实验无效，可能是实验人员或者仪器设备因素，并不意味着水泥强度一定有问题。

6.2.4.8 水化热

（1）水化热的概念

水化热是指水泥在水化过程中放出的热量，即水泥和水拌和之后，发生化学反应放出的热量。

《水泥水化热测定方法（等温传导量热法）》（T/CCAS 017—2021）中，水化热采用等温热导式量热仪测定，将实验样品与恒温热沉紧密接触，测定实验样品在恒温条件下的放热或吸热功率。等温热导式量热仪，由恒温槽提供恒温环境，热流传感器位于样品池、参比池与热沉之间并紧密接触，实验样品释放出的热量经热流传感器流入恒温热沉，通过热电转换得到实验样品的热功率。实验样品热功率为样品池热功率与参比池热功率的差值，通过热功率对时间积分得出实验样品某一龄期的水化热，单位为 J/g。

（2）水化热对水泥的影响

水泥的放热量的大小及快慢，首先取决于水泥熟料中的矿物成分。C_3A 放热量最多最快，C_3S 次之，C_2S 放热量最慢、最少。此外水泥细度越细，水化作用越快，早期放热量越大。标号越高的水泥，水化热越大，放热速度也快。

水泥的水化放热时间及比例参考值：1d 放 30.1%、3d 放 72.8%、7d 放 85.5%、28d 放 94.7%、3 个月放 100%。

前述，硅酸盐水泥的水化过程包括（Ⅰ）初始期、（Ⅱ）诱导期、（Ⅲ）加速期、（Ⅳ）减速期、（Ⅴ）稳定期（图 6.13~图 6.15）。这里以某水泥公司生产的 P·Ⅱ52.5 水泥为例，具体说明水泥前 7d 水化热的变化发展过程，使用 TAM AIR 八通道量热仪（自动搅拌法）检测，水灰比 =0.4（2g 水 +5g 水泥），测试温度 20℃；水化后的 36h 内就已经将大部分热量释放出来，7d 水化热不大于 230J/g，见表 6.13。

表 6.13　某水泥实测水化热随时间变化的累计值

距水泥开始加水的时间	时间/min					时间/d						
	0	30	60	90	120	1	2	3	4	5	6	7
水化热/(J/g)	0	4.3	7.5	8.0	8.5	122.7	169.4	191.6	204.2	212.3	218.3	223.3

某水泥通过微量热仪 TAM AIR（自动搅拌法）检测水泥水化热，实测该水泥水化热的

热流图和水化热累计图，见表 6.13 及图 6.21、图 6.22 所示。单从水化热发展情况来看，该水泥产品算是典型的低热水泥。该水泥渡过初始期(0~2h)后，诱导期水泥开始水化缓慢；进入加速期(6~20h)水化活跃，热流急剧增加；随后进入减速期(20~40h)，热流释放逐渐减缓；最后达到稳定期(48h 以后)，热流平稳下降，累计水化热虽然还有增加，但增量已经变得很小。

刚刚生产出来的水泥温度一般在 85℃左右，若直接检测其水化热会受到上述温度效应影响而偏高，依据水泥水化热检测标准须先将取样水泥冷却至室温再进行。出厂 3d 后水泥温度一般就接近室温了，其水化热主要为水泥矿物水化所产生，不再受水泥温度的影响了。

(3)水化热的工程应用

应根据工程情况选用不同品种、不同标号的水泥，如对大体积混凝土(大型基础、承台等)就不能选用水化热高的水泥。由于体积大，水化热聚集在内部不易发散，可引起不均匀的内应力，使混凝土发生裂缝，需要选用低热水泥。

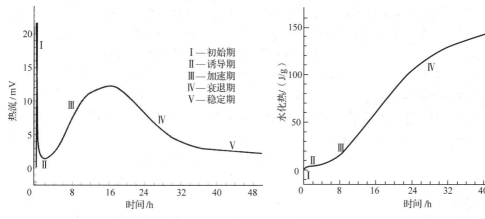

图 6.21　某水泥实测水化热随时间变化的热流图　　　图 6.22　某水泥实测水化热累计图

6.2.4.9　碱含量

碱含量是选择性指标。水泥中碱含量按 $Na_2O + 0.658K_2O$ 计算值表示。如果使用活性骨料，用户要求提供低碱水泥时，水泥中的碱含量不大于 0.60% 或由买卖双方协商确定(游普元等，2012)。

6.2.5　硅酸盐水泥的侵蚀与防护

6.2.5.1　硅酸盐水泥的侵蚀

硅酸盐水泥遭受侵蚀，主要指水泥石受到侵蚀。水泥石的侵蚀分为机械侵蚀、物理侵蚀、化学侵蚀和生物侵蚀四大类。机械侵蚀包括机械撞击、漂浮物撞击、滑坡泥石流撞击等；物理侵蚀包括冻融循环、干湿循环、冷热循环、盐结晶与盐蚀剥落等；化学侵蚀包括淡水侵蚀、碳酸盐化、酸侵蚀、强碱侵蚀、硫酸盐侵蚀、镁盐侵蚀、碱骨料反应等；生物侵蚀包括霉斑和苔藓等。本节简要介绍几种侵蚀。

（1）软水侵蚀（溶出性侵蚀）

软水侵蚀即淡水腐蚀。水泥石中氢氧化钙[$Ca(OH)_2$]溶解于水。特别是在流水及水压力作用下，溶解的 $Ca(OH)_2$ 被水冲走，又重新溶解水泥中的 $Ca(OH)_2$，尤其当水泥混凝土不够密实或有缝隙时，在水压力作用下，水渗入水泥混凝土内部，更能产生渗流作用，将 $Ca(OH)_2$ 溶解并过滤出来，这个过程连续不断地进行，使水泥石中石灰浓度降低，将逐渐引起水化硅酸钙、水化铝酸钙的分解。由于水泥石的结构受到破坏，强度不断降低，以致最后引起整个建筑物的破坏。水泥石中的水化产物须在一定浓度的 $Ca(OH)_2$ 溶液中才能稳定存在，如果溶液中的 $Ca(OH)_2$ 浓度小于水化产物所要求的极限浓度时，则水化产物将被溶解和分解，从而造成水泥石结构的破坏。这就是硬化水泥石软水侵蚀的原理。

雨水、雪水、蒸馏水、工厂冷凝水及含碳酸盐甚少的河水与湖水等都属于软水。当水泥石长期与这些水相接融时，$Ca(OH)_2$ 会被溶出[每升水中能溶解 $Ca(OH)_2$ 1.23g 以上]。在静水无压力的情况下，由于 $Ca(OH)_2$ 的溶解度小，易达到饱和，因而溶出仅限于表层，影响不大。但在流水及压力水作用下，$Ca(OH)_2$ 被不断溶解流失，使水泥石碱度不断降低，从而引起其他水化物的分解溶蚀，如高碱性的水化硅酸盐、水化铝酸盐等分解成为低碱性的水化产物，最后会变成胶结能力很差的产物，使水泥石结构遭受破坏，这种现象称为溶析。此外，$Ca(OH)_2$ 的溶出还会影响混凝土的外观，溶出的 $Ca(OH)_2$ 与空气中的 CO_2 反应产生白色的碳酸钙沉积在混凝土的表面，这种现象称为风化。

当环境水中含有重碳酸盐时，则重碳酸盐与水泥石中的 $Ca(OH)_2$ 起作用，产生几乎不溶于水的碳酸钙。生产的碳酸钙沉积在已硬化水泥石中的空隙内起密实作用，从而可阻止外界水的继续侵入及内部 $Ca(OH)_2$ 的扩散析出。因此，对需与软水接触的混凝土，若预先在空气中硬化，存放一段时间后使之形成碳酸钙外壳，则可对溶解性侵蚀起到一定的保护作用。

（2）盐类侵蚀

①硫酸盐侵蚀　在海水、盐田水、地下水、某些工业污水及流经高炉矿渣或煤渣的水中，常含钾、钠、氨的硫酸盐，它们易与水泥石中的 $Ca(OH)_2$、含铝的水化产物发生反应。当 C_3A 含量高于 5% 时，大多数含铝相形成单硫型水化硫铝酸钙 $C_3A \cdot CS \cdot H_{18}$。如果 C_3A 含量高于 8%，水化产化物中还有 $C_3A \cdot CH \cdot H_{18}$。当与硫酸盐接触时，两种含铝水化产物均转变成高硫型的钙矾石。通常认为，水泥石中与硫酸盐相关的膨胀与钙矾石的形成有关。多数研究者认为，钙矾石晶体生长时产生压力及其在碱性环境中吸水膨胀是导致水泥石破坏的主要原因。由于离子交换反应形成的二水石膏也能导致膨胀。当水中硫酸盐浓度较高时，硫酸钙将在孔隙中直接结晶成二水石膏，产生体积膨胀，导致水泥石的开裂破坏。

②镁盐侵蚀　在海水及地下水中常含有大量的镁盐，主要是硫酸镁和氯化镁。它们与水泥石中的 $Ca(OH)_2$ 起复分解反应。生成的氢氧化镁松软而无胶凝力，氯化钙易溶于水，二水石膏又将引起硫酸盐的破坏作用。因此，硫酸镁对水泥石起镁盐和硫酸盐的双重侵蚀作用。

（3）酸类侵蚀

①碳酸的侵蚀　在工业污水、地下水中常溶解有较多的 CO_2。开始时，CO_2 与水泥石

中的 $Ca(OH)_2$ 作用生成碳酸钙, 生成的碳酸钙再与含碳酸的水作用转变成重碳酸钙。生成的重碳酸钙易溶于水, 当水中含有较多碳酸并超过平衡浓度时, 则反应继续进行, 导致水泥石中的 $Ca(OH)_2$ 转变为易溶的重碳酸钙而溶失。$Ca(OH)_2$ 浓度的降低, 将导致水泥石中其他水化产物的分解, 使腐蚀作用进一步加剧。

②一般酸的腐蚀　在工业废水、地下水中常含有无机酸和有机酸。工业窑炉中的烟气常含有二氧化硫, 遇水后生成亚硫酸。各种酸类对水泥石都有不同程度的腐蚀作用, 它们与水泥石中的 $Ca(OH)_2$ 作用后的生成物, 或易溶于水, 或体积膨胀, 在水泥石内产生内应力而导致破坏。腐蚀作用最快的是无机酸中的盐酸、氢氟酸、硝酸、硫酸和有机酸中的醋酸、蚁酸和乳酸等。如盐酸和硫酸分别与水泥石中的 $Ca(OH)_2$ 作用, 反应生成的氯化钙易溶于水, 生成的二水石膏又起硫酸盐的腐蚀作用。

(4)强碱的腐蚀

碱类溶液如浓度不大时一般无害, 但铝酸盐含量较高的硅酸盐水泥遇到强碱(如氢氧化钠)作用后也会被腐蚀破坏。氢氧化钠与水泥熟料中未水化的铝酸盐作用, 生成易溶的铝酸钠。当水泥石被氢氧化钠浸透后又在空气中干燥, 与空气中的 CO_2 作用生成碳酸钠, 碳酸钠在水泥石毛细孔中结晶沉积, 而使水泥石胀裂。

除上述 4 种侵蚀类型外, 对水泥石有腐蚀作用的还有其他物质, 如糖、铵盐、纯酒精、动物脂肪、含环烷酸的石油产品等。

实际上, 水泥石的腐蚀是一个极为复杂的物理化学作用过程, 在遭受腐蚀时, 很少有单一的侵蚀作用, 往往是几种同时存在, 互相影响。但产生水泥石腐蚀的基本内因: 一是水泥石中存在有易被腐蚀的组分, 即 $Ca(OH)_2$ 和水化铝酸钙; 二是水泥石本身不密实, 有很多毛细孔通道, 侵蚀性介质易于进入其内部。应该说明, 干的固体化合物对水泥石不起侵蚀作用, 腐蚀性化合物必须呈溶液状态, 而且其浓度要达到一定值以上。促进化学腐蚀的因素为较高的温度、较快的流速、干湿交替和出现钢筋锈蚀等。

6.2.5.2　硅酸盐水泥的防护

(1)水泥防护

要搞好硅酸盐水泥的防护, 需要事先弄清楚硅酸盐水泥的侵蚀或可能受到的侵蚀类型。工程上水泥石的侵蚀往往是多种侵蚀耦合作用, 这就需要从设计、施工综合研判, 提出相应的防护措施。水泥石的侵蚀类型与防护措施, 见表 6.14。

表 6.14　水泥石的侵蚀类型与防护措施

侵蚀类型	防护措施
机械侵蚀	针对漂浮物设置防撞设施
水泥石中存在氢氧化钙等容易被侵蚀的组分	在水泥中掺加活性材料, 合理选择水泥品种, 隔离流动淡水等
水泥石本身不密实	提高水泥混凝土配合比的设计质量和施工质量, 采用低热微膨胀水泥, 掺加引气剂等外加剂
周围环境存在流动淡水、酸碱盐等侵蚀介质	合理选择水泥品种, 设置隔离层或防护层

（2）防止水泥石腐蚀的措施

怎样防止水泥石腐蚀呢？可先将水泥混凝土在空气中硬化一个时期，使表层水泥石的 Ca(OH)$_2$ 碳化，形成碳酸钙外壳，可起保护作用。此外，振捣密实，减少或没有蜂窝眼，增大水泥混凝土的密实度也可大大减少淡水腐蚀，延长建筑物的使用寿命。

①根据侵蚀环境特点，合理选用水泥品种　如采用水化产物中 Ca(OH)$_2$ 含量较少的水泥，可提高对各种侵蚀作用的抵抗能力；对抵抗硫酸盐的腐蚀，应采用铝酸三钙含量低于 5% 的抗硫酸盐水泥。另外，掺入活性混合材料，可提高硅酸盐水泥对多种介质的抗腐蚀性。

②提高水泥石的密实度　从理论上讲，硅酸盐水泥水化只需水（化学结合水）23% 左右（占水泥质量的百分数），但实际用水量约占水泥质量的 40%~70%，多余的水分蒸发后形成连通孔隙，腐蚀介质就容易侵入水泥石内部，从而加速水泥石的腐蚀。在实际工程中，提高混凝土或砂浆膏密实度的措施有：合理进行混凝土配合比设计、降低水灰比、选择性能良好的骨料、掺加外加剂，以及改善施工方法（如振动成型、真空吸水作业）等。

③表面加保护层　当侵蚀作用较强时，可在混凝土或砂浆表面加做耐腐蚀性高且不透水的保护层，保护层的材料有耐酸石料、耐酸陶瓷、玻璃、塑料、沥青等。对具有特殊要求的抗侵蚀混凝土，还可以采用聚合物混凝土。

6.2.6　硅酸盐水泥的应用

6.2.6.1　硅酸盐水泥的特性

①凝结硬化快，强度高，尤其早期强度高　因为决定水泥石 28d 以内强度的 C$_3$S 含量高，同时对水泥早期强度有利的 C$_3$A 含量较高。

②抗冻性好　硅酸盐水泥硬化水泥石的密度，比掺加大量水泥混合材的高，故抗冻性好。硅酸盐水泥的抗冻性优于普通硅酸盐水泥。

③水化热大　这是由于水化热大的 C$_3$S 和 C$_3$A 含量高所致。

④耐腐蚀较差　水泥石中存在较多 Ca(OH)$_2$ 和水化铝酸钙，所以这两种水泥的耐软水侵蚀和耐化学腐蚀性差。

⑤耐高温性能较弱　水泥石受热到约 300℃ 时，水泥的水化产物开始脱水，体积收缩，强度开始下降，温度达 700~1000℃ 时，强度降低很多，甚至完全破坏，不耐高温。

6.2.6.2　硅酸盐水泥的应用

①适用于重要结构的高强混凝土及预应力混凝土工程；

②适用于早期强度要求高的工程及冬季施工的工程；

③适用于严寒地区遭受反复冻融的工程及干湿交替的部位；

④不能用于海水和有侵蚀介质存在工程；

⑤不能用于大体积混凝土工程；

⑥不能用于高温环境的工程。

6.2.6.3　硅酸盐水泥的特性用途

（1）应用范围

硅酸盐水泥标号较高，主要用于地上、地下和水中重要结构物的高强水泥混凝土、预应力混凝土工程。一般配置 C60 及以上的混凝土，常常采用高标号的硅酸盐水泥。

（2）特性用途

硅酸盐水泥中 C_3S 含量较多，凝结硬化较快，水化热大。适用于早期强度要求高，撤模速度快的工程及冬季施工的工程。硅酸盐水泥比其他水泥抗冻性好，适用于严寒地区遭受反复冰冻的工程。

（3）不适用范围

硅酸盐水泥中水化物中 $Ca(OH)_2$ 含量较多，耐腐蚀水侵蚀的能力差，不适用于长期流动的淡水、海水、矿物等作用的工程。不适用于耐高温的耐热工程。由于水化热大，不能用于大体积工程。

通用水泥的选用，见表 6.15。

表 6.15　通用水泥的选用

种类	混凝土工程特点及所处环境条件	优先选用	可以选用	不宜选用
混凝土	一般气候环境中的混凝土	普通硅酸盐水泥	矿渣硅酸盐水泥、火山灰质硅酸盐水泥、粉煤灰硅酸盐水泥和复合硅酸盐水泥	—
	干燥环境中的混凝土	普通硅酸盐水泥	矿渣硅酸盐水泥	火山灰质硅酸盐水泥、粉煤灰硅酸盐水泥
	高温高湿环境中或长期处于水中的混凝土	矿渣硅酸盐水泥、火山灰质硅酸盐水泥、粉煤灰硅酸盐水泥和复合硅酸盐水泥	普通硅酸盐水泥	—
	厚大体积的混凝土	矿渣硅酸盐水泥、火山灰质硅酸盐水泥、粉煤灰硅酸盐水泥和复合硅酸盐水泥	—	硅酸盐水泥、普通硅酸盐水泥
有特殊要求的混凝土	要求快硬、高强的混凝土	硅酸盐水泥	普通硅酸盐水泥	矿渣硅酸盐水泥、火山灰质硅酸盐水泥、粉煤灰硅酸盐水泥和复合硅酸盐水泥
	严寒地区的露天混凝土	硅酸盐水泥、普通硅酸盐水泥	矿渣硅酸盐水泥	火山灰质硅酸盐水泥、粉煤灰硅酸盐水泥
	严寒地区处于水位变化区域的混凝土	普通硅酸盐水泥	—	火山灰质硅酸盐水泥、粉煤灰硅酸盐水泥、复合硅酸盐水泥
	抗渗要求的混凝土	普通硅酸盐、火山灰质硅酸盐水泥	—	—
	耐磨性要求的混凝土	硅酸盐水泥、普通硅酸盐水泥	矿渣硅酸盐水泥	火山灰质硅酸盐水泥、粉煤灰硅酸盐水泥
	侵蚀介质作用的混凝土	矿渣硅酸盐水泥、火山灰质硅酸盐水泥、粉煤灰硅酸盐水泥和复合硅酸盐水泥	—	硅酸盐水泥、普通硅酸盐水泥

6.3 普通硅酸盐水泥

（1）普通硅酸盐水泥与硅酸盐水泥的相同点

①组成材料基本相同，主体材料都是熟料+石膏；

②技术性质基本相同；

③使用范围基本相同。

（2）普通硅酸盐水泥与硅酸盐水泥的不同点

①在熟料中掺加水泥混合材料的比例不同，见表 6.3 和表 6.4。

②强度等级不同，见表 6.10。

③硅酸盐水泥的凝结硬化速度快。

④硅酸盐水泥抗淡水腐蚀能力较差。

（3）普通硅酸盐水泥的应用

普通硅酸盐水泥由于掺加了少量水泥混合材料，产量比硅酸盐水泥更大，在一般结构工程和一般中低等级混凝土中用量较大，见表 6.15。

6.4 掺加水泥混合材料的硅酸盐水泥

6.4.1 掺加水泥混合材料的硅酸盐水泥的特点及应用

（1）掺加水泥混合材料的硅酸盐水泥的优点

掺加大量水泥混合材料的硅酸盐水泥，包括矿渣硅酸盐水泥、粉煤灰硅酸盐水泥、火山灰质硅酸盐水泥和复合硅酸盐水泥。

掺加水泥混合材料的硅酸盐水泥，具有调节水泥强度等级、调整水泥性能、降低成本和造价、增加产量、扩大水泥品种、满足不同工程需要、充分利用工业废渣、有利于保护环境、社会效益高等优点。

（2）掺加水泥混合材料的硅酸盐水泥的主要特点

①早期强度低，后期强度高；

②抗腐蚀性强，耐淡水、酸碱盐腐蚀能力比硅酸盐和普通硅酸盐水泥强；

③水化热低，适用于大体积混凝土；

④抗冻性差，不宜用在低温环境；

⑤干缩性大，易产生干缩裂缝。

（3）掺加水泥混合材料的硅酸盐水泥的应用

由于掺加了大量水泥混合材料，混合材料掺量在 20%以上，有的水泥混合材料掺量可以接近 70%，市场上掺加水泥混合材料的硅酸盐水泥产量最高，产量也最大。掺加水泥混合材料的硅酸盐水泥应用广泛，在中低等级混凝土方面用量最多。在掺加水泥混合材料的硅酸盐水泥中，复合硅酸盐水泥的产量和销售量最大。火山灰质硅酸盐水泥的产量和销售量最少。

在高温高湿环境或长期处于水中的混凝土、大体积混凝土、有侵蚀作用的混凝土方面，可优先选用掺加水泥混合材料的硅酸盐水泥，见表 6.15。

6.4.2 水泥混合材料

6.4.2.1 水泥混合材料的概念及分类

（1）水泥混合材料的概念

《水泥的命名原则和术语》(GB/T 4131—2014)中，水泥混合材料，是指在水泥粉磨过程中掺加的矿质材料。应注意水泥混合材料、混凝土掺和料和混凝土外加剂的区别。从图 6.1 和图 6.2 中可以看出，水泥混合材料掺加阶段，是旋窑煅烧之后、水泥磨磨细之前，即在煅烧成水泥熟料之后，在熟料中掺加水泥混合材料。掺加水泥混合材料后，将水泥熟料、水泥混合材料、适量石膏、水泥助磨剂一起混合，经过水泥磨磨细，最终变成水泥产品。

（2）水泥混合材料的分类

根据混合材料的火山灰性或潜在水硬性，可分为活性混合材料和非活性混合材料两类。火山灰性材料，如硅藻土、火山灰质、烧黏土、粉煤灰等。常用的有火山灰质混合材料和粒化高炉矿渣两类。有的又将常用的水泥混合材料，分为粒化高炉矿渣、火山灰质混合材料、粉煤灰 3 类。

《水泥的命名原则和术语》(GB/T 4131—2014)中，活性混合材料，通常用活性指数表示，即水泥与对比水泥的 28d 抗压强度比，活性指数符合相应标准要求的，即为活性混合材料。还可以这样解释，活性混合材料是矿物质材料(天然或人工)，经粉磨加水后，本身不硬化或硬化很慢，但与其他胶凝材料(石灰、水泥)搅成胶泥状态后，不仅能在空气中硬化，而且能在水中继续硬化，并且有一定的强度，这类水泥混合材料称为活性混合材料。

活性混合材料也称为水硬性混合材料。常用的活性混合材料有粒化高炉矿渣、火山灰质、粉煤灰、硅灰等，见表 6.16。它的特点是与气硬石灰湿拌后，能使气硬石灰具有明显的水硬性。这些水化物能在空气中凝结硬化，并能在水中继续硬化，具有相当高的强度。由于活性二氧化硅和三氧化二铝与水泥中的 $Ca(OH)_2$ 作用后，减少和消除了 $Ca(OH)_2$ 易被水溶解而造成的危害，提了了水泥耐腐蚀性能(白宪臣，2020)。

硅酸盐水泥熟料适量掺加活性混合材料，不仅能提高水泥产量，降低水泥成本，而且可以改善水泥的某些性能，调节水泥强度等级，扩大使用范围，还能充分利用工业废渣，有利于保护环境。

表 6.16 活性混合材料的种类及来源

序号	活性混合材料种类	活性混合材料来源	
1	粒化高炉矿渣	高炉冶炼生铁时所得的以硅酸钙与碳酸钙为主要成分的熔融物，经淬冷成粒状	
2	粉煤灰	从煤粉燃烧炉的烟道气体中收集的粉末	
3	火山灰质	主要成分为氧化硅、氧化铝	天然火山灰，包括火山灰、凝灰岩、浮石、硅藻土或硅藻石
			人工火山灰，包括煤矸石、烧页岩、煤渣、硅质渣
4	硅灰(即硅粉)	生产硅铁或硅钢时产生的烟尘，主要成分为二氧化硅	—

《水泥的命名原则和术语》(GB/T 4131—2014)中，非活性混合材料，通常用活性指数表示，即水泥与对比水泥的 28d 抗压强度比，活性指数低于相应标准要求的，即为非活性混合材料。《用于水泥中的火山灰质混合材料》(GB/T 2847—2005)解释非活性混合材料为在水泥中主要起填充作用而又不损害水泥性能的矿物质材料。

非活性混合材料分为两类：第一类，本身活性较差，采用石英砂、黏土、石灰岩及慢冷矿渣磨成的粉末；第二类，本身活性较好，其活性性能已经弱化，难以达到活性混合材料的标准，例如，对于不符合活性混合材料的技术要求的粒化高炉矿渣、火山灰质混合材料及粉煤灰等，可以作为非活性混合材料使用。

非活性混合材料磨细成细粉与石灰加水拌和后，不能或很少能具有胶凝性，在水泥中主要起填充作用。凡不具有活性或活性较低的人工或天然的矿物质材料经磨成细粉，掺入水泥中仅起调节水泥性质、降低水化热、降低强度等级、增加产量的混合材料等补充作用。

6.4.2.2　粒化高炉矿渣

生产水泥用的粒化高炉矿渣依据《用于水泥中的粒化高炉矿渣》(GB/T 203—2008)，适用于水泥活性混合材料的粒化高炉矿渣。

粒化高炉矿渣矿渣，简称矿渣，是指在高炉冶炼生铁时，所得以硅酸盐为主要成分的熔融物，经过淬冷成粒后，具有潜在水硬性的材料。

矿渣中的氧化钙、氧化镁、三氧化二铝含量之和，应为二氧化硅、二氧化钛、氧化亚锰含量之和的 1.2 倍以上，即质量系数不小于 1.2。生产水泥用矿渣的技术指标要求，见表 6.17。

表 6.17　生产水泥用矿渣的技术性能

项　目	技术指标	项　目	技术指标
质量系数	≥1.2	堆积密度/(kg/m³)	≤1200
二氧化钛的质量分数/%	≤2.0	最大密度/(kg/m³)	≤50
氧化亚锰的质量分数/%	≤2.0	大于 10mm 颗粒的质量分数/%	≤8
氟化物的质量分数/%	≤2.0	玻璃体质量分数/%	≥70
硫化物的质量分数(以 S 计)/%	≤3.0	—	—

6.4.2.3　火山灰质混合材料

水泥生产用的火山灰，依据《用于水泥中的火山灰质混合材料》(GB/T 2847—2005)，适用于水泥生产中作为混合材料使用的火山灰质混合材料。火山灰质混合材料，是指具有火山灰性的天然或人工的矿物质材料。火山灰质混合材料包括天然火山灰质混合材料和人工火山灰质混合材料两类(见表 6.16)。天然火山灰，包括火山灰、凝灰岩、浮石、硅藻土或硅藻石。人工火山灰，包括煤矸石、烧页岩、煤渣、硅质渣。火山灰技术要求，见表 6.18。

表 6.18 火山灰的技术性能

项　目	技术指标
烧失量	≤10.0%
三氧化硫	≤3.5%
火山灰性	合格
水泥胶砂 28d 抗压强度比	≥65%
放射性	符合《建筑材料放射性核素限量》(GB 6566—2010)规定

火山灰质混合材料的火山性是否合格，按照《建筑材料放射性核素限量》(GB 6566—2010)规定的火山灰性实验方法检测。检测原理是：火山灰性是通过在规定时间周期后，水化水泥接触的水溶液中存在的氢氧化钙量与能使同一碱性溶液饱和的氢氧化钙相比较来确定。如果该溶液中氢氧化钙浓度低于饱和浓度，则判定该火山灰质水泥具有火山灰性(或火山灰性合格)。

水泥胶砂 28d 抗压强度比按照《用于水泥混合材的工业废渣活性试验方法》(GB/T 12957—2005)测定，在硅酸盐水泥中掺入 30%的工业废渣细粉，用其 28d 抗压强度与该硅酸盐水泥 28d 抗压强度进行比较，以确定其活性高低。

6.4.2.4 粉煤灰

《用于水泥和混凝土中的粉煤灰》(GB/T 1596—2017)适用于拌制砂浆和混凝土时作为掺合料的粉煤灰和水泥生产中作为活性混合材料的粉煤灰。粉煤灰，是指电厂煤粉炉烟道气体中收集的粉末。下列不属于粉煤灰的情形：与煤一起煅烧的城市垃圾或其他废弃物；在焚烧炉中煅烧的工业或城市垃圾；循环流化床锅炉燃烧收集的粉末。

(1)粉煤灰的分类及技术要求

粉煤灰根据燃煤品种，分为 F 类粉煤灰和 C 类粉煤灰两类，其中，F 类粉煤灰是指由无烟煤或烟煤煅烧收集的粉煤灰，C 类粉煤灰是指褐煤或次烟煤煅烧收集的粉煤灰，氧化钙含量一般大于或等于 10%。

水泥活性混合材料用粉煤灰不分级。拌制砂浆和混凝土用粉煤灰分为Ⅰ级、Ⅱ级和Ⅲ级 3 个等级，其中，Ⅰ级粉煤灰品质最好。

(2)粉煤灰的技术要求

粉煤灰的技术要求包括理化性能要求、放射性、碱含量、半水亚硫酸钙含量和均匀性。水泥活性混合材料用粉煤灰的理化性能应符合表 6.19 规定。放射性应符合《建筑材料放射性核素限量》(GB 6566—2010)规定。碱含量是选择性指标，按 $Na_2O+0.658K_2O$ 计算值表示。当粉煤灰应用中有碱含量要求时，由买卖双方协商确定。半水亚硫酸钙含量，采用干法或半干法脱硫工艺排出的粉煤灰应检测半水亚硫酸钙含量，其含量不大于 3.0%。均匀性是选择性指标，以细度表征，单一样品的细度不应超过前 10 个样品细度的平均值的最大偏差，最大偏差范围由买卖双方协商确定。

表 6.19　水泥活性混合材料用粉煤灰的理化性能

项　目		理化性能要求
烧失量/%	F 类粉煤灰	≤8.0
	C 类粉煤灰	
含水量/%	F 类粉煤灰	≤1.0
	C 类粉煤灰	
三氧化硫质量分数/%	F 类粉煤灰	≤3.5
	C 类粉煤灰	
游离氧化钙质量分数/%	F 类粉煤灰	≤1.0
	C 类粉煤灰	≤4.0
二氧化硅、三氧化二铝和三氧化二铁总质量分数/%	F 类粉煤灰	≥70.0
	C 类粉煤灰	≥50.0
密度/(g/cm³)	F 类粉煤灰	≤2.5
	C 类粉煤灰	
安定性(雷氏法)/mm	C 类粉煤灰	≤5.0
强度活性指数/%	F 类粉煤灰	≥70.0
	C 类粉煤灰	

（3）拌制混凝土用粉煤灰及其应用

拌制混凝土用粉煤灰及其应用，详见 7.2.5 节。

6.5　专用水泥

6.5.1　道路硅酸盐水泥

6.5.1.1　道路硅酸盐水泥的定义

道路硅酸盐水泥，简称道路水泥，是由道路硅酸盐水泥熟料、适量石膏和混合材料，磨细制成的、水泥混凝土路面上采用的水硬性胶凝材料。道路水泥代号为 P·R。

道路水泥主要不是强调抗压强度，而是强调抗折强度，这与水泥混凝土路面以弯拉强度(抗折强度)控制设计是相对应的(杨彦克等，2013)。

6.5.1.2　道路硅酸盐水泥矿物组成

道路硅酸盐水泥中熟料和石膏(质量分数)为 90%～100%，活性混合材料(质量分数)为 0%～10%。

根据道路混凝土结构的使用特征，道路水泥应具备的主要特性是高抗折强度、低干缩性和高耐磨性。

为了满足道路水泥的强度、干缩性和耐磨性的要求，其矿物组成应具有"高铁低铝"的特点。《道路硅酸盐水泥》（GB 13693—2017）规定，道路硅酸盐水泥熟料中，铝酸三钙的含量不应大于 5.0%，铁铝酸四钙的含量不应小于 15.0%，游离氧化钙的含量不应大于 1.0%。

6.5.1.3 道路硅酸盐水泥的化学性能和物理性能

道路硅酸盐水泥的化学性能和物理性能，分别见表 6.20 和表 6.21。

表 6.20 道路硅酸盐水泥的化学性能 %

熟料矿物		游离氧化钙	三氧化硫	氧化镁	烧失量	碱含量	氯离子含量
铝酸三钙	铁铝酸四钙						
≤5.0	≥15.0	≤1.0	≤3.5	≤5.0	≤3.0	≤0.60	≤0.06

表 6.21 道路硅酸盐水泥的物理性能

比表面积/ （m²/g）	初凝时间/ min	终凝时间/ min	沸煮法安定性	28d 干缩率/ %	28d 磨耗量/ （kg/m²）
300~450	≥90(1.5h)	≤720(12h)	雷氏夹合格	≤0.10	≤3.00

6.5.1.4 道路硅酸盐水泥的等级和各个龄期强度

道路水泥按照 28d 抗折强度可分为 7.5 和 8.5 两个等级，见表 6.22。

表 6.22 道路硅酸盐水泥的等级及各个龄期的强度 MPa

强度等级	代 号	抗折强度		抗压强度	
		3d	28d	3d	28d
7.5	P·R	≥4.0	≥7.5	≥21.0	≥42.5
8.5		≥5.0	≥8.5	≥26.0	≥52.5

从表 6.22 可以分析，道路硅酸盐水泥是以 28d 抗折强度来分级命名的，其余强度（28d 抗压强度、3d 抗折强度、3d 抗压强度）不低于规范规定的最小值。也可以近似分析，7.5 级水泥类似 42.5 级通用硅酸盐水泥，8.5 级水泥类似 52.5 级通用硅酸盐水泥。全面分析 P·R7.5：P·R 表示道路水泥，7.5 表示道路水泥 7.5 级，隐含其 28d 抗折强度 ≥7.5MPa、28d 抗压强度 ≥42.5MPa、3d 抗折强度 ≥4.0MPa、3d 抗压强度 ≥21.0MPa。

6.5.1.5 道路硅酸盐水泥的其他性质

（1）干缩性

水泥浆体在凝结硬化过程中，由于水分蒸发和环境因素的影响，将产生一定量的干缩变形。当干缩变形严重时水泥石会产生网裂、龟裂，以后会进一步发展成裂缝。这样，一方面破坏了水泥混凝土体的整体性，阻碍应力传递和应力的合理分布，降低了混凝土强度和抗裂能力；另一方面，裂缝处被其他液体、雨水等侵入，易引起水泥石腐蚀，在气候寒冷时，冻融循环破坏加剧，严重降低水泥混凝土的耐久性和强度。

影响水泥干缩性的主要因素是水泥的矿物成分及水泥的细度。在水泥熟料中以 C_3A 干缩性最大，它会加快水泥硬化时体积的收缩过程。以 C_4AF 的收缩量最小，其抗裂性也最好。水泥细度增大，水化充分，强度提高。但是为维持施工和易性，需要加入更多的水，导致硬化水泥石中残余水分增加，此水分蒸发后，水泥石内部孔隙增多，加大了水泥石的干缩程度。

（2）耐磨性

由于车辆交通和行人来往，使路面受到磨耗作用，水泥的耐磨性直接影响路面的使用质量和使用寿命。

增加水泥中 C_4AF 含量，减少 C_3A 含量，可以提高水泥的耐磨性、抗冲击性及各类强度。一般而言，水泥抗压强度提高时，其密度增大，表面硬度提高，耐磨性也得以提高。

根据《道路硅酸盐水泥》（GB 13693—2017）规定，凡道路硅酸盐水泥的氧化镁、三氧化硫、烧失量、氯离子、凝结时间、沸煮法安定性、干缩率、耐磨性、强度 9 项中的任何一项不满足要求时，判定该道路水泥为不合格品。上述 9 项所有指标均符合规范规定，判定该道路水泥为合格品。

6.5.1.6 道路硅酸盐水泥的特点和工程应用

道路硅酸盐水泥是一种专用水泥，其矿物组成比例基本在硅酸盐水泥的范围内，因它含有偏高的 C_4AF 含量及较低的 C_3A 含量，这样就提高了水泥强度，特别是抗折强度。高 C_4AF 含量及低 C_3A 含量可以使水泥具有耐磨性好、干缩性小、抗冲击性好、抗冻性和抗硫酸盐性较好的特点，还可以减少水泥混凝土的裂缝和磨损等病害，减少工程维修，延长混凝土的使用年限。道路硅酸盐水泥适用于交通系统的道路路面、城市市政道路的路面、机场跑道道面、城市广场铺面等工程。

此外，钢渣道路水泥是以转炉钢渣或电炉钢渣和道路硅酸盐水泥熟料、粒化高炉矿渣、适量石膏磨细制成的水硬性凝胶材料，代号为 S·R。在钢渣道路水泥中，"熟料+石膏"的掺入总量应大于水泥质量的 50%，但不大于 90%、钢渣或钢渣粉掺入量应不小于 10% 且不大于 40%、粒化高炉矿渣（粉）掺入量应不大于 10%。钢渣道路水泥依据《钢渣道路水泥》（GB 25029—2010）。

6.5.2 砌筑水泥

砌筑水泥，是指由硅酸盐水泥熟料加入规定的混合材料和适量石膏，磨细制成的保水性较好的水硬性胶凝材料。《砌筑水泥》（GB/T 3183—2017）适用于砌筑和抹面砂浆、垫层混凝土所需的砌筑水泥。由于砌筑和抹面砂浆的标号较低，相应需要砌筑水泥的等级也较低，GB/T 3183 推荐了砌筑水泥的 3 个水泥等级为 12.5、22.5 和 32.5，由于 12.5 和 22.5 在市场上用量很少，厂家也少有生产，市场上实际容易购买到的砌筑水泥往往只有 32.5 这一个等级。

我国大量的砖混结构的承重墙及其围护结构、框架结构的围护结构、交通和水利工程等的砌体结构，也常常使用砌筑砂浆，这些砌筑砂浆通常采用砌筑水泥 32.5 级。砌筑水泥，既适应建筑砂浆的强度要求，又可以保证砂浆中胶凝材料的数量。

砌筑水泥的水泥等级及各个龄期强度指标，见表 6.23。

表 6.23　砌筑水泥的水泥等级及各个龄期的强度指标　　　　MPa

水泥等级	代号	抗压强度			抗折强度		
		3d	7d	28d	3d	7d	28d
12.5		—	≥7.5	≥12.5	—	≥1.5	≥3.0
22.5	M	—	≥10.0	≥22.5	—	≥2.0	≥4.0
32.5		≥10.0	—	≥32.5	≥2.5	—	≥5.5

砌筑水泥以 28d 抗压强度命名，除了 3d 和 28d 强度要求外，部分水泥还有 7d 强度的要求。

全面分析 M32.5：M 是砌筑水泥代号，32.5 表示砌筑水泥 32.5 级，隐含其 28d 抗压强度≥32.5MPa、3d 抗压强度≥10.0MPa、3d 抗折强度≥2.5MPa、28d 抗折强度≥5.5MPa。

砌筑水泥强度测定依据《水泥胶砂强度检验方法（ISO 法）》（GB/T 17671—2021）测定。水泥胶砂用水量依据《水泥胶砂流动度测定方法》（GB/T 2419—2005），按胶砂流动度达到 180~190mm 确定，水泥胶砂流动度测定方法原理是通过测量一定配比的水泥胶砂在规定振动状态下的扩展范围来衡量其流动性。

6.6　特性水泥

6.6.1　白色及彩色硅酸盐水泥

6.6.1.1　白色硅酸盐水泥

（1）白色硅酸盐水泥的概念

白色硅酸盐水泥依据《白色硅酸盐水泥》（GB/T 2015—2017）。白色硅酸盐水泥，是指由白色硅酸盐水泥熟料，加入适量石膏和混合材料，磨细而成的水硬性胶凝材料。白色硅酸盐水泥中熟料和石膏含量为 70%~100%，石灰岩、白云质石灰岩和石英砂等天然矿物占 0%~30%。白色硅酸盐水泥熟料，是指一适当成分的生料烧制部分熔融，得到以硅酸钙为主要成分，氧化铁含量少的熟料，熟料中氧化镁的含量不宜超过 5.0%。

（2）白色硅酸盐水泥的分级及代号

白色硅酸盐水泥按强度可分为 32.5、42.5 和 52.5。

白色硅酸盐水泥按照白度可分为 1 级和 2 级，代号分别为 P·W-1 和 P·W-2。其中，1 级白度（P·W-1）不小于 89，2 级白度（P·W-2）不小于 87。

（3）白色硅酸盐水泥的强度

白色硅酸盐水泥的强度以 28d 抗压强度命名，白色硅酸盐水泥强度应符合表 6.24 的规定。

全面分析：P·W-1 的 42.5 水泥：P·W-1 表示白度为 1 级白色硅酸盐水泥，42.5 表示白色硅酸盐水泥的强度等级为 42.5 级，隐含其 28d 抗压强度 $\geqslant$42.5MPa、3d 抗压强度 $\geqslant$17.0MPa、3d 抗折强度 $\geqslant$3.5MPa、28d 抗折强度 $\geqslant$6.5MPa。

表 6.24　白色硅酸盐水泥的等级及各个龄期的强度要求　　　　　　　　　　MPa

水泥等级	抗折强度		抗压强度	
	3d	28d	3d	28d
32.5	$\geqslant$3.0	$\geqslant$6.0	$\geqslant$12.0	$\geqslant$32.5
42.5	$\geqslant$3.5	$\geqslant$6.5	$\geqslant$17.0	$\geqslant$42.5
52.5	$\geqslant$4.0	$\geqslant$7.0	$\geqslant$22.0	$\geqslant$52.5

白色硅酸盐水泥与硅酸盐水泥的主要区别在于氧化铁（Fe_2O_3）含量少，因而色白。一般硅酸盐水泥熟料呈暗灰色，主要由于水泥中存在氧化铁等成分。当 Fe_2O_3 含量在 3%~4% 时，熟料呈暗灰色；0.45%~0.7% 时，带淡绿色；而降低到 0.35%~0.4% 时，即略带淡绿，接近色白。因此白色硅酸盐水泥的生产特点主要是降低氧化铁的含量。此外，对于其他着色氧化物（氧化锰、氧化铬和氧化钛等）的含量也要加以限制。通常采用较纯净的高岭土、纯石英砂、纯石灰岩或白垩等作原料；在较高温度（1500~1600℃）下煅烧成熟料；生料的制备、熟料的粉磨、煅烧和运输，均应在没有着色物玷污的条件下进行。

6.6.1.2 彩色硅酸盐水泥

彩色硅酸盐水泥依据《彩色硅酸盐水泥》（JC/T 870—2012）。彩色硅酸盐水泥，是指由硅酸盐水泥熟料和适量石膏（或白色硅酸盐水泥）、混合材料及着色剂磨细或混合制成的带有彩色的水硬性胶凝材料。彩色硅酸盐水泥可分为红色、黄色、蓝色、绿色、棕色和黑色等。彩色硅酸盐水泥的强度等级可分为 27.5、32.5 和 42.5，见表 6.25。

表 6.25　彩色硅酸盐水泥的等级及各个龄期的强度要求　　　　　　　　　　MPa

水泥等级	抗压强度		抗折强度	
	3d	28d	3d	28d
27.5	$\geqslant$7.5	$\geqslant$27.5	$\geqslant$2.0	$\geqslant$5.0
32.5	$\geqslant$10.0	$\geqslant$32.5	$\geqslant$2.5	$\geqslant$5.5
42.5	$\geqslant$15.0	$\geqslant$42.5	$\geqslant$3.5	$\geqslant$6.5

彩色硅酸水泥按生产方式可分为两大类。一类为白色水泥熟料、适量石膏和碱性颜料共同磨细而成。所用颜料要求不溶于水，且分散性好，耐碱性强，抗大气稳定性好，掺入水泥中不能显著降低其强度，常用以 Fe_2O_3 为基础的各色颜料；另一类彩色水泥是在白色水泥的生料中加入少量金属氧化物直接煅烧成彩色水泥熟料，然后加入适量石膏磨细而成。例如，加入氧化铬可得绿色；加入氧化钴在还原气氛中煅烧成浅蓝色，在氧化气氛中煅烧成玫瑰红色；加入氧化锰在还原气氛中煅烧的淡黄色，在氧化气氛中即得浅紫色等。

白色水泥和彩色水泥主要用于建筑物内外表面的修饰，制作具有一定艺术效果的各种水磨石、水刷石、人造大理石、彩色混凝土和砂浆等各种装饰部件及制品。

6.6.2　铝酸盐水泥

6.6.2.1　铝酸盐水泥概念

铝酸盐水泥依据《铝酸盐水泥》（GB/T 201—2015）。铝酸盐水泥，是指由铝酸盐水泥熟料磨细制成的水硬性胶凝材料，代号为 CA。铝酸盐水泥熟料，是指以钙质和铝质材料为主要原料，按适当比例配置成生料，煅烧至完全或部分熔融，并经冷却所得以铝酸钙为主要矿物组成的产物。

6.6.2.2　铝酸盐水泥分类及化学成分

铝酸盐水泥按水泥中 Al_2O_3 含量可分为 CA50、CA60、CA70 和 CA80。CA50，50%≤ Al_2O_3 含量<60%，根据强度又可分为 CA50-Ⅰ、CA50-Ⅱ、CA50-Ⅲ 和 CA50-Ⅳ。CA60，60%≤ Al_2O_3 含量<68%，根据主要矿物组成又可分为 CA60-Ⅰ（以铝酸一钙为主）、CA60-Ⅱ（以铝酸二钙为主）。CA70，68%≤ Al_2O_3 含量<77%。CA80，Al_2O_3 含量≥77%。

铝酸盐水泥的化学成分包括 Al_2O_3、SiO_2、Fe_2O_3、碱含量、S 含量和氯离子含量，见表 6.26。

表 6.26　铝酸盐水泥的化学成分　　　　　　　　　　　　　　　　%

类　型	Al_2O_3 含量	SiO_2 含量	Fe_2O_3 含量	碱含量	S 含量	氯离子含量
CA50	≥50 且<60	≤9.0	≤3.0	≤0.50	≤0.0	≤0.06
CA60	≥60 且<68	≤5.0	≤2.0			
CA70	≥68 且<77	≤1.0	≤0.7	≤0.40	≤0.1	
CA80	≥77	≤0.5	≤0.5			

6.6.2.3　铝酸盐水泥的凝结时间

铝酸盐水泥的凝结时间要求，见表 6.27。

表 6.27　铝酸盐水泥的凝结时间要求　　　　　　　　　　　　　min

类　型		初凝时间	终凝时间
CA50		≥30	≤360
CA60	CA60-Ⅰ	≥30	≤360
	CA60-Ⅱ	≥60	≤1080
CA70		≥30	≤360
CA80		≥30	≤360

6.6.2.4　铝酸盐水泥的强度

铝酸盐水泥的强度应符合《铝酸盐水泥》（GB/T 201—2015）规定，见表 6.28。

表 6.28　铝酸盐水泥的强度要求　　　　　　　　　　　　　　　　　MPa

类　型		抗压强度				抗折强度			
		6h	1d	3d	28d	6h	1d	3d	28d
CA50	CA50-Ⅰ	≥20	≥40	≥50		≥3	≥5.5	≥6.5	
	CA50-Ⅱ		≥50	≥60			≥6.5	≥7.5	
	CA50-Ⅲ		≥60	≥70			≥7.5	≥8.5	
	CA50-Ⅳ		≥70	≥80			≥8.5	≥9.5	
CA60	CA60-Ⅰ		≥65	≥85			≥7.0	≥10.0	
	CA60-Ⅱ		≥20	≥45	≥85		≥2.5	≥5.0	≥10.0
CA70			≥30	≥40			≥5.0	≥6.0	
CA80			≥25	≥30			≥4.0	≥5.0	

　　铝酸盐水泥是以铝矾土和石灰石为主要原料,适当配合后,经煅烧、磨细而成的一种水泥。铝酸盐水泥熟料的主要矿物组成为铝酸盐,其中,以铝酸一钙为主,也有少量硅酸二钙。铝酸盐水泥的正常使用温度应在 30℃ 以下,此时,铝酸盐水泥水化反应后的水化产物以水化铝酸二钙为主。水化铝酸二钙和水化铝酸一钙具有针状和片状晶体,它们互相重叠结合,形成坚强的晶体骨架,使水泥获得较高的强度。氢氧化铝凝胶填充于晶体骨架的空隙,能形成较致密的结构。这种水泥水化 5~7d 后,水化产物就很少增加,因此,硬化初期强度增长很快,以后则增长不显著。应注意的是,水化铝酸一钙和水化铝酸二钙是不稳定的晶体,在常温下能很缓慢地转化为稳定的水化铝酸三钙。但当温度提高时,转化大为加速。在转化过程中不仅晶体形成发生变化,而且析出较多游离水,强度降低。

　　铝酸盐水泥水化放热量基本上与硅酸盐水泥相同,但放热速度极快,如用于体积较大的混凝土构件,硬化初期的温度可大大超过 30℃,促使水化物的晶形加速转化,导致强度降低。因此,用铝酸盐水泥浇筑混凝土构件时,体积不能太大。施工时要特别注意控制混凝土的温度。铝酸盐水泥不得采用湿热处理方法,硬化过程中的环境温度也不得超过30℃,最适宜的硬化温度为 15℃。

　　铝酸盐水泥具有较高的抵抗矿物水和硫酸盐的抗侵蚀性,也具有较高的耐热性。铝酸盐水泥主要用于紧急抢修工程、需要早期强度的特殊工程、冬季施工、处于海水或其他侵蚀介质作用的重要工程、耐热混凝土等。

6.6.3　低热微膨胀水泥

6.6.3.1　低热微膨胀水泥的概念

　　低热微膨胀水泥依据《低热微膨胀水泥》(GB 2938—2008)。低热微膨胀水泥,是指以粒化高炉矿渣为主要成分,加入适量硅酸盐水泥熟料和石膏,磨细制成的具有低水化热和微膨胀性能的水硬性胶凝材料,代号为 LHEC。

　　生产低热微膨胀水泥的硅酸盐熟料,由主要含 CaO、SiO_2、Al_2O_3、Fe_2O_3 的原料按适当比例磨成细粉,煅烧至部分熔融所得以硅酸钙为主要矿物成分的水硬性胶凝物质。其中,硅酸钙矿物质量分数不小于 66%,氧化钙和氧化硅的质量比不小于 2.0。熟料强度等级要求达到 42.5 以上；游离氧化钙含量(质量分数)不得超过 1.5%；氧化镁含量(质量分数)不得超过 6.0%。

膨胀水泥是一种在水化过程中体积产生微量膨胀的水泥。它通常由胶凝材料和膨胀剂混合制成。膨胀剂使水泥在水化过程中形成膨胀性物质水化硫铝酸钙等，导致体积稍微膨胀。由于这一过程是在未硬化浆体中进行的，不至于引起破坏和有害的应力。

6.6.3.2 低热微膨胀水泥的强度和水化热

低热微膨胀水泥的强度等级为 32.5，其强度和水化热应符合《低热微膨胀水泥》(GB 2938—2008)，见表 6.29。

表 6.29 低热微膨胀水泥的强度要求

强度等级	抗折强度/MPa		抗压强度/MPa		水化热/(kJ/kg)	
	3d	28d	3d	28d	3d	28d
32.5	≥5.0	≥7.0	≥18.0	≥32.5	≤185	≤220

6.6.3.3 低热微膨胀水泥的应用

低热微膨胀水泥主要适用于要求较低水化热和要求补偿收缩的混凝土、大体积混凝土，也适用于要求抗渗和抗硫酸盐侵蚀的工程。

膨胀水泥硬化后形成较致密的水泥石，抗渗性较高，适用于制作防水层和防水混凝土，抗渗性好，也适用于北方抗冻性要求较高的混凝土。如地铁车站变形缝中的施工缝的后浇带和给排水厂站中的大型矩形水池的后浇带，常用硅酸盐膨胀水泥拌制的补偿收缩混凝土灌注；低热微膨胀水泥还可以用作夭灌预留孔洞、预制构件的接缝及管道接头、结构的加固和修补、制造自应力混凝土构件及自应力压力水管和输气管等。

6.6.4 快凝快硬硫铝酸盐水泥

6.6.4.1 快凝快硬硫铝酸盐水泥的概念

快凝快硬硫铝酸盐水泥依据《快凝快硬硫铝酸盐水泥》(JC/T 2282—2014)。快凝快硬硫铝酸盐水泥，简称双快水泥，是指以适当成分为生料，经煅烧所得以无水硫铝酸钙和硅酸二钙为主要矿物成分的硫铝酸盐水泥熟料，掺加适量的石灰石、石膏，经磨细制成的、具有凝结快、早期强度发展快的特点。代号为 QR·SAC。双快水泥中硫铝酸盐水泥熟料与石膏含量不小于 85%，石灰石含量不大于 15%。

6.6.4.2 快凝快硬硫铝酸盐水泥的技术性质

快凝快硬硫铝酸盐水泥初凝时间不小于 3min，终凝时间不大于 12min。

1d 自由膨胀率不小于 0.01%，3d 自由膨胀率不小于 0.04%，28d 自由膨胀率为 0.06%~0.20%。

快凝快硬硫铝酸盐水泥的强度等级分为 32.5、42.5 和 52.5，其强度指标见表 6.30。

表 6.30　快凝快硬硫铝酸盐水泥的强度指标　　　　　　　　　　　MPa

强度等级	抗压强度			抗折强度		
	4h	1d	28d	4h	1d	28d
32.5	≥10	≥20	≥32.5	≥3.0	≥5.0	≥6.0
42.5	≥15	≥30	≥42.5	≥3.5	≥5.5	≥6.5
52.5	≥20	≥40	≥52.5	≥4.0	≥6.0	≥7.0

快凝快硬硫铝酸盐水泥适用于紧急抢修和国防工程、快速和冬季施工、矿井和地下建筑的喷锚支护工程、浇灌装配式结构构件的接头及管道接缝等，必要时还可用于制作一般钢筋混凝土构件。

6.7　水泥包装与贮运

6.7.1　袋装水泥

（1）袋装水泥袋的类别

水泥可以散装或袋装。袋装水泥每袋净含量为50kg，且应不少于标志质量的99%；随机抽取20袋总质量（含包装袋）应不少于1000kg。50kg水泥包装袋较为常用，也有25kg袋装规格的。包装形式由供需双方协商确定，但有关袋装质量要求应符合上述规定。水泥包装袋应符合《水泥包装袋》（GB 9774—2020）的规定。

袋装水泥的袋型分为纸袋、复膜塑编袋和纸塑复合袋3种类别。其中，纸袋又可分3种袋型，复膜塑编袋又可分为2种袋型，见表6.31。

表 6.31　袋装水泥的袋型

袋类别	袋　型	
纸　袋	三层伸性纸袋	由三层伸性纸袋以方底黏合工艺制成的包装袋
	三层伸性纸袋/内有 PE 塑料薄膜	由三层伸性纸袋、一层 PE 塑料薄膜以方底黏合工艺制成的包装袋
	四层纸袋纸	由四层纸袋纸以方底黏合工艺制成的包装袋
复膜塑编袋	方底复膜塑编袋	由一层复膜塑料编织布以方底热封工艺制成的包装袋
	方底复膜塑编袋/内有衬纸	由一层复膜塑料编织布、一层内衬纸袋纸以方底热衬合工艺制成的包装袋
纸塑复合袋	方底纸塑复合袋	由纸塑复合材料以方底黏合工艺制成的包装袋

（2）袋装水泥袋的标志

水泥包装袋应标明制袋企业名称和地质、适用温度等。

产品应有合格证，内容包括：制袋企业名称和地址、执行标准号、标记、生产日期、批号、牢固度、适用温度及潮湿性能，如图6.23所示。

散装发运时应提交与袋装标志相同内容的卡片。

图 6.23　袋装水泥包装袋设计图（正反面）

（3）袋装水泥运输与贮存

水泥在运输与贮存时不得受潮和混入杂物，不同品种和强度等级的水泥在贮运中避免混杂。水泥包装袋在运输和贮存过程中，不应受潮，避免高温和阳光直射，装卸时要防止硬物划破袋子。水泥包装袋贮存期自生产之日起不超过 6 个月，超过 6 个月时应重新进行检验。

6.7.2　散装水泥

散装水泥，是指水泥从工厂生产出来之后，不用任何小包装，直接通过专用设备或容器（水泥罐车）、从工厂运输到中转站或用户手中（专用水泥罐），如图 6.24 所示。

图 6.24　散装水泥罐车和水泥罐

我国历来高度重视散装水泥推广工作,商务部制定了散装水泥、预拌混凝土、预拌砂浆"三位一体"发展战略,推广散装水泥已成为各地促进建材工业可持续健康发展的重要部分。

散装水泥具有如下特点:

①水泥从生产厂直接运输到用户手中,不使用纸袋或其他小包装,只使用专用运输工具,如水泥罐车、船或集装箱、集装袋,以水泥的自然状态贮存。

②散装水泥从工厂库内出料、计量、装车、卸车等全过程,实现机械化或自动化操作,不需要大量的人力。

③散装水泥从出厂到使用,始终都在密闭的容器中,不易受到大气环境(如刮风下雨)的影响,因而水泥的质量有保证,与同期生产出来的袋装水泥相比,贮存时间长。

④散装水泥的生产成本比袋装水泥低,同等标号的水泥,散装比袋装成本约低20%。

6.7.3　水泥出厂检验项目及出厂检验报告

(1)水泥出厂检验项目

依据《通用硅酸盐水泥》(GB 175—2007)(含修改单),水泥出厂检验项目有水泥化学指标(不溶物、烧失量、三氧化硫、氧化镁和氯离子)、凝结时间、体积安定性和强度。这些项目由水泥厂的检测机构检测。

(2)水泥出厂检验报告

水泥出厂检验报告的内容应包括出厂检验项目、细度、混合材料品种及掺加量、石膏和助磨剂的品种及掺加量、属旋窑或立窑生产,以及合同约定的其他技术要求。当用户需要时,生产者应在水泥发出之日起7d内寄出除28d以外的各项检验结果,32d内补报28d强度的检验结果。出厂检验报告由水泥厂提供给用户。

6.7.4　施工现场水泥的检验批、检验项目及贮存期

依据《混凝土结构工程施工质量验收规范》(GB 20204—2015)和《公路桥涵施工技术规范》(JTG/T 3650—2020)。运至现场的水泥应查看水泥生产厂的出厂检验报告等合格证明文件。

(1)检验批

进入施工现场的水泥,袋装水泥以200t为一个检验批,散装水泥以500t为一个检验批,不足200t或500t时,也按一个检验批计。

(2)检验项目

水泥进场,应对同一生产厂、同一品种、同一强度等级、同一出厂日期、同一批号(袋装或散装仓号)等进行检测,并对其强度、体积安定性、凝结时间及其他必要的性能指标进行复验。

(3)贮存时间

当在使用中对水泥质量有怀疑或水泥出厂超过3个月(双快水泥超过1个月)时,应进行复验,并按复验结果确定使用、降级使用或报废。

公路桥梁混凝土工程宜采用散装水泥,散装水泥在工地应采用专用水泥灌贮存;当采

用袋装水泥时，在运输和贮存过程中应防止受潮，且不得长时间露天堆放，临时露天堆放时应设支垫并覆盖。不同水泥、强度等级和出厂日期的水泥应分别按批存放。

6.7.5　不合格水泥的处理

①出厂水泥检验结果不合格时，水泥不得出厂。

②3d 或 28d 龄期强度不合格时，水泥生产厂家应立即通知用户停止使用该批水泥，企业与用户双方将该编号封存样寄送省级或省级以上水泥质检机构进行复验，以确定该批水泥是否可降级使用或回收。

复习思考题

6.1　解释水泥。

6.2　通用硅酸盐水泥分为哪几类？

6.3　掺水泥混合材料的硅酸盐水泥分为哪几类？

6.4　水泥生产过程中掺加的水泥混合材料，与水泥混凝土拌和过程中掺加的混凝土掺合料有什么区别？

6.5　硅酸盐水泥的主要原材料有哪些？它们分别提供什么氧化物？

6.6　硅酸盐水泥熟料生产有哪些阶段？其后续还有哪些环节才能生产出合格的水泥？

6.7　采用煤炭烧制水泥的工艺流程是什么？

6.8　硅酸盐水泥组成中的混合材料有哪些？

6.9　硅酸盐水泥生产过程中添加石膏的作用是什么？

6.10　简述硅酸盐水泥硬化过程中各个矿物含量及强度贡献情况。

6.11　规范(GB 175—2007)(含修改单)中，哪几种性质是水泥重要技术性质？怎么判定水泥是不合格品？

6.12　简述水泥实验的标准养护条件。

6.13　规范(GB 175—2007)(含修改单)规定水泥细度采用什么方法测定？具体指标是什么？

6.14　测定标准稠度用水量(标准法)时，怎么判断达到标准稠度？

6.15　什么叫作水泥的凝结时间？水泥凝结时间测定的掺水量是多少？水泥的凝结时间分为哪几类？解释水泥的初凝时间和终凝时间。

6.16　规范(GB 175—2007)对水泥的初凝时间和终凝时间是如何规定的？

6.17　水泥的凝结时间测定何时可以判断为初凝状态和终凝状态？

6.18　简述测定水泥的体积安定性(雷氏夹煮沸法)试件规格和沸煮时间。

6.19　简述测定水泥的体积安定性(雷氏夹煮沸法)的合格标准。

6.20　通用硅酸盐水泥强度等级分类依据什么？强度等级合格标准是什么？试举例说明。

6.21　规范(GB 175—2007)(含修改单)中，将硅酸盐水泥分为哪几个强度等级？

6.22　规范(GB 175—2007)(含修改单)中，将普通硅酸盐水泥分为哪几个强度等级？

6.23　规范(GB 175—2007)(含修改单)中，将掺加水泥混合材料的硅酸盐水泥分为哪几个强度等级？

6.24　规范(GB 175—2007)(含修改单)中，将复合硅酸盐水泥分为哪几个强度等级？

6.25　水泥胶砂强度实验的目的是什么？

6.26　简述水泥胶砂强度实验采用的主要仪器设备。

6.27　水泥胶砂强度实验概述？

6.28　如何确定水泥胶砂强度实验的抗折强度？

6.29　如何确定水泥胶砂强度实验的抗压强度？

6.30　某人进行水泥胶砂强度实验，其中一组 28d 抗折强度值分别为 5.4MPa、5.5MPa、5.7MPa，试计算其 28d 抗折强度值。

6.31　某人进行水泥胶砂强度实验，其中一组 3d 抗折强度值分别为 3.0MPa、3.5MPa、3.6MPa，试计算其 3d 抗折强度值。

6.32　某人进行水泥胶砂强度实验，其中一组 28d 抗折强度值分别为 4.1MPa、5.5MPa、7.6MPa，试计算其 28d 抗折强度值。

6.33　某实验室进行一组水泥胶砂强度实验，其 28d 抗压强度实验结果是 33.2、33.5、34.6、34.6、35.2、35.0(单位：MPa)，试进行该组水泥的抗压强度判定。

6.34　某实验室进行一组水泥胶砂强度实验，其 28d 抗压强度实验结果是 40.2、45.8、45.8、45.9、45.7、45.9(单位：MPa)，试进行该组水泥的抗压强度判定。

6.35　某实验室进行一组水泥胶砂强度实验，其 28d 抗压强度实验结果是 48.5、48.9、48.9、42.5、49.6、42.0(单位：MPa)，试进行该组水泥的抗压强度判定。

6.36　某实验室进行一组水泥胶砂强度实验，其 28d 抗压强度实验结果是 33.5、37.6、37.2、37.4、37.8、41.6(单位：MPa)，试进行该组水泥的抗压强度判定。

6.37　硅酸盐水泥应用大范围有哪些？

6.38　硅酸盐水泥特性用途有哪些？

6.39　哪些地方不宜使用硅酸盐水泥？

6.40　掺加水泥混合材料的硅酸盐水泥有哪些特点？

6.41　水泥包装分为哪几类？哪个更好？

6.42　散装水泥有哪些特点？

6.43　水泥出厂检验报告有哪些内容？其提交时间是如何规定的？

6.44　水泥厂提交了出厂检验报告，显示水泥的各项指标均符合规范要求，施工现场就不需要再浪费人力和物力抽检水泥了。分析这一论断。

6.45　水泥袋贮存期是多久？水泥的贮存期是多久？

第7章 普通混凝土

7.1 概述

本章结合现行规范和工程应用，征求了水泥混凝土生产、施工及设计等方面专家的意见，主要针对水泥混凝土初凝时间判断、外加剂及掺和料对水泥混凝土的强度及耐久性影响等内容，全面梳理了水泥混凝土制备及不同掺和料的应用。

本章着重阐述了水泥混凝土的基本概念、组成材料、和易性、力学性能、配合比和混凝土强度评定等。为了拓展工程应用，编者花费了大量时间和心血，收集了部分实际工程中的水泥混凝土配合比设计报告。

7.1.1 混凝土的概念

水泥混凝土是由水泥+细骨料(砂)+粗骨料(碎石或卵石)+水，按照一定比例拌制而成的复合混合料，它们也称为混凝土的4大组分，硬化后的水泥混凝土切片，如图7.1所示。商品混凝土常常掺加一定比例的掺和料(如粉煤灰)等胶结材料，这些掺和料在一定程度上减少水泥用量，可以看成是水泥第5组分。必要时，在混凝土中掺加微量的外加剂，按照预期改善混凝土的性能，不少学者把外加剂看成混凝土的第6组分(施惠生等，2013)。

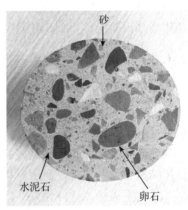

图7.1 硬化后水泥混凝土切片图

7.1.2 混凝土的分类

(1)按表观密度分类

①普通混凝土 其表观密度为 2100~2500kg/m³，一般在 2400kg/m³ 左右，普通混凝土配合比的表观密度常常采用 2350~2450kg/m³。它是用普通的天然砂、石作骨料配制而成，为土木工程中最常用的混凝土，通常简称为混凝土。主要用作各种土木工程的承重结构材料。

②轻混凝土 其表观密度小于 1950kg/m³。它是采用轻质多孔的骨料，或者不用骨料而掺入加气剂或泡沫剂等，造成多孔结构的混凝土，包括轻骨料混凝土、多孔混凝土、大

孔混凝土等。可分为结构用、保温用和结构兼保温等几种类型。

③重混凝土　其表观密度大于 2600kg/m³。它是采用了密度很大的重骨料——重晶石、铁矿石、钢屑等配制而成，也可以同时采用重水泥、钡水泥、锶水泥进行配制。重混凝土具有防辐射的性能，故又称为防辐射混凝土，主要用作核能工程的屏蔽结构材料。

（2）按用途分类

混凝土按其用途可分为结构混凝土(即普通混凝土)、防水混凝土、耐热混凝土、耐酸混凝土、装饰混凝土、大体积混凝土、膨胀混凝土、防辐射混凝土、道路混凝土等多种。

（3）按所用胶凝材料分类

混凝土按其所用胶凝材料可分为水泥混凝土、沥青混凝土、聚合物水泥混凝土、树脂混凝土、石膏混凝土、水玻璃混凝土、硅酸盐混凝土等。在未作特别说明的情况下，混凝土往往指水泥混凝土。

（4）按生产和施工方法分类

混凝土按生产和施工方法可分为预拌混凝土(商品混凝土)、泵送混凝土、喷射混凝土、压力灌浆混凝土(预填骨料混凝土)、挤压混凝土、离心混凝土、真空吸水混凝土、碾压混凝土、热拌混凝土等。

（5）按照 1m³ 中的水泥用量分类

混凝土还可按其 1m³ 中的水泥用量(C)分为贫混凝土($C<170kg$)和富混凝土($C>230kg$)；按其抗压强度(f_{cu})又可分为低强混凝土($f_{cu}<30MPa$)、高强混凝土($f_{cu}\geqslant60MPa$)及超高强混凝土($f_{cu}>100MPa$)等。

7.1.3　混凝土的优缺点

（1）混凝土的优点

①原材料来源丰富，造价低廉　混凝土中砂、石骨料约占80%，而砂、石为地方性材料，可就地取材，价格低廉。

②混凝土拌和物具有良好的可塑性　可按工程结构要求浇筑成各种形状和任意尺寸的整体结构或预制构件。只要模板成型什么样式，混凝土就能浇筑成什么样式。

③制造灵活、适应性好　改变混凝土组成材料的品种及比例，可制得不同物理力学性能的混凝土，以满足各种工程的不同需求。

④抗压强度高　硬化后的混凝土其抗压强度范围为 20~100MPa，很适合用作土木工程抗压结构材料。一般工程结构材料，抗压强度大多由水泥混凝土承担。水泥混凝土是非常成熟、可靠的抗压材料；素混凝土结构、钢筋混凝土结构、预应力混凝土结构等的抗压强度往往由水泥混凝土承担。

⑤黏结力强　与钢筋优势互补，混凝土有牢固的黏结力，且混凝土与钢筋的线膨胀系数基本相同，两者复合成钢筋混凝土后，能保证共同工作，从而大大扩展了混凝土的应用范围，防止钢筋锈蚀。

⑥耐久性好　混凝土在一般环境不需要维护保养，因而维修费用少。

⑦耐火性好　普通混凝土的耐火性远比木材、钢材和塑料好，可耐数小时的高温作用而保持其力学性能，有利于火灾时扑救。

⑧生产能耗较低　混凝土生产的能源消耗远低于烧土制品及金属材料。

钢材在工程上更具有可控性，只要按照规范进行抽样检测，可判断钢材的合格性和品质优劣，要想在工地现场提高钢材的品质几乎不可能。而水泥混凝土，则能够通过工地现场控制其合格性和品质优劣，这对工程结构和工程质量至关重要，所以水泥混凝土是工程结构最不易控制，又最为重要的抗压结构材料。因此，本教材把水泥混凝土当成最重点章节来编写。

（2）混凝土的缺点

①自重大、比强度小　每立方米普通混凝土重约 2400kg，致使在土木工程中形成肥梁、胖柱、厚基础，对高层、大跨度建筑不利。相对于钢筋而言，水泥混凝土用量大得多，钢筋在水泥混凝土结构中用量极少，在考虑结构自重时有时可以忽略钢筋的自重，因为水泥混凝土的相对用量大，自重较大。

②抗拉强度低　一般其抗拉强度为抗压强度的 1/20～1/10，因此受拉时易产生脆裂，一般工程中不考虑水泥混凝土的抗拉强度，抗拉强度由抗拉性能更好的钢筋、钢绞线等来承受。

③导热系数大，保温隔热差　普通混凝土导热系数为 1.40W/（m·k），为红砖的 2 倍，因而保温隔热性能较差。

④质量不易控制，施工受到季节影响　施工现场质量控制的关键在于混凝土，包括其原材料、配合比例、模板、浇筑、振捣、养护等工序，都要高度重视。与此同时，钢筋虽然非常重要，但钢筋在现场取样实验（抗拉和弯曲）比较容易判断和把握。

⑤维修时间长，维修成本高　维修时，破除原水泥混凝土较为困难，养护时间较长。

随着现代混凝土科学技术的发展，混凝土的不足之处已经得到很大改进。例如，采用轻骨料，可使混凝土的自重和导热系数显著降低；在混凝土中掺入纤维或聚合物，可大大降低混凝土的脆性；混凝土采用双快水泥或掺入早强剂、减水剂等，可明显缩短硬化周期。正因为混凝土具有以上这些优点，许多比强度较大的、效益高的结构材料，无法与之相竞争。普通混凝土早已成为当代土木工程的主要材料，广泛应用于工业与民用建筑工程、水利工程、地下工程，以及公路、铁路、桥梁及国防建设等工程中，并成为这些工程的主要结构抗压材料。由于其质量不易控制，混凝土已经成为工程结构中重点控制的结构材料，绝大多数工程质量问题都是由于混凝土质量问题引起的，把握混凝土的设计和施工质量，将其上升到结构安全的高度极为必要。

7.1.4　混凝土的发展方向

自 1824 年发明了波特兰水泥之后，约 1830 年就有了混凝土问世。混凝土的出现虽然只有不到 200 年的历史，但它的发展速度很快。据统计，目前全球的混凝土年产量在 70 亿 t 以上，人均耗用混凝土达 1.6t/（人·年），一些发达工业国家高达 3～4t/（人·年）。

1867 年出现了钢筋混凝土。混凝土和钢筋混凝土的出现，是世界工程材料的重大变革，特别是钢筋混凝土的诞生，它极大地扩展了混凝土的使用范围，因而被称为混凝土的第一次革命。在 20 世纪 30 年代，又出现了预应力钢筋混凝土，它被称为混凝土的第二次革命。50 年代出现了自应力混凝土，而 70 年代出现的混凝土外加剂，特别是减水剂的应用，可使混凝土强度达到 60MPa 以上，同时给混凝土改性提供了很好的手段，被公认为混凝土应用史上的第三次革命。80 年代以后，各国的混凝土研究工作者均转向深入进行混凝土的理论研究和新产品开发，他们一致认定混凝土是 20 世纪使用最广、最重要的土木工程材料。

为了适应将来的建筑向高层、超高层、大跨度发展，以及人类向地下和海洋开发，混凝土今后的发展方向是快硬、高强、轻质、高耐久性、多功能、节能。如美国混凝土协会 AC12000 委员会曾设想，今后美国常用混凝土的强度为 135MPa，如果需要，在技术上可使混凝土强度达到 400MPa；将能建造出高度为 600～900m 的超高层建筑，以及跨度达 500～600m 的桥梁。所有这些，均说明了未来社会对混凝土的期盼。社会的巨大需求，将促进混凝土施工的进一步机械化，促进混凝土质量更进一步优化。在土木工程领域，水泥混凝土是用途最广、用量最大的工程结构材料之一，不断提高抗压强度是其主要发展趋势，也对施工和易性和耐久性提出了更高要求。近年来，不少工程已经成功采用了高性能水泥混凝土，毋庸置疑，高性能水泥混凝土已经成为目前混凝土技术的主要发展方向。

7.2 混凝土组成材料

7.2.1 水泥品种及水泥等级

（1）水泥品种的选择

配制混凝土用的水泥品种，应根据混凝土的工程性质和特点、工程所处环境及施工条件，然后按所掌握的各种水泥特性进行合理选择，详见第 6 章。土木工程常用水泥品种的选用，见表 6.15。

（2）水泥强度等级的选择

水泥强度等级的选择应当与混凝土的设计强度等级相适应，原则上是配制高强度等级的混凝土选用高强度等级的水泥，配制低强度等级混凝土选用低强度等级的水泥。一般而言，对于普通混凝土以水泥强度为混凝土强度的 1.5 倍左右为宜，对于高强度的混凝土可取 1.0 倍左右。

例如，C20 混凝土：20×1.5＝30，选 32.5 级水泥。

C25 混凝土：25×1.5＝37.5，选 42.5 级水泥。

C30 混凝土：30×1.5＝45，选 42.5 级水泥。

C40 混凝土：40×1.0＝40，若选 42.5 级水泥，宜掺减水剂。40×1.5＝60，若选 52.5 级水泥，无须掺减水剂。

C50 混凝土一般认为是高标号混凝土。但《普通混凝土配合比设计规程》（JGJ 55—2011）规定：高强混凝土界定为"强度等级为 C60 及其以上的混凝土"。C50 混凝土：50×1＝50，若选 52.5 级水泥，宜掺减水剂才能达到评定强度要求。50×1.5＝75，若选用 62.5 级水泥，无须掺减水剂。

7.2.2 集料选择

集料分为细集料和粗集料。细集料物理性质、力学性质，特别是含泥量、小于

0.075mm 颗粒含量、级配等应符合规范要求,细集料选择详见 4.3 节。粗集料的物理性质、力学性质,特别是压碎指标、坚固性、母岩强度和级配等应符合规范要求,粗集料选择详见 4.4 节。

7.2.3　拌和及养护用水

(1)混凝土拌和用水基本要求

水是混凝土的重要组成之一。水质较差,不仅影响混凝土的凝结和硬化,还影响混凝土的强度和耐久性,可加速混凝土中钢筋的锈蚀。

按水源可分为饮用水、地表水、海水、生活污水和工业废水等几种,拌制混凝土和养护混凝土宜采用清洁无污染的水。

地表水和地下水常溶有较多的有机质和矿物盐类,须检验合格后方可使用。海水中含有较多的硫酸盐(SO_4^{2-} 约 2400mg/L),对混凝土后期强度有降低作用(28d 强度约降低 10%),且影响抗冻性。同时,海水中含有大量氯代物(Cl^- 约 15 000mg/L),对混凝土中钢筋有加速锈蚀作用。对于钢筋混凝土和预应力混凝土结构,不得采用海水拌制水泥混凝土。生活污水的水质比较复杂,不宜用于拌制水泥混凝土。工业废水常含有酸、油脂、糖类等有害杂质,不能用于拌制水泥混凝土。

(2)混凝土拌和用水质规定

根据《混凝土用水标准》(JGJ 63—2006)的规定,混凝土拌和用水水质要求应符合表 7.1 的规定。对于设计使用年限为 100 年的结构混凝土,氯离子含量不得超过 500mg/L;对于使用钢丝或经热处理钢筋的预应力混凝土,氯离子含量不得超过 350mg/L。

表 7.1　混凝土拌和用水水质要求

项　目	预应力混凝土	钢筋混凝土	素混凝土
pH	≥5.0	≥4.5	≥4.5
不溶物/(mg/L)	≤2000	≤2000	≤5000
可溶物/(mg/L)	≤2000	≤5000	≤10 000
氯化物(以 Cl^- 计)/(mg/L)	≤500	≤1000	≤3500
硫酸盐(以 SO_4^{2-} 计)/(mg/L)	≤600	≤2000	≤2700
碱含量/(mg/L)	≤1500	≤1500	≤1500

在配制混凝土时,如对拟用水的水质有怀疑,可与蒸馏水分别做水泥凝结时间、砂浆或混凝土强度和化学成分对比实验。对比实验测得的水泥初凝时间差及终凝时间差,均不得超过 30min,且其初凝时间及终凝时间均应符合规范规定;28d 抗压强度不得低于蒸馏水试件抗压强度的 90%。

7.2.4　外加剂

混凝土外加剂是近几十年发展起来的。为满足工程中对混凝土速凝、早强、缓凝、防水、补偿收缩、膨胀等性能要求,各种有机、无机外加剂层出不穷。各种外加剂本身不仅从微观、亚微观层次改变了硬化混凝土的结构,而且在某些方面彻底改善了新拌混凝土的性能，进而改变了混凝土的施工工艺。当前混凝土正朝着高性能方向发展，高性能混凝土最重要的是提高耐久性，其耐久性可达 100~500 年，是普通混凝土的 3~10 倍，而实现混凝土高耐久性最重要的技术途径就是掺用优质高效外加剂。本节依据《混凝土外加剂术语》（GB/T 8075—2017）和《混凝土外加剂应用技术规范》（GB 50119—2013）编写。

7.2.4.1 混凝土外加剂的定义、分类

（1）定义

混凝土外加剂，是一种在混凝土搅拌之前或搅拌过程中加入的、用以改善新拌或硬化混凝土性能的材料。

（2）分类

混凝土外可分为剂分化学外加剂与矿物外加剂两大类，按其主要使用功能可分为 4 类：改善混凝土拌和物流变性能的外加剂，包括各种减水剂和泵送剂、引气剂等；调节混凝土凝结时间、硬化性能的外加剂，包括缓凝剂、促凝剂、速凝剂、早强剂等；改善混凝土耐久性的外加剂，包括引气剂、防水剂、阻锈剂和磨细矿渣、磨细粉煤灰、磨细天然沸石、硅灰等矿物外加剂；改善混凝土其他性能的外加剂，包括膨胀剂、防冻剂、保水剂、增稠剂、减缩剂、保塑剂、着色剂等。

7.2.4.2 混凝土外加剂的作用

各种外加剂都有其各自的特殊作用。合理使用外加剂，可以满足实际工程对混凝土在塑性阶段、凝结硬化阶段和凝结硬化后期服务阶段的各种性能的不同要求。归纳起来，混凝土外加剂主要有以下几方面的作用。

（1）改善混凝土、砂浆和水泥浆塑性阶段的性能

在不增加用水量的情况下，提高新拌混凝土和易性或在和易性相同时减少用水量；降低泌水率；增加黏聚性，减少离析；增加含气量；降低坍落度经时损失；提高可泵性；改善在水下浇筑时的抗分散性等。

（2）改善混凝土、砂浆和水泥浆凝结硬化阶段的性能

缩短或延长凝结时间；延长水化或减少水化热，降低水化热温升速度和温峰高度；加速早期强度的增长速度；在负温下尽快建立强度，以增强防冻性等。

（3）改善混凝土、砂浆和水泥浆凝结硬化后期及服务期间内的性能

提高强度（包括抗拉强度、抗压强度、抗剪强度）；增强混凝土与钢筋之间的黏结能力；提高新老混凝土之间的黏结力；增强密实性，提高防水能力；提高抗冻融循环能力；产生一定体积膨胀；提高耐久性；阻止碱集料反应；阻止内部配筋和预埋金属的锈蚀；改善混凝土抗冲击和磨损能力；配制彩色混凝土、多孔混凝土；等等。

当前在混凝土工程中，外加剂除普遍用于一般工业与民用建筑外，最主要用于配制高强混凝土、低温早强混凝土、防冻混凝土、大体积混凝土、流态混凝土、喷射混凝土、膨胀混凝土、防裂密实混凝土及耐腐混凝土等，广泛用于高层建筑、水利工程、桥梁、道路、港口、井巷、隧道、硐室、深基础等重要工程施工，解决了不少难题，取得了十分显著的技术经济效益。

土木工程中常用的混凝土外加剂有减水剂、早强剂、缓凝剂、引气剂、速凝剂、防冻剂等，其中，减水剂用途最广。

7.2.4.3　减水剂

减水剂，是指在混凝土拌和物坍落度相同的条件下，能减少拌和用水量的外加剂。

（1）减水剂分类及定义

混凝土减水剂按其主要作用分为普通减水剂、高效减水剂、缓凝高效减水剂、早强减水剂、缓凝减水剂及引气减水剂等，其中以普通减水剂应用最多。

在混凝土拌和物坍落度基本相同的条件下，能减少拌和用水量的外加剂称为普通减水剂；能大幅度减少拌和用水量的减水剂称为高效减水剂；兼有缓凝和高效减水功能的称为缓凝高效减水剂；兼有早强（或缓凝）和减水功能的称为早强（或缓凝）减水剂；兼有引气和减水功能的称为引气减水剂。

（2）常用减水剂品种

目前较为普遍使用的减水剂品种主要有：木质素磺酸盐（钙或钠）普通减水剂，萘磺酸甲醛缩合物高效减水剂，多环芳烃磺酸盐甲醛缩合物高效减水剂，三聚氰胺磺酸盐甲醛缩合物高效减水剂，脂肪族系高效减水剂，氨基磺酸盐系高效减水剂，聚羧酸系高效减水剂，改性木质素磺酸钙（或钠）高效减水剂。

7.2.4.4　早强剂

早强剂是指在常温、低温条件下能显著地提高混凝土的早期强度，并且对后期强度无显著影响的外加剂。早强剂的主要作用在于加速水泥水化速度，促使混凝土早期强度的发展。

（1）早强剂的分类

混凝土工程中可采用的早强剂有以下 3 类：

①强电介质无机盐类早强剂，如硫酸盐、硫酸复盐、硝酸盐、亚硝酸盐、氯盐等。其中常用的有硫酸钠和氯化钙。

②水溶性有机化合物早强剂，如三乙醇胺、甲酸盐、丙酸盐等，其中常用的是三乙醇胺。

③其他早强剂，如有机化合物、无机盐复合物。

混凝土工程中也可采用由早强剂与减水剂复合而成的早强减水剂。采用复合早强剂的效果往往优于单掺。复合型早强剂和早强减水剂作用是大幅度提高混凝土的早期强度发展速率；既能较好地提高混凝土的早期强度，又能对混凝土后期强度发展带来好处；具有一定减水作用；能避免有些早强组分引起混凝土内部钢筋锈蚀等。

（2）早强剂适用范围

早强剂及早强减水剂，适用于蒸养混凝土及在常温、低温和最低温度不低于 $-5℃$ 环境中施工的有早强要求的混凝土工程。采用蒸养时，由于不同早强剂对不同品种的水泥混凝土有不同的最佳蒸养温度，故应先经实验后方能确定蒸养温度。

掺入混凝土后对人体产生危害或对环境产生污染的化学物质，严禁用作早强剂。如铵盐遇碱性环境会产生化学反应释放出氨气，对人体有刺激性，因而严禁用于办公、居住等建筑工程；又如重铬酸盐、亚硝酸盐、硫氰酸盐等对人体有一定毒害作用，均严禁用于饮水工程及与食品相接触的混凝土工程。

7.2.4.5　引气剂

在搅拌混凝土过程中，能引入大量均匀分布、稳定而封闭的微小气泡的外加剂，称为引气剂。引气剂在混凝土中的掺量非常小，却能使混凝土在搅拌过程中引气，从而大幅度改善混凝土在抗冻融循环方面的耐久性，应用在道路、桥梁、大坝和港口等方面，可大大提高混凝土的使用寿命。

根据化学成分，引气剂主要可分为以下几类：木材树脂酸盐类、合成洗涤剂类、磺化木质素的盐类、石油酸盐类、蛋白质的盐类、脂肪酸或树脂酸及其盐类、有机硅化合物类、磺酸烃的有机盐类等。

引气剂对混凝土的性能影响很大，主要表现在：改善混凝土拌和物的和易性，提高混凝土的抗渗性和抗冻性、强度降低等。北方低温环境混凝土，往往掺加引气剂。

引气剂及引气减水剂，可用于抗冻混凝土、抗渗混凝土、抗硫酸盐混凝土、泌水严重的混凝土、贫混凝土、轻骨料混凝土，以及对饰面有要求的混凝土等，但引气剂不宜用于蒸养混凝土及预应力混凝土。

7.2.4.6　速凝剂

能使混凝土迅速凝结硬化的外加剂，称为速凝剂。速凝剂用于隧道工程中的初期支护、抢险救灾中。

速凝剂，是以铝酸盐、碳酸盐、水玻璃等为主要成分的无机盐混合料。我国速凝剂产品主要有红星Ⅰ型、711型、782型及8604型等。国际上负有盛名的速凝剂有日本生产的"西古尼特"和奥地利生产的"西卡"。

常用的液体速凝剂有硅酸钠型、铝酸钠型、硫酸铝型、硫酸铝甲型等。

7.2.4.7　防冻剂

能使水泥混凝土在负温下硬化，并在规定时间内达到足够防冻强度的外加剂，称为混凝土防冻剂。防冻剂可用在南方冬季温度低于0℃、北方冬季的混凝土工程中。

目前常用的混凝土防冻剂主要有以下3类：

①电解质无机盐类　氯盐类防冻剂、氯盐阻锈类防冻剂、无氯盐类防冻剂。

②水溶性有机化合物类　以某些醇烃等有机化合物为防冻组分的外加剂。

③复合型防冻剂　以防冻组分复合早强、引气、减水等组分的外加剂。

7.2.4.8　缓凝剂

缓凝剂，是一种降低水泥或石膏水化速度及水化热、延长凝结时间的添加剂。

混凝土施工，常要求延缓混凝土的凝结时间，尤其是初凝时间，以利于施工操作和混凝土质量。

缓凝剂可分为以下几类：

①常用的无机缓凝剂　磷酸、磷酸盐(如磷酸三钠、聚磷酸三钠等)；偏磷酸盐、锌盐(如氯化锌、碳酸锌)、硼砂、硅氟酸盐、亚硫酸盐、硫酸亚铁等。

②常用的有机缓凝剂　木质素磺酸盐及其衍生物(如木质素磺酸钙、木质素磺酸钠、木质素磺酸镁等)；多羟基碳水化合物及其衍生物(如蔗糖、蔗糖化钙、糖蜜、葡萄糖、葡萄糖酸、葡萄糖酸钠、葡萄糖酸钙等)。

③羟基酸及其盐类　酒石酸、酒石酸钠、酒石酸钾钠、乳酸、苹果酸、柠檬酸、柠檬酸钠、水杨酸等。

④多元醇基醚类物质　聚乙烯醇、纤维素醚等。

7.2.5　掺和料

有关水泥生产时掺加的水泥混合材料，详见 6.4 节。本节主要介绍水泥混凝土拌和过程中掺加的混凝土掺合料。

7.2.5.1　粉煤灰

(1)粉煤灰的技术要求

粉煤灰的技术要求包括理化性能要求、放射性、碱含量、半水亚硫酸钙含量和均匀性。拌制混凝土和砂浆用粉煤灰的理化性能，应符合表 7.2 规定。

(2)粉煤灰效应及其对混凝土性质的影响

粉煤灰由于其本身的化学成分、结构和颗粒尺寸等特征，在混凝土中可产生 3 种效应(活性效应、颗粒形态效应、微骨料效应)，总称为粉煤灰效应。

粉煤灰可改善混凝土拌和物的流动性、保水性、可泵性等性能，并能降低混凝土的水化热，以及提高混凝土的抗化学侵蚀、抗渗、抵制碱–骨料反应等耐久性能。

混凝土中，粉煤灰取代部分水泥后，混凝土的早期强度将随着掺入量增多而有所降低，但 28d 以后的长期强度，可以赶上甚至超过不掺粉煤灰的水泥混凝土。

(3)混凝土掺用粉煤灰的工程应用

混凝土工程掺用粉煤灰时，依据《粉煤灰混凝土应用技术规范》(GB/T 50146—2014)的规定。

粉煤灰掺量，是指粉煤灰占胶凝材料质量的百分比。

预应力混凝土宜掺加 Ⅰ 级 F 类粉煤灰，其他混凝土宜掺加 Ⅰ 级、Ⅱ 级粉煤灰。粉煤灰混凝土宜采用硅酸盐水泥和普通硅酸盐水泥配制。

粉煤灰混凝土的配合比设计，应根据混凝土的强度等级、强度保证率、耐久性、拌和物的工作性等要求，采用工程实际使用的原材料进行设计。粉煤灰混凝土的设计龄期，应根据建筑物类型和实际承载时间确定，并宜采用较长的设计龄期，地上、地面工程宜为 28d 或 60d，地下工程宜为 60d 或 90d，大坝混凝土宜为 90d 或 180d。

粉煤灰在混凝土中的掺量，应通过实验确定，最大掺量见表 7.3。举例说明粉煤灰掺量：某钢筋混凝土配合比设计 1m³ 中，胶凝材料用量 340kg，胶凝材料为水泥+粉煤灰，粉煤灰掺量为 25%，则 1m³ 混凝土中，粉煤灰质量＝340×15%＝51(kg)，水泥质量＝340−51

表 7.2 拌制混凝土和砂浆用粉煤灰的理化性能

项　目		理化性能要求		
		Ⅰ级	Ⅱ级	Ⅲ级
细度（45μm 方孔筛筛余）/%	F 类粉煤灰	≤12.0	≤30.0	≤45.0
	C 类粉煤灰			
需水量/%	F 类粉煤灰	≤95	≤105	≤115
	C 类粉煤灰			
烧失量/%	F 类粉煤灰	≤5.0	≤8.0	≤10.0
	C 类粉煤灰			
含水量/%	F 类粉煤灰	≤1.0		
	C 类粉煤灰			
三氧化硫质量分数/%	F 类粉煤灰	≤3.0		
	C 类粉煤灰			
游离氧化钙质量分数/%	F 类粉煤灰	≤1.0		
	C 类粉煤灰	≤4.0		
二氧化硅、三氧化二铝和三氧化二铁总质量分数/%	F 类粉煤灰	≥70.0		
	C 类粉煤灰	≥50.0		
密度/(g/cm³)	F 类粉煤灰	≤2.5		
	C 类粉煤灰			
安定性（雷氏法）/mm	C 类粉煤灰	≤5.0		
强度活性指数/%	F 类粉煤灰	≥70.0		
	C 类粉煤灰			

表 7.3 粉煤灰混凝土中粉煤灰的最大掺量　　　　　　　　　　　　　　　%

混凝土种类	硅酸盐水泥		普通硅酸盐水泥	
	水胶比≤0.4	水胶比>0.4	水胶比≤0.4	水胶比>0.4
预应力混凝土	30	25	25	15
钢筋混凝土	40	35	35	30
素混凝土	35		45	
碾压混凝土	70		35	

注：对于浇筑量比较大的基础钢筋混凝土，粉煤灰最大掺量可适当增加 5%～10%；对于早期强度要求较高或环境温度、湿度较低条件下施工的粉煤灰混凝土，宜适当降低粉煤灰掺量。

=289(kg)，在该混凝土中用粉煤灰替代部分水泥，替代比例为 15%。

7.2.5.2 高强高性能矿物掺合料

（1）高强高性能混凝土掺合料的概念和技术要求

高性能矿物掺合料，依据《高强高性能混凝土用矿物外加剂》（GB/T 18736—2017）的规定，适用于高强高性能混凝土用磨细矿渣、粉煤灰、磨细天然沸石、硅灰、高岭土及其复合的矿物外加剂。

高强高性能混凝土用矿物外加剂,是指在混凝土搅拌过程中加入的具有一定细度和活性的、用于改善新拌混凝土和硬化后混凝土性能(特别是混凝土耐久性)的某些矿物类产品。这里的矿物外加剂,不是指减水剂等外加剂,而是指混凝土拌制过程中的矿物掺合料,采用矿物掺合料更为准确。高强高性能混凝土用矿物掺合料的技术要求,见表 7.4。

表 7.4　高强高性能混凝土用矿物掺合料的技术要求

项　目		磨细矿渣		粉煤灰	磨细天然沸石	硅　灰	偏高岭土
		Ⅰ	Ⅱ				
氧化镁(质量分数)/%，≤		14.0		—	—	—	4.0
三氧化硫(质量分数)/%，≤		4.0		3.0	—	—	1.0
烧失量(质量分数)/%，≤		3.0		5.0	—	6.0	4.0
氯离子(质量分数)/%，≤		0.06		0.06	0.06	0.10	0.06
二氧化硅(质量分数)/%，≥		—		—	—	85	50
三氧化二铝(质量分数)/%，≥		—		—	—	—	35
游离氧化钙(质量分数)/%，≤		—		—	1.0	—	1.0
吸氨值/(mmol/k)，≥		—		—	1000	—	—
含水量(质量分数)/%，≤		1.0		1.0	—	3.0	1.0
细　度	比表面积/(m²/kg)，≥	600	400	—	—	15 000	—
	45μm 方孔筛筛余/%，≤			25.0	5.0	5.0	5.0
需水量比/%，≤		115	105	100	115	125	120
活性指数/%，≥	3d	80	—	—	—	90	85
	7d	100	75	—	—	95	90
	28d	110	100	70	95	115	105

(2)高强高性能混凝土掺合料的实验方法

氧化镁、三氧化硫、烧失量、氯离子、二氧化硅、三氧化二铝、游离氧化钙、总碱量依据《水泥化学分析方法》(GB/T 176—2017)实验。

吸氨值、含水量、需水量及活性指数依据《高强高性能混凝土用矿物外加剂》(GB/T 18736—2017)实验。

比表面积,磨细矿渣依据《水泥比表面积测定方法勃氏法》(GB/T 8074—2008)实验,硅灰依据《气体吸附 BET 法测定固态物质比表面积》(GB/T 19587—2017)。45μm 方孔筛筛余,粉煤灰依据《水泥细度检验方法筛析法》(GB/T 1345—2005)实验,比较方便的采用负压筛法(干筛法);磨细天然沸石、硅灰和偏高岭土依据《水泥细度检验方法筛析法》(GB/T 1345—2005)中的水筛法进行。

依据《高强高性能混凝土用矿物外加剂》(GB/T 18736—2017)有关实验方法,主要是针对厂家出厂前的检验,矿物掺合料的出厂检验项目见表 7.5。

表 7.5　高强高性能混凝土用矿物掺合料的出厂检验项目

项　目		磨细矿渣		粉煤灰	磨细天然沸石	硅　灰	偏高岭土
		I	II				
氧化镁							
三氧化硫							
烧失量				√		√	
氯离子							
二氧化硅						√	√
三氧化二铝							√
游离氧化钙							
吸氨值							
含水量		√	√	√		√	√
细　度	比表面积	√	√				
	45μm 方孔筛筛余			√	√	√	√
需水量比		√	√				
活性指数	3d	√	√			√	√
	7d	√	√			√	√
	28d	√	√	√	√	√	√

注：√表示出厂前的应检项目。

7.3　新拌混凝土的和易性

水泥混凝土的技术性质，主要包括和易性和力学性质。表征水泥浆的和易性，常用坍落度法和维勃稠度法。表征硬化后混凝土的力学性质，常用混凝土的强度，包括抗压、抗拉和抗折强度等，其中，立方体抗压强度常用来衡量混凝土的强度等级。

7.3.1　和易性概述

（1）和易性概念

和易性，是指新拌混凝土的施工操作的难易程度，及抵抗分层离析作用程度的性质，又称为工作性。和易性好的混凝土拌和物，能保持其成分均匀，不发生分层离析、泌水等现象，适于运输、浇筑、捣实、成型，能获得质量均匀、密实的混凝土。和易性，是综合技术性能，包括流动性、黏聚性和保水性等方面的含义。

流动性，是指混凝土拌和物在自重或机械振捣作用下，能产生流动并均匀密实地充满模型的性能。流动性的大小，反映拌和物质稀稠，它直接影响浇筑、振捣的难易和混凝土的质量。若拌和物太干稠，混凝土难以捣实，易造成内部孔隙和蜂窝；若拌和物过稀，振捣后混凝土易出现流淌、不均匀、分层离析和泌水等现象，进而持续影响硬化后混凝土的整体质量和力学性能。

黏聚性，是指混凝土拌和物内部组分间具有一定的黏聚力，在运输和浇筑过程中不致发生离析分层现象，而使混凝土能保持整体均匀的性能。黏聚性差的混凝土拌和物，易产生水泥浆与粗骨料分离、粗骨料下沉等现象。

保水性，是指混凝土拌和物具有一定的保持内部水分的能力，在施工过程中不致产生泌水现象。按照配合比掺加在混凝土中的水，是混凝土的组成部分。保水性差的拌和物，在混凝土振捣后，一部分水易从内部析出至表面，出现表层混凝土质量差、不平整等现象，其他部位因水分流失易造成混凝土组成不均匀，甚至影响混凝土的后期强度。

（2）和易性的保证

混凝土拌和物的流动性、黏聚性和保水性，三者是互相关联又互相矛盾的。当流动性很大时，往往黏聚性和保水性差，反之亦然。所谓拌和物和易性良好，就是要使这 3 个方面的性质达到良好，使得新拌混凝土的综合性能好。

混凝土生产，包括搅拌、运输、浇注、振捣和抹平 5 个步骤。

混凝土生产过程中的两个保证：第一，保证新拌混凝土中材料混合均匀；第二，保证不发生分层离析现象，这也是保证混凝土质量的基本前提。

7.3.2　和易性测定

新拌混凝土具有弹性—黏性—塑性，微观颗粒十分复杂。许多学者试图用"流变学"的理论来研究，假设各种模型来进行流变特性的研究，但收效甚微。目前，工程中常用坍落度法和维勃稠度法来近似测定混凝土的和易性。采用一定的实验方法测定混凝土拌和物的流动性，再辅以直观经验，目测评定黏聚性和保水性。按《混凝土质量控制标准》（GB 50164—2011）和《普通混凝土拌和物性能试验方法标准》（GB/T 50080—2016）规定，混凝土拌和物稠度可以采用坍落度、维勃稠度或扩展度表示。坍落度检验，适用于骨料最大粒径不大于 40mm、坍落度不小于 10mm 的混凝土拌和物的稠度测定。维勃稠度检验，适用于骨料最大粒径不大于 40mm、维勃稠度为 5~30s 混凝土拌和物的稠度测定。扩展度检验，适用于泵送高强混凝土和自密实混凝土等流动性较大混凝土拌和物的扩展情况。坍落度法所用的混凝土坍落度仪，应符合《混凝土坍落度仪》（JG/T 248—2009）的规定。稠度应按照《普通混凝土拌和物性能试验方法标准》（GB/T 50080—2016）的规定测定。坍落度和维勃稠度测定，如图 7.2 和图 7.3 所示。

按照《混凝土质量控制标准》（GB 50164—2011），混凝土拌和物的坍落度、维勃稠度和扩展度的等级划分及其允许偏差，见表 7.6~表 7.9。

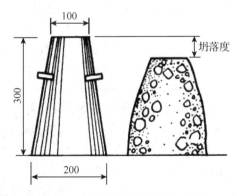

图 7.2　混凝土坍落度测定示意图（单位：mm）

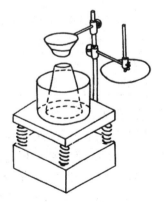

图 7.3　混凝土维勃稠度测定示意图

表 7.6   混凝土拌和物的坍落度等级划分

等　级	S1	S2	S3	S4	S5
坍落度/mm	10~40	50~90	100~150	160~210	≥220

表 7.7   混凝土拌和物的维勃稠度等级划分

等　级	V0	V1	V2	V3	V4
维勃稠度/s	≥31	30~21	20~11	10~6	5~3

表 7.8   混凝土拌和物的扩展度坍落度等级划分

等　级	F1	F2	F3	F4	F5	F6
扩展直径/mm	≤340	350~410	420~480	490~550	560~620	≥630

表 7.9   混凝土拌和物稠度的允许偏差

拌和物性能		允许偏差		
坍落度/mm	设计值	≤40	50~90	≥100
	允许偏差	±10	±20	±30
维勃稠度/s	设计值	≥11	10~6	≤5
	允许偏差	±3	±2	±1
扩展度/mm	设计值	≥350		
	允许偏差	±30		

7.3.3　施工稠度的选择

黄显彬等(2018)分析工程中选择混凝土拌和物的坍落度,要根据结构构件截面尺寸大小、配筋疏密和施工捣实方法等来确定。当构件截面尺寸较小或钢筋较密,或采用人工插捣时,坍落度可选择大些。反之,如构件截面尺寸较大或钢筋稀疏,或者采用机械振捣时,坍落度可选择小些。普通混凝土浇筑时的坍落度参考,见表 7.10。

表 7.10   普通混凝土拌和物的坍落度参考值

结构种类	坍落度/mm
基础或地面等的垫层、无配筋的大体积结构(挡土墙、基础等)或配筋稀少的结构	10~30
板、梁和大型及中型截面的柱子等	30~50
配筋密集的结构(薄壁、斗仓、细柱等)	50~70
配筋特密的结构	70~90

表中数值仅仅作为参考,与实际施工现场的坍落度无关。当施工采用泵送混凝土拌和物时,其坍落度通常为 120~180mm。水下混凝土坍落度宜控制在 180~220mm。一般来说,坍落度较大的商品混凝土、泵送混凝土、水下混凝土等,需要掺加粉煤灰等掺和料减水剂等外加剂来改善混凝土的工作性,并保证或提高混凝土的后期强度。

正确选择混凝土拌和物的坍落度,对于保证混凝土的施工质量及节约水泥而言是重要的。原则上,在不妨碍施工操作,并能保证振捣密实的条件下,应尽可能采用较小的坍落度，以节约水泥并获得强度较高的混凝土。

在实际工程中，只要坍落度已经确定，按此坍落度设计出的混凝土配合比报告，一经验证和审批，现场就用此坍落度来衡量混凝土的工作性，现场不得随意改变混凝土的坍落度。如果实测坍落度大于设计坍落度，说明加水过多，混凝土强度会降低；如果实测坍落度小于设计坍落度，说明加水过少，不利于混凝土的工作性。

泵送高强混凝土的扩展度不小于 500mm；自密实混凝土的扩展度不小于 600mm。

7.3.4　影响和易性的因素

(1) 用水量

新拌混凝土的水泥浆，赋予混凝土拌和物一定的流动性。用水量的多少直接影响水与胶凝材料的比例关系。在胶凝材料一定的情况下，用水量增加，水泥浆就越稀，新拌混凝土的流动性就越大，但流动性过大会导致新拌混凝土的黏聚性和保水性不良，容易产生流浆、离析和泌水现象；反之，流动性就越小。但流动性过小会增加施工搅拌和振捣的难度，容易产生蜂窝、麻面，难以保障混凝土拌和均匀密实。单位用水量每增减 1.2%，坍落度相应增减约 10mm。

对于新拌制混凝土，当所用集料的种类及比例一定时，为获得要求的流动性，所需拌和用水量基本是一定的，此时，即使水泥用量有小幅变动($1m^3$ 混凝土水泥用量增减 $50 \sim 100kg$)，流动性影响不大，称为"恒定用水量法则"。

王立久(2013)认为，粗集料最大粒径用 D_{max} 表示，坍落度用 T 表示，当集料一定，为获得期望的流动性，就是 $\dfrac{T}{D_{max}}$ 一定。当坍落度 $T \leqslant 90mm$ 时，单位用水量 $W = f(\dfrac{T}{D_{max}})$；当坍落度 $T > 90mm$ 时，每增加 20mm，用水量增加 5kg，见式(7.1)和式(7.2)。

当采用碎石时：

$$W = 12.2(\frac{T}{D_{max}} + 13.74) \tag{7.1}$$

当采用卵石时：

$$W = 7.64(\frac{T}{D_{max}} + 20.45) \tag{7.2}$$

(2) 水泥浆用量和稠度

混凝土拌和物在自重或外界振动力的作用下要产生流动，必须克服其内部的阻力。拌和物内的阻力主要来自两个方面，骨料间的摩阻力和水泥浆的黏聚力。骨料间摩阻力的大小，主要取决于骨料颗粒表面水泥浆层的稠度，也就是取决于水泥浆的数量；水泥浆黏聚力的大小主要取决于浆的干稀程度，即水泥浆的稠度。

混凝土拌和物在保持水灰比不变的情况下，水泥浆用量越多，包裹在骨料颗粒表面的浆层越厚，润滑作用越好，使骨料间摩擦阻力减小，混凝土拌和物易于流动，流动性就大，反之则小。但若水泥浆量过多，这时骨料用量必然相对减少，就会出现流浆及泌水现象，致使混凝土拌和物黏聚性及保水性变差，同时也会对混凝土的强度与耐久性产生不利影响，而且还多耗费了水泥。若水泥浆量过少，致使不能填满骨料间的空隙或不足以包裹所有骨料表面时，则拌和物会产生崩坍现象，黏聚性变差。由此可知，混凝土拌和物中水泥浆不能太少，也不宜过多，应以满足拌和物流动性为度。

在保持混凝土中水泥用量不变的情况下，减少拌和用水量，水泥浆较稠，水泥浆的黏聚力增大，使黏聚性和保水性保持良好，而流动性变小。当混凝土加水过少时，即水灰比过低，不仅流动性变小，黏聚性也变得较差，在施工现场难以成型密实。但若加水过多，水灰比过大，水泥浆过稀，这时混凝土拌和物虽流动性大，但将产生严重的分层离析和泌水现象，并且严重影响混凝土的强度及耐久性。因此，绝不可以用单纯加水的办法来增大流动性，而应采取在保持水灰比不变的条件下，以增加水泥浆量的办法来调整拌和物的流动性。

无论是水泥浆数量的影响，还是水泥浆稠度的影响，实际上都是水的影响。因此，影响混凝土拌和物和易性的决定性因素，是其拌和用水量的多少。

（3）砂率

砂率，是指混凝土中砂的质量占砂和石总质量的百分率，见式（7.3）。

$$\beta_s = \frac{m_{s0}}{m_{s0}+m_{g0}} \times 100 \tag{7.3}$$

式中：β_s——砂率；

m_{s0}——每立方米混凝土细骨料砂的用量，kg/m^3；

m_{g0}——每立方米混凝土粗骨料石子的用量，kg/m^3。

砂率表示混凝土中砂子与石子两者的组合关系，砂率的变动，会使骨料的总表面积和空隙率发生变化，从而影响混凝土拌和物的和易性。当砂率过大时，骨料的总表面积和空隙率均增大，在混凝土中水泥浆量一定的情况下，骨料颗粒表面的水泥浆层将相对减薄，拌和物就显得干稠，流动性就变小；如要保持流动性不变，则需增加水泥浆量，就要多耗用水泥。反之，若砂率过小，则拌和物中显得石子过多而砂子过少，造成砂浆量不足以包裹石子表面，且不能填满石子间空隙；在石子间没有足够的砂浆润滑层时，不仅会降低混凝土拌和物的流动性，而且会严重影响其黏聚性和保水性，使混凝土产生粗骨料离析、水泥浆流失，甚至出现溃散等现象。

在配制混凝土时，砂率既不能过大，也不能太小，应该选用合理砂率。

最佳砂率，是指使混凝土拌和物获得最大的流动性，既能够保持黏聚性及保水性能良好，水泥用量最少，又能够保证后期混凝土的力学强度的砂率，又称为合理砂率。

确定最佳砂率，往往采用试配法，选择基准砂率。每组级差2%~3%的间隔，至少配置5种不同砂率的混凝土（水胶比不变），分别测定其坍落度。在这5种不同配合比中，选择水泥用量最小、用水量最少，坍落度满足施工要求的配合比作为最佳砂率相应的配合比，如图7.4和图7.5所示。大流动性或泵送混凝土的砂率宜为35%~45%。

（4）水泥品种的影响

在水泥用量和用水量一定的情况下，采用矿渣水泥或火山灰水泥拌制的混凝土拌和物，其流动性比用普通水泥时更差，因为前者水泥的密度较小，在相同水泥用量时，它们的绝对体积较大，因此在相同用水情况下，混凝土就显得较稠，若要两者达到相同的坍落度，则前者每立方米混凝土的用水量必须增加一些。此外，矿渣水泥拌制的混凝土拌和物泌水性较大。

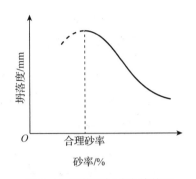

图 7.4　坍落度与砂率的关系
（水和水泥用量一定的情况下）

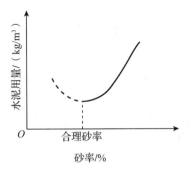

图 7.5　水泥用量与砂率的关系
（相同坍落度条件下）

（5）骨料的影响

骨料性质是指混凝土所用骨料的品种、级配、颗粒粗细及表面性状等。在混凝土骨料用量一定的情况下，采用卵石和河砂拌制的混凝土拌和物，其流动性比用碎石和人工砂拌制的好，因为前者骨料表面光滑，摩阻力小；用级配好的骨料拌制的混凝土拌和物和易性好，骨料间的空隙较少，在水泥浆量一定的情况下，用于填充空隙的水泥浆就少，包裹骨料颗粒表面的水泥浆层就增厚一些，故和易性就好；用细砂拌制的混凝土拌和物的流动性较差，但黏聚性和保水性好。

（6）外加剂的影响

混凝土拌和物掺入减水剂或引气剂，流动性明显提高，引气剂还可有效地改善混凝土拌和物的黏聚性和保水性，两者还分别对硬化混凝土的强度与耐久性起着十分积极的作用。

（7）掺合料的影响

新拌混凝土掺合料的粉煤灰能改善混凝土和易性，使新拌混凝土的流动性显著增大，当粉煤灰的密度较大，标准稠度用水量较小时，掺入 10%～20% 的粉煤灰，坍落度可提高15%～70%。

（8）拌和物存放时间及温度的影响

新制备的混凝土，随着时间的延长会变得越来越干稠，坍落度将逐渐减小，这是由于拌和物中的一些水分逐渐被骨料吸收，一部分水分蒸发以及水泥的水化与凝聚结构的逐渐形成等作用所致，这就是所谓的经时间损失，详见 7.3.6 节。混凝土拌和物随着时间的推移而变得干稠，流动性降低，拌和物坍落度随着时间变化规律，如图 7.6 所示。当拌和物存放时间超过水泥混凝土的初凝时间时，可能导致混凝土报废，引起桩基础水下混凝土断桩等质量事故。

混凝土拌和物质和易性还受温度的影响。随着环境温度的升高，混凝土的坍落度损失得更快，因为这时的水分蒸发及水泥的化学反应将进行加快。温度每增高 10℃，拌和物的坍落度减小 20～40mm。混凝土拌和物的流动性随着温度的升高而降低，温度对拌和物坍落度的影响如图 7.7 所示。

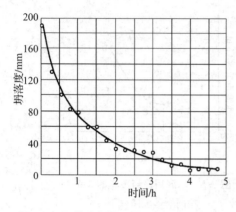

图 7.6 坍落度与拌和物凝结时间的关系

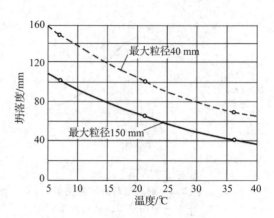

图 7.7 温度对拌和物的影响规律

7.3.5 改善和易性的措施

掌握了混凝土拌和物和易性的变化规律，就可以运用这些规律去调整拌和物的和易性。在实际工程中，改善混凝土拌和物的和易性可以采取以下措施：采用最佳砂率，以提高混凝土的质量及节约水泥；改善砂、石级配；在可能的条件下尽量采用较粗的砂、石；当混凝土拌和物坍落度过小时，保持水灰比不变，增加适量的水泥浆；当坍落度过大时，保持砂石比不变，增加适量的砂、石；有条件时根据实际情况掺用减水剂、引气剂等外加剂。

坍落度多大，才是较为理想的和易性呢？新拌混凝土满足施工要求，便于搅拌、浇筑和振捣，材料能够均匀混合，不分层、不离析、不泌水，水泥用量较小，后期(28d)强度能够满足规范和设计要求，混凝土的耐久性好，相应的坍落度就是理想的坍落度，这就是理想的和易性。

理想坍落度没有一个固定标准。只能根据工程实际情况拟定的坍落度，经过配合比设计、验证(包括和易性和28d强度验证)，并经过审批，这样的配合比下相应的坍落度，就是理想坍落度。

在外加剂还未成熟、商品混凝土和搅拌站还没有普及的阶段，早期混凝土特点是：小型搅拌机现场搅拌，未掺加减水剂，未掺加粉煤灰，坍落度较小。例如，2006年都江堰至汶川高速公路的都江堰段，A合同段预制跨径20m、25m的C40预应力混凝土简支矩形空心板梁，采用普通混凝土，没有掺加外加剂，没有掺加粉煤灰，采用5~20mm卵石；经配合比设计，并经验证和审批的混凝土坍落度70~90mm。此时70~90mm就是该混凝土的理想坍落度，适合于该梁该配筋下的坍落度，施工现场就应以此坍落度为控制标准。如果某天实测坍落度为35mm，远小于设计坍落度70~90mm，就应阻止该混凝土浇筑，因为坍落度过小、流动性过小，有的部位混凝土受到钢筋阻挡难以流动，易出现蜂窝麻面，此时应查找坍落度过小的原因(加水量偏小、坍落度经时损失偏大等)。如果某天实测坍落度为135mm，远大于设计坍落度70~90mm，也应阻止该混凝土浇筑，因为坍落度过大，此时应查找坍落度过大的原因(加水量偏大等)。

近年来，由于商品混凝土的普及，外加剂(减水剂等)较为成熟，混凝土拌和阶段的掺合料(粉煤灰等)较为普及。目前混凝土特点是:混凝土商品化(大型搅拌站),掺加减水剂,掺加粉煤灰,混凝土流动性较大,坍落度较大,一般为 120~180mm,便于罐车运输,便于泵送,便于浇筑和振捣。例如,成都至乐山高速公路扩容项目青龙场至眉山段的青龙场预制场,预制跨径 20m、25m 的 C50 预应力混凝土简支小箱梁,在青龙场梁场预制,掺加外加剂(高性能减水剂),掺加粉煤灰,采用 5~20mm 碎石;经配合比设计,并经验证和审批的混凝土坍落度 130~170mm。此时 130~170mm 就是该混凝土理想的坍落度,施工现场就应以此坍落度为控制标准。如果某天实测坍落度为 70mm,远小于设计坍落度 130~170mm,此时就应阻止该混凝土浇筑,并且应查找坍落度过小的原因(加水量偏小、坍落度经时损失偏大等)。如果某天实测坍落度为 210mm,远大于设计坍落度 130~170mm,此时也应阻止该混凝土浇筑,并且查找坍落度过大的原因(加水量偏大等)。

7.3.6　混凝土的凝结时间和经时损失

7.3.6.1　混凝土的凝结时间

混凝土凝结时间的概念和分类,同水泥的凝结时间,详见 6.2.4 节。虽然概念相同,但两者有本质区别,它们的区别体现在以下几个方面:

(1)工程意义不同

水泥的凝结时间是水泥的技术性质之一,水泥凝结时间与施工现场没有直接关联。而混凝土凝结时间与施工现场有直接关系,混凝土的初凝时间不合格可能导致混凝土报废。混凝土的凝结时间应根据工程实际情况处于合理范围。初凝时间过短,新拌混凝土的拌和、运输、浇筑和振捣时间就很紧张;混凝土终凝时间过长,可能对施工进度产生不利影响。

(2)测定方法和仪器不同

水泥的凝结时间测定采用维卡仪,测定方法详见 6.2.4 节。混凝土的凝结时间采用贯入阻力仪测定,测定方法见《普通混凝土拌和物性能试验方法标准》(GB/T 50080—2016),也可参见本教材配套教材《土木工程材料实验》。

(3)凝结时间的工程应用

没有掺和料和外加剂的普通混凝土的凝结时间,要比相应的水泥的凝结时间长,例如,某 P·O42.5 水泥的凝结时间为 2.5h,其混凝土的凝结时间约为 4.0h。影响混凝土凝结时间的因素很多,混凝土组成材料、粉煤灰掺和料、气温、外加剂等都可能影响混凝土的凝结时间,混凝土的凝结时间究竟为多少应以实测为准。施工现场应根据需要,在进行配合比设计前,提出混凝土凝结时间的需求(快凝或缓凝混凝土)。有的施工现场因为进度等因素提出混凝土初凝时间在 2.0h 以内;而有的商品混凝土站距离浇筑地点较远,又不便于运输,混凝土方量大(如某桥的桩基础桩径为 2.5m、桩长在 72m 以上,距离商混站距离浇筑地点 25km),可能提出混凝土初凝时间超过 10h 的情况。检测单位都可以根据相应的原材料和外加剂,在合理范围内配制出与需求相当的混凝土凝结时间。该种混凝土经过施工现场实验验证合格后,并经批准,意味着其混凝土的和易性和强度满足工程需要,即该混凝土的凝结时间(假定其初凝时间为 12.0h)已经满足施工现场需要并被批准;在实际施工时,如果该混凝土在批准的初凝时间(假定其初凝时间为 12.0h)之前凝结,则该混凝土不合格。

对于重要结构的混凝土，在进行混凝土配合比设计前应将其凝结时间测定出来，便于后期施工过程中的可控性，当工程中出现了停电、阻工、搅拌机故障、交通阻塞等不可预见的意外情况时，对混凝土具有可判断性，当然做好应急预案（如备用电机、备用搅拌机）也是必不可少的。现行规范《普通混凝土拌和物性能试验方法标准》（GB/T 50080—2016）提出了混凝土凝结时间的测定，但是对什么情况下需要测定混凝土凝结时间并没有做出规定，将混凝土方量大的重要结构的初凝时间作为必要项目写进规定，是值得考虑的。

《普通混凝土拌和物性能试验方法标准》（GB/T 50080—2016）中，测定混凝土凝结时间，实验步骤中明确"在制备或现场取样的混凝土拌和物试样中用 5mm 标准筛筛出砂浆测定混凝土凝结时间"，即用砂浆的凝结时间来近似代替混凝土凝结时间。因此，开发或研究出一种适合真正混凝土的凝结时间的实验方法，是重要结构的混凝土的一个重要研究课题。

7.3.6.2 经时损失

检测混凝土拌和物卸出搅拌机时的坍落度，应在坍落度实验后立即将混凝土拌和物装入不吸水的容器内密闭搁置1h；然后将混凝土拌和物倒入搅拌机内搅拌 20s；卸出搅拌机后，再次测定混凝土拌和物的坍落度。前后 2 次坍落度之差为坍落度经时损失，计算应精确到5mm，详见《混凝土质量控制标准》（GB 50164—2011）的附录 A 坍落度经时损失实验方法。

混凝土拌和物的坍落度经时损失不应影响混凝土的正常施工；泵送混凝土拌和物的坍落度经时损失不宜大于 30mm/h。

7.4 混凝土的力学性能

7.4.1 混凝土强度类型

混凝土力学性能主要指混凝土的强度。强度是硬化后混凝土最重要的技术性质，混凝土强度与混凝土的其他性能关系密切。混凝土强度也是工程施工中控制和评定混凝土质量的主要指标之一。混凝土的强度有抗压、抗拉、抗弯和抗剪等，抗压强度又分为立方体抗压强度和轴心抗压强度。一般采用混凝土的立方体抗压强度衡量混凝土强度等级。在结构设计中采用混凝土的轴心抗压强度，而在道路路面设计上采用混凝土的弯拉强度。

《混凝土物理力学性能试验方法标准》（GB/T 50081—2019）普通混凝土力学性能实验包括抗压强度实验、轴心抗压强度实验、静力受压弹性模量实验、劈裂抗拉强度实验和抗折强度实验。本节相应的重要实验，详见本教材配套教材《土木工材料实验》。

水泥混凝土实验室养护条件：实验室的温度应保持在（20±5）℃（安装空调），相对湿度不宜小于50%。

水泥混凝土试件的早期养护条件：试件成型抹面后应立即用塑料薄膜覆盖表面，或采取其他保持试件表面湿度的方法；试件成型后应在温度为（20±5）℃，相对湿度不应低于50%的室内静置 1~2d。

水泥混凝土成型试件的标准养护条件：试件拆模后应立即放入温度为(20±2)℃，相对湿度不应低于95%以上的标准养护室中养护，或在温度为(20±2)℃的不流动氢氧化钙饱和溶液中养护。

7.4.1.1　立方体抗压强度

《混凝土强度检验评定标准》(GB/T 50107—2010)中，混凝土的强度等级应按立方体抗压强度标准值划分，混凝土强度的评定也是混凝土立方体抗压强度。此处重点介绍立方体抗压强度。

立方体抗压强度标准值，是指按标准方法制作、养护的边长为150mm的立方体试件，在28d或设计规定龄期以标准实验方法测得的具有95%保证率的抗压强度值。立方体抗压强度也可以采用边长为100mm和200mm的立方体试件为非标准试件，不过200mm立方体试件尺寸较大、质量较重，操作不便。

(1)立方体抗压强度测定

根据《混凝土物理力学性能试验方法标准》(GB/T 50081—2019)规定，将混凝土制成边长为150mm的立方体标准试件，在温度为(20±2)℃、湿度为95%以上的标准条件下养护28d，用标准实验方法测得的抗压强度值称为混凝土立方体抗压强度，见表7.11。压力实验机测量精度±1%，试件破坏荷载应大于压力机全量程的20%且小于压力机全量程的80%，压力机应具有加荷速度指示或加荷速度控制装置，并应能均匀、连续地加载。一组混凝土为3个试件，抗压强度值的确定应符合下列规定：当3个试件的测值比较均匀时，以3个试件测值的算术平均值作为该组试件的强度值(精确到0.1MPa)；当3个测值中的最大值或最小值中有一个与中值的差值超过中值的15%时，则把最大值或最小值一并舍除，取中值作为该组试件的抗压强度值；当最大值和最小值与中值的差均超过中值的15%时，则该组试件的实验结果无效。需要说明的是，实验无效，可能是实验人员或者仪器设备出现问题，并不意味着水泥混凝土强度有问题。

比较水泥混凝土强度确定和水泥强度确定详见6.2.4节。

水泥混凝土强度确定，掌握3个关键点：总平均值、中值、±15%。总平均值，所有试件测值较为平均时，取总的平均值。中值，有一个测值超出中值的±15%时，剔除一头一尾测值，取3个试件强度的中值。

表 7.11　水泥胶砂试件与水泥混凝土试件养护条件对比

种　类	养护条件				
	实验室养护		标准养护		其他养护
	温度/℃	湿度/%	温度/℃	湿度/%	
水　泥	20±2	≥50	20±1	≥90(水池100)	—
水泥混凝土	20±5	≥50	20±2	≥95(水池100)	不流动的 Ca(OH)$_2$ 饱和溶液

水泥强度确定，掌握3个关键点：总平均值、剩余平均值、±10%。所有试件测值较为平均时，取总的平均值；有一个测值超出平均值的±10%时，剔除之，取剩余的平均值。

（2）非标准试件强度换算系数

边长为 150mm 的立方体试件是标准试件；边长为 100mm 和 200mm 的立方体试件是非标准试件。边长为 100mm 和 200mm 的立方体试件非标准试件的强度换算系数分别是边长为 150mm 立方体标准试件的 0.95 和 1.05。

7.4.1.2 轴心抗压强度

（1）《混凝土物理力学性能试验方法标准》（GB/T 50081—2019）实验

混凝土的立方体抗压强度仅可用来确定混凝土强度等级，不能作为直接设计依据。在结构设计中采用混凝土轴心抗压强度（即棱柱体抗压强度），轴心抗压强度也是混凝土弹性模量、徐变度等指标的计算依据。

实验轴心抗压强度，采用 150mm×150mm×300mm 的标准棱柱体试件，标准养护 28d 测定。当采用非标准试件时，应采用 100mm×100mm×300mm 和 200mm×200mm×400mm 的非标准试件。混凝土强度等级小于 C60，采用非标准试件测定强度值时，应乘以尺寸换算系数，100mm×100mm×300mm 和 200mm×200mm×400mm 的尺寸换算系数分别为 0.95 和 1.05；当混凝土强度不小于 C60 时宜采用标准试件。当立方体抗压强度为 10~55MPa 时，轴心抗压强度与立方体抗压强度之比为 0.7~0.8，一般为 0.76。

（2）《公路工程水泥及水泥混凝土试验规程》（JTG 3420—2020）实验

此外，交通系统除了棱柱体轴心抗压强度，还引入了圆柱体轴心抗压强度。

水泥混凝土的圆柱体轴心抗压强度采用高径比 2：1 的圆柱体试件（即 φ150mm×300mm 标准试件）进行极限轴心抗压实验。也可以采用非标准试件 φ100mm×200mm 和 φ200mm×400mm。

混凝土强度等级小于 C60，用非标准试件测定强度值时，应乘以尺寸换算系数，φ100mm×200mm 尺寸换算系数为 0.95，φ200mm×400mm 尺寸换算系数为 1.05；当混凝土强度不小于 C60 时宜采用标准试件。

（3）《混凝土结构设计规范》（GB 50010—2010）规定

混凝土轴心抗压强度标准值 f_{ck}，以及混凝土轴心抗压强度设计值 f_c，分别按表 7.12 和 7.13 采用。

表 7.12　混凝土轴心抗压强度标准值　　　　　　　　　　　MPa

强度等级	C15	C20	C25	C30	C35	C40	C45	C50	C55	C60	C65	C70	C75	C80
标准值	10.0	13.4	16.7	20.1	23.4	26.8	29.6	32.4	35.5	38.5	41.5	44.5	47.4	50.2

表 7.13　混凝土轴心抗压强度设计值　　　　　　　　　　　MPa

强度等级	C15	C20	C25	C30	C35	C40	C45	C50	C55	C60	C65	C70	C75	C80
设计值	7.2	9.6	11.9	14.3	16.7	19.1	21.1	23.1	25.3	27.5	29.7	31.8	33.8	35.9

7.4.1.3 抗拉强度

混凝土在轴向拉力作用下，单位面积所承受的最大拉力，称为轴向抗拉强度 f_{ts}。水泥混凝土是典型的脆性材料，抗拉强度较低，一般为抗压强度的 1/15 左右。由于混凝土的抗拉强度较低、脆性、非均质性等特点，一般无法直接测定混凝土的抗拉强度。目前，我国《混凝土物理力学性能试验方法标准》(GB/T 50081—2019)采用劈裂抗拉强度衡量混凝土的抗拉强度，因此是间接测定混凝土的抗拉强度，其测值与实验垫条形式、尺寸、有无垫层、加荷方向、粗集料最大粒径等因素有关。混凝土劈裂抗拉强度按式(7.4)计算。

$$f_{ts} = \frac{2F}{\pi A} = 0.637\frac{F}{A} \tag{7.4}$$

式中：f_{ts}——混凝土劈裂抗拉强度，MPa；

　　　F——破坏荷载，N；

　　　A——试件劈裂面面积，mm^2。

劈裂抗拉强度实验一般采用边长为 150mm 的立方体标准试件，必要时也可以采用边长为 100mm 的立方体非标准试件。当混凝土强度等级小于 C60 时，采用非标准试件测得的劈裂抗拉强度应乘以试件尺寸换算系数，100mm×100mm×100mm 尺寸换算系数为 0.85；当混凝土强度不小于 C60 时，宜采用标准试件。

《混凝土结构设计规范》(GB 50010—2010)，混凝土轴心抗拉强度标准值 f_{tk}，按表 7.14 采用；混凝土轴心抗拉强度设计值 f_t，按表 7.15 采用。

表 7.14　混凝土轴心抗拉强度标准值　　　　　　　　　　　　　　MPa

强度等级	C15	C20	C25	C30	C35	C40	C45	C50	C55	C60	C65	C70	C75	C80
标准值	1.27	1.54	1.78	2.01	2.20	2.39	2.51	2.64	2.74	2.85	2.93	2.99	3.05	3.11

表 7.15　混凝土轴心抗拉强度设计值　　　　　　　　　　　　　　MPa

强度等级	C15	C20	C25	C30	C35	C40	C45	C50	C55	C60	C65	C70	C75	C80
设计值	0.91	1.10	1.27	1.43	1.57	1.71	1.80	1.89	1.96	2.04	2.09	2.14	2.18	2.22

7.4.1.4　弯拉强度

(1)《混凝土物理力学性能试验方法标准》(GB/T 50081—2019)实验

《混凝土物理力学性能试验方法标准》(GB/T 50081—2019)规定，混凝土抗折强度标准试件为 150mm×150mm×550mm 或 150mm×150mm×600mm，也可以采用非标准试件 100mm×100mm×400mm。混凝土抗折强度采用双点加荷。当混凝土强度等级小于 C60 时，采用非标准试件测得的劈裂抗拉强度应乘以试件尺寸换算系数，100mm×100mm×400mm 尺寸换算系数为 0.85；当混凝土强度不小于 C60 时，宜采用标准试件。

(2)《公路工程水泥及水泥混凝土试验规程》(JTG 3420—2020)实验

道路水泥混凝土路面与一般结构混凝土不同，一般结构混凝土强调抗压强度，而道路水泥混凝土路面强调弯拉强度(即抗折强度)。

《公路水泥混凝土路面施工技术细则》(JTGF 30—2014)规定，公路路面的普通混凝土配合比设计在兼顾经济性的同时，应满足弯拉强度、工作性、耐久性 3 项技术要求，将弯拉强度提到首要位置。《公路水泥混凝土路面设计规范》(JTGD 40—2011)规定，水泥混凝土路面的设计强度应采用 28d 龄期的弯拉强度。抗折强度计算见式(2.14)。

《公路工程水泥及水泥混凝土试验规程》(JTG 3420—2020)规定，水泥混凝土弯拉强度实验采用 150mm×150mm×550mm 棱柱体试件，粗集料最大粒径 31.5mm。也可以采用非标准试件 100mm×100mm×400mm 棱柱体试件，粗集料最大粒径 26.5mm。弯拉强度计算公式，见式(2.14)。实验采用三分点加荷。这里的三分点加荷与《混凝土物理力学性能试验方法标准》(GB/T 50081—2019)中的双点加荷，在本质上是一样的，两个规范的表达不一致而已。

当混凝土强度等级小于 C60 时，采用非标准试件测得的劈裂抗拉强度应乘以试件尺寸换算系数，100mm×100mm×400mm 尺寸换算系数为 0.85；当混凝土强度不小于 C60 时，宜采用标准试件。

《公路水泥混凝土路面设计规范》(JTG D40—2011)规定，水泥混凝土路面的设计强度应采用 28d 龄期的弯拉强度，各交通荷载等级要求的水泥混凝土路面弯拉强度标准值，见表 7.16。

表 7.16　水泥混凝土路面弯拉强度标准值　　　　　　　　　　　　　　　MPa

交通荷载等级	极重/特重/重交通	中等交通	轻交通
水泥混凝土	≥5.0	4.5	4.0
纤维混凝土	≥6.0	5.5	5.0

7.4.2　混凝土抗压强度等级

(1)混凝土强度等级划分

《混凝土强度检验评定标准》(GB/T 50107—2010)中，混凝土强度等级应按立方体抗压强度标准值划分，混凝土强度等级应采用符号 C 与立方体抗压强度的标准值(MPa)表示，用符号 $f_{cu,k}$(MPa)表示，混凝土立方体抗压强度标准值，为按照标准方法制作养护的边长为 150mm 的立方体试件，在 28d 龄期用标准方法测得的混凝土抗压强度总体分布中的一个值，强度低于该值的概率应小于 5%。而《混凝土结构设计规范》(GB 50010—2010)中，混凝土立方体抗压强度标准值系指按照标准方法制作养护的边长为 150mm 的立方体试件，在 28d 龄期用标准方法测得的具有 95%保证率的抗压强度。两个规范对混凝土立方体抗压强度标准值的描述基本一致。

《混凝土质量控制标准》(GB 50164—2011)中，混凝土强度等级应按立方体抗压强度标准值(MPa)划分为：C10、C15、C20、C25、C30、C35、C40、C45、C50、C55、C60、C65、C70、C75、C80、C85、C90、C95 和 C100 共 19 个等级。相邻等级差 5MPa，常用 C20~C60 9 个等级，一般受力结构至少 C30，预应力混凝土常用 C50~C60，预应力混凝土管桩常用 C80(高压蒸养)。

以 C30 为例，混凝土强度等级符号为 C，30 表示混凝土 28d 抗压强度不低于 30MPa。C30 混凝土按照《混凝土强度检验评定标准》(GB/T 50107—2010)，赋予了新的含义，详细评定在 7.6 节中介绍，单组 28d 的略强度小于 30MPa 不一定不满足评定要求；其单组 28d 的略强度大于 30MPa 不一定满足评定要求。按《普通混凝土配合比设计规程》(JGJ 55—2011)和《高强混凝土应用技术规程》(JGJ/T 281—2012)中术语均有解释，高强混凝土

是指强度不低于 C60 的混凝土；《高强混凝土结构技术规程》（CECS 104—1999）中，高强
混凝土则是指 C50~C80 的混凝土。

（2）混凝土强度等级选择

结构设计时根据建筑物的部位、承受荷载的不同，采用不同强度等级的混凝土，以下
混凝土强度等级可以作为参考。

C10、C15、C20、C25：用于垫层、基础、地坪及受力不大的结构；

C30、C35、C40：用于普通混凝土结构的梁、板、桩、柱、墩、楼梯及屋架等；

C45、C50、C55、C60：用于大跨度、耐久性要求较高的上部预应力结构等。

一般来说，混凝土强度等级由设计单位在设计图中确定；施工单位根据设计图纸指定
的混凝土强度等级选择组成材料，进行配合比设计。施工单位使用经过验证和审批的混凝土配
合比进行现场抽样的混凝土强度，应不低于设计规定，同时应满足混凝土强度评定标准。

7.4.3　混凝土微观结构及受力破坏机理

7.4.3.1　单轴压缩混凝土的应力-应变

混凝土往往用于受压结构材料，其特点是抗压强度较高，而抗拉强度较低。陈先华
（2021）分析了混凝土在受压荷载作用下的应力-应变，不同水灰比混凝土的单轴压缩实验
应力-应变，如图 7.8 所示。图中其他条件相同仅水灰比不同，在应力达到混凝土 30% 的
极限应力之前，应力-应变曲线基本呈现线性变化。之后，逐渐进入非线性变化，当应力
达到 70% 的极限应力后，这种非线性表现得更为显著，并加速试件的破坏。破坏时的压应
变随强度增加而略有提高，基本保持在 0.0015~0.002。

比较水灰比分别为 0.5 和 0.7 的水泥石和水泥混凝土的应力-应变（图 7.9），水泥石
具有显著的延性，水泥石比混凝土具有更大区间的高应力范围。水灰比越低，水泥石应力
峰值对应的破坏应变更小；反之，则混凝土更大。

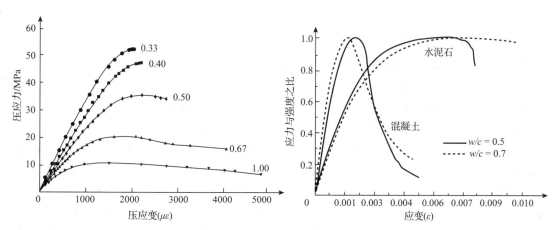

图 7.8　不同水灰比混凝土的单轴压缩应力-　　　图 7.9　不同水灰比混凝土与水泥石的应力-
　　　　　应变曲线　　　　　　　　　　　　　　　　　　　应变曲线比较

7.4.3.2 混凝土的细观结构

混凝土是典型的多尺度材料，其结构不能在单一尺度水平上进行表征。通常可以通过宏观视觉、岩相学观察、扫描电子显微镜 SEM 和原子力显微镜 AFM 等纳米尺度来研究和表征混凝土的结构(陈先华，2021)，见表 7.17，结构的每个级别对应于长度尺度的特定范围。

在宏观尺度上，混凝土可视为集料颗粒分散在水泥石基体中的两相混合材料，其力学性能和输运性质(扩散性、渗透性)主要取决于水灰比。对一般工程应用而言，两相模型已经足够精确。但从微观尺度看，两相材料在空间上的非均匀随机分布，以及材料内的毛细管、空腺(含气或含水溶液)、微裂纹等内在缺陷对混凝土的性能都有着不可忽视的影响。

表 7.17 混凝土结构层级与观测方法

尺寸水平	放大倍数	观察方法	相关结构
宏观尺度	1~10	裸眼或手持放大镜	粗集料与空隙的细节
岩相学尺度	25~250	光学显微镜	细集料、空隙，以及水泥石和裂纹的特征
中等放大倍数	250~2000	抛光表面的背散射 SEM	水泥石颗粒、砂及毛细孔的空间位置排布
高放大倍数	2000~20 000	断裂表面的二次电子扫描电镜	单个水泥石颗粒及其他物质内部结构细节
微观纳米尺度	100 000	AFM、TEM	C-S-H 的细节

集料多为憎水性颗粒状材料，在硬化过程中，水化产物的结晶凝聚必然受到集料颗粒的阻碍与约束，集料颗粒表面附近的水泥石结构不同于远离集料的水泥石。基于纳米压痕的微观力学实验证实了混凝土中第三相的存在。该相被称为混凝土的界面过渡区 ITZ，它通常存在于较大集料的周围，是厚约 $10 \sim 30\mu m$ 的非均匀薄壳层，该层通常比混凝土的其他两相都弱，对混凝土力学行为的影响远大于它在混凝土中的体积分数(陈先华，2021)。

7.4.3.3 混凝土的破坏过程

有研究表明，在破坏之前混凝土内部早已产生微裂纹。微裂纹首先在较大集料颗粒与砂浆或水泥石接触面处形成。微裂纹主要由混凝土硬化过程中混凝土内部的物理化学反应以及混凝土的湿度变化造成混凝土收缩而产生，混凝土的收缩可能是由干缩、化学收缩、碳化收缩叠加引起的。基于集料刚度较大，这些收缩使得集料截面上的水泥石中产生拉应力和剪应力，这些应力超过水泥石与集料的黏结强度，在混凝土内部就会产生微裂纹。

硬化后的混凝土有水泥石黏结集料而成，黏结能力取决于混凝土的复合结构。常温下自然硬化的水泥石有未水化的水泥熟料颗粒、水泥水化产物、水、空隙中的空气网等，组成一种固-液-气三相多孔的复合体。水泥水化仅需结合水为水泥质量的 23% 左右，为使新拌混凝土保持适当流动性往往需加入水泥质量 50% 左右的水，多余的水在水泥硬化以后，或残留在水泥石中，或部分蒸发使混凝土内部形成部分孔隙，孔隙结构与水灰比、水泥的水化程度、养护工艺、水泥矿物组成等多种因素有关。典型的孔隙分为乳胶孔、毛细孔以及它们之间的过渡孔。

硅酸盐水泥的水化产物按结晶程度分为 2 类：结晶较差的硅酸钙乳胶，用 C-S-H 凝胶表示；结晶较为完整颗粒较大的氢氧化钙、水化铝酸钙、水化硫铝酸钙等结晶体。C-S-H 凝胶形成过程伴随有乳胶孔产生，约占凝胶体积的 28%，毛细孔是没有被水化物填充的空间。水化产物越多，毛细孔不断被填充，使得水泥石孔隙越来越小，水泥石就越密实。在水泥浆与骨料的界面形成过渡带，过渡带区间粗大颗粒较为密集。过渡带与集料表面区间存在垂直板状或层状的氢氧化钙结晶。此外，钙矾石粗大颗粒结晶及少量 C-S-H，使得混凝土强度降低，弱化抗渗性、耐久性等。

王立久（2013）认为，混凝土受压破坏过程是一个极为复杂的变化过程，随着外力增大，微裂纹逐渐增大、增多，导致原始黏结裂缝进一步拓展、汇合形成连通裂纹，连通裂纹由小逐渐发展壮大，直至混凝土彻底破坏。混凝土由微裂纹发展为连通裂缝大致分为 4 个阶段，如图 7.10 和图 7.11 所示。

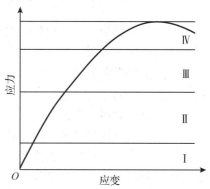

图 7.10　混凝土受压变形过程

①第 1 阶段　即似线形阶段。这一阶段，荷载为破坏荷载的 30%~50%，混凝土基本处于弹性工作状态，也称为微裂纹稳定阶段，如图 7.11(b) 所示。

②第 2 阶段　即开始偏离直线变化阶段。这一阶段，荷载超过破坏荷载的 50% 以上，微裂纹开始逐步增长、增多，只要不超过破坏荷载的 70%~90%，裂纹的发展就会随着荷载保持不变，卸载时裂纹迅速停止发展，也称为裂纹稳定发展阶段，如图 7.11(c) 所示。

③第 3 阶段　即裂纹急剧增长发展阶段。荷载继续增加至破坏荷载的 70%~90%，裂纹急剧发展，并与邻近裂纹连接成通缝，也称为非稳定裂纹发展阶段，如图 7.11(d) 所示。

④第 4 阶段，即承载力下降，变形迅速扩张直至破坏，如图 7.11(e) 所示。

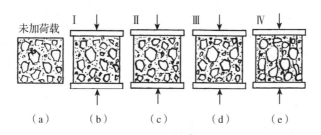

图 7.11　混凝土在单轴荷载压缩下的裂纹发展过程

7.4.3.4　混凝土的破坏机理

(1) 单轴荷载作用下的破坏

混凝土在单轴荷载作用下的破坏模式，如图 7.12 所示。在理想纯压缩状态下，材料不至于压缩屈服，这是因为力学压缩只会让材料的分子结构更加紧密。一般而言，混凝土受压破坏本质是在纵向压缩下引起的横向拉伸破坏。试件压缩过程中，混凝土内部会产生

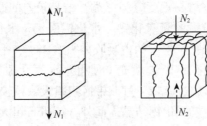

图 7.12 混凝土在单轴拉伸与压缩下的破坏形态

与轴向重直的拉应力，因混凝土的抗拉性能相对较弱，正是这些拉应力，导致混凝土的开裂破坏。因此，混凝土的破坏并不是由极限拉应力控制，而是极限拉应变。这可以解释当侧向应变达到极限值时受压圆柱的劈裂破坏，因此，破坏准则宜包括极限应力和极限应变（陈先华，2021）。

混凝土由骨料、硬化水泥石以及存在于两者之间的界面过渡区组成的复合材料，材料内部存在大量的微裂缝和缺陷，这些微裂纹大部分是存在于界面过渡区的黏结裂纹。在单轴压缩实验中，在混凝土的弹性极限区域，压缩荷载并不会导致黏结裂缝的数量增加。当混凝土所受承的压应力达到其强度的 30% ~ 50% 时，混凝土开始软化，ITZ 内的微裂纹开始稳态扩展，此时砂浆中一般会发展出裂纹；当压应力超过其强度的 50% 以后，ITZ 内的微裂纹迅速增长，随着应力的增加，混凝土的体积压缩量呈线性增长。当应力增加至约 75% 的抗压强度时，ITZ 内的裂纹与砂浆内的裂纹开始逐步延伸，某些集料颗粒附近的多条黏结微裂纹将汇集形成一条连通的裂纹，此后裂纹开始失稳扩展，这对混凝土受压时的侧向应变和体积应变产生显著变化。砂浆微裂缝发展，泊松比也逐渐增大，如图 7.13 和图 7.14 所示。抗压强度的 75%，这一数字表示裂纹失稳性发展的开始，称为临界应力。当内应力大于临界应力（σ_k）后，横向拉应变 ε_3 与轴向压应变 ε_1 的比值快速增长，受压混凝土的总体积也开始增加，这是由于裂缝的大量增加所致（陈先华，2021）。

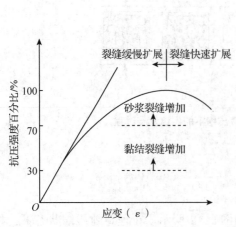

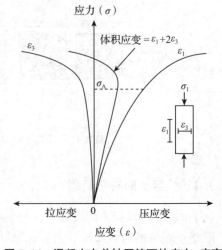

图 7.13 混凝土在单轴压缩状态下的开裂机理　　**图 7.14 混凝土在单轴压缩下的应力-应变**

混凝土是不均质材料，混凝土内的局部应力和应变与理论上的平均值有较大差别，局部应变可能是平均应变的 4~5 倍，而局部应力则可能是平均应力的 2 倍多，最大应变多出现在水泥石基质与集料之间的界面过渡区。集料的强度通常都高于基体水泥石，在轴向荷载作用下，普通混凝土各相的失效顺序可能为：界面拉伸黏结失效；界面剪切黏合失效；水泥石拉伸失效；偶然的集料失效。值得一提的是，高强混凝土中的裂纹扩展过程与普通混凝土有显著区别。由于界面区得到强化，在受压破坏时，高强混凝土中

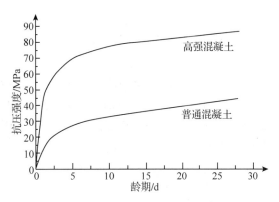

图 7.15　高强混凝土与普通混凝土抗压
强度发展规律比较

首先出现砂浆裂纹，然后扩展到达界面区，最后穿越粗集料。因此，高强混凝土的破坏主要是由砂浆裂纹和粗集料的穿筋破坏扩展连接所致(陈先华，2021)，如图 7.15 所示。

（2）多轴荷载作用下的破坏

工程上混凝土可能处于多轴荷载作用状态，这可以通过对棱柱体试件进行垂直加载，并对试件的侧向变形进行约束来实现，也可以进行数值模拟。

分享混凝土强度 18~60MPa 的双轴加载，将其标准化后得到双轴应力作用下的比强曲线，如图 7.16 所示。图中 f_c' 表示混凝土圆柱体轴心抗压强度（单位：psi）双轴压应力会导致峰值应力对应的应变增大。在双轴强度比为 0.5 时强度最高，在双轴应力接近相等时反而减小。在双轴拉压状态下，随着拉应力 σ_2 与压应力 σ_1 之比增大，强度和峰值拉压应力对应的应变减小。在双轴拉伸状态下，混凝土的抗拉强度不受多轴应力状态影响。混凝土在双轴应力作用下的破坏模式取决于加载模式。在双轴压缩下，其主要破坏模式是拉伸破坏，裂缝平行于双轴应力的平面。在受拉压时，破坏主要是由垂直于双轴平面和主拉应力方向产生的裂缝所致。在双轴拉伸条件下，裂缝与主拉应力方向垂直，当双轴拉伸应力相等时则

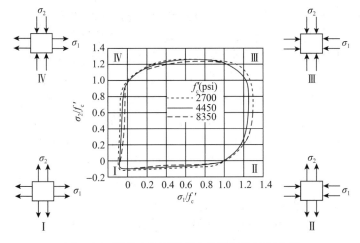

图 7.16　混凝土在双轴应力作用下的比强曲线

没有优先方向(陈先华，2021)。

　　钢筋混凝土与钢管混凝土处于三轴约束状态。三轴实验采用受侧向围压的圆柱体进行实验，沿圆柱轴线施加主压应力。混凝土三轴压缩下的纵向应力-应变曲线如图7.17所示，混凝土的三轴抗压强度和峰值压应力所对应的应变随围压的增加而增大(陈先华，2021)。

　　在单轴压缩实验中，试件在宏观破坏后基本丧失了抵抗荷载的能力，表现为压应力达到峰值后迅速衰减，而在三轴压缩实验中，因围压的存在，试件破坏后仍有一定的抵抗外荷载的能力，这称为混凝土的残余强度。混凝土的残余强度随围压的增大而增加，表现在三轴压缩应力-应变曲线上，应力到达峰值，继续加载压应力曲线趋向于恒定的应力。混凝土在三轴压缩下的破坏强度与残余强度，如图7.18所示。

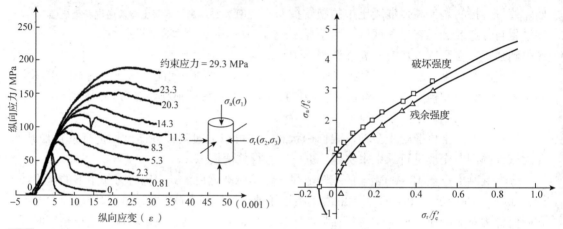

图7.17　混凝土在三轴压缩下的纵向　　　　图7.18　混凝土在三轴压缩下的破坏强度
　　　　　应力-应变曲线　　　　　　　　　　　　　与残余强度比较

　　混凝土在三轴应力状态下的破坏模式与围压有关。当约束应力不超过约15%的单轴抗压强度时，混凝土的主要破坏模式为纵向劈裂，这与单轴压缩压缩相同。而在更高的围压下，混凝土的损伤是高度分散的，很少有局部破坏。粗颗粒集料会加剧多轴效应，因此，在双轴和三轴压缩条件下，集料含量的增加导致混凝土的强度增幅更大。无论是拉伸还是压缩，多轴应力状态都比水泥石强度对混凝土强度的影响更大。研究表明，混凝土的压缩破坏受水泥浆的强度控制，而拉伸破坏则主要受界面过渡区强度的影响(陈先华，2021)。

　　此外，中南大学丁发兴团队创立的损伤比强度理论"损伤比参数——材料非弹性应变的横向变形效应"，提出了一个高压条件下脆性材料向塑性转变的基本参数——损伤比，适用于混凝土、岩石、铸铁等脆性材料和金属塑性材料的破坏机制分析，揭示了脆性材料受压体积膨胀、受拉体积收缩的破坏规律。可以说，损伤比参数是继弹性模量参数(1807年)、泊松比参数(1829年)之后的第三个基本参数，实现了脆性与塑性的统一。地表岩石受压损伤比取值为1.7~2.2，表现为脆性，随着地壳深处重力增加，损伤比将逐渐递减至0.5左右，表现为高压塑性；重力下地壳岩石处于三向受压状态而不会破坏的弹性体，重力作用下不同深度的地壳岩石分别处于弹脆性、弹塑性和塑性流动等3个阶段状态，而弹塑性和塑性流动导致耗能使得岩石内部温度增加。这就不难解释，苏联科拉超深井科学钻探项目被迫停止的一个重要原因是地球深处岩石的塑性流动直接导致了钻头被包裹，无法进行工作。又如西部山地城市浅层地下空间的开发，同样面临重力作用软岩塑性流动问题，导致嵌岩桩基工程的钻孔打桩困难。喜马拉雅等山脉深处高地应力隧道工程开挖后，周边岩体由三轴受压弹塑性应力状态转变为二轴受压应力状态，应力卸载导致岩体变脆性以及损伤比增大，导致体积膨胀，硬岩容易产生岩爆。

水泥混凝土是脆性材料，实际结构中常常处于三轴约束状态，丁教授的研究为脆性材料混凝土受力及破坏机理赋予新的内涵。

7.4.4　影响混凝土强度的因素

（1）水泥强度和水胶比的影响

水泥强度和水胶比对混凝土强度的影响，用保罗米（Bolomey）公式表示，见式（7.5）。从混凝土强度公式中可以看出，水泥强度等级越高，胶凝材料 28d 胶砂抗压强度越高，混凝土强度就越高；水胶比越小，混凝土强度就越高。

$$f_{cu,0} = \alpha_a f_b \left(\frac{B}{W} - \alpha_b \right) \tag{7.5}$$

式中：$f_{cu,0}$——混凝土配制强度，MPa；

W——水的质量，kg；

B——胶凝材料的质量，kg；

α_a、α_b——骨料回归系数，采用碎石时，α_a 和 α_b 分别取 0.53 和 0.20；采用卵石时 α_a 和 α_b 分别取 0.49 和 0.13；

f_b——胶凝材料 28d 抗压强度，MPa，可实测，无实测资料时按式（7.6）计算。

$$f_b = \gamma_f \gamma_s f_{ce} \tag{7.6}$$

式中：γ_f、γ_s——粉煤灰影响系数和粒化高炉矿渣粉影响系数，见表 7.18；

f_{ce}——水泥胶砂 28d 抗压强度，MPa，可实测，无实测资料时按式（7.7）计算。

$$f_{ce} = \gamma_c f_{ce,g} \tag{7.7}$$

式中：γ_c——水泥强度等级值的富余系数，可实测，当缺乏实际统计资料时，硅酸盐水泥等级为 32.5 时，$\gamma_c = 1.12$，水泥等级为 42.5 时，$\gamma_c = 1.16$，水泥等级为 52.5 时，$\gamma_c = 1.10$；

$f_{ce,g}$——水泥胶砂 28d 抗压强度，MPa。

表 7.18　粉煤灰影响系数和粒化高炉矿渣粉影响系数

掺量/%	粉煤灰影响系数 γ_f	粒化高炉矿渣粉影响系数 γ_s
0	1.00	1.00
10	0.85~0.95	1.00
20	0.75~0.85	0.95~1.00
30	0.65~0.75	0.90~1.00
40	0.55~0.65	0.80~0.90
50	—	0.70~0.85

拌制混凝土拌和物时，为了获得必要的流动性，常常根据需要加入适量的水，有时加入的水比较多(如泵送混凝土、水下混凝土等)，多余的水所占空间在混凝土硬化后成为毛细孔，使混凝土密实度降低，强度降低，如图 7.19 所示。

(2)骨料的影响

混凝土骨料级配良好、砂率适当时，组成坚强密实的骨架，有利于强度提高。

碎石表面粗糙富有棱角，与水泥石黏结性好，且骨料颗粒间有嵌固作用，所以在原材料及坍落度相同情况下，用碎石拌制的混凝土较用卵石时强度高。当水灰比为 0.40 时，碎石混凝土强度可比卵石混凝土高约 1/3。但随着水灰比的增大，两者强度差值逐渐减小，当水灰比达到 0.65 后，两者的强度差异就不太显著了。这是因为当水灰比很小时，影响混凝土强度的主要矛盾是界面强度，而当水灰比很大时，水泥石强度则成为主要矛盾了。

混凝土中骨料质量与胶凝材料质量之比称为混凝土的骨灰比。骨灰比对 35MPa 以上的混凝土强度影响较大。在相同水灰比和坍落度下，混凝土强度随骨灰比的增大而提高，其原因可能是由于骨料增多后表面积增大，吸水量也增加，从而降低了有效水灰比，使混凝土强度提高。另外，因水泥浆相对含量减少，致使混凝土内总孔隙体积减小，也有利于混凝土强度的提高。

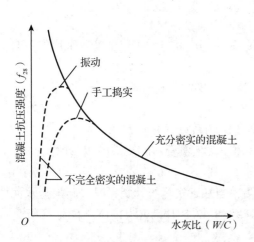

图 7.19 混凝土强度与水胶比的关系曲线

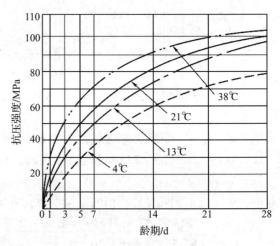

图 7.20 养护温度对混凝土强度的影响

(3)养护温度和湿度的影响

温度是决定水泥水化作用速度快慢的重要条件，养护温度高，水泥早期水化速度快，混凝土的早期强度就高。实验表明，混凝土硬化初期的温度对其后期强度有影响，混凝土初始养护温度越高，其后期强度增进率就越低。相反，在较低养护温度(如 5~25℃)下，虽然水泥水化缓慢，水化产物生成速率低，但有充分的扩散时间形成均匀的结构，从而获得较高的最终强度，不过养护时间要长些。当温度在 0℃ 以下时，水泥水化反应停止，混凝土强度停止发展，这时还会因混凝土中的水结冰产生体积膨胀(9%)，而且产生相当大的压应力，导致硬化中的混凝土结构遭到破坏，从而导致混凝土已获得的强度受到损失。因此，在冬季施工混凝土时要特别注意保温养护，以免混凝土早期受冻破坏。养护温度对混凝土强度的影响，如图 7.20 所示。

　　湿度是决定水泥能否正常进行水化作用的必要条件。浇筑后的混凝土所处环境湿度相宜时，水泥水化反应顺利进行，使混凝土强度得以充分发展。若环境湿度较低，水泥不能正常进行水化作用，甚至停止水化，这将严重降低混凝土的强度。混凝土随受干燥日期越早，其强度损失越大。混凝土硬化期间缺水，还将导致其结构疏松，易形成干缩裂缝，增大渗水而影响的耐久性。《混凝土结构工程施工质量验收规范》(GB 50204—2015)规定，应在浇筑完毕后的 12h 以内，对混凝土加以覆盖，并保湿养护。混凝土浇水养护的时间：对采用硅酸盐水泥、普通硅酸盐水泥或矿渣硅酸盐水泥拌制的混凝土，不得少于 7d；对掺用缓凝型外加剂或有抗渗要求的混凝土以及高强度混凝土，不得少于 14d。胶凝材料的水化作用只能在充水的毛细管内发生，在干燥环境中，强度会随着水分蒸发而停止发展，因此，养护期间必须加水保湿，如图 7.21 所示。

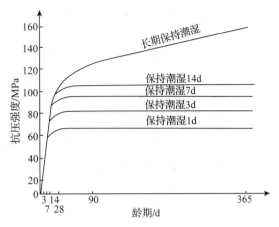

图 7.21　混凝土强度与保湿养护时间的关系

　　(4)龄期对混凝土强度的影响

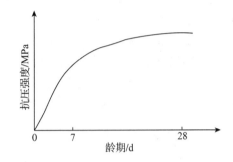

图 7.22　混凝土强度随着龄期的增长规律

　　在正常养护条件下，混凝土的强度随龄期的增加而不断增大，最初 7~14d 发展较快，以后便逐渐减慢，28d 后强度增长就非常缓慢了，但只要具有一定的温度和湿度条件，混凝土的强度增长可延续数十年之久，如图 7.22 所示。

　　实践证明，由中等强度等级的普通水泥配制的混凝土，在标准养护条件下，其强度发展大致与其龄期的常用对数成正比关系，其经验估算公式见式(7.8)。

$$\frac{f_n}{f_{28}} = \frac{\lg n}{\lg 28} \tag{7.8}$$

式中：f_n——混凝土 nd 龄期的抗压强度，MPa；

　　　f_{28}——混凝土 28d 龄期的抗压强度，MPa；

　　　n——养护龄期，d，$3 < n \leqslant 90$。

　　式(7.8)计算出来的混凝土强度只能作为理论分析，不能作为实际强度，实际强度仍然以混凝土立方体试件抗压强度为准；式(7.8)仅适用于一般水泥，不适用于早强型水泥；例如，某 C40 早强混凝土采用 P·O42.5R，在张拉钢绞线时，7d 同条件试件的抗压强度达到 39MPa 以上，按照上述公式推导 28d 强度可能达到 66MPa 以上，这几乎是不可能的。

　　式(7.8)可由所测得的普通混凝土的早期强度估算其 28d 龄期的强度，或者可以由混凝土的 28d 强度推算 28d 之前的强度，混凝土达某一强度需要养护的天数。可用来控制生产施工进度，如确定混凝土拆模、构件起吊、放松预应力钢筋、制品堆放、出厂等的日期。但由于影响混凝土强度的因素很多,此式估算的结果只能作为参考,目前施工现场大多数因工期紧张采用的要么是早强型水泥配制混凝土,要么是掺加早强剂的混凝土,早期强度都比较高,早期强度增长得比较快。

在实际工程中,各国用以估算不同龄期混凝土强度的经验公式很多,如常用的斯拉特公式是根据标准养护条件下的混凝土 7d 强度(f_7)来推算其 28d 的强度(f_{28}),见式(7.9)。

$$f_{28} = f_7 + k\sqrt{f_7} \tag{7.9}$$

式中:k——经验系数,与水泥品种有关,由实验资料确定,一般为 1.9~2.4;

f_7——混凝土 7d 龄期的抗压强度,MPa;

其余符号意义同前。

(5)施工方法及实验条件的影响

拌制混凝土时采用机械搅拌比人工拌和更为均匀,对水灰比小的混凝土,采用强制式搅拌机比自由落体式效果更好。实践证明,在相同配合比和成型密实条件下,机械搅拌的混凝土强度一般要比人工搅拌时的提高 10% 左右。浇筑混凝土时采用机械振动成型比人工振捣要密实得多,这时低水灰比的混凝土尤为显著。

同一批混凝土试件,在不同实验条件下,所测抗压强度值会有差异,其中最主要的因素是加荷速度的影响。加荷速度越快,测得的强度值越大,反之则小。当加荷速度超过 1.0MPa/s 时,强度增大更加显著。

7.4.5 提高混凝土强度的措施

(1)采用高强度等级水泥和早强型水泥

在混凝土配合比不变的情况下,采用高强度等级水泥可提高混凝土 28d 龄期的强度;采用早强型水泥可提高混凝土的早期强度,有利于加快工程进度。

(2)采用低水胶比的干硬性混凝土

降低水灰比是提高混凝土强度的有效途径。在低水灰比的干硬性混凝土拌和物中游离水少,硬化后留下的孔隙少,混凝土密实度高,故强度可显著提高。但当水灰比减小过多时将影响拌和物流动性,造成施工困难,为此一般采取同时掺加混凝土减水剂的办法,可使混凝土在低水灰比的情况下,仍然具有良好的和易性。

(3)采用机械拌和机械振捣

当施工采用干硬性混凝土或低流动性混凝土时,必须同时采用机械搅拌混凝土和机械振捣混凝土,否则不可能使混凝土达到成型密实和强度提高。机械拌和比人工拌和均匀,机械振捣比人工振捣密实。

(4)采用湿热处理养护混凝土

①蒸汽养护是将混凝土放在近 100℃ 的常压蒸汽中养护,以加速水泥的水化,约经过 16h,其强度可达到正常条件下养护 28d 强度的 70%~80%。因此蒸汽养护混凝土的目的,在于获得足够的高早强,以致可以加快拆模,提高模板及场地的周转率,有效提高产量和降低成本。但对于由普通水泥或硅酸盐水泥配置的混凝土,其养护温度不宜超过 80℃,否则待其自然养护至 28d 时的强度,将比一直在自然养护下至 28d 的强度低 10% 以上,这是由于水泥的快速水化致使在水泥颗粒外表过早形成水化产物的凝胶膜层,阻碍了水分深入

内部进一步水化。

②蒸压养护是将混凝土放在温度 175℃ 及 8 个大气压的压蒸釜中进行养护,在此高温高压下水泥水化时析出的氢氧化钙与二氧化硅反应,生成结晶较好的水化硅酸钙,可有效地提高混凝土的强度,并加速水泥的水化与硬化。这种方法对掺有活性混合材的水泥更为有效。

(5)掺加混凝土掺和料和外加剂

掺加混凝土掺和料和外加剂是商品混凝土重要的技术手段,不仅可以改善工作性,还可以提高混凝土强度。混凝土掺加外加剂是使其获得早强、高强的重要手段之一。混凝土中掺入早强剂,可显著提高其早期强度,当掺入减水剂尤其是高效减水剂,由于可大幅度减少拌和用水量,故使混凝土获得很高的 28d 强度。若掺入早强减水剂,则能使混凝土的早期强度和后期强度均得到明显提高。对于目前国内外正在研制和应用的高强和高性能混凝土,除了必须掺入高效减水剂外,还掺加硅粉等矿物掺合料,这使人们很容易配制出 C50~C100 的混凝土,以适应现代高层及大跨度建筑的需要。

在混凝土中适当掺加粉煤灰,虽然混凝土早期强度有所降低,但有利于提高混凝土后期强度。

7.5　混凝土配合比设计

7.5.1　混凝土配合比设计的概念及意义

由于结构用普通水泥混凝土和道路路面用水泥混凝土具有明显差异,本节先介绍基于抗压强度的结构用普通水泥混凝土配合比设计(涉及 7.5.1 节、7.5.2 节和 7.5.3 节),再介绍基于弯拉强度的道路路面用水泥混凝土配合比设计(7.5.4 节)。

对一般工程人员而言,混凝土配合比不是十分重要,施工现场实验人员按照批准的配合比施工及检测即可。但对于专业从事配合比设计和验证的实验人员,就显得尤为重要。混凝土配合比试配,以施工现场使用的实际原材料、掺和料、外加剂进行试配;配合比经过批准后,施工现场使用的实际原材料、掺和料、外加剂,应与批准的配合比试配时使用的原材料、掺和料、外加剂一致。如果施工现场使用的实际原材料、掺和料、外加剂,与批准的配合比试配时使用的原材料、掺和料、外加剂差别较大,需要重新进行配合比设计、验证和审批。

混凝土配合比,是指单位体积的混凝土中,各组成材料的质量比或体积比。施工现场常常以质量比表示。

在进行配合比设计时,单位体积常常为 $1m^3$,即计算出 $1m^3$ 混凝土中水泥、水、细骨料、粗骨料、掺合料和外加剂的质量。配合比确定后,可以 $1m^3$ 混凝土中的水泥质量为 1个单位,计算出其余材料的质量比。

(1)规范中的有关术语

下文是《普通混凝土配合比设计规程》(JGJ 55—2011)中的有关术语。

普通混凝土:表观密度为 $2000~2800kg/m^3$。

干硬性混凝土:拌和物坍落度小于 10mm 且需用维勃稠度(单位:s)表示其稠度的混

凝土。

抗渗混凝土：抗渗等级不低于 P6 的混凝土。

抗冻混凝土：抗冻等级不低于 F50 的混凝土

高强混凝土：强度等级不低于 C60 的混凝土。

大体积混凝土：体积较大，可能由胶凝材料水化热引起的温度应力导致有害裂缝的结构混凝土。

胶凝材料：混凝土中水泥和活性矿物掺和料的总称，用 B 表示。这里的活性矿物掺和料，最常用的是粉煤灰。当不掺加粉煤灰时，胶凝材料就是水泥，用 C 表示。

胶凝材料用量：每立方米混凝土中水泥用量和活性矿物掺和料用量之和。当不掺加粉煤灰时，胶凝材料用量就是水泥的质量。

水胶比：混凝土中用水量与胶凝材料用量的质量比，用 W/B 表示。当不掺加粉煤灰时，水胶比就是水灰比，用 W/B 或 W/C 表示。这里的水灰比是指水与水泥的质量之比，也可以采用体积比。

矿物掺和料掺量：混凝土中矿物掺合料用量占胶凝材料用量的质量百分比。

外加剂掺量：混凝土中外加剂用量占胶凝材料用量的质量百分比。

(2)混凝土配制强度

混凝土配制强度比混凝土强度等级适当提高，目的是保证施工现场混凝土质量，并满足混凝土强度评定标准。

①当混凝土的设计强度等级小于 C60 时，配制强度按式(7.10)确定。

$$f_{cu,0} \geq f_{cu,k} + 1.645\sigma \tag{7.10}$$

式中：$f_{cu,0}$——混凝土配制强度，MPa；

$f_{cu,k}$——混凝土立方体抗压强度标准值，MPa；

σ——混凝土强度标准差(均方差)，MPa，可实测并按式(7.31)计算，无实测资料时可查表 7.19。

②当混凝土的设计强度等级不小于 C60 时，配制强度按式(7.11)确定。

$$f_{cu,0} \geq 1.15f_{cu,k} \tag{7.11}$$

表 7.19 混凝土强度标准差

混凝土强度等级	≤C20	C25～C45	C50～C55
标准差/MPa	4.0	5.0	6.0

7.5.2 混凝土配合比设计步骤

在混凝土配合比设计之前，有一项非常重要的工作，即水泥混凝土配合比设计方案。水泥混凝土配合比设计方案包括坍落度要求、强度要求、地域差异、外加剂(减水剂等)指标、掺合料(粉煤灰等)、原材料料源及数量、施工方案等，应予全盘综合考虑。例如，桩基础的水下大流动性混凝土需要掺加减水剂，商品混凝土一般考虑掺加粉煤灰，北方寒冷地区混凝土考虑掺加引气剂以提高抗渗性、抗冻性和耐久性。

普通结构用水泥混凝土设计包括 5 个步骤：计算水胶比；确定用水量和外加剂用量；计算胶凝材料用量(包括水泥和粉煤灰用量)；确定砂率；计算骨料用量(包括细集料和粗

集料)(杨彦克等，2013)。严格来说，配合比设计还包括试配调整、提交配合比设计报告等后续工作。水泥混凝土配合比设计全周期过程，如图 7.23 所示。

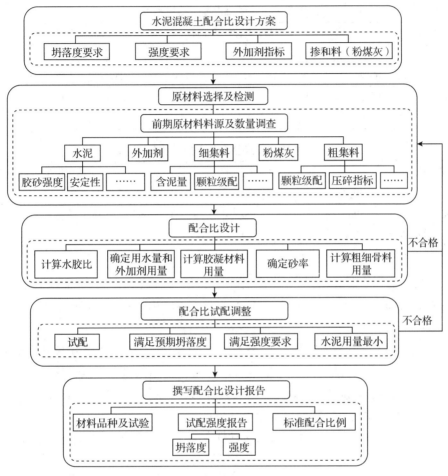

图 7.23 水泥混凝土配合比设计全周期过程

7.5.2.1 计算水胶比

已知设计混凝土强度等级、混凝土配制强度、水泥强度等级、粗骨料类别，根据混凝土强度公式(7.5)即可计算水胶比 W/B。

7.5.2.2 确定用水量和外加剂用量

有的工程采用水胶比极小的碾压混凝土；有的采用水胶比较小的干硬性混凝土；有的采用传统搅拌机搅拌，坍落度为 50~90mm 的低流动性混凝土，如桥梁的"U"型桥台的扩大基础；现在采用较多的结构混凝土，坍落度为 120~180mm，如混凝土罐车运输的泵送混凝土和商品混凝土；桥梁和房屋的水下混凝土桩基础，常常采用坍落度为 180~220mm 的混凝土；还有其他有特殊要求的坍落度更大的混凝土。根据混凝土的用途不同，需求导向不同，水胶比的选择也就不同。

①确定用水量，水胶比为 0.40~0.80 时，干硬性混凝土的用水量按表 7.20 选取，塑性混凝土的用水量按表 7.21 选取。混凝土水胶比小于 0.40 时，可通过实验确定。

表 7.20　干硬性混凝土的用水量　　　　　　　　　　　　　　　kg/m³

拌和物稠度		卵石最大公称粒径/mm			碎石最大公称粒径/mm		
项　目	指标	10.0	20.0	40.0	16.0	20.0	40.0
维勃稠度/s	16~20	175	160	145	180	170	155
	11~15	180	165	150	185	175	160
	5~10	185	170	155	190	180	165

表 7.21　塑性混凝土的用水量　　　　　　　　　　　　　　　kg/m³

拌和物稠度		卵石最大公称粒径/mm				碎石最大公称粒径/mm			
项　目	坍落度/mm	10.0	20.0	31.5	40.0	16.0	20.0	31.5	40.0
用水量	10~30	190	170	160	150	200	185	175	165
	35~50	200	180	170	160	210	195	185	175
	55~70	210	190	180	170	220	205	195	185
	75~90	215	195	185	175	230	215	205	195

②掺外加剂时，每立方米流动性或大流动性混凝土的用水量，按式(7.12)计算。

$$m_{w0} \geq m'_{w0}(1-\beta) \tag{7.12}$$

式中：m'_{w0}——未掺外加剂时，推定的满足实际坍落度要求的每立方米混凝土用水量，kg/m³，以表 7.21 中坍落度为 90mm 时的用水量为基础，按每增大 20mm 坍落度，相应增加 5kg/m³ 用水量计算；当坍落度增大到 180mm 以上时，随坍落度相应增加的用水量可减少；

m_{w0}——掺外加剂后，流动性或大流动性混凝土，每立方米用水量，kg/m³；

β——外加剂的减水率，%，应经过实验确定。

③掺外加剂时，每立方米混凝土中外加剂的用量，利用外加剂掺量的概念，按式(7.13)计算。

$$\beta_a = \frac{m_{a0}}{m_{b0}} \tag{7.13}$$

式中：m_{a0}——计算配合比每立方米混凝土中外加剂用量，kg/m³；

m_{b0}——计算配合比每立方米混凝土中胶凝材料用量，kg/m³；

β_a——外加剂掺量，%，结合外加剂生产厂家推荐掺量并经过实验确定其相容性和掺加比例。

7.5.2.3　计算胶凝材料用量(包括水泥和粉煤灰用量)

①每立方米混凝土的胶凝材料用量，按水胶比概念按式(7.14)计算。

$$\frac{W}{B} = \frac{m_{w0}}{m_{b0}} \tag{7.14}$$

式中：m_{b0}——每立方米混凝土中的胶凝材料用量，kg/m^3；

　　　m_{w0}——每立方米混凝土中水的质量，kg/m^3。

$\dfrac{W}{B}$为水胶比，即混凝土中最小胶凝材料用量和最大水胶比，见表 7.22。

表 7.22　混凝土中最小胶凝材料用量和最大水胶比

最大水胶比	最小胶凝材料用量/(kg/m^3)		
	素混凝土	钢筋混凝土	预应力混凝土
0.60	250	280	300
0.55	280	300	300
0.50	320	320	320
≤0.45	330	330	330

②根据掺合料概念，计算每立方米混凝土中掺和料的质量，按式(7.15)计算。

$$\beta_{f0}=\frac{m_{f0}}{m_{b0}} \tag{7.15}$$

式中：m_{f0}——每立方米混凝土中矿物掺和料用量，kg/m^3；

　　　m_{b0}——每立方米混凝土中胶凝材料用量，kg/m^3；

　　　β_{f0}——矿物掺和料掺量，%，这里的掺合料是指拌制混凝土时的。钢筋混凝土和预应力混凝土中矿物掺和量最大掺量，分别见表 7.23 和表 7.24。

表 7.23　钢筋混凝土中矿物掺和料最大掺量

矿物掺和料种类	水胶比	最大掺量/%	
		硅酸盐水泥	普通硅酸盐水泥
粉煤灰	≤0.40	45	35
	>0.40	40	30
粒化高炉矿渣	≤0.40	65	55
	>0.40	55	45
钢渣粉	—	30	20
磷渣粉	—	30	20
硅　粉	—	10	10
复合掺和料	≤0.40	65	55
	>0.40	55	45

③计算每立方米混凝土的水泥用量，按式(7.16)计算 m_{c0}。计算思路是胶凝材料质量等于水泥质量与掺和料质量之和。

$$m_{b0}=m_{c0}+m_{f0} \tag{7.16}$$

式中：m_{c0}——每立方米混凝土中水泥用量，kg/m^3；

　　　其余符号意义同前。

表 7. 24　预应力混凝土中矿物掺和料最大掺量

矿物掺和料种类	水胶比	最大掺量/%	
		硅酸盐水泥	普通硅酸盐水泥
粉煤灰	≤0.40	35	30
	>0.40	25	20
粒化高炉矿渣	≤0.40	55	45
	>0.40	45	35
钢渣粉	—	20	10
磷渣粉	—	20	10
硅　粉	—	10	10
复合掺和料	≤0.40	55	45
	>0.40	45	35

7.5.2.4　确定砂率

砂率应根据骨料的技术指标、混凝土拌和物性能和施工要求，参考既有的砂率历史资料确定。当缺乏砂率的历史资料时，混凝土的砂率应符合下列规定：

①坍落度小于 10mm 的混凝土，其砂率应经过实验确定。

②坍落度为 10~60mm 的混凝土，其砂率可根据粗骨料品种、最大公称粒径及水胶比，按表 7. 25 选取。

③坍落度大于 60mm 的混凝土，其砂率可经过实验确定，也可在表 7. 25 的基础上，按坍落度每增加 20mm，砂率增大 1% 的幅度予以调整。

表 7. 25　混凝土的砂率　　　　　　　　　　　　%

水胶比	卵石最大公称粒径/mm			碎石最大公称粒径/mm		
	10. 0	20. 0	40. 0	16. 0	20. 0	40. 0
0. 40	26~32	25~31	24~30	30~35	29~34	27~32
0. 50	30~35	29~34	28~33	33~38	32~37	30~35
0. 60	33~38	32~37	31~36	36~41	35~40	33~38
0. 70	36~41	35~40	34~39	39~44	38~43	36~41

7.5.2.5　计算骨料用量(包括细集料和粗集料)

(1)质量法

质量法的思路是组成混凝土的总质量固定，利用总量方程和砂率方程，计算每立方米混凝土中粗、细骨料的质量，按式(7.17)和式(7.3)计算。

$$m_{f0}+m_{c0}+m_{g0}+m_{s0}+m_{w0}=m_{cp} \tag{7.17}$$

式中：m_{g0}——每立方米混凝土的粗骨料用量，kg/m^3；

m_{s0}——每立方米混凝土的细骨料用量，kg/m^3；

m_{cp}——每立方米混凝土拌和物的假定质量，kg，可取 2350~2450kg/m³；

其余符号意义同前。

（2）体积法

体积法的思路是组成混凝土的总体积固定，利用体积方程和砂率方程，计算每立方米混凝土中粗细骨料的质量，按式（7.18）或式（7.19）和式（7.3）计算。式（7.18）和式（7.19）本质上是一样的，区别是由单位换算所致；式（7.18）可以理解为所有组成混凝土材料体积之和为 1000L（1L = 1000cm³）；式（7.18）可以理解为所有组成混凝土材料体积之和为 1m³。当密度单位采用 g/cm³ 时，按式（7.18）计算；当密度单位采用 kg/m³ 时，按式（7.19）计算。采用式（7.18）比式（7.19）方便，因为密度单位 g/cm³ 更为常用。两个公式中各个组成材料质量的单位，仍然习惯性采用 kg。

$$\frac{m_{c0}}{\rho_c} + \frac{m_{f0}}{\rho_f} + \frac{m_{g0}}{\rho_g} + \frac{m_{s0}}{\rho_s} + \frac{m_{w0}}{\rho_w} + 10\alpha = 1000 \tag{7.18}$$

式中：ρ_c——水泥密度，g/cm³，可实测，也可取 2.9~3.1g/cm³；

ρ_f——矿物掺和料密度，g/cm³，一般实测；

ρ_g——粗骨料的表观密度，g/cm³，一般实测；

ρ_s——细骨料的表观密度，g/cm³，一般实测；

ρ_w——水的密度，kg/m³，可取 1g/cm³；

α——混凝土的含气量百分数，在不使用引气型外加剂时，可取 1；

其余符号意义同前。

$$\frac{m_{c0}}{\rho_c} + \frac{m_{f0}}{\rho_f} + \frac{m_{g0}}{\rho_g} + \frac{m_{s0}}{\rho_s} + \frac{m_{w0}}{\rho_w} + 0.01\alpha = 1 \tag{7.19}$$

式中：ρ_c——水泥密度，kg/m³，可实测，也可取 2900~3100kg/m³；

ρ_f——矿物掺和料密度，kg/m³，一般实测；

ρ_g——粗骨料的表观密度，kg/m³，一般实测；

ρ_s——细骨料的表观密度，kg/m³，一般实测；

ρ_w——水的密度，kg/m³，可取 1g/cm³；

其余符号意义同前。

【例 7.1】某框架结构工程现浇钢筋混凝土梁，混凝土设计强度等级为 C30，施工采用机拌机振，混凝土坍落度要求 35~50mm，并根据施工单位历史资料统计，混凝土强度标准差 5.0MPa。现场原材料情况如下：

水泥：P·O 42.5，水泥密度为 $\rho_c = 3.00$g/cm³，水泥强度等级值的富余系数为 1.08；

砂为 2 区中砂，砂子表现密度 $\rho_s = 2.65$g/cm³；

碎石为 5~31.5mm，级配尚可，石子表现密度 $\rho_g = 2.7$g/cm³。如果掺加 FDN 非引气高效减水剂，适宜掺量为 0.5%，减水 8%，换算其配合比。试求：

（1）试进行该混凝土配合比设计。

（2）如果配制混凝土的和易性和强度等均符合要求，无须做调整。但是现场砂子含水率为 $a = 3\%$，碎石含水率为 $b = 1\%$，换算该混凝土施工配合比。

【解】

(1)试进行该混凝土配合比设计

首先，计算 1m³ 混凝土中各个组成材料的质量(kg)。

①确定混凝土配制强度　由式(7.10)计算试配强度 $f_{cu,0} = f_{cu,k} + 1.645\sigma = 30 + 1.645 \times 5.0 = 38.23(\text{MPa})$。

②计算水灰比　根据混凝土强度公式 $f_{cu,0} = \alpha_a f_b \left(\dfrac{B}{W} - \alpha_b \right)$，计算得到，由式(7.5) $\dfrac{W}{B} =$

$$\frac{0.53 \times 42.5 \times 1.08}{38.23 + 0.53 \times 0.20 \times 42.5 \times 1.08} = 0.56。$$

框架结构混凝土梁处于干燥环境，故按表 7.22 将允许最大水胶比值取为 0.55，因未使用掺和料粉煤灰，这里水胶比 W/B 就是水灰比 W/C。

③确定用水量和外加剂用量　查表 7.21，对碎石最大粒径为 31.5mm，当所需坍落度为 35~50mm 时，1m³ 混凝土的用水量可选用 $m_{w0} = 185(\text{kg})$。

按式(7.12)掺 FND 减水剂为 8% 后，1m³ 混凝土的用水量 $m'_{w0} = (1-\beta) m_{w0} = 185 \times (1 - 8\%) = 170(\text{kg})$。

1m³ 混凝土中的外加剂掺量，按公式 $\beta_a = \dfrac{m_{a0}}{m_{b0}}$ 计算，$m_{a0} = 309 \times 0.5\% = 1.55(\text{kg})$。

④确定胶凝材料用量　按式(7.14)计算

按照公式 $\dfrac{W}{B} = \dfrac{m_{w0}}{m_{b0}}$ 计算胶凝材料质量，$m_{b0} = \dfrac{m_{w0}}{\left(\dfrac{W}{B} \right)} = \dfrac{170}{0.55} = 309(\text{kg})$。

因本例没有采用掺和料粉煤灰，胶凝材料用量 m_{b0} 就是水泥用量 m_{c0}，满足表 7.23，最小水泥用量 300kg/m³，故取水泥用量 309kg/m³。

⑤确定砂率　查表 7.25，采用碎石最大粒径为 31.5mm，当水灰比为 0.55 时，其砂率值可选取 $\beta_s = 35\%$(采用插入法选定)。

⑥计算粗细骨料用量　按式(7.18)和式(7.3)，用体积法计算。

$$\frac{309}{3.00} + \frac{m_{g0}}{2.70} + \frac{m_{s0}}{2.65} + \frac{170}{1.00} + 10 \times 1 = 1000$$

$$\beta_s = \frac{m_{s0}}{m_{s0} + m_{g0}} \times 100 = 35(\%)$$

解这 2 个联立方程，则得：$m_{s0} = 677\text{kg}$，$m_{g0} = 1258(\text{kg})$。

按式(7.19)和式(7.3)，用质量法计算。

$$309 + m_{g0} + m_{s0} + 170 = 2400(\text{这里取混凝土的表观密度为 } 2400\text{kg/m}^3)$$

$$\beta_s = \frac{m_{s0}}{m_{s0} + m_{g0}} \times 100 = 35(\%)$$

解这 2 个联立方程，也能够计算出 m_{s0} 和 m_{g0} 的质量。

⑦计算混凝土配合比　1m³ 混凝土中各材料用量为：水泥 309kg、砂 677kg、碎石

1258kg、水170kg、FND减水剂1.55kg。具有1m³混凝土中各材料用量，就可以水泥为1个单位，进行任意或质量体积的配合比换算。配合比可以根据需要进行质量比例换算和体积比例换算，下面列举了几种配合比换算表示方式：

配合比表示方式一，每1m³混凝土中各个材料质量(kg)：

$m_{w0} : m_{c0} : m_{s0} : m_{g0} : m_{a0} = 170 : 309 : 677 : 1258 : 1.55$。

配合比表示方式二，把水的质量看作1个单位，则混凝土中各个材料质量比：

$m_{w0} : m_{c0} : m_{s0} : m_{g0} : m_{a0} = 0.55 : 1 : 2.19 : 4.07 : 0.005$。0.55表示水胶比 W/B。

配合比表示方式三，假设现场搅拌机每盘掺加水泥2袋(每袋50kg)，则每盘混凝土中各个材料参加质量比(kg)：

$m_{w0} : m_{c0} : m_{s0} : m_{g0} : m_{a0} = 55 : 100 : 219 : 407 : 0.5$。

配合比标表示方式四，配合比设计阶段，常常拌制30L(1L=0.001m³)混凝土，便于试配和调整配合比，拌制30L混凝土时各个材料质量(kg)：

$m_{w0} : m_{c0} : m_{s0} : m_{g0} : m_{a0} = 170(\times 0.03) : 309(\times 0.03) : 677(\times 0.03) : 1258(\times 0.03) : 1.55(\times 0.03)$。

则 $m_{w0} : m_{c0} : m_{g0} : m_{s0} : m_{a0} = 5.10 : 9.27 : 20.31 : 34.74 : 0.0465$。

（2）换算成施工配合比

施工现场1m³混凝土中各材料用量为：

$m'_{c0} = m_{c0} = 309(kg)$。

$m'_{s0} = m_{s0} \times (1+a\%) = 677 \times (1+3\%) = 697(kg)$。

$m'_{g0} = m_{g0} \times (1+b\%) = 1258 \times (1+1\%) = 1271(kg)$。

$m'_{w0} = m_{w0} - m_{s0} \times a\% - m_{g0} \times b\% = 170 - 677 \times 3\% - 1258 \times 1\% = 137(kg)$。

FND减水剂掺量 $m_{a0} = 1.55(kg)$。

7.5.3 混凝土配合比的试配调整

7.5.3.1 试配

试配和调整主要针对坍落度和28d强度重要指标，确定或调整配合比。

①混凝土试配应采用强制式搅拌机进行搅拌，搅拌方法宜与施工采用的方法相同。每盘混凝土试配的最小搅拌量，见表7.26，不应小于搅拌机公称容量的1/4，且不应大于搅拌机的公称容量，一般取30L即可。

表7.26 混凝土试配的最小搅拌量

粗骨料最大公称粒径/mm	拌和物数量/L
≤31.5	20
40.0	25

在计算配合比的基础上进行试拌。计算水胶比，宜保持不变，并应通过调整配合比其他参数使混凝土拌和物性能符合设计和施工要求，然后修正计算配合比，提出试配配合比。

②在试拌配合比的基础上应进行混凝土强度实验，并应符合下列规定：应采用 3 个不同的配合比，其中一个应为按 7.5.2 节确定的试拌配合比（又称为基准配合比），另外 2 个配合比的水胶比宜较试拌配合比分别增加和减少 0.05，用水量应与试拌配合比相同，砂率可分别增加和减少 1%。

进行混凝土强度实验时，拌和物性能应符合设计和施工要求，每个配合比应至少制作一组试件，并应标准养护到 28d 或设计规定龄期时试压。

7.5.3.2 配合比的调整与确定

(1)配合比调整规定

根据 7.4 节混凝土强度实验结果，宜绘制强度和水胶比的线性关系图或用插值法确定略大于配制强度对应的水胶比。

在试拌配合比的基础上，用水量和外加剂用量应根据确定的水胶比做调整。

胶凝材料用量应以用水量乘以确定的水胶比计算得出。

粗骨料和细骨料用量应根据用水量和胶凝材料用量进行调整。

(2)混凝土拌和物表观密度和配合比校正系数

配合比调整后的混凝土拌和物的表观密度按式(7.20)计算。

$$\rho_{c,c}=m_c+m_f+m_g+m_s+m_w \tag{7.20}$$

式中：$\rho_{c,c}$——混凝土拌和物的表观密度计算值，kg/m^3；

m_c——每立方米混凝土的水泥用量，kg/m^3；

m_f——每立方米混凝土的矿物掺和料用量，kg/m^3；

m_g——每立方米混凝土的粗骨料用量，kg/m^3；

m_s——每立方米混凝土的细骨料用量，kg/m^3；

m_w——每立方米混凝土的用水量，kg/m^3。

混凝土配合比校正系数，按式(7.21)计算。

$$\delta=\frac{\rho_{c,t}}{\rho_{c,c}} \tag{7.21}$$

式中：δ——混凝土配合比校正系数；

$\rho_{c,t}$——混凝土拌和物的表观密度实测值，kg/m^3；

$\rho_{c,c}$——混凝土拌和物的表观密度计算值，kg/m^3。

当混凝土拌和物表观密度实测值与计算值之差的绝对值，不超过计算值的 2%时，配合比可维持不变。当两者之差超过 2%时，应将配合比中每项材料用量均乘以校正系数 δ。

(3)验证或调整

生产单位可根据常用材料设计出常用的混凝土配合比备用，并应在启用过程中予以验证或调整。

遇有下列情况之一时，应重新进行配合比设计：

对混凝土性能有特殊要求时；水泥、外加剂或矿物掺和料等原材料品种、质量有显著变化时。

7.5.4 水泥混凝土路面配合比设计

一般结构用水泥混凝土采用流动性的混凝土，水泥混凝土路面采用干硬性混凝土，因为道路有横坡和纵坡，流动性混凝土因为流淌，不易形成坡度。

一般结构用水泥混凝土按照抗压强度控制设计，道路路面用水泥混凝土配合比设计，按照弯拉强度控制设计。公路路面水泥混凝土的配合比设计应满足工作性、弯拉强度、耐久性要求，兼顾经济性。

根据《公路水泥混凝土路面施工技术细则》（JTG/T F30—2014），极重、特重、重交通荷载等级公路面层水泥混凝土应采用旋窑生产的道路硅酸盐水泥、硅酸盐水泥、普通硅酸盐水泥，中、轻交通荷载等级公路面层水泥混凝土可采用矿渣硅酸盐水泥。高温期施工宜采用普通型水泥，低温期施工宜采用早强型水泥。面层水泥混凝土所用水泥的计算要求除了应满足《道路硅酸盐水泥》（GB/T 13693—2017）和《通用硅酸盐水泥》（GB 175—2007）（含修改单）的规定外，各龄期的实测抗压强度、抗折强度尚应符合表 7.27 的规定。

表 7.27 道路面层水泥混凝土用水泥各个龄期的实测强度

混凝土设计弯拉强度标准值等级/MPa	4.0		4.5		5.0		5.5	
龄期/d	3	28	3	28	3	28	3	28
水泥实测抗折强度/MPa，≥	3.0	6.5	4.0	7.0	4.5	7.5	5.0	8.0
水泥实测抗压强度/MPa，≥	10.0	32.5	17.0	42.5	17.0	425	23.0	52.5

道路路面用水泥混凝土路面与普通结构用混凝土配合比设计的相同点为，设计过程和思路基本相同。两者不同点：结构受力要求不同，前者强调弯拉强度，而普通结构用混凝土强调抗压强度；设计计算公式不同；原材料要求着重点不同，前者水泥要求具备规定的抗折强度和抗压强度，而后者仅要求抗压强度。

道路路面用水泥混凝土配合比设计主要包括以下 6 个步骤：

(1)面层水泥混凝土配制抗弯拉强度

按《公路水泥混凝土路面施工技术细则》（JTG/T F30—2014）规定，水泥混凝土的配制弯拉强度，按式(7.22)计算。

$$f_c = \frac{f_r}{1-1.04C_v} + ts \tag{7.22}$$

式中：f_c——28d 混凝土配制弯拉强度的平均值，MPa；

f_r——设计抗弯拉强度标准值，MPa；

t——保证率系数，按表 7.28 取值；

s——抗弯拉强度实验样本的标准差，MPa，可实测，无实测资料时，可按公路等级及设计弯拉强度，参照表 7.29 规定范围确定；

C_v——弯拉强度变异系数，应按统计数据取值，小于 0.05 时取 0.05；无统计数据时，可参照表 7.30 的规定取值。

表 7.28　保证率系数 t

公路技术等级	判别概率 p	样本数 n/组			
		6~8	9~14	15~19	≥20
高速公路	0.05	0.79	0.61	0.45	0.39
一级公路	0.10	0.59	0.46	0.35	0.30
二级公路	0.15	0.46	0.37	0.28	0.24
三、四级公路	0.20	0.37	0.29	0.22	0.19

表 7.29　各级公路混凝土路面弯拉强度实验样本标准差

公路技术等级	高速公路	一级公路	二级公路	三级公路	四级公路
目标可靠度/%	95	90	85	80	70
目标可靠指标	1.64	1.28	1.04	0.84	0.52
样本的标准差 s/MPa	0.25~0.5		0.45~0.67	0.4~0.8	

表 7.30　变异系数 C_v

弯拉强度变异水平等级	低	中	高
弯拉强度变异系数允许变化范围	0.05~0.10	0.10~0.15	0.15~0.20

(2)计算水灰比

按《公路水泥混凝土路面施工技术细则》(JTG/T F30—2014)规定，无掺合料时，根据粗集料的类型，水灰比可分别按式(7.23)或式(7.24)的统计公式计算。计算水灰比应不大于规定的最大水灰比。

碎石或破碎卵石混凝土，按式(7.23)计算。

$$\frac{W}{C} = \frac{1.5684}{f_c + 1.0097 - 0.3595 f_s} \tag{7.23}$$

卵石混凝土，按式(7.24)计算。

$$\frac{W}{C} = \frac{1.2618}{f_c + 1.5492 - 0.4709 f_s} \tag{7.24}$$

式中：$\dfrac{W}{C}$——水灰比；

f_s——水泥 28d 抗折强度，MPa；

其余符号意义同前。

(3)确定砂率

水泥混凝土的砂率宜根据砂的细度模数和粗集料种类，按表 7.31 选取。

表 7.31　路面用水泥混凝土砂率

细度模数	2.2~2.5	2.5~2.8	2.8~3.1	3.1~3.4	3.4~3.7
碎石砂率/%	30~34	32~36	34~38	36~40	38~42
卵石砂率/%	28~32	30~34	32~36	34~38	36~40

(4)确定单位用水量

按《公路水泥混凝土路面施工技术细则》(JTG/T F30—2014)规定,根据粗集料种类和坍落度要求,按经验式(7.25)和式(7.26)计算单位用水量。计算单位用水量,大于表7.32最大用水量的规定时,应掺加减水率降低单位用水量。

碎石混凝土的计算单位用水量,按式(7.25)计算,计算单位用水量不宜大于最大用水量规定(表7.32),显然路面用水泥混凝土的用水量是严格限制的,相应的坍落度也较小,一般不会超过30~80mm。如果采用水灰比较大的流动性混凝土,难以形成路拱横坡度,在纵坡度较大路段更难形成道路纵坡度。

$$W_0 = 104.97 + 0.309h + 11.27\frac{C}{W} + 0.61S_P \qquad (7.25)$$

卵石混凝土的计算单位用水量,按式(7.26)计算。

$$W_0 = 86.89 + 0.370h + 11.27\frac{C}{W} + 1.00S_P \qquad (7.26)$$

掺加外加剂的单位用水量,按式(7.27)计算。

$$W_{0w} = W_0\left(1 - \frac{\eta}{100}\right) \qquad (7.27)$$

式中:W_0——未掺外加剂混凝土的单位用水量,kg/m^3;

$\quad W_{0w}$——掺外加剂混凝土的单位用水量,kg/m^3;

$\quad h$——设计坍落度,mm;

$\quad \dfrac{C}{W}$——水灰比的倒数;

$\quad S_P$——砂率,%;

$\quad \eta$——所选择的外加剂的实测减水率,%。

表7.32 水泥混凝土最大单位用水量

施工工艺	碎石混凝土/(kg/m^3)	卵石混凝土/(kg/m^3)
滑模摊铺机摊铺	160	155
三辊轴机摊铺	153	148
小型机具摊铺	150	145

(5)确定单位水泥用量

计算出来的水泥用量应不小于规定的最小水泥用量。单位水泥用量,按式(7.28)计算。

$$C_0 = \frac{C}{W} \cdot W_0 \qquad (7.28)$$

式中:C_0——单位水泥用量,kg/m^3;

$\quad$其余符号意义同前。

(6)确定粗集料、中砂用量

集料用量可按照质量法和体积法计算。按照质量法计算时,混凝土单位质量可取2400~2450kg/m^3;按照体积法计算时,应计入设计含气量。

7.6 混凝土强度评定

7.6.1 概述

混凝土配合比设计完成并经验证和审批后，施工现场随机抽样，制作混凝土立方体抗压强度试件，按照《混凝土强度检验评定标准》(GB/T 50107—2010)，进行混凝土强度综合评定。

(1)混凝土的取样

①混凝土的取样，宜根据《混凝土强度检验评定标准》(GB/T 50107—2010)规定的检验评定方法要求制订检验批的划分和相应的取样计划。混凝土强度试样应在混凝土的浇筑地点随机抽取。

②试件的取样频率和数量应符合下列规定，每次一般取样2组：

每100盘，但不超过100m³的同配合比混凝土，取样次数不应少于1次。

每工作班拌制的同配合比混凝土，不足100盘和100m³时其取样次数不小于1次。

当一次连续浇筑的同配合比混凝土超过1000m³时，每200m³取样次数不小于1次。

对房屋建筑，每一楼层、同一配合比的混凝土，取样次数不少于1次。

③每批混凝土应制作的试件总组数，除满足本规定混凝土强度评定所必需的组数外，还应留置为检验结构或构件施工阶段混凝土强度所必需的试件组数。

(2)混凝土试件的制作与养护

混凝土试件的制作与养护应符合规范要求。

(3)混凝土试件抗压

混凝土试件立方体抗压应符合《混凝土物理力学性能试验方法标准》(GB/T 50081—2019)要求。

(4)混凝土强度评定方法

混凝土强度的检验评定方法，分为(数理)统计方法和非(数理)统计方法。

7.6.2 用统计方法评定混凝土强度

(1)连续生产的统计方法

当连续生产的混凝土，生产条件在较长时间内保持一致，且同一品种、同一强度等级混凝土的强度变异性保持稳定时，采用该方法。

①一个检验批的样本容量应为连续的3组试件，其强度应同时符合式(7.29)和式(7.30)。

$$m_{f_{cu}} \geqslant f_{cu,k} + 0.7\sigma \tag{7.29}$$

$$f_{cu,min} \geqslant f_{cu,k} - 0.7\sigma \tag{7.30}$$

式中：$m_{f_{cu}}$——同一检验批混凝土立方体抗压强度的平均值，MPa；

$f_{cu,k}$——混凝土立方体抗压强度标准值，MPa；

σ——检验批混凝土立方体抗压强度的标准差，MPa，按式(7.31)计算。

$f_{cu,min}$——同一检验批混凝土立方体抗压强度的最小值，MPa。

$$\sigma = \sqrt{\dfrac{\sum\limits_{i=1}^{n}(f_i - \bar{f})^2}{n-1}} \text{ 或 } \sigma = \sqrt{\dfrac{\sum\limits_{i=1}^{n}f_i^2 - n\bar{f}^2}{n-1}} \tag{7.31}$$

式中：n——前一检验期内的样本容量，在该检验期内样本容量不应少于 45 组。

f_i——第 i 组混凝土立方体抗压强度代表值，MPa；

$\bar{f}$——第 i 组混凝土立方体抗压强度代表值的平均值，MPa。

公式(7.31)中，分母为样本 $n-1$，表示数据是抽样部分数据，即仅在工程现场进行了部分随机抽样检测混凝土强度。如果公式(7.31)中，分母为 n，表示数据本身是总体，此时所有混凝土均作为抽样数据，即工程现场所有混凝土仅仅用来抽样实验，不作为工程结构材料，这种情况是不常见的，也是不符合工程实际的(黄廷林等，2020)。

②当混凝土强度等级不高于 C20 时，其强度的最小值尚应满足式(7.32)。

$$f_{cu,min} \geq 0.85 f_{cu,k} \tag{7.32}$$

当混凝土强度等级高于 C20 时，其强度的最小值尚应满足式(7.33)。

$$f_{cu,min} \geq 0.90 f_{cu,k} \tag{7.33}$$

(2)当样本容量≥10 组时的统计方法

同时满足式(7.34)和式(7.35)。

$$m_{f_{cu}} \geq f_{cu,k} + \lambda_1 \sigma \tag{7.34}$$

$$f_{cu,min} \geq \lambda_2 f_{cu,k} \tag{7.35}$$

式中：λ_1、λ_2——合格评定系数，见表 7.33；

其余符号意义同前。

表 7.33　混凝土强度的合格评定系数

试件组数	10~14	15~19	20≤n<45
λ_1	1.15	1.05	0.95
λ_2	0.90	0.85	0.85

7.6.3　用非统计方法评定混凝土强度

当用于评定的样本容量 n<10 组时，应采用非统计方法评定混凝土强度。

按非统计方法评定混凝土强度，其强度应同时满足式(7.36)和式(7.37)。

$$m_{f_{cu}} \geq \lambda_3 f_{cu,k} \tag{7.36}$$

$$f_{cu,min} \geq \lambda_4 f_{cu,k} \tag{7.37}$$

式中：λ_3、λ_4——合格评定系数，见表 7.34；

其余符号意义同前。

对混凝土强度评定为不合格批的，可按国家现行的有关规定，根据实际情况采取重新检验(现场钻芯取样或超声回弹)、静载实验等手段检测。针对检测结果，采取不做处理、返工、修补、验收等相应方法处理。

表 7.34　混凝土强度的非统计法合格评定系数

混凝土强度等级	<C60	≥C60
λ_3	1.15	1.10
λ_4	0.95	0.95

【例 7.2】某职工住宅为砖混结构，监理见证取样基础底圈梁 11 组 C20 混凝土 28d 强度 23.2、24.5、20.2、19.5、22.5、25.6、23.8、24.6、25.8、24.6、24.9（单位：MPa）。该混凝土抗压强度综合评定采用什么方法，并用选定的方法评定该混凝土强度。

【解】

（1）$n=11$ 组，样本容量≥10 组，按相应的统计方法评定混凝土强度。

（2）计算 11 组样本的平均值

$$m_{f_{cu}} = \frac{23.2+24.5+\cdots+24.9}{11} = 23.6(\text{MPa})$$

（3）计算均方差

$$均方差 \; \sigma = \sqrt{\frac{\sum\limits_{i=1}^{n}(f_i \bar{f})^2}{n-1}} = 2.08(\text{MPa})$$

（4）评定混凝土强度

由 $m_{f_{cu}} \geq f_{cu,k} + \lambda_1 \sigma$，得到：$23.6 \geq 20 + 1.15 \times 2.08 = 22.4$。

由 $f_{cu,min} \geq \lambda_2 f_{cu,k}$，得到：$19.5 \geq 0.90 \times 20 = 18.0$。

（5）结论

该 11 组混凝土强度综合评定结果，符合《混凝土强度检验评定标准》（GB/T 50107—2010）要求，或该 11 组混凝土强度综合评定结果合格。

【例 7.3】某桥梁 U 型桥台，第一层基础 6 组 C20 混凝土 28d 强度分别为 24.5、25.6、19.5、24.6、24.6、24.9（单位：MPa）。该基础采用什么方法评定混凝土强度，并用选定的方法评定混凝土强度。

【解】

（1）$n=6$ 组，$n<10$ 组，按相应的非统计方法评定混凝土强度。

（2）计算 6 组样本的平均值

$$m_{f_{cu}} = \frac{24.5+25.6+19.5+24.6+24.6+24.9}{6} = 24.0(\text{MPa})$$

（3）评定混凝土强度

由 $m_{f_{cu}} \geq \lambda_3 f_{cu,k}$，得到：$24.0 \geq 1.15 \times 20 = 23.0$。

由 $f_{cu,min} \geq \lambda_4 f_{cu,k}$，得到：$19.5 \geq 0.95 \times 20 = 19.0$。

（4）结论

虽然样本中有 1 组混凝土强度 19.5MPa，小于抗压强度标准值 20.0MPa，但大于 19.0MPa。该 6 组混凝土强度综合评定结果，符合《混凝土强度检验评定标准》（GB/T 50107—2010）要求，或该 6 组混凝土强度综合评定结果合格。

分析【例 7.3】混凝土强度评定需要同时满足平均值条件和最小值条件。延伸分析：

①样本中，样本组数 n 越多，要求的平均值和最小值就越低；反之，样本组数 n 越少，要求的平均值和最小值就越高。

②样本中，每一组抗压强度均大于抗压强度标准值，也不一定合格。

③样本中，某组混凝土强度小于抗压强度标准值，综合评定也可能合格。

需要说明的是，初学者容易把单组立方体抗压强度实验并确定单组混凝土抗压强度，与混凝土强度评定混淆。

两者采用的标准也不一样。单组混凝土经过抗压实验后，需要按照《混凝土物理力学性能试验方法标准》(GB/T 50081—2019)，确定其立方体抗压强度值，单组混凝土不进行混凝土强度评定，只确定其强度值。混凝土强度评定，在该结构全部施工结束(混凝土浇筑完成并超过 28d)，是针对若干组(即样本容量 n)，按照《混凝土强度检验评定标准》(GB/T 50107—2010)，开展混凝土抗压强度评定。

7.7 混凝土耐久性

7.7.1 混凝土耐久性的概念

混凝土耐久性，是指混凝土在长期外界因素作用下，抵抗外部和内部不利影响的能力。简单来说，耐久性就是混凝土经久耐用的性质。

用于建筑物和构造物的混凝土，不仅应具有设计要求的强度，保证能安全承受荷载作用，还应具有耐久性能，能满足在所处环境及使用条件下经久耐用的要求。

长期以来，人们认为混凝土的耐久性是不成问题的，形成了单纯追求强度的倾向，实践证明，在长期环境因素的作用下，混凝土耐久性是不容忽视的问题。在设计混凝土结构时，需要同时考虑强度与耐久性。只有耐久性良好的混凝土，才能延长结构使用寿命、减少维修保养工作量、提高经济效益。混凝土的耐久性涉及的影响因素多，目前还没有完善的理论体系和检测标准，人们常常用混凝土的抗渗性、抗冻性、抗侵蚀性、碳化、碱-骨料反应等方面来多方位衡量混凝土的耐久性。

7.7.2 混凝土抗渗性

7.7.2.1 水泥混凝土抗渗性概念、等级及抗渗实验

混凝土抗渗性，是指混凝土抵抗压力液体(水、油、溶液等)渗透作用的能力。抗渗性是决定混凝土耐久性最主要因素之一。如果混凝土抗渗性差，不仅周围水等液体物质易渗入内部，而且当遇有负温或含有侵蚀性介质的环境时，混凝土就易遭受冰冻或侵蚀作用而破坏，还将引起其内部钢筋锈蚀并导致表面混凝土保护层开裂与剥落。对于受压水(或油)作用的工程，如地下建筑、水池、水塔、压力水管、水坝、油罐及港工、海工等，要求混凝土具有一定的抗渗能力。

混凝土的抗渗性用抗渗等级 P 表示(详见 2.3 节)。根据《普通混凝土长期性能和耐久性能试验方法标准》(GB/T 50082—2009)的规定，混凝土抗渗等级测定采用顶面内径为

175mm、底面内径为 185mm、高为 150mm 的圆台体标准试件，标准养护条件下养护 28d，在规定实验条件下测至 6 个试件中有 3 个试件端面渗水为止，则混凝土的抗渗等级以 6 个试件中 4 个未出现渗水时的最大水压力计算，混凝土的抗渗性计算见式(7.38)。

$$P = 10H - 1 \qquad (7.38)$$

式中：P——混凝土抗渗等级；

$\quad\quad H$——6 个试件中 3 个渗水时的水压力，MPa。

混凝土抗渗等级分为 P4、P6、P8、P10 和 P12，设计时应按工程实际承受的水压选择抗渗等级。

提高混凝土抗渗性，可以从选择适当的水灰比、提高混凝土的密实度等几个方面考虑。具体措施有：混凝土尽量采用低水灰比；骨料要致密、干净、级配良好；混凝土施工振捣要密实；养护混凝土要有适当的温度、充分的湿度及足够的养护时间。此外，掺加引气剂或引气减水剂等外加剂，也是改善混凝土抗渗性的有效措施。

7.7.2.2 现有水泥混凝土抗渗仪及其抗渗实验

(1)现有水泥混凝土抗渗仪

现行规范《普通混凝土长期性能和耐久性能试验方法标准》(GB/T 50082—2009)，规定了传统的抗渗仪(简称现有抗渗仪)及其实验方法。

现有抗渗仪由机架试模、台面、支架、加压系统、储水罐和压力控制箱 6 大部分组成，其中加压系统、储水罐和压力控制箱放置在抗渗仪下部箱体里面，机架试模是放置在台面上的圆柱体试模，与台面螺栓连接，如图 7.24 所示。此外，还需要专用试模浇筑水泥混凝土试件。

(2)现有抗渗仪抗渗实验机理

《普通混凝土长期性能和耐久性能试验方法标准》(GB/T 50082—2009)规定：水泥混凝土抗渗实验采用现有抗渗仪，每一组 6 个抗渗试件，试件为直径和高度均为 150mm 的圆柱体，单独试模浇筑混凝土试件，试件成型 24h 后脱模，标准养护 28d 进行抗渗实验。实验前一天取出试件，晾干表面，在试件侧面涂抹一层密封材料(熔化的工业石蜡)，迅速将试件压入机架试模，如图 7.25 所示。

图 7.24 现有抗渗仪及机架试模

图 7.25 现有抗渗仪抗渗实验

抗渗实验用水来自储水罐贮存的清洁水，用压力控制箱和阀门控制压力，用 0.1MPa 作为起始压力，从试件底面开始施加水压，以后每间隔 8h 梯级增加水压，梯级压力 0.1MPa，密切观察试件端面是否渗水。当一组 6 个圆柱体试件中有 3 个试件的端面出现渗水点时，停止实验，记录此时的水压。实验过程中，如发现从试件周围的密封带（试件与机架试模之间的密封带）渗水，应停止实验，重新密封，重新实验，无法重新密封的该组试件报废。

（3）现有抗渗仪的不足之处

第一，实验程序复杂，密封困难。试件压入机架试模之前，需要将试件、机架试模预热，需要将石蜡加热熔化，把试件四周在熔化的液体石蜡里面滚一遍，确保试件四周涂抹上液体石蜡。试件压入机架试模之后，需要迅速将加热熔化后的液体石蜡滴入试件和机架试模之间的空隙，确保试件和机架试模之间绝对密封，如图 7.26（a）所示。实验中经常发生，压力水首先攻破密封带，水从密封带渗出，导致抗渗实验失败，如图 7.26（b）所示。

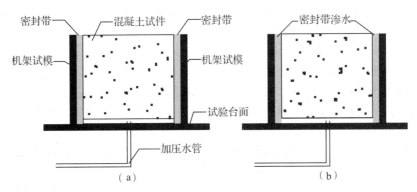

图 7.26　现有抗渗仪密封示意图

第二，成功率低。难以确保该实验一次性成功，这是由于密封不严导致压力水很容易从密封带渗出。为了解决密封问题，工程上技术人员绞尽脑汁，有改进材料的，如石蜡加松香密封、橡胶带密封、水泥加黄油密封等；有改进技术的，如防水涂料等。无论改进材料还是改进技术，效果均不理想。

第三，观察渗水点困难。现有抗渗仪观察渗水点受到局限，只能在试件顶面观察渗水点。在试件外面套有一个机架试模，试件如果先从侧面渗水，由于机架试模阻隔，无法从试件的侧面观察到渗水点。

第四，实验时间长，成本高。现有抗渗仪由于密封、石蜡加热等程序复杂和容易造成返工，实验耗费时间较长、成本较高，导致不少实验人员不愿意开展此实验。

7.7.2.3　新型圆柱体抗渗仪研制

黄显彬教学科研团队，针对现有抗渗仪的不足之处，通过讨论、交流、提出思路、完善思路等过程，研制出新型圆柱体抗渗仪。虽然该抗渗仪并未纳入相关规范，但是将创新引入教材、引入课堂，对于鼓励教师和大学生积极创新是有积极意义的。

图 7.27　新型圆柱体抗渗仪

（1）新型圆柱体抗渗仪研制

新型圆柱体抗渗仪的创新点，引起某实验仪器有限公司的极大兴趣，该公司专门为四川农业大学本科教学科研团队特别生产了 2 台新型圆柱体抗渗仪，这也是首次定向生产的新型圆柱体抗渗仪样机，如图 7.27 所示。

新型圆柱体抗渗仪由台面、支架、加压系统、储水罐、压力控制箱和预埋引压管 6 大部分组成，其中，加压系统、储水罐和压力控制箱放置在抗渗仪下部箱体里面。此外，还需要专用试模浇筑水泥混凝土试件。与现有抗渗仪相比，两者结构和抗渗机理基本相同，新型圆柱体抗渗仪不同点在于：

第一，取消机架试模；

第二，增设预埋引压管，使得压力水从试件中心向四周和顶面渗出；

第三，适当增大试件尺寸，直径和高度均为 300mm，这是考虑到从预埋引压管的扩大头到渗水点的最短距离，应满足现有抗渗仪的 150mm；

第四，由于成功率更高，一组试件数量由 6 个减少为 3 个，减少了实验耗材数量。

（2）新型圆柱体抗渗仪实验机理

增设预埋引压管及其扩大头，如图 7.28（a）和图 7.28（b）所示；设计预埋引压管目的是将压力水直接引向水泥混凝土试件中心，如图 7.28（c）所示；设计扩大头目的是增大渗水面积。

安置预埋引压管，在试模顶面的钢片上固定预埋引压管（倒置），如图 7.28（c）所示。

浇筑水泥混凝土试件，如图 7.28（d）所示。

黄显彬等（2017）进行抗渗实验，试件成型 1d 后脱模并标准养护 28d，将试件连同预埋引压管翻转正立，扩大头朝上；预埋引压管底部与抗渗仪下部分的压力引水管连接；加压进行抗渗实验，如图 7.28（e）所示。施加压力过程参照现有抗渗仪，起始压力为 0.1MPa，以后每间隔 8h 增加 0.1MPa。

观察渗水点，可以从试件侧面四周和顶面观察渗水情况，如图 7.28（e）所示。

团队利用圆柱体抗渗仪开展了水泥混凝土抗渗实验，其试件劈裂和劈开照片，如图 7.29 和图 7.30 所示。

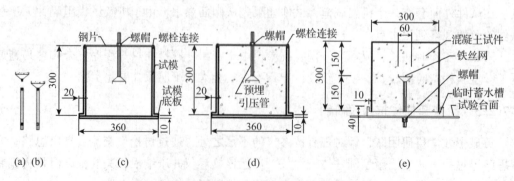

图 7.28　新型圆柱体抗渗仪试验机理示意图（单位：mm）

图 7.29 用压力机劈开新型圆柱体抗渗试件　图 7.30 新型圆柱体抗渗试件劈开后的内部情况

7.7.2.4 新型球体抗渗仪研制

虽然圆柱体抗渗仪较传统抗渗仪有优势，但也存在体积大、质量大等不足。黄显彬教学科研团队，针对圆柱体抗渗仪的不足之处，进一步创新，研制出新型球体抗渗仪。虽然球体抗渗仪并未纳入相关规范，但其进一步的创新意识值得关注。

（1）新型球体抗渗仪研制

与现有抗渗仪相比，虽然新型圆柱体抗渗仪具有取消机架试模、无须密封、通过预埋引压管将压力水引入试件中心等显著的创新特色；但是，新型圆柱体抗渗仪试件尺寸大、重量大、搬动困难。这是因为新型圆柱体抗渗仪试件的直径和高度均为 300mm，单个试件质量 51kg（以水泥混凝土表观密度 2400kg/m³ 计）。

团队在新型圆柱体抗渗仪基础上，继续优化创新，发明了新型球形抗渗仪，如图 7.31 和图 7.32 所示。在球形抗渗仪试模顶面开口 80mm，便于将混凝土浇筑到试模中；预埋引压管固定在钢片上，并用螺栓连接固定在试模顶面；试模底面用脚架固定球形试模；浇筑混凝土 24h 后脱模。标准养护 28d，翻转试模，安置在新型球形抗渗仪平台上面，即可开展注水加压实验。

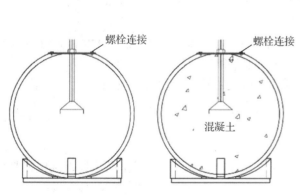 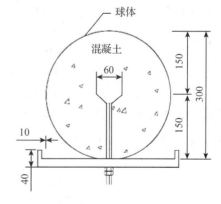

图 7.31 球形试模顶面固定预埋引压管　图 7.32 翻转试件开展抗渗实验（单位：mm）

（2）新型球体抗渗仪的特点

与新型圆柱体抗渗仪相比，新型球形抗渗仪在预埋引压管、实验方法等方面均相同，仅形状不同，球形抗渗仪的试件是直径为 300mm 的球体。这一形状上的改变，新型球形抗渗仪具有两大特色：

第一，重量更轻。大大减轻了单个试件的重量，与之前的圆柱体试件相比，球形试件的重量从 51kg 下降到 34kg，减轻了 33.33%。

第二，三维空间观察渗水点。在球体表面全方位都能够观察渗水点，即三维全向。

7.7.3　混凝土抗冻性

混凝土抗冻性是指硬化混凝土在水饱和状态下，能经受多次冻融循环作用而不破坏，同时也不严重降低强度的性能。对于寒冷地区的建筑和寒冷环境的建筑（如冷库），必须要求混凝土具有一定的抗冻融能力。

普通混凝土受冻融破坏，是由于其内部空隙和毛细孔道中的水结冰产生体积膨胀和冷水迁移所致。当这种膨胀力超过混凝土的抗拉强度时，则使混凝土发生微细裂缝，在反复冻融作用下，混凝土内部的细微裂缝逐渐增多和扩大，于是混凝土强度渐趋降低，混凝土表面产生酥松剥落，直至完全破坏。

混凝土的抗冻性与混凝土内部的孔隙数量、孔隙特征、孔隙内充水程度、环境温度降低的程度及反复冻融的次数等有关。当混凝土的水灰比小、含封闭小孔多、开口孔中不充满水时，则混凝土抗冻性好。因此，提高混凝土抗冻性的关键也是提高其密实度，对于要求抗冻性的混凝土，其水灰比不应超过 0.06。另外，在北方水泥混凝土拌和时，均要求掺加引气剂，还可以复合掺加减水剂，可显著提高混凝土的抗冻性。

按《普通混凝土长期性能和耐久性能试验方法标准》（GB/T 50082—2009）的规定，混凝土的抗冻性以抗冻等级 F 表示。混凝土抗冻性实验方法分为慢冻法和快冻法。

慢冻法，采用标准试件为 100mm×100mm×100mm 的立方体试件，标准养护 28d 龄期试件，在水饱和后，于 −15～20℃ 情况下进行反复冻融，最后以抗压强度下降率不超过 25%、质量损失不超过 5% 时混凝土所能承受的最大冻融循环次数来表示。

快冻法，采用 100mm×100mm×400mm 的棱柱试件，以混凝土耐快速冻融循环后，同时满足相对动弹性模量不小于 60%、质量损失率不超过 5% 时的最大循环次数表示。对于抗冻性要求高的混凝土，可采用快冻法。

混凝土的抗冻等级分为 F10、F15、F25、F50、F100、F150、F200、F250 和 F300 共 9 个等级，其中的数字即表示混凝土能经受的最大冻融循环次数。

工程中应根据气候条件或环境温度、混凝土所处部位及经受冻融循环次数等的不同，对混凝土提出不同的抗冻等级要求。

7.7.4　混凝土抗侵蚀性

当混凝土所处环境中含有盐、酸、强碱等侵蚀性介质时，对混凝土必须提出抗侵蚀要求，其中尤应重视海水的侵蚀。混凝土抗侵蚀性主要取决于其所用水泥的品种及混凝土的密实度。密实度较高或具有封闭孔隙的混凝土，环境水等不易侵入，混凝土抗侵蚀性较强。所以，提高混凝土抗侵蚀性的措施，主要是合理选用水泥品种、降低水灰比、提高混凝土的密实度,以及尽量减少混凝土中的开口孔隙。

在氯盐环境(海水、除冰盐)下的配筋混凝土,应采用大掺量或较大掺量的矿物掺合料,且为低水胶比。当单掺粉煤灰时掺量不宜小于 30%,单掺磨细矿渣不宜小于 50%,最好复合 2 种以上掺用,对于侵蚀非常严重的环境,可掺加 5%硅灰。

在氯盐环境下应严格限制混凝土原材料引入的氯离子量,要求硬化混凝土中的水溶氯离子含量对于钢筋混凝土不应超过胶凝材料重的 0.1%,对于预应力混凝土不应超过 0.06%。《普通混凝土配合比设计规程》(JGJ 55—2011)规定,混凝土拌和物中水溶性氯离子含量应符合表 7.35 的规定。

表 7.35　混凝土拌和物中水溶性氯离子最大含量

环境条件	水溶性氯离子最大含量/%		
	钢筋混凝土	预应力混凝土	素混凝土
干燥环境	0.30	0.06	1.00
潮湿但不含氯离子的环境	0.20	0.06	1.00
潮湿且含有氯离子的环境和盐渍土环境	0.10	0.06	1.00
除冰盐等侵蚀物质的腐蚀环境	0.06	0.06	1.00

7.7.5　混凝土碳化

7.7.5.1　混凝土碳化的影响因素

(1)环境中二氧化碳的浓度

二氧化碳浓度越大,混凝土碳化作用越快。室内混凝土碳化速度一般比室外快,铸工车间建筑的混凝土碳化速度更快。

(2)环境湿度

当环境相对湿度为 50%~75%时,混凝土碳化速度最快,当相对湿度小于 25%或达到 100%时,碳化将停止进行,这是因为前者环境中水分太少,而后者环境使混凝土孔隙中充满水,二氧化碳不易渗入扩散。

(3)水泥品种

普通水泥水化产物碱度高,因而其抗碳化能力优于矿渣水泥、火山灰水泥及粉煤灰水泥,因此,随混合材料掺量的增多,混凝土碳化速度加快。

(4)水灰比

水灰比越小,混凝土越密实,二氧化碳和水不易渗入,因而碳化速度就慢。

(5)外加剂

混凝土中掺入减水剂、引气剂或引气减水剂时,可降低水灰比或引入封闭小气泡,因而可使混凝土碳化速度明显减慢。

(6)施工质量

混凝土施工振捣不密实或养护不良时,致使密实度较差而加快混凝土碳化;经蒸汽养护的混凝土,其碳化速度比标准条件养护时更快。

7.7.5.2 阻滞混凝土碳化的措施

在可能的情况下，应尽量降低混凝土的水灰比。采用减水剂，以达到提高混凝土密实度，这是根本性的措施。

应根据环境和使用条件，合理选用水泥品种。

对于钢筋混凝土构件，必须保证有足够的混凝土保护层，以止防钢筋锈蚀。

在混凝土表面抹刷涂层（如抹聚合物砂浆、刷涂料等）或黏贴面层材料（如贴面砖等），以防止二氧化碳侵入。

在设计钢筋混凝土结构，尤其是在确定采用钢丝网薄壁结构时，必须考虑混凝土的抗碳化问题。

7.7.6 混凝土的碱-骨料反应

（1）概述

碱-骨料反应是指混凝土内水泥中的碱性氧化物、氧化钠和氧化钾，与骨料中的活性二氧化硅发生化学反应，生成碱-硅酸凝胶，其吸水后会产生很大的体积膨胀（体积增大可达3倍以上），从而导致混凝土产生膨胀开裂而破坏，这种现象称为碱-骨料反应。

（2）碱-骨料反应必备条件

水泥中碱含量高。砂、石骨料中夹含有活性二氧化硅成分。含活性二氧化硅成分的矿物有蛋白石、玉髓、鳞石英等，存在于流纹岩、安山岩、凝灰岩等天然岩石中有水存在。在无水情况下，混凝土不可能发生碱-骨料膨胀反应（陈志源等，2012）。

（3）碱-骨料反应防止措施

混凝土碱-骨料反应进行缓慢，通常要经若干年后才会出现，且难以修复，因此，必须将问题消灭在发生之前。经检验判定为属碱-碳酸盐反应的骨料，则不宜用作配制混凝土。对重要工程的混凝土所使用的粗、细骨料，应进行碱活性检验，当检验判定骨料为有潜在危害时，应采取以下措施。

使用碱含量小于0.6%的水泥或采用能抑制碱-骨料反应的掺合料。

当使用含钾、钠离子的混凝土外加剂时，必须进行专门实验。

对钢筋混凝土采用海砂配制时，砂中氯离子含量不应大于0.06%。

7.7.7 混凝土的干缩和湿涨

处于空气中的混凝土失散水分，将引起体积收缩，称为干燥收缩，即干缩。而混凝土受潮后体积将会膨胀，称为湿涨。

混凝土干缩和湿涨，如图7.33所示。该图表明，混凝土在第一次干燥后，如果再放入水中（较高潮湿环境），将发生膨胀。事实上，

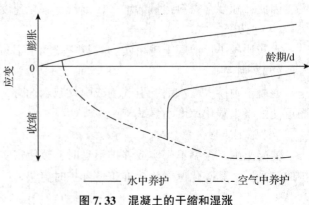

图 7.33 混凝土的干缩和湿涨

并非全部初始干燥产生的收缩都能为膨胀所恢复，即使长期置于水中也不可能全部恢复。因此，干燥收缩可分为可逆收缩和不可逆收缩两类。可逆收缩属于第一次干缩循环所产生的总收缩的一部分；不可逆收缩则属于第一次干缩总收缩的一部分，在继续的干湿循环过程中不再产生不可逆收缩。经过第一次干燥—再潮湿后混凝土的后期干燥收缩将减少，即第一次干燥由于存在不可逆收缩，改善了混凝土的体积稳定性，这有助于混凝土制品的制造。

混凝土中过大的干缩将产生干缩裂缝，使得混凝土综合性能变差，混凝土结构设计中干缩率取值范围 $1.5 \times 10^{-4} \sim 2.0 \times 10^{-4}$。干缩主要是水泥石产生的，因此，适当降低水泥用量，减少水灰比，是减少干缩的关键因素。

7.7.8　荷载作用下的变形

7.7.8.1　短期荷载作用下的变形

混凝土在短期荷载(单轴压缩)作用下的变形分为 4 个阶段(详见 7.4.3 节)。

混凝土在不同应力状态下的力学性能特征与其内部裂缝演变规律有密切关联。这为钢筋混凝土和预应力混凝土结构设计，规定相应的一系列混凝土力学性能指标(混凝土强度等级、抗疲劳强度，长期荷载作用下混凝土的强度、预应力取值、弹性模量等)提供了依据。

混凝土的弹性模量在结构设计、计算钢筋混凝土的变形和裂缝的开展中是不可缺少的参数。因混凝土应力–应变曲线的高度非线性，表征混凝土的模量有初始切线弹性模量、切线弹性模量和割线弹性模量，如图 7.34 所示。

(1)初始切线弹性模量

从曲线起点对曲线所做的切线的斜率，在混凝土抗压的初始加荷阶段，原来存在于混凝土中的裂缝会在所加荷载作用下引起闭合，从而导致应力–应变曲线开始时稍呈凹形，使初始切线弹性模量不易求得。该模量只适用于小应力、小应变，在工程结构设计计算中并无多大实际意义。

(2)切线弹性模量

该值为应力–应变曲线上任意点对曲线所作切线的斜率。仅仅适用于考察某特定荷载处较小的附加应力所引起的应变反应。

(3)割线弹性模量

该值为应力–应变曲线原点与曲线上相应于30%极限压应力的点连线的斜率。该模量包括了非线性部分，比较容易测量准确，比较适宜于工程应用。混凝土强度等级为 C15~ C60，其弹性模量范围是 $1.75 \times 10^4 \sim 3.60 \times 10^4 \mathrm{MPa}$。

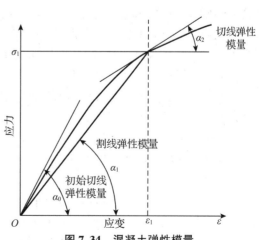

图 7.34　混凝土弹性模量

7.7.8.2 徐变

混凝土在长期荷载作用下发生变形，随着时间的推移而增加的变形，称为徐变。

混凝土徐变在加荷早期增长较快，以后逐渐减弱。当混凝土卸载后，一部分变形（主要是弹性变形）迅速恢复，还有一部分要经过一段时间才能逐渐恢复，这部分称为徐变。剩余部分是不可恢复变形，称为残余变形（杨彦克等，2013），如图7.35所示。

混凝土的徐变对混凝土、钢筋混凝土及预应力混凝土的应力和应变状态有较大影响。徐变可能超过弹性变形，甚至达到弹性变形的2~4倍。在某些情况下，徐变有利于削弱由温度、干缩等引起的约束变形，从而防止裂缝的产生。但在预应力混凝土结构中，徐变将产生应力松弛，引起预应力损失，减弱施加在结构中的预应力，造成不利影响。

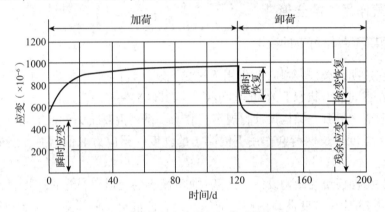

图 7.35　混凝土应变与加荷时间关系

影响混凝土徐变大小的主要因素也是水泥用量多少和水胶比大小，水泥用量越多，水胶比越大，徐变就越大。它们之间的理论关系需要进一步研究。

7.7.9　提高混凝土耐久性的措施

根据中国土木工程学会标准《混凝土结构耐久性设计与施工指南》（CCES 01—2004），混凝土按结构所处环境对钢筋和混凝土材料的不同腐蚀作用，分为Ⅰ、Ⅱ、Ⅲ、Ⅳ、Ⅴ共5类，并将环境作用的严重程度，分为A、B、C、D、E、F共6个等级，见表7.36。严重性从A到F依次递增。另外，提出结构使用年限有100年、50年和30年3种要求。提出配制耐久混凝土的一般下列原则：

①选用质量稳定、低水化热和碱含量偏低的水泥，尽可能避免使用早强型水泥和C_3A含量偏高的水泥；

②选用坚固耐久、级配合格、粒形良好的洁净骨料；

③使用优质粉煤灰、矿渣等矿物掺合料或复合矿物掺合料，成为一般情况下配制耐久混凝土必需的组分；

④使用优质引气剂，将适量引气作为配制耐久混凝土的常规手段；

⑤尽量降低拌和用水量，采用高效减水剂；

⑥高度重视骨料级配与粗骨料粒形要求；

⑦限制每立方米混凝土中胶凝材料的最低用量和最高用量，尽可能减少硅酸盐水泥用量。除此之外，还应保证混凝土施工质量，即要对混凝土搅拌均匀、振捣密实、加强养护，以避免产生次生裂缝。

表 7.36　环境分类及环境作用等级

类　别	名　称	作用等级	作用程度的定性描述
I	碳化引起钢筋锈蚀的一般环境	A	可忽略
II	反复冻融引起混凝土冻蚀环境	B	轻度
III	海水氯化物引起钢筋锈蚀的近海或海洋环境	C	中度
IV	除冰盐等其他氯化物引起钢筋锈蚀环境	D	严重
V	其他化学物质引起混凝土腐蚀环境	E	非常严重
V1	土中和水中的化学腐蚀环境	F	极端严重
V2	大气污染环境	—	
V3	盐结晶环境	—	

不同环境作用等级和不同使用年限的钢筋混凝土结构和预应力混凝土结构，其混凝土的最低强度等级、最大水胶比和每立方米混凝土胶凝材料最低用量均不同。

配置耐久混凝土时，每立方米混凝土中的水泥和矿物掺合料总量，C30 混凝土不宜大于 $400kg/m^3$，C40~C50 混凝土不宜大于 $450kg/m^3$，C60 及以上等级混凝土不宜大于 $500kg/m^3$。对于大掺量矿物掺合料混凝土，其水胶比不宜大于 0.42，并应随矿物料掺量的增加而降低。用于环境作用等级为 E 或 F 的混凝土，其拌和水用量不宜高于 $150kg/m^3$。

不同环境类别和作用下的混凝土，其胶凝材料的适用品种和用量，必须按规定选用。海水环境下的混凝土不宜采用抗硫酸盐硅酸盐水泥。除长期处于水中或湿润土中的构件可采用大掺量粉煤灰混凝土外，一般构件混凝土的粉煤灰和矿渣掺量应按规定的限量掺加，且每立方米混凝土中硅酸盐熟料用量不宜小于 240kg。

冻融环境下作用等级为 D 或在除冰盐环境下，应采用引气混凝土。但对于冻融环境下作用等级为 C，而混凝土强度等级大于或等于 C40 时，可不引气。

控制混凝土耐久性的措施，可以从以下两个方面考虑：

第一，控制设计质量，包括控制最大水灰比、最小水泥用量、掺加高性能外加剂等。

第二，控制施工质量，包括控制原材料中砂、石、水泥质量，搅拌均匀混合，振捣密实，加强养护等。

复习思考题

7.1　解释水泥混凝土。

7.2　混凝土按其所用的胶凝材料分类较多，常用的有哪些类？

7.3　简述水泥混凝土的优缺点。

7.4　配制普通混凝土的水泥强度等级为混凝土强度等级的多少倍？配制高强度混凝土的水泥强度等级为混凝土强度等级的多少倍？

7.5　解释混凝土的外加剂。混凝土外加剂分为哪两大类？

7.6　解释减水剂、引气剂和缓凝剂。

7.7 简述商品混凝土的技术特点。目前常用的外加剂和掺合料是什么?

7.8 拌制混凝土可以掺加粉煤灰,作为胶凝材料的一部分,粉煤灰可以全部取代水泥吗?

7.9 拌制混凝土时,掺加粉煤灰后混凝土强度有什么变化?其混凝土的设计龄期是怎么规定的?

7.10 混凝土的技术性质包括哪些方面?

7.11 目前,表征新拌混凝土工作性的方法是什么?

7.12 水泥混凝土的强度类型较多,用什么强度来衡量混凝土强度等级?在结构设计中混凝土采用什么强度?在道路水泥混凝土路面上采用什么强度?

7.13 解释新拌混凝土工作性。它包括哪些方面的含义?

7.14 按新拌混凝土拌和物的坍落度划分哪几个等级?水下混凝土坍落度宜控制在什么范围?

7.15 当构件截面尺寸较小和钢筋较密时,坍落度可以选择大些,较大坍落度的混凝土怎么保证后期强度?

7.16 解释砂率和最佳砂率。

7.17 简述水泥凝结时间和混凝土凝结时间的意义。

7.18 分别采用什么仪器测定水泥和水泥混凝土的凝结时间?

7.19 简述水泥混凝土立方体抗压强度试件的标准养护条件。

7.20 不同水泥混凝土立方体抗压强度试件的强度换算系数是多少?

7.21 某同学毕业设计,选择混凝土强度等级为:基础 C18,柱 C22,梁 C38。该同学选择的混凝土强度等级是否恰当?

7.22 某同学毕业设计,选择混凝土强度等级为:基础 C22.5,柱 C32.5,梁 C42.5。该同学选择的混凝土强度等级是否恰当?

7.23 某施工现场,取样一组 C30 混凝土立方体抗压强度试件(100mm×100mm×100mm),28d 抗压强度分别为 37.8、36.7、37.9(单位:MPa)。试确定该组混凝土强度。

7.24 某施工现场,取样一组 C30 混凝土试件,28d 抗压强度分别为 30.8、36.7、37.9(单位:MPa)。试确定该组混凝土强度。

7.25 某施工现场,取样一组 C30 混凝土试件,28d 抗压强度分别为 25.9、35.6、42.1(单位:MPa)。试确定该组混凝土强度。

7.26 公路路面普通混凝土的配合比设计在兼顾经济性的同时,应满足哪些要求?

7.27 某工地因夏季高温混凝土的经时损失较大,某罐车司机在运输混凝土途中加水稀释混凝土。针对这一现象进行分析。

7.28 简述提高混凝土强度的措施。

7.29 某施工项目部,较早前已经批准了重要结果混凝土 C40 的配合比。而施工现场检查发现,实际使用的原材料、掺合料、外加剂,与批准的配合比有显著变化。实验检测人员该怎么处理这种情况?

7.30 解释混凝土配合比、胶凝材料、胶凝材料用量、水胶比、矿物掺合料掺量和外加剂掺量。

7.31 写出混凝土强度配合比设计步骤。

7.32 哪些条件变化需要重新进行配合比设计?

7.33 为什么道路路面用水泥混凝土不宜采用大流动性的?

7.34 道路路面用水泥混凝土,与普通结构用混凝土的配合比设计有何异同?

7.35 A、B、C 工地存在下列几种现象:(1)A 工地没有条件进行 C30 混凝土配合比设计,于是采用另外一个地区的熟人工地上的 C30 配合比进行施工。(2)B 工地实验人员非常有经验,进行了 C30 混凝土配合比设计,但是没有进行配合比试配调整,就直接按照这个配合比施工。(3)C 工地实验人员对采用 E 厂水泥+F 料场的砂石+G 厂的外加剂进行了 C30 配合比设计也进行了试配和调整。后来因为生产外加剂的 G 厂倒闭,C 工地决定采用 W 厂的外加剂。C 工地没有重新进行配合比设计,使用 W 厂的外加剂按照之前的配合比直接使用。分析上述 3 种现象是否正确。

7.36　简述混凝土强度评定方法。

7.37　写出下列混凝土强度评定方法的计算公式，分析其满足性。(1)样本容量≥10 组时的统计方法；(2)非统计方法。

7.38　检测人员 D 对某桥的混凝土进行合并评定：(1)4 组墩柱 C30 混凝土：36.8，36.5，37.8，35.9(MPa)；(2)4 组桩基 C30 水下混凝土：33.8，33.5，34.8，31.2(MPa)。由于混凝土强度等级均为 C30，检测人员 D 对该桥的墩柱和桩基混凝土合并在一起评定混凝土，评定结果合格。分析检测人员 D 的做法是否正确，说明理由。

7.39　某高层住宅的框架柱，现场取样 6 组 C40 混凝土，28d 强度分别为 40.2、40.6、43.8、44.6、41.6、42.3(单位：MPa)。回答下列问题：(1)一组混凝土试件 150mm×150mm×150mm 多少个？其混凝土强度如何确定？(2)该工地实验人员 A 说，每组混凝土强度超过 40MPa，直观地判读这 6 组混凝土强度是合格的。分析实验人员 A 的说法是否正确。(3)题干中 6 组综合评定应采用什么方法，试用该方法评定该 6 组混凝土强度。

7.40　某桥梁 4 根桩基，每根桩基抽检 2 组混凝土，8 组 C30 水下混凝土。28d 强度情况(单位：MPa)：1 号桩基 35.5、36.6；2 号桩基 36.8、37.5；3 号桩基 36.6、36.9；4 号桩基 29.9、28.0。该基础混凝土强度采用什么方法评定，并用选定的方法评定该混凝土强度。

7.41　某检测人员说，钢筋混凝土结构中钢筋更为重要，施工现场主要提高钢筋的强度就可以了，可以不重视水泥混凝土。分析该检测人员的说法是否正确。

7.42　检测人员 D 对某挡土墙的混凝土进行合并评定：(1)4 组挡土墙墙身 C30 混凝土：36.8，36.5，37.8，35.9(MPa)；(2)4 组挡土墙基础(桩基础)C30 水下混凝土：33.8，33.5，34.8，31.2(MPa)。由于混凝土强度等级均为 C30，检测人员 D 对挡土墙墙身和基础(桩基础)混凝土合并在一起评定混凝土，评定结果合格。分析检测人员 D 的做法是否正确，说明理由。如果 D 做法正确，按照 D 的做法评定该混凝土强度，写出计算过程；如果 D 做法不正确，按照正确的评定该混凝土强度，写出计算过程。

7.43　某工程钢筋混凝土基础，11 组 C20 混凝土 28d 强度 23.2、24.5、20.2、19.5、22.5、25.6、23.8、24.6、25.8、24.6、24.9(MPa)。该混凝土抗压强度综合评定采用什么方法，并用选定的方法评定该混凝土强度，相关系数见表 7.33 和表 7.34。

第8章 特种水泥混凝土

8.1 概述

在土木工程中，除了普通混凝土外，还需要使用一些特殊的混凝土来满足工程要求。本章主要介绍高强混凝土与高性能混凝土、自密实混凝土、大体积混凝土、泵送混凝土与喷射混凝土、道路混凝土和水工混凝土。

8.2 高强混凝土与高性能混凝土

8.2.1 高强混凝土

现代工程结构正在向超高、大跨、重载方向发展，对混凝土强度的要求也越来越高。依据《高强混凝土应用技术规程》(JGJ/T 281—2012)规定，高强混凝土指强度等级不低于C60(含)的混凝土。美国混凝土协会(ACI)高强混凝土委员会，将28d抗压强度大于或等于50MPa的混凝土定义为高强混凝土。

高强混凝土的强度等级按立方体抗压强度标准值划分为 C60、C65、C70、C75、C80、C85、C90、C95 和 C100 共 9 个等级。

配制高强混凝土宜选用硅酸盐水泥或普通硅酸盐水泥。配制 C80 及以上强度等级的高强混凝土时，水泥 28d 胶砂强度不宜低于 50MPa。

高强混凝土的配合比设计，也应符合《普通混凝土配合比设计规程》(JGJ 55—2011)的规定，并应满足设计和施工要求。

高强混凝土的配制强度，应大于或等于混凝土立方体抗压强度标准值的 1.15 倍。

高强混凝土的水胶比、胶凝材料用量和砂率，可参考表 8.1 并应经过试配确定。显然，混凝土强度等级越高，则水胶比越小，水泥强度等级要求越高，一般需要掺加减水剂。

表 8.1 高强混凝土的水胶比、胶凝材料用量和砂率

强度等级	水胶比	胶凝材料用量/(kg/m^3)	砂率/%
≥60，<C80	0.28~0.34	480~560	
≥80，<C100	0.26~0.28	520~580	35~42
C100	0.24~0.26	550~600	

外加剂和矿物掺合料的品种、产量应通过试配来确定，矿物掺合料掺量宜为 25% ~ 40%；硅灰掺量不宜大于 10%。高强混凝土外加剂应符合《混凝土外加剂》（GB 8076—2008）的规定。高强混凝土掺合料应符合《高强高性能混凝土用矿物外加剂》（GB/T 18736—2017）的规定，该国家标准中的矿物外加剂指的是矿物掺合料。

8.2.2　高性能混凝土

依据《高性能混凝土应用技术规程》（CECS 207—2006）和《高强高性能混凝土用矿物外加剂》（GB/T 18736—2017）的规定，高性能混凝土指采用常规材料和生产工艺，具有混凝土结构所要求的各项力学性能，且具有高耐久性、高工作性和高体积稳定性的混凝土。

根据混凝土结构所处的环境条件，高性能混凝土也能够满足下列一种或几种技术要求：水胶比不大于 0.38；56d 龄期的 6h 总导电量小于 1000C；300 次冻融循环后相对动弹性模量大于 80%；胶凝材料抗硫酸盐腐蚀实验的试件 15 周膨胀率小于 0.4%，混凝土最大水胶比不大于 0.45；混凝土中可溶性碱含量小于 $30kg/m^3$。

高性能混凝土的试配强度应符合式（7.10）。高性能混凝土的用水量不宜大于 $175kg/m^3$；胶凝材料用量宜采用 $450 ~ 460kg/m^3$，其中矿物微细粉用量不宜大于胶凝材料总量的 40%；宜采用较低的水胶比；砂率宜采用 37% ~ 44%；高效减水剂应根据坍落度要求确定。

此外，高性能混凝土的抗碳化耐久性设计、抗冻害耐久性设计、抗盐害耐久性设计、抗硫酸盐腐蚀耐久性设计、抑制碱—骨料反应有害膨胀，应符合《高性能混凝土应用技术规程》（CECS 207—2006）。

8.3　自密实混凝土

依据《自密实混凝土应用技术规程》（JGJ/T 283—2012）的规定，自密实混凝土指具有高流动性、均匀性和稳定性，浇筑时无须外力振捣，能够在重力作用下流动并充满模板空间的混凝土。

自密实混凝土拌和物的自密实性能及要求，见表 8.2。

表 8.2　自密实混凝土拌和物的自密实性能及要求

自密实性能	性能指标	性能等级	技术要求
填充性	坍落扩展度/mm	SF1	550~655
		SF2	660~755
		SF3	760~850
	扩展时间 T_{500}/s	VS1	≥2
		VS2	<2
间隙通过性	坍落扩展度与 J 环扩展度差值/mm	PA1	25<PA1≤50
		PA2	0≤PA2≤25
抗离析性	离析率/%	SR1	≤20
		SR2	≤15
	粗骨料振动离析率/%	f_m	≤10

自密实混凝土配合比设计宜采用绝对体积法，水胶比宜小于 0.45，胶凝材料用量宜控制在 400~550kg/m³。自密实混凝土配合比的设计参见《自密实混凝土应用技术规程》(JGJ/T 283—2012)。

8.4 大体积混凝土

依据《大体积混凝土施工标准》(GB 50496—2018)的规定，大体积混凝土指混凝土结构实体最小尺寸不小于 1m 的大体量混凝土，或预计因混凝土中胶凝材料水化引起的温度变化和收缩而导致有害裂缝产生的混凝土。

依据《水工混凝土施工规范》(SL 677—2014)的规定，大体积混凝土指浇筑块体尺寸较大，需要考虑采取温度控制措施以减少裂缝发生概率的混凝土。

大体积混凝土，意味着混凝土体积较大，水化热容易在内部聚集，它的表面系数比较小，水泥水化热释放比较集中，内部升温比较快。混凝土内外温差较大时，会使混凝土产生温度裂缝，影响结构安全和正常使用。

大体积混凝土施工前，应对混凝土浇筑体的温度、温度应力及收缩应力进行试算，并确定混凝土浇筑体的温升峰值，里表温差及降温速率的控制指标，制定相应的温控技术措施。

降低大体积混凝土的水化热和内外温差，可以从以下三个方面考虑：

(1)原材料方面，选择低热水泥

大体积混凝土，应选用水化热低的通用硅酸盐水泥，一般选择掺水泥混合材料的硅酸盐水泥，3d 水化热不宜大于 250kJ/kg，7d 水化热不宜大于 280kJ/kg；当选用 52.5 强度等级水泥时，7d 水化热不宜大于 300kJ/kg。

(2)配合比设计方面，选择低水胶比、掺加减水剂等方式

大体积混凝土配合比的设计，除应符合《普通混凝土配合比设计规程》(JGJ 55—2011)的有关规定外，还应符合下列规定：

①采用混凝土 60d 或 90d 强度作为混凝土配合比的设计依据。

②混凝土拌和物的坍落度不宜大于 180mm。

③拌和用水量不宜大于 170kg/m³。

④粉煤灰掺量不宜大于胶凝材料用量的 50%，矿渣粉掺量不宜大于胶凝材料用量的 40%，粉煤灰和矿渣粉掺量总和不宜大于胶凝材料用量的 50%。

⑤水胶比不宜大于 0.45。

⑥砂率宜为 38%~45%。

(3)施工现场的施工措施

对于重要结构的大体积混凝土，例如，大跨度桥梁的群桩顶面的承台，在施工前应编制专项施工方案，专项施工方案里面应明确如何降低大体积混凝土的水化热，如采用预埋冷却水管，通过冷水循环来降低混凝土内部温度和水化热。

8.5 泵送混凝土与喷射混凝土

8.5.1 泵送混凝土

依据《混凝土泵送施工技术规程》(JGJ/T 10—2011)的规定，泵送混凝土指可通过泵压作用沿输送管道强制流动到目的地并进行浇筑的混凝土。混凝土可泵性指混凝土在泵压下沿输送管道流动的难易程度以及稳定程度的特性。混凝土布料设备指可将臂架伸展覆盖一定区域范围对混凝土进行布料浇筑的装置或设备。

泵送混凝土，一般要求粗骨料粒径不宜过大(最大粒径不超过 20mm)，坍落度较大(不小于 120mm)，宜掺加减水剂，坍落度经时损失宜小，初凝时间宜长。

(1)可泵性分析

在混凝土泵送方案设计阶段，应根据施工技术要求、原材料特性、混凝土配合比、混凝土拌制工艺、混凝土运输和输送方案等技术条件分析混凝土的可泵性。

混凝土骨料级配、水胶比、砂率、最小胶凝材料用量等技术指标应符合《普通混凝土配合比设计规程》(JGJ 55—2011)中关于泵送混凝土的要求。

不同入泵坍落度或扩展度的混凝土，泵送高度参考值见表 8.3。

表 8.3 泵送混凝土泵送高度参考值

最大泵送高度/m	50	100	200	400	400 以上
入泵坍落度/mm	100~140	150~180	190~220	230~260	—
入泵扩展度/mm	—	—	—	450~590	600~740

(2)混凝土泵和运输车的选配

混凝土泵和运输车的选配参见《混凝土泵送施工技术规程》(JGJ/T 10—2011)的相关规定。

(3)混凝土输送管的选配

混凝土输送管的选配，应根据工程特点、施工场地条件、混凝土浇筑方案进行合理选型和布置。输送管布置宜平直，减少管道弯头用量。

混凝土输送管规格应根据骨料最大粒径、混凝土输出量和输送距离以及拌和物性能进行选择。骨料最大粒径 25mm 时，输送管最小内径 125mm；骨料最大粒径 40mm，输送管最小内径 150mm。

泵送混凝土大致规律：输送管宜大，骨料最大粒径宜小，混凝土坍落度宜适当偏大。

8.5.2 喷射混凝土

依据《喷射混凝土应用技术规程》(JGJ/T 372—2016)和《喷射混凝土用速凝剂》(GB/T 35159—2017)的规定，喷射混凝土指将胶凝材料、骨料等按照一定便利拌制的混凝土拌和物送入喷射设备，借助压缩空气或气体动力输送高速喷射至受喷面所形成的一种混凝土。喷射混凝土常常用在需要速凝混凝土隧道的初期支护、边坡、基坑等地方。喷射混凝土需要具有速凝、较细颗粒的粗骨料(一般最大粒径不宜超过 10mm)、回弹率(掉落的混凝土比率)低等特点。

按照喷射方法,喷射混凝土分为干喷、润喷和湿喷,一般采用润喷的喷射方式。

喷射混凝土,应具有良好的适应性,速凝剂掺加量应通过实验确定,且不宜超过10%。速凝剂的水泥净浆初凝时间不宜大于3min,终凝时间不宜大于12min。

喷射混凝土配合比的设计,参见《喷射混凝土应用技术规程》(JGJ/T 372—2016)。

8.6 水工混凝土

依据《水工混凝土施工规范》(SL 677—2014)的规定,水工混凝土指用于水利水电工程的挡水、发电、泄洪、输水、排沙等建筑物,表观密度为2400kg/m³ 左右的水泥基混凝土。水工混凝土往往是大体积混凝土。

水工混凝土应根据所处环境、部位的不同和功能要求,使水工混凝土满足相应抗压、抗拉、抗渗、抗冻、抗裂、抗冲刷耐磨和抗侵蚀等设计要求,并有完善的施工质量保证体系。

(1)水泥选择

水位变化区外部、溢流面及经常受到水流冲刷、有抗冻要求的部位,宜选择中热硅酸盐水泥或低热硅酸盐水泥,也可选用硅酸盐水泥和普通硅酸盐水泥。

内部混凝土、水下混凝土和基础混凝土,宜选用中热硅酸盐水泥、低热硅酸盐水泥和普通硅酸盐水泥,也可选用低热微膨胀水泥、低热矿渣硅酸盐水泥、矿渣硅酸盐水泥、火山灰质硅酸盐水泥、粉煤灰硅酸盐水泥。

环境水对混凝土有硫酸盐侵蚀性时,宜选择抗硫酸盐硅酸盐水泥。

受海水、盐雾作用的混凝土,宜选择矿渣硅酸盐水泥。

(2)配合比设计

水工混凝土配合比设计,参见《水工混凝土施工规范》(SL 677—2014)。

水工混凝土浇筑坍落度,见表8.4。

表 8.4　水工混凝土坍落度参考值

混凝土类别	坍落度/mm
素混凝土	10~40
配筋率不超过1%的钢筋混凝土	30~60
配筋率超过1%的钢筋混凝土	50~90
泵送混凝土	140~220

水工混凝土最大水胶比,见表8.5。

表 8.5　水工混凝土最大水胶比

部位	严寒地区	寒冷地区	温和地区
上下游水位以上(坝体外部)	0.50	0.55	0.60
上下游水位变化区(坝体外部)	0.45	0.50	0.55

（续）

部位	严寒地区	寒冷地区	温和地区
上下游最低水位以下（坝体外部）	0.50	0.55	0.60
基础	0.50	0.55	0.60
内部	0.60	0.65	0.65
受水流冲刷部位	0.45	0.50	0.50

复习思考题

8.1　解释高强混凝土、高性能混凝土、大体积混凝土、泵送混凝土、水工混凝土和喷射混凝土。

8.2　高强混凝土按立方体抗压强度标准值划分为哪些等级？

8.3　高强混凝土宜选择什么品种水泥？

8.4　高强混凝土的配制强度如何确定？试举例说明。

8.5　自密实混凝土有哪些特点？

8.6　如何降低大体积混凝土的水化热？

8.7　泵送混凝土有什么特点？

8.8　喷射混凝土常用在哪些工程上？喷射混凝土的特点是什么？

8.9　水工混凝土应满足哪些要求？

8.10　分析下面 2 个论断：（1）水工混凝土，指在水环境（江河湖池塘的动水和静水）浇筑的混凝土。（2）水工混凝土，指水下混凝土。

第 9 章　建筑砂浆

9.1　概述

(1)建筑砂浆概念

《建筑砂浆基本性能试验方法标准》(JGJ/T 70—2009)中，建筑砂浆指由无机胶凝材料、细集料、掺合料、水以及根据性能确定的各种组分按适当比例配合、拌制并经硬化而成的工程材料。

(2)建筑砂浆分类

砂浆生产方式，分为施工现场拌制的砂浆和由专业生产厂生产的商品预拌砂浆。后者是国内外生产砂浆的发展趋势，集中拌和砂浆质量容易得到保证。

建筑砂浆按所用胶凝材料，分为水泥砂浆、水泥混合砂浆、石灰砂浆、石膏砂浆及聚合物水泥砂浆等；按用途，分为砌筑砂浆、抹面砂浆、装饰砂浆及特种砂浆等。

9.2　砌筑砂浆

《砌筑砂浆配合比设计规程》(JGJ/T 98—2010)中，砌筑砂浆指将砖、石头、砌块等块材经砌筑成为砌体，起黏接、衬垫和传递应力作用的砂浆。砌筑砂浆是建筑砂浆中较为重要的砂浆。

9.2.1　砌筑砂浆的组成材料

(1)胶凝材料

砌筑砂浆常用的胶凝材料有水泥、石灰膏、建筑石膏等。胶凝材料的选用应根据砂浆的用途及使用环境决定，干燥环境可选用气硬性胶凝材料，对处于潮湿环境或水中用的砂浆，必须用水硬性胶凝材料(钱晓倩等，2009)。

水泥宜采用通用硅酸盐水泥或砌筑水泥，水泥强度等级应根据砂浆品种及强度等级的要求进行选择。设计强度等级不高的砂浆，可按照《砌筑水泥》(GB/T 3183—2017)的规定，选择砌筑水泥(6.5.2 节)3 个水泥等级(12.5、22.5 和 32.5)中的一个，不过由于 12.5、22.5 销量小，厂家生产的也很少。按《砌筑砂浆配合比设计规程》(JGJ/T 98—2010)的规定，M15 及 M15 强度等级以下的砌筑砂浆，宜选用 32.5 级的通用硅酸盐水泥或砌筑水泥；M15 强度等级以上的砌筑砂浆，宜选用 42.5 级通用硅酸盐水泥。

（2）细骨料

砂宜选用中砂，并应符合《普通混凝土用砂、石质量及检验方法标准》（JGJ 52—2006）的规定，且应全部通过 4.75mm 的筛孔。

（3）水

拌和砂浆用水与拌和水泥混凝土的用水要求相同。

（4）外加剂

采用保水增稠材料时，应在使用前进行实验验证，并有完整的型式检验报告。外加剂应符合国家现行有关标准的规定，引气剂等外加剂还应有完整的型式检验报告。

9.2.2　砌筑砂浆的技术性质

9.2.2.1　砂浆实验的环境养护条件和标准养护条件

按照《建筑砂浆基本性能试验方法标准》（JGJ/T 70—2009）的规定，实验室拌制砂浆拌和物的温度为（20±5）℃，即环境养护条件：温度（20±5）℃。

立方体抗压强度试件，制作后应在室温环境下静置（24±2）h，当气温较低时，可适当延长养护时间，但不应超过两昼夜，然后对试件进行编号、拆模。试件拆模后应立即放入温度为（20±2）℃、相对湿度 90% 以上的标准养护室中养护。

注意砂浆与水泥、水泥混凝土的标准养护条件比较。

砂浆的标准养护条件：温度（20±2）℃，相对湿度 90% 以上。

9.2.2.2　表观密度

砌筑砂浆拌和物的表观密度，按《砌筑砂浆配合比设计规程》（JGJ/T 98—2010）的规定测定砂浆拌和物捣实后的单位体积质量（即质量密度）。砌筑砂浆拌和物的表观密度要求：水泥砂浆 ≥1900kg/m³；水泥混合砂浆和预拌砌筑砂浆 ≥1800kg/m³。

9.2.2.3　和易性

新拌砂浆应具有良好的和易性，和易性良好的砂浆易在除草的砖、石基面上铺成均匀的薄层，且能与基层紧密黏接。这样既便于施工操作，提高劳动生产率，又能保证工程质量。砂浆的和易性包括流动性和保水性两方面的含义。

（1）流动性

砂浆流动性是指砂浆在自重或外力作用下产生流动的性质，也称稠度。流动性用砂浆稠度测量仪测定，以沉入量（mm）表示。影响砂浆稠度的因素有很多，如胶凝材料的种类及用量、用水量、砂子粗细和粒形、级配、搅拌时间等。

砂浆稠度的选择，与砌体材料以及施工气候有关。一般可根据施工操作经验来掌握，依据《砌筑砂浆配合比设计规程》（JGJ/T 98—2010）的规定，砌筑砂浆的施工稠度宜按表 9.1 选用。

表 9.1　砌筑砂浆的施工稠度

砌体种类	砂浆稠度/mm
烧结普通砖砌体、粉煤灰砖砌体	70~90
混凝土砖砌体、普通混凝土小型空心砌块砌体、灰砂砖砌体	50~70
烧结多孔砖、烧结空心砖砌体、轻集料混凝土小型空心砌块砌体、蒸压加气混凝土砌块砌体	60~80
石砌体	30~50

（2）保水性

新拌砂浆保持其内部水分不泌出流失的能力，称为保水性。保水性不好的砂浆在存放、运输和施工过程中容易产生泌水和离析，并且当铺抹于基底后，水分易被基面快速吸收走，从而使砂浆干涩，不便于施工，不易铺成均匀密实的砂浆薄层。同时，保水性不好也影响水泥的正常水化硬化，使强度和黏接力下降。为提高水泥砂浆的保水性，往往掺入适量的石灰膏，也可在砂浆中掺入适量的微沫剂或塑化剂，能明显改善砂浆的保水性和流动性，但应严格控制掺量。砂浆的保水性实验按《砌筑砂浆配合比设计规程》（JGJ/T 98—2010）中的规定执行，砌筑砂浆的保水率见表 9.2。

表 9.2　砌筑砂浆的保水率

砌体种类	保水率/%	砌体种类	保水率/%
水泥砂浆	≥80	预拌砌筑砂浆	≥88
水泥混合砂浆	≥84		

9.2.2.4　砂浆的分层度

砂浆的分层度用砂浆分层度测定仪测定，以分层度（mm）表示。分层度过大，砂浆易产生分层离析，不利于施工及水泥硬化。分层度过小，或接近于零的砂浆，易发生干缩裂缝，故砌筑砂浆分层度控制在 10~30mm。

9.2.2.5　砂浆强度与强度等级

（1）砂浆强度等级

依据《砌筑砂浆配合比设计规程》（JGJ/T 98—2010）的规定，水泥砂浆及预拌砌筑砂浆的强度可分为 M5、M7.5、M10、M15、M20、M25、M30 共 7 个等级；水泥混合砂浆的强度可分为 M5、M7.5、M10、M15 共 4 个等级。这里的代号 M 表示砂浆。

（2）一组砂浆试件立方体抗压强度确定

依据《建筑砂浆基本性能试验方法标准》（JGJ/T 70—2009）和《公路工程水泥及水泥混凝土试验规程》（JTG 3420—2020）的规定，一组砂浆试件 3 个，尺寸规格 70.7mm×70.7mm×70.7mm，脱模后，标准条件下养护（温度（20±2）℃，相对湿度 90% 以上），养护 28d，测定其立方体抗压强度。砂浆立方体抗压强度，按式（9.1）计算。

$$f_{m,cu} = K\frac{N_u}{A}$$

（9.1）

式中：$f_{m,cu}$——砂浆立方体试件抗压强度（应精确至 0.1MPa），MPa；

N_u——试件破坏荷载，N；

A——试件承压面积，mm^2；

K——换算系数，《建筑砂浆基本性能试验方法标准》（JGJ/T 70—2009）中取 1.35，《公路工程水泥及水泥混凝土试验规程》（JTG 3420—2020）中取 1.00。

当 3 个试件的强度比较接近时，以 3 个试件测值算术平均值作为该组砂浆立方体试件抗压强度值。

在 3 个测值的最大值或最小值中，如有 1 个与中值的差值超过中值的±15%时，则把最大值或最小值舍去，取中值作为该组试件的抗压强度；如有 2 个测值与中值的差值均超过中值的±15%时，则该组试件的实验结果无效。

砂浆强度确定，掌握三个关键点：平均值、中值、±15%。砂浆强度确定的关键点应与水泥、水泥混凝土比较，便于掌握，见表 9.3。

表 9.3 单组水泥、水泥混凝土、砂浆强度确定的关键点对比

材料种类	关键点			
	较为平均时	误差范围	剩余平均值	中值
水泥	取总平均值	±10%	√	—
水泥混凝土	取总平均值	±15%	—	√
砂浆（JGJ/T 70—2009）	平均值	±15%	—	√
砂浆（JTG 3420—2020）	平均值		—	√

（3）砂浆强度评定

①水泥砂浆强度综合评定规定 多组砂浆 28d 抗压强度综合评定，涉及《砌体结构工程施工质量验收规范》（GB 50203—2011）和《公路工程质量检验评定标准第一册土建工程》（JTGF 80/1—2017）两个规范，二者是相同的。

平均值条件：同一个验收批砂浆试块强度平均值大于或等于设计强度等级值的 1.1 倍。

最小值条件：同一个验收批砂浆试块抗压强度的最小值大于或等于设计强度等级值的 85%。

同时满足平均值和最小值条件，才能评定该检验批砂浆立方体抗压强度为合格。

②砂浆强度评定之前试件的制取组数 评定水泥砂浆的强度应以标准养护 28d 的视距为准，试件边长 70.7mm 的立方体，每组 3 个试件。制取组数应符合下列规定：

不同强度等级及不同配合比的水泥砂浆应随机取样，分别制取试件。

重要及主体砌筑物，每个工作班应制取 2 组。

一般及次要砌筑物，每个工作班应制取 1 组。

试件组数应不少于 3 组。

9.2.2.6 砂浆强度及影响因素

砂浆的强度除受砂浆本身组成材料及配比的影响外，还与基面材料的吸水性有关。对

于水泥砂浆,可按下列强度公式估算。

(1)基层材料致密不吸水时的砂浆强度

不吸水基层(如致密石材)影响砂浆强度的主要因素与混凝土基本相同,即主要取决于水泥强度和水灰比,见式(9.2)。

$$f_{m,o}=0.29f_{ce}\left(\frac{C}{W}-0.40\right) \tag{9.2}$$

式中:$f_{m,o}$——砂浆试配强度,MPa;

f_{ce}——水泥的实测强度,MPa;

$\dfrac{C}{W}$——砂浆灰水比。

(2)基层材料多孔吸水时的砂浆强度

多孔吸水基层(如烧结砖)由于拌制的砂浆均要求具有良好的保水性,因此不论拌和用水多少,经多孔基层吸水后,保留在砂浆中的水量均大致相同,所以在这种情况下,砂浆强度与水灰比无关,主要取决于水泥强度及水泥用量,见式(9.3)。

$$f_{m,o}=\frac{\alpha Q_C f_{ce}}{1000}+\beta \tag{9.3}$$

式中:Q_C——每立方米砂浆中水泥用量(水泥砂浆 Q_C 不应小于200kg),kg;

α、β——砂浆的特征系数,$\alpha=3.03$,$\beta=-15.09$;

其余符号意义同前。

砌筑砂浆的强度等级应根据工程类别及不同砌体部位选定。抹面砂浆可选用 M5 的混合砂浆,而重要的砌体才使用 M10 以上的水泥砂浆。

9.2.3 砌筑砂浆的配合比设计

按《砌筑砂浆配合比设计规程》(JGJ/T 98—2010)要求,现介绍水泥混合砂浆的配合比确定过程。

9.2.3.1 砂浆试配强度计算

计算砂浆的试配强度,见式(9.4)。

$$f_{m,o}=k\times f_2 \tag{9.4}$$

式中:$f_{m,o}$——砂浆的试配强度(精确至0.1),MPa;

k——系数,见表9.4;

f_2——砂浆强度等级值(精确至0.1),MPa。

9.2.3.2 强度标准差的确定

(1)当有统计资料时,砂浆强度标准差 σ 按式(7.31)确定。

(2)当无统计资料时,砂浆强度标准差按表9.3取值。

表 9.4　砂浆强度标准差及 k 值

施工水平	强度标准差 σ/MPa							k
	M5	M7.5	M10	M15	M20	M25	M30	
优良	1.00	1.50	2.00	3.00	4.00	5.00	6.00	1.15
一般	1.25	1.88	2.50	3.75	5.00	6.25	7.50	1.20
较差	1.50	2.25	3.00	4.50	6.00	7.50	9.00	1.25

9.2.3.3　水泥用量计算

在能够取得水泥的实测强度时，每立方米砂浆中的水泥用量 Q_C(kg)，按式(9.3)计算 Q_C。在无法取得水泥的实测强度时，水泥实测强度 f_{ce} 的计算，见式(9.5)。

$$f_{ce} = \gamma_c f_{ce,k} \tag{9.5}$$

式中：γ_c——水泥强度等级值的富余系数，宜按实际统计资料确定，无实际统计资料时可取 1.0；

$f_{ce,k}$——水泥强度等级值，MPa。

9.2.3.4　石灰膏用量计算

水泥混合砂浆中石灰膏的计算，按式(9.6)。

$$Q_D = Q_A - Q_C \tag{9.6}$$

式中：Q_D——每立方米砂浆中石灰膏用量(应精确至 1)，kg。石灰膏使用时的稠度宜为(120±5)mm；

Q_C——每立方米砂浆中水泥用量(应精确至 1)，kg；

Q_A——每立方米砂浆中水泥和石灰膏总用量(应精确至 1)，kg，可为 350kg。

砌筑砂浆中的水泥、石灰膏、电石膏的用量，参考表 9.5。表 9.5 中，水泥砂浆中的材料用量指水泥用量；水泥混合砂浆中的材料用量指水泥、石灰膏、电石膏的材料总量；预拌砌筑砂浆中的材料用量指胶凝材料用量，包括水泥和替代水泥的粉煤灰等活性矿物掺合料。

表 9.5　砌筑砂浆的胶凝材料用量

砂浆种类	胶凝材料用量/(kg/m³)	砂浆种类	胶凝材料用量/(kg/m³)
水泥砂浆	≥200	预拌砌筑砂浆	≥200
水泥混合砂浆	≥350		

9.2.3.5　每立方米砂浆中的砂用量

每立方米砂浆中的砂用量，应按干燥状态(含水率小于 0.5%)的堆积密度值作为计算值(kg)。

9.2.3.6　每立方米砂浆中的用水量

每立方米砂浆中的用水量，可根据砂浆稠度等要求选用范围在 210~310kg。

9.2.3.7 砌筑砂浆配合比试配、调整与确定

(1)砌筑砂浆试配

砌筑砂浆试配应考虑工程实际要求，应采用机械搅拌。

(2)测定砌筑砂浆拌和物的稠度和保水率

计算或查表所得配合比试拌时，应按《建筑砂浆基本性能试验方法标准》(JGJ/T 70—2009)的规定测定砌筑砂浆拌和物的稠度和保水率，见表9.1和表9.2。当稠度和保水率不能满足要求时，应调整材料用量，直到符合要求为止，然后确定为试配时砂浆基准配合比。

(3)试配时的3个配合比

试配时至少应采用3个不同的配合比，其中1个配合比应按《砌筑砂浆配合比设计规程》(JGJ/T 98—2010)的规定得出的基准配合比，其余2个配合比的水泥用量应按基准配合比分别增加或减少10%。在保证稠度、保水率合格的条件下，可将用水量、石灰膏、保水增稠或粉煤灰等活性掺合料用量做相应调整。

(4)砌筑砂浆的配合比试配

砌筑砂浆试配时稠度应满足施工要求，并按《建筑砂浆基本性能试验方法标准》(JGJ/T 70—2009)的规定分别测定不同配合比砂浆的表观密度及强度；并选定符合试配强度及和易性要求、水泥用量最低的配合比作为砂浆的试配配合比。

(5)砌筑砂浆配合比校正

①应根据式(9.6)的砌筑砂浆的试配配合比确定的砂浆配合比材料用量，按式(9.7)计算砂浆的理论表观密度值。

$$\rho_t = Q_C + Q_D + Q_S + Q_W \tag{9.7}$$

式中：ρ_t——砂浆的理论表观密度，kg/m^3，应精确至$10kg/m^3$；

Q_C——每立方米水泥砂浆中的水泥的用量，kg/m^3；

Q_D——每立方米水泥砂浆中的石灰膏的用量，kg/m^3；

Q_S——每立方米水泥砂浆中的砂的用量，kg/m^3；

Q_W——每立方米水泥砂浆中的水的用量，kg/m^3。

②砂浆配合比校正系数δ 按式(9.8)计算。

$$\delta = \frac{\rho_c}{\rho_t} \tag{9.8}$$

式中：δ——砂浆配合比校正系数；

ρ_c——砂浆的实测表观密度，应精确至$10kg/m^3$；

其余符号意义同前。

③确定砂浆的设计配合比 当砂浆的实测表观密度与理论密度值之差的绝对值不超过理论值的2%时，可按此试配配合比确定为砂浆设计配合比；当超过2%时，应将试配配合比中每项材料用量均乘以校正系数δ后，再确定为砂浆设计配合比。

现场配制水泥砂浆的材料用量，见表 9.6。

表 9.6 每立方米水泥砂浆中的材料用量

强度等级	水泥/(kg/m³)	砂/(kg/m³)	用水量/(kg/m³)
M5	200~230		
M7.5	230~260		
M10	260~290		
M15	290~330	砂的堆积密度值	270~330
M20	340~400		
M25	360~410		
M30	430~480		

现场配制水泥粉煤灰砂浆的材料用量，见表 9.7。

表 9.7 每立方米水泥粉煤灰砂浆中的材料用量

强度等级	水泥和粉煤灰总量/(kg/m³)	粉煤灰/(kg/m³)	砂/(kg/m³)	水/(kg/m³)
M5	210~240			
M7.5	240~270	粉煤灰掺量可占胶凝材料总量的 15%~25%	砂的堆积密度值	270~330
M10	270~300			
M15	300~330			

水泥粉煤灰砂浆的水泥强度等级为 32.5 级。

9.3 抹面砂浆

抹于建筑物或建筑构件表面的砂浆统称为抹面砂浆，它兼有保护基层、满足使用要求和增加美观的作用。抹面砂浆应具有良好的工作性，以便于抹成均匀平整的薄层，同时要有较高的黏接力和较小的形变，保证与底面牢固黏接，不开裂、不脱落。抹面砂浆的细集料，宜选用偏细的砂，不宜选用粗砂。

9.3.1 抹面砂浆的组成材料

抹面砂浆的主要组成材料仍是水泥、石灰或石膏以及天然砂等，对这些原材料的质量要求同砌筑砂浆。为减少抹面砂浆因收缩而引起的开裂，常需在砂浆中加入一定量纤维材料。常用的纤维增强材料有麻刀、纸筋、稻草、玻璃纤维等。将其加入抹面砂浆中可提高抹灰层的抗拉强度，增加抹灰层的弹性和耐久性，使抹灰层不易开裂脱落。

工程中配制抹面砂浆和装饰砂浆时，还常在水泥砂浆中掺入占水泥质量 10%左右的聚酯酸乙烯乳液，其作用为：提高面层强度，不致粉酥掉面；增加涂层的柔韧性，减少开裂倾向；加强涂层与基面间的黏结性能，不易爆皮剥落；便于涂抹，且颜色均匀。常用抹面砂浆配合比参考表 9.8。

表 9.8　常用抹面砂浆配合比及应用范围

材料	配合比(体积比)	应用范围
石灰∶砂	1∶(2~4)	用于砖石墙面(除檐口、勒脚、女儿墙及潮湿墙体)
石灰∶黏土∶砂	1∶1∶1(4~8)	干燥环境的墙表面
石灰∶石膏∶砂	1∶(0.4~1)∶(2~3)	用于不潮湿房间的墙及天花板
石灰∶石膏∶砂	1∶2∶(2~4)	用于不潮湿房间的线脚及其他修饰工程
石灰∶水泥∶砂	1∶(0.5~1)∶(4.5~5)	用于檐口、勒脚、女儿墙及比较潮湿的部位
水泥∶砂	1∶(2.5~3)	用于雨湿、潮湿车间等墙裙、勒脚或地面基层
水泥∶砂	1∶(1.5~2)	用于地面、天棚或墙面面层
水泥∶砂	1∶(0.5~1)	用于混凝土地面随时需要压光
水泥∶石膏∶砂∶锯末	1∶1∶3∶5	用于吸音粉刷
水泥∶白石子	1∶(1~2)	用于水磨石(打底用1∶2.5水泥砂浆)
水泥∶白石子	1∶1.5	用于剁石[打底用1∶(2~2.5)水泥砂浆]
石灰膏∶麻刀	100∶25(质量比)	用于板条天棚底层
石灰膏∶麻刀	100∶25(质量比)	用于木板条天棚底层或100kg石灰膏加3.8kg纸筋
纸筋∶石灰膏	石灰膏1m³,纸筋3.6kg	用于较高级墙面、天棚

9.3.2　抹面砂浆的种类及选用

常用的抹面砂浆有石灰砂浆、水泥混合砂浆、水泥砂浆、麻刀石灰砂浆、纸筋石灰砂浆等。

为了保证砂浆层与基层黏接牢固、表面平整、灰层不开裂,抹面砂浆使用时应采用分层薄涂的方法,通常分底层、中层和面层抹面施工。底层抹面的作用是使砂浆与基面能牢固黏接;中层抹灰主要是为了找平,有时也可以省略;面层抹灰是为了获得平整光洁的表面效果。

用于砖墙的底层抹面,多为石灰砂浆;有防水、防潮要求时用水泥砂浆;用于混凝土基层的底层抹灰,多为水泥混合砂浆;中层抹灰多用水泥混合砂浆或石灰砂浆。面层抹灰多用水泥混合砂浆、麻刀石灰砂浆或纸筋石灰砂浆。

在容易碰撞或潮湿部位,应采用水泥砂浆,如墙裙、踢脚板、地面、雨篷、窗台、水池、水井等。在硅酸盐砌块墙面上做砂浆抹面或粘贴饰面材料时,最好在砂浆层内夹一层事先固定好的钢丝网,以免久后脱落。

9.4　装饰砂浆

以增加其外观的砂浆称为装饰砂浆,装饰砂浆用于建筑物表面。它是在砂浆抹面施工的同时,经特殊操作处理,使建筑物表面呈现出各种不同色彩、线条、花纹或图案等装饰效果。

9.4.1 装饰砂浆饰面种类及其特点

装饰砂浆饰面按所用材料及艺术效果不同，可分为灰浆类饰面和石渣类饰面 2 类。灰浆饰面是通过砂浆着色和砂浆面层形态的技术加工，达到装饰的目的。其优点是材料来源广，施工操作方便，造价低廉。常用的有拉毛、搓毛、喷毛以及仿面砖、仿毛石等饰面。石渣类饰面是采用彩色石渣、石屑作骨料配制砂浆，施抹于墙面后，再以一定手段去除砂浆表层的浆皮，从而呈现出石渣的色彩、粒形与质感，获得装饰效果。其特点是色泽较明快，质感丰富，不易褪色和污染，经久耐用，但施工较复杂，造价也较高。常用的有干黏石、斩假石、水磨石等饰面。

9.4.2 装饰砂浆的组成材料

（1）胶凝材料

装饰砂浆常用的胶凝材料为普通水泥和矿渣水泥，另外还采用白色水泥和彩色水泥。

（2）骨料

装饰砂浆用骨料除普通天然砂外，还大量使用石英砂、石渣、石屑等，有时也可采用着色石、彩釉砂、玻璃和陶瓷碎粒。

石粒和石米，是由天然大理石、白云石、方解石、花岗石等通过机械破碎加工而成。它们具有多种色泽，是石渣类饰面主要骨料，也是生产人造大理石、水磨石的原料。其规格、品种及质量要求，见表 9.9。

粒径小于 5mm 的石渣称为石屑，其主要用于配制外墙喷涂饰面用的聚合物砂浆，常用的有松香石屑、白云石屑等。

表 9.9　彩色石渣规格、品种及质量要求

编号	规格	粒径/mm	常用品种	质量要求
1	大二分	约 20	东北红、东北绿、丹东绿、盖平红、粉黄绿、玉泉灰、旺青、晚霞、白云石、云彩绿、红玉花、奶油岗、竹根霞、苏州黑、黄花玉、南京红、雪浪、松香石、墨玉、汉白玉、曲阳红等	①颗粒坚韧有棱角、洁净且不得含有风华石粒 ②使用时应冲洗干净
2	一分半	约 15		
3	大八厘	约 8		
4	中八厘	约 6		
5	小八厘	约 4		
6	米粒石	0.3~1.2		

（3）颜料

掺颜料的砂浆一般用于室外抹灰工程，如做假大理石、假面砖、喷涂、弹涂、滚涂和彩色砂浆抹面。这类饰面长期处于风吹、日晒、雨淋之中，且受到大气中有害气体腐蚀和污染。因此，选择合适的颜料，是保证饰面质量，避免褪色并延长使用年限的关键。

装饰砂浆中采用的颜料，应为耐碱和耐日晒的矿物颜料。工程中常用的颜料有氧化铁黄、铬黄、氧化铁红、甲苯胺红、群青、钴蓝、铬绿、氧化铁棕、氧化铁紫、氧化铁黑、炭黑、锰黑等。

9.4.3 常用装饰砂浆的饰面做法

（1）干黏石

干黏石又称甩石子，它是在掺有聚合物的水泥砂浆抹面层上，采用手工或机械操作的方法，甩黏上粒径小于 5mm 的白色或彩色石渣，再经拍平压实而成。要求石粒应压入砂浆 2/3，必须甩黏均匀牢固，不露浆、不掉粒。干黏石饰面质感好，粗中带细，其色彩取决于所黏石渣的颜色。由于其操作较简单，造价低廉且饰面效果较好，故被广泛用于外墙饰面。

（2）斩假石

斩假石又称剁斧石或剁假石，它是以水泥石渣浆或水泥石屑浆作面层抹灰，待其硬化至一定强度时，用钝斧在表面剁斩出类似天然岩石经雕琢的纹理。斩假石一般颜色较浅，其质感酷似斩凿过的灰色花岗岩，素雅庄重，朴实自然，但施工时耗工费力，功效低，多用于小面积的饰面，如柱面、勒脚、台阶等。

（3）水磨石

水磨石具有润滑细腻之感，色泽华丽，图案细巧，花纹美观，防水耐磨，多用于室内地面装饰。施工时按预先设计好的图案，在处理好的基面上弹好分格线，然后固定分格条。分格条有铜、不锈钢、玻璃 3 种，其中铜分格条最好，有豪华感。通常需浇水打磨 2 次，第 3 遍磨光，最后再经喷洒草酸、清水冲洗、晾干、打蜡，即可见光滑表面显露出由彩色石子组成的图案花纹。

（4）拉毛

拉毛灰是采用铁抹子或木蟹，在水泥砂浆底层上施抹水泥石灰砂浆面层时，顺势将灰浆用力拉起，以形成像山峰一样凹凸感很强的毛面状。当使用棕刷黏着拉起时，可形成凹凸状的细毛花纹。拉毛工艺操作时，要求拉毛花纹均匀。因其具有吸声作用，多用于建筑物外墙及电影院等公共场所。

（5）甩毛

甩毛灰石用竹丝刷等工具，将罩面灰浆甩洒在基面上，形成大小不一，乱中有序的点状毛面。若再用抹子轻轻压平甩点灰浆，则形成云朵状毛面饰面，适用于外墙装饰。

（6）拉条

拉条抹灰又称条形粉刷，它是在面层砂浆抹好后，用一表面呈凹凸状的直棍模具，放在砂浆表面，由上而下拉滚出条纹。条纹有半圆形、波纹管、梯形等。拉条饰面立体感强，线条挺拔，适用于层高较高的会场、大厅等公共场所。

（7）假面砖

假面砖的做法有多种，一般是在有氧化铁系颜料的水泥砂浆抹面层上，用专门的铁钩和靠尺，按设计的尺寸进行分格划块，纹理清晰，表面平整，酷似贴面饰面，多用于外墙。也可以在以硬化的抹面砂浆表面，用刀斧锤凿出分格线，或采用涂料画出线条，将墙面做成仿清水砖墙面、仿瓷砖等艺术效果，常用于建筑物内墙饰面。

复习思考题

9.1　解释建筑砂浆和砌筑砂浆。

9.2　按照胶凝材料砂浆分为哪些类？砂浆按用途分为哪些类？

9.3　砌筑砂浆宜选择哪些品种水泥？砌筑砂浆选择什么强度等级的水泥？

9.4　砂浆的强度等级有哪些？砂浆和砌筑水泥的代号都是 M 吗？

9.5　比较水泥、水泥混凝土和砂浆强度实验的试件数量和规格？

9.6　一组砂浆试件立方体抗压强度如何确定？

9.7　砂浆强度如何评定？

9.8　简述砌筑砂浆配合比设计过程？

第 10 章　墙体材料

10.1　概述

墙体材料，是土建工程中重要的建筑材料之一，它在结构中起着承重、围护、分隔、绝热及隔声等作用。墙体约占房屋建筑总重的 1/2，用工量和造价要占 1/3，合理选用墙体材料，对于建筑的自重、功能、节能及造价等均有重要意义。

长期以来，建筑墙体大都沿用侵占农田、大量耗能的黏土砖，但随着社会经济的飞速发展，黏土砖已不能满足高速发展的基础建设和现代建筑的需求，也不符合可持续发展的战略目标。

《中华人民共和国循环经济法》规定：国家禁止损毁耕地烧砖。在国务院或者省、自治区、直辖市人民政府规定的期限和区域内，禁止生产、销售和使用黏土砖。因为黏土砖需要占用和消耗宝贵的土地资源，一旦损坏耕地烧结黏土砖，将不可再生。我国人口众多，广大人民群众吃饭是一个重要的问题。中国现行 18 亿亩耕地红线。

我国近年来提出了一系列墙体改革方案和措施，大力开发和提倡使用轻质、高强、耐久、节能、大尺寸、多功能的新型墙体材料。目前，我国所用的墙体材料品种较多，归纳起来可分为砌墙砖、砌块和板材。

按砖所用原料，可分为黏土砖、页岩砖、灰砂砖、煤矸石砖、粉煤灰砖、炉渣砖等；按生产方式，分为烧结砖和非烧结砖；按外形，分为普通砖(实心砖)、多孔砖及空心砖。砌块，有混凝土砌块、加气混凝土砌块、粉煤灰砌块等。板材，有纤维增强水泥板、加气混凝土板、石膏板、硅酸钙板等。

10.2　砌墙砖

近年来，虽然各种新型砌块和板材不断涌现，但受我国目前建筑结构的主要形式和传统建筑文化的影响，砌墙砖仍是应用较广泛的墙体材料。

10.2.1　烧结砖

凡通过高温焙烧而制得的砖，统称为烧结砖。烧结砖根据原料，分为烧结黏土砖、烧结煤矸石砖、烧结粉煤灰砖、烧结页岩砖等；根据外形，分为烧结普通砖、烧结多孔砖、烧结空心砖等。

10.2.1.1 烧结砖的原料

（1）黏土

黏土的化学成分主要是 SiO_2、Al_2O_3 和结晶水，随着土质生成条件的不同，同时含少量的碱土金属氧化物（CaO、MgO、K_2O、Na_2O）以及着色氧化物（Fe_2O、TiO_2）等。黏土的矿物组成，主要为层状结晶结构的含水铝硅酸盐，在自然界中，黏土很少以单矿物出现，经常是数种黏土矿物共生形成的多矿物组合。黏土矿物可分为高岭石类、蒙脱石类及伊利石类 3 种。黏土中除黏土矿物外，还含有石英、长石、碳酸盐、铁质矿物及有机质等杂质。

黏土的颗粒组成直接影响其可塑性。可塑性是黏土的重要特性，决定了制品成型性能。黏土中含有粗细不同的颗粒，其中极细（小于 0.005mm）的片状颗粒，可使黏土获得极高的可塑性。

烧土制品工业中通常按黏土的杂质含量、耐火度及用途等，将黏土分为：

①高岭土（瓷土） 杂质含量极少，为纯净黏土，不含氧化铁等染色杂质。焙烧后呈白色。耐火度高达 1730~1770℃，多用于制造瓷器。

②耐火黏土（火泥） 杂质含量小于 10%，焙烧后呈淡黄至黄色。耐火度在 1580℃ 以上，是生产耐火制品、内墙面砖及耐酸陶瓷制品的原料。

③难溶黏土（陶土） 杂质含量为 10%~15%，焙烧后呈淡灰、淡黄至红色，耐火度为 1350~1580℃，是生产地砖、外墙面砖及精陶制品的原料。

④易熔黏土（砂质黏土） 杂质含量高达 25%。耐火度低于 1350℃，是生产黏土砖、瓦及粗陶制品的原料。当其在氧化环境中焙烧时，因高价氧化铁的存在而呈红色。在还原环境中焙烧时，因低价氧化铁的存在而呈青色。

黏土在熔烧过程中变得密实，转变为具有一定强度的石质材料的性质，称为黏土的烧结性。

黏土烧结过程中产生物理化学变化。焙烧初期，黏土中的自由水分逐渐蒸发，110℃时，自由水分完全排出，黏土失去可塑性。500~700℃ 时，有机物烧尽，黏土矿物及其他矿物的结晶水脱出，随后黏土矿物发生分解。1000℃ 以上时，已分解出的各种氧化物将重新结合生成硅酸盐矿物。与此同时，黏土中的易熔化合物开始形成熔融体（液相），一定数量的熔融体包裹未溶的颗粒，并填充颗粒之间的空隙，冷却后转化为类石质材料。随着熔融体逐渐增加，焙烧黏土中的开口孔隙减少，吸水率降低，强度、耐水性及抗冻性等逐渐提高。

（2）页岩

页岩，是黏土岩的一种。成分复杂，除黏土矿物外，还含有许多碎屑矿物（如石英、长石、云母等）和自身矿物（如铁、铝、锰的氧化物与氢氧化物等），呈页状或薄片状层理构造，经压实作用、脱水作用、重结晶作用后形成页岩。常见页岩类型有以下几种：

①黑色页岩 含较多的有机质。

②碳质页岩 含有大量已碳化的有机质，常见于煤系地层的顶、底板。

③油页岩　含一定数量的沥青，呈黑棕色、浅黄褐色等，层理明显，燃烧有沥青味。

④硅质页岩　含有较多的玉髓、蛋白石等。

⑤铁质页岩　含少量铁的氧化物、氢氧化物等，多呈红色或灰绿色，在红层地质和煤系地层中较常见。

（3）煤矸石

煤矸石，是煤矿的废料物，是在煤层形成的同时形成的一种沉积岩，大多数是石灰岩。由于长期受煤层浸润扩散，有较低的含碳量，颜色呈黑灰色。煤矸石的化学成分波动较大，适合作烧土制品的是热值较高的黏土质煤矸石。煤矸石中，所含黄铁矿（FeS_2）为有害杂质，故要求其含硫量应限制在 10% 以下。

10.2.1.2　烧结砖生产工艺

以黏土、页岩、煤矸石、粉煤灰等为原料烧制砌墙砖时，其生产工艺基本相同。主要烧结生产工艺流程：坯料调制—成型—干燥—焙烧—制品（陈志源，2012）。

坯料调制的目的是粉碎大块原料，剔除有害杂质，按适当组分配料，再加入适量水分拌和，制成均匀的、适合成型的坯料。

坯料经成型制成一定的形状和尺寸后，称为生坯。烧结普通砖、多孔砖及空心砖成型方法，多为塑性法，将塑性良好的坯料用挤泥机挤出一定断面尺寸的泥条，切割后获得制品的形状。

焙烧砖的窑有两种：第一，连续式窑，如轮窑、隧道窑。第二，间歇式窑，如土窑。目前，多采用连续式窑生产，窑内有预热、焙烧、保温和冷却 4 个温度带。

轮窑，为环形窑，分为若干窑室，砖坯码在其中不动，而焙烧各温度带沿着窑道循环移动，逐个窑室烧成出窑后，再码入新的砖坯，如此周而复始循环烧成。隧道窑为直线窑，窑内各温度带固定不变，砖坯码在窑车上从一端进入，经预热、焙烧、保温、冷却各带后，由另一端出窑即为成品。

当砖坯在氧化环境中烧成出窑，则制成红砖。若砖坯在氧化环境中烧成后，再经浇水闷窑，使窑内形成还原环境，促使砖内的红色高价氧化铁（Fe_2O_3）还原成青灰色的低价氧化铁（FeO），则制成青砖。砖的焙烧温度要适当，以免出现欠火砖或过火砖。欠火砖，由于烧成温度过低，孔隙率很大，故强度低，耐久性差。过火砖，由于烧成温度过高，产生软化变形，造成外形尺寸极不规整。欠火砖色浅、声哑，过火砖色较深、声清脆。

10.2.1.3　烧结普通砖

依据《烧结普通砖》（GB/T 5101—2017）的规定，烧结普通砖是以黏土、页岩、煤矸石、粉煤灰、建筑渣土、淤泥（江河湖淤泥）、污泥等为主要原料，经焙烧而成主要用于建筑物承重部位的普通砖。

烧结普通砖，按其主要原料，分为黏土砖（N）、页岩砖（Y）、煤矸石砖（M）、粉煤灰砖（F）、建筑渣土砖（Z）、淤泥砖（U）、固体废弃物砖（G）。

烧结普通砖的外形，为直角六面体，规格为 240mm×115mm×53mm 的直角六面体。在烧结普通砖砌体中，加上灰缝 10mm，每 4 块砖长、8 块砖宽或 16 块砖的厚度均为 1m。

$1m^3$ 含灰缝的砖砌体需用砖 512 块,不含灰缝 $1m^3$ 砖理论匹数为 684 块。

10.2.1.4　烧结普通砖的主要技术性质

根据《烧结普通砖》(GB/T 5101—2017)的规定,烧结普通砖的技术要求包括:尺寸偏差、外观质量、强度、抗风化性能、泛霜、石灰爆裂及欠火砖、酥砖和螺纹砖(过火砖)等,并按抗压强度划分为 MU30、MU25、MU20、MU15 及 MU10 5 个强度等级。

(1)强度

烧结普通砖,随机取 10 块试样抗压强度的实验结果,应符合表 10.1 的要求。

表 10.1　烧结普通砖和多孔砖的强度　　　　　　　　　　MPa

强度等级	抗压强度平均值 $f_m \geqslant$	变异系数 $\delta \leqslant 0.21$	变异系数 $\delta \geqslant 0.21$
		抗压强度标准值 $f_k \geqslant$	单块最小抗压强度 $f_{min} \geqslant$
MU30	30.0	22.0	25.0
MU25	25.0	18.0	22.0
MU20	20.0	14.0	16.0
MU15	15.0	10.0	12.0
MU10	10.0	6.5	7.5

(2)尺寸偏差

各质量等级的烧结普通砖,随机取样 20 块检验公称尺寸,结果应符合表 10.2 的要求。

表 10.2　烧结普通砖的尺寸偏差　　　　　　　　　　mm

公称尺寸	优等品		一等品		合格品	
	样本平均偏差	样本极差 $\leqslant$	样本平均偏差	样本极差 $\leqslant$	样本平均偏差	样本极差 $\leqslant$
长度 240	±2.0	6	±2.5	7	±3.0	8
宽度 115	±1.5	5	±2.0	6	±2.5	7
厚度 53	±1.5	4	±1.6	5	±2.0	6

(3)外观质量

烧结普通砖的外观质量,应符合表 10.3 的规定。产品中不允许有欠火砖、酥砖和过火砖(螺旋纹砖),否则为不合格品。

表 10.3　烧结普通砖的外观质量要求

项目	优等品	一等品	合格品
两条面高度差,$\leqslant$	2	3	4
弯曲,$\leqslant$	2	3	4
杂质突出高度,$\leqslant$	2	3	4
缺棱掉角的三个破坏尺寸,$\leqslant$	5	20	30

（续）

项目		优等品	一等品	合格品
裂纹长度，≤	大面上宽度方向机延伸至条面的长度	30	60	80
	大面上长度方向及其延伸至顶面的长度或条顶面上水平裂纹的长度	50	60	100
完整面，≥		二条和二顶面	一条和一顶面	—
颜色		基本一致	—	—

（4）泛霜

泛霜，指原料中可溶性盐类（如硫酸钠），随着砖内水分蒸发而在砖表面产生的盐析现象，一般为白色粉末，常在砖表面形成絮团状斑点。按国家标准 GB/T 5101—2017 规定，优等品砖不允许有泛霜现象；一等品砖不得有中等泛霜；合格品砖不得有严重泛霜。

（5）石灰爆裂

如果原料中夹杂石灰石，则烧砖时将被烧成生石灰留在砖中。有时掺入的内燃料（煤渣）也会带入生石灰，这些生石灰在砖体内吸水熟化时产生体积膨胀，导致砖发生胀裂破坏，这种现象称为石灰爆裂。

石灰爆裂对砖砌体影响较大，轻者影响美观，重者将使砖砌体强度降低直至破坏。国家标准规定，优等品砖不允许出现最大破坏尺寸大于 2mm 的爆裂区域；一等品砖不允许出现大于 10mm 爆裂区域，且 2~10mm 爆裂区域每组砖样中不得多于 15 处；合格品砖不允许出现大于 15mm 爆裂区域，且 2~15mm 爆裂区域每组砖样中不得多于 15 处，其中10~15mm 的不得多于 7 处。

（6）抗风化性能

抗风化性能，是烧结普通砖耐久性的重要标志之一，通常以抗冻性、吸水率及饱和系数等指标来判定砖的抗风化性能。《烧结普通砖》（GB/T 5101—2017）规定，根据工程所处地区，对砖的抗风化性能（吸水率、饱和系数及抗冻性）提出不同要求，见表 10.4。

表 10.4　砖的抗风化性能

砖种类	严重风化区				非严重风化区			
	5h 煮沸吸水率/%，≤		饱和系数，≤		5h 煮沸吸水率/%，≤		饱和系数，≤	
	平均值	单块最大值	平均值	单块最大值	平均值	单块最大值	平均值	单块最大值
黏土砖	18	20	0.85	0.87	19	20	0.88	0.90
粉煤灰砖	21	23			23	25		
页岩砖	16	18	0.74	0.77	18	20	0.78	0.80
煤矸石砖								

10.2.1.5　烧结普通砖的应用

烧结普通砖，在建筑工程中主要用作承重或非承重墙体材料，其中优等品适用于清水墙和墙体装饰，一等品和合格品可用于混水墙。中等泛霜的砖，不得用于潮湿部位。烧结普通砖可用于砌筑柱、拱、烟囱等，还可以作预制振动砖墙板，或与轻混凝土等隔热材料复合使用,砌成两面为砖、中间填以轻质材料的复合墙体。若在砌体中配置适当的钢筋或钢丝网,可代替钢筋混凝土柱、过梁等。

砖砌体的强度,不仅取决于砖的强度,而且受砂浆性质的影响很大。由于砖的吸水率大(一般为 15%~20%),在砌筑时将大量吸收水泥砂浆中的水分,致使水泥不能正常进行水化凝结硬化,导致砖砌体强度下降。在砌筑前,必须预先将砖吸水润湿。

10.2.1.6　烧结多孔砖和多孔砌块

(1)分类

烧结多孔砖和多孔砌块按其主要原料,分为黏土砖(N)、页岩砖(Y)、煤矸石砖和煤矸石砌块(M)、粉煤灰砖和粉煤灰砌块(F)、淤泥砖和淤泥砌块(U)、固体废弃物砖和固体废弃物砌块(G)。

(2)尺寸规格

多孔砖规格尺寸(mm):290、240、190、180、140、115、90。

多孔砌块规格尺寸(mm):490、440、390、340、290、240、190、180、140、115、90。

多孔砖的表观密度(kg/m³):1000、1100、1200、1300。

多孔砌块的表观密度(kg/m³):900、1000、1100、1200。

烧结多孔砖为大面有孔的直角六面体,孔多而小,孔洞垂直于受压面,主要规格有 M型(190mm×190mm×90mm)及 P 型(240mm×115mm×90mm),其外观如图 10.1 所示。

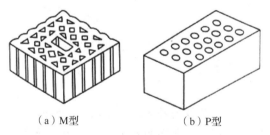

(a)M型　　　　　(b)P型

图 10.1　烧结多孔砖

根据抗压强度,烧结多孔砖分为 MU30、MU25、MU20、MU15、MU10 共 5 个强度等级。

烧结多孔砖的孔洞率在 25% 以上,表观密度为 1400kg/m³ 左右。烧结多孔砖可用于砌筑六层以下的承重墙。

10.2.1.7　烧结空心砖和空心砌块

(1)概念分类

依据《烧结空心砖和空心砌块》(GB/T 13545—2014)的规定,适用于以黏土、页岩、煤矸石、粉煤灰、建筑渣土及其他固体废弃物等为主要原料,经焙烧而成主要用于建筑物非承重部位的空心砖和空心砌块。

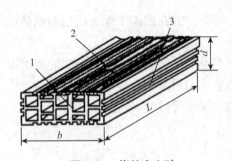

图 10.2 烧结空心砖

1—顶面；2—大面；3—条面；
b—宽度；L—长度；d—高度。

烧结空心砖和空心砌块按其主要原料，分为黏土空心砖和空心砌块(N)、页岩空心砖和空心砌块(Y)、煤矸石空心砖和空心砌块(M)、粉煤灰空心砖和空心砌块(F)、淤泥空心砖和空心砌块(U)、建筑渣土空心砖和空心砌块(Z)、固体废弃物空心砖和空心砌块(G)。

烧结空心砖为顶面有孔洞的直角六面体，孔大而少，孔洞为矩形条孔(或其他孔形)，平行于大面和条面，在与砂浆的结合面上，设有增加结合力的深度为 1mm 以上的凹线槽，如图 10.2 所示。

（2）尺寸规格

长度规格尺寸(mm)：390、290、240、190、180(175)、140。

宽度规格尺寸(mm)：190、180(175)、140、115。

高度规格尺寸(mm)：180(175)、140、115、90。

表观密度(kg/m³)：800、900、1000、1100。

抗压强度分为 MU10.0、MU7.5、MU5.0 及 MU3.5 共 4 个强度等级，见表 10.5。

表 10.5 烧结空心砖和空心砌块的强度等级 MPa

强度等级	抗压强度平均值 f_m，≥	抗压强度	
		变异系数 $\delta \leq 0.21$	变异系数 $\delta > 0.21$
		抗压强度标准值 f_k，≥	单块最小抗压强度 f_{min}，≥
MU10.0	10.0	7.0	8.0
MU7.5	7.5	5.0	5.8
MU5.0	5.0	3.5	4.0
MU3.5	3.5	2.5	2.8

对于强度、密度、抗风化性及放射性物质合格的空心砖及砌块，根据尺寸偏差、外观质量、孔洞排列及其结构、泛霜、石灰爆裂及吸水率，分为优等品(A)、一等品(B)和合格品(C)3 个质量等级。

烧结空心砖和空心砌块，孔洞率一般在 40%以上，质量较轻，强度不高，因而多用于非承重墙，如多层建筑内隔墙或框架结构的填充等。

10.2.2 非烧结砖

非烧结砖又称免烧砖。这类砖的强度是通过在制砖时掺入一定量胶凝材料或在生产过程中生成一定的胶凝物质面获得。

（1）蒸压粉煤灰砖

蒸压粉煤灰砖是以粉煤灰、生石灰为主要原材料，可掺加适量石膏等外加剂和其他集料，经坯料制备、压制成型、高压蒸汽养护而制成的砖，代号 AFB。

根据《蒸压粉煤灰砖》(JC/T 239—2014)规定，砖的外形为直角六面体。砖的公称尺寸为长 240mm，宽 115mm，高 53mm，与传统的普通黏土实心砖尺寸一致。

蒸压粉煤灰砖按抗压强度分为 MU30、MU25、MU20、MU15、MU10 5 个强度等级。

（2）炉渣砖（又称煤渣砖）

以煤燃烧后的炉渣为主要原料，加入适量石灰、石膏（或电石渣、粉煤灰）和水搅拌均匀，并经陈伏、轮碾、成型、蒸汽养护而成。炉渣砖按抗压强度和抗折强度分为 MU20、MU15、MU10 和 MU7.5 4 个强度等级。

炉渣砖可以用于建筑物的墙体和基础，但是用于基础或易受冻融和干湿循环的部位必须采用强度等级 15 以上的砖。防潮层以下建筑部位也采用强度等级 15 以上的炉渣砖。

10.3　建筑砌块

砌块是用于建筑工程的人造块材，多为直角六面体，也有各种异型的（表 10.6）。建筑砌块，是我国大力推广应用的新型墙体材料之一。建筑砌块品种、规格多，目前应用较多的是混凝土小型空心砌块、蒸压加气混凝土砌块、粉煤灰硅酸盐砌块和石膏砌块等（陈志源，2012）。

表 10.6　砌块的分类

按尺寸分类/mm	按密实情况分类		按主要原材料分类
大型砌块（主规格高度>980）	实心砌块		普通混凝土砌块
中型砌块（主规格高度 380~980）	空心砌块	空心率<25%	轻骨料混凝土砌块
		空心率 25%~40%	粉煤灰硅酸盐砌块
小型砌块（主规格高度 115~380）	多孔砌块（表观密度 300~900kg/m³）		煤矸石砌块
			加气混凝土砌块

10.3.1　蒸压加气混凝土砌块

蒸压加气混凝土砌块是以钙质材料、硅质材料、加气剂及少量调节剂，经配料、搅拌浇注成型、切割和蒸压养护而制成的多孔轻质块体材料。钙质材料多为石灰，硅质材料可分别采用水泥、矿渣、粉煤灰、砂等。

根据《蒸压加气混凝土砌块》（GB/T 11968—2020）规定，对蒸压加气混凝土砌块的主要技术要求有：

（1）尺寸规格

砌块的规格（mm）：长度为 600；高度有 200、250、300；宽度有 100、75、100、125、150、200、250 等（以 25 递增）。

（2）抗压强度和容重等级

强度级别有：10、25、35、75。

容重级别有：03、04、05、06、07、08。

蒸压加气混凝土砌块的强度，见表 10.7。

表 10.7　蒸压加气混凝土砌块的强度

强度级别	10	25	35	50	75
强度平均值/MPa	≥1.0	≥2.5	≥3.5	≥5.0	≥7.5
强度单组最小值/MPa	≥0.8	≥2.0	≥2.8	≥4.0	≥6.0
容重级别	03	04/05	05/06	06/07	07/08

（3）干容重

蒸压加气混凝土砌块的干容重，见表 10.8。

表 10.8　蒸压加气混凝土砌块的干容重

容重级别		03	04	05	06	07	08
干容重/(kg/m³)	优等品(A)	≤300	≤400	≤500	≤600	≤700	≤800
	一等品(B)	≤330	≤430	≤530	≤630	≤730	≤830
	合格品(C)	≤350	≤450	≤550	≤650	≤750	≤850

10.3.2　普通混凝土小型空心砌块

依据《普通混凝土小型砌块》(GB/T 8239—2014)的规定，普通混凝土小型砌块指以水泥、矿物掺合料、砂、石、水等为原材料，经搅拌、振动成型、养护等工艺制成的小型砌块，包括空心砌块和实心砌块。

（1）规格尺寸

规格尺寸：长度 390mm，宽度有 90、120、140、190、240、290(mm)，高度有 90、140、190(mm)。

（2）强度等级

砌块的强度等级，见表 10.9。

表 10.9　普通混凝土小型空心砖砌块　　　　　　　　　　MPa

砌块种类	承重砌块(L)	非承重砌块(N)
空心砌块(H)	7.5、10.0、15.0、20.0、25.0	5.0、7.5、10.0
实心砌块(S)	15.0、20.0、25.0、30.0、35.0、40.0	10.0、15.0、20.0

10.3.3　轻集料混凝土小型空心砌块

依据《轻集料混凝土小型空心砌块》(GB/T 15229—2011)的规定，轻集料混凝土指用轻粗骨料、轻砂(或普通砂)、水泥和水等原材料配置而成的，干表观密度不大于 1950kg/m³ 的混凝土。轻集料混凝土小型空心砌块，指用轻集料混凝土制成的小型空心砌块。

（1）分类

轻集料混凝土小型空心砌块按照砌筑孔的排数分类：单排孔、双排孔、三排孔和四排孔。

（2）尺寸规格

轻集料混凝土小型空心砖砌块主要尺寸规格：长 390mm，宽 190mm，高 190mm。

（3）等级

轻集料混凝土小型空心砌块，密度等级分为 8 级：700、800、900、1000、1100、1200、1300、1400。

轻集料混凝土小型空心砌块，强度等级分为 5 个等级：MU2.5、MU3.5、MU5.0、MU7.5、MU10.0，见表 10.10。

表 10.10　轻集料混凝土小型空心砌块

强度等级	抗压强度/MPa		密度等级范围/（kg/m³）
	平均值	单块最小值	
MU2.5	≥2.5	≥2.0	≤800
MU3.5	≥3.5	≥2.8	≤1000
MU5.0	≥5.0	≥4.0	≤1200
MU7.5	≥8.5	≥6.0	≤1300
MU10.0	≥10.0	≥8.0	≤1400

10.4　建筑墙板

建筑墙板，主要用于内墙板或隔墙板，其品种繁多，如有纸面石膏板、石膏纤维板、石膏空心条板、石膏刨花板、GRC 轻质多孔条板、GRC 平板、纤维水泥平板、水泥刨花板、轻质陶粒混凝土条板、固定式挤压成型混凝土多孔条板、轻集料混凝土配筋墙板、移动式挤压成型混凝土多孔条板、SP 墙板等，现就常用的集中墙板进行介绍。

10.4.1　石膏墙板

石膏墙板是以石膏为主要原料制成的墙板的统称，包括纸面石膏板、石膏纤维板、石膏空心条板、石膏刨花板等，主要用作建筑物的隔墙、吊顶等。

（1）纸面石膏板

纸面石膏板，按照其功能可分为：普通纸面石膏板（代号 P）、耐水纸面石膏板（代号 S）、耐火纸面石膏板（代号 H）和耐水耐火纸面石膏板（代号 SH）。普通纸面石膏板，是以建筑石膏为主要原料，掺入适量纤维增强材料和外加剂等，在与水搅拌后，浇筑于护面纸的面纸与背纸之间，并与护面纸牢固地黏结在一起的建筑板材。耐水纸面石膏板，是以建筑石膏为主要原料，掺入适量纤维增强材料和耐水外加剂，在与水搅拌后，浇筑于耐水护面纸的面纸与背纸之间，并与耐水护面纸牢固地黏结在一起，旨在改善防水性能的建筑板材。耐火纸面石膏板，以建筑石膏为主要原料，掺入无机耐火纤维增强材料和外加剂等，在与水搅拌后，浇筑于护面纸的面纸与背纸之间，并与护面纸牢固地黏结在一起，旨在提高防火性能的建筑板材。耐水耐火纸面石膏板，以建筑石膏为主要原料，掺入耐水外加剂和无机耐火纤维增强材料等，在与水搅拌后，浇筑于耐水护面纸的面纸与背纸之间，并与耐水护面纸牢固地黏结在一起，旨在改善防水性能和提高防火性能的建筑板材。

纸面石膏板的规格尺寸（mm）：公称长度为 1500、1800、2100、2400、2700、3000、

3300、3600、3660；公称宽度为 600、900、1200、1220；公称厚度为 9.5、12.0、15.0、18.0、21.0、25.0。

纸面石膏板的面密度和断裂荷载，分别应符合表 10.11 和表 10.12。

表 10.11 纸面石膏板的面密度

石膏板材厚度/mm	面密度/(kg/m²)	石膏板材厚度/mm	面密度/(kg/m²)
9.5	9.5	18.0	18.0
12.0	12.0	21.0	21.0
15.0	15.0	25.0	25.0

表 10.12 纸面石膏板的断裂荷载

石膏板材厚度/mm	断裂荷载/N			
	纵向		横向	
	平均值	最小值	平均值	最小值
9.5	400	360	160	140
12.0	520	460	200	180
15.0	650	580	250	220
18.0	770	700	300	270
21.0	900	810	350	320
25.0	1100	970	420	380

（2）石膏纤维板

石膏纤维板是由熟石膏、纤维（废纸纤维、木纤维或有机纤维）和多种添加剂加水配制而成，按照结构分类主要有三种：第一种是单层均质板；第二种是三层板，上下面层为均质板，芯层是由膨胀珍珠岩、纤维和胶料组成；第三种为轻质石膏纤维板，由熟石膏、纤维、膨胀珍珠岩和胶料组成，主要用于天花板。石膏纤维不以纸覆面，并采用半干法生产，可减少生产和干燥时的能耗，具有较好的尺寸稳定性和防火、防潮、隔音性能，以及良好的可加工性和二次装饰性。

（3）石膏空心条板

石膏空心条板，是以建筑石膏为主要原料，掺加无机轻集料、无机纤维增强材料，加入适量添加剂而制成的空心条板。石膏空心条板规格见表 10.13。

表 10.13 石膏空心板条规格 mm

长度 L	宽度 B	厚度 T
2100~3000	600	60
		90
2100~3600		120

（4）石膏刨花板

石膏刨花板是以熟石膏为胶凝材料，木质刨花碎料为增强材料，外加适量的水和化学缓凝剂，经搅拌形成半干性混合料，在 2.0~3.5MPa 的压力下成型并维持在该受压状态下完成石膏和刨花的胶结而形成的板材。

以上板材均是以熟石膏作为胶凝材料和主要成分，其性质接近，主要特性有：

①防火性好　石膏板中的二水石膏含 20% 左右的结晶水，在高温下能释放出水蒸气，降低表面温度、阻止热的传导或窒息火焰达到防火效果，且不会产生有毒气体。

②绝热、吸声性能好　导热系数小于 0.20W/(m·K)，表观密度小于 900kg/m³，有较好的吸声效果。

③抗震性能好　石膏板表观密度小，结构整体性强，特别适用于地震区高层建筑中的隔墙和贴面墙。

④强度低　石膏板的强度均较低，一般只能作为非承重的隔墙板。

⑤耐水性差　故石膏板不宜在潮湿环境中使用。

10.4.2　纤维复合板

纤维复合板的基本形式有三类：第一类，在胶结料中掺加各种纤维质材料经"松散"搅拌复制在长纤维网上制成的纤维复合板。第二类，在两层刚性胶结材料之间填充一层柔性或半硬质纤维复合材料，通过钢筋网片，连接件和胶结作用构成复合板材。第三类，以短纤维复合板作为面板，在用轻钢龙骨等复制岩棉保温层和纸面石膏板构成复合墙板。复合纤维板材集轻质、高强、高韧性和耐水性于一体，可按要求制成任意规格形状和尺寸，适于外墙及内墙承重或非承重结构。

根据所用纤维材料的品种和胶结材的种类分类，目前主要品种有玻璃纤维增强水泥复合内隔墙平板和复合板(GRC 外墙板)、纤维增强水泥平板(TK 板)、混凝土岩棉复合外墙板[包括薄壁混凝土岩棉复合外墙板(包括平板)]、钢丝网岩棉夹芯板(GY 板)等。

(1)GRC 板材

GRC 板材即玻璃纤维增强水泥复合墙板，按照其形状可分为 GRC 平板和 GRC 轻质多孔条板。

GRC 平板由耐碱玻璃纤维、低碱度水泥、轻集料和水为主要原料所制成。它具有密度低、韧性好、耐水、不燃烧、可加工性好等特点，其生产工艺主要有两种，即"喷射—抽吸法"和"布浆—脱水—辊压法"，用前种方法生产的板材又称为 S-GRC 板，后种称为雷诺平板。

以上两种板材的主要技术性质：密度不大于 1200kg/m³，抗弯强度不小于 8MPa，抗冲击强度不小于 3kJ/m²，干湿变形不大于 0.15%，含水率不大于 10%，吸水率不大于 35%，导热系数不大于 0.22W/(m·K)，隔音系数不小于 22dB 等。GRC 平板可以作为建筑物的内隔墙和吊顶板，经过表面压花、覆涂之后也可用作建筑物的外墙。

GRC 轻质多孔条板是以耐碱玻璃纤维为增强材料，以硫铝酸盐水泥轻质砂浆为基材制成的具有若干圆孔的条形板。GRC 轻质多孔条板的生产方式很多，有挤压成型、立模成型、喷射成型、预制泵注成型、钢网抹浆成型等。

依据《玻璃纤维增强水泥轻质多孔隔墙条板》(GB/T 19631—2005)，适用于以耐碱玻璃纤维与低碱度水泥为主要原料的预制非承重轻质多孔内隔墙条板。

GRC 轻质多孔隔墙条板的型号按板的厚度分为：60 型、90 型、120 型。按板型分为普通板(代号 PB)、门框板(代号 MB)、窗框板(代号 CB)、过梁板(代号 LB)。GRC 轻质多孔隔墙条板的型号及规格，见表 10.14。

表 10.14　GRC 轻质多孔隔墙条板的型号及规格　　　　　　　　　　　　mm

型号	长度 L	宽度 B	厚度 T	接缝槽深 a	接缝槽宽 b
60 型	2500~2800		60		
90 型	2500~3000	600	90	2~3	20~30
120 型	2500~3500		120		

(2)纤维增强水泥平板(TK 板)

纤维增强水泥平板是以低碱水泥、中碱玻璃纤维或短石棉纤维为原料，在圆网抄取机上制成的薄型建筑平板。根据抗压强度分为 100 号、150 号和 200 号三种 TK 板，吸水率分别为<32%、<28%、<28%；抗碱冲击强度大于 2.5kJ/m^2；耐火极限为 9.3~9.8min；导热系数为 0.58W/(m·K)。常用规格为：长 1220、1550、1800(mm)；宽 820mm；厚 40、50、60、80(mm)。适用于框架结构的复合外墙板和内墙板。

(3)石棉水泥复合外墙板

这种复合板是以石棉水泥平板(或半波板)为覆板面，填充保温芯材，以石膏板或石棉水泥板为内墙板，用龙骨为骨架，经复合而成的一种轻质、保温非承重外墙板。其主要特性由石棉水泥平板决定，它是以石棉纤维和水泥为主要原料，经抄坯、压制、养护而成的薄型建筑平板。表观密度 1500~1800kg/m^3，抗折强度 17~20MPa。

(4)钢丝网架水泥岩棉夹芯板(GY 板)

这种复合板是采用钢丝网片和半硬质岩棉复合而成的墙板。板厚 100mm，其中岩棉 50mm，两面水泥砂浆各 25mm，自重约 110kg/m^2，热绝缘系数 0.8(m^2·K)/W，隔热系数大于 40dB。适用于建筑物的承重或非承重墙体，也可预制配有门窗各种异形构件。

(5)纤维增强硅酸钙板

纤维增强硅酸钙板，指以硅质、钙质材料为主要胶结材料，无机矿物纤维或纤维素纤维为增强材料，经过成型、加压(或非加压)、蒸压养护制成的板材。

无石棉硅酸钙板依据《纤维增强硅酸钙板　第 1 部分：无石棉硅酸钙板》(JC/T 564.1—2018)，适用于作为建筑物内墙板、外墙板、吊顶板、车厢、海上建筑、船舶内隔板及复合保温板面板等兼有防火、隔热、防潮等要求的无棉硅钙板，也适用于加装等其他用途的无棉硅钙板。纤维增强硅酸钙板依据《纤维增强硅酸钙板　第 2 部分：温石棉硅酸钙板》(JC/T 564.2—2018)，适用于非限制使用石棉的场所。

纤维增强硅酸钙板，根据表面处理状态分为原板(代号 YB)、单面砂光板(代号 DB)和双面砂光板(代号 SB)。根据用途分为 3 类：

A 类，适用于室外，可能承受直接日照、雨淋、雪或霜冻；

B 类，适用于长期可能承受热、潮湿和非经常性的霜冻等环境；

C 类，适用于可能受到热或潮湿，但不会受到霜冻的环境。

纤维增强硅酸钙板，根据抗折强度分为 5 个等级：R1、R2、R3、R4、R5。根据抗冲击分为 5 个等级：C1、C2、C3、C4、C5。

10.4.3 混凝土墙板

混凝土墙板，由各种混凝土为主要材料加工制作而成。主要有蒸压加气混凝土板、轻骨料混凝土配筋墙板、挤压成型混凝土多孔条板等。

(1)蒸压加气混凝土板

蒸压加气混凝土板是由钙质材料(水泥+石灰或水泥+矿渣)、硅质材料(石英砂或粉煤灰)、石膏、铝粉、水和钢筋组成的轻质板材。其内部还有大量微小、非连通的气孔，孔隙率达 70%~80%，因而具有自重小、保温隔热性好、隔音性强等特点，同时具有一定的承载能力和耐火性，主要用作内、外墙板，屋面板或楼板。

(2)轻骨料混凝土配筋墙板

轻骨料混凝土配筋墙板是以水泥为胶凝材料，陶粒或天然浮石为粗骨料，陶粒、膨胀珍珠岩砂、浮石砂为细骨料，经搅拌、成型、养护而制成的一种轻质墙板。为增强其抗弯能力，常常在内部轻骨料混凝土浇筑完后再铺设一层钢筋网片。在每块板墙内部均设置 6 块预埋铁件，施工时与柱或楼板的预埋钢板焊接相连，墙板接缝处需采取防水措施(主要有构造防水和材料防水两种)。

(3)混凝土多孔条板

混凝土多孔条板是以混凝土为主要材料的轻质空心条板。按生产方式有固定式挤压成型、移动式挤压成型两种；按混凝土的种类有普通混凝土多孔条板、轻骨料混凝土多孔条板、VRC 轻质多孔条板等。其中 VRC 轻质多孔条板是以快硬型硫铝酸盐水泥掺入 35%~40%的粉煤灰为胶凝材料，以高强纤维为增强材料，掺入膨胀珍珠岩等轻骨料而制成的一种板材。以上混凝土多孔条板主要用作建筑物的内隔墙。

10.4.4 复合墙板和墙体

单独一种墙板很难同时满足墙体的物理、力学和装饰性能要求，因此常常采用复合的方式满足建筑物内、外墙体的综合功能要求，由于复合墙板和墙体品种繁多，下面仅介绍常用的集中复合墙板和墙体。

(1)GRC 复合外墙板

GRC 复合外墙板是以低碱度水泥砂浆作为基材，耐碱玻璃纤维作为增强材料制成面层，内设钢筋混凝土肋，并填充绝热材料作为内芯，一次制成的一种轻质复合墙板。

(2)金属面夹芯板

金属面夹芯板是近年来随着轻钢结构的广泛使用而产生的，通过黏结剂将金属面和芯层材料黏结。常用的金属面有钢板、铝板、彩色喷涂钢板、镀锌钢板、不锈钢板等，芯层材料主要有硬质聚氨酯泡沫塑料、聚苯乙烯泡沫塑料、岩棉等。

(3)钢筋混凝土绝热材料复合外墙板

钢筋混凝土绝热材料复合外墙板，包括承重混凝土岩棉复合外墙板和非承重薄壁混凝土岩棉复合外墙板。承重复合墙板主要用于采用大模板的高层建筑，非承重复合墙板主要用于框架轻板和高层大模体系的外墙工程。

（4）石膏板复合墙体

石膏板复合墙板是以石膏板为面层、绝热材料（通常采用聚苯乙烯泡沫塑料、岩棉或玻璃棉等）为芯材的预制复合板。石膏板复合墙体是以石膏板为面层、绝热材料为绝热层，并设有空气层与主体外墙进行现场复合而成的外墙保温墙体。

（5）聚苯模块混凝土复合绝热墙体

聚苯模块混凝土复合绝热墙体是将聚苯乙烯泡沫塑料板组成模块，并在现场连接成模板，在模板内部放置钢筋和浇注混凝土，此模板不仅是永久性模板，而且是墙体的高效保温隔热材料。聚苯板组成聚苯模块时往往设置一定数量的高密度树脂腹筋，并安装连接件和饰面板。此种方式不仅适用木模或钢模，加快施工进度，并且由于聚苯模块的保温保湿作用，便于夏冬两季施工中混凝土强度的增长。在聚苯板上可以十分方便地进行开槽、挖孔以及铺设管道、电线等施工操作。

复习思考题

10.1　简述墙体材料的作用。

10.2　目前，我国墙体材料分为哪几类？

10.3　砌块可以分为哪几类？

10.4　解释烧结砖和烧结普通砖。烧结砖是怎么分类的？

10.5　哪些原料可以烧结成砖？

10.6　简述烧结砖的工艺流程。

10.7　简述烧结普通砖的规格。考虑灰缝 $1m^3$ 砖的砌体需要多少匹烧结普通砖？

10.8　烧结普通砖按主要原料分为哪几类？

10.9　烧结砖按抗压强度分为哪几个等级？

10.10　解释多孔砖和多孔砌块。它们只能用于非承重墙吗？

10.11　多孔砖和多孔砌块按主要原料分为哪几类？

10.12　多孔砖分为哪几个强度等级？

10.13　什么是空心砖和空心砌块？它们适用于承重墙吗？

10.14　非烧结砖有哪几类？

第11章 沥青

11.1 概述

11.1.1 沥青简介

众所周知，沥青是最古老的石油产品，人类在认识石油之前便开始使用沥青了。早在5000多年前，人们发现了天然沥青（主要是湖沥青与岩沥青），并且利用其良好的黏结能力、防水特性、防腐性能等特征，以不同的形式用作铺筑石块路的黏结剂，为宫殿等建筑物做防水处理，作船体填缝料等（李立寒等，2020）。21世纪的今天，沥青作为工程材料，在国民经济各个方面有广泛的用途，在许多领域仍然是不可替代的产品，而且应用领域还在不断拓宽。

我国是发展中的大国，公路建设和建筑行业持续高速发展，特别是近年来加大基础设施的建设进而对石油沥青的需求越来越多，市场容量很大。

关于沥青的定义和概念，不同专家对于沥青赋予不同的含义和解释，到目前为止，有关沥青的名词和术语还没有统一。沥青，是由不同相对分子质量的碳氢化合物及其非金属（硫、氧、氮等）衍生物组成的黑褐色复杂混合物，呈液态、半固态或固态，传统上作为一种防水、防潮和防腐的有机胶凝材料。作为基础建设材料、原料和燃料，主要应用于交通运输、建筑业、水利工程、工业、民用等各个方向。

沥青材料，具有不透水，不导电，耐酸、碱、盐的腐蚀特性，同时还具有良好的黏结性。沥青，是可以经过简单加工就可生产出来的石油产品。早期沥青原料来自天然沥青矿，沥青的大规模生产和使用，是在大约100年前利用原油作为原料。只要选择合适原油，通过常减压蒸馏就可得到铺路用的沥青，或再经过吹风氧化提高沥青的硬度，就可得到屋面防渗、防水用沥青。沥青的生产方法在石油产品中最为简单。

通常认为，原油是由泥土及页岩碎屑，与一起沉积在海底的海洋生物等有机物质经高温高压作用而形成。几百万年以来，有机物和泥土沉积层有数百米厚，上层无限大的重量将下层物质压成沉积岩。经过地壳内热量的作用和上部沉积层的压力，再加上细菌作用和粒子辐射冲击的影响，使有机物质和植物变成碳氢化合物等。多数油和气体埋藏在岩石孔隙中被不渗透的岩石覆盖，形成了油田和气体层。油田直至人类地震探测和钻探穿孔密封的岩石层，才被挖掘出来。

全球4个主要产油地区是美国、中东、加勒比海周围诸国和俄罗斯。各地生产的原油在物理及化学性质上均有所差异。它们的物理性能从黏稠的黑色液体到稀薄的稻草色液体不等。它们的化学成分主要是蜡、环烷烃和芳香烃，前两种化学组成较为普通。世界各地生产近1500种不同的原油，其中仅有少数原油适用于制造沥青。一般的沥青主要是用中东或南美的原油生产。

2000年全世界共有66个国家和地区拥有291个沥青生产厂，每个厂平均生产能力约41×10^4t/a。生产能力超过60×10^4t/a的厂共60个，占总能力的53%；生产能力为$(30 \sim 60) \times 10^4$t/a的厂共74个，占总能力的27%；其余生产能力小于30×10^4t/a的厂共157个。生产能力超过60×10^4t/a的国家有30个(陈惠敏，2001)。

石油沥青经过100多年的生产和发展，已经出现道路沥青、防水防潮、油漆涂料、绝缘材料等数十个品种和上百个牌号的产品。目前，石油沥青已被广泛用于国民经济各个领域，特别是随着公路交通事业的发展，使用高等级道路沥青铺筑的路面越来越多。沥青的生产和使用，已成为一个国家公路建设、房屋建筑等发展水平的主要标志。

总的来说，全世界沥青生产能力充足，每个具有减压蒸馏能力的炼油厂都有可能生产沥青，若加上氧化沥青生产能力，可以生产更多的沥青产品。其中，石油沥青产量最大，用途最广，一般所说的沥青就是指的石油沥青。

11.1.2 沥青的分类

目前对于沥青材料的命名和分类，世界各国尚不统一。沥青材料的品种很多，按照沥青材料的来源、加工方法、性质、形态、用途等可分为许多种类。

11.1.2.1 按自然界获得方式分类

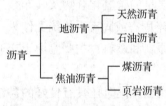

图11.1 沥青按自然界获得方式分类

我国通用的命名和分类方法是按照沥青的来源进行的划分。沥青按自然界获得方式分类如图11.1所示。

地沥青，即通常所说的沥青，俗称臭油，是有机化合物的混合物，溶于松节油或石油，既可以制造涂料、塑料、防水纸、绝缘材料等，又可以用来铺路。它是天然产物或石油精炼加工而得到的，以"沥青"占绝对优势成分的材料。

天然沥青，指石油在自然条件下，长时间经受地球物理因素作用形成的产物。石油沥青，指在原油加工过程中制得的沥青产品，是沥青材料的主要来源，应用最广泛。石油沥青常温下是黑色或黑褐色的黏稠液体、半固体或固体，一般为石油中大于500℃的重组分，是极为复杂的烃类和非烃类衍生物的混合物，绝大部分可溶于三氯乙烯，其性质和组成随原油来源和生产工艺的不同而变化，在石油产品中属于非能源产品。非能源产品包括石油沥青、润滑剂、石油焦、石脑油、石油溶剂等。其中石油沥青的产量和消费量居非能源产品之首，占原油加工量的平均比例在3%以上，产销量约是石油焦或润滑剂的2倍以上，在国民经济各个部门的应用十分广泛。

石油沥青，是石油工业的副产品，原油蒸馏分馏提取轻质部分后得到重质部分（即渣油），然后采用适当的工艺对其进行处理后得到符合性能标准的产品。石油沥青的生产工艺主要有蒸馏法、溶剂脱沥青法、氧化法、调和法及多种工艺组合，如图 11.2 所示（陈先华，2021）。

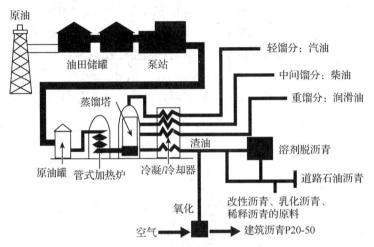

图 11.2 石油沥青典型生产工艺流程图

煤沥青，指煤经干馏所得的煤焦油，经再加工后得到的煤沥青。页岩沥青，指页岩炼油工业的副产品。

11.1.2.2 按生产工艺分类

沥青，按生产加工方法可分为：直馏沥青、氧化沥青、溶剂脱沥青、调和沥青、乳化沥青、稀释沥青和改性沥青等，目前在炼油厂中沥青的生产方法主要有蒸馏工艺、氧化工艺、溶剂脱沥青工艺和调和工艺，同时还有针对生产乳化沥青和改性沥青的乳化工艺和改性工艺。根据原油的性质和产品质量的要求，可以选择某种工艺或者几种工艺的组合进行生产（申爱琴，2020）。石油沥青生产流程图，如图 11.3 所示。

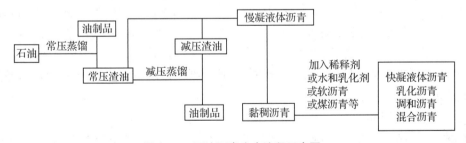

图 11.3 石油沥青生产流程示意图

（1）直馏沥青

蒸馏工艺是在炼油厂内采用塔式蒸馏法将原油经过加热汽化、冷凝、精馏，使之按沸点范围分为汽油、煤油、柴油和蜡油等轻质产品馏分，从分馏塔顶和侧线分别抽出，同时原油中所含高沸点组分浓缩而得到石油沥青。用蒸馏法得到的沥青也称为直馏沥青，大都是用于铺筑道路，是道路沥青生产中加工最简便、生产成本最低的方法，也是生产道路沥青最主要的方法。沥青产量中的70%~80%都是用蒸馏法生产的。

直接蒸馏原油，将不同沸点的馏分取出后，在常压塔底获得的残渣为直馏沥青。蒸馏法制取石油沥青是最简单，最经济的方法。原油脱水后加热至360℃，进入常压塔，在塔内分馏出汽油、柴油和重柴油。塔底常压渣油再进一步加热至390℃，进入减压蒸馏塔，此塔保持一定的真空度，分馏出减压馏分，从塔底所存的减压渣油往往可以获得合格的道路沥青。原油蒸馏典型工艺流程，如图11.4所示(张玉贞，2012)。

由于直馏沥青中含有许多不稳定的烃，其温度稳定性和耐候性较差。如所用的原油合适(为环烷基或中间基原油)，则往往延伸性较好。

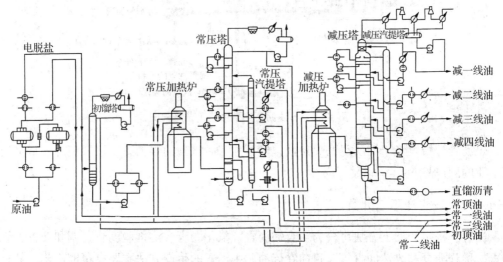

图11.4 原油蒸馏典型工艺流程图

(2)氧化沥青

向240~290℃高温下的低标号沥青或渣油吹入空气，会使其软化点提高、针入度降低，提高沥青的稠度，这种方法所得的沥青，称为氧化沥青，也称为吹制沥青。低标号沥青或渣油连续按一定的流速通入氧化塔，氧化反应的结果是使沥青稠化，温度敏感性降低，针入度指数增大。氧化法主要用来生产高软化点的建筑沥青，当直馏法不能直接生产道路沥青时，有时就采用浅度氧化的方法，在比较低的温度下氧化较短的时间，所得沥青为半氧化沥青。

(3)溶剂油脱沥青

石蜡基原油的残渣富含高沸点石蜡烃，这些组分留在沥青中使沥青的稠度达不到要求，且软化点和延度降低。由于这种沥青中的饱和烃几乎不能被氧化，而芳烃和胶质则大量被氧化成沥青质和碳青质，这样得到的沥青不但脆，而且也没有弹性。采用溶剂法处理石蜡基原油得到的沥青称为溶剂沥青。溶剂法是利用溶剂对各组分有不同的溶解能力，能选择性地溶解其中一个或几个组分，这样就能实现组分的分离。将所得沥青加以调和、氧化，可生产出各种规格的沥青。

（4）调和沥青

用调和法生产的沥青称为调和沥青，即按照沥青质量要求将几种沥青调和，调整沥青组分之间的比例以获得所要求的产品。优质沥青的组分大致比例为：饱和分 13%~31%、芳香分 32%~60%、胶质 19%~39%、沥青质 6%~15%、蜡含量小于 3%。然而，调和沥青的性质与各组分的比例不是简单的加合，而是和形成的胶体结构类型有关。调和法生产沥青通常先生产出软、硬两种沥青组分，然后根据需要调和出符合要求的沥青，调和的关键在于配合比正确并混合均匀。

（5）乳化沥青

将沥青材料加水和乳化剂进行乳化称为乳化沥青，乳化沥青是另一种形式的液体沥青。按照乳化沥青破乳的速度又分为快裂、中裂和慢裂。乳化沥青按其所用乳化剂的种类可分为阳离子乳化沥青、阴离子乳化沥青和非离子乳化沥青。

（6）稀释沥青

调干由上述生产方法得到的沥青再加入溶剂稀释，就可得到稀释沥青。稀释沥青在常温下是液体，可流动。

（7）改性沥青

改性沥青是指在基质沥青中掺加橡胶、树脂、高分子聚合物、天然沥青、磨细的橡胶粉或其他填料型外加剂，与沥青均匀混合所制成的沥青混合物，从而使沥青的性质得以改善。通过对沥青材料的改性，可以改善沥青多个方面的路用性能。

11.1.2.3　按原油的性质分类

石油按含蜡量可分为石蜡基原油、中间基原油和环烷基原油，不同性质的原油所炼制的沥青性质有很大的差别。

（1）石蜡基沥青

石蜡基沥青的蜡含量一般都大于 5%，大庆原油所炼制的沥青是典型的石蜡基沥青，其含蜡量甚至达 20%。在常温下蜡常常以结晶析出存在于沥青的表面，沥青会失去黑色光泽。石蜡基沥青黏结性差，软化点虽高，但热稳性极差，温度稍高，黏度就会很快降低。

（2）中间基沥青

采用中间基原油炼制的沥青称为中间基沥青，其蜡含量为 3%~5%，普通道路沥青大多属于这种沥青。

（3）环烷基沥青

由环烷基石油加工所炼制的沥青称为环烷基沥青。这种沥青含有较多的脂烷烃，蜡含量少（一般低于 3%），其黏性好，优质的道路沥青大多是环烷基沥青。

11.1.2.4　按沥青的形态分类

（1）黏稠沥青

在常温下沥青呈膏体状或固体状，故称为膏体沥青，这是黏滞度比较高的沥青，所以一般称为黏稠沥青(asphalt cement)。这种沥青的标号通常用针入度表示,故有时又称针入度级沥青。

(2)液体沥青

用汽油、煤油、柴油等溶剂将石油沥青稀释而成的沥青产品称为液体沥青,也称轻制沥青或稀释沥青(liquid asphalt),在常温下是液体或半流动状态。根据沥青凝固的速度,液体沥青又分为快凝、中凝和慢凝。

11.1.2.5 按沥青的用途分类

(1)道路沥青

用于铺筑道路路面的沥青称为道路沥青。沥青的主要用途是修路,所以,道路沥青几乎占整个沥青产量的80%~90%。道路沥青主要使用直馏沥青、溶剂脱油沥青、半氧化沥青、调和沥青、乳化沥青、改性沥青等产品。除乳化沥青和改性沥青外,其他产品又称为黏稠沥青。

(2)建筑沥青

建筑工业用的石油沥青,主要用于防水、防潮,也用于制造防水材料,如油毛毡,沥青油膏等。一般要求沥青具有良好的黏结性和防水性,在高温下不流淌,低温下不脆裂,并要求有良好的耐久性。建筑沥青标号较高,针入度在5~40(0.1mm)。建筑防水石油沥青主要使用氧化沥青、乳化沥青和改性沥青。与直馏沥青相比,氧化沥青的软化点高,针入度小,具有更好的黏结性、不透水性和耐候性,更适用于屋面建设、防水工程建设等场合。为了满足不同用途的要求,分别设置不同品种,如建筑沥青、沥青屋面黏结剂、沥青屋面涂料、防水防潮沥青、防水衬砌用沥青、防水工程沥青等。

(3)机场沥青

适用于铺筑机场跑道道面的沥青材料,称为机场沥青。由于机场道面承受飞机荷载,要求沥青有良好的黏结性和耐久性。

(4)其他沥青

沥青在许多领域有着广泛的应用。根据用途的不同,沥青又有很多种类。例如,用于防水的石油沥青纸、沥青油毡、防水油膏等;用于水利工程的水工沥青;用于动力电缆和通信电缆的防潮和防腐的电缆沥青;用于输油、输气、供水等金属管线,以防止其锈蚀的防腐沥青;用于加工油漆和烘漆的油漆沥青等。

11.1.3 沥青的主要应用

11.1.3.1 沥青应用概述

沥青材料在各种领域得到广泛应用,主要原因是沥青量大面广、价格相对低廉;具有较好的耐久性;有较好的黏结和防水性能;高温时易于进行加工处理,在低温下又能快速变硬,并且有抵抗变形的能力。

上述性能与道路施工沥青的材料有很大关系。除了公路铺装外,沥青在其他方面也有广泛用途，如制造防水材料(石油沥青纸、石油沥青油毡及防水膏)、防腐材料及绝缘材料等。各种沥青的应用，见表 11.1。

表 11.1 各种沥青的应用

品种	应用
建筑石油沥青	用于道路铺设，也可用于房屋防水及制造油毡纸和绝缘材料
200 号	用于喷洒浸透法施工的道路铺装和某些路面冬季施工，也用于道路表明处理
180 号	用于路面加工和冬季道路沥青混凝土施工
140 号	用于夏季路面表面处理，也可用于喷洒浸透法道路施工及水利施工
100 号	用于北方铺设路面和水利工程、夏季灌注路面、建筑工程防水、制造毡纸和沥青石棉板
60 号	用于加热混合法铺设沥青混凝土路面的砂石结合料、生产油毡纸和防潮层
高等级道路沥青	用于高等级道路铺设
建筑石油沥青	用于建筑工程
10 号	用于屋顶沥青防水层、油毡纸防水层结合材料
30 号	建筑工程用马蹄脂材料，生产建筑用包装纸、油毡纸 10 号和 30 号，也可用于露天管道或钢铁结构防锈涂料

11.1.3.2 沥青在道路工程中的应用

公路建设是沥青材料的主要应用方向，当今世界各国的高等级公路大多采用沥青路面，用于公路建设的沥青占沥青总产量的 80%~90%，美国的高等级公路 90% 以上是沥青路面，而我国高速公路中大约 95% 采用了沥青路面。沥青在道路建设中被制作成沥青混合料，它是一种土工材料，也是一种颗粒性材料，即将沥青与矿物集料在高温或常温下进行拌和，使集料表面均匀地裹覆沥青薄膜。用各种沥青与各种级配集料拌和而成的沥青混合料，可用于各种路面的铺装。路面基本上是由面层、基层组成，一般热拌混合料用于铺筑重交通道路面层，冷拌混合料用于中、轻交通路面或养护，乳化沥青或沥青贯入用于底层稳定处理或养护(张玉贞，2012)。

乳化沥青，有节约能源、节省沥青用量、延长施工季节、改善施工条件等优点，因而可用于中、轻交通路面面层的铺筑，各类基层的透层油、黏层油和稳定处理，以及旧沥青路面的稀浆封层、薄层罩面和表面处置等。乳化沥青可以是阴离子或阳离子的快、中、慢裂型乳液(张金升等，2013)。改性沥青，占道路沥青用量的比例也越来越大，目前工业发达国家改性沥青的应用量大致占道路沥青总量的 10%~15%，国内公路建设对使用改性沥青也有很高的热情。改性沥青可有效提高沥青混合料的强度、稳定性、高温抗变形能力、低温抗开裂能力和抗磨耗能力，因而多用于重交通路面、机场跑道、停车场、机坪等面层铺装，特别是铺设磨耗层以及防水层；在老路面上作为应力吸收中间层，以减少反射裂缝。聚合物胶乳改性的沥青乳液，在高速公路的养护中，如稀浆封层、石屑封层、薄层罩面等得到广泛应用，能更好地改善石屑的固位、挠性和黏附性，从而延长了路面的使用寿命。

道路石油 A 级沥青，可以用于各个等级的公路，适用于任何场合。沥青在道路中的应用，最主要的是在路面面层中的应用，如热拌沥青混合料适用于各种公路的沥青路面，热拌沥青混合料在沥青路面中的用量最大，用途最广。

11.1.3.3 沥青在防水材料中的应用

目前我国建筑防水材料发展的方向是：全面提高防水材料质量，大力发展弹性体（SBS）、塑性体（APP）改性沥青防水卷材，积极推进高分子防水卷材，适当发展防水涂料，努力开发密封材料、聚合物乳液防水砂浆和止水堵漏材料，限制发展和使用石油沥青纸胎油毡和沥青复合胎柔性防水卷材，淘汰焦油类防水材料。

防水卷材，是将沥青按一定的生产工艺浸渍和涂敷在片状载体（胎基）上制成的。早在17 世纪就开始大量用沥青做屋面防水层，今后它仍是屋面防水的重要材料，这是任何高分子材料所不能取代的，因为屋面防水层处于复杂而严酷的环境中，裂缝的产生是不可避免的，而沥青防水材料开裂后有自愈能力，高分子材料则无这一功能。再者沥青防水材料用于防水工程有几千年的历史，是因为它有很好的抗老化能力，尤其沥青中的碳质材料有很好的光屏蔽作用，抗老化能力强。其次沥青防水材料价格低廉，也是任何高分子材料所不能相媲美的。要保证沥青防水材料的防水性能，一是要保证防水材料中的沥青含量充足；二是要保证沥青防水层有足够的厚度，否则将展示不出沥青防水材料的优越性能。

防水涂料，是由沥青和改性沥青用乳化法生产出的，常温下为液态，可以冷施工，目前已广泛应用于各种建筑防水工程，如屋面、外墙、地下室、冷库、洞体、蓄热槽、储水池、浴室、阳台，成为一种柔性防水层材料。由改性沥青生产的防水涂料具有良好的防水防渗能力，耐变形，有弹性，低温不开裂，高温不易流淌，黏附性强，寿命长，已逐渐代替石油沥青基防水涂料。目前常用的改性沥青防水涂料有阳离子氯丁胶乳沥青、丁苯胶乳沥青、溶剂型或水乳型 SBS 改性沥青、SEBS 橡胶改性沥青等。

11.1.3.4 沥青作为涂料的应用

利用沥青的热可塑性、黏弹性、不透水性、黏附性、电绝缘性和对化学试剂有惰性等特点，可作为各种介质材料表面的腐蚀、防锈、绝缘、隔热、隔音的涂料，用途极为广泛，主要是采用氧化法制取的各种专用沥青、天然沥青或人造硬沥青、乳化沥青或改性沥青等。

11.1.3.5 沥青制品的再生利用

沥青路面再生技术不是常规地理解为重复利用路面的修筑过程中被废弃的沥青混合料，而是将旧沥青路面的沥青混合料经过一定的加工和处理，变成可以达到沥青路面技术要求的混合料，重新铺筑为新的路面。沥青路面的再生技术，目前世界上常用的有 3 种：现场冷再生技术、现场热再生技术和"工厂热法"再生技术。沥青路面再生技术的推广和应用，要依靠先进的设备实现，其中路面铣刨机、沥青混合料搅拌设备是关键的机械设备。

现场冷再生技术是用大功率路面铣刨拌和机将路面混合料在原路面上就地铣刨、翻挖、破碎，再加入稳定剂、水泥、冰（或加入乳化沥青）和骨料同时就地拌和，用路拌机原地拌和，最后碾压成型。冷补的特点是操作简单，不需要像热补那样大的机械"排场"，对环境的要求比较宽松。

现场热再生技术是一种就地修复破损路面的过程，它通过加热软化路面，铲起路面废料，再和沥青黏合剂混合，有时可能还需要添加一些新的骨料，然后将再生料重新铺在原来的路面上。一般用一台大型"沥青路面热再生联合机组"；先把沥青路面烤热软化，再添加新骨料、补充新沥青、捣实、熨平，再用压路机碾压成型。

工厂热再生技术就是将旧沥青路面经过翻挖后运回拌和厂，再集中破碎，根据路面不同层次的质量要求，进行配比设计，确定旧沥青混合料的添加比例，再生剂、新沥青材料、新集料等在拌和机中按一定比例重新拌和成新的混合料，从而获得优良的再生沥青混凝土，铺筑成再生沥青路面。

沥青路面现场热再生利用技术是较为先进的技术，采用就地加热、翻松、搅拌、摊铺、压实等连续作业，一次成型新路面，经济、高效、快速、环保、节约，具有显著的经济效益和社会效益。当沥青路面表面层出现裂缝、泛油、磨损、车辙、坑槽等病害或路用性能下降，路面的损坏程度还没有波及基层时，都可以采用这种维修方法，使用先进的现场热再生机组，就地加热旧路面，耙松、收集旧料，增加适当的新拌沥青混合料、再生剂进行机内热搅拌，随即摊铺、熨平、碾压，即可快速开放交通，是一种连续式的现场热再生作业方式。

11.1.4　石油沥青的元素组成

石油沥青的质量取决于其化学组成，而沥青的化学组成归根结底由原油的性质确定。要生产质量高、性能良和耐久性好的石油沥青，关键是要选择具有合适化学组成的原油，确定生产工艺和操作条件也很重要（张玉贞，2012）。另外，根据需求还可以生产出添加乳化剂、改性剂的乳化沥青、改性沥青等。

沥青不是单一的物质，而是由多种化合物组成的混合物，成分极其复杂。但从化学元素分析来看，其主要有碳（C）、氢（H）两种化学元素组成，故又称碳氢化合物。通常石油沥青中碳和氢的质量占 98%～99%，其中，碳的质量又占 84%～87%，氢为 11%～15%。此外，沥青中还含有少量的硫（S）、氮（N）、氧（O）以及一些金属元素（如钠、镍、铁和钙等），它们以无机盐或氧化物的形式存在。硫元素含量变化略大，约为 0～8%；氮和氧的含量较少，大约在 1.5% 以下。通常硫含量少的沥青，其氮含量也少，金属含量更少。杂元素含量虽少，但含有杂元素的化合物却很多，例如，若沥青的平均相对分子质量为 800，硫含量为 2%，则含硫化合物可达 50%（以每个分子平均只含 1 个硫原子计）。

沥青，是由原油经过处理以后的产品，有复杂的碳氢化合物和非金属取代碳氢化合物中的氢生成新的衍生物所组成，主要有烷烃、环烷烃、缩合的芳香烃组成。烷烃是碳原子以单链（C_nH_{2n+2}）相连的碳氢化合物，17 个以上碳原子时，易发生氧化反应。碳环化合物是含有完全由碳原子组成环分的碳氢化合物，包括脂环族和芳香族。芳香族是含一个或多个苯环结构的碳氢化合物。

沥青的元素组成，对沥青的性质具有重要意义，在很多情况下，不同种类的沥青元素组成有不同的使用性能，这是由于沥青本身的组分复杂性和结构复杂性引起的。组成沥青的化学元素在不同的情况下形成不同的组分和结构(将大小和结构不同但性能相近的烃类归入某一组分),这些不同组分和结构在条件变化时还会相互转化,形成新的组分和结构,从而影响沥青的性能变化。因此研究沥青的性能,不仅要研究沥青的元素组成,还要研究沥青的组分(各种组分在沥青中的比例);在研究沥青元素组成的同时,要了解沥青各组分的元素组成;需要注意,不同种类的沥青其元素组成是不同的,某一沥青组分的元素组成却是固定的。

沥青组分的分类方法也是很多,一般按是否溶于轻石油馏分或低分子烷烃(正戊烷、正庚烷)划分为可溶质和不可溶质,可溶质一般包括沥青中的油分(含蜡油)和胶质,不可溶质一般指的是沥青质,即用轻质烃类溶解沥青后沉淀下来的部分,但需注意所使用的溶剂不同(可以用 30~60℃ 石油醚、正戊烷、正庚烷等)沉淀下来的量也不同,因此必须说明所采用的溶剂。含蜡油经稀释、冷冻、结晶过滤后得到的固体部分称为蜡,液体部分称为油。另外还有油焦质、碳青质、沥青质酸和酸酐等物质。

绝大部分的石油沥青实际上都不含油焦质。在用裂化渣油生产的沥青中,可能含有少量的油焦质,一般不超过 2%。油焦质为高度缩合的、含氢量少的类似焦炭的物质。

在石油沥青中碳青质的含量也很少。道路沥青中碳青质的质量一般不超过 0.2%,裂化产品中的含量可能稍高些。碳青质也是芳香度很高的,由沥青质加热或氧化缩合生成的难溶性物质,在外观和比重等方面与沥青很相似,但不溶于苯。

11.1.5 石油沥青的化学组分

石油沥青的组成元素,主要是碳(82%~88%)、氢(8%~11%),其次是硫(<6%)、氧(<15%)、氮(<1%)和微量的金属元素等。沥青中存在烃类和非烃类(硫化物、氧化物、有机金属化合物)的数千种不同的成分。由于沥青的组成极其复杂,并存在有机化合物的同分异构现象,许多沥青的化学元素组分虽然十分相似,但是它们的性质却往往区别很大。沥青中各组分的含量和性质与沥青的黏滞性、感温性、黏附性等物理、化学性质有直接的联系,在一定程度上能说明它的路用性能,但其主要缺点是分析流程复杂,时间长。

《公路工程沥青及沥青混合料试验规程》(JTG E20—2011)中,有 T 0617-1993 沥青化学组分实验(三组分法)和 T 0618-1993 沥青化学组分实验(四组分法)。

11.1.5.1 石油沥青的三组分分析法

石油沥青的三组分分析法是将石油沥青分离为油分、树脂和沥青质三个组成,见表 11.2。

表 11.2 石油沥青三组分分析法的各组分性状

组分	性状			
	外观特征	平均相对分子质量	C/H 比	质量比/%
油分	淡黄色液体	200~700	0.5~0.7	45~60
树脂	红褐色黏稠半固体	800~3000	0.7~0.8	13~30
沥青质	深褐色固体微粒	1000~5000	0.8~1.0	5~30

脱蜡后的油分，主要起柔软和润滑的作用，是优质沥青不可缺少的组分。油分含量的多少，直接影响沥青的柔软性、抗裂性和施工难度(张金升等，2013)。油分在一定条件下，可以转化为树脂甚至沥青质。

树脂，又分为中性树脂和酸性树脂。中性树脂使沥青具有一定的塑性、可流动性和黏结性，中性树脂含量增加，沥青的黏结力和延展性增强。酸性树脂，即沥青酸和沥青酸酐，含量较少，为树脂状黑褐色黏稠物质，是沥青中最大的组分，能改善沥青对矿物材料的润湿性，特别是可以提高沥青与碳酸盐类岩石的黏附性，还能够增加沥青的可乳化性。

沥青质为黑褐色到黑色易碎的粉末状固体，其决定着沥青的黏结力和温度稳定性，沥青质含量增加时，沥青的黏度、软化点和硬度都随之提高。

11.1.5.2　石油沥青的四组分分析法

石油沥青的四组分分析法是将石油沥青分离为饱和分、芳香分、胶质和沥青质，见表11.3(张金升等，2013)，分析流程如图11.5所示(陈惠敏，2001)。石油沥青最佳组分构成中，采用的是四组分。

表 11.3　石油沥青四组分分析法的各组分性状

组分	性状			
	外观特征	平均相对密度/(g/m^3)	平均相对分子质量	主要化学结构
饱和分	无色液体	0.89	625	烷烃、环烷烃
芳香分	黄色至红色液体	0.99	730	芳香烃、含硫衍生物
胶质	棕色黏稠液体或无定形固体	1.09	970	多环结构，含硫、氧、氮衍生物
沥青质	深褐色固体微粒	1.15	3400	缩合环结构，含硫、氧、氮衍生物

饱和分含量增加，可使沥青稠度降低(针入度增大)。胶质含量增大，可使沥青的延性增加。在有饱和分存在的条件下，沥青质含量增加，可使沥青获得较低的感温性。胶质和沥青质的含量增加，可使沥青的黏度提高。

(1)沥青质

国际标准化组织对沥青质定义如下：沥青质是不溶于正庚烷而溶于苯(或甲苯)的不含蜡的组分(ISO 1998-1)。沥青质的这种溶解度定义，决定了其具有复杂的组成结构和较宽的分子量分布。不同油源、不同生产方法和使用不同溶剂得到的沥青质在元素组成、相对分子质量大小和分布以及化学结构上有相当大的差别，因而对沥青性质和胶体结构的影响也各不相同。从化学角度上讲，沥青质是非常复杂的大分子，属于共聚物类，到目前为止只了解其化学平均结构。

目前，用于测定沥青质的方法，主要是以国际标准化组织对沥青质的定义为依据，采用正庚烷为沉淀剂，溶剂对沥青样品的稀释比为50∶1，通过加热回流使其混合均匀，然后在暗处静置沉降1h后过滤。过滤时必须用热正庚烷洗涤沉淀物，然后再用苯(或甲苯)抽提，保证脱去蜡分，所得的正庚烷不溶于苯(或甲苯)，可溶的物质即为正庚烷沥青质。

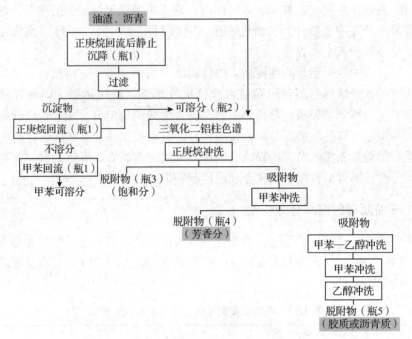

图 11.5 沥青四组分分析流程图

（2）胶质

在四组分分析中，胶质是从氧化铝色谱柱上由试样用含醇的极性溶剂冲洗后得到的馏分。由石油沥青分出的胶质，通常是棕褐色黏稠状半固体或固体，相对分子质量为 800~8000。其具有很强的着色能力，在各种石油馏分中只要含有微量胶质就会呈浅黄色或更深颜色。杂元素含量丰富，极性很强，因而有很好的黏附力，是沥青质的胶溶剂。

（3）芳香分

在四组分分析中，芳香分是从氧化铝色谱柱上由试样用苯冲洗后得到的组分，对于石油沥青通常芳香分含量为 20%~50%，主要取决于油源和生产方法。芳香分是黄红色黏稠液体，相对分子质量为 500~2000，平均分子结构中 H/C 原子比为 1.5~1.7，芳香度为0.20~0.30，总环数为 5~7，其中芳香环为 3~4。

（4）饱和分

在四组分分析中，饱和分是最先用正庚烷从氧化铝色谱柱上由试样冲洗下来的组分。对于石油沥青通常饱和分含量为 5%~25%，外观为无色液体或半固体（如果含蜡）。饱和分主要是含直链和支链的烷烃和环烷烃的混合物，杂元素和微量金属元素的含量很少；平均分子结构中 H/C 原子比最高，一般为 2，环烷环数较高，至少 2 以上，基本上不含芳香环，相对分子质量为 300~1000，是沥青中相对分子质量最小的组分。各种直馏沥青饱和分的元素组成和结构参数比较接近。

饱和分，在沥青中主要使"胶质—沥青质"软化（塑化），使"胶质—沥青质"形成的胶胞稳定地分散，但必须与芳香分保持适当的比例，才能使胶体体系保持稳定和获得最佳性能。

11.1.5.3　石油沥青最佳组分构成

沥青四个组分的物理性质和化学组成各不相同，而且由不同油源和生产方法得到的沥青四组分的比例和结构差别很大，对沥青的组分规定统一比例加以控制是不可能的。但是深入了解各组分的性能特征及相互作用是非常重要和实用的，其可以指导选择合适的油源和合理的生产方法，从而获得质量优良的沥青。

饱和分在常温下是液体，具有最高的黏度指数，表明黏温关系很好，是相对分子质量最小的组分。芳香分在常温下也是液态，黏度比饱和分大，但黏度指数比饱和分低；胶质是相当硬的固体，黏温关系很差，有一定数量的杂元素。沥青质是最硬的固体，其黏度不能用通常仪器和方法测定，但实际上其有效黏度极高，几乎大部分硫、氮、氧及金属都集中在沥青质组分中。

沥青质和胶质是构成沥青的骨架。饱和分和芳香分是沥青质和胶质的软化剂。四组分各有各的功能，都是构成沥青必不可少的组分。但是作为软化剂的饱和分和芳香分，希望不含有固体烃类(蜡)，以免干扰沥青的胶体结构而影响其性能。

表 11.4 列出沥青四组分最佳构成比例，可作为参考。

表 11.4　沥青四组分最佳构成参考比例　　　　　　　　　%

	沥青质	胶质	芳香分	饱和分
道路沥青	5~15	30~35	30~35	5~15
建筑沥青	20~25	35~40	20~30	5~10

11.1.5.4　石油沥青的毒性

石油沥青的主要成分是沥青和树脂(不饱和烃的聚合物)，此外还含有少量的苯、萘、蒽、菲、吡啶、吖啶、咔唑及酚等挥发性物质，这些挥发性物质是沥青具有一定危害性的主要因素。同时，石油沥青在生产、贮存和施工过程中的温度一般都在100℃以上，高温促进了这些挥发性物质的挥发，石油沥青对于操作人具有一定的毒害性。直接接触沥青，会引起皮肤灼伤、皮肤瘙痒、色素沉着等；接触加热后的石油沥青及其烟雾，可引起黏膜刺激症状，如咳嗽、眼部刺激等；此外对神经系统和消化系统也有一定的影响。因此，要充分了解石油沥青的毒性，制定安全使用操作规程，确保操作人员以及环境的卫生和安全。

11.2　石油沥青的性质

11.2.1　物理性质

11.2.1.1　密度和相对密度

密度是指某种物质的质量和其体积的比值，即单位体积的某种物质的质量。相对密度是指物体的质量与同体积水的质量的比值。

沥青的相对密度是指在规定温度下，沥青质量与同体积水质量之比。《公路工程沥青及沥青混合料试验规程》（JTG E20—2011）中，规定沥青密度与相对密度实验，沥青使用比重瓶测定沥青材料的密度与相对密度，宜在实验温度为25℃及15℃下测定。对于液体石油沥青，也可以采用适宜的液体比重计测定密度或相对密度。沥青的密度和相对密度是沥青的基本参数，在沥青储运和沥青混合料设计时都要用到。沥青的密度或相对密度在质量与体积之间相互计算时颇为重要，例如在铺筑路面时，经常需要将一定质量或体积的沥青与其他骨料以一定的比例混合。

许多研究表明，沥青的密度具有一定规律：沥青密度与其芳香分含量有关，芳香分含量越高，沥青密度越大。沥青密度与各组分之间的比例有关，沥青质含量越高，其密度越大。沥青密度与含蜡量有关，由于蜡的密度较低，含蜡量高的沥青其密度也低。沥青密度与含硫量有关，又由于硫的含量与其稠度有关，稠度高的沥青密度也大。

11.2.1.2　溶解度

沥青属于有机胶凝材料。沥青的溶解度指沥青在有机溶剂（三氯乙烯、四氯化碳、苯等）中，可溶物的质量百分比。溶解度可以反映沥青中起黏结作用的有效成分的含量。利用溶解度的大小，可以清洗或稀释沥青。

11.2.1.3　体膨胀系数

当温度上升时，沥青材料的体积会发生膨胀，这对于沥青储罐的设计，以及沥青被作为填缝、密封材料使用有重要影响。同时与沥青路面的路用性能也有密切的关系，统计膨胀系数大，沥青路面在夏季易泛油，在冬季会因收缩而产生裂缝。

沥青的体膨胀系数可以通过不同温度下的密度由式（11.1）计算得出。

$$A = \frac{D_{r2} - D_{r1}}{D_{r1}(T_1 - T_2)} \tag{11.1}$$

式中：A——沥青的体膨胀系数；

T_1、T_2——测试温度，℃；

D_{r1}、D_{r2}——沥青在温度 T_1 和 T_2 时的密度，g/cm^3。

11.2.1.4　介电常数

沥青对氧、雨、紫外线等的耐气候老化能力，与介电常数有关。介电常数定义如下：

$$介电常数 = \frac{集料作为介质时平行板电容器的电容}{真空时相同平行板电容器的电容}$$

英国运输和道路研究所（TRRL）研究认为，沥青路面抗滑阻力的改善与介电常数有关，英国标准对道路用沥青的介电常数提出了要求。

11.2.2　技术性质

11.2.2.1　黏滞性

黏滞性（黏性）是指沥青在外力作用下抵抗变形的能力，是反映沥青内部材料阻碍其相对流动的特性，是技术性质中与沥青路面力学行为联系最密切的一种性质。在现代交通条件下，为防止路面出现车辙，沥青黏度的选择是首要考虑的参数。各种石油沥青的黏滞性变化范围很大，黏滞性的大小与组分和温度有关。当沥青质含量较高，胶质适量，油分较少时，沥青的黏滞性较大。在一定温度范围内，当温度升高时，沥青的黏滞性随之降低，反之则增大。

（1）沥青黏度

沥青的黏滞性，用沥青的绝对黏度和相对黏度表示；沥青的黏度，是沥青首要考虑的技术性质之一，是沥青的重要力学指标，它的大小反映沥青抵抗流动的能力，黏度越大，沥青路面抗车辙的能力越强。实际工作中，评价沥青的条件黏度最常用的指标，有针入度和软化点。黏度的类别，主要有表观黏度、绝对黏度、运动黏度、相对黏度和条件黏度等。

（2）稠度

稠度是指当剪切应力作用于材料时，材料抵抗流动(永久变形)的性质。稠度是材料内部摩擦的一种表现，液体、半流动体、半固体和固体，抵抗剪切应力而流动(变形)时，其变形同应力不成比例。稠度和黏度，是沥青最重要的性质；二者随其化学组分和温度高低，在一个很大的范围内变化。

（3）针入度

针入度实验，是国际上普遍采用的测定黏稠石油沥青黏结性的一种方法，适用于测定道路石油沥青、改性沥青针入度以及液体石油沥青蒸馏或乳化沥青蒸发后残留的针入度。沥青的针入度，是在规定温度和时间内，附加一定质量的标准针垂直贯入试样的深度(图 11.6)，以 0.1mm 表示。《公路工程沥青及沥青混合料试验规程》(JTG E20—2011)中，沥青针入度实验明确标准实验条件：温度 25℃，荷重 100g，贯入时间 5s。例如，某沥青测得针入度为 70，可以表示为：$P_{(25℃,100g,5s)} = 70(0.1mm)$。针入度实验，详见配套教材《土木工程材料试验》。针入度是沥青标号的重要指标，沥青标号越小，针入度越小。

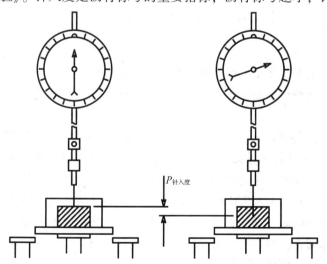

图 11.6　沥青针入度测定装置

11.2.2.2 低温性能

沥青的低温性能与沥青路面的低温抗裂性有密切关系。沥青的低温性与低温脆性，是重要的路用性能指标，它们多通过沥青的低温延度实验和脆点实验来测定。

（1）延性

沥青的延性是指当受到外力的拉伸作用时，所能承受的塑性变形的总能力，是沥青的内聚力的衡量。通常，用延度作为条件延性指标。

延度是将沥青试样制成"∞"形标准试模，中间最小截面为 $1cm^2$，在规定速度（5cm/min）和温度（通常为25℃、15℃、10℃或5℃）下，拉伸至断时的长度，以 cm 表示。沥青的延度，采用延度仪来测定（图11.7）。《公路沥青路面施工技术规范》（JTG F40—2004）中，A、B级沥青采用10℃延度，C级可以采用15℃延度，评定沥青的低温塑形性能。《公路工程沥青及沥青混合料试验规程》（JTG E20—2011）中，沥青延度实验测定沥青延度。延度实验，详见配套教材《土木工程材料实验》。

延度是沥青重要指标之一，沥青标号越小，延度越小。

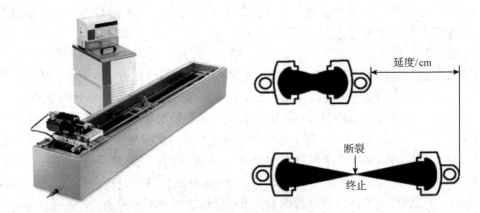

图11.7　沥青延度仪及延度测定示意图

（2）脆性

沥青材料在低温下受到瞬时荷载作用时，常表现为脆性破坏。沥青脆性的测定极为复杂，通常采用弗拉斯脆点实验方法可以求出沥青达到临界硬度时发生脆裂的温度，并以此作为条件脆性指标。

《公路工程沥青及沥青混合料试验规程》（JTG E20—2011）中，用沥青脆点实验（弗拉斯法）测定各种材料的弗拉斯脆点，它是将0.4g沥青试样均匀涂在金属片上，置于有冷却设备的脆点仪内，摇动脆点仪的曲柄，使涂有沥青的金属片产生重复弯曲，随着冷却设备中制冷剂温度以1℃/min的速度降低，沥青薄膜也逐渐降低，当沥青薄膜在规定弯曲条件下产生断裂时，对应的温度即为脆点。在实际工作中，通常要求沥青具有较高的软化点和较低的脆点，否则沥青材料在夏季容易发生流淌现象，或是在冬季变脆甚至开裂。

脆点实质上反映了沥青有黏弹性体转变为弹脆体（玻璃体）时的温度，即达到临界硬度时发生脆裂的温度，也就是沥青达到等劲度时的温度。沥青出现脆裂时的劲度为 $2.1×10^9Pa$。

11.2.2.3　高温性质——软化点

沥青是一种非晶质高分子材料，没有明确的固化点或液化点，它由液态凝结为固态，或由固态融化为液态时，通常采用条件的硬化点和滴落点来表示。沥青材料处于硬化点至滴落点之间的温度区间时，是一种黏滞流动状态，通常取固化点到滴落点间隔的 87.21% 作为软化点。《公路工程沥青及沥青混合料试验规程》(JTG E20—2011) 中，沥青软化点实验，采用环与球法，该实验适用于测定道路石油沥青、聚合物改性沥青的软化点，也适用于测定液态石油沥青、煤沥青蒸馏残留物或乳化沥青残留物的软化点。环与球法，是将沥青试样装入规定尺寸的铜环内 (内径 19.8mm)，试样上放置标准钢球 (直径为 9.53mm，质量为 3.5g) 在水中或甘油中，以规定的升温速度 (5℃/min) 加热，使沥青软化下垂至规定距离 (25.4mm) 时的温度，以℃表示。软化点越高，表明沥青的耐热性能越好，即高温性越好。沥青的软化点实验 (图 11.8)。软化点实验，详见配套教材《土木工程材料实验》。

软化点，是沥青重要指标之一，沥青标号越小，软化点越大。

综上，沥青三大重要指标中，沥青标号越小，针入度越小，沥青更硬，稠度越大，软化点越大，延度越小。

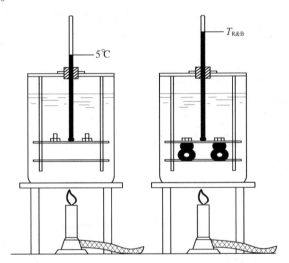

图 11.8　环球法测定沥青软化点装置及示意图

11.2.2.4　感温性

沥青的感温性 (即温度敏感性)，是指石油沥青的黏性和塑性随温度升降而变化的性能，主要包括石油沥青的高温稳定性和低温抗裂性，它是在给定的温度变化下，沥青的针入度或黏度的变化，对沥青路面的使用性能有很大影响。沥青感温性，是决定沥青使用时的工作性质以及沥青面层使用性能的重要指标。沥青在低温 (低于玻璃化温度 T_g) 状态下是玻璃状的弹性态，在高温时是流动态，在常温时是类似于橡胶的黏弹状态，不易出现堆挤、拥包、车辙等病害。沥青，作为沥青混合料的胶结料，修筑的沥青路面在不同温度情况下表现为不同的力学状态。人们希望，沥青材料在夏季高温不至过分软化，而保持足够的黏滞性；在冬季不至过分脆化，而保持足够的柔韧性。不同品种、不同标号的沥青，对温度的敏感性往往有很大的差别。沥青的感温性，通常采用沥青黏度随温度而变化的特点（黏—温关系）来评价沥青的感温性。国际上，用以表示沥青感温性的指标有多种，壳牌石油公司研究所提出的沥青实验数据图（BTDC），反映了沥青在较宽温度范围内稠度性质的变化。现在普遍采用的，有针入度指数 PI、针入度黏度指数 PVN、黏温指数 VTS（黏温曲线斜率）等，以及模量指数、劲度指数、软化点、复数模量 GTS 等，都可以表示沥青的温度敏感性，都是以两个或两个以上不同温度的沥青指标的变化幅度来衡量的（张金升等，2013）。

（1）黏温指数

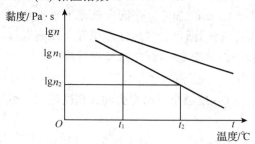

图 11.9　沥青的黏温关系示意图

沥青黏度与温度的关系，在半对数坐标中大多为直线关系，图 11.9 为沥青薄膜烘箱加热实验（TFOT）前后的黏温关系示意图。不同沥青，由于化学组成的差别，在图中表现为不同的斜率，表明它们的温度敏感性不同；斜率越大，敏感性越强，其温度稳定性也就越差。沥青的温度敏感性，以黏温指数 VTI（Vis-cosity Temperature Index）按式（11.2）计算。

$$VTI_1 = (\lg n_1 - \lg n_2)/(\lg t_2 - \lg t_1) \tag{11.2}$$

式中：n_1、n_2——黏度，Pa·s；

t_1、t_2——温度，℃。

黏温指数，实际上就是黏温关系线的斜率。因此，对于道路沥青来说，其 VTI 值越小，则表明温度稳定性越好。

如果黏温关系线在半对数坐标中不呈直线关系，则在双对数坐标图中可成为直线，这样其黏温指数见式（11.3）。

$$VTI_2 = (\lg n_1 - \lg n_2)/(\lg t_2 - \lg t_1) \tag{11.3}$$

沥青的黏温关系与黏温曲线，是沥青流变学的基本内容，许多学者对此进行了研究，并提出了各种形式的黏温关系表达式。

①安德拉得（Andrada）纯理论方程，见式（11.4）。

$$n = Ae^{\frac{U}{Rt}} = Ae^{\frac{B}{t}} \tag{11.4}$$

式中：n——黏度，Pa·s；

A、B——常数；

R——摩尔气体常数，8.3144 J/(mol·K)；

U——流动活化能，$U = BR$，kJ/mol；

t——绝对温度，K。

式（11.4）表明，黏度与温度呈负相关，温度越高，黏度越小。同时，黏度对材料状态的活化能也有依赖关系，活化能越大，黏度也越大；而活化能随温度的升高而降低。式（11.4）如用对数形式表示，则可写成式（11.5）。

$$n = \ln A + \frac{B}{t} \qquad (11.5)$$

式(11.5)中的常数 B，实际上是黏温关系线的斜率。通过对沥青的活化能进行过测试，在温度为 50~130℃，100 号直馏沥青活化能为 83.9kJ/mol，半氧化沥青活化能为 85.6kJ/mol。

②李(Lee)和萧维伊(Sohweyer)实验关系，见式(11.6)式(11.7)。

$$李式：\lg n = k_1 - k_2 \lg t \qquad (11.6)$$

式中：t——绝对温度，K；

k_1、k_2——参数。

$$萧维伊式：\lg n = m_1 - m_2 \lg t \qquad (11.7)$$

式中：t——摄氏温度，℃；

m_1、m_2——参数。

式(11.7)在软化点以下较窄温度域(15~35℃)或沥青混合料施工黏度范围(0.1~0.5Pa·s)接近一条直线。

③柯诺里森(Comelissn)关系式

$$\lg n = w_1 + w_2 / t \qquad (11.8)$$

式中：t——绝对温度，K；

w_1、w_2——参数。

式(11.8)中的常数 w_2 是黏温关系的斜率，它反映沥青的感温性，w_2 值越小，表示沥青的感温性越小，w_2 值即为黏温指数。

黏度与温度的关系，在半对数坐标中大多为直线，也就是说石油沥青的黏温曲线在普通坐标系中多为指数关系。例如陈惠敏、郑毓权(1989)研究了道路沥青的黏度和黏温关系，用毛细管黏度计测定了 35 个道路沥青在 60~160℃的黏度。结果表明，由不同油源和不同加工方法得到的沥青具有不同的黏度和黏温关系。

图 11.10 为几种沥青薄膜烘箱加热实验(TFOT)前后的黏温曲线。不同沥青由于化学

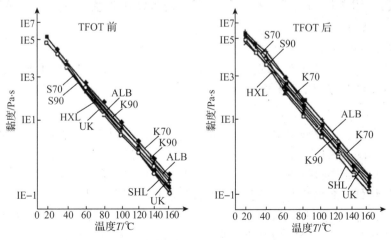

图 11.10　几种沥青材料的黏温曲线

组成的差异，它们在图中表现为不同的斜率，这表明它们的温度敏感性不同。斜率越大，敏感性越强，其温度稳定性也就越差。

（2）针入度指数

针入度指数 PI 是应用经验的针入度和软化点实验结果来表征沥青感温性的一种指标。同时，针入度指数也可用来评价沥青的胶体结构状态。PI 值越小，表示沥青的温度敏感性越强。大多数沥青的 PI 值在 $-2.6 \sim 8$，而适合铺筑路面的道路沥青的 PI 必须符合一定的要求。有些国家对沥青的 PI 值有要求，例如西班牙、瑞士要求 $-1.0 \leqslant PI \leqslant 1.0$；荷兰要求 $-1.5 \leqslant PI \leqslant 1.0$。《公路工程沥青路面施工技术规范》（JTG F40—2004）对道路石油沥青、聚合物改性沥青也提出了相应的 PI 值的要求，道路石油 A 级沥青应 $-1.5 \leqslant PI \leqslant 1.0$；B 级沥青应 $-1.8 \leqslant PI \leqslant 1.0$；聚合物改性沥青应 $-1.2 \leqslant PI \leqslant -0.4$。

"八五"国家科技攻关研究认为，为了保证沥青路面的高温稳定性，针入度指数 PI 的界限应随沥青的使用气候区域不同而异（表 11.5）。

表 11.5　沥青针入度指数 PI 要求值

7月份平均气温	>30℃	20~30℃	<20℃
PI 要求值	>-1.0	>-1.2	>-1.4

11.2.2.5　耐久性

（1）概述

沥青在储运、加工、施工及使用过程中，由于长时间暴露在空气中，在风雨、温度变化等自然条件的作用下，会发生一系列的物理及化学变化，如蒸发、脱氧、缩合、氧化等。此时，沥青中除含氧官能团增多外，其他的化学组成也有变化，最后使沥青逐渐老化、变脆开裂，不能继续发挥其原有的黏结或密封作用。沥青所表现出的这种胶体结构、理化性质或机械性能的不可逆变化，称为老化。

在实际应用中，人们要求沥青有尽可能强的耐久性，老化的速度应尽可能慢一些，因而提出了对沥青耐久性的要求。耐久性确实是沥青使用性能方面一个十分重要的综合指标。

（2）沥青老化的特征

沥青老化的特征，表现方式较多，有沥青常规指标的变化、沥青组分的变化、沥青胶体结构的变化、沥青流变性质的变化。

（3）沥青老化的原因

沥青老化过程一般分为两个阶段，即施工过程中的短期老化（蒸发损失）和路面在长期使用过程中的长期老化（氧化）。

在沥青路面的施工过程中，沥青的运输与贮存、沥青混合料的拌和以及拌和后的施工期间，沥青始终处于高温状态，特别是在沥青与矿料的拌和阶段，沥青在薄膜状态暴露于 $170 \sim 190℃$ 的空气中，在此短暂时间内由于空气氧化以及沥青中挥发成分的丧失，使沥青的性质发生变化，该施工阶段的老化称为短期老化。另外，沥青路面在长期使用过程中，由于空气、辐射、水与光等作用，使沥青的性质发生改变，此过程发生的老化称为长期老化。老化的结果使得沥青变硬变脆。

沥青老化的原因主要有蒸发损失、沥青的氧化和其他因素(聚合作用、自然硬化、车辆荷载作用等)三个方面。

(4)提高沥青耐久性的可能途径

选择合适的生产沥青的石油,提高沥青的耐久性;改进生产沥青的加工过程,提高沥青的耐久性;加入某些用于石油轻馏分的抗氧化剂来改进沥青的耐久性。选用何种添加剂,必须针对该沥青通过实验才能确定,此外,经济效益也是重要的考虑因素之一。

11.2.2.6　黏附性

沥青的黏附性,是指沥青与石料之间相互作用所产生的物理吸附和化学吸附的能力,而黏结力则是指沥青内部的黏结能力。二者区别不大,黏结性大的沥青对同一骨料的黏附性也应该大一些,有时容易混淆。

在许多情况下,由于沥青和石料的表面接触不良,特别是当沥青的黏度较大或石料的表面有水或其他杂质时,就可能在骨料表面产生气泡或空隙,使润湿变差,从而影响黏附性。骨料固体的表面状态、性状、清洁程度等都对黏附性有明显的影响。需要注意的是,水对黏附能力的影响特别严重。由于大多数的矿物骨料都是亲水的,所以应当把沥青与骨料的润湿作用看作是沥青—水—骨料三相共存的体系,沥青和水在骨料表面进行润湿是黏附中的选择性竞争的过程。此外,还有渗透到骨料内部毛细管的水,它在沥青与石料起作用的时候可能并不明显,但在以后也会慢慢渗出进到沥青与石料的界面之间。所以有时在外表上看来好像沥青已将骨料矿石完全覆盖起来,但二者之间由于水的存在并不能保证黏附得很好,时间久了水就会沿着骨料表面流动使沥青与石料相互分离。当沥青与骨料之间不是形成化学吸附时会经常遇到这种现象。所以骨料在使用期间应当烘干,保证无水是非常必要的。

沥青黏附薄膜的厚度对黏附作用也有重要的影响。随着薄膜厚度变小,黏附力增大,但覆盖层变薄后容易出现不完全润湿的现象,这样反而又破坏了黏附层。

11.3　石油沥青的技术标准

沥青材料作为有机胶结材料广泛应用于路面已经有上百年历史,在长期的使用过程中,人们拟定了一套检验和评价沥青性能的技术指标,并且纳入了世界许多国家的技术规范中。虽然各国规范中的指标有所不同,但大同小异。检验和评价沥青的技术指标主要有:针入度、软化点、延度、闪点、溶解度、薄膜烘箱实验(针入度比、质量损失、延度)、含蜡量、相对密度等。

11.3.1　建筑石油沥青技术标准

建筑石油沥青和道路石油沥青一样,都是按针入度指标来划分牌号的。在同一品种石油沥青材料中,牌号越小,沥青越硬;牌号越大,沥青越软。同时随着沥青牌号增加,针入度增加,沥青的黏性减小;延度增大,塑性增加;软化点降低,温度敏感性增大。《建筑

表 11.6　建筑石油沥青的技术标准

项目	质量指标		
	10 号	30 号	40 号
针入度(25℃，100g，5s)/1/10mm	10~25	26~35	36~50
针入度(46℃，200g，5s)/1/10mm	报告 a	报告 a	报告 a
针入度(0℃，200g，5s)/1/10mm，≥	3	6	6
延度(25℃，5cm/min)/cm，≥	1.5	2.5	3.5
软化点(环球法)/℃，不低于	95	75	60
溶解度(三氯乙烯)/%，≥	99.0		
蒸发后质量变化(163℃，5h)/%，≤	1		
蒸发后25℃针入度比 b/%，≥	65		
闪点(开口杯法)/℃，≥	260		

注：报告 a 应为实测值。b 测定蒸发损失后样品的 25℃针入度与原 25℃针入度之比乘以 100 后，所得的百分比，称为蒸发后针入度比。

石油沥青》(GB/T T494—2010)建筑石油沥青的技术标准，见表 11.6。

建筑石油沥青黏性较大，耐热性较好，但塑性较小，主要用于制造油毡、油纸、防水涂料和沥青胶。它们绝大部分用于屋面及地下防水、沟槽防水、防腐蚀及管道防腐等工程。

对于屋面防水工程，应注意防止过分软化。为了避免夏季沥青流淌，屋面用沥青材料的软化点应比当地气温下屋面可能达到的最高温度高 20℃以上。

11.3.2　道路石油沥青技术标准

对道路石油沥青的基本要求：首先，在施工和使用期间的温度条件下具有适当的稠度；其次，与集料有良好的黏附能力和一定的强度；再次，耐老化性能衰变缓慢，有良好的耐久性和使用寿命；最后，要有良好的施工性能和安全性。各国对道路黏稠石油沥青的规格指标都体现了上述要求。目前，道路黏稠石油沥青牌号划分有 3 种体系：按针入度分级、按黏度分级和按功能分级。按针入度分级的规格体系历史最悠久，并为大多数国家所采用；按黏度分级的规格体系出现在 20 世纪 70 年代，只有以美国为首的少数国家采用；按功能分级的规格体系是 20 世纪 90 年代美国在公路战略研究计划(SHRP)中提出的全新的分级概念和规格要求，目前只有美国在试行(陈惠敏，2001)。

11.3.2.1　道路石油沥青技术要求

沥青有关实验，包括沥青密度和沥青相对密度、针入度、延度、软化点、溶解度、蒸发损失、薄膜加热、旋转薄膜加热、闪点与燃点(克里夫兰开口杯法)、含水量、脆点(弗拉斯发)、灰分含量、蜡含量(蒸馏法)、沥青与粗集料的黏附性、沥青化学组分(三组分法)、沥青化学组分(四组分法)等 52 个实验。

其中在《公路沥青路面施工技术规范》(JTG F40—2004)中，对道路石油沥青的技术要求主要有针入度(25℃，100g，5s)、适用的气候分区、针入度指数 PI、软化点、60℃动力黏度、10℃延度、15℃延度、蜡含量、闪点、溶解度、密度(15℃)及 TFOT(或 RTFOT)后的质量变化、残留针入度比(25℃)、残留延度(10℃)和残留延度(15℃)等指标,见表 11.8。

这些工程上常用的实验及相应的指标,我们专门归纳总结在配套教材《土木工程材料试验》里面。

11.3.2.2　道路石油沥青的牌号和等级

下面介绍道路石油沥青按针入度分级、黏度分级和功能分级。

(1)针入度分级体系

在针入度分级体系中,沥青针入度实验是测定沥青稠度的标准方法。25℃的针入度给出了接近年平均使用温度下的沥青的稠度。而沥青的延度,特别是沥青的低温延度,可以反映沥青的抗开裂性能。沥青的高温性能则是通过沥青的软化点表征的,在同样的针入度下,软化点越高,沥青的高温性能就越好。即使针入度分级体系中许多指标是经验性和条件性的,但由于方法和所使用的仪器相对简单,易于普及,在一定程度上可以满足对沥青质量控制的要求,目前美国、澳大利亚、日本等国家的现行标准仍保留针入度分级体系。我国的道路沥青分级体系,是在以上针入度分级体系的基础上根据我国的具体情况制定的,基本能够满足对沥青质量的控制要求,特别是 15℃的延度大于 100cm 和蜡含量小于3%的技术指标,有效地实现了对生产沥青的原油的限制,保证了沥青的潜在质量。

我国的道路石油沥青按《公路沥青路面施工技术规范》(JTG F40—2004)中的技术要求划分为 160 号、130 号、110 号、90 号、70 号、50 号、30 号共 7 个牌号,每个牌号的沥青又按其评价指标的高低划分为 A、B、C3 种不同的质量等级,道路石油沥青的适用范围见表 11.7。沥青标号越大,针入度越大,沥青更软,稠度越小,软化点越小,延度越大,更适合于冬季寒冷的北方;沥青标号越小,针入度越小,沥青更硬,稠度越大,软化点越大,延度越小,更适合于夏季高温的南方。道路石油沥青的技术要求见表 11.8。

表 11.7　道路石油沥青的适用范围

沥青等级	适用范围
A 级沥青	各个等级的公路,适用于任何场合层次
B 级沥青	1. 高速公路、一级公路沥青下面层及以下的层次,二级及以下公路的各个层次 2. 用作改性沥青、乳化沥青、改性乳化沥青、稀释沥青的基质沥青
C 级沥青	三级及三级以下公路的各个层次

(2)黏度分级体系

黏度分级体系是根据沥青或薄膜烘箱后的沥青在 60℃时的黏度值确定沥青的使用环境和使用条件的。在黏度分级体系中,60℃的黏度表征沥青的高温性能,体系中还给出了其他实验要求,如 25℃的针入度、135℃的黏度、薄膜烘箱实验(TFOT)后剩余物 60℃时的黏度与 25℃时的延度以及闪点。25℃的针入度可控制沥青在接近平均使用温度时的稠度,135℃的黏度可控制沥青在接近拌和与压实温度时的稠度。这些要求在一起就可以控制沥青的温度敏感性。黏度分级体系由于使用了具有一定物理意义的黏度作为分级指标,另外

表 11.8　道路石油沥青技术要求

指标	单位	等级	160 号	130 号	110 号	90 号	70 号	50 号	30 号
针入度(25℃, 5s，100g)	0.1mm		140~200	120~140	100~120	80~100	60~80	40~60	20~40
适用的气候分区			注	注	2-1　2-2　3-2	1-1　1-2　1-3　2-2　2-3	1-3　1-4　2-2　2-3　2-4	1-4	注
针入度指数 PI		A	-1.5 ~ 1.0						
		B	-1.8 ~ 1.0						
软化点 (R&B)，≥	℃	A	38	40	43	45　　44	46　　45	49	55
		B	36	39	42	43　　42	44　　43	46	53
		C	35	37	41	42	43	45	50
60℃动力黏度，≥	Pa·s	A	—	60	120	160　　140	180　　160	200	260
10℃延度，≥	cm	A	50	50	40	45　30　20　30　20	20　15　25　20　15	15	10
		B	30	30	30	30　20　15　20　15	15　10　20　15　10	10	8
15℃延度，≥	cm	A B	100					80	50
		C	80	80	60	50	40	30	20
蜡含量(蒸馏法)，≤	%	A	2.2						
		B	3.0						
		C	4.5						
闪点，≥	℃		230			245	260		
溶解度，≥	%		99.5						
密度(15℃)	g/cm³		实测记录						
TFOT(或 RTFOT)后									
质量变化，≤	%		±0.8						
残留针入度比 (25℃)，≥	%	A	48	54	55	57	61	63	65
		B	45	50	52	54	58	60	62
		C	40	45	48	50	54	58	60
残留延度 (10℃)，≥	g/cm	A	12	12	10	8	6	4	—
		B	10	10	8	6	4	2	—
残留延度 (15℃)，≥	cm	C	40	35	30	20	15	10	—

与针入度分级体系相比可以表征更高温度下沥青的性能,黏度实验仪器较简单,重复性较好,所以北美国家和日本在高黏度沥青中采用了黏度分级体系。但黏度分级体系按照沥青的高温性能分级,对沥青在平均使用温度和低温下的性能的表征具有局限性。

(3)功能分级体系

功能(performance grade,PG)分级体系是美国联邦公路局历经 5 年的研究,所实施的美国战略公路计划中有关沥青分级体系的研究成果。在 PG 分级体系中,用路面最高设计温度下的动态剪切模量表征沥青的高温性能,用最低路面设计温度下的劲度随变形的变化速率表征沥青的低温性能,用疲劳温度下的动态剪切模量表征沥青的抗疲劳性能,用旋转薄膜烘箱实验和压力老化实验分别表征沥青的短期老化和长期老化性能。

11.4 改性沥青

11.4.1 改性沥青的分类与技术标准

11.4.1.1 改性沥青概述

改性沥青是指在基质沥青中掺加橡胶、树脂、高分子聚合物、天然沥青、磨细的橡胶粉或其他填料型外加剂,与沥青均匀混合,从而使沥青的性质得以改善并制成的沥青混合物。通过对沥青材料的改性,可以改善以下性能:提高高温抗变形能力,增强沥青路面的抗车辙性能;提高沥青的弹性性能,改善其抗低温和抗疲劳开裂性能;改善沥青与矿料的黏附性;提高沥青的抗老化能力,延长沥青路面的寿命。

近年来由于交通运输业的迅速发展,交通量增大,汽车轴载不断增加,对沥青和沥青混合料的性能提出了更高的要求。一方面,要求沥青混合料具有高温稳定性,不产生车辙,另一方面,要求沥青混合料具有低温抗裂性、抗疲劳强度,延长沥青的使用寿命。鉴于此,研究沥青性能改善的方法及其配制技术,开发与之匹配的先进加工设备,并逐步推广,是道路建设工作者的期待。

改性沥青技术,为提高沥青的实用性能做出了巨大贡献,但传统的改性沥青是利用聚合物或无机材料的微细颗粒与沥青形成复合材料,这种复合材料不改变沥青材料的结构,是一种物理改性,存在一定的技术盲区。例如,路用性能的提高受到一定限制,尤其是对于石蜡含量比较高的沥青,改性困难。随着技术的发展,人们认识到只有改善沥青的结构和组分,才能真正改善沥青的性能。纳米材料由于具有巨大的比表面积和极高的表面活性,可以在微观上影响沥青的结构和组成,从而显著改善沥青性能,尤其是针对我国的石油蜡基沥青,有望产生良好的改性效果。

11.4.1.2 改性沥青分类

当石油沥青不能满足土木工程中对石油沥青的性能要求时,可在沥青中添加各种聚合物或其他无机材料,经过充分混溶,使之均匀分散在沥青中,大幅度改善沥青的路用性能。

（1）掺加改性剂类

掺加改性剂类改性沥青混合料，可以改善力学性能（高温稳定性、疲劳性能和低温抗裂性）的聚合物，例如，橡胶类（SBR、CR、EPDM）、热塑性橡胶类（SBS）、热塑性树脂类（PE、EVA）等；可以改善黏附性（掺加抗剥离剂），例如，金属皂（有机锰等）、有机胺、消石灰等；可以改善耐老化剂（掺加抗老化剂），例如，受阻粉、受阻胺等。

（2）物理改善类

物理改善类改性沥青混合料，可以掺加矿物填料，如炭黑、硫黄、石棉、木质素纤维等；可以掺加玻璃纤维格栅、塑料格栅、土工布等；可以掺加废橡胶粉。

（3）调和沥青改善类

调和沥青改善类改性沥青混合料，可以掺加天然沥青，如湖沥青、岩沥青、海底沥青等。

（4）沥青工艺改善类

沥青工艺改善类改性沥青混合料，可以掺加半氧化沥青、泡沫沥青等。

11.4.1.3　改性沥青的关键问题

（1）改性沥青的相容性

相容性是改性沥青的首要条件，相容性好可以起到四个方面的作用：改性作用，相容性好的改性沥青体系，改性剂粒子很细，很均匀地分布于沥青中；而相容性差则改性剂粒子呈絮状、块状或发生相分离和分层现象。聚合物（特别是嵌段共聚物）在低剂量下发生溶胀，形成一种连续的网络结构，发挥改性作用。改善贮存、运输过程中的稳定性，相容差的改性沥青，在搅拌完成且温度降低后可能发生相分离或分层现象，这将导致前期工作的失败。减少搅拌时间和搅拌机的功率要求，较少能量消耗，并防止改性沥青的老化。

（2）溶胀

初步认为，聚合物加入沥青后，没有发生化学反应，但是在沥青轻质组分的作用下，体积将会胀大。在高剂量情况下，聚合物在沥青中的溶胀程度略有降低，但形成网状结构。它使沥青的力学性质产生很大的改善，实际上限于经济方面的因素，聚合物剂量应有所限制。所以，在低剂量聚合物情况下，保证聚合物的溶胀是很重要的。

（3）分散度

分散度是指聚合物在沥青中的分布状态及聚合物粒子的大小。改性技术中工艺之所以重要，就是为了要保证良好的分散度。聚合物在沥青中的分散度对改性沥青性质有很大影响，改性沥青制备的过程，就是使聚合物尽可能地充分分散，分散度的好坏是加工质量的重要标志。聚合物只有充分分散在沥青中，才能真正发挥改性作用。

11.4.1.4　改性沥青的技术标准

我国《公路沥青路面施工技术规范》（JTG F40—2004）中对聚合物改性沥青性能的评价方法增加了弹性恢复、黏韧性、离析等技术指标，见表11.9。首先根据聚合物类型将改性沥青分为Ⅰ、Ⅱ、Ⅲ类，按照软化点的不同，将聚合物改性沥青分为 A、B、C、D4 个等级，由 A～D 表示改性沥青针入度减小，黏度增加，即高温性能提高，但低温性能降低。

表 11.9　聚合物改性沥青技术要求

指标	单位	SBS 类（Ⅰ类）				SBR 类（Ⅱ类）			EVA、PE 类（Ⅲ类）			
		Ⅰ-A	Ⅰ-B	Ⅰ-C	Ⅰ-D	Ⅱ-A	Ⅱ-B	Ⅱ-C	Ⅲ-A	Ⅲ-B	Ⅲ-C	Ⅲ-D
针入度(25℃，100g，5s)	0.1mm	>100	80～100	60～80	40～60	>100	80～100	60～80	>80	60～80	40～60	30～40
针入度指数 PI，≥		-1.2	-0.8	-0.4	0	-1.0	-0.8	-0.6	-1.0	-0.8	-0.6	-0.4
延度(5℃，5cm/min)，≥	cm	50	40	30	20	60	50	40	—			
软化点 $T_{R\&B}$，≥	℃	45	50	55	60	45	48	50	48	52	56	60
运动黏度(135℃)，≤	Pa·s	3										
闪点，≥	℃	230				230			230			
溶解度，≥	%	99				99			—			
弹性恢复(25℃)，≥	%	55	60	65	75	—			—			
黏韧性，≥	N·m	—				5			—			
韧性，≥	N·m	—				2.5			—			
贮存稳定性离析，48h 软化点差，≤	℃	2.5				—			无改性剂明显析出、凝聚			
TFOT(或 RTFOT)后残留物												
质量变化，≤	%	±1.0										
针入度比(25℃)，≥	%	50	55	60	65	50	55	60	50	55	58	60
延度(5℃)，≥	cm	30	25	20	15	30	20	10	—			

11.4.2　常用聚合物改性沥青

11.4.2.1　橡胶类改性沥青

丁苯橡胶(SBR)和氯丁橡胶(CR)是最为常用的橡胶类改性沥青。这类改性剂常以乳胶的形式加入沥青中制成橡胶沥青，可以提高沥青的黏度、韧性、软化点，降低脆点，并使沥青的延度和感温性得到改善。其改性机理是：橡胶吸收沥青中的油分产生溶胀，改善了沥青的胶体结构，从而使沥青的黏度等指标得以改善。SBR 是较早开发的沥青改性剂，其应用范围非常广泛。SBR 的性能与结构随苯乙烯与丁二烯的比例和聚合工艺而变化，选择沥青改性剂时应通过实验加以确定。

目前，常采用 SBR 乳胶或 SBR 沥青母体作为改性剂。随着 SBR 掺量的增加，改性沥青的黏度增大，软化点升高，抗变形能力得到改善；25℃时针入度下降，而低温针入度升高，说明沥青的感温性得到改善；此外加入 SBR 乳胶后，沥青的低温延度大幅度提高，韧度和黏韧性增强，耐老化性能得到不同程度的改善。

11.4.2.2　热塑性橡胶类改性沥青

热塑性弹性体(TPE)是通过橡胶类弹性体热塑化和弹性体与树脂熔融共混热塑化技术

而生产出的热塑性弹性体材料，其品种牌号繁多，性能优异，其中苯乙烯-二烯烃嵌段共聚物广泛应用于改性沥青。当二烯烃采用丁二烯时，所得产品即为 SBS，其共聚物中丁二烯称为软段，苯乙烯称为硬段。

热塑性弹性体，对沥青的改性机理除了一般的混合、溶解、溶胀等物理作用外，更重要的是改性剂在一定条件下产生交联作用，形成了不可逆的化学键，同时形成立体网状结构，使沥青获得较高的弹性和强度。而在沥青拌和温度条件下，网状结构消失，具有塑性状态，便于施工。改性沥青在路面使用温度条件下为固态，具有高抗拉强度。

11.4.2.3 热塑性树脂类改性沥青

热塑性树脂是聚烯烃类高分子聚合物，包括聚乙烯(PE)、聚丙烯(PP)、聚氯乙烯(PVC)、聚苯乙烯(PS)、乙烯-乙酸乙烯共聚物(EVA)、无规聚丙烯(APP)、乙烯基丙烯酸共聚物(EEA)、丙烯腈丁二烯丙乙烯共聚物(NBR)等。这些改性剂在道路沥青改性中均有不同程度的使用。热塑树脂的共同特点是加热后软化，冷却时变硬。此类改性剂可以使沥青混合料的常温黏度增大，高温稳定性增加，沥青的强度和劲度提高。但对沥青混合料的弹性改善效果有限，且加热后易离析，再次冷却时会产生众多的弥散体。

11.4.2.4 热固性树脂类改性沥青

热固性树脂品种，有聚氨酯(PV)、环氧树脂(EP)、不饱和聚酯树脂(VP)等，其中环氧树脂已成功用于配制改性沥青。环氧树脂是指含有 2 个或 2 个以上环氧或环氧基团的醚或酚的齐聚物或聚合物。配制环氧改性沥青的关键在于选择合适的混合沥青作基料，并需选择适合此类环氧树脂的固化剂。比较便宜的固化剂以芳香胺类为主。环氧树脂改性沥青的延伸性不好，但其强度很高，具有优越的抗永久变形能力、耐燃料油和润滑油的能力。

11.5 其他沥青

11.5.1 乳化沥青

乳化沥青是将黏稠沥青加热至流动状态，再经高速离心、搅拌及剪切等机械作用，使沥青形成细小的微粒($2\sim5\mu m$)，且均与分散系在含有乳化剂和稳定性的水中，形成水包油(O/W)型的沥青乳液。

乳化沥青具有以下优点：可冷态施工，节约能源，减小环境污染；常温下具有较好的流动性，能保证洒布的均匀性，可提高路面修筑质量；采用乳化沥青，扩展了沥青路面的类型，如稀浆封层等；乳化沥青与矿质表面具有良好的工作性和黏附性，可节约沥青并保证施工质量；乳化沥青施工受低温多雨季节影响小，可延长施工季节(申爱琴，2020)。

11.5.1.1　乳化沥青的组成材料

乳化沥青主要由沥青、乳化剂、稳定剂和水等组成。

（1）沥青

乳化沥青中的沥青占 55%~70%，沥青的性质将直接决定乳化沥青的成膜性能和路用性能。在选择乳化沥青时，应首先考虑它的乳化性。一般来说，在相同油源和工艺的沥青，针入度较大者易形成乳液。另外，沥青中活性组成的含量与沥青乳化难易程度有直接关系，通常认为沥青酸总量大于 1% 的沥青，采用乳化剂和一般工艺即可加工成乳化沥青。

（2）乳化剂

乳化剂是乳化沥青形成的关键材料。从化学结构上看，它是一种"两亲性"分子。分子的一部分只有亲水作用，另一部分具有亲油性质，乳化剂包裹在沥青颗粒表面形成吸附层。乳状液中的分散相可以是水相，也可以是油相，大多数为油相；连续相可以是油相，也可以是水相，大多数为水相。

乳化剂按其亲水基在水中是否电离而分为离子型乳化剂和非离子型乳化剂两大类，具体分类如图 11.11 所示。

图 11.11　乳化剂分类

①阴离子型乳化剂　阴离子型乳化剂是在溶于水时能电离为离子胶束，且与亲水基相连的亲水基团带有阴（或负）电荷的乳化剂，如图 11.12 所示。阴离子乳化剂最主要的亲水基团有烃酸盐（如 $COONa$）、硫酸酯盐（如 OSO_3Na）和磺酸盐（如 SO_3Na）3 种。

②阳离子型乳化剂　阳离子型乳化剂是在溶于水时能电离为离子胶束，且与亲油基团相连的亲水基团带有阳（或正）电荷的乳化剂，如图 11.13 所示。阳离子型乳化剂按化学结构分类，主要有季铵盐类、烷基胺类、酰胺类、环氧乙烷二胺类和胺化木质素类等。

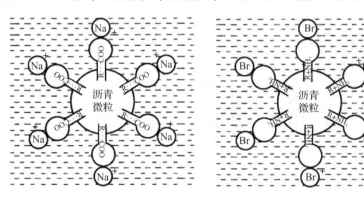

图 11.12　阴离子型乳液结构示意图　　**图 11.13　阳离子型乳液结构示意图**

③两性离子型乳化剂　两性离子型乳化剂是在溶于水时能电离为离子或离子胶束，且与亲水基相连的亲水基团既带有阴电荷又带有阳电荷的乳化剂。两性离子型乳化剂按其亲水基团的结构和特性分类，主要有氨基酸型等。两性离子型乳化剂的合成原料来源较困难，价格较高，目前在乳化沥青中应用很少。

（3）稳定剂

稳定剂通常包括有机稳定剂和无机稳定剂。稳定剂的作用是防止已经分散的沥青乳液在贮存期内彼此凝聚，以保证在施工喷洒或机械拌和作用下具有良好的稳定性。稳定剂对乳化剂的协同作用必须通过实验来确定，并且其用量不宜过多，一般以沥青乳液的0.1%~0.15%为宜。

（4）水

水是乳化沥青的主要组成部分，在乳化沥青中起着润湿、溶解及化学反应的作用。水的用量一般为30%~70%。

11.5.1.2　乳化沥青的形成与分裂机理

（1）形成机理

张金升等（2013）分析，沥青能够均匀稳定地分散在乳化剂水溶液中的原因如下：

①降低界面能作用　沥青与水的表面张力较大，一般情况下是不能互溶的。当乳化剂加入沥青与水组成的溶液后，乳化剂分子吸附在沥青—水界面上形成吸附层，从而减小了沥青与水之间的表面张力差，如图 11.14 所示。

②增强界面膜的保护作用　乳化剂分子的亲油基吸附在沥青表面，在沥青—水界面上形成界面膜，且界面膜具有一定的强度，对沥青微粒起保护作用，使其在相互碰撞时不易聚结。

③提高界面电荷稳定作用　乳化剂溶于水后发生解离，当亲油基吸附于沥青时，使沥青微滴带有电荷（阳离子型乳化沥青带正电荷）（图 11.15），此时在沥青—水界面上形成扩散双电层，沥青—水体系成为稳定体系。

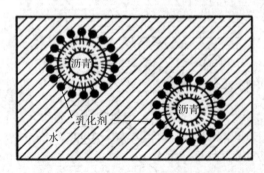

图 11.14　乳化剂在沥青表面形成界面膜

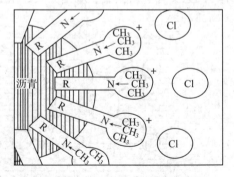

图 11.15　阳离子型乳化沥青的界面电荷

（2）分裂机理

为使沥青发挥黏结功能，必须将其从乳液中分离出来，并在集料表面形成连续的薄膜覆盖，这一过程称为分裂（俗称破乳）。路用乳化沥青要有足够的稳定性，以保证在运输及洒布过程中不会过早分裂。乳化沥青的分裂过程如图 11.16 所示。

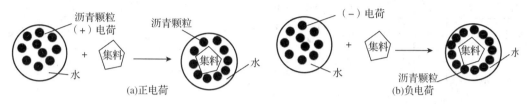

图 11.16 乳化沥青的分裂过程示意图

路用乳化沥青的分裂速度与水的蒸发速度、集料表面性质以及洒布和碾压等因素有关（翟晓静等，2014）。

①蒸发作用 乳液中方的水分由于蒸发或被集料吸收而产生分解，多孔、粗糙、干燥的集料易吸收水分，破坏乳液的平衡，加速破乳。

②乳液与集料的吸附作用 除了水分蒸发作用，沥青与矿物还有吸附作用。阴离子型乳液（带负电荷）与带正电荷的碱性集料（如石灰岩、玄武岩等）具有较好的黏结性；阳离子型乳液（带正电荷）与带负电荷的酸性集料（如花岗岩、石英石等）具有较好的黏结性。

11.5.1.3 乳化沥青的技术标准

乳化沥青与矿物拌和后，在空气中逐渐脱水，水膜变薄，沥青微粒逐渐靠拢，乳化剂薄膜挤裂并形成连续黏结膜层。成膜后的乳化沥青具有一定的耐热性、黏结性、抗裂性、韧性和防水性。道路用改性乳化石油沥青的技术要求，见表 11.10。

11.5.2 煤沥青

11.5.2.1 煤沥青的化学组成和结构特点

煤沥青（俗称柏油），是用煤在隔绝空气的条件下干馏，制取焦炭和煤气的副产品——煤焦油炼制而成。路用煤沥青主要由高温煤焦油加工而成。

煤沥青的组成主要包括芳香碳氢氰化合物及其氧、硫、氮衍生物的混合物。其主要化学元素有 C、H、O、S 和 N。煤沥青化学组成的研究与石油沥青相似，采用溶解等方法可将煤沥青分离为游离碳、软树脂、硬树脂和油分等组分（申爱琴，2020）。煤沥青化学组分分析流程如图 11.17 所示。

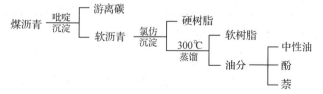

图 11.17 煤沥青化学组分分析流程

表 11.10　改性乳化沥青的技术要求

实验项目	单位	阳离子				阴离子				非离子	
		喷洒用			拌和用	喷洒用			拌和用	喷洒用	拌和用
		PC-1	PC-2	PC-3	BC-1	PA-1	PA-2	PA-3	BA-1	PN-2	BN-1
破乳速度		快裂	慢裂	快裂或慢裂	慢裂或中裂	快裂	慢裂	快裂或中裂	慢裂或中裂	慢裂	慢裂
粒子电荷		阳离子(+)				阴离子(-)				非离子	
筛上残留物(1.18mm筛),≤	%	0.1				0.1				0.1	
黏度　恩格拉黏度计 E_{25}	Pa·s	2~10	1~6	1~6	2~30	2~10	1~6	1~6	2~30	1~6	2~30
黏度　道路标准黏度计 $E_{25,3}$		10~25	8~20	8~20	10~60	10~25	8~20	8~20	10~60	8~20	10~60
蒸发残留物　残留分含量,≥	%	50	50	50	55	50	50	50	55	50	55
蒸发残留物　溶解度,≥	%	97.5				97.5				97.5	
蒸发残留物　针入度(25℃)	0.1mm	50~200		50~300	45~150	50~200		50~300	45~150	50~300	60~300
蒸发残留物　延度(15℃),≥	cm	40				40				40	
与粗集料的黏附性,裹附面积,≥		2/3			—	2/3			—	2/3	—
与粗、细粒式集料拌和实验		—			均匀	—			均匀	—	
水泥拌和实验筛上剩余,≤	%	—				—				—	3
常温储存稳定性　1d,≤	%	1				1				1	
常温储存稳定性　5d,≤		5				5				5	

表 11.11　煤沥青化学组分示例

煤沥青标号	化学组分/%					
	游离碳	硬树脂	软树脂	中性油	酚	萘
软煤沥青 T-9	13.32	11.78	38.14	33.71	2.41	0.64

　　煤沥青各化学组分含量示例见表 11.11。

　　煤沥青的胶体结构与石油沥青相似，也是一种复杂的胶体分散系。游离碳和硬树脂组成的胶体微粒为分散相，油分为分散介质，而软树脂吸附于固态分散系胶粒周围，逐渐向外扩散，并溶解于油分中，使分散系形成稳定的胶体结构。

（1）游离碳

游离碳又称自由碳，是高分子的有机化合物的固态碳质微粒，不溶于任何有机溶剂，只有在高温下才能溶解。煤沥青的游离含碳量很高，可提高黏度和温度稳定性。但当游离含碳量超过一定程度时，沥青的低温脆性亦随之增加。

（2）树脂

树脂为环心含氧碳氢化合物，分为硬树脂(类似石油沥青中的沥青质)和软树脂(赤褐色，黏塑性物，溶于氯仿，类似石油沥青中的树脂)。

（3）油分

油分是液态碳氢化合物，与其他组成相比，是结构最为简单的物质。

除了上述的基本组分外，煤沥青的油分中还含有萘、蒽和酚等。萘和蒽能溶解于油分中，在含量较高或低温时能呈固态晶状析出，影响煤沥青的低温变形能力。酚和苯环中含烃物质能溶于水，且易被氧化。煤沥青中酚、萘和水均为有害物质，其含量必须加以控制。

11.5.2.2 煤沥青的技术性质与技术要求

（1）煤沥青的技术性质

煤沥青与石油沥青相比，在技术性质上有以下差异：

①煤沥青的温度稳定性较低　煤沥青是较粗的分散系，可溶性树脂含量较多，受热易软化，温度稳定性差。因此加热温度和时间都要严格控制，更不宜反复加热，否则易导致性质急剧恶化。

②煤沥青的大气稳定性差　由于煤沥青中含有较多不饱和碳氢化合物，在热、阳光、氧气等长期综合作用下，使煤沥青的组成变化较大，易老化变脆。

③煤沥青与矿质集料的黏附性好　在煤沥青组成中含有较多的极性物质，它们赋予煤沥青较高的表面活性，使煤沥青与矿质集料有着较好的黏附性。

④煤沥青塑性较差　由于煤沥青含有较多的游离碳，使其塑性降低，在使用时容易因受力变形而开裂。

⑤煤沥青含有较多的人体有害成分，不宜用于城市道路和路面面层。

（2）煤沥青的技术要求

根据煤沥青在工程中应用要求的不同。按稠度可将煤沥青划分为软煤沥青和硬煤沥青。依据《公路沥青路面施工技术规范》(JTG F40—2004)，道路工程中主要应用软煤沥青技术要求，见表 11.12。

11.5.3 天然沥青

天然沥青按形成的环境可分为湖沥青、岩沥青和海底沥青等(李立寒等，2020)。天然沥青具有较高的含氮量(一般沥青中很少含氮)，这使它具有很强的特殊浸润性和较高的抵御自由基氧化能力，因此天然沥青黏度大，抗氧化性强。天然沥青的强极性还使它具有很

表 11.12　道路用煤沥青的技术要求

实验项目		T-1	T-2	T-3	T-4	T-5	T-6	T-7	T-8	T-9
标准黏度/s	$C_{30,5}$	5~25	26~70	—	—	—	—	—	—	—
	$C_{30,10}$	—	—	5~20	21~50	51~120	121~200	—	—	—
	$C_{50,5}$	—	—	—	—	—	—	10~75	76~200	—
	$C_{60,5}$	—	—	—	—	—	—	—	—	35~65
蒸馏实验馏出量/%	170℃前，≤	3	3	3	2	1.5	1.5	1.0	1.0	1.0
	270℃前，≤	20	20	20	15	15	15	10	10	10
	300℃前，≤	15~25	15~35	30	30	25	25	20	20	15
300℃蒸馏残留物软化点(环球法)/℃		30~45	30~45	35~65	35~65	35~65	35~65	40~70	40~70	40~70
水分/%，≤		1.0	1.0	1.0	1.0	1.0	0.5	0.5	0.5	0.5
甲苯不溶物/%，≤		20	20	20	20	20	20	20	20	20
萘含量/%，≤		5	5	5	4	4	3.5	3	2	2
焦油酸含量/%，≤		4	4	3	3	2.5	2.5	1.5	1.5	1.5

好的黏附性及抗剥落性。此外，天然沥青不含蜡，将其加入到高含蜡沥青中能够在一定程度上削弱蜡对沥青的消极影响。

11.5.3.1　湖沥青

湖沥青是石油不断从地壳中冒出并存在于天然湖中，经常年沉降、变化、硬化而形成的天然沥青。湖沥青的代表性产品为产于南美洲特立尼达岛的特立尼达湖沥青(Trinida Lake As-phalt，TLA)。将特立尼达湖沥青精炼加工后得到的产品称为特立尼达精炼湖沥青。

胶体结构分析表明，TLA 属于胶凝结构。对于掺配 TLA 改性后得到的改性沥青，其结构性能与温度敏感性得到了较大的改善，软沥青组成物的成分使改性沥青具备了良好的抗剥落性能，同时沥青的劲度模量与沥青路面的抗滑性能均有不同程度的提高。

TLA 改性沥青被广泛应用于重大交通路段，包括飞机场道面、桥面铺装、高速公路路面等，具体应用条件见表 11.13。

表 11.13　各等级 TLA 改性沥青的适用范围

等级	针入度(25℃，100g，5s)/0.1mm	建议应用的条件
TMA1	40~55	极繁重的荷载条件、重交通路面、停机坪等
TMA2	60~75	繁重的交通量、标准符合的高速公路、机场道面、街道等
TMA3	800~1000	中等至繁重的交通量、标准符合的千线公路、次干道、公路、停车场等
TMA4	120~150	轻至中等的交通量、标准符合的次干道、停车场、热拌沥青及冷拌沥青混合料、表面修复等

美国 ASTM 规范对 TLA 改性沥青的技术要求，见表 11.14。

表 11.14　TLA 改性沥青技术标准（ASTM D5710—95）

指标	针入度等级							
	TMA1		TMA2		TMA3		TMA4	
	min	max	min	max	min	max	min	max
针入度（25℃，100g，5g）/0.1mm	40	55	60	75	80	100	120	150
黏度（135℃）/（mm²/s）	385	—	275	—	215	—	175	—
延度（25℃）/cm	100	—	100	—	100	—	100	—
闪点/℃	232	—	232	—	232	—	232	—
溶解度/%	77	90	77	90	77	90	77	90
TFOT 残留物								
针入度（25℃，100g，5s）降低/%	55	—	52	—	47	—	42	—
延度（25℃）/cm	50	—	50	—	75	—	100	—
无机质（灰分）/%	7.5	19.5	7.5	19.5	7.5	19.5	7.5	19.5

11.5.3.2　岩沥青

岩沥青是石油不断地从地壳冒出，存在于山体、岩石裂隙中，经长期蒸发凝固而成的天然沥青。其代表性产品有北美岩沥青（UINTAITE）、布敦岩沥青（BRA）。我国新疆、青海、四川一带也有储量丰富的天然岩沥青（申爱琴，2020）。

北美岩沥青和布敦岩沥青的组分，见表 11.15。

几种常用岩沥青的技术要求，见表 11.16。

表 11.15　两种岩沥青的组分　　　　%

岩沥青	饱和分	芳香分	胶质	沥青质
北美岩沥青	1~3	1~3	21~37	57~76
布敦岩沥青	12~34	12~23	20~54	37~56

表 11.16　常用岩沥青的技术要求

	北美岩沥青	布敦岩沥青		北美岩沥青	布敦岩沥青
软化点/℃	175	144	5℃密度/（g/cm³）	1.05	1.81
针入度/0.1mm	0	0	机物含量/%	—	—
沥青含量/%	70	20.4	灰分/%	0.5	27.3
含水率/%	1	0.64	闪点（COC）/℃	315	306
加热损失/%	0.2	1.05			

11.5.4 泡沫沥青

在高温的普通针入度级沥青中加入少量冷水，使沥青表面积大大增加，体积膨胀系数提高至数十倍，然后在1min内沥青恢复原状，这种膨胀成泡沫的沥青称为泡沫沥青。泡沫沥青多与水泥一起作为稳定剂，应用于沥青路面的冷再生工程(申爱琴，2020)。

泡沫沥青的制备过程示意图，如图11.18所示。

通常，采用膨胀率和半衰期两个指标对泡沫沥青的性能进行评价。膨胀率指沥青发泡膨胀达到的最大体积与泡沫消失完全时的体积之比，它可以反映泡沫沥青的黏度大小。半衰期指泡沫沥青从最大体积降低到最大体积的一半所需的时间，它反映了泡沫沥青的稳定性。对泡沫沥青而言，希望膨胀率和半衰期2个指标都尽量提高，但实际上两个指标呈现相反的变化趋势，如图11.19所示。

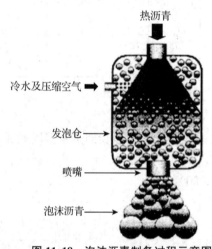

图 11.18 泡沫沥青制备过程示意图

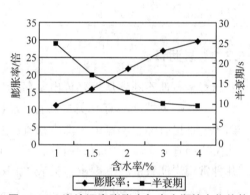

图 11.19 泡沫沥青膨胀率与半衰期的变化趋势

研究表明，当泡沫沥青2个评价指标中的任何一个达到最优而另一个较差时，都不利于泡沫沥青性能的温度。因此，在设计确定泡沫沥青的发泡时间时，应尽可能通过变化实验参数使膨胀率和半衰期两个指标均能达到较好的状态，从而获得最佳的沥青发泡效果。

复习思考题

11.1 解释沥青、石油沥青的蒸馏工艺、黏滞性和沥青的黏附性。

11.2 沥青可以用在哪些行业？用量最大的是哪个行业？什么沥青产量最大、用途最广？

11.3 生产沥青的原油是怎么形成的？

11.4 沥青具有哪些特性？

11.5 沥青按照来源不同分为哪两大类？地沥青又分为哪两大类？

11.6 石油沥青是怎么形成的？

11.7 常温下石油沥青呈现什么状态？

11.8 石油沥青是能源产品吗？

11.9 沥青按照生产加工方法、形态和用途，各分为哪几类？

11.10 从生产加工方法来看，道路石油沥青主要使用哪些沥青？

11.11 沥青的主要用途有哪些？

11.12 判断题：石油沥青的质量取决于其化学组成，而沥青的化学组成归根结底由原油的性质确定。要生产质量高、性能良和耐久性好的石油沥青，关键是要选择具有合适化学组成的原油，确定生产工艺和操作条件也很重要。

11.13 判断题：沥青不是单一的物质，而是由多种化合物组成的混合物，成分极其复杂。但从化学元素分析来看，其主要有碳(C)、氢(H)两种化学元素组成，故又称碳氢化合物。通常石油沥青中碳和氢的质量占 98%～99%，其中，碳的质量又占 84%～87%，氢为 11%～15%。

11.14 石油沥青的组成元素主要有哪些？

11.15 规范(JTG E20—2011)中，沥青化学组分实验有哪些？

11.16 根据规范(JTG E20—2011)，石油沥青的三组分分析法，石油沥青有哪三个组分组成？

11.17 根据规范(JTG E20—2011)，石油沥青的四组分分析法，石油沥青有哪四个组分组成？

11.18 石油沥青的四组分在沥青中的作用是什么？

11.19 判断题：沥青四个组分的物理性质和化学组成各不相同，而且由不同油源和生产方法得到的。沥青四组分的比例和结构差别很大，要对沥青的组分规定统一比例并加以控制是不可能的。但是深入了解各组分的性能特征及相互作用是非常重要和实用的，可以指导选择合适的油源和合理的生产方法，从而获得质量优良的沥青。

11.20 解释密度和相对密度。规范(JTG E20—2011)中沥青密度与相对密度采用什么仪器测定？测定沥青密度和相对密度有何意义？

11.21 沥青黏度分为哪几种？

11.22 实际工作中，评价沥青的条件黏度最常用的指标有哪些？

11.23 根据规范(JTG E20—2011)，沥青针入度实验标准条件是什么？

11.24 针入度越小，沥青其他技术性质如何变化？

11.25 简述针入度实验。

11.26 沥青延度实验简介。

11.27 根据规范(JTG E20—2011)，沥青软化点采用什么方法测定？

11.28 根据规范(JTG E20—2011)，简述沥青软化点实验。

11.29 沥青老化的原因有哪些？

11.30 建筑石油沥青用什么指标来划分牌号？

11.31 道路石油沥青的划分方法有哪些？

11.32 根据规范(JTG F40—2004)规定，道路石油沥青划分为哪七个牌号，每个牌号的沥青又可以分为哪几个质量等级？

11.33 道路 A 级石油沥青可以适用在什么场合？

11.34 从产品性能要求和经济效益出发，选择道路石油沥青的因素有哪些？

11.35 道路石油沥青以针入度大小确定沥青标号，标号变化沥青技术性质有哪些变化？

11.36 改性沥青能够改善哪几方面性能？

11.37 常用改性沥青根据聚合物类型分为哪几类？

第12章 沥青混合料

12.1 概述

目前,我国公路路面采用较多的是柔性路面(沥青类路面)。本章主要针对公路沥青类路面设计,特别是沥青混合料及其配合比设计、沥青路面结构方案等关键问题展开分析。本章结合现行规范和工程应用实践经验,并邀请南方、北方设计院和工程应用方面的沥青类路面方面的部分专家参与撰写。

针对南方道路对高温稳定性和水损害性要求高的特点,以及部分道路要求降低噪声和大雨天抗滑性的个性化需求;针对北方道路对低温抗裂性要求高,同时也要求高温稳定性的特点,全面梳理了不同类型的沥青混合料配合比设计,介绍热拌沥青混合料中的 AC 连续级配热拌沥青混合料(含 TAB)、SMA 沥青混合料和 PAC 排水沥青混合料的配合比设计。个性化需求,包括抗裂、抗水损害、抗滑等。抗裂,主要体现在用油量、沥青饱和度等指标上,直接的实验是疲劳性能实验和劈裂实验;抗水损害,主要体现在集料与沥青的黏附性实验、浸水马歇尔实验及冻融劈裂实验上;抗滑,主要指标是构造深度、摩擦系数。

本章阐述了常用热拌沥青混合料的组成结构、强度形成原理、技术性质、体积特征参数和组成设计方法,重点介绍热拌 AC 沥青混合料(含 TAB)、SMA 沥青玛蹄脂碎石、PAC 排水沥青混合料的配合比设计过程。为了拓展工程应用,作者花费了大量时间和心血,收集了部分南方和北方实际工程中的沥青混合料配合比设计报告。

本章依据《公路沥青路面施工技术规范》(JTG F40—2004)、《公路沥青路面设计规范》(JTG D50—2017)、《公路工程沥青及沥青混合料试验规程》(JTG E20—2011)、《公路沥青玛蹄脂碎石路面技术指南》(SHC F40-01—2002)、《排水沥青路面设计与施工技术规范》(JTG/T 3350-03—2020)等交通系统规范撰写而成。

本章涉及的部分符号或代号意义,见表 12.1。

表 12.1 符号或代号

符号或代号	意义
A	道路石油沥青
T	道路煤沥青
HMA	热拌沥青混合料

(续)

符号或代号	意义
AC	密级配沥青混凝土混合料
SMA	沥青玛蹄脂碎石混合料
OGFC	大孔隙开级配沥青磨耗层
ATB	密级配沥青稳定碎石混合料
ATPB	排水式沥青稳定碎石混合料
AM	半开级配沥青碎石混合料
OAC	沥青混合料的最佳油石比
MS	马歇尔稳定度
FL	马歇尔实验的流值
γ_{se}	沥青混合料中合成矿料的有效相对密度
γ_{sb}	沥青混合料中矿料的合成毛体积相对密度
γ_{sa}	沥青混合料中矿料的合成表观相对密度
P_a	沥青混合料的油石比
P_b	沥青混合料中的沥青含量
P_{be}	沥青混合料中的有效沥青用量
C	集料的沥青吸收系数
γ_b	沥青的相对密度
γ_t	沥青混合料的最大理论相对密度
FB	沥青混合料的粉胶比(0.075mm 通过率与有效沥青含量的比值)
VV	压实沥青混合料的空隙率,即矿料及沥青以外的空隙(不包括矿料自身内部的孔隙)的体积占试件总体积的百分率
VMA	压实沥青混合料的矿料间隙率,即试件全部矿料部分以外的体积占试件总体积的百分率
VFA	压实沥青混合料中的沥青饱和度,即试件矿料间隙中扣除被集料吸收的沥青以外的有效沥青混合料部分的体积在 VMA 中所占的百分率
VCA_{mix}	压实沥青混合料的粗集料骨架间隙率,即试件的粗集料骨架部分以外的体积占试件总体积的百分率
VCA_{DRC}	捣实状态下的粗集料松装间隙率
PSV	石料磨光值

12.1.1　沥青混合料相关概念

沥青混合料涉及的概念较多,下面将结合规范把常用概念梳理清楚。

(1)沥青混合料

沥青混合料,指由矿料和沥青混合料拌和而成的混合料的总称。

(2)密级配沥青混合料

密级配沥青混合料,指按密实级配原理设计组成的各种粒径颗粒的矿料与沥青混合料拌和而成，设计空隙率较小的密实式沥青混凝土混合料(AC)和密实式沥青稳定碎石混合料(ATB)。按关键筛孔通过率的不同又可分为细型(F)、粗型(C)密级配沥青混合料。

(3)开级配沥青混合料

开级配沥青混合料，指矿料级配主要由粗集料嵌挤组成，细集料及填料较少，设计空隙率为18%的混合料。

(4)半开级配沥青碎石混合料

半开级配沥青碎石混合料，指由适当比例的粗集料、细集料及少量填料(或不加填料)与沥青混合料拌和而成，经马歇尔标准击实成型试件的剩余空隙率在6%~12%的沥青混合料。

(5)间断级配沥青混合料

间断级配沥青混合料，指矿料级配组成中缺少1个或者几个粒径档次(或者用量很少)而形成的沥青混合料。

(6)沥青稳定碎石混合料

沥青稳定碎石混合料，指由矿料和沥青组成具有一定级配要求的混合料，按照空隙率、集料最大粒径、添加矿粉数量的多少，分为密级配沥青稳定碎石(ATB)、开级配沥青碎石(OGFC 表面层及 ATPB 基层)、半开级配沥青碎石(AM)。

(7)沥青胶浆

沥青胶浆，指由沥青混合料、矿粉、纤维组成的沥青玛蹄脂的黏结剂。

(8)沥青玛蹄脂碎石

沥青玛蹄脂碎石，指由沥青玛蹄脂填充于间断级配的粗集料骨架的间隙中成为一体的沥青混合料，简称 SMA。

(9)纤维稳定剂

纤维稳定剂，指在沥青玛蹄脂碎石中起吸附沥青，增强结合料黏结力和稳定作用的木质纤维、矿物纤维、聚合物化学纤维等各类纤维的总称。

(10)SMA 的粗集料

SMA 的粗集料，指在 SMA 混合料中形成嵌挤，起到骨架作用的集料部分，对 SMA-13、SMA-16 是指粒径大于 4.75mm 的集料，对 SMA-10 是指粒径大于 2.36mm 的集料。

(11)SMA 的粗集料骨架间隙率

SMA 的粗集料骨架间隙率，指 SMA 的粗集料骨架部分以外的体积占试样总体积的百分率，以 VCA 表示。由粗集料在捣实状态下测定的 VCA 称为 VCA_{DRC}，由压实状态的 SMA 试件测定的 VCA 称为 VCA_{mix}。

(12)排水沥青路面

排水沥青路面，指表面层由空隙率18%以上的沥青混合料铺筑，路表水可渗入路面内部并横向排出的沥青路面类型，又称多空隙沥青路面，也被称为低噪声路面，简称 PAC 路面。

(13)排水沥青混合料

排水沥青混合料，指压实后空隙率在18%以上，能够在混合料内部形成排水通道的沥青混合料。它是一种以单一粒径碎石为主，按照嵌挤机理形成的具有骨架—空隙结构的开级配沥青混合料，又称为多空隙沥青混合料，简称 PA。

（14）开级配沥青磨耗层

开级配沥青磨耗层，指采用空隙率 12%～18% 的开级配沥青混合料铺筑而成，厚度为 19～25mm 的沥青路面罩面薄层，简称 OGFC。

（15）高黏度添加剂

高黏度添加剂，指以高分子聚合物为主要成分，以增强沥青绝对黏度、增强沥青与集料之间的黏结性能为目的，经过一定工艺合成并制备称为均匀颗粒状的改性材料。

（16）油石比

油石比指沥青质量与矿料总质量的比值（%），用 P_a 表示。油石比 P_a>沥青用量 P_b。

（17）沥青用量

沥青用量，指沥青质量与沥青混合料总质量的比值（%），用 P_b 表示。沥青用量可以和油石比进行换算。

（18）有效沥青用量

有效沥青用量，指在总的沥青用量中扣除了被吸收的沥青数量后便可得到有效沥青用量（%），用 P_{be} 表示，$P_{be}=P_b-\dfrac{P_{ba}}{100}\times P_s$。计算有效沥青用量的目的在于估算粉胶比和沥青膜的厚度。

（19）矿料百分率

矿料百分率，指各种矿料占沥青混合料总质量的百分率之和（%），用 P_s 表示，$P_s=100-P_b$。

（20）沥青混合料矿料吸收率

沥青混合料矿料吸收率，指沥青混合料被矿料吸收的沥青混合料比例（%），用 P_{ba} 表示。

（21）粉胶比

粉胶比，指沥青混合料的矿料中 0.075mm 通过率与有效沥青用量的比值，无量纲，用 FB 表示。

（22）飞散

飞散，指排水沥青混合料在荷载作用下，表面集料脱落、掉粒损失的病害，飞散是排水沥青路面的主要病害。

（23）飞散损失

飞散损失，指飞散后，集料脱落、掉粒的质量与沥青混合料总质量的比值。

（24）析漏

析漏，指高温状态下沥青或沥青砂浆从排水沥青混合料中析出的现象。通常以析出的质量与沥青混合料总质量的比值表示。

（25）PAC

PAC，指沥青路面排水功能层，PAC 路面指排水沥青路面。有时候，PA 和 PAC 没有严格区分。

（26）矿粉

矿粉，是由石灰岩等碱性石料经磨细加工得到的，在沥青混合料中起调料作用的以碳酸钙为主要成分的矿物质粉末。有时候，矿粉又称为填料。

（27）改性沥青混合料

改性沥青混合料，是掺加橡胶、树脂、高分子聚合物、磨细的橡胶粉或其他填料等外掺剂（改性剂），使沥青混合料的性能得以改善而制成的沥青混合料。采用改性沥青混合料可以改善沥青混合料的力学性能（高温稳定性/抗疲劳强度/低温抗裂性）、黏附性、耐老化性等。

（28）沥青混合料的水稳定性

沥青混合料的水稳定性，是指沥青混合料抵抗由于水侵蚀而发生沥青膜剥离、松散等破坏的能力。

（29）沥青混合料的高温稳定性

沥青混合料的高温稳定性，指在夏季高温条件下，沥青混合料承受多次重复荷载作用而不发生过大的累积塑性变形的能力。

12.1.2 沥青混合料分类

沥青混合料的分类方法取决于矿质混合料的级配、集料的最大粒径、压实空隙率和沥青品种等。

（1）按结合料类型分类

根据使用的结合料不同，沥青混合料可分为石油沥青混合料和煤沥青混合料。其中，石油沥青混合料又包括黏稠石油沥青混合料、乳化石油沥青混合料和液体石油沥青混合料。

（2）按材料组成及结构分类

①连续级配沥青混合料　沥青混合料中的矿料是按连续级配原则设计的，即从大到小的各级粒径都有，且按比例相互搭配组成。

②间断级配沥青混合料　连续级配沥青混合料的矿料中缺少1个或几个档次粒径而形成的沥青混合料。

（3）按矿料级配组成及空隙率大小分类

①密级配沥青混合料　按连续密级配原理设计组成的沥青混合料，如设计空隙率为3%~6%的密级配沥青混凝土混合料（AC）和密级配沥青稳定碎石混合料（ATB）。沥青玛蹄脂碎石混合料（SMA）也属于密级配沥青混合料。

②半开级配沥青混合料　由适当比例的粗集料、细集料及少量填料（或不加填料）与沥青混合料拌和而成，压实后剩余空隙率在6%~12%。半开式沥青碎石混合料主要指半开式沥青碎石，以AM表示。

③开级配沥青混合料　矿料级配主要由粗集料嵌挤组成，细集料及填料较少，如排水式沥青磨耗层（OGFC）及排水式沥青基层（ATPB）。

（4）按矿料公称最大粒径分类

①特粗式沥青混合料　集料公称最大粒径为37.5mm的沥青混合料。

②粗粒式沥青混合料　集料公称最大粒径为26.5mm或31.5mm的沥青混合料。

③中粒式沥青混合料　集料公称最大粒径为16mm或19mm的沥青混合料。

④细粒式沥青混合料　集料公称最大粒径为9.5mm或13.2mm的沥青混合料。

⑤砂粒式沥青混合料　集料公称最大粒径小于9.5mm的沥青混合料。

（5）按制造工艺分类

①热拌热铺沥青混合料　简称热拌沥青混合料（hot mix asphalt，HMA），指将沥青与矿料在热态下拌和、热态下铺筑的沥青混合料。热拌沥青混合料种类见表12.2。表12.2中是《公路沥青路面施工技术规范》（JTG F40—2004）中热拌沥青混合料按集料公称最大粒径、矿料级配、空隙率等进行分类，也是较为标准的分类。

②冷拌沥青混合料　指采用乳化沥青或液体沥青与矿料在常温状态下拌和、铺筑的沥青混合料。

③再生沥青混合料　指将需翻修或废弃的旧沥青路面，经翻挖、破碎后回收旧沥青混合料，然后将其与再生剂、新集料、新沥青材料等按一定比例重新拌和，形成具有一定路用性能的再生沥青混合料。

（6）改性沥青混合料

改性沥青混合料，分为掺加改性剂的、物理改性的、调和其他沥青混合料（图12.1）。常用的是聚合物改性沥青混合料，例如 SBR 改性沥青混合料、SBS 改性沥青混合料等。

表 12.2　热拌沥青混合料种类

混合料类型	密集配			开级配		半开级配	公称最大粒径 /mm	最大粒径 /mm
	连续级配		间断级配	间断级配		沥青稳定碎石		
	沥青混凝土	沥青稳定碎石	沥青玛蹄脂碎石	排水式沥青磨耗层	排水式沥青碎石基层			
特粗式	—	ATB-40	—	—	ATPB-40	—	37.5	53.0
粗粒式	—	ATB-30	—	—	ATPB-30	—	31.5	37.5
	AC-25	ATB-25	—	—	ATPB-25	—	26.5	31.5
中粒式	AC-20	—	SMA-20	—	—	AM-20	19.0	26.5
	AC-16	—	SMA-16	OGFC-16	—	AM-16	16.0	19.0
细粒式	AC-13	—	SMA-13	OGFC-13	—	AM-13	13.2	16.0
砂粒式	AC-5	—	—	—	—	AM-5	4.75	9.5
设计空隙率/%	3~5	3~6	3~4	>18	>18	6~12	—	—

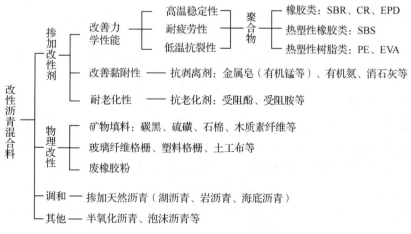

图 12.1　改性沥青混合料分类

12.1.3 沥青混合料特点

沥青混合料具有以下特点：

①沥青混合料具有良好的力学性能和路用性能，路面平整无接缝，行车舒适。

②沥青混合料可全部采用机械化施工，施工结束就可以立即开放交通。

③沥青混合料可进行再生利用。

此外，沥青类路面(沥青混合料)和水泥混凝土路面相比，具有养护费用低、养护时间短、抗滑性能好、行车舒适等优点。

12.2 沥青混合料的组成结构及结构强度

12.2.1 沥青混合料的组成结构

沥青混合料，是由沥青、粗细集料、矿粉以及外加剂所组成的一种复合材料。由于组成材料质量、矿质混合料级配类型、沥青用量等的不同，沥青混合料可以形成不同的组成结构，并表现出不同的力学性能。

目前，在沥青混合料组成结构研究方面存在着两种不同的理论，即表面理论和胶浆理论。表面理论，认为沥青混合料是由粗细集料和不同粒径大小矿粉组成密实矿质混合料的骨架，利用沥青胶结料的黏聚力，在加热状态下施工，使沥青包裹在矿料的表面，经过压实固结后，将松散的矿质颗粒胶结成具有一定强度的整体。强度的关键在于矿质骨料的强度和密实度。胶浆理论，则认为沥青混合料是种具有空间网络状结构的多级分散体系，其组成结构决定沥青混合料的高温稳定性能和低温变形能力。

李立寒等依据沥青混合料的矿料级配组成特点，及其组成结构分为下述3个类型。

(1)悬浮密实结构

当采用连续密级配矿料(图12.2中曲线①)与沥青配制的沥青混合料时，集料从大到小连续存在。这种结构虽然密实度很大，但粒径较大的颗粒被较小一挡的颗粒挤开，不能直接接触形成嵌挤骨架结构，彼此分离悬浮于较小颗粒和沥青胶浆之间，形成了所谓的悬浮密实结构，如图12.3(a)所示。这种结构的特点是黏聚力较高，混合料的密实性和耐久性较好，但内摩阻力较小，高温稳定性较差。我国传统的AC型沥青混凝土就属于典型的悬浮密实结构。

(2)骨架空隙结构

当采用连续开级配矿料(图12.2中曲线②)的沥青混合料时，粗集料较多，彼此紧密相接，细集料的数量较少，形成较多空隙，如图12.3(b)所示。这种结构的沥青混合料，骨料能充分形成骨架，骨料之间的嵌挤力和内摩阻力起重要作用，因此这种沥青混合料受沥青材料性质的变化影响较小，因而热稳定性较好，但沥青与矿料黏结力小、空隙率大、耐久性差。沥青碎石混合料(AM)、开级配排水式磨耗层沥青混合料(OGFC)和PAC排水沥青混合料均属于典型的骨架空隙结构。

（3）骨架密实结构

采用间断密级配矿料（图 12.2 中曲线③）的沥青混合料，是综合以上两种结构之长，既有一定数量的粗骨料形成骨架，又根据粗集料空隙的多少加入细集料，形成较高的密实度，如图 12.3（c）所示。这种结构的沥青混合料的密实度、强度和稳定性都较好，是较理想的结构类型（李立寒等，2020）。沥青玛蹄脂碎石混合料（SMA）即是一种典型的骨架密实结构。

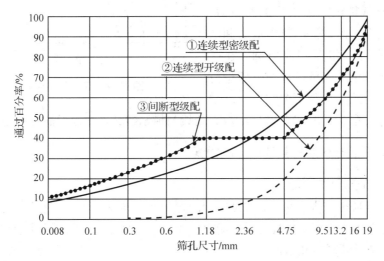

图 12.2　三种类型矿质混合料的级配曲线

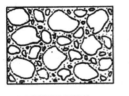 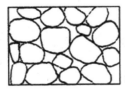 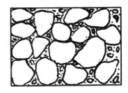

（a）悬浮密实结构　　　（b）骨架空隙结构　　　（c）骨架密实结构

图 12.3　沥青混合料组成结构示意图

12.2.2　沥青混合料的结构强度

12.2.2.1　强度形成原理

在较高温度下，沥青混合料可能会由于沥青黏结力不足或是其本身的抗剪切能力不足而发生破坏，一般采用"摩尔—库伦"理论来分析沥青混合料的强度和稳定性。

通常认为，沥青混合料的结构强度由矿料颗粒之间的嵌锁力（内摩阻角）和矿料的黏结力及沥青自身的内聚力构成。当采用"摩尔—库伦"理论分析时，认为沥青混合料不发生剪切滑移的必要条件是满足式（12.1）。

$$\tau \leqslant c + \sigma \tan\varphi \tag{12.1}$$

式中：τ——沥青混合料的抗剪强度，MPa；

c——沥青混合料的黏结力，MPa；

φ——沥青混合料的内摩阻角；

σ——实验时的正应力，MPa。

沥青混合料的黏结力和内摩阻角，可以通过三轴剪切实验确定。在规定条件下，对沥青混合料试件施加不同的侧向应力，实验其法向应力。由试件的侧向应力和法向应力可以得到一组摩尔应力圆。在图12.4中，应力圆的公切线为摩尔—库伦应力包络线，即为抗剪切强度曲线。包络线

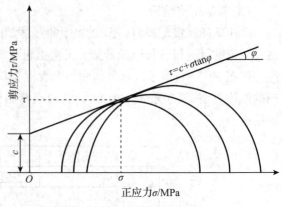

图 12.4　摩尔应力圆包络线图

与纵轴相交的截距表示混合料的黏结力 c，切线与横轴的交角 φ 表示混合料的内摩阻角。

12.2.2.2　沥青混合料结构强度的影响因素

（1）沥青性质对黏结力的影响

从沥青本身来看，沥青的黏滞度是影响沥青和混合料黏结力 c 的重要因素。沥青的黏度反映了沥青在外力作用下抵抗变形的能力，沥青的黏度越大，则沥青混合料的黏结力越大，并可保持矿质集料的相对嵌挤作用，抗变形能力越强。由于沥青是一种感温性材料，其黏度随温度的变化而变化，在高温条件下，沥青黏度降低，沥青混合料的黏结力也会有所降低(李立寒等，2020)。沥青黏度对沥青混合料黏结力和内摩阻角的影响，如图 12.5 所示。

（2）矿质混合料性能对内摩阻角 φ 的影响

矿质混合料的级配组成、颗粒形状棱角和表面特性等，对沥青混合料的嵌锁力或内摩阻角影响较大。

一般来说，悬浮密实型沥青混合料的结构强度，主要依靠沥青与矿料的黏结力和沥青的内聚力，而矿料颗粒间的内摩阻力相对较小。骨架空隙型沥青混合料的强度，主要依靠矿料间的嵌锁力，沥青的内聚力起辅助作用。骨架密实型沥青混合料，既有以粗集料为主的嵌锁骨架，又有很强的黏结力。

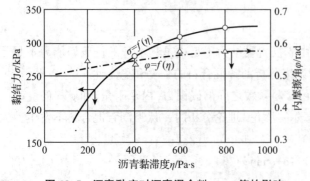

图 12.5　沥青黏度对沥青混合料 c、φ 值的影响

采用粒径较大且均匀的矿料，可以提高沥青混合料的嵌锁力与内摩阻角。通常，砂粒式、细粒式、中粒式沥青混凝土的内摩阻角依次递增，见表 12.3。增大矿料集料粒径，是提高内摩阻角的途径，但应保证其级配良好、孔隙率适当。对于相同粒径组成的集料，卵石的内摩阻角比碎石稍低。

表 12.3　矿质混合料级配对沥青混合料 c、φ 值的影响

沥青混合料级配类型	三轴实验结果	
	内摩阻角	黏结力/MPa
粗粒式沥青混凝土	45°55′00″	0.076
细粒式沥青混凝土	35°45′30″	0.197
砂粒式沥青混凝土	33°19′30″	0.227

（3）矿料与沥青交互作用能力的影响

在沥青混合料中，沥青与矿粉交互作用后，沥青在矿粉表面形成一层厚度为 δ_0 的扩散溶剂膜。图 12.6（a）中，η_0 为沥青的黏滞度（Pa·s）。此膜厚度以内的沥青称为"结构沥青"，膜层较薄，黏度较高，具有较强的黏结力；此膜厚度以外的沥青称为"自由沥青"，其未与矿料发生交互作用，保持着沥青的初始内聚力。

若矿粉颗粒之间的接触处由结构沥青膜连接，则沥青扩散溶剂膜与矿料具有较大的接触面积，颗粒间黏结力较大[图 12.6（b）]。反之，若矿粉颗粒之间的接触处由自由沥青连接，则扩散溶剂膜与矿料的接触面积小，颗粒间黏结力较小[图 12.6（c）]。

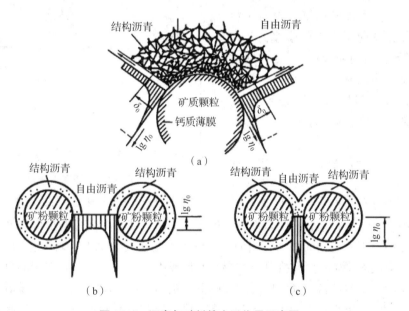

图 12.6　沥青与矿料的交互作用示意图

沥青与矿料的交互作用，不仅与沥青的化学性质有关，而且与矿料的性质有关。研究认为，石油沥青与碱性石料的黏附性比酸性石料强，这是由于在不同性质的矿料表面形成了不同组成结构和厚度的吸附溶剂化膜，如图 12.7 所示。在石灰石矿粉表面形成的吸附溶剂化膜较好，而在石英石矿粉表面形成的吸附溶剂化膜则较差。因此，当采用石灰石矿粉时，矿料之间更有可能通过结构沥青来连接，黏聚力较高。

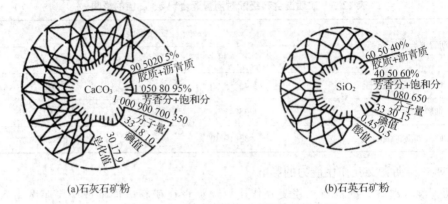

(a)石灰石矿粉　　　　　　　(b)石英石矿粉

图 12.7　不同矿粉的吸附容积化膜结构图

（4）矿料比表面积与沥青用量的影响

沥青混合料中的矿料不仅能填充空隙，提高密实度，而且在很大程度上也影响混合料的黏结力。在密实型的混合料中，矿料的比表面积一般占总面积的80%以上，这就大大增加了沥青与矿料的相互作用，减薄了沥青的膜厚，并在矿料表面形成"结构沥青层"，使矿料颗粒牢固黏结，构成强度。

在沥青和矿料质量固定的条件下，沥青与矿料的比例（即沥青用量）是影响沥青混合料强度的重要因素。不同沥青用量所形成的沥青混合料的结构，如图 12.8 所示。

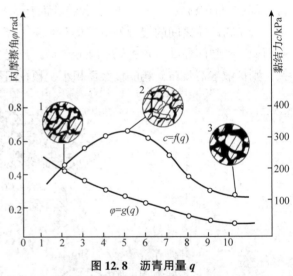

图 12.8　沥青用量 q

1-沥青用量不足；2-沥青用量适中；3-沥青用量过多

当沥青用量很少时，不足以形成结构沥青薄膜来黏结矿料颗粒。随着沥青用量增加，结构沥青薄膜逐渐形成，沥青与矿料间的黏结力随沥青用量增加而增大。当沥青足够黏附在矿粉表面时，若沥青用量继续增加，过多的沥青会逐渐将矿料颗粒推开，在颗粒间形成不与矿粉发生交互作用的自由沥青，此时沥青胶浆的黏结力随自由沥青的增加而降低。当沥青用量增加至某一用量后，沥青混合料的黏结力主要取决于自由沥青，这时沥青不仅发挥黏结剂的作用，而且还起着润滑剂的作用，致使沥青混合料的黏结力降低。另外，沥青用量越高，矿料颗粒之间的相互位移越容易，沥青混合料的内摩阻角也越小。

（5）温度和变形速率的影响

沥青混合料的黏结力随温度升高而显著降低，但内摩阻角受温度影响较小。在其他条件相同的情况下，沥青混合料的黏结力与荷载作用时间或变形速率之间关系密切。沥青混合料的黏结力，随变形速率的增加而显著提高，而内摩阻角随变形速率的增加变化较小。温度和变形速率对沥青混合料黏结力与内摩阻角的影响，如图 12.9 所示。

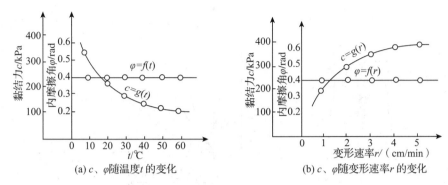

(a) c、φ 随温度 t 的变化　　(b) c、φ 随变形速率 r 的变化

图 12.9　温度与变形速率对沥青混合料 c、φ 的影响

12.3　沥青混合料的路用性能

沥青混合料作为沥青路面的面层材料，在使用过程中将承受汽车荷载的反复作用，同时要承受环境因素(高温、低温、降水)的作用。为此要求，沥青混合料应具有足够的高温稳定性、低温抗裂形、水稳定性、抗老化性、抗滑性等技术性质(北方还要经受冻融循环考验)，以保证沥青路面的耐久性(申爱琴，2020)。

12.3.1　高温稳定性

沥青混合料的高温稳定性，是指在夏季高温条件下，沥青混合料承受多次重复荷载作用而不发生过大的累积塑性变形的能力。沥青混合料路面，在车轮作用下受到垂直力和水平力的综合作用，能抵抗高温而不产生车辙和波浪等破坏现象，其高温稳定性应符合要求。

12.3.1.1　高温稳定性评价方法及指标

高温稳定性的评价方法，一般采用马歇尔实验和车辙实验，其中马歇尔实验测定马歇尔稳定度，车辙实验测定动稳定度。

(1)马歇尔实验

该实验法最早由美国密西西比州公路局布鲁斯·马歇尔提出，迄今已历经半个多世纪。马歇尔实验设备简单，操作方便，被世界上许多国家所采用，也是目前我国评价沥青混合料高温性能、进行沥青混合料配合比设计的主要实验之一。

马歇尔实验用于测定沥青混合料试件的破坏荷载和抗变形能力。将沥青混合料配制成直径为(101.6±0.25)mm、高(63.5±1.3)mm 的圆柱体试件，实验时将试件横向置于 2 个半圆形压模中，使试件受到一定的侧限，如图 12.10 所示。在规定温度(60℃)和规定的加荷速度 [(50±5)mm/min] 下，对试件施加压力直至试件破坏，测定稳定度(MS)、流值(FL)两项指标。稳定度，是指试件受压直至破坏是承受的最大荷载，以 KN 计。流值，是指达到最大破坏荷载是试件的垂直变形，以 0.1mm 计。马歇尔稳定度与流值的关系，如图 12.11 所示。

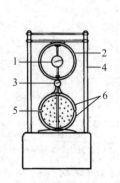

图 12.10　马歇尔稳定度仪示意图

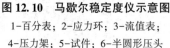

1-百分表；2-应力环；3-流值表；
4-压力架；5-试件；6-半圆形压头

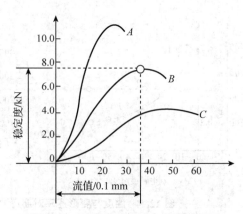

图 12.11　马歇尔稳定度与流值关系图

在沥青路面中，马歇尔稳定度和流值既是沥青混合料配合比设计的主要指标，也是沥青路面施工质量控制的重要实验项目。各国沥青混合料高温稳定性实验方法的研究和实践表明，仅仅使用马歇尔实验指标评价沥青混合料的性能是远远不够的，它只是一种经验性指标，具有一定的局限性，不能完整确切地反映沥青混合料永久变形的产生机理，与沥青路面的抗车辙能力相关性不好。对于沥青混合料，即使马歇尔稳定度和流值都满足技术指标要求，也无法避免沥青路面出现车辙。因此，评价沥青混合料的高温抗车辙能力，还需要车辙实验。

（2）车辙实验

车辙实验，适用于测定沥青混合料的高温抗车辙能力，供沥青混合料配合比设计时的高温稳定性检验使用，也可用于现场沥青混合料的高温稳定性检验。

车辙实验方法，首先由英国运输与道路研究实验所开发，此后法国、日本等国的道路工作者对其进行了改进和完善。车辙实验是一种模拟车辆轮胎在路面上滚动形成车辙原理的工程实验方法，车辙实验直观，实验结果与沥青路面车辙深度之间有着较好的相关性。

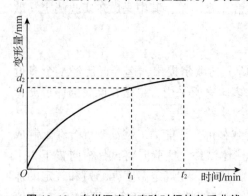

图 12.12　车辙深度与实验时间的关系曲线

目前，我国车辙实验采用标准方法成型的沥青混合料板块状试件 300mm×300mm×50mm，在 60℃温度条件下，实验轮胎压力 0.7MPa，实验轮以（42±1）次/min 的频率沿着试件表面同一轮迹反复行走，测试试件表面在实验轮反复作用下所形成的车辙深度，以产生 1mm 车辙变形所需要的行走路线次数即动稳定度指标，用于评价沥青混合料的抗车辙能力。动稳定度用式（12.2）计算。沥青混合料车辙和深度与实验轮行走时间的关系曲线如图 12.12 所示。

$$DS = \frac{(t_2 - t_1) \times 42}{d_2 - d_1} \times c_1 \times c_2 \qquad (12.2)$$

式中：DS——沥青混合料动稳定度，次/mm；

$\quad\quad$ t_1、t_2——实验时间，通常为 45min 和 60min；

$\quad\quad$ c_1、c_2——实验机与试样的修正系数；

$\quad\quad$ d_1、d_2——与实验时间 t_1、t_2 对应的试件表面的变形量，mm；

$\quad\quad$ 42——每分钟行走次数。

《公路沥青路面施工技术规范》(JGJ F40—2004)规定，对于高速公路、一级公路必须在规定的条件下进行车辙实验，不满足要求时应对矿料级配或沥青用量进行调整，重新进行配合比设计。

12.3.1.2　高温稳定性的主要影响因素

沥青混合料高温稳定性的形成，主要来源于矿质集料颗粒间的嵌锁作用和沥青的高温黏度。采用表面粗糙、多棱角、颗粒接近立方体的碎石集料，经压实后集料颗粒间能够形成紧密的嵌锁所用，增大沥青混合料的内摩擦角，有利于增强沥青混合料的高温稳定性。沥青的高温黏度越大，与沥青的黏附性越好，相应的沥青混合料的抗高温变形能力就越强。同时，适当减小沥青混合料的沥青用量，有助于增加其高温抗变形能力。

12.3.2　低温抗裂性

沥青混合料不仅应具备高温稳定性，同时还要具有低温抗裂性，以保证路面在冬季低温时不产生开裂。一般认为，沥青路面的低温收缩开裂主要有两种形式：一种是由于气候骤降造成材料低温收缩，在有约束的沥青混合料面层内产生的温度应力超过沥青混合料在相应温度下的抗拉强度时造成的开裂；另一种是低温收缩疲劳裂缝，当沥青混合料经受长期多次的温度循环后，材料的抗拉强度降低，变成温度疲劳强度，当温度应力超过温度疲劳强度时就会产生开裂。低温收缩疲劳开裂主要发生在温度变化频繁的温和地区(申爱琴，2020)。

12.3.2.1　低温抗裂性的评价方法和评价指标

沥青混合料的低温开裂性仍然处于实验研究阶段，目前还没有一种指标能完整评价沥青混合料的低温开裂，国际上认为沥青混合料的评价方法分为：预估沥青混合料的开裂温度；评价沥青混合料的低温变形性能或应力松弛能力；评价沥青混合料的断裂性能。与评价方法相关的实验主要包括间接拉伸实验、直接拉伸实验、低温收缩实验、低温蠕变弯曲实验、受限试件温度应力实验(冻断实验)、应力松弛实验等。

(1)预估沥青混合料的开裂温度

通过间接拉伸实验或直接拉伸实验，建立沥青混合料的低温抗拉强度与温度的关系(图 12.13 中曲线 1)，再根据理论方法，由沥青混合料的劲度模量、温度收缩系数及降温幅度计算沥青面层可能出现的温度应力与温度的关系(图 12.13 中曲线 2)。根据温度应力与抗拉强度的关系预估沥青面层出现低温开裂的温度 t_p。t_p 越低，即沥青混合料的开裂温度越低，低温抗裂性越好。

（2）低温蠕变实验

在规定温度下，对规定尺寸的沥青混合料小梁试件的跨中施加恒定集中荷载，测定试件随时间不断增长的蠕变变形（图 12.14）。曲线分为三个阶段：第一阶段为蠕变迁移阶段，第二阶段为蠕变稳定阶段，第三阶段为蠕变破坏阶段。以蠕变稳定阶段的蠕变速率评价沥青混合料的低温变形能力，蠕变速率由公式（12.3）计算。蠕变速率越大，沥青混合料在低温下的变形能力越大，松弛能力越强，低温抗裂性能越好。

$$\varepsilon_{\text{speed}} = \frac{(\varepsilon_1 - \varepsilon_2)/(t_2 - t_1)}{\sigma_0} \tag{12.3}$$

式中：σ_0——沥青混合料小梁试件跨中梁底的蠕变弯拉应力，MPa；

t_1、t_2——蠕变稳定期的初始时间和终止时间，s；

ε_1、ε_2——t_1、t_2 对应的小梁试件跨中梁底应变。

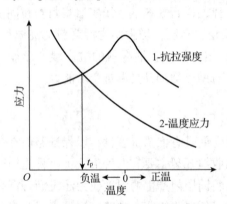

图 12.13　沥青混合料抗拉强度、
温度应力与温度的关系

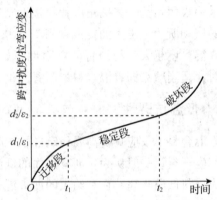

图 12.14　沥青混合料蠕变变形曲线

（3）低温弯曲实验

低温弯曲实验是评价沥青混合料低温变形能力的常用方法之一。在实验温度为(-10 ± 0.5)℃的条件下，以 50mm/min 的速率对沥青混合料小梁试件跨中施加集中荷载直至断裂破坏，记录试件跨中荷载与挠度的关系曲线。由小梁试件破坏时的跨中挠度，按式（12.4）计算沥青混合料的破坏弯拉应变。沥青混合料在低温下的破坏弯拉应变越大，低温柔韧性越好，抗弯性能越好。

$$\varepsilon_{\text{B}} = \frac{6hd}{L^2} \tag{12.4}$$

式中：ε_{B}——试件破坏时的最大弯拉应变；

h——跨中断面试件的高度，mm；

d——试件破坏时的跨中挠度，mm；

L——试件的跨径，mm。

《公路沥青路面设计规范》（JTG D50—2017）规定，采用低温弯曲实验的破坏应变作为评价改性沥青混合料的低温抗裂性能指标。

(4)约束试件的温度应力实验

该法是美国公路战略研究计划(SHRP)所推荐的评价沥青混合料低温抗裂性能的方法，实验装置如图 12.15 所示。试件端部与夹具用环氧树脂黏结，测定在降温冷却过程中试件内部的温度应力变化曲线，直至试件断裂破坏。实验结束后，分析冻断温度。实验冷却过程中的温度应力变化曲线，如图 12.16 所示。

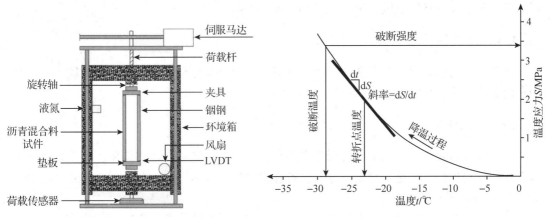

图 12.15 温度应力实验装置　　　图 12.16 温度应力变化过程曲线

由图 12.16 可以得到 4 个指标：冻断温度、破坏强度、温度应力曲线斜率和转折点温度。冻断温度与沥青性能、沥青路面抗裂性能的相关性最好，与冻断强度也有较好的相关性。温度应力实验模拟现场条件较好，表达直观。

12.3.2.2 低温抗裂性的主要影响因素

沥青混合料的低温抗裂性，与其抗拉强度、松弛能力以及收缩性质等密切相关。一般情况下，沥青针入度数值越大，其感温性越低，低温劲度模量越小，沥青的低温柔韧性就越好，其抗裂性能越好。因此，在寒冷地区，可采用稠度低、低温劲度模量小的沥青，或选择松弛性能较好的橡胶类改性沥青来提高沥青混合料的低温抗裂性。

通常，密级配沥青混合料的低温抗拉强度高于开级配的沥青混合料，此外，环境因素对沥青混合料的开裂也有一定影响。路表面温度越低，沥青路面越易开裂；降温速率越大，温度开裂趋势越明显。

12.3.3 抗疲劳强度

沥青混合料的疲劳是沥青混合料在荷载反复作用下产生不可以恢复的强度衰减积累所引起的一种现象。车辆荷载的反复作用次数越多，强度的降低就越剧烈，沥青混合料所能承受的应力或应变值就越小。通常，把沥青混合料出现疲劳破坏的重复应力称为抗疲劳强度，相应的车辆荷载反复作用次数称为疲劳寿命。沥青混合料的抗疲劳性能即指混合料在反复荷载作用下抵抗疲劳破坏的能力。在相同的荷载反复作用下，抗疲劳强度降低幅度小的沥青混合料或是抗疲劳强度变化率小的沥青混合料，抗疲劳性能好。

沥青混合料的疲劳实验方法主要有实际路面在真实汽车荷载作用下的疲劳破坏实验；

足尺路面结构在模拟汽车荷载作用下的疲劳实验研究，包括大型环道实验和加速加载实验、试板实验法、实验室小型试件的疲劳实验研究。前两种实验研究方法耗资金、周期长，所以实验周期短、费用较少的室内小型疲劳实验通常采用较多。

影响沥青混合料疲劳寿命的因素很多，包括加载速率、施加应力或应变波谱的形式、荷载间歇时间、实验和试件成型方法、混合料劲度、混合料的沥青用量、混合料的空隙率、集料的表面形状、温度、湿度等(申爱琴，2020)。

12.3.4 耐久性

耐久性是指沥青混合料在使用过程中抵抗环境因素及行车荷载反复作用的能力，包括沥青混合料的抗老化性能、水稳定性能等(申爱琴，2020)。

12.3.4.1 抗老化性

沥青混合料在使用过程中，受到空中氧气、水、紫外线等介质的作用，促使沥青发生诸多复杂的物理化学变化，致使沥青混合料变脆易裂，从而导致沥青路面出现各种与沥青老化有关的裂纹或裂缝。

沥青混合料老化取决于沥青的老化程度，也与外界环境因素和压实空隙率有关。在气候温暖、日照时间较长的地区，沥青的老化速率快；而在气温较低、日照时间短的地区，沥青的老化速率相对较慢。沥青混合料的空隙率越大，环境介质对沥青的作用就越强烈，其老化程度也越严重。

在沥青路面工程中，为了减缓沥青的老化速度和程度，除应选择耐老化沥青外，还应使沥青混合料中含有足量的沥青。此外，在沥青混合料施工过程中，应控制拌和加热温度，并保证沥青路面的压实密度，以降低沥青在施工和使用过程中的老化速率。

12.3.4.2 水稳定性

水稳定性，是指沥青混合料抵抗由于水侵蚀而发生沥青膜剥离、松散等破坏的能力。水稳定性差的沥青混合料在有水存在的情况下，会使沥青与矿料颗粒表面产生局部分离，同时在车辆荷载作用下，沥青与矿料的剥落加剧，形成松散薄弱块，从而造成路面缺失并逐渐形成坑槽，即所谓的沥青路面水损害。当沥青混合料的压实空隙率较大，路面排水系统不完善时，将加剧沥青路面的水损害。

(1)沥青与集料的黏附性实验

由于沥青混合料的水稳定性与沥青和集料的黏结性密切相关，因此需要进行沥青与集料的黏附性实验，是沥青混合料满足黏附性等级要求，降低发生水损害的风险。

实验方法，包括水煮法、水浸法、光电比色法及搅动水净吸附法等。这些方法是将沥青裹覆在矿料表面并浸入水中，根据矿料表面沥青的剥落程度，判断沥青与集料的黏附性。其中水煮法和水浸法是目前道路工程中的常用方法，但采用水煮法或水浸法评价沥青与集料黏附性等级时受人为因素影响较大。此外，一些满足黏附性等级要求的沥青混合料在使用时仍有可能发生水损害，实验结果存在一定的局限性。综上可知，这类实验仅可以初步评价沥青与集料的黏附性，还必须结合沥青混合料的水稳定性实验结果做出综合评价。

沥青与集料的黏附性，在很大程度上取决于集料的化学组成。表 12.4 为不同矿物组成集料与沥青的黏附性等级测试结果。SiO_2 含量较高的花岗岩集料与沥青的黏附性明显低于碱性石灰岩集料与沥青的黏附性，也明显低于中性玄武岩集料与沥青的黏附性。另外，掺加抗剥落剂可以显著改善酸性集料或中性集料与沥青的黏附性。

表 12.4　不同矿物组成集料与沥青的黏附性等级

集料类型	韩国 SK 沥青				东海 70 号沥青			
	新鲜沥青		TFOT 残留物		新鲜沥青		TFOT	
	未加抗剥落剂	加抗剥落剂	未加抗剥落剂	加抗剥落剂	未加抗剥落剂	加抗剥落剂	未加抗剥落剂	加抗剥落剂
花岗岩 1	1[+]	5[-]	2	5[-]	1[+]	5	3	5[-]
花岗岩 2	1	5[-]	3	4	1[-]	4[+]	3[-]	5
砂岩	3	5[-]	5[-]	5[-]	2[+]	5	3[-]	5[-]
玄武岩	3[-]	5	3[+]	4[-]	3	5	3[+]	5
石灰岩	5[-]	5	5[-]	5	5[-]	5	5	5

注：上标"+"或"-"，指强一级或弱一级。

（2）浸水实验

浸水实验，是根据沥青混合料浸水前后物理、力学性能的降低程度来表征其水稳定性的一类实验方法。常用的实验方法有浸水马歇尔实验、浸水车辙实验、浸水劈裂强度实验和浸水抗压强度实验等。在浸水条件下，沥青与集料之间的黏附性降低，最终表现为沥青混合料整体力学强度发生下降，通常以浸水马歇尔前后的马歇尔稳定度比值、车辙深度比值、劈裂强度比值和抗压强度比值的大小来评价沥青混合料的水稳定性。

（3）冻融劈裂实验

冻融劈裂实验，即对沥青混合料进行冻融循环，测定沥青混合料试件在受到水损害后劈裂破坏的强度比，以评价沥青混合料的水稳定性。

按照《公路工程沥青及沥青混合料试验规程》（JTG E20—2011）中的方法，在冻融劈裂实验中，将沥青混合料分为两组，一组试件用于测定常规状态下的劈裂强度；另一组试件首先进行真空饱水，然后置于 -18℃ 条件下冷冻 16h，再置于 60℃ 水中浸泡 24h，最后进行劈裂强度测试。在冻融过程中，集料颗粒表面的沥青膜经历了水的冻胀剥离作用，促使沥青表面剥落，导致沥青混合料松散，劈裂强度降低。沥青混合料试件的冻融劈裂强度比（TSR），采用式（12.5）计算。

$$TSR = \frac{\sigma_2}{\sigma_1} \times 100 \qquad (12.5)$$

式中：TSR——沥青混合料试件的冻融劈裂强度比，%；

　　　σ_1——试件在常规条件下的劈裂强度，MPa；

　　　σ_2——试件经一次冻融循环后在规定条件下的劈裂强度，MPa。

表 12.5 显示了不同集料组成的沥青混合料的冻融劈裂实验强度比。实验结果表明，采用花岗岩组成的沥青混合料的水稳定性最差，采用石灰岩集料组成的沥青混合料的水稳定性最好。

表 12.5 不同集料组成的沥青混合料的冻融劈裂强度比(*TSR*)

集料类型	常规状态劈裂强度 σ_1/MPa	冻融状态劈裂强度 σ_2/MPa	*TSR*/%	劈裂强度降低/%
花岗岩集料	0.86	0.57	66.3	33.7
辉绿岩集料	0.89	0.66	74.1	25.9
石灰岩集料	1.02	0.89	87.3	12.7

12.3.4.3 水稳定性的影响因素

沥青混合料的水稳定性,除了与沥青的黏附性有关外,还受沥青混合料压实空隙率大小及沥青膜厚度的影响。当空隙率较大时,外界水分容易进入沥青混合料结构内部,在高速行车造成的动水压力作用下,集料表面的沥青会发生迁移甚至剥落。当沥青混合料中的沥青膜较薄时,水可能穿透沥青膜层导致沥青从集料表面剥落,使沥青混合料松散。

成型方法对沥青混合料的抗水损害性能也有较大影响。当成型温度较低时,为了达到要求的压实密度,可能会压实过度,将粗集料颗粒压碎,从而增加沥青混合料对水的敏感性。此外,当压实度不够时,即便是密级配的沥青混合料也会出现空隙率过大的情况。这不仅对沥青路面的水稳定性不利,还可能引发沥青路面的车辙病害。

开级配的沥青混合料,由于压实空隙率较大,通常水稳定性不好,需要采取掺加抗剥落剂等措施提高沥青与集料的黏附性。在气温低、湿度大甚至降水条件下铺筑沥青路面也会降低沥青混合料的水稳定性。为了提高水稳定性,在进行沥青混合料配合比设计时,应在满足高温稳定性的前提下,尽量增加沥青混合料中的沥青膜厚度。

12.3.5 抗滑性

沥青路面的抗滑性,比水泥路面好。沥青路面的抗滑性,对于保障道路交通安全至关重要。抗滑性能必须通过合理的沥青混合料组成材料、正确的设计与施工来保证。

沥青路面的抗滑性,与所用矿料的表面构造深度、颗粒形状与尺寸、抗磨光性有着密切的关系。用于沥青路面表层的粗集料应选用表面粗糙、坚硬、耐磨、抗冲击性好、磨光值大的碎石或破碎砾石集料。通常,坚硬耐磨的矿料多为酸性石料,与沥青的黏附性差。为了保证沥青混合料的水稳定性,应采取有效的抗剥落措施。

沥青路面的抗滑性,除了取决于矿料自身的表面构造外,还取决于矿料级配所确定的表面构造深度。前者通常称为微观构造,用集料的磨光值表征;后者通常称为宏观构造,用压实后路表的构造深度或摩擦系数评价。

增加沥青混合料中的粗集料含量,有助于提高沥青路面的宏观构造深度,如图 12.17 所示。为了使沥青路面形成

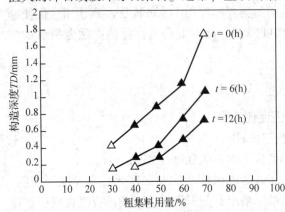

图 12.17 粗集料用量与沥青路面表面构造深度的关系

较大的宏观构造深度，设计人员往往选用开级配或半开级配的沥青混合料，但这类混合料的空隙率较大，耐久性较差。同时还应严格控制沥青混合料的沥青含量，特别是选用蜡含量低沥青，避免行车出现滑溜现象。

12.3.6 施工和易性

沥青混合料，应具备良好的施工和易性，以便在拌和、摊铺及碾压过程中使集料颗粒保持均匀分布，并能被压实到规定的密度。这是保证沥青路面使用品质的必要条件。影响沥青混合料施工和易性的因素很多，包括沥青混合料组成材料的技术品质、用量比例及施工条件等。目前，尚无直接评价沥青混合料施工和易性的方法和指标(申爱琴，2020)。

(1)组成材料的影响

矿料级配和沥青用量是影响沥青混合料和易性的主要因素。在间断级配的矿质混合料中，粗细集料的颗粒尺寸相差过大，缺乏中间尺寸颗粒，沥青混合料容易离析。如果细集料太少，沥青层就不容易均匀分布在粗集料表面；如果细集料过多，则导致拌和困难。当沥青用量过少或矿粉用量过多时，沥青混合料容易疏松且不易压实；反之，如果沥青用量过多或矿料质量不好，则容易使混合料黏结成团块，不易摊铺。

(2)施工条件的影响

沥青混合料应在一定的温度下进行施工，以使沥青混合料能够达到要求的流动性，在拌和过程中能够充分均匀地黏附在矿料颗粒表面。然而施工温度过高会引起沥青老化，从而会严重影响沥青混合料的使用功能。沥青混合料的拌和、压实温度与沥青黏度有关，应根据沥青黏度与温度的关系曲线确定。我国《公路工程沥青及沥青混合料试验规程》(JTG E20—2011)中对沥青的施工黏度要求，见表 12.6。

表 12.6 适用于沥青混合料拌和及压实的沥青等温黏度

沥青混合料种类	黏度	适用于拌和的黏度	适用于压实的黏度
石油沥青(含改性沥青)	表观黏度/(Pa·s)	0.17±0.02	0.28±0.03
	运动黏度/(mm²/s)	170±20	280±30
	赛波特黏度/s	85±10	140±15
煤沥青	赛波特黏度/s	25±3	40±5

12.4 沥青混合料的技术性质及技术标准

沥青混合料的物理力学性质与使用环境密切相关。在沥青混合料等级选择、沥青混合料配合比设计以及沥青混合料使用性能检验时，应考虑沥青路面工程的温度和湿度等环境因素，按照不同气候分区特点，对沥青混合料的技术性能提出相应要求。

12.4.1 沥青路面使用性能气候分区

(1)气候分区指标

①按照设计高温分区 采用工程所在地最近 30 年内最热月份平均最高气温的平均值，

作为反映沥青路面在高温和重载条件下出现车辙等流动变形的气候因子，并作为气候分区的一级指标。按照设计高温指标，一级区划分为3个区。

②按照设计低温分区 采用工程所在地最近30年内的极端最低气温，作为反映沥青路面由于温度收缩产生裂缝的气候因子，并作为气候分区的二级指标。按照设计低温指标，二级区划分为4个区。

③按照设计雨量分区 采用工程所在地最近30年内的降雨量的平均值，作为反映沥青路面受水影响的气候因子，并作为气候区划的三级指标。按照设计雨量指标，三级区划分为4个区。

(2)气候分区的确定

沥青路面使用性能气候分区，由一、二、三级区划组合而成，以综合反映该地区的气候特征。每个气候分区用三个数字表示；第一个数字代表高温分区，第二个数字代表低温分区，第三个数字代表雨量分区。每个分区的表示数字越小，表示气候因素对沥青路面的影响越严重，如我国西安市属于1-3-2区，即夏炎热冬冷湿润区。

我国《公路沥青路面施工技术规范》(JTG F40—2004)中提出的沥青路面使用性能气候分区，见表12.7。

表 12.7 沥青路面使用性能气候分区

气候分区指标		气候分区			
按照高温指标	高温气候区	1	2		3
	气候区名称	夏炎热区	夏热区		夏凉区
	最热月平均最高气温/℃	>30	20~30		<20
按照低温指标	低温气候区	1	2	3	4
	气候区名称	冬严寒区	冬寒区	冬冷区	冬温区
	极端最低气温/℃	<-37.0	-37.0~-21.5	-21.5~-9.0	>-9.0
按照雨量指标	雨量气候区	1	2	3	4
	气候区名称	潮湿区	湿润区	半干区	干旱区
	年降雨量/mm	>1000	500~1000	250~500	<250

12.4.2 沥青混合料的体积特征参数

沥青混合料是由沥青和矿质混合料组成的复合材料。其体积特征参数由密度、空隙率、矿料间隙率和沥青饱和度等指标表征。它们反映了压实后沥青混合料各组成材料之间质量与体积的关系。沥青混合料的体积特征参数，对其路用性能有显著影响，也是沥青混合料配合比设计的重要参数。

12.4.2.1 沥青混合料的密度

沥青混合料的密度是指压实沥青混合料试件单位体积的干质量。在实际使用中，沥青混合料密度的测试，是一个非常重要而又有一定难度的问题。沥青混合料的密度计算或测试方法如下：

（1）沥青混合料的理论最大密度

理论最大密度是指假设沥青混合料试件被压实直至完全密实，在没有空隙的理想状态下的最大密度，即压实沥青混合料试件全部被矿料（包括矿料内部孔隙）和沥青所占有，空隙率为零时的最大密度。沥青混合料的理论最大密度可以通过实测法或计算法确定。对于普通沥青混合料来说，理论最大密度可以通过实测法确定，其包括真空法和溶剂法。对于改性沥青混合料和 SMA 沥青混合料，理论最大密度根据沥青混合料的配合比及组成材料密度，按照下面的方法进行计算。

沥青在沥青混合料中的用量，通常有 2 种方法表示，即油石比（沥青与矿料的质量比）和沥青含量（沥青质量占沥青混合料总质量的百分比）。当采用油石比时，沥青混合料的理论最大密度按式（12.6）计算；当采用沥青含量时，理论最大密度按式（12.7）计算。

$$\gamma_{ti} = \frac{100 + P_{ai}}{\dfrac{100}{\gamma_{se}} + \dfrac{P_{ai}}{\gamma_b}} \tag{12.6}$$

$$\gamma_{ti} = \frac{100}{\dfrac{100 - P_{bi}}{\gamma_{se}} + \dfrac{P_{bi}}{\gamma_b}} \tag{12.7}$$

式中：γ_{ti}——沥青混合料的最大理论相对密度；

$\quad P_{ai}$——沥青混合料中的油石比，%；

$\quad P_{bi}$——沥青混合料的沥青含量，$P_{bi} = P_{ai} / (1 + P_{ai})$，%；

$\quad \gamma_{se}$——合成矿料的有效相对密度；

$\quad \gamma_b$——25℃时沥青的相对密度。

在式（12.6）和式（12.7）中，非改性沥青的合成矿料的有效相对密度，可以通过矿料的合成毛体积相对密度与合成表观相对密度，按式（12.8）计算确定。对改性沥青及 SMA 等，难以分散的混合料的合成矿料的有效相对密度，可以通过矿料的合成毛体积相对密度与合成表观相对密度，按式（12.9）计算确定。

$$\gamma_{se} = \frac{100 - P_b}{\dfrac{100}{\gamma_t} - \dfrac{P_b}{\gamma_b}} \tag{12.8}$$

$$\gamma_{se} = C \times \gamma_{sa} + (1 - C) \times \gamma_{sb} \tag{12.9}$$

式中：P_b——实验采用的沥青用量，%；

$\quad \gamma_t$——实验沥青用量条件下实测得到的最大相对密度；

$\quad \gamma_{sb}$——矿料的合成毛体积相对密度，按式（12.10）求取；

$\quad \gamma_{sa}$——矿料的合成表观相对密度，按式（12.11）求取；

$\quad C$——合成矿料的沥青吸收系数，按式（12.12）求取。

$$\gamma_{sb} = \frac{100}{\dfrac{P_1}{\gamma_1} + \dfrac{P_2}{\gamma_2} + \cdots + \dfrac{P_n}{\gamma_n}} \tag{12.10}$$

$$\gamma_{sa} = \frac{100}{\dfrac{P_1}{\gamma_1'} + \dfrac{P_2}{\gamma_2'} + \cdots + \dfrac{P_n}{\gamma_n'}} \tag{12.11}$$

$$C = 0.033\omega_x^2 - 0.2936\omega_x + 0.9339 \tag{12.12}$$

式中：P_1、P_2、$\cdots$、P_n——各种矿料成分的配比，其和为100；

γ_1、γ_2、$\cdots$、γ_n——各种矿料相应的毛体积相对密度；

γ_1'、γ_2'、$\cdots$、γ_n'——各种矿料相应的表观相对密度；

ω_x——合成矿料的吸水率，%，按式（12.13）求取。

$$\omega_x = \left(\frac{1}{\gamma_{sb}} - \frac{1}{\gamma_{sa}}\right) \times 100 \tag{12.13}$$

（2）沥青混合料的毛体积密度

毛体积密度是指沥青混合料单位毛体积（含沥青混合料实体矿物成分体积、不吸收水分的闭口孔隙、能吸收水分的开口孔隙等颗粒表面轮廓所包围的全部毛体积）的干质量。在工程中，常根据试件的空隙率大小，选择用表干法、蜡封法或体积法测定沥青混合料的毛体积。

表干法适用于较密实而吸收水分很少（吸水率≤2%）的试件，此时毛体积密度按式（12.14）计算。

$$\gamma_f = \frac{m_a}{m_f - m_w} \tag{12.14}$$

式中：γ_f——沥青混合料试件的毛体积相对密度；

m_a——沥青混合料干燥试件在空气中的质量，g；

m_w——沥青混合料试件在水中的质量，g；

m_f——沥青混合料饱和面干状态试件在空气中的质量，g。

试件的吸水率是指试件吸水体积占沥青混合料毛体积的百分率，按式（12.15）计算。

$$S_a = \frac{m_f - m_a}{m_f - m_w} \times 100 \tag{12.15}$$

式中：S_a——试件的吸水率，%；

其余符号意义同前。

对于吸水率>2%的沥青混凝土、沥青碎石或大空隙沥青混合料试件，一般采用蜡封法或体积法，测试其毛体积密度。

12.4.2.2 沥青混合料的空隙率

沥青混合料试件的空隙率是指压实状态下沥青混合料内矿料与沥青实体之外的空隙（不包括矿料本身或表面已被沥青封闭的孔隙）的体积，占试件总体积的百分率。空隙率根据压实沥青混合料试件的毛体积密度与理论最大密度，按式（12.16）计算。

$$VV = \left(1 - \frac{\gamma_f}{\gamma_t}\right) \times 100 \tag{12.16}$$

式中：VV——沥青混合料试件的空隙率，%；

　　　γ_f——沥青混合料试件的毛体积相对密度，根据试件吸水率，由表干法、蜡封法或体积法测定；

　　　γ_t——沥青混合料的理论最大相对密度。

12.4.2.3　沥青混合料的矿料间隙率

矿料间隙率是指压实沥青混合料试件中矿料实体以外的体积占试件总体积的百分率，由式(12.17)计算。

$$VMA = \left(1 - \frac{\gamma_f}{\gamma_{sb}} \times \frac{P_s}{100}\right) \times 100 \tag{12.17}$$

式中：VMA——沥青混合料试件的矿料间隙率，%；

　　　γ_f——沥青混合料试件的毛体积相对密度；

　　　γ_{sb}——矿质混合料的合成毛体积相对密度，按式(12.10)计算；

　　　P_s——各种矿料占沥青混合料总质量的百分率，即 $P_s = 100 - P_b$，%。

矿料间隙率也指试件空隙率与沥青体积百分率之和，由式(12.18)计算。

$$VMA = VA + VV \tag{12.18}$$

式中：VA——沥青混合料试件的沥青体积百分率，%；

　　　其余符号意义同前。

12.4.2.4　沥青混合料的沥青饱和度

沥青饱和度是指压实沥青混合料试件矿料间隙中扣除被集料吸收的沥青以外的有效沥青实体体积在矿料间隙中所占的百分率，由式(12.19)计算。

$$VFA = \frac{VMA - VV}{VMA} \times 100 \tag{12.19}$$

式中：VFA——沥青混合料试件的沥青饱和度，%；

　　　其余符号意义同前。

12.4.3　沥青混合料的技术标准

我国《公路沥青路面施工技术规范》(JTG F40—2004)对热拌沥青混合料的主要技术指标规定如下：

(1)AC 密级配沥青混凝土混合料马歇尔实验技术标准

沥青混合料马歇尔实验的目的，主要是进行沥青混合料的配合比设计和沥青路面施工质量检测。浸水马歇尔实验供检测沥青混合料受水损害后抵抗剥落的能力时使用，通过测试其水稳定性来检验配合比设计。

密级配沥青混凝土混合料马歇尔实验的技术标准，适用于公称最大粒径不大于26.5mm 的密级配沥青混凝土，见表12.8。

表 12.8　密级配沥青混凝土混合料马歇尔实验技术标准

实验指标		单位	高速公路、一级公路				其他等级公路	行人道路
			夏炎热区 (1-1、1-2、1-3、1-4区)		夏热区及夏凉区 (2-1、2-2、2-3、2-4、3-2区)			
			中轻交通	重载交通	中轻交通	重载交通		
击实次数(双面)		次	75				50	50
试件尺寸		mm	$\varphi 101.6 \times 63.5$					
空隙率 VV	深90mm 以内	%	3~5	4~6	2~4	3~5	3~6	2~4
	深90mm 以内	%	3~6		2~4	3~6	3~6	—
稳定值 MS, ≥		kN	8				5	3
流值 FL		mm	2~4	1.5~4	2~4.5	2~4	2~4.5	2~5
矿料间隙率 VMA/%, ≥	设计空隙率/%		相应于以下公称最大粒径/mm 的最小 VMA 及 VFA 技术要求/%					
			26.5	19	16	13.2	9.5	4.75
	2		10	11	11.5	12	13	15
	3		11	12	12.5	13	14	16
	4		12	13	13.5	14	15	17
	5		13	14	14.5	15	16	18
	6		14	15	15.5	16	17	19
沥青饱和度 VFA/%			55~70		65~75		70~85	

（2）沥青混合料高温稳定性车辙实验的技术标准

对用于高速公路和一级公路，公称最大粒径小于或等于 19mm 的密级配沥青混合料以及 SMA、OGFC 混合料，按规定方法进行车辙实验，动稳定度应符合表 12.9 的要求，二级公路也可参照此要求执行。

表 12.9　沥青混合料车辙实验动稳定度技术要求

气候条件与技术指标		相应于下列气候分区所要求的动稳定度/(次/mm)								
七月平均最高气温/℃		>30				20~30				<20
相应气候分区		夏炎热区				夏热区				夏凉区
		1-1	1-2	1-3	1-4	2-1	2-2	2-3	2-4	3-2
普通沥青混合料, ≥		800		1000		600		800		600
改性沥青混合料, ≥		2400		2800		2000		2400		1800
SMA 混合料	非改性, ≥	1500								
	改性, ≥	3000								
OGFC 混合料, ≥		1500(一般交通路段)、3000(重交通量路段)								

（3）沥青混合料水稳定性检验的技术标准

按规定的实验方法，进行浸水马歇尔实验和冻融劈裂实验。残留稳定度及残留强度比均必须符合表 12.10 的规定，达不到要求时必须采取抗剥落措施，调整最佳油石比后再次实验。

表 12.10 沥青混合料水稳定性检验技术要求 %

气候条件与技术指标		相应于下列气候分区的技术要求			
年降雨量（mm）及气候分区		>1000	500~1000	250~500	<250
		潮湿区	湿润区	半干区	干旱区
浸水马歇尔实验残留稳定度，≥					
普通沥青混合料		80		75	
改性沥青混合料		85		80	
SMA 混合料	普通沥青	75			
	改性沥青	80			
冻融劈裂实验的残留强度比，≥					
普通沥青混合料		75		70	
改性沥青混合料		80		75	
SMA 混合料	普通沥青	75			
	改性沥青	80			

（4）沥青混合料低温抗裂性能检验技术标准

采用低温弯曲实验测定密级配沥青混合料的破坏强度、破坏应变、破坏劲度模量，并根据应力-应变曲线的形状，综合评价沥青混合料的低温抗裂性能。沥青混合料的破坏应变应满足表 12.11 中的要求。

表 12.11 沥青混合料低温弯曲实验破坏应变技术要求

气候条件与技术指标		相应于下列气候分区所要求的破坏应变 $\mu\varepsilon$							
年极端最低气温（℃）及气候分区		<-37.0		-21.5~-37.0			-9.0~-21.5		>-9.0
		冬严寒区		冬寒区			冬冷区		冬温区
		1-1	2-1	1-2	2-2	3-2	1-3	2-3	1-4	2-4
普通沥青混合料，≥		2600		2300			2000		
改性沥青混合料，≥		3000		2800			2500		

（5）沥青混合料渗水系数检验技术标准

对轮碾机成型的车辙试件进行渗水实验检验，渗水系数见表 12.12。

表 12.12 沥青混合料试件渗水系数技术要求

级配类型	渗水系数要求/(mL/min)	级配类型	渗水系数要求/(mL/min)
密级配沥青混凝土，≤	120	OGFC 混合料，≥	实测
SMA 混合料，≤	80		

12.5 热拌沥青混合料

普通热拌沥青混合料，是由矿料与黏稠沥青在专门设备中加热拌和而成，用保温运输设备运送至施工现场，并在热状态下进行摊铺和压实的混合料，简称热拌沥青混合料，用 HMA 表示。

12.5.1 热拌沥青混合料原材料组成及技术要求

热拌沥青混合料，在沥青路面中的用量最大，用途最广。改性沥青(生产热拌改性沥青混合料)，占道路沥青用量的比例也越来越大，改性沥青可有效提高沥青混合料的强度和稳定性、高温抗变形能力、低温抗开裂能力和抗磨耗能力，目前国内公路建设对使用改性沥青有很高的热情。

沥青混合料的技术性质，取决于组成材料的性质、组成配合的比例和混合料的制备工艺等因素。为保证沥青混合料的技术性质，首先应根据沥青混合料各组成材料的技术要求，正确选择符合质量要求的组成材料。

沥青混合料组成材料的选用和检验，是保证沥青混合料配合比设计的关键。沥青路用性能的各种材料运至现场后必须取样进行质量检验，经评定合格后方可使用(黄维蓉等，2020)。

(1)道路石油沥青

沥青是沥青混合料中最重要的组成材料，其性能优劣直接影响沥青混合料的技术性质。通常，为使沥青混合料获得较高的力学强度和较好的耐久性，沥青路面所用的沥青标号按照公路等级、气候条件、交通性质、路面类型、在结构层中的层位及受力特点、施工方法等因素，结合当地的使用经验确定。对高速公路、一级公路，夏季温度高、高温持续时间长、重载交通、山区及丘陵区上坡路段、服务区、停车场等行车速度慢的路段，尤其是汽车荷载剪应力大的层次，宜采用稠度大的沥青，也可提高高温气候分区的温度水平选用沥青等级。对冬季寒冷的地区或交通量小的公路、旅游公路宜选用稠度小，低温延度大的沥青。对日温差、年温差大的地区宜选用针入度指数大的沥青。当高温要求与低温要求发生矛盾时，优先考虑高温性能的要求。

各个沥青等级的适用范围，应符合《公路沥青路面施工技术规范》(JTG F40—2004)的规定(表 11.7 和表 11.8)。选用适当标号的沥青，经检验质量必须符合规定的道路石油沥青的各项技术指标的要求。当缺乏所需标号的沥青时，可采用不同标号沥青，掺配的调和沥青比例应由实验确定。掺配后的沥青技术指标，应符合规范道路液体石油沥青的技术要求。

在表 11.8 中，道路石油沥青以针入度大小确定沥青标号。沥青标号越大，针入度越大，沥青越软，稠度越小，软化点越小，延度越大，更适合于冬季寒冷的北方。沥青标号越小，针入度越小，沥青越硬，稠度越大，软化点越大，延度越小，更适合于夏季高温的南方。对于普通沥青混合料，北方常采用 90 号基质沥青，而南方常采用 70 号 A 级道路石油沥青；对于改性沥青混合料，南方和北方常采用针入度小于 70 的 SBS 改性沥青。

道路石油沥青在贮存时，必须按品种、标号分开存放。沥青在储罐中的贮存温度宜在 130~170℃。沥青在储运、使用和存放过程中应有良好的防水措施。

(2)粗集料

沥青混合料，用粗集料可选用碎石、破碎砾石、筛选砾石、钢渣、矿渣等，但高速公路和一级公路不得使用筛选砾石和矿渣。

粗集料应该洁净、干燥、表面粗糙，技术要求应符合表 12.13 的规定。对受热易变质的集料宜采用经拌和机烘干后的集料进行检验。

表 12.13　沥青混合料用粗集料技术要求

指标	单位	高速公路及一级公路		其他等级公路
		表面层	其他层次	
石料压碎值，≤	%	26	28	30
洛杉矶磨耗损失，≤	%	28	30	35
表观相对密度，≥	t/m³	2.60	2.50	2.45
吸水率，≤	%	2.0	3.0	3.0
坚固性，≤	%	12	12	—
针片状颗粒含量(混合料)，≤	%	15	18	20
其中粒径大于 9.5 mm，≤	%	12	15	—
其中粒径小于 9.5mm，≤	%	18	20	—
水洗法<0.075 mm 颗粒含量，≤	%	1	1	1
软石含量，≤	%	3	5	5

粗集料的粒径规格，应按照表 12.14 进行生产和选用。表 12.14 中单个挡位粒径较为单一，且粒级范围小，综合级配较差，《公路沥青路面施工规范》(JTG F40—2004)提出 14 档位的目的，是为了使矿料最终级配能够更容易实现合成级配，使拌和出来的沥青混合料性能更稳定。

高速公路、一级公路沥青路面的表面层(或磨耗层)的粗集料的磨光值，应符合表 12.15 的要求。除 SMA、排水沥青路面外，允许在硬质粗集料中掺加部分较小粒径的磨光值达不到要求的粗集料，其最大掺加比例由磨光值实验确定。

粗集料与沥青的黏附性，应符合表 12.15 的要求。当使用不符合要求的粗集料时，宜掺加消石灰、水泥或用饱和石灰水处理后使用，必要时可同时在沥青中掺加耐热、耐水、长期性能好的抗剥落剂，也可采用改性沥青的措施，使沥青混合料的水稳定性检验达到要求。

破碎砾石应采用粒径大于 50mm，含泥量不大于 1% 的砾石轧制。破碎砾石的破碎面应符合表 12.16 的要求

表 12.14　沥青混合料用粗集料规格

规格名称	公称粒径/mm	通过下列筛孔(mm)的质量百分率/%												
		106	75	63	53	37.5	31.5	26.5	19.0	13.2	9.5	4.75	2.36	0.6
S1	40~75	100	90~100	—	—	0~15	—	0~5	—	—	—	—	—	—
S2	40~60	—	100	90~100	—	0~15	—	0~5	—	—	—	—	—	—
S3	30~60	—	100	90~100	—	—	0~15	—	0~5	—	—	—	—	—
S4	25~50	—	—	100	90~100	—	—	0~15	—	0~5	—	—	—	—
S5	20~40	—	—	—	100	90~100	—	—	0~15	—	0~5	—	—	—
S6	15~30	—	—	—	—	100	90~100	—	—	0~15	—	0~5	—	—
S7	10~30	—	—	—	—	100	90~100	—	—	0~15	0~5	—	—	—
S8	10~25	—	—	—	—	100	90~100	—	0~15	—	0~5	—	—	—
S9	10~20	—	—	—	—	—	100	90~100	—	0~15	—	0~5	—	—
S10	10~15	—	—	—	—	—	—	100	90~100	0~15	—	0~5	—	—
S11	5~15	—	—	—	—	—	—	100	90~100	40~70	0~15	0~5	—	—
S12	5~10	—	—	—	—	—	—	—	100	90~100	0~15	0~5	—	—
S13	3~10	—	—	—	—	—	—	—	—	100	90~100	40~70	0~20	0~5
S14	3~5	—	—	—	—	—	—	—	—	100	90~100	0~15	0~3	

表 12.15　粗集料磨光值及其与沥青黏附性的技术要求

雨量气候区	潮湿区	湿润区	半干区	干旱区
年降雨量/mm	>1000	1000~500	500~250	<250
粗集料的磨光值 PSV,≥ 高速公路、一级公路表面层	42	40	38	36
粗集料与沥青的黏附性,≥ 高速公路、一级公路表面层	5	4	4	3
高速公路、一级公路的其他层次 及其他等级公路的各个层次	4	4	3	3

表 12.16　粗集料对破碎面的要求　　　　　　　　　　　　%

路面部位或混合料类型	具有一定数量破碎面颗粒的含量	
	1 个破碎面	2 个或 2 个以上破碎面
沥青路面表面层高速公路、一级公路,≥	100	90
其他等级公路,≥	80	60
沥青路面中下面层、基层高速公路、一级公路,≥	90	80
其他等级公路,≥	70	50
SMA 混合料,≥	100	90
贯入式路面,≥	80	60

筛选砾石仅适用于三级及三级以下公路的沥青表面处治路面。

经过破碎且存放期超过 6 个月以上的钢渣，可作为粗集料使用。除吸水率允许适当放宽外，各项质量指标应符合表 12.13 的要求。钢渣在使用前应进行活性检验，要求钢渣中的游离氧化钙含量不大于 3%，浸水膨胀率不大于 2%。

（3）细集料

沥青路面选用的细集料，可采用天然砂、机制砂和石屑。细集料应洁净、干燥、无风化、无杂质，并有适当的颗粒级配，其质量应符合表 12.17 的规定。细集料的洁净程度，天然砂以小于 0.075mm 含量的百分数表示；石屑和机制砂以砂当量（适用于 0～4.75mm）或亚甲蓝值（适用于 0～2.36mm 或 0～0.15mm）表示。细集料的砂当量和亚甲蓝实验，就是判断细集料中小于 0.075mm 的颗粒是泥还是石粉。

表 12.17　沥青混合料用细集料技术要求

项目	单位	高速公路、一级公路	其他等级公路
表观相对密度，≥	t/m³	2.50	2.45
坚固性（大于 0.3mm 部分），≥	%	12	—
含泥量（小于 0.075mm 的含量），≤	%	3	5
砂当量，≥	%	60	50
亚甲蓝值，≤	g/kg	2.5	
棱角性（流动时间），≥	s	30	

天然砂可采用河砂或海砂，通常宜采用粗砂、中砂，其规格应符合表 12.18 的规定。热拌密级配沥青混合料中天然砂的用量，通常不宜超过集料总量的 20%。

表 12.18　沥青用天然砂规格

筛孔尺寸/mm	通过各孔筛的质量百分率/%		
	粗砂	中砂	细砂
9.5	100	100	100
4.75	90～100	90～100	90～100
2.36	65～95	75～90	85～100
1.18	35～65	50～90	75～100
0.6	15～30	30～60	60～84
0.3	5～20	8～30	15～45
0.15	0～10	0～10	0～10
0.075	0～5	0～5	0～5

石屑是采石场破碎石料时通过 4.75mm 或 2.36mm 的筛下部分。它与机制砂有着本质的不同，其为石料加工破碎过程中表面剥落下来的边角，强度一般较低，针片状含量较

高，在沥青混合料的使用过程中还会进一步细化。

沥青混合料用机制砂或石屑生产，应符合表 12.19 的要求。不得使用泥土、细粉、细薄碎片颗粒含量高的石屑，砂当量应符合表 12.17 的要求。对于高速公路、一级公路、城市快速路、主干路，应将石屑加工成 S14(3~5mm) 和 S16(0~3mm) 两档使用，S15 可用于沥青稳定碎石基层或其他等级公路。在细集料中石屑含量不宜超过总量的 50%。

表 12.19 沥青混合料用机制砂或石屑规格

规格	公称粒径/ mm	水洗法通过各筛孔(mm)的质量百分率/%							
		9.5	4.75	2.36	1.18	0.6	0.3	0.15	0.075
S15	0~5	100	90~100	60~90	40~75	20~55	7~40	2~20	0~10
S16	0~3	—	100	80~100	50~80	25~60	8~45	0~25	0~15

细集料的粒径规格，应按照表 12.18 和表 12.19 进行生产和选用。表 12.14 中单个档位粒径较为单一，且粒级范围小，综合级配较差，《公路沥青路面施工规范》(JTG F40—2004)提出，14 档位的目的是为了使矿料最终级配能够更容易实现合成级配，使拌和出来的沥青混合料性能更稳定。

特别地，针对沥青混合料的矿料(包括粗集料、细集料和矿粉)，粗集料(表 12.14)、细集料(表 12.18 和表 12.19)和矿粉，有各自生产和选用时的粒径规格要求，这是为了使得矿料最终级配更容易实现合成级配。实际工程中更为重要的是需要将这些不同档位的粗集料、细集料和矿粉，按照一定比例进行掺配(见 4.5 节矿质混合料中的掺配)，最终合成级配，应符合规范规定的相应矿料级配范围，见表 12.20~表 12.23。

表 12.20 AC 密级配沥青混凝土混合料矿料级配范围

级配类型		通过下列筛孔(mm)的质量百分率/%											
		31.5	26.5	19	16	13.2	9.5	4.75	2.36	1.18	0.6	0.3	0.15	0.075
粗粒式	AC-25	100	90~100	75~90	65~83	57~76	45~65	24~52	16~42	12~33	8~24	5~17	4~13	3~7
中粒式	AC-20	—	100	90~100	78~92	62~80	50~72	26~56	16~44	12~33	8~24	5~17	4~13	3~7
	AC-16			100	90~100	76~92	60~80	34~62	20~48	13~36	9~26	7~18	5~14	4~8
细粒式	AC-13				100	90~100	68~85	38~68	24~50	15~38	10~28	7~20	5~15	4~8
	AC-10					100	90~100	45~75	30~58	20~44	13~32	9~23	6~16	4~8
砂粒式	AC-5						100	90~100	55~75	35~55	20~40	12~28	7~18	5~10

表 12.21 ATB 密级配沥青混凝土混合料矿料级配范围

级配类型		通过下列筛孔(mm)的质量百分率/%												
		53	37.5	31.5	26.5	19	16	13.2	9.5	4.75	2.36	1.18	0.6	0.3	0.15	0.075
特粗式	ATB-40	100	90~100	75~92	65~85	49~71	43~63	37~57	30~50	20~40	15~32	10~25	8~18	5~14	3~10	2~6
	ATB-30		100	90~100	70~90	53~72	44~66	39~60	31~51	30~40	15~32	10~25	8~18	5~14	3~10	2~6
粗粒式	ATB-25	—	—	100	90~100	60~80	48~68	42~62	32~52	20~40	15~32	10~25	8~18	5~14	3~10	2~6

表 12.22　SMA 沥青玛蹄脂碎石混合料矿料级配范围

级配类型		通过下列筛孔(mm)的质量百分率/%											
		26.5	19	16	13.2	9.5	4.75	2.36	1.18	0.6	0.3	0.15	0.075
中粒式	SMA-20	100	90~100	72~92	62~82	40~55	18~30	13~22	12~20	10~16	9~14	8~13	8~12
	SMA-16	—	100	90~100	65~85	45~65	20~32	15~24	14~22	12~18	10~15	9~14	8~12
细粒式	SMA-13	—	—	100	90~100	50~75	20~34	15~26	14~24	12~20	10~16	9~15	8~12
	SMA-10	—	—	—	100	90~100	28~60	20~32	14~26	12~22	10~18	9~16	8~13

表 12.23　PAC 排水沥青混合料级配范围

筛孔尺寸/mm	通过量/%				
	PA-05	PA-10	PA-13	PA-16	PA-20
26.5	—	—	—	—	100
19.0	—	—	—	100	95~100
16.0	—	—	100	90~100	
13.2	—	100	90~100	60~90	64~84
9.5	100	80~100	40~71	40~60	—
4.75	15~50	8~28	10~30	10~26	10~31
2.36	8~30	5~15	9~20	9~20	10~20
1.18	5~12	5~12	7~17	7~17	7~17
0.60	4~10	4~10	6~14	6~14	6~14
0.30	4~8	4~9	5~12	5~11	5~11
0.15	4~7	4~8	4~9	4~9	4~9
0.075	3~6	3~6	3~6	3~5	3~5

(4)填料

填料在沥青混合料中的作用非常重要，沥青混合料主要依靠沥青与矿粉的交互作用，形成具有较高黏结力的沥青胶浆，将粗细集料结合成一个整体。填料，包括矿粉、拌和楼的粉尘、粉煤灰、干燥的磨细生石灰粉、消石灰粉或水泥等。沥青混合料所用矿粉，最好采用石灰岩或岩浆岩中的强基性岩石等憎水性石料经磨细得到的矿粉，原石料中的泥土杂质应除净。矿粉应干燥、洁净，能自由地从矿粉仓流出，其质量应符合表 12.24 的要求。

拌和楼的粉尘，也可作为矿粉的一部分进行使用。回收粉的用量不得超过填料总量的25%，掺有粉尘填料的塑性指数不得大于 4%。

粉煤灰作为填料使用时，其用量不得超过填料总量的 50%，烧失量应小于 12%，与矿粉混合后的塑性指数应小于 4%。高速公路、一级公路的沥青面层不宜采用粉煤灰作填料。

为了改善沥青混合料水稳定性，可以采用干燥的磨细生石灰粉、消石灰粉或水泥作为填料，其用量不宜超过矿料总量的 1%~2%。

表 12.24 沥青混合料用矿粉技术要求

项目		单位	高速公路、一级公路	其他等级公路
表观相对密度, ≥		t/m³	2.50	2.45
含水量, ≤		%	1	1
粒度范围	<0.6mm	%	100	100
	<0.15mm		90~100	90~100
	<0.075mm		75~100	70~100
外观			无团粒结块	
亲水系数			<1	
塑性指数			<4	
加热安定性			实测记录	

12.5.2 AC 连续级配热拌沥青混合料配合比设计

12.5.2.1 概述

沥青混合料配合比设计,是沥青类路面设计和施工的最为重要的工作之一。沥青混合料配合比设计,涉及《公路沥青路面设计规范》(JTG D50—2017)、《公路沥青路面施工技术规范》(JTG F40—2004)、《排水沥青路面设计与施工技术规范》(JTG/T 3350—03—2020)等规范。

《公路沥青路面施工技术规范》(JTG F40—2004)中,热拌沥青混合料种类:密级配、开级配和半开级配。密级配又分为连续级配和间断级配;连续级配包括沥青混凝土 AC(包括 AC-C 和 AC-F)和 ATB 沥青稳定碎石,间断级配指 SMA 沥青玛蹄脂碎石。开级配也是间断级配,包括排水式沥青磨耗层和 OGFC 排水式沥青碎石基层。半开级配指沥青碎石。明确热拌沥青混合料的分类及其包含关系,规范附录中又提出了 3 种沥青混合料的设计方法:《附录 B 热拌沥青混合料配合比设计方法》;《附录 C SMA 混合料配合比设计方法》;《附录 D OG-FC 混合料配合比设计方法》。

《公路沥青路面施工技术规范》(JTG F40—2004)中,《附录 B 热拌沥青混合料配合比设计方法》一般用来设计 AC 型和 ATB 型等连续级配的沥青混合料,并不包括 SMA 和 OGFC 等热拌沥青混合料。

《公路沥青路面施工技术规范》(JTG F40—2004)中,《附录 C SMA 混合料配合比设计方法》一般用来设计 SMA 间断级配沥青混合料,它与 AC 型和 ATB 型是两种不同的设计理念;SMA 混合料掺加粗集料、矿粉多,沥青用量多,细集料少,且加入了纤维。

《公路沥青路面施工技术规范》(JTG F40—2004)中,《附录 D OGFC 混合料配合比设计方法》是较大孔隙(12%~15%)的开级配沥青混凝土设计的一种典型方法,其设计指标的要求明显有别于前面的两种沥青混合料。OGFC 主要通过良好的抗滑性提高路面行驶安全性,并不具备充分的排水性能。

近年来,又出现了 PAC 排水沥青混合料,并推出了新规范,《排水沥青路面设计与施工技术规范》(JTG/T 3350-3—2020)。PAC 排水沥青混合料孔隙率更大,压实后孔隙率超过

18%，能够在混合料内部形成排水通道。PAC 排水沥青路面和 OGFC 沥青路面的概念和功能特点并不完全相同。事实上，PAC 排水沥青路面与密级配沥青路面最大的不同点，在于其功能性(PAC 内部形成排水通道)，而在路面结构设计方面基本是相同的。这样就形成了 4 种沥青混合料，即 AC(含 ATB)、SMA、OGFC、PAC 排水沥青混合料。

4 种沥青混合料的材料组成、设计指标都有很大的区别，因此分别提出了 4 种设计方法。近年来 OGFC 使用较少，PAC 使用逐步开始得到推广应用。

本节不对 OGFC 沥青混合料进行分析，重点对 AC(含 ATB)、SMA 和 PAC3 类沥青混合料进行详细分析。三大类沥青混合料，设计理念是不同的。AC 型强调的是级配连续、密实。SMA 型强调的是"三多一少"，间断级配。PAC 型侧重骨架—空隙结构，大空隙率，内部形成排水通道，可采用高黏度沥青，具有抗滑性能好、雨天安全性能高、噪声低等特点。AC 与 SMA 相比，SMA 要求的技术指标更高，因 SMA 的造价高，相应地对集料的要求更高，期望其使用年限更长。AC 与 PAC 相比，PAC 属于顶级功能型路面，造价更高。

ATB(又称为 ATB 沥青稳定碎石混合料)与 AC，均归类于连续级配类沥青混合料，二者设计思路和步骤基本相同，同属于热拌沥青混合料范畴。二者不同点：ATB，沥青用量少，粗集料粒径比较大，一般都采用大型马歇尔试件。ATB，一开始用在柔性基层上，后来发展成密级配用在下面层。在北方，水损害要求不高，可以用在下面层；在南方，水损害要求较高，可以用在面层的第 4 层，即柔性基层。因此，ATB 究竟用在基层上还是面层上，究竟归属于基层还是面层，规范也没有明确，各地可以根据实际情况使用。本节不单独对 ATB 沥青碎石混合料配合比设计展开分析，仅提供 2 个 ATB 配合比报告作为参考。

本节介绍 AC 连续级配热拌沥青混合料配合比设计，也就是《公路沥青路面施工技术规范》(JTG F40—2004)中附录 B《热拌沥青混合料配合比设计方法》。

12.5.2.2　沥青混合料的配合比设计阶段

目前我国热拌沥青混合料配合比设计，主要采用马歇尔稳定度法。沥青混合料的配合比设计，包括 3 个阶段，即目标配合比设计阶段、生产配合比设计阶段、生产配合比验证即实验路试铺阶段。

目标配合比设计阶段，主要是选择最优矿料级配、确定最佳油石比，符合配合比设计技术标准和配合比设计检验要求。以此作为目标配合比，供拌和机确定各冷料仓的供料比例、进料速度及试拌使用。

生产配合比设计阶段，是在目标配合比确定之后，应利用实际施工的拌和机进行试拌以确定施工配合比。在操作前，首先根据级配类型选择振动筛的筛号，使几个热料仓的材料不致相差太大。最大筛孔应保证使超粒径料排出，使最大粒径筛孔通过量符合设计范围要求。实验时，按实验室配合比设计的冷料比例上料、烘干、筛分，然后取样筛分，与目标配合比设计一样进行矿料级配计算，得出不同料仓、矿料用量比例。按此比例进行马歇尔实验，根据目标配合比得出的最佳油石比，并在此基础上±0.3%，得到三档配合比进行实验。得出生产配合比的最佳油石比，供试拌试铺使用。生产配合比确定的最佳油石比，与目标配合比的差值不宜大于 0.2%。

生产配合比验证阶段，即为试拌试铺阶段。施工单位进行试拌试铺时，应报告监理部门和业主，工程指挥部会同设计、监理、施工人员一起进行鉴别。按照生产配合比进行试拌，在场人员对混合料级配及油石比提出意见，必要时进行针对性调整，重新试拌，再进行观察，力求意见一致。然后用此混合料在实验路段上试铺，进一步观察摊铺、碾压过程和成型路面的表面状况，判断混合料的级配和油石比。如不满意应调整，重新试拌试铺，直至满意为止。另外，实验室密切配合现场指挥，在拌和厂或摊铺机旁采集沥青混合料试样，进行马歇尔实验，同时还应进行浸水马歇尔实验和车辙实验，以进行水稳定性和高温稳定性检验。实验室还应到现场进行抽提实验，以确保现场用料的级配和油石比与设计相同。同时，按照规范规定的实验段铺设要求进行各种实验，当全部满足要求时，验证通过，可进入正常生产，进入大批量拌和摊铺阶段。

后2个阶段是在目标配合比设计的基础上进行的，需要借助生产单位的拌和设备、摊铺和碾压设备完成。通过3个阶段的配合比设计过程，可以确定沥青混合料中组成材料的品种、矿质集料的级配和沥青用量。

结合规范和工程实际，怎么理解这3个阶段的异同？目标配合比设计阶段：办公室理论设计、理想配合比、委托有资质有经验的检测单位设计完成。生产配合比设计阶段：确定冷料仓进料比例、热料仓取料、施工单位完成、确定能够实现的矿料级配。生产配合比验证阶段：对生产配合比进行验证、监理单位完成、实验段铺筑成品进行验证。

生产配合比设计阶段，对间歇式拌和机(常用)必须进行生产配合比设计(对连续式拌和机可省略生产配合比设计步骤)。按照目标配合比，进行冷料仓上料，应选择适宜的热料仓筛孔尺寸和安装角度，尽量使各热料仓的供料大体平衡。应从拌和楼热料仓中，取代表集料(取样前应干拌不少于5盘料)进行筛分，按照目标配合比确定的级配确定各热料仓集料配比；根据热料仓集料配比、目标配合比设计的最佳油石比 OAC±0.3% 等3个沥青用量进行马歇尔(或旋转压实或贯入度)实验和试拌，通过室内实验及从拌和机取样实验综合确定生产配合比的最佳油石比。

生产配合比验证阶段，拌和机按生产配合比结果进行试拌、铺筑实验段，并取样进行马歇尔实验，同时从路上钻取芯样观察空隙率的大小，由此确定生产用的标准配合比。标准配合比的矿料合成级配中，至少应包括 0.075mm、2.36mm、4.75mm 及公称最大粒径筛孔的通过率接近优选的工程设计级配范围的中值，并避免在 0.3~0.6mm 出现"驼峰"。对确定的标准配合比，宜再次进行车辙实验和水稳定性检验。

12.5.2.3 AC 连续级配沥青混合料目标配合比设计过程

下面将详细介绍 AC 连续级配沥青混合料目标配合比设计流程(图12.18)。

(1)总体规划

总体规划是沥青混合料配合比设计的最为重要的工作，也是前期工作。总体规划，就是确定沥青路面结构方案，包括确定沥青混合料的类型、确定工程设计级配范围。

《公路沥青路面设计规范》(JTG D50—2017)中《附录C 沥青路面结构方案》推荐了5种方案：不同交通荷载等级时，沥青路基结构层厚度组合可参照表12.25~表12.30选用，也可根据当地工程经验确定。

确定沥青路面结构方案，应根据设计道路的等级和当地工程条件进行沥青路面结构层厚

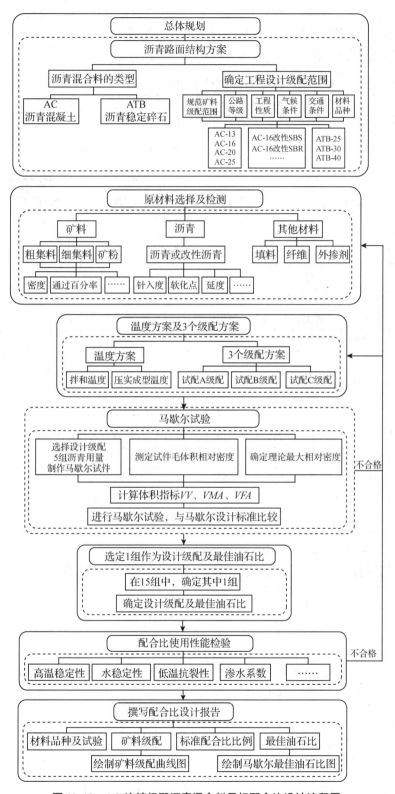

图 12.18　AC 连续级配沥青混合料目标配合比设计流程图

度设计,结构层厚度应根据交通荷载等级、路基承载能力等因素选择。交通荷载等级高、路基承载能力弱时,宜取靠近高限的厚度或参照高一个交通荷载等级的路面厚度范围。反之,可靠近低限取值或参照低一个交通荷载等级的路面厚度范围。

表 12.25 无机结合料稳定类基层(粒料类底基层)路面厚度范围

交通荷载等级	极重、特重	重	中等	轻
面层/mm	250~150	250~150	200~100	150~20
基层(无机结合料稳定类)/mm	600~350	550~300	500~250	450~150
底基层(粒料类)/mm	200~150			

表 12.26 无机结合料稳定类基层(无机结合料稳定类底基层)路面厚度范围

交通荷载等级	极重、特重	重	中等	轻
面层/mm	250~120	250~100	200~100	150~20
基层(无机结合料稳定类)/mm	500~250	450~200	400~150	500~200
底基层(无机结合料稳定类)/mm	200~150			—

表 12.27 粒料类基层(粒料类底基层)路面厚度范围

交通荷载等级	重	中等	轻
面层/mm	350~200	300~150	200~100
基层(粒料类)/mm	450~350	400~300	350~250
底基层(粒料类)/mm	200~150		

表 12.28 沥青混合料类基层(粒料底基层)路面厚度范围

交通荷载等级	重	中等	轻
面层/mm	150~120	120~100	80~40
基层(沥青混合料类)/mm	250~200	220~180	200~120
底基层(粒料类)/mm	400~300	400~300	350~250

表 12.29 沥青混合料类基层(无机结合料稳定类底基层)路面厚度范围

交通荷载等级	极重、特重	重	中等	轻
面层/mm	120~100	120~100	100~80	80~40
基层(沥青混合料类)/mm	180~120	150~100	150~100	100~80
底基层(无机结合料稳定类)/mm	600~300	600~300	550~250	450~200

表 12.30 沥青混合料类基层(粒料+无机结合料底基层)路面厚度范围

交通荷载等级	极重、特重	重	中等	轻
面层/mm	120~100	120~100	100~80	80~40
基层(沥青混合料类)/mm	180~120	150~100	150~100	100~80
底基层(无机结合料稳定类)/mm	600~300	600~300	550~250	450~200

下面列举北方某省的沥青路面结构方案,见表 12.31~表 12.37。

表 12.31 北方某省 2006 年以前一般道路常用路面结构层组合方案

层位及项目	高速公路	一级公路	备注
上面层	4.0~5.0cm 改性 AC-16	5.0cm 改性 AC-16	
中面层	5.0cm AC-20	—	
下面层	6.0~7.0cm AC-25	6.0~7.0cm AC-25	—
基层	20cm 水泥砂砾(掺少量碎石)或水泥碎石		
底基层	30cm 水泥砂砾,可掺少量碎石		
垫层	15~20cm 粒料		由土基干湿类型决定
推荐总厚度不含垫层	65~67cm	61~62cm	

表 12.32 北方某省 2006—2014 年一般道路常用路面结构层组合方案

层位及项目	高速公路	一级公路	备注
上面层	4.0~5.0cm 改性 AC-16	5.0cm 改性 AC-16	
中面层	5.0cm 改性 AC-20	—	
下面层	6.0~7.0cm AC-25	6.0~7.0cm AC-25	—
基层	36cm 水泥碎石	32~36cm 水泥碎石	
底基层	20cm 水泥砂砾,可掺少量碎石		
垫层	15~20cm 粒料		细粒土土基必须设置垫层
推荐总厚度不含垫层	71~73cm	63~68cm	

2018 年以后,在经济条件允许下,沥青路面增加了 SMA-13 的使用,效果非常好。

表 12.33 北方某省近年来一般道路常用沥青混合料面层及联结过渡层组合方案

层位及项目	4.5+5.5+6 组合	5+6+8 组合	4.5+5.5+8 组合	5+7 组合
上面层	4.5cm 改性 AC-16	5cm 改性 AC-16	4.5cm 改性 AC-16	5cm 改性 AC-16
中面层	5.5cm 改性 AC-20	—	—	—
下面层	6cm AC-20	6cm 改性 AC-20	5.5cm 改性 AC-20	7cm 改性 AC-20
联结过渡层	—	8cm ATB-25	8cm ATB-25	—
推荐总厚度	16cm	19cm	18cm	12cm

表 12.34 北方某省近年来高速公路推荐路面结构层组合方案(重交通)

层位及项目	交通荷载等级(重)	
上面层	4.5~5.0cm 改性 AC-16	
下面层	5.5~6.0cm 改性 AC-20	
联结过渡层	10cm ATB-25	
上基层	16cm 4.5%水泥碎石	20cm 4.5%水泥碎石
中基层	16cm 水泥砂砾或碎石	
下基层	16cm 水泥砂砾或碎石	
垫层(功能层)	16~20cm 粒料	—
路床填土类型	细粒土	粗粒土
推荐总厚度	84~89cm	72~73cm

表 12.35　北方某省近年来高速公路推荐路面结构层组合方案(中交通)

层位及项目	交通荷载等级(中等)	
上面层	4.5cm 改性 AC-16	
下面层	5.5cm 改性 AC-20	
联结过渡层	8~10cm ATB-25	
上基层	16cm 4.5%水泥碎石	18cm 4.5%水泥碎石
中基层	16cm 水泥砂砾或碎石	
下基层	16cm 水泥砂砾或碎石	
垫层(功能层)	16~20cm 粒料	—
路床填土类型	细粒土	粗粒土
推荐总厚度	82~88cm	68~70cm

表 12.36　北方某省一级公路推荐路面结构层组合方案(重交通)

层位及项目	交通荷载等级(中等偏重)	
上面层	4.5cm 改性 AC-16	
下面层	5.5cm 改性 AC-20	
联结过渡层	8~10cm ATB-25	
上基层	20cm 4.5%水泥碎石	16cm 4.5%水泥碎石
中基层	—	16cm 水泥砂砾或碎石
下基层	20cm 水泥碎石	16cm 水泥砂砾或碎石
垫层(功能层)	20cm 优质粒料	—
路床填土类型	细粒土、均质粗粒土、非均质粗粒土	均质粗粒土
推荐总厚度	78~80cm	66~68cm

表 12.37　北方某省一级公路推荐路面结构层组合方案(轻交通)

层位及项目	交通荷载等级(中等偏轻)	
上面层	4.5cm 改性 AC-16	
下面层	5.5cm 改性 AC-20	
联结过渡层	8cm ATB-25	
上基层	20cm 4.5%水泥碎石	16cm 4.5%水泥碎石
中基层	—	16cm 水泥砂砾或碎石
下基层	20cm 水泥碎石	16cm 水泥砂砾或碎石
垫层(功能层)	20cm 优质粒料	—
路床填土类型	细粒土、均质粗粒土、非均质粗粒土	均质粗粒土
推荐总厚度	78cm	66cm

表 12.38 北方某省目前常用路面结构方案一览表

层位及项目	新建或改建高速	一级公路	二级公路	备注
上面层	4cm SMA-13 或 5cm 改性 AC-16	5cm 改性 AC-16	5cm 改性 AC-16	重要的高速采用 SMA，造价稍高，效果非常好
中面层	由于使用 ATB 连接过渡层，现已基本没有中面层。如果不用 ATB，就采用 5~6cm 改性 AC-20 中面层			
下面层	6cm 改性 AC-20	6cm 改性 AC-20	6~7cm AC-20	二级路一般使用非改性
联结过渡层	8~10cm ATB-25	8cm ATB-25		非改性
上基层	32~36cm 4.5%水泥碎石	30~32cm 4.5%水泥碎石	20cm 4.5%水泥碎石	上下基层厚度可以互换；砂砾受到自然资源开采限制，使用越来越少
下基层	18~20cm 4.0%水泥碎石或 5%水泥砂砾	16~18cm 4.0%水泥碎石或 5%水泥砂砾(掺碎石)	30~32cm 5%水泥砂砾(掺碎石)	
垫层/功能层	20cm 砂类或砂砾类或碎石类			路床填料为黏土等细粒土或根据实际需要设置
总厚度(不包括垫层)	68~76cm	65~69cm	61~64cm	根据交通量和公路重要程度和造价情况，选择材料类型及结构层厚度组合

从表 12.31~表 12.38 中可以看出，随着技术进步和经济条件的好转，北方某省的沥青路面结构方案也逐渐在改变和完善，技术经济性更趋合理。表 12.33~表 12.38 的沥青路面结构方案，提供了近年来北方一般道路、高速公路、一级公路的沥青路面结构方案，具有较好的参考价值，为初学者在沥青路面结构方案长得什么模样、结构层如何组合、结构层厚度多少、路面总厚度多少、沥青混合料类型有哪些、确定工程设计级配范围等方面，提供有益的参考。从表 12.34~表 12.37 可以看出，近年来，北方某省高等级公路(高速公路和一级公路)，沥青路面结构方案常常采用 3 层结构(改性 AC-16 +改性 AC-20 +ATB-25)，这也符合《公路沥青路面设计规范》(JTG D50—2017)中明确的我国高速公路沥青面层通常由上面层、中面层和下面层 3 层构成。

下面列举南方某省的沥青路面结构方案，见表 12.39~表 12.43。

表 12.39 南方某省 2006 年以前一般道路常用路面结构层组合方案

层位及项目	高速公路	一级公路	备注
上面层	4.0cm 改性 AC-13/AK-13	5.0cm 改性 AC-16	
中面层	5.0~5.5cm AC-20I/AC-20II		
下面层	6.0~7.0cm AC-25II	6.0~7.0cm AC-25	
基层	20cm 二灰稳定碎石或水泥稳定碎石		
底基层	25~30cm 二灰稳定土或二灰稳定砂砾		
垫层	15~20cm 粒料		由土基干湿类型决定
推荐总厚度(不含垫层)	65~67cm	61~62cm	

注：AC-20I/AC-20II分别属于细型和粗型，与现在的粗细区分不一致，两者有重叠部分。因为 AC-25II 不容易压实，离析情况比较严重，慢慢就没有区分了，整体上把 AC-25 往级配细的方向调整，粗的类型慢慢被 ATB-25 所取代。

表 12.40　南方某省 2006—2012 年一般道路常用路面结构层组合方案

层位及项目	高速公路	一级公路	备注
上面层	4.0cm 改性 AC-13C	4.0cm 改性 AC-13C	
中面层	5.0cm 改性 AC-20C	5.0cm 改性 AC-20C	
下面层	6.0cm AC-25	6.0cm AC-25	
基层	18cm 水泥碎石+18cm 水泥碎石	20cm 水泥碎石	
底基层	20cm 二灰稳定碎石或水泥砂砾		
垫层	15cm 粒料		挖方土基必须设置垫层
推荐总厚度(不含垫层)	72~73cm	56~68cm	

2012 年以后，经济迅速发展，SMA-13 优良的抗水损害和抗高温的性能非常适合南方地区，多年的使用案例证明其效果非常好。

表 12.41　南方某省近年来国省干线常用沥青混合料面层及联结过渡层组合方案

层位及项目	4+5+6 组合	4+6+6 组合	4+5 组合
上面层	4cm 改性 AC-13	4cm 改性 AC-13	4cm 改性 AC-13
中面层	5cm 改性 AC-20	6cm 改性 AC-20	5cm 改性 AC-16
下面层	6cm AC-20	6cmAC-20	
联结过渡层	—	—	—
总厚度	15cm	16cm	9cm

注：基层常采用 16~20cm 水泥稳定碎石/二灰稳定碎石，底基层采用 16~20cm 水泥稳定碎石/水泥稳定砂。

表 12.42　南方某省近年来高速/一级公路推荐路面结构层组合方案(特重、重交通)

层位及项目	交通荷载等级(重)
上面层	4cm 改性 AC-13/改性 SMA-13
中面层	6.0cm 改性 AC-20
下面层	6.0cm AC-20/8.0cm AC-20/8.0cm AC-25
联结过渡层	8~15cm ATB-25(常用于改扩建)
基层	28cm 水泥稳定碎石
底基层	28cm 水泥稳定碎石或砂砾
垫层(功能层)	15cm 级配碎石
路基回弹模量	50/60MPa 粗粒土
推荐总厚度	82~88cm

表 12.43　南方某省近年来高速公路/一级公路推荐路面结构层组合方案(中、轻交通)

层位及项目	交通荷载等级(中、轻)
上面层	4cm 改性 AC-13/改性 SMA-13
中面层	6.0cm 改性 AC-20
下面层	6.0cm 普通 AC-20/8~10cm ATB-25

（续）

层位及项目	交通荷载等级（中、轻）
基层	20/25cm 水泥稳定碎石
底基层	20/25cm 水泥稳定碎石或砂砾
垫层（功能层）	15cm 级配碎石或砂砾
路基回弹模量	40MPa 粗粒土
推荐总厚度	82~88cm（中交通） 60~75cm（轻交通）

从表 12.39~表 12.43 中可以看出，随着技术进步和经济条件的好转，南方某省的沥青路面结构方案也逐渐在改变和完善，技术经济性更趋合理。表 12.39~表 12.41 的沥青路面结构方案，提供了南方一般道路的沥青路面结构方案，具有较好的参考价值。从表 12.42~表 12.43 可以看出，近年来，南方某省高等级公路（高速公路和一级公路），沥青路面结构方案常常采用 3 层结构（改性 AC-13/SMA-13+改性 AC-20+AC-20/AC-25/ATB-25），这也符合《公路沥青路面设计规范》（JTG D50—2017）中明确的我国高速公路沥青面层通常由上面层、中面层和下面层 3 层构成。

上述北方和南方沥青路面结构方案，高温稳定性上较为统一，因为北方夏季温度并不低。总体上来讲，还是有较大区别的，主要是因为气候所导致的，尤其是在抗滑、抗裂和抗水损害上体现得更明显。上述北方和南方沥青路面结构方案，仅供参考，各地需要根据工程实际、工程经验、结合规范等情况综合研判，不宜照本宣科。

沥青混合料的矿料级配，需符合工程规定的设计级配范围。密级配沥青混合料宜根据公路等级、气候及交通条件选择采用粗型（C 型）或细型（F 型）的混合料，并应在确定的工程设计级配范围，通常情况下工程设计级配范围不宜超出要求。经确定的工程设计级配范围是配合比设计的依据，不得随意变更。

调整工程设计级配范围，宜遵循下列原则：

按表 12.44 确定采用粗型（C 型）或细型（F 型）的混合料。对夏季温度高、高温持续时间长、重载交通多的路段，宜选用粗型密级配沥青混合料（AC-C 型），并取较高的设计空隙率。对冬季温度低且低温持续时间长的地区，或者重载交通较少的路段，宜选用细型密级配沥青混合料（AC-F 型），并取较低的设计空隙率。

为确保高温抗车辙能力，同时兼顾低温抗裂性能的需要，配合比设计时宜适当减少公称最大粒径附近的粗集料用量，减少 0.6mm 以下部分细粉的用量，使中等粒径集料较多，形成"S"形级配曲线，并取中等或偏高水平的设计空隙率。

确定各层的工程设计级配范围时，应考虑不同层位的功能需要，经组合设计的沥青路面应能满足耐久、稳定、密水、抗滑等要求。

根据公路等级和施工设备的控制水平，确定的工程设计级配范围应比规范级配范围窄，其中 4.75mm 和 2.36mm 通过率的上下限差值宜小于 12%。

沥青混合料的配合比设计应充分考虑施工性能，使沥青混合料容易摊铺和压实，避免造成严重的离析。

表 12.44　粗型和细型密级配沥青混凝土的关键性筛孔通过率

混合料类型	公称最大粒径/mm	用以分类的关键性筛孔/mm	粗型密级配		细型密级配	
			名称	关键性筛孔通过率/%	名称	关键性筛孔通过率/%
AC-25	26.5	4.75	AC-25C	<40	AC-25F	>40
AC-20	19	4.75	AC-20C	<45	AC-20F	>45
AC-16	16	2.36	AC-16C	<38	AC-16F	>38
AC-13	13.2	2.36	AC-13C	<40	AC-13F	>40
AC-10	9.5	2.36	AC-10C	<45	AC-10F	>45

（2）原材料选择及检测

配合比设计时，应从工程实际使用的材料中取代表性样品，并进行缩分。配合比设计所用的各种材料，必须符合气候和交通条件的需要，必须对每一种原材料包括矿料（粗集料、细集料和矿粉）、沥青和其他材料进行抽样检测，只有原材料合格才有可能生产出合格的沥青混合料。

《公路工程集料试验规程》（JTG E42—2005）和《公路工程沥青及沥青混合料试验规程》（JTG E20—2011）显示，沥青混合料的粗集料检测指标很多，其中工程上常常检测的指标有：颗粒级配、磨光值、洛杉矶磨耗损失、含泥量、针片状颗粒含量（>9.5）、颗粒含量（<0.075）、表观相对密度、吸水率、压碎值、毛体积相对密度、软弱颗粒含量、具有1个破碎面集料含量、具有2个及以上破碎面集料含量、与沥青的黏附性、坚固性（16~26.5）。沥青混合料细集料检测指标也较多，其中工程上常常检测的指标有：颗粒级配、表观相对密度、毛体积相对密度、坚固性（质量损失）、颗粒含量（<0.075）、亚甲蓝值或砂当量 SE、粗糙度（棱角性）。

《公路工程沥青及沥青混合料试验规程》（JTG E20—2011）显示沥青的检测指标有52个，其中工程上常用的检测指标有：针入度 P、软化点 SP、135°运动黏度、延度 D（5℃）、离析软化点差、弹性恢复25°、闪点 COC、沥青相对密度、溶解度 SB、RTFOT实验后质量损失 Lt（针入度比、延度）、含蜡量 P。

为了系统性，这里顺便把沥青混合料的检测指标介绍一下，《公路工程沥青及沥青混合料试验规程》（JTG E20—2011）显示，沥青混合料的检测指标有45个，其中工程上常用的检测指标有：马歇尔实验（合成材料的吸水率、沥青吸收系数、合成矿料的有效相对密度、理论最大相对密度、表干法测毛体积相对密度、空隙率、饱和度、矿料间隙率、稳定度、流值、马歇尔模数）、水稳定性检验（即浸水马歇尔实验浸水残留稳定度或冻融破裂抗拉强度比实验检验水损害）、高温稳定性（即车辙实验）、低温抗裂性能实验（即弯曲实验）、渗水系数实验（即渗水实验）。

上述工程上常用的实验及相应的指标，专门归纳总结在本教材的配套教材《土木工程材料实验》。

（3）温度方案及3个级配方案

沥青混合料试件的制作温度，按实际施工温度制作。石油沥青加工及沥青混合料施工温度，应根据沥青标号及黏度、气候条件、铺装层厚度确定。

　　黏度与温度的关系在半对数坐标中大多为直线(图 12. 19),也就是说石油沥青的黏温曲线在普通坐标系中多为指数关系($y = k_1 e^{k_2 x}$)(图 12. 20)。

　　普通沥青混合料的施工温度,宜通过在 135℃ 及 175℃ 条件下测定的黏度—温度曲线按表 12. 6 的规定确定。黏度分为表观黏度、运动黏度和赛波特黏度。《公路工程沥青及沥青混合料试验规程》(JTG E20—2011)中明确,表观黏度采用沥青旋转黏度实验(布洛克菲尔德黏度计法),该方法适用于测定未经改性的普通道路石油沥青的表观黏度,将在不同温度条件下的黏度,绘制于图 12. 19 的黏温曲线中(为了保证沥青混合料黏度和温度的线性分析,黏温曲线采用半对数坐标值绘制),确定沥青混合料的施工温度。当使用石油沥青时,宜以黏度为(0. 17±0. 02)Pa·s 时的温度,作为拌和温度范围;以(0. 28±0. 03)Pa·s 时的温度,作为压实成型温度范围。缺乏黏温曲线数据时,可参照表 12. 45 的范围选择,并根据实际情况确定使用高值或低值。图 12. 19 可以通过 Excel 表格线形回归法完成,采用的是半对数坐标;图 12. 20 可以通过 Excel 表格指数方程法完成,采用的是普通坐标;二者在 Excel 中计算石油沥青的试件(施工)温度均很方便。

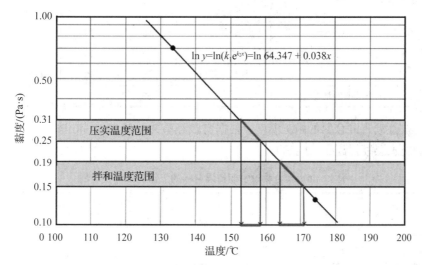

图 12. 19　沥青混合料的线形回归黏温曲线

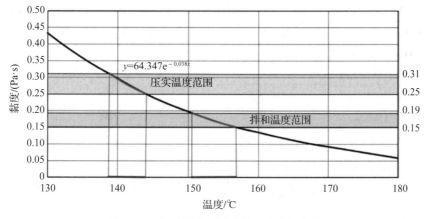

图 12. 20　沥青混合料的指数回归黏温曲线

表 12.45　热拌沥青混合料的施工温度　　　　　　　　　　　　　　　　℃

施工工序		石油沥青的标号			
		50 号	70 号	90 号	110 号
沥青加热温度		160~170	155~165	150~160	145~155
矿料加热温度	间隙式拌和机	集料加热温度比沥青温度高 10~30			
	连续式拌和机	矿料加热温度比沥青温度高 5~10			
沥青混合料出料温度		150~170	145~165	140~160	135~155
混合料贮料仓贮存温度		贮料过程中温度降低不超过 10			
混合料废弃温度，>		200	195	190	185
运输到现场温度，≥		150	145	140	135
混合料摊铺温度，≥	正常施工	140	135	130	125
	低温施工	160	150	140	135
开始碾压的混合料内部温度，≥	正常施工	135	130	125	120
	低温施工	150	145	135	130
碾压终了的表面温度，≥	钢轮压路机	80	70	65	60
	轮胎压路机	85	80	75	70
	振动压路机	75	70	60	55
开放交通的路表温度，≤		50	50	50	45

聚合物改性沥青混合料的施工温度，根据实践经验并参照表 12.46 选择，通常比普通沥青混合料的施工温度提高提 10~20℃。

表 12.46　聚合物改性沥青混合料的正常施工温度范围　　　　　　　　　℃

工序	聚合物改性沥青品种		
	SBS 类	SBR 胶乳类	EVA、PE 类
沥青加热温度	160~165		
改性沥青现场制作温度	165~170	—	165~170
成品改性沥青加热温度，≤	175	—	175
集料加热温度	190~220	200~210	185~195
改性沥青 SMA 混合料出厂温度	170~185	160~180	165~180
混合料最高温度(废弃温度)	195		
混合料贮存温度	拌和出料后降低不超过 10		
摊铺温度，≥	160		
初压开始温度，≥	150		
碾压终了的表面温度，≥	90		
开放交通时的路表温度，≤	50		

普通沥青混合料如缺乏黏温曲线时，按表 12.47 执行，改性沥青混合料的成型温度在此基础上提高 10~20℃。

表 12.47　热拌普通沥青混合料试件的制作温度　　　　　　　　　　　　℃

施工工序	石油沥青的标号				
	50 号	70 号	90 号	110 号	130 号
沥青加热温度	160~170	155~165	150~160	145~155	140~150
矿料加热温度	集料加热温度比沥青温度高 10~30(填料不加热)				
沥青混合料拌和温度	150~170	145~165	140~160	135~155	130~150
试件击实成型温度	140~160	135~155	130~150	125~145	120~140

一般说来，矿料需要由粗集料、细集料和矿粉按照一定比例进行掺配，矿料掺配宜借助电子计算机的电子表格用试配法进行。

矿料级配曲线应按半指数坐标，其中各筛孔对应的横坐标按表 12.48 确定，并以原点与通过集料最大粒径 100%的点连线作为沥青混合料的最大密度线。

表 12.48　各筛孔对应的横坐标

筛孔 d_i/mm	0.075	0.15	0.3	0.6	1.18	2.36	4.75	9.5
横坐标 x	0.312	0.426	0.582	0.795	1.077	1.472	2.016	2.745
筛孔 d_i/mm	13.2	16	19	26.5	31.5	37.5	53	63
横坐标 x	4.193	4.482	4.762	4.370	4.723	5.109	5.969	6.452

注：其他筛孔对应横坐标可按 $x = d_j^{0.45}$ 计算。

表 12.49 和图 12.21 为某矿料设计级配计算表和相应级配曲线图，有关矿料级配掺配、计算等详细过程见 4.5 节。

表 12.49　某矿料级配设计计算表

筛孔/mm	原材料筛分质量通过百分率/%					合成级配/%	工程设计级配范围/%		
	10~20	5~10	3~5	机制砂	矿粉		中值	下限	上限
16	100	—	—	—	—	100	100	100	100
13.2	88.6	100	—	—	—	96.8	95	90	100
9.5	16.6	99.7	100	—	—	76.6	74	68	80
4.75	0.4	8.7	94.9	100	—	50.8	48	43	53
2.36	0.3	0.7	24.7	94.6	—	30.5	34	28	40
1.18	0.3	0.7	0.5	57.7	—	16.6	20.5	15	26
0.6	0.3	0.7	0.5	35.0	—	11.4	14.5	10	19
0.3	0.3	0.7	0.5	22.2	100	8.5	11	7	15
0.15	0.3	0.7	0.5	19.6	99.7	7.9	8.5	5	12
0.075	0.2	0.6	0.3	10.0	98.2	5.5	5	3	7
配比/%	28	22	24	23	3	100	—	—	—

在进行矿料配比设计时，应在工程设计级配范围内试配 3 个级配，绘制设计级配曲线，分别位于工程设计级配范围的上方、中值及下方。也可以根据情况，试配 3 个以上级配。设计合成级配不得有太多的锯齿形交错，且在 0.3~0.6mm 时不出现驼峰。当反复调整不能满

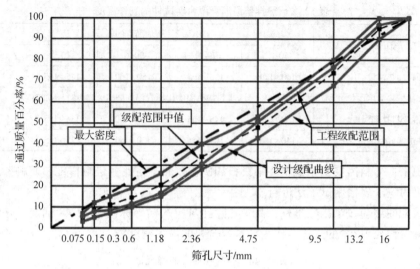

图 12.21 某矿料级配曲线示意图

意时，宜更换材料重新设计。

另外，还应该根据当地的实践经验选择适宜的沥青用量，分别制作几个级配的马歇尔试件测定空隙率、矿料间隙率、沥青饱和度等体积指标及稳定度、流值，初选 1 组满足或接近设计要求的级配作为设计级配。

当混合料掺加纤维等外掺剂时，其掺量应按照混合料目标路用性能，并考虑经济性综合确定。当选用纤维时，对于密级配沥青混合料宜选用束状矿物纤维、絮状矿物纤维或聚合物纤维。

(4)马歇尔实验

马歇尔实验的主要目的是确定设计级配及最佳油石比，最佳油石比用 OAC 表示。《公路沥青路面施工技术规范》(JTG F40—2004)规定，采用马歇尔实验方法确定沥青混合料的最佳油石比。

①制备试样 按确定的矿质混合料配合比，计算各种规格集料的用量。根据矿质混合料的合成毛体积相对密度 γ_{sb} 和合成表观密度 γ_{sa} 等物理常数，预估沥青混合料适宜的沥青掺加量，见式(12.20)和式(12.21)。

$$P_a = \frac{P_{al} \times \gamma_{sb1}}{\gamma_{sb}} \tag{12.20}$$

$$P_b = \frac{P_a}{100 + P_a} \times 100 \tag{12.21}$$

式中：P_a——预估的最佳油石比，%；

P_b——预估的最佳沥青用量，%；

P_{al}——已建类似工程沥青混合料的标准油石比，%；

γ_{sb}——集料的合成毛体积相对密度；

γ_{sb1}——已建类似工程矿料的合成毛体积相对密度。

②确定矿料的有效相对密度 γ_{se}，通过式(12.8)求得。以预估的油石比为中值，按一定

间隔(对密级配沥青混合料通常为 0.5%，对沥青碎石混合料可适当缩小间隔为 0.3%~0.4%)等间距向两侧扩展，取 5 个或 5 个以上不同的油石比分别成型的马歇尔试件。每一组试件的个数，按现行实验规程的要求确定(通常为每组 3 个试件)，对粒径较大的沥青混合料，宜增加试件数量。当缺少可参考的预估沥青用量时，可以考虑以 5.0% 的油石比作为基准油石比。

③测定试件的物理、力学指标　测定沥青混合料试件的毛体积密度 γ_f 见式(12.14)、吸水率 S_a 见式(12.15)，理论最大密度 γ_{ti} (改性沥青或 SMA 混合料采用计算最大理论密度)见式(12.6)和式(12.7)，试件的空隙率 VV 见式(12.16)，沥青饱和度 VFA 见式(12.19)，矿料间隙率 VMA 见式(12.17)。利用这些公式，逐一计算粗集料间隙率等体积参数。在测试沥青混合料密度时，应根据沥青混合料类型及密实程度，选择测试方法。在工程中，吸水率小于 0.5% 的密实型沥青混合料试件可采用水中重法测定，吸水率小于 2% 的沥青混合料应采用表干法测定，吸水率大于 2% 的沥青混合料、沥青碎石混合料应采用蜡封法测定。

④进行马歇尔实验，与马歇尔设计标准比较。

(5)选定 1 组作为设计级配及最佳油石比

①绘制油石比(或沥青用量)与物理—力学指标关系图　按图 12.22 的方法，以油石比或沥青用量为横坐标，以马歇尔实验的各项指标为纵坐标，将实验结果点入图中，并绘制出光滑的回归趋势线，确定均符合热拌沥青混合料技术标准要求的油石比范围 OAC_{min} ~ OAC_{max}。选择的油石比范围，必须涵盖设计空隙率的全部范围，并尽可能涵盖沥青饱和度的要求范围，并使密度及稳定度曲线出现峰值。如果没有涵盖设计空隙率的全部范围，实验必须扩大油石比范围重新进行。

②根据实验曲线的走势，确定沥青混合料的最佳油石比 OAC_1　在关系曲线图 12.22 取相应密度最大值、稳定度最大值、目标空隙率(或范围中值)、沥青饱和度范围中值的沥青用量 a_1、a_2、a_3、a_4，按式(12.22)取平均值作为 OAC_1。

$$OAC_1 = \frac{a_1 + a_2 + a_3 + a_4}{4} \tag{12.22}$$

如果在所选择的油石比范围未能涵盖沥青饱和度的要求范围，按式(12.23)求取三者的平均值作为 OAC_1。

$$OAC_1 = \frac{a_1 + a_2 + a_3}{3} \tag{12.23}$$

对所选择实验的油石比范围，若密度或稳定度没有出现峰值(最大值经常在曲线的两侧)时，可直接以目标空隙率所对应的沥青用量 a_3 作为 OAC_1；但此 OAC_1 必须介于 OAC_{min} ~ OAC_{max}，否则应重新进行配合比设计。

③确定沥青混合料的最佳油石比 OAC_2　以稳定度、流值、空隙率、VFA 指标，均符合技术标准要求的油石比范围 OAC_{min} ~ OAC_{max} 中值作为 OAC_2，用式(12.24)表示。

$$OAC_2 = \frac{OAC_{min} + OAC_{max}}{2} \tag{12.24}$$

通常情况下，取 OAC_1 和 OAC_2 的平均值作为最佳油石比 OAC。检验 OAC 对应的 VMA 是否满足 VMA 最小值的要求，且宜位于 VMA 凹形曲线最小值的贫油一侧。

④综合确定最佳油石比 OAC　最佳油石比 OAC 的确定，应考虑沥青路面工程实践经验、

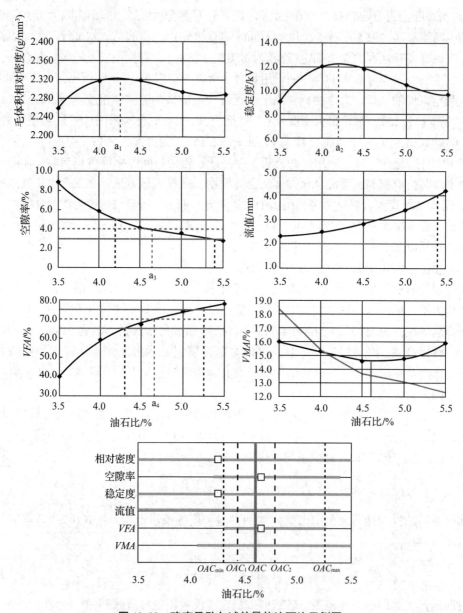

图 12.22 确定马歇尔试件最佳油石比示例图

道路等级、交通特性、气候条件等因素。一般情况下，可取 OAC_1 与 OAC_2 的平均值，作为最佳油石比。

对炎热地区公路以及高速公路、一级公路的重载交通路段，山区公路的长大坡度路段，预计有可能产生较大车辙时，宜在空隙率符合要求的范围内将计算的最佳油石比减小 0.1%~0.5% 作为设计沥青用量。此时，除空隙率外的其他指标，可能会超出马歇尔实验配合比设计技术标准，配合比设计报告或设计文件必须予以说明。但配合比设计报告必须要求采用重型轮胎压路机和振动压路机组合等方式加强碾压，以使施工后路面的空隙率达到未调整前的原最佳油石比时的水平，且渗水系数符合要求。当实验段试拌试铺达不到此要求时，宜调整所减小的沥青用量幅度。

对寒冷地区公路、旅游公路、交通量很小的公路,最佳油石比可以在 OAC 的基础上增加 0.1%～0.3%,以适当减少设计空隙率,但不得降低压实度指标。

⑤计算沥青混合料被矿料吸收的比例及有效沥青用量 沥青混合料被集料吸收的比例及有效沥青含量,分别按式(12.25)和式(12.26)计算。

$$P_{ba} = \frac{\gamma_{se} - \gamma_{sb}}{\gamma_{se} \times \gamma_{sb}} \times \gamma_b \times 100 \qquad (12.25)$$

$$P_{be} = P_b - \frac{P_{ba}}{100} \times P_s \qquad (12.26)$$

式中:P_{ba}——沥青混合料中被集料吸收的沥青混合料比例,%;

P_{be}——沥青混合料中的有效沥青用量,%;

γ_{se}——集料的有效相对密度;

γ_{sb}——矿料的合成毛体积相对密度;

γ_b——沥青的相对密度(25℃/25℃);

P_b——沥青含量,%;

P_s——各种矿料占沥青混合料总质量的百分率之和,%,即 $P_s = 100 - P_b$。

如果需要,可按式(12.27)及式(12.28)计算有效沥青的体积百分率 V_{be} 及矿料的体积百分率 V_g。

$$V_{be} = \frac{\gamma_f \times P_{be}}{\gamma_b} \qquad (12.27)$$

$$V_g = 100 - (V_{be} + VV) \qquad (12.28)$$

⑥计算最佳油石比时的粉胶比和有效沥青膜厚度 沥青混合料的粉胶比,是指沥青混合料的矿料中 0.075mm 通过率与有效沥青含量的比值,按式(12.29)计算。对常用的公称最大粒径为 13.2～19mm 的密级配沥青混合料,粉胶比宜控制在 0.8～1.2。

$$FB = \frac{P_{0.075}}{P_{be}} \qquad (12.29)$$

式中:FB——粉胶比;

$P_{0.075}$——矿料级配中 0.075mm 的通过率(水洗法),%;

P_{be}——有效沥青含量,%。

集料的比表面积和沥青混合料的沥青膜有效厚度,分别按式(12.30)和式(12.31)计算。

$$SA = \sum (P_i \times FA_i) \qquad (12.30)$$

$$DA = \frac{P_{be}}{\gamma_b \times SA} \times 10 \qquad (12.31)$$

式中:SA——集料的比表面积,m²/kg;

P_i——各种粒径的通过百分率,%;

FA_i——相应于各种粒径的集料的表面积系数,见表 12.50;

DA——沥青膜有效厚度,μm。

表 12.50　集料的表面积系数计算例子

筛孔尺寸	19	16	13.2	9.5	4.75	2.36	1.18	0.6	0.3	0.15	0.075	集料比表面积总和 SA
表面积系数 FA_i	0.0041	—	—	—	0.0041	0.0082	0.0164	0.0287	0.0614	0.1229	0.3277	
通过百分率 P_i	100	92	85	76	60	42	32	23	16	12	6	
比表面积 $P_i \times FA_i$	0.41				0.25	0.34	0.52	0.66	0.98	1.47	1.97	6.60

(6)配合比使用性能检验

根据《公路沥青路面施工技术规范》(JTG F40—2004)和《公路工程沥青及沥青混合料试验规程》(JTG E20—2011),沥青混合料配合比检验如下:

①高温稳定性检验　按最佳油石比 OAC 制作车辙实验试件,在规定的条件下进行车辙实验,检验设计沥青混合料的高温抗车辙能力,当其动稳定性不符合规定时,应对矿料或油石比进行调整,重新进行配合比设计。

②低温抗裂性能检验　对公称最大粒径等于或小于 19mm 的混合料,应按最佳油石比 OAC 制作车辙实验试件,再用切割机将试件锯成规定尺寸的棱柱体试件,按规定方法进行低温弯曲实验,检验其破坏应变是否符合规范要求。

③水稳定性检验　按最佳油石比 OAC 制作马歇尔试件,进行浸水马歇尔实验或冻融劈裂实验,检验试件的残留稳定度或冻融劈裂强度比是否满足要求。必要时,需要对沥青混合料在规定条件下进行冻融劈裂实验,即进行冻融循环,测定沥青混合料试件在受到水损害前后劈裂破坏的抗拉强度比,以评价沥青混合料的水稳定性。

④渗水系数检验　利用轮碾机成型的车辙试件,进行渗水实验,检验试件的渗水系数是否符合规范要求。

当最佳油石比 OAC 与两个初始值 OAC_1、OAC_2 相差较大时,宜按 OAC 与 OAC_1(或 OAC_2)分别制作试件,进行上述检验,并根据实验结果对 OAC 进行适当调整。

(7)撰写配合比设计报告

配合比设计报告应包括工程设计级配范围选择说明、材料品种选择与原材料质量实验结果、矿料级配、最佳油石比及各项体积指标、配合比设计检验结果等。实验报告的矿料级配曲线,应按规定的方法绘制。同时应附各实验方法,制件方法、温度等实验条件。

当考虑沥青路面工程实践经验、道路等级、交通特性、气候条件等因素的作用下,调整沥青用量作为最佳油石比时,还应该报告不同沥青用量条件下的各项实验结果,并提出对施工压实工艺的技术要求。

12.5.3　SMA 沥青混合料配合比设计

12.5.3.1　概述

沥青玛蹄脂碎石(stone matric asphalt,SMA)是一种以沥青混合料与少量的纤维稳定剂、细集料以及较多的填(矿粉)组成的沥青玛蹄脂,填充于间断级配的粗集料骨架间隙中,组成一体所形成的沥青混合料。SMA 混合料属于骨架密实结构,具有耐磨抗滑、密实耐久、抗疲劳、抗高温车辙，减少低温开裂等优点，适用于高等级道路沥青路面的上面层(黄维蓉，2020)。

SMA 沥青混合料配合比设计，可采用马歇尔法进行，本节重点介绍 SMA 沥青混合料的目标配合比设计阶段，SMA 沥青混合料目标配合比设计流程图，如图 12.23 所示。SMA 沥青混合料目标配合比设计，与 AC 连续级配热拌沥青混合料配合比设计总体思路和程序近似，本节重点介绍 SMA 的不同点。

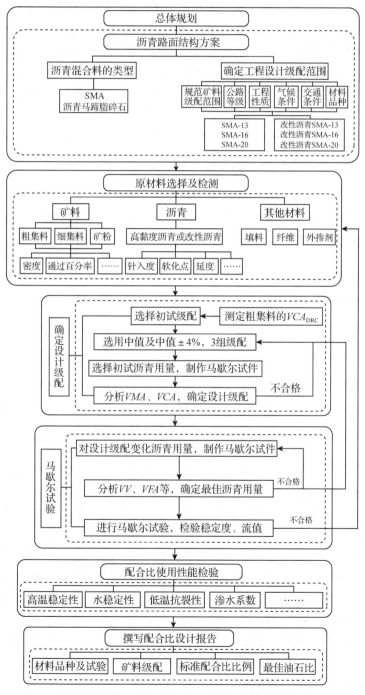

图 12.23 SMA 沥青混合料目标配合比设计流程图

需要说明的是，SMA沥青混合料目标配合比设计流程图，同AC连续级配沥青混合料目标配合比设计流程图近似。当然，二者设计理念不同、设计指标不同。总体区别：AC型，强调的是级配连续、密实；SMA型，强调的是间断级配，"三多一少"。SMA的"三多一少"，即掺加粗集料和矿粉多，沥青用量多，细集料少，且加入了纤维。此外，SMA的下列要求也与AC是有区别的：SMA马歇尔实验的稳定度和流值，并不作为配合比设计接受或者否决的唯一指标；矿料最大粒径≤9.5mm时，以2.36mm作为粗骨料的分界筛孔；矿料级配要求不同；SMA要求粗集料骨架间歇率VCA；设计级配必须符合压实SMA混合料的粗集料骨架间隙率VCA_{min}<捣实状态下粗集料送装间歇率VCA_{DRC}，且$VMA>16.5\%$；配合比设计检验，SMA增加必须进行谢伦堡析漏实验及肯特堡飞散实验；施工温度较改性沥青混合料基础上需适当提高。技术指标的要求不同：SMA要求达到的技术指标更高。因SMA的造价高，相应地对集料的要求更高，期望其使用年限更长。

SMA沥青混合料生产配合比可以参照目标配合比设计的过程。

12.5.3.2 SMA沥青混合料配合比设计过程

（1）总体规划

SMA沥青混合料的总体规划，可参照AC连续级配沥青混合料进行。在采用马歇尔法进行SMA沥青混合料配合比设计时，除了应满足本节列出的规定，还需要满足普通热拌沥青混合料配合比设计中的其他规定。另外在用马歇尔法进行SMA配合比设计时，马歇尔实验的稳定度和流值可不作为配合比设计通过与否的唯一依据。

（2）原材料选择及检测

由于SMA混合料的骨架结构特性以及对它较高的性能要求，其组成材料的质量除了应满足普通热拌沥青混合料组成材料的基本要求外，还应满足一些特殊要求。

在SMA混合料中，要求沥青具有较高的黏度，与集料有良好的黏附性。SMA所用沥青质量，必须符合《公路沥青路面施工技术规范》（JTG F40—2004）中道路石油沥青技术要求，并应采用比当地常用普通热拌沥青混合料所用沥青硬一级的沥青。南方炎热地区可以采用50号A、B级沥青，中部及北方温暖地区用70号A、B级，寒冷地区用70号或90号沥青。

对于高速公路、重交通的主要道路，夏季特别炎热或冬季特别寒冷地区的道路，最好采用聚合物改性沥青，其质量应符合改性沥青的技术要求。改性用的基质沥青标号应通过实验确定，技术指标应符合规范中道路石油沥青的技术要求。改性后针入度等级：南方和中部地区宜为40~60，北方地区宜为60~80，东北等寒冷地区宜为60~100。一般情况下，改性沥青改性剂的合理剂量，对于SBS及SBR类改性沥青，按内掺法计算的剂量以3.5%~5%为宜；对于EVA或PE类改性沥青，添加剂量宜为4%~6%。如果采用其他类型改性剂或复合改性，应经过实验论证后使用。采用湖沥青、页岩沥青等天然沥青作为改性剂，天然沥青的质量应符合国家的相关规定，其配合比也应通过实验确定。

用于SMA混合料中的粗集料，应是高质量的轧制碎石，其岩石应具有较高的强度和刚度，如玄武岩、花岗岩等石料。严格控制集料中的针片状颗粒含量，集料的颗料形状应接近立方体，富有棱角，纹理粗糙。

细集料最好使用坚硬的机制砂，也可以从洁净的石屑中筛取粒径范围 0.5~3mm 部分作为机制砂使用。当采用普通石屑作为细集料时，宜采用石灰岩石屑。石屑中不得含有泥土类杂物。当与天然砂混用时，天然砂的含量不宜超过机制砂或石屑的比例。细集料质量除了满足普通热拌沥青混合料对细集料的要求外，棱角性最好大于 45%。

纤维作为 SMA 混合料中的添加剂，必须满足 SMA 混合料从生产过程到路面运行使用中的工艺要求和性能要求，如耐热性和吸油性。目前，我国主要使用木质素纤维和矿物纤维。

(3)确定设计级配

在工程设计级配范围内，调整各种矿料比例，初配 3 个级配，3 个级配的粗集料骨架分界筛孔的通过率，处于级配范围的中值及中值附近±3%，矿粉数量均为 10% 左右。公称最大粒径大于或等于 13.2mm 的 SMA 混合料，以 4.75mm 作为粗集料骨架的分界筛孔；公称最大粒径为 9.5mm 的 SMA 混合料，以 2.36mm 作为粗集料骨架的分界筛孔；公称最大粒径为 4.75mm 的 SMA 混合料，以 1.18mm 作为粗集料骨架的分界筛孔。SMA 矿料级配范围如表 12.22 所示。同时应特别注意，SMA 与 AC 配合比设计最大的区别是，SMA 强调骨架间歇率 VCA。

SMA 混合料是骨架密实结构，沥青玛蹄脂填充于骨架间隙中，并将骨架胶结成整体，构成的混合料将具有较高的强度、柔韧性和耐久性。因此，在 SMA 混合料中必须有足够数量的细集料形成骨架嵌挤，互不干涉的体积结构。在进行配合比设计时，首先应考虑的因素是与集料级配有关的体积结构参数。

由于 SMA 结构的特点有别于普通密实型沥青混合料，所以导致 SMA 的马歇尔体积参数要求也存在一定的差别。矿料间隙率 VMA 足够大，是保证加入足够数量沥青的前提，否则在路面使用的压密过程中，过多的沥青会浮于混合料的表面，出现泛油或油斑等病害。由于 SMA 混合料的沥青用量高于普通沥青混合料，所以对其矿料间隙率的要求较大。

下面介绍由初始矿料级配到最终确定矿料设计级配的过程：

初始级配的矿料合成毛体积相对密度 γ_{sb} 见式(12.10)、合成表观相对密度 γ_{sa} 见式(12.11)、合成矿料的有效相对密度 γ_{se} 计算方法见式(12.9)。

①捣实状态下粗集料骨架间隙率　捣实状态下粗集料骨架间隙率，是将 4.75mm(或2.36mm)以上的干燥粗集料按照规定条件在容量筒中捣实，所形成的粗集料骨架实体以外的空间体积占容量筒体积的百分率，以 VCA_{DRC} 表示。将 3 组初试级配混合料中小于 4.75mm 的集料筛除，分别测定 4.75mm 以上各档粗集料的毛体积密度，并按照各档集料比例计算粗集料的平均毛体积密度。SMA 粗集料骨架混合料的合成毛体积相对密度 γ_{CA} 采用式(12.32)计算。用捣实法测定 4.75mm 以上粗集料的装填密度，采用式(12.33)计算各组初试级配在捣实状态下粗集料骨架间隙率 VCA_{DRC}。

$$\gamma_{CA} = \frac{P_1 + P_2 + \cdots + P_n}{\dfrac{P_1}{\gamma_1} + \dfrac{P_2}{\gamma_2} + \cdots + \dfrac{P_n}{\gamma_n}} \qquad (12.32)$$

式中：γ_{CA}——粗集料骨架混合料的合成毛体积相对密度；

P_1、P_2、$\cdots$、P_n——粗集料骨架部分各种集料在全部矿料级配混合料中的配比，%；

γ_1、γ_2、…、γ_n——各种粗集料相应的毛体积相对密度。

$$VCA_{DRC} = \left(1 - \frac{\gamma_s}{\gamma_{CA}}\right) \times 100 \qquad (12.33)$$

式中：VCA_{DRC}——捣实状态下粗集料骨架间隙率，%；

　　　γ_s——粗集料骨架的捣实松方密度，g/cm^3；

　　　其余符号意义同前。

马歇尔试件击实次数为双面各击实 50 次，采用表干法测试 SMA 混合料马歇尔试件的毛体积密度。最好采用实测法测定 SMA 混合料的最大毛体积密度，当使用改性沥青时用溶剂法测试，使用非改性沥青时可以采用真空法测定；若采用实测法有困难或难以得到准确结果时，也可以采用 SMA 混合料的理论最大密度代替实测最大毛体积密度。

按式(12.34)的方法，计算不同沥青用量条件下 SMA 混合料的最大理论相对密度，其中纤维部分的比例不得忽略。

$$\gamma_t = \frac{100 + P_a + P_x}{\dfrac{100}{\gamma_{se}} + \dfrac{P_a}{\gamma_a} + \dfrac{P_x}{\gamma_x}} \qquad (12.34)$$

式中：γ_{se}——矿料的有效相对密度，由式(12.9)确定；

　　　P_a——沥青混合料的油石比，%；

　　　γ_a——沥青的相对密度(25℃/25℃)；

　　　P_x——纤维用量，以矿料质量的百分数计，%；

　　　γ_x——纤维稳定剂的密度，由供货商提供或由比重瓶实测得到。

②沥青混合料试件的粗集料间隙率　沥青混合料试件的粗集料间隙率(VCA_{mix})，是指压实沥青混合料试件内粗集料骨架以外的体积占整个试件体积的百分率，采用式(12.35)计算。对于 SWA-16 和 SMA-13，粗集料通常是指粒径≥4.75mm 的集料，对于 SMA-10粗集料是指粒径≥2.36mm 的集料。

$$VCA_{mix} = \left(1 - \frac{\gamma_f}{\gamma_{CA}} \times \frac{P_{CA}}{100}\right) \times 100 \qquad (12.35)$$

式中：VCA_{mix}——沥青混合料粗集料骨架间隙率，%；

　　　γ_f——沥青混合料试件的毛体积相对密度；

　　　P_{CA}——沥青混合料中粒径≥4.75mm(或≥4.36mm)的粗集料比例，%；

　　　其余符号意义同前。

③确定 SMA 混合料的设计级配　从 3 组初试级配的实验结果中，选择满足 VCA_{mix} < VCA_{DRC} 和 VMA > 16.5% 要求的级配作为设计级配。当有 1 组以上的级配同时满足要求时，以 4.75mm 通过率大且 VMA 较大的级配为设计级配。

(4)马歇尔实验

确定矿料设计级配之后，就可以制作 SMA 沥青混合料试件，进行马歇尔实验。

沥青混合料试件的制作温度，按实际施工温度制作。SMA 沥青混合料的温度方案，可参考 12.5.2 节中 AC 连续级配热拌沥青混合料的温度方案，但 SMA 混合料的施工温度应视纤维品种和数量、矿粉用量的不同，在改性沥青混合料的基础上作适当提高。

由于马歇尔实验的局限性，在相同的实验条件下，与密级配 AC 型混合料相比，SMA 混合料通常表现为马歇尔稳定度低，而流值高。由于实验结果与这两种混合料在实际路面中的表现不相符，所以以马歇尔实验的稳定度和流值不是 SMA 混合料配合比设计的主要指标。马歇尔实验的目的，是检测试件的各项体积结构参数，以确定 SMA 混合料的矿料级配。SMA 沥青混合料马歇尔法配合比设计技术要求见表 12.51。

表 12.51　SMA 沥青混合料马歇尔法配合比设计技术要求

实验项目	单位	技术要求	
		不使用改性沥青	使用改性沥青
马歇尔试件尺寸	mm	$\varphi 101.6 \times 63.5$	
击实次数（双面）	次	50	
空隙率 VV	%	3~4	
矿料间隙率 VMA，$\geqslant$	%	17.0	
沥青饱和度 VFA	%	75~85	
粗集料骨架间隙率 VCA_{mix}，$\leqslant$		VCA_{DRC}	
稳定度，$\geqslant$	kN	5.5	6.0
流值	mm	2~5	—
析漏实验的结合料损失，$\leqslant$	%	0.2	0.1
肯塔堡飞散实验或浸水飞散实验的混合料损失，$\leqslant$	%	20	15

马歇尔实验最重要的工作，就是确定最佳油石比。根据所选择的设计级配和初试油石比的空隙率结果，以 0.2%~0.4% 为间隔，调整 3 个不同的油石比，再次制作马歇尔试件，测试密度，并计算试件空隙率 VV 等各项体积参数指标。每一组油石比试件数不宜少于 4 个。绘制各项体积指标与油石比的关系曲线，根据要求的设计空隙率确定最佳油石比。在炎热地区可选择规范规定的空隙率上限值，寒冷地区可选择靠近空隙率中、下限值。

（5）配合比使用性能检验

SMA 混合料的配合比确定后，SMA 的使用性能检验与 AC 相近。不同的是，SMA 混合料应进行谢伦堡沥青析漏实验和肯塔堡飞散实验。SMA 混合料必须进行车辙实验，以验证混合料的高温抗车辙能力。SMA 混合料的水稳定性实验，采用轮碾法成型的 SMA 混合料试件，进行试件表面的渗水系数实验和构造深度检验。

（6）配合比设计报告

配合比设计报告应包括配合比设计方法（马歇尔法）、工程设计级配范围选择说明、材料品种选择与原材料质量实验结果、矿料级配、最佳油石比及各项体积指标、配合比设计检验结果等。按规定的方法绘制实验报告的矿料级配曲线。同时附上各实验方法、制件方法、温度等实验条件。

12.5.4　PAC 排水沥青混合料配合比设计

12.5.4.1　概述

　　排水沥青路面(porous asphalt pavement)，指表面层由空隙率 18% 以上的沥青混合料铺筑，路表水可渗入路面内部并横向排出的沥青路面类型。排水沥青路面，又称为多空隙沥青路面，即空隙率在 18% 以上，厚度一般为 4~5cm 的路面表层。由于其多空隙结构特征，降雨情况下，雨水渗入路面内部并横向排出，从而消除严重影响行车安全的路表水膜，并具有降低交通噪声等特征。这种路面在雨天具有突出的排水和抗滑性能，因此被称为排水沥青路面。在欧洲，使用这种路面的首要目的，往往是降低道路交通噪声，也常被称为低噪声路面(noise-reducing pavement)。在我国，更加注重这种路面的排水功能，即通过快速、有效消除路面雨水径流来提高雨天行车安全，因此在我国多称为排水沥青路面。排水沥青路面适用于平均降雨量大于 600mm 的地区，以及路面排水或降低噪音等有特殊要求的高速公路、控制出入条件的其他等级公路。

　　我国高速公路沥青面层，通常由上面层、中面层、下面层构成。与密级配沥青路面结构不同的是，排水沥青路面的上面层是由多空隙沥青混合料组成的排水功能层，而上面层和中面层之间要设置防水黏结层。

　　排水沥青混合料(porous asphalt mixture，PA)，是压实后空隙率在 18% 以上，能够在混合料内部形成排水通道的沥青混合料。它是一种以单一粒径碎石为主，按照嵌挤机理形成的具有骨架——空隙结构的开级配沥青混合料，又称为多空隙沥青混合料。

　　开级配沥青磨耗层(open-graded friction course，OGFC)，是采用空隙率为 12%~15% 的开级配沥青混合料铺筑而成的厚度为 19~25mm 的沥青路面罩面薄层。OGFC 和 AC 密级配沥青混合料的配合比设计思路和步骤大致相同，均要求 3 个不同的初试级配，均要进行马歇尔实验。但设计方法略有不同，AC 采用马歇尔实验配合比设计方法，而 OGFC 则采用马歇尔体积设计方法；OGFC 以空隙率作为配合比主要设计指标；OGFC 完成配合比设计后，沥青用量必须进行析漏实验及肯特堡实验；OGFC 宜采用高黏度改性沥青；对 3 个级配中的每一个初选级配计算集料的表面积，根据希望的沥青膜厚度计算初始沥青用量；制作马歇尔试件，用体积法测定试件的孔隙率，绘制 2.36mm 通过率与孔隙率的关系曲线，根据期望的孔隙率确定混合料的矿料级配，再次计算初始沥青用量；以确定的矿料级配和初始沥青用量拌和 OGFC 沥青混合料，进行马歇尔实验；其孔隙率与期望孔隙率差值不宜超过 1%。

　　沥青路面排水功能层(porous asphalt course，PAC 或 PA)，是由空隙率在 18% 以上的沥青混合料组成，可提供排水、抗滑和降低噪声等服务功能的沥青路面结构层。PAC 与 AC 密级配沥青混合料主要区别是 PAC 使用高黏度沥青，动稳定度不低。

　　目前排水沥青路面设计是依据《排水沥青路面设计与施工技术规范》(JTG/T 3350-03—2020)进行的，国内的高速公路和市政的重要道路的排水沥青路面的表面层，一般都有用 PAC 取代 OGFC 的趋势。

　　我国目前 PAC 排水沥青路面的相关研究和应用主要以马歇尔实验为基础，因此本节的 PAC 排水沥青混合料配合比设计采用马歇尔法进行，本节重点介绍 PAC 排水沥青混合料的目标配合比设计阶段，设计流程如图 12.24 所示。生产配合比可以参照目标配合比设计的过程。

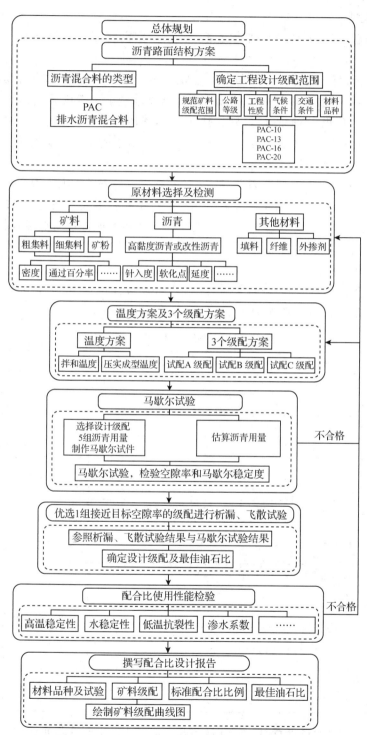

图 12.24　PAC 排水沥青混合料目标配合比设计流程图

12.5.4.2　PAC排水沥青混合料配合比设计过程

（1）总体规划

总体规划就是确定沥青路面结构方案，包括确定沥青混合料的类型、工程设计级配范围。

确定沥青路面结构方案，应根据设计道路的等级和当地工程条件进行沥青路面结构层厚度设计，结构层厚度应根据交通荷载等级、路基承载能力等因素选择。交通荷载等级高、路基承载能力弱时，宜取靠近高限的厚度，或参照高一个交通荷载等级的路面厚度范围。反之，可靠近低限取值，或参照低一个交通荷载等级的路面厚度范围。

（2）原材料选择与检测

①沥青　排水沥青混合料，因具有较大的空隙率，与密级配沥青混合料相比较，易受日光、空气、水等的影响。因此要求采用的沥青对集料有耐久的握裹力、较高的黏着力、较强的抗剥落性，并且能以较厚的薄膜包覆集料，从而保证排水沥青混合料的抗飞散性、抗水损害性、高温稳定性、低温抗裂性、抗老化和抗疲劳强度等要求，排水沥青路面沥青一般采用改性沥青。

高速公路排水沥青路面，一般采用高黏度改性沥青，其他经过性能验证的沥青类型也可采用。高黏度改性沥青的质量应符合表 12.52 的技术要求。

表 12.52　高黏度改性沥青技术要求

指标	单位	技术要求
针入度（25℃，100g，5s），≥	0.1mm	40
软化点（$T_{R\&B}$），≥	℃	80
延度（5℃，5cm/min），≥	cm	30
溶解度，≥	%	99
布氏黏度（170℃），≤	Pa·s	3
动力黏度（60℃），≥	Pa·s	50 000
黏韧性（25℃），≥	N·m	25
韧性（25℃），≥	N·m	20
弹性恢复（25℃），≥	%	95
贮存稳定性离析，48h 软化点差，≤	℃	2.5
闪点，≥	℃	230
相对密度（25℃）	—	实测记录
RTFOT 后残留物		
质量变化，≤	%	±1.0
残留针入度比（25℃），≥	%	65
残留延度（5℃），≥	cm	20

制备成品高黏度改性沥青时，应选择与改性剂配伍性良好的基质沥青，基质沥青宜采用 A 级 70 号沥青或 A 级 90 号沥青。采用直投法拌制排水沥青混合料时，可采用 A 级 70

号沥青、A 级 90 号沥青或 SBS 改性沥青 I-C 级、I-D 级，同时应检验所用沥青与高黏度改性剂的配伍性，高黏度改性剂技术指标应满足表 12.53 的性能要求。

表 12.53　高黏度添加剂性能指标

指标	单位	技术要求
外观	—	颗粒状、均匀、饱满
单粒颗粒质量，≤	g	0.03
相对密度	—	0.90 ~ 1.00
熔融指数，≥	g/10min	2.0
灰分，≤	%	2

②粗集料　排水沥青混合料所用粗集料应均匀、洁净、干燥，宜选用高黏附性、高耐磨耗性、高耐破碎性的优质集料，高温不易变形，质量应符合表 12.54 的技术要求。

表 12.54　排水沥青混合料用粗集料质量技术要求

实验项目		单位	技术要求	
软石含量，≤		%	1.0	
坚固性，≤		%	8	
压碎值，≤		%	18	
高温压碎值，≤		%	23	
洛杉矶磨耗损失，≤		%	20	
磨光值，≥		—	潮湿区	41
			湿润区	39
沥青黏附性，≥		级	5	
水洗法<0.075mm 颗粒含量，≤		%	1	
表现相对密度，≥		—	2.70	
毛体积相对密度，≥		—	2.60	
吸水率，≤		%	2.0	
针片状颗粒含量	混合料，≤	%	12	
	其中粒径大于 9.5mm，≤	%	10	
	其中粒径小于 9.5mm，≤	%	12	

排水沥青混合料的粗集料为点接触，若集料中软弱颗粒较多，在施工及车辆荷载作用下易造成集料破碎，使骨架结构受损，引发路面飞散破坏，导致排水沥青路面早期损坏。因此，软石含量技术指标由《公路沥青路面施工技术规范》（JTG F40—2004）中要求的不大于 3% 调整为不大于 1%。

排水沥青混合料与密级配混合料、SMA 混合料相比粗集料使用量较多，故在排水沥青混合料粗集料技术要求中提高了粗集料坚固性、压碎值、洛杉矶磨耗损失的技术要求，从而保证维持排水沥青路面的"骨架—空隙"结构。在排水沥青混合料拌制过程中，集料的加热温度为 185~200℃，一些集料在高温条件下，矿物组成成分会发生变化，导致集料抗压碎性能降低，因此，要检验粗集料的高温压碎值指标。

排水沥青路面，由于多空隙结构特征，与密级配路面相比具有较高的抗滑性能，因此，粗集料的磨光值技术要求有所降低，但仍能够保证排水沥青路面的抗滑性能。

粗集料通过 4.75mm 筛孔的质量百分率应控制在 10% 以下。对于常用的排水沥青混合料 PA-10、PA-13、PA-16，不采用粒径为 3~5mm 的集料，从而维持排水沥青路面的大空隙结构。

③细集料 细集料应洁净、干燥、无风化、无杂质，技术指标应符合表 12.55 的要求。

表 12.55 细集料技术要求

实验项目	单位	技术要求
表观相对密度，≥	—	2.60
坚固性(>0.3mm 部分)，≤	%	3
含泥量(<0.075mm 含量)，≤	%	3
砂当量，≥	%	60
亚甲蓝值，≤	g/kg	1.5
棱角性(流动时间法)，≥	s	30

排水沥青路面细集料，采用机制砂或天然砂。细集料要与沥青具有良好的黏结能力，不能使用酸性石料破碎的机制砂，也不能使用与沥青黏结性能较差的天然砂。同时石屑由于易含有粉尘、淤泥、黏土等有害物，扁片含量比例大、强度低、施工性能差等因素也不能作为排水沥青路面的细集料。

排水沥青路面空隙率较大，细集料要求需要严格。对于细集料的母材或者破碎前的粗集料，要检测压碎值指标，合格后才可采用。排水沥青路面细集料的级配组成，应符合表 12.56 的要求。

表 12.56 细集料级配范围

公称粒径/mm	通过各个筛孔(mm)的质量百分率/%						
	4.75	2.36	1.18	0.60	0.30	0.15	0.075
0~3	100	90~100	60~90	25~60	8~45	0~25	0~10

④填料 填料应采用石灰岩磨细的矿粉，且必须保持干燥、洁净、无风化、无杂质，其技术指标及规格应满足表 12.57 的要求，不能采用回收粉或粉煤灰。

⑤纤维 排水沥青路面使用纤维稳定剂，主要起到吸附沥青增加沥青膜厚度的作用，同时实现加筋、增黏、增韧的效果，改善路面抗飞散性能，提高耐久性。重载交通情况下宜使用纤维作为增塑稳定剂材料，可采用聚合物纤维、玄武岩纤维等。

沥青混合料，常用的聚合物纤维包括聚酯纤维和聚丙烯腈纤维，聚合物纤维具有较高的断裂伸长率，利用大比表面积黏附沥青，经搅拌形成数量巨大的纤维单丝乱向分布，起到

表 12.57 矿粉技术要求

实验项目		单位	技术要求
表观相对密度, ≤		—	2.60
含水率, ≤		%	1
外观		—	无团粒结块
亲水系数, ≥		—	0.8
塑性指数, ≤		%	4.0
加热安定性		—	无明显变化
粒度范围	<0.60mm	%	100
	<0.30mm	%	95~100
	<0.15mm	%	90~100
	<0.075mm	%	75~100

加筋的作用, 但要注意高温稳定性。

玄武岩纤维以玄武岩为原料, 在高温下熔融提炼抽丝而成。与木质素纤维、聚合物纤维相比, 玄武岩纤维具有较高的弹性模量和抗拉强度、较好的化学稳定性和热稳定性, 但对沥青的吸附作用一般。

⑥防水黏结层材料 防水黏结层是在上面层与中面层之间, 其作用是防止水往下面层渗漏。防水黏结层材料可采用改性乳化沥青、橡胶沥青或 SBS 改性沥青。改性乳化沥青防水黏结层材料应符合表 12.58 的技术要求。橡胶沥青应符合表 12.59 的技术要求。

表 12.58 改性乳化沥青技术指标

项目		单位	技术要求
			PCR
破乳速度		—	快裂或中裂
粒子电荷		—	阳离子(+)
筛上剩余量(1.18mm), ≤		%	0.1
与矿料的黏附性, 裹覆面积, ≥		—	2/3
沥青标准黏度 $C_{25,3}$		S	12~25
163℃蒸发残留物	含量, ≥	%	60
	针入度(25℃, 100g, 5s)	0.1mm	50~80
	软化点, ≥	℃	55
	延度(5℃, 5cm/min), ≥	cm	25
贮存稳定性	1d, ≥	%	1.0
	5d, ≥		5.0
	低温贮存稳定性	—	无粗颗粒、无结块

表 12.59　防水黏结层橡胶沥青技术要求

项目	单位	技术要求
针入度(25℃，100g，5s)，≥	0.1mm	25
软化点 $T_{R\&B}$，≥	℃	60
布氏黏度(180℃)	Pa·s	2.0~4.0
弹性恢复(25℃)，≥	%	70
延度(5℃)，≥	cm	5

（3）温度方案及 3 个级配方案

PAC 排水沥青混合料试件的制作温度，按实际施工温度制作，拌和时间不少于 3min，以保证混合料拌和均匀、所有矿料颗粒全部裹覆沥青混合料为宜。排水沥青混合料生产温度宜按表 12.60 的要求控制。出料温度低于 165℃或高于 195℃的沥青混合料，必须废弃处理。

表 12.60　排水沥青混合料生产温度控制　　　　　　　　　　　　　　　　　　℃

类型	成品高黏度改性沥青加热温度	改性沥青加热温度	基质沥青加热温度	矿料温度	混合料出料温度
排水沥青混合料(湿法)	170~180	—	—	185~210	170~185
排水沥青混合料(干法)	—	160~170	140~150		

排水沥青混合料运输到场温度不得低于 160℃，摊铺温度不宜低于 155℃，压实温度宜控制在 150~165℃，终压宜在表面温度为 80~100℃时进行。

在设计排水沥青混合料矿料级配时，应首先确定目标空隙率，再在级配范围内试配 3 组不同关键筛孔通过率的矿料级配作为初选级配。

根据我国工程经验，排水沥青混合料目标空隙率一般在 20%左右(以真空密封法测定)。在冬寒区或大陆坡的情况下，排水沥青混合料的目标空隙率取在 20%以下。另外，为取得更好的排水、降噪等效果，也有将目标空隙率取为 20%以上的工程实例。

国内外实践经验表明，对于 PA-13 排水沥青混合料，主要通过调整和控制 2.36mm 筛孔的通过率获得预期的目标空隙率。通常以 2.36mm 筛孔通过率的级配中值，以及级配中值±3%作为 3 种初选级配。对于 PA-05，主要调整和控制 1.18mm 筛孔的通过率；对于 PA-16 和 PA-20，则主要调整和控制 4.75mm 筛孔的通过率。

（4）马歇尔实验

排水沥青混合料是一种骨架空隙结构的沥青混合料，如果要提高其排水功能，可能会降低其力学性能。反之，要提高其力学性能，势必会降低其空隙率，影响排水功能。因此在进行排水沥青混合料的配合比设计时，要同时考虑路面表面层的排水功能及力学性能平衡。由于各个地区的降雨情况不同，对排水沥青路面排水功能需要也不同，同样路线坡度尤其是横坡大小也会影响排水功能，再者抗飞散性能与空隙率大小有直接关系，故而在确定其设计空隙率时应综合降雨情况、路线坡度以及抗飞散性能等因素。

排水沥青混合料应采用马歇尔实验配合比设计方法，沥青混合料技术要求应符合

表 12.61 的规定。

表 12.61　排水沥青混合料马歇尔实验配合比设计技术要求

实验项目	单位	技术要求	
马歇尔试件击实次数	次	双面各击实 50 次	
空隙率	%	18~25	
		17~23	
稳定度，≥	kN	5.0	
残留稳定度，≥	%	85	
冻融劈裂残留强度比（TSR），≥	%	80	
谢伦堡沥青析漏实验的结合料损失，≤	%	0.8	
肯塔堡飞散实验的混合料损失，≤	%	15	
浸水肯塔堡飞散实验的混合料损失，≤	%	20	
车辙实验动稳定度，≥	次/mm	5000	
低温弯曲实验破坏应变，≥	με	冬寒区	冬冷区及冬温区
		2800	2500
透水系数（马歇尔试件），≥	cm/s	0.20	
渗水系数（车辙板），≥	mL/min	5000	

《公路沥青路面施工技术规范》(JTG F40—2004)中，OGFC 混合料技术要求规定了析漏值为 0.3%，排水沥青路面在严格意义上与 OGFC 并非同一概念，故根据日本的经验以及西安机场高速公路、遂资高速公路、盐靖高速公路等工程实践，在《排水沥青路面设计与施工技术规范》(JTG/T 3350-03—2020)中将该指标技术要求定为不大于 0.8%。

飞散及飞散引发的坑槽，是排水沥青路面最容易出现的结构性破坏形式。欧洲研究表明，排水沥青路面发生飞散破坏的比重，占所有病害类型的 75%左右。这种病害的出现，会严重影响路面的使用寿命、行车舒适度和安全性。且根据国外经验，一旦局部发生病害，后续的石料飞散会加快，呈现"多米诺效应"。目前世界各国大多将混合料的飞散损失作为排水沥青路面最重要的性能指标，并通常以飞散损失率保证必要的结合料用量，该用量作为沥青混合料用量的下限。日本及欧美国家一般规定飞散损失率不大于 20%(25℃)。我国《公路沥青路面施工技术规范》(JTG F40—2004)中，也规定 OGFC 飞散损失指标小于20%。从保证耐久性角度出发，结合我国现有排水沥青路面工程实践，排水沥青混合料飞散损失率基本都在 15%以下，即提高排水沥青路面飞散损失指标是可以实现的。在《排水沥青路面设计与施工技术规范》(JTG/T 3350-03—2020)中，规定排水沥青混合料的飞散损失率不大于 15%，同时规定浸水肯塔堡飞散实验的混合料损失率不大于 20%。目前世界上大多数国家，采用肯塔堡飞散实验评价排水沥青混合料的抗飞散能力。该实验是混合料内聚作用、抗冲击能力和粗集料嵌锁程度的间接评价方法。

抗高温变形能力作为排水沥青混合料的设计指标，在我国普遍应用动稳定度为指标检测路面的高温稳定性。《公路沥青路面施工技术规范》(JTG F40—2004)规定：一般交通量路段 OGFC 混合料的动稳定度要求大于 1500 次/mm；重载交通量使用的 OGFC 混合料的动稳定度要求大于 3000 次/mm；改性沥青 SMA 动稳定度要求大于 3000 次/mm。日本高速公路对日交通量大于 15 000 辆的重载交通路段，沥青面层混合料的动稳定度要求 3000～5000次/mm。由于排水沥青混合料用于路面表层，直接承受车辆荷载作用，排水沥青路面需具备足够的高温稳定性。排水沥青路面特有的骨架结构保证其良好的抗车辙性能。我国现有排水沥青混合料的动稳定度，基本可以 5000 次/mm 以上。结合日本规范和我国高速公路排水沥青路面应用工程实践，为满足我国南方地区高温、重载的使用需求，在《排水沥青路面设计与施工技术规范》（JTG/T 3350-03—2020）规范中，将排水沥青混合料动稳定度的技术要求提升为不小于 5000 次/mm。对于一般交通路段，排水沥青混合料动稳定度技术要求可以适当降低。

《公路沥青路面施工技术规范》（JTG F40—2004）规定 OCFC 混合料渗水系数大于3600mL/min。根据国内外工程经验，路面空隙率 20% 左右时，排水沥青路面渗水系数可以达到 6000mL/min 以上，且落入路面的泥土、杂质等容易随雨水通过路面空隙排出。如路面初始渗水系数较低，更容易造成空隙堵塞，并影响长期的排水功能。因此，基于我国现有工程检测和室内外实验结果，在《排水沥青路面设计与施工技术规范》（JTG/T 3350-03—2020）规范中，将渗水实验技术要求规定为不小于 5000mL/min。

PAC 排水沥青混合料的设计级配范围应符合表 12.23 的规定。

（5）优选 1 组接近目标空隙率的级配进行析漏实验、飞散实验

①估算沥青用量　排水沥青路面，通过增加集料表面沥青膜厚度提高多空隙结构的强度、抗飞散性、抗疲劳强度、耐长期老化等性能。从保证混合料物理性能的角度考虑，将沥青薄膜厚度设定为许可范围内的最大值，并以此决定设计沥青用量。我国排水沥青路面工程实践一般采用 12～14μm 沥青膜厚度，过小则会影响排水沥青路面的抗飞散性能。因此，在进行配合比设计时，应根据 14μm 沥青膜厚度和集料表面积预估沥青用量，根据《排水沥青路面设计与施工技术规范》（JTG/T 3350-03—2020），其计算式见式（12.36），其中集料表面积按式（12.37）计算。

$$P_b = h_a \times A \tag{12.36}$$

$$A = \frac{0.41a + 0.41b + 0.82c + 1.64d + 2.87e + 6.14f + 12.29g + 32.77h}{10^3} \tag{12.37}$$

式中：P_b——估算沥青用量；

h_a——沥青膜厚度 14μm，我国排水沥青路面工程实践一般采用 12～14μm 沥青膜厚度；

A——集料表面积；

a、b、c、d、e、f、g、h——分别为 19mm、4.75mm、2.36mm、1.18mm、0.6mm、0.3mm、0.15mm 和 0.075mm 筛孔的通过率，%。

②确定最佳油石比　按照初选配合比分别成型马歇尔试件，每组试件不少于 4 个，检验空隙率和马歇尔稳定度。空隙率和马歇尔稳定度应符合表 12.61 的技术要求。

在混合料空隙率与目标空隙率的差值为 ±1% 的范围内，如不能达到目标空隙率，需变化 2.36mm 筛孔的通过率（对于 PA-05，需变化 1.18mm 筛孔的通过率；对于 PA-16 和PA-20，需变化 4.75mm 筛孔的通过率），并有必要对粗集料等材料选择，重新进行评价。

优选 1 组接近目标空隙率的级配，按 ± 0.5%、±1% 变化油石比，分别进行析漏实验、飞散实验，将实验结果绘制成图，以飞散实验结果拐点为最小油石比（OAC_1），以析漏实验拐点为最大油石比（OAC_2）。根据日本规范和经验，排水沥青混合料的析漏实验，一般情况下以沥青含量 4.0%～6.0%，按 0.5% 的级差取 5 个量别的油石比进行实验，求出各自的析漏量。如果在 4.0%～6.0% 的范围内，在析漏量曲线上的拐点不易判定，则在 4.0% 以下及 6.0% 以上任以 0.5% 的级差追加实验点，直至拐点能确认为止。在 OAC_1～OAC_2 范围内，再参照马歇尔实验

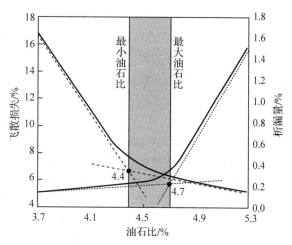

图 12.25　最佳油石比确定示意图
（采用 1 个图时）

的结果，选择尽量高的油石比作为最佳油石比。混合料飞散实验，主要是用于获得为保持混合料集料的稳定而需要的最小油石比，析漏实验原则上为最大油石比。但当以该油石比制作试件能观察到沥青渗出现象时，则在由析漏实验求取的最大油石比与飞散实验求取的最小油石比之间，选择适宜的油石比作为最佳油石比，如图 12.25 和图 12.26 所示。

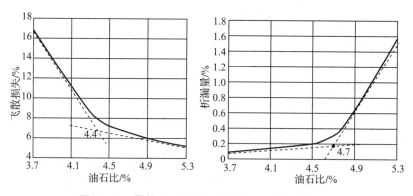

图 12.26　最佳油石比确定示意图（采用 2 个图时）

（6）配合比使用性能检验

以确定的矿料级配和最佳油石比拌制沥青混合料，分别对表 12.61 中各技术指标进行实验验证。不符合要求时，应调整沥青用量或级配，重新拌和沥青混合料进行实验，直至符合要求为止。PAC 沥青混合料配合比使用性能检验，参照 12.5.2 节 AC 连续级配热拌沥青混合料的配合比使用性能检验。

（7）撰写配合比设计报告

在各项指标均符合要求的情况下，出具目标配合比设计报告。配合比设计报告应包括工程设计级配范围选择说明、材料品种选择与原材料质量实验结果、矿料级配、最佳油石比及各项体积指标、配合比设计检验结果等。

据《排水沥青路面设计与施工技术规范》(JTG/T 3350-03—2020)，排水沥青路面适用于年平均降雨量大于 600mm 的地区，以及对路面排水或降低噪声等有特殊需求的高速公路、控制出入条件好的其他等级公路。一般情况，PAC 排水沥青混合料路面用于南方有排水需求的地方，而北方往往不会用到。

复习思考题

12.1 名称解释(1)沥青混合料；(2)密级配沥青混合料；(3)开级配沥青混合料；(4)半开级配沥青碎石混合料；(5)间断级配沥青混合料；(6)沥青稳定碎石混合料；(7)沥青胶浆；(8)沥青玛蹄脂碎石；(9)纤维稳定剂；(10)SMA 的粗集料；(11)SMA 的粗集料骨架间隙率；(12)排水沥青路面；(13)排水沥青混合料；(14)开级配沥青磨耗层；(15)高黏度添加剂；(16)油石比；(17)沥青用量；(18)有效沥青用量；(19)矿料百分率；(20)沥青混合料矿料吸收率；(21)粉胶比；(22)飞散；(23)飞散损失；(24)析漏；(25)PAC；(26)矿粉；(27)改性沥青混合料；(28)高温稳定性；(29)沥青混合料的耐久性；(30)沥青混合料的水稳定性。

12.2 什么是改性沥青混合料？采用改性沥青混合料可以改善沥青混合料的什么性能？

12.3 改性沥青混合料分为哪几类？沥青改性混合料一般是在沥青生产厂进行改性，还是在工地现场的沥青混合料热拌站进行改性？

12.4 我国交通部门有关路用沥青混合料实验大概有多少种，常用的是哪些实验？

12.5 热拌沥青混合料的拌和机有哪几类？

12.6 沥青混合料配合比设计分为哪几个阶段？

12.7 沥青混合料热拌站的搅拌设备规格有哪些？

12.8 AC 沥青混合料目标配合比设计阶段分为哪几个步骤？

12.9 沥青混合料目标配合比设计后期，一般要求进行哪些配合比使用性能检验？

12.10 马歇尔实验的目的是什么？

12.11 沥青混合料配合比实验结束后，撰写配合比实验报告有哪些内容？

12.12 沥青混合料中的矿料包含哪些原材料？

12.13 AC、ATB、SMA、PAC 分别代表什么沥青混合料？沥青混合料的组成结构有哪些？AC、SMA、PAC 沥青混合料的组成结构分别是什么？

12.14 粗型和细型密级配沥青混凝土，关键性筛孔通过率，对沥青混合料有哪些影响？

12.15 规范(JTG F40—2004)中，SMA 沥青玛蹄脂混合料粗细集料如何分类？

12.16 "进行马歇尔实验，与马歇尔设计标准比较"中重点比较哪些指标？

12.17 沥青配合比设计框图(图 12.18)中"技术经济分析确定 1 组设计级配及最佳油石比"，怎么理解？

12.18 调整沥青混合料的工程设计级配范围原则是什么？

12.19 AC 密级配沥青混凝土，与改性沥青混合料的配合比设计的异同点？

12.20 AC 密级配沥青混凝土，与 SMA 混合料的配合比设计的异同点？

12.21 AC 密级配沥青混凝土，与 PAC 排水沥青混合料的配合比设计的异同点？

12.22 悬浮密实结构(AC 沥青混合料)的特点是什么？

12.23 骨架密实结构(SMA)的特点是什么？

12.24 骨架空隙结构(PAC)的特点是什么？

12.25 沥青混合料高温稳定性实验方法及指标是什么？

12.26 简述沥青混合料马歇尔实验目的。

12.27　简述沥青混合料车辙实验的目的。

12.28　沥青混合料低温抗裂性评价方法及指标是什么？

12.29　简述沥青混合料的低温弯曲实验的目的。

12.30　沥青混合料水稳定性实验方法及指标是什么？

12.31　简述沥青与集料的黏附性实验的目的。

12.32　沥青路面使用性能气候分区指标有哪些？

12.33　沥青混合料的体积参数有哪些？

12.34　解释沥青混合料的最大理论密度、毛体积密度、沥青混合料试件的空隙率、沥青混合料矿料间隙率和沥青混合料的沥青饱和度。

12.35　规范(JTG D50—2017)中，关于沥青路面结构方案(表 12.26)，重交通这一等级，面层(沥青混合料)、基层(无机结合料稳定类)、底基层(无机结合料稳定类)三个结构层最小厚度分别是多少？

12.36　确定沥青混合料试件(施工)的温度，有哪几种方法？常用哪种方法？分别介绍这些方法的计算过程。

12.37　规范(JTG F40—2004)中，普通沥青混合料的施工温度宜通过在 135℃及 175℃条件下测定的黏度-温度曲线确定，其中黏度分为哪几类？各自采用什么实验？适宜拌和沥青混合料的黏度是多少？适宜压实沥青混合料的黏度是多少？

12.38　按照规范(JTG E20—2011)沥青混合料马歇尔稳定度实验，可以测定哪些物理指标？主要测定什么物理指标？

12.39　高速公路 PAC 排水沥青混合料路面，宜采用什么沥青？

12.40　PAC 排水沥青混合料路面的最佳沥青用量是通过什么实验确定的？

12.41　高速公路 PAC 排水沥青混合料路面，宜采用什么沥青？

第13章 建筑装饰材料

13.1 概述

建筑装饰材料，又称建筑饰面材料，是指铺设或涂装在建筑物表面具有装饰和美化环境作用的材料。如建筑装饰石材、陶瓷、玻璃、塑料装饰材料、建筑涂料、装饰木材、金属装饰材料、胶凝材料与胶黏剂等。建筑装饰材料集材料、工艺、造型设计、美学于一身，是建筑装饰工程的重要物质基础。

13.1.1 建筑装饰材料的分类

建筑装饰材料种类繁多，要想全面了解和掌握各种建筑装饰材料的性能、特点和用途，首先要对其进行合理的分类。

（1）根据化学成分分类

根据化学成分的不同，建筑装饰材料可分为无机装饰材料、有机装饰材料和复合装饰材料三大类，见表 13.1。

表 13.1 按化学成分划分的建筑装饰材料类型

建筑装饰材料	无机装饰材料	金属装饰材料	铝合金、不锈钢、彩钢板等
		非金属装饰材料	天然石材、陶瓷、玻璃等
	有机装饰材料	植物装饰材料	木材、竹材、藤材等
		合成高分子材料	建筑塑料、涂料、胶黏剂、密封材料等
	复合装饰材料	树脂基人造装饰石材、玻璃钢、胶合板、塑钢门窗等	

（2）根据装饰部位分类

根据装饰部位的不同，建筑装饰材料可分为外墙装饰材料、内墙装饰材料、地面装饰材料和顶棚装饰材料四大类。

13.1.2 建筑装饰材料的装饰性分类

建筑装饰材料的装饰性，包括色彩、光泽和透明性、花纹图案、形状、尺寸、质感等。

（1）色彩

空间色彩是构成空间的重要要素之一，不同的色彩能使居住者产生不同情感反应。不同的色彩会给人以不同的感觉，红色、橙色和黄色给人以温暖的感觉，绿色、紫色和蓝色给人以寒冷的感觉。室内空间的不同位置，色彩配置也有不同要求。例如，室内墙面颜色占据室内大部分空间，对室内氛围起主导作用，墙面色彩偏深暗时，即使有灯光照明辅助，室内空间依然给人深沉、冷静的感受，当色彩为暖色系时，室内则产生明朗、活泼的气氛。

（2）光泽和透明性

光泽是材料表面方向性选择光线的性质。不同的光泽度会极大地影响材料表面的敏感程度，造成不同的虚实对比感受。正确的光线运用可以增强物体体积感，展现室内材料的肌理效果，相反过暗或过亮的光线，会在不同程度上使物体变得模糊不清或不利于材质肌理的表现。

透明性是光线透过物体所表现的光学特征，透明性可以调节光线的明暗，改善建筑的内部光环境。透明的家具或者隔断可以使室内看起来宽敞许多。

（3）花纹图案、形状、尺寸

花纹图案的对称、重复、组合、叠加等，可体现材料质地及装饰技艺的价值和品味。抹灰、刷石、天然石材、混凝土条板等设置分块、分格，除了防止开裂以及满足施工接茬的需要外，也是装饰立面在比例、尺度感上的需要。例如，目前多见的本色水泥砂浆抹面的建筑物，一般均采取划横向凹缝或用其他质地和颜色的材料嵌缝，这种做法不仅克服了光面抹面质感贫乏的缺陷，同时还可使大面积抹面颜色欠均匀的感觉减轻。

材料的形状和尺寸直接影响装饰效果和人的心理感受。

（4）质感

质感是材料的色彩、光泽、透明性、表面组织结构等给人的一种综合感受。金属使人产生坚硬、沉重、寒冷的感觉；皮毛、丝织品使人感到柔软、轻盈和温暖；石材使人感到坚实、稳重而富有力度；清水混凝土给人粗犷、豪迈的感觉。

13.1.3 建筑装饰材料的选用原则

（1）实用性

在选择装饰材料时，首先要满足与环境相适应的使用功能。比如对于外墙应选用耐大气侵蚀、耐污染、耐老化的材料；地面应选用耐磨、耐水、耐污的材料；卫生间和厨房应选用耐水、抗渗、不发霉、易于清洁的材料。

（2）装饰性

装饰材料的质感、尺度、线型、纹理、色彩等对家庭装修的效果都会产生一定的影响。在选材前要充分了解所要购买材料的特性，结合实际情况有选择性地进行购买。

（3）安全性

在选用装饰材料时，要妥善处理装饰效果和使用安全的矛盾，要优先选用环保型材料和安全性材料，尽量创造一个美观、安全、舒适的环境。

（4）经济性

从经济角度考虑装修材料的选择，需要既要考虑一次性投资的多少，又要考虑日后的维修费用，还要考虑到装饰材料未来的发展趋势。有时候业主在关键性问题上可以适当增大一些投资，减少使用过程中的维修费用，装修材料不会在短期内落后，是保证总体经济性的重要举措。

（5）耐久性

不同功能的建筑及不同的装修档次，所采用的装饰材料耐久性要求也不一样。有的建筑装修使用年限较短，如临时场馆；但也有的建筑要求其耐用年限很长，如纪念性建筑物等。

13.2 饰面石材

13.2.1 天然花岗石

（1）花岗石的特性

花岗石强度高、密度大、构造致密、质地坚硬、耐磨、吸水率极低，属于酸性石材。

天然石材的放射性是引起普遍关注的问题。根据国家标准《建筑材料放射性核素限量》（GB 6566—2010）中规定，装修材料（花岗石、建筑陶瓷、石膏制品等）中以天然放射性核素（镭-226、钍-232、钾-40）的放射性比活度及和外照射指数的限值分为 A、B、C 类：A 类产品的产销与使用范围不受限制；B 类产品不可用于 I 类民用建筑的内饰面，但可用于 I 类民用建筑的外饰面及其他一切建筑物的内、外饰面；C 类产品可用于一切建筑物的外饰面。

（2）分类、等级及技术要求

①分类　天然花岗石板材按板材形状可分为毛光板（MG）、普通板（PX）、圆弧板（HM）和异形板（YX）。按其表面加工程度可分为亚光板（细面板）（YG）、镜面板（JM）和粗面板（CM）。

②等级　根据《天然花岗石建筑板材》（GB/T 18601—2009），天然花岗石板材可分为优等品（A）、一等品（B）和合格品（C）。

③技术要求　天然花岗石板材的技术要求，包括规格尺寸允许偏差、平面度允许偏差、角度允许公差、外观质量和物理性能。

（3）应用

花岗石板材主要应用于大型公共建筑或装饰等级要求较高的室内外装饰工程。花岗石因不易风化，外观色泽可保持百年以上，所以粗面和细面板材常用于室外地面、墙面、柱面、勒脚、基座、台阶；镜面板材主要用于室内外地面、墙面、柱面、台面、台阶等。

13.2.2 天然大理石

（1）大理石的特性

质地较密实、抗压强度高、吸水率低、质地较软，属于碱性中硬石材。天然大理石易加工、开光性好，常被制成抛光板材。其色调丰富、材质细腻、极富装饰性。大理石属于碱性石材，在大气中受硫化物及水汽形成的酸雨的作用，大理石易腐蚀，造成表面强度降低、变色掉粉，失去光泽，影响其装饰性能。除了少数大理石如汉白玉、艾叶青等质纯、杂质少、比较稳定、耐久的品种可用于室外，绝大多数大理石品种只宜用于室内。

（2）分类、等级及技术要求

①分类 天然大理石板材按板材形状，可分为普通板（PX）、圆弧板（HM）。国际和国内板材的通用厚度为 20mm，亦称为厚板。其他常见的有 10mm、8mm、7mm、5mm 等，亦称为薄板。

②等级：根据《天然大理石建筑板材》（GB/T 19766—2016），天然大理石板材按板材规格尺寸偏差、平面度公差、外观质量和角度公差分为优等品（A）、一等品（B）、合格品（C）3 个等级。

③技术要求 天然大理石板材的技术要求，包括规格尺寸允许偏差、平面度允许偏差、角度允许公差、外观质量和物理性能。

（3）应用

天然大理石板材是装饰工程的常用饰面材料。一般用于宾馆、展览馆、剧院、商场、图书馆、机场、车站、办公楼、住宅等场所的室内墙面、柱面、服务台、栏板、电梯间门口等部位。

13.2.3 人造饰面石材

人造饰面石材是采用无机或有机胶凝材料作为胶黏剂，以天然砂、碎石、石粉或工业渣等为粗、细填充料，经成型、固化、表面处理而成的一种人造材料。它一般具有重量轻、强度大、厚度薄、色泽鲜艳、花色繁多、装饰性好、耐腐蚀、耐污染、便于施工、价格较低的特点。按所用材料和制造工艺的不同，可把人造饰面石材分为水泥型人造石材、聚酯型人造石材、复合型人造石材、烧结型人造石材和微晶玻璃型人造石材。其中，聚酯型人造石材和微晶玻璃型人造石材是目前应用较多的品种。

（1）聚酯型人造石材

聚酯型人造石材是以不饱和聚酯为胶凝材料，配以天然大理石、花岗石、石英砂或氢氧化铝等无机粉状、粒状填料，经配料、搅拌、浇筑成型，在固化剂、催化剂作用下发生固化，再经脱模、抛光等工序制成的人造石材。该石材可用于室内外墙面、柱面、楼梯面板、服务台面等部位的装修。其优点是光泽度高、强度较高、耐水、耐污染、花色高雅可设计，缺点是耐刻划性差、填料级配若不合理、产品易出现翘曲变形现象。

（2）微晶玻璃型人造石材

微晶玻璃型人造石材，又称微晶板、微晶石，系由矿物粉料高温熔烧而成的，由玻璃相和结晶相构成的人造石材。等级可分为优等品（A）、合格品（B）。该石材适用于室内外墙面、地面、柱面、台面等。其优点是光泽柔和、色差小、颜色多、装饰效果好、强度高、硬度高、耐磨、抗冻、耐污、耐风化、耐酸碱、耐腐蚀、热稳定性好。

13.3 建筑陶瓷

陶瓷，通常是指以黏土为主要原料，经原料处理、成型、焙烧而成的无机非金属材料。陶瓷，分为陶和瓷两大部分。介于陶和瓷之间的一类产品，称为炻，也称半瓷或石态瓷。建筑陶瓷主要是指用于建筑内外饰面的干压陶瓷砖和陶瓷卫生洁具，其按材质主要属于陶和炻(黄政宇等,2011)。

13.3.1　干压陶瓷砖

根据《陶瓷砖》(GB/T 4100—2015)相关规定,陶瓷砖按材质分为瓷质砖(吸水率≤0.5%)、炻瓷砖(0.5%<吸水率≤3%)、细炻砖(3%<吸水率≤6%)、炻质砖(6%<吸水率≤10%)、陶质砖(吸水率>10%);按应用特性分为釉面内墙砖、墙地砖、陶瓷锦砖。

(1)釉面内墙砖

陶瓷砖,可分为有釉陶质砖和无釉陶质砖2种。其中以有釉陶质砖即釉面内墙砖应用最为普遍,属于薄形陶质制品(吸水率>10%,但不大于21%)。釉面内墙砖采用瓷土或耐火黏土低温烧成,胚体呈白色或浅褐色,表面施透明釉、乳浊釉或各种色彩釉及装饰釉。

①按釉面内墙砖按形状,可分为通用砖(正方形、矩形)和配件砖。

②按图案和施釉特点,可分为白色釉面砖、彩色釉面砖、图案砖、色釉砖等。

釉面内墙砖强度高、表面光亮、防潮、易清洗、耐腐蚀、变形小、抗急冷急热。表面细腻、色彩和图案丰富,风格典雅,极富装饰性。

釉面内墙砖是多孔陶质胚体,在长期与空气接触的过程中,特别是在潮湿的环境中使用,胚体会吸收水分,产生吸湿膨胀现象,但其表面釉层的吸湿膨胀性很小,与胚体结合得又很牢固,所以,当胚体吸湿膨胀时会使釉面出于张拉应力状态,超过其抗拉强度时,釉面就会发生开裂。尤其是用于室外时,经长期冻融,会出现表面分层脱落、掉皮现象。所以釉面内墙砖只能用于室内,不能用于室外。

釉面内墙砖的技术要求为:尺寸偏差、平整度、表面质量、物理性能和抗化学腐蚀性。其中,物理性能的要求为:吸水率平均值大于10%;破坏强度和断裂模数、抗热震性、抗釉裂性,应达到合格要求。

釉面内墙砖,主要用于民用住宅、宾馆、医院、学校、实验室等要求耐污、耐腐蚀、耐清洗的场所或浴室、厕所、盥洗室等部位,既有明亮清洁之感,又可以保护基体,延长使用年限。例如,用于厨房的墙面装饰,不但清洗方便,还可兼有防火功能。

(2)陶瓷墙地砖

陶瓷墙地砖,是陶瓷外墙面砖和室内外陶瓷铺地砖的统称。这类砖在材质上可满足墙地两用,故统称为陶瓷墙地砖。

墙地砖,采用陶土质黏土为原料,经压制成型再高温(1100℃)焙烧而成,胚体带色。根据表面施釉与否,分为彩色釉面陶瓷墙地砖、无釉陶瓷墙地砖和无釉陶瓷地砖,前2类属于炻质砖,最后1类属于细炻类陶瓷砖。

炻质砖的平面形状分为正方形和长方形2种,其中长宽比大于3的通常称为条砖。其广泛应用于各类建筑物的外墙及柱的饰面和地面装饰,一般用于装饰等级要求较高的工程。用于不同部位的墙地砖应考虑其特殊的要求,如用于铺地时应考虑彩色釉面墙地砖的耐磨类别;用于寒冷地区的应选用吸水率尽可能小、抗冻性能好的墙地砖。

无釉细炻砖,适用于商场、宾馆、饭店、游乐场、会议厅、展览馆的室内外。各种防滑无釉细炻砖广泛用于民用住宅的室外平台、浴厕等地面装饰。

陶瓷墙地砖,具有强度高、致密坚实、耐磨、吸水率小(<10%)、抗冻、耐污染、易

清洗、耐腐蚀、耐急冷急热、经久耐用等特点。其品种创新很快、劈离砖、麻面砖、渗花砖、玻化砖、大幅面幕墙瓷板等都是常见的陶瓷墙地砖的新品种。

13.3.2　卫生陶瓷

根据《卫生陶瓷》(GB 6952—2015),卫生陶瓷按吸水率,分为瓷质卫生陶瓷($E \leqslant 0.5\%$)和炻陶质卫生陶瓷($0.5\% < E \leqslant 15\%$)。卫生陶瓷产品具有质地洁白、色泽柔和、釉面光亮、细腻、造型美观、性能良好等特点。

(1)常用瓷质卫生陶瓷产品

①洗面器,分为壁挂式、立柱式、台式、柜式,民用住宅装饰多采用台式。

②大小便器,分为坐便器、蹲便器、小便器、净身器、洗涤器、水箱等。

(2)陶瓷卫生产品技术要求

①陶瓷卫生产品的主要技术指标是吸水率,它直接影响到洁具的清洗性和耐污性。

②耐急冷急热性能必须达到标准要求。

③便器的名义用水量限定了各种产品的用水上限,其中坐便器的普通型和节水型分别不大于 6.4L 和 5.0L;蹲便器的普通型分别不大于 8.0L(单冲式)和 6.4L(双冲式),节水型不大于 6.0L;小便器普通型和节水型分别不大于 4.0L 和 3.0L。

④卫生洁具有光滑的表面,不易沾污,也易清洁。便器与水箱配件应成套供应。

⑤便器安装要注意排污口安装距离,下排式便器为排污口中心至完成墙的距离,后排式便器为排污口中心至完成地面的距离。

13.4　建筑玻璃

建筑玻璃是以石英砂、纯碱、石灰石、长石等为主要原料,经 1550～1600℃ 高温熔融、成型、冷却并裁割而得到的有透光性的固体材料,其主要成分是二氧化硅和钙、钠、钾、镁的氧化物。

13.4.1　平板玻璃

(1)分类及等级

平板玻璃,按颜色属性分为无色透明平板玻璃和本体着色平板玻璃;按生产方法不同可分为普通平板玻璃和浮法玻璃 2 类。

按照国家标准,平板玻璃根据其外观质量分为优等品、一等品和合格品 3 个等级。

(2)特性

①良好的透视、透光性能。对太阳光中近红外热射线的透过率高,对远红外长波热射线能有效阻挡。

②隔声,有一定的保温性能,抗拉强度远小于抗压强度,是典型的脆性材料。

③有较高的化学稳定性。

④热稳定性较差,急冷急热,易发生爆炸。

（3）应用

3~5mm 的平板玻璃，一般直接用于有框门窗的采光，8~12mm 的平板玻璃可用于隔断、橱窗、无框门。平板玻璃的另外一个重要用途是作为钢化、夹层、镀膜、中空等深加工玻璃的原片。

13.4.2　装饰玻璃

（1）彩色平板玻璃

彩色平板玻璃，又称有色玻璃或饰面玻璃，是在平板玻璃中加入一定量的着色金属氧化物，或在无色玻璃表面上喷涂高分子涂料或粘贴有机膜制得。彩色平板玻璃可以拼成各种图案，并有耐腐蚀、抗冲刷、易清洗等特点，主要用于建筑物的内外墙、门窗装饰及对光线有特殊要求的部位。

（2）釉面玻璃

釉面玻璃是指在按一定尺寸裁好的玻璃表面涂覆一层彩色的易熔釉料，经烧结、退火或钢化处理工艺，使釉层与玻璃牢固结合，制成的具有美丽的色彩或图案的玻璃。其具有图案精美、不褪色、不掉色、易于清洗、可按用户的要求或艺术设计图案制作等特点，广泛应用于室内外饰面层、一般建筑物门厅和楼梯间的饰面层及建筑物外饰面层。

（3）花纹玻璃

花纹玻璃根据加工的方法不同，分为压花玻璃和喷花玻璃。

压花玻璃，又称滚花玻璃，是在压延玻璃时，将滚筒上的各种花纹印压在红热玻璃上，即成为压花玻璃。类型主要分为一般压花玻璃、真空镀膜压花玻璃和彩色膜压花玻璃3 类。压花玻璃常用于办公室、会议室、浴室、厕所以及公共场所的室内隔断。

喷花玻璃，又成为胶花玻璃，是在平板玻璃表面贴上图案，抹以保护层，经喷砂处理而成。喷花玻璃给人以高雅美观的感觉，适用于室内门窗、隔断和采光。

（4）磨砂玻璃

磨砂玻璃，也称毛玻璃，是将平板玻璃用机械喷砂、手工研磨或氢氟酸溶蚀等方法处理表面，以得到均匀的毛面。其多用于不需透视的门窗，如卫生间、浴室等的门窗，也可作黑板的板面。

（5）玻璃锦砖

玻璃锦砖，又称玻璃马赛克、玻璃纸皮砖，其具有耐热、耐寒、耐酸、耐久性好等特点。其可按设计要求拼成一定图案，故具有较强的装饰效果，是理想的外墙装饰材料之一，广泛用于外墙饰面和壁画艺术镶嵌。

13.4.3　安全玻璃

（1）防火玻璃

防火玻璃是经特殊工艺加工和处理、在规定的耐火实验中能保持其完整性和隔热性的特种玻璃。其主要应用于有防火隔热要求的建筑幕墙、隔断等构造和部位。按结构可分为：复合防火玻璃（FFB）、单片防火玻璃（DFB）；按耐火性能可分为：隔热型防火玻璃（A类）、非隔热型防火玻璃（C 类）；按耐火极限可分为 5 个等级：0.5h、1.0h、1.5h、

2.0h、3.0h。

（2）钢化玻璃

钢化玻璃是用物理的或化学的方法，在玻璃表面形成一个压应力层而内部处于较大的拉应力状态，内外拉压应力处于平衡状态。其常用作建筑物的门窗、隔墙、幕墙、橱窗及家具等，具有机械强度高、弹性好、热稳定性好、碎后不易伤人，可发生自爆等特性。

（3）夹层玻璃

夹层玻璃是将玻璃与玻璃或塑料等材料用中间层分隔并通过处理使其黏结为一体的复合材料的统称。用于生产夹层玻璃的原片可以是浮法玻璃、钢化玻璃、着色玻璃、镀膜玻璃等。夹层玻璃的层数有 2、3、5、7 层，最多可达 9 层。其透明度高，抗冲击性能比一般平板玻璃高好几倍、碎片不会散落伤人等特性，一般用于高层建筑的门窗、天窗、楼梯栏板和有抗冲击作用要求的商店、银行、橱窗、隔断及水下工程等安全性能高的场所或部位。

13.4.4　节能装饰性玻璃

节能装饰性玻璃分为吸热玻璃、中空玻璃、热反射玻璃、低辐射玻璃和真空玻璃等。

（1）吸热玻璃

吸热玻璃，又名有色玻璃（图 13.1），指加入彩色艺术玻璃着色剂后呈现不同颜色的玻璃。有色玻璃能够吸收太阳可见光，减弱太阳光的强度，玻璃在吸收太阳光线的同时自身温度提高，容易产生热胀裂。在我们的生活中有色玻璃随处可见，不仅在室内的装修、汽车的玻璃上，一般都会安装暗色调的玻璃，太阳眼镜也都是有色的玻璃镜片，以及各种装饰性的灯罩为了绚丽的颜色，都会装上有颜色的玻璃。

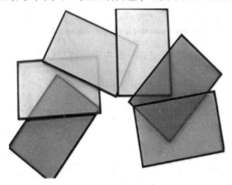

图 13.1　吸热玻璃

图 13.2　中空玻璃

（2）中空玻璃

中空玻璃是用 2 片（或 3 片）玻璃，使用高强度高气密性复合黏结剂，将玻璃片与内含干燥剂的铝合金框架黏结，使玻璃层间形成有干燥气体空间的玻璃制品，制成的高效能隔音隔热玻璃。其主要材料组成有玻璃、暖边间隔条、弯角栓、丁基橡胶、聚硫胶、干燥剂（图 13.2）。由于中空玻璃多种性能优越于普通双层玻璃，因此得到了世界各国的认可。

中空玻璃具有良好的隔热、隔音、美观适用的特征，并可降低建筑物的自重。其主要用于需要采暖、空调、防止噪声、无直射阳光和特殊光的建筑物上，广泛应用于住宅、饭店、宾馆、办公楼、学校、医院、商店等需要室内空调的场合，也可用于火车、汽车、轮船、冷冻柜的门窗等处。

（3）热反射玻璃

热反射玻璃，又称阳光控制镀膜玻璃（图 13.3），是一种对太阳光具有反射作用的镀膜玻璃，通常是采用物理或化学方法在优质浮法玻璃的表面镀一层或多层金属或金属氧化物薄膜而成的，其膜色使玻璃呈现丰富的色彩。功能主要表现在 3 个方面：

①热反射玻璃　对光线具有反射和遮蔽作用。它对可见光的透过率在 20%~65%，它对阳光中热作用强的红外线和近红外线的反射率可高达 50%，而普通玻璃只有 15%。

②镀金属膜的热反射玻璃　具有单向透像的特性。它的迎光面具有镜子的特性，而在背面侧如窗玻璃那样透明，即在白天能在室内看到室外景物，而在室外却看不到室内的景象，对建筑物内部起到遮蔽及帷幕的作用，而在晚上的情形则相反。

③热反射玻璃　具有强烈的镜面效应，因此也称为镜面玻璃。用这种玻璃做玻璃幕墙，可将周围的景观及天空的云彩映射在幕墙之上，构成一幅绚丽的图画，使建筑物与自然环境达到完美和谐。

图 13.3　热反射玻璃

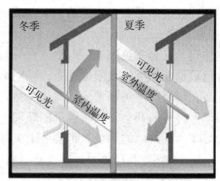

图 13.4　Low-E 中空玻璃工作原理

（4）低辐射玻璃

低辐射玻璃，又称 Low-E 玻璃，是在玻璃表面镀上多层金属或其他化合物组成的膜系产品。其镀膜层具有对可见光高透过及对中远红外线高反射的特性，使其与普通玻璃及传统的建筑用镀膜玻璃相比，具有优异的隔热效果和良好的透光性。Low-E 中空玻璃对 $0.3~2.5\mu m$ 的太阳能辐射具有 60% 以上的透过率，白天来自室外辐射能量可大部分透过，但夜晚和阴雨天气，来自室内物体的热辐射约有 50% 以上被其反射回室内，仅有少于 15% 的热辐射被其吸收后通过再辐射和对流交换散失，故可有效地阻止室内的热量泄向室外。Low-E 中空玻璃工作原理，如图 13.4 所示。

（5）真空玻璃

真空玻璃是一种新型玻璃深加工产品，基于保温瓶原理研发而成。真空玻璃的结构与中空玻璃相似，其不同之处在于真空玻璃空腔内的气体非常稀薄，几乎接近真空。真空玻璃是将两片平板玻璃四周密闭起来，将其间隙抽成真空并密封排气孔，两片玻璃之间的间隙为 0.1~0.2mm，其中至少有一片是低辐射玻璃，这样就将通过真空玻璃的传导、对流和辐射方式散失的热降到最低，具有良好的节能、隔热、降噪的效果。

13.5　合成高分子材料

合成高分子材料是高分子化合物组成的材料。在土木工程中所涉及的主要有塑料、橡胶、化学纤维和胶黏剂等。合成高分子材料具有许多优良的性能，如密度低、比强度高、耐化学腐蚀性强、抗渗性及防水性好等特点。因而在建筑中得到广泛的应用，但因为其存在耐热性差、易燃烧、易老化等缺点，使其应用范围受到一定的限制。

13.5.1　建筑塑料

塑料是以合成树脂为主要原料，加入填充剂、增塑剂、稳定剂、润滑剂、颜料等，在一定温度和压力下制成的一种有机高分子材料，其用在建筑工程上，通常称之为建筑塑料。据统计，世界上建筑材料用量中建筑塑料占 11% 以上，占全部建筑塑料产量的 20%~25%。

（1）塑料的组成

①合成树脂　塑料的主要成分，是合成树脂，其占比为 40%~100%，在塑料中起着胶结其他组分的作用。树脂的种类、性质和用量决定了塑料的物理力学性质。

按生产时化学反应的不同，合成树脂分为聚合树脂（如聚乙烯、聚氯乙烯、聚苯乙烯等）和缩聚树脂（如酚醛、环氧、聚酯等）。按受热时性能变化的不同，又分为热塑性树脂和热固性树脂。

②增塑剂　能使高分子材料增加塑性的化合物，称为增塑剂。在塑料中掺加增塑剂，可提高流动性和可塑性，有利于塑料的加工，并使制品柔软，减小硬度和脆性。要求增塑剂与合成树脂相溶性好、稳定、不燃、无毒或低毒等。

常用的增塑剂有：邻苯二甲酸二丁酯（DBP）、邻苯二甲酸二辛酯（DOP）、二苯甲酮、樟脑等。

③填充剂　又称填料，主要是一些化学性质不太活泼的粉状、块状或纤维状的固体。常用的填料有玻璃纤维、云母、滑石粉、石墨、石棉、陶土等。

在塑料中添加填料可提高其强度、硬度和耐热性，同时也能降低塑料的成本。如玻璃纤维可以提高塑料的机械强度；石墨可以增加塑料的耐磨性能；云母可以改善塑料的电绝缘性。

④固化剂　又称硬化剂，其作用是使分子交联，由受热可塑的线型结构，变成体型的热稳定性结构。常用的固化剂有胺类、酸酐类、有机过氧化物等。

⑤其他添加剂　为了改善或调节塑料的某些性能，以适应使用和加工时的特殊要求，可在塑料中掺加各种不同的助剂，如阻燃剂、发泡剂、润滑剂、抗老化剂等。

（2）塑料的特性

塑料在建筑装饰工程中得到广泛应用，其具有以下优越的性能：

①密度小，塑料的密度为 0.9~2.2g/cm³，较混凝土和钢材为轻。

②导热性低，密实塑料的热导率一般为 0.12~0.80W/(m·K)。泡沫塑料是良好的绝热材料，热导率更小。

③比强度高，塑料及其制品的比强度高于水泥混凝土，已接近甚至超过钢材。

④耐腐蚀性好，塑料对酸、碱、盐类的侵蚀具有较高的抵抗性。

⑤电绝缘性好，塑料的导电性低，是良好的绝缘材料。

⑥装饰性好，塑料能制成线条清晰、色彩鲜艳、光泽动人的塑料制品。

塑料的主要缺点是：耐热性低、耐火性差、易老化、弹性模量小（刚度小）。

（3）常用建筑塑料

建筑中所应用的塑料品种繁多，目前，已用于建筑工程的热塑性塑料有：聚乙烯（PE）、聚丙烯（PP）、聚氯乙烯（PVC）、聚偏二氯乙烯（PVDC）、聚醋酸烯（PVAC）、聚苯乙烯（PS）、丙烯腈-丁二烯-苯乙烯共聚物（ABS）、聚甲基丙烯酸甲酯（PMMA）、聚碳酸酯（PC）等；已用于建筑工程的热固性塑料有：酚醛树脂（PF）、脲醛树脂（UF）、环氧树脂（EP）、不饱和聚酯（UP）、聚酯（PBT）、聚氨酯（PUR）、有机硅树脂（SI）、聚酰胺（PA）、三聚氰胺甲醛树脂（MF）等。常用建筑塑料的特性与用途见表 13.2。

表 13.2 常用建筑塑料的特性与用途

名称	特性	用途
聚乙烯	柔韧性好，介电性能和化学稳定性好，但刚性差	防水薄膜、给排水管、绝缘材料和卫生洁具等
聚丙烯	耐腐蚀、耐疲劳、力学性能和刚性超过聚乙烯，但收缩率大、低温脆性大	管材、卫生洁具、模板等
聚氯乙烯	耐腐蚀、电绝缘、抗压、抗弯强度高，但耐热性差	给排水管、水工闸门、板材、各种型材
聚苯乙烯	透光、机械强度高、电绝缘、耐辐射、易加工，但不耐热、性脆	隔热保温材料、灯具平顶板
ABS 塑料	优良均衡的力学特性、电绝缘、耐化学腐蚀、表面光泽好、易涂装着色，但耐候性差、耐热性差	生产建筑五金和各种管材、模板、异形板等
酚醛树脂	电绝缘、力学性能好、耐水、耐酸和耐烧蚀性能好、尺寸稳定、不易变形	绝缘材料，层压塑料及纤维增强塑料可替代木材制成板材、片材、管材等
环氧树脂	黏接性和力学性能良好、耐碱性好、电绝缘性好、固化收缩率低，可在室温、接触压力下固化成型	生产玻璃钢、胶黏剂和涂料等
不饱和聚酯树脂塑料	可在低压下固化成型、黏结力强、抗腐蚀性好、耐磨，但弹性模量低，固化收缩大	玻璃钢、涂料和聚酯装饰板，拌制砂浆、混凝土，作修补及护面材料
聚氨酯	强度高、耐化学腐蚀性优良、耐热、耐油、耐溶剂性好、黏接性和弹性优良	主要以泡沫塑料形式作为隔热材料及优质涂料、胶黏剂、防水涂料和弹性嵌缝材料等

13.5.2 合成橡胶

橡胶是弹性体的一种，其玻璃化温度较低。橡胶的主要特点是在常温下受外力作用时即可产生变形，外力取消后变形可完全恢复。橡胶具有良好的耐寒性、耐高温性及低温性，建筑工程中使用的各种橡胶防水卷材及密封材料正是利用橡胶的这一优良特性。

（1）橡胶硫化

橡胶硫化，是指橡胶由线型交联成网状或体型结构弹性体的过程。其目的是提高橡的强度、变形能力和耐久性，减少其塑性。

（2）橡胶的老化与防护

橡胶在阳光、热、空气或机械力的反复作用下，表面会出现变色、变硬、龟裂、发黏现象，同时机械强度降低，这种现象叫老化。老化的基本原因是橡胶分子氧化，从而使橡胶大分子链断裂破坏。为防止老化，可加入防老剂，如蜡类、二苯基对苯二胺、二辛基对苯二胺、苯基环己基苯二胺等。

（3）常用合成橡胶

①三元乙丙橡胶　是由乙烯、丙烯、二烯烃共聚而得的弹性体。由于双键在侧链上，受臭氧和紫外线作用时主链结构不受影响，因而其耐候性很好，具有优良的耐热性、耐低温性、抗撕裂性、耐化学腐蚀性，且伸长率高，密度仅有 $0.86 \sim 0.87 \mathrm{g/cm}^3$。其在建筑上主要用于防水卷材。

②氯丁橡胶　是氯丁二烯聚合而成的弹性体。其为浅黄色或棕褐色，抗拉强度、透气性、耐磨性较好，硫化后不易老化，耐油、耐热、耐臭耐酸碱腐蚀性好，难燃，脆化温度为 $-55 \sim -35℃$。其可溶于苯和氯仿，在矿物油中稍有溶胀，在建筑上主要用于防水卷材和防水密封材料。

③丁基橡胶　是由异丁烯和少量异戊二烯共聚而成的，其透气率低、气密优异，耐热，耐臭氧、耐老化性能良好，其化学稳定性、电绝缘性也很好，缺点是硫化速度满，弹性、强度、黏着性较差。主要用途是制造各种车辆内胎、制造电线外皮和电缆外皮、耐热传送带、蒸汽胶管等，在建筑上主要用于防水卷材和防水密封材料。

④丁腈橡胶　是丁二烯与丙烯腈的共聚物，称为丁腈橡胶。其特点是对于油类及许多有机溶剂的抵抗力极强，耐热性、耐磨性和抗老化性能也优于天然橡胶；主要缺点是绝缘性差、塑性较低、加工困难、成本较高。丁腈橡胶广泛用于制作各种耐油橡胶制品、多种耐油垫圈、垫片、套管、软包装、软胶管、印染胶辊、电缆胶材料等。

13.5.3　胶黏剂

胶黏剂，是一种能在两个物体表面间形成薄膜并使其紧密胶接起来的材料。皮胶、鱼胶、骨胶、淀粉、豆蛋白等动植胶是传统的胶黏剂，曾广泛用于黏结木材及其他建筑制品。随着合成树脂工业的发展，胶黏剂的品种、性能和应用获得很大的发展。

目前采用的胶黏剂，大部分为合成树脂。其中结构用胶黏剂多为热固性树脂，如酚醛树脂、环氧树脂、有机硅、脲醛树脂等；非结构用胶黏剂多为热塑性树脂，如聚乙烯醇、醋酸乙烯、过氯乙烯树脂等。

（1）胶黏剂的组成

①黏料　是胶黏剂的基本组成，又称基料，一般由一种或几种聚合物配合组成。用于结构受力部位的胶黏剂以热固性树脂为主，用于变形较大部位的胶黏剂以热塑性树脂或橡胶为主。

②固化剂　是调节或促进固化反应的单一物质或混合物，能使黏合剂和黏结材料发生交联，使线型分子转变为体型分子，形成不溶、不熔的网状结构高聚物，常用的有酸酐类、胺类等，起加速硬化过程、增加内聚强度的作用。

③填料　可降低胶黏剂的成本并改善胶黏剂的性能，使其黏度增大，减少收缩，提高强度和耐热性。常用的填料有碳酸钙、石英粉、滑石粉、水泥以及各种金属与非金属氧化物。

④稀释剂　用于调节胶黏剂的黏度、增加胶黏剂的涂敷浸润性。其分为活性和非活性2种，前者参与固化反应，后者不参与固化反应而只起到稀释作用。稀释剂需根据黏料的品种来选择。一般地，稀释剂的用量越大则黏结强度越小。

⑤偶联剂　偶联剂的分子一般都含有两部分性质不同的基团：一部分基团经水解后能与无机物的表面很好地亲和；另一部分集团能与有机树脂结合，从而使两种不同性质的材料"偶联"起来。常用的偶联剂有硅烷偶联剂，如 γ-氨丙基三乙氧基硅烷（KH550）、γ-(2,3-环氧丙氧)、丙基三甲氧基硅烷（KH560）等。

⑥增塑剂　通常是高沸点、不易挥发的液体或低熔点的固体，具有较好的相溶性及耐热、耐光、抗迁移性。加入增塑剂可增加黏合剂的流动性和可塑性，提高胶层的抗冲击韧性和其他机械性能。常用的增塑剂有石油磺酸苯酚、氯化石蜡等。

此外，为使胶黏剂具有更好的性能，还应加入一些其他的添加剂，如增韧剂、抗老化剂、防霉剂等。

（2）胶黏剂的分类

①按胶黏剂的强度特性不同，分为结构胶黏剂、非结构胶黏剂、次结构胶黏剂。

②按所用黏料不同，分为热塑性树脂胶黏剂、热固性树脂胶黏剂、橡胶型胶黏剂及混合型胶黏剂等。

③按固化条件不同，分为溶剂型胶黏剂、反应型胶黏剂、热熔型胶黏剂。

（3）常用的胶黏剂

目前建筑上常用的胶黏剂，主要有聚醋酸乙烯胶黏剂、聚乙烯醇缩甲醛胶黏剂、聚氨酯类、环氧树脂类、不饱和聚酯树脂类胶黏剂及酚醛树脂胶黏剂等。

①聚醋酸乙烯胶黏剂　又称白乳胶，是由醋酸、乙烯经乳液聚合而制得的一种乳白色、带有酯类方向的乳胶状液体。其主要特点是胶液呈酸性；具有较强的亲水性；流动性好，便于粗糙表面的黏结；耐水性差，不能用于潮湿环境；适宜温度为 5~80℃；无毒无污染。主要用于黏结受力不大的墙壁纸、壁布、木地板、塑料地板等，除此之外，还可作为涂料的主要成膜物质，也可加入水泥砂浆中组成聚合物水泥砂浆，是装饰装修工程中用量最大的胶黏剂之一。

②聚乙烯醇缩甲醛胶黏剂　商品名称为 108 胶，以聚乙烯醇和甲醛为原料，加入适量的催化剂和水，在一定条件下缩聚而成的无色透明胶体。其有较高的黏结强度、耐水性和耐老化性能，在建筑装饰中应用广泛，如胶结墙布、墙纸、瓷砖等。在水泥砂浆中掺入适量的 108 胶可增加黏结力、抗渗性、柔韧性以及减少收缩等。

③聚氨酯类胶黏剂　是以多异氰酸酯和聚氨基甲酸酯（简称聚氨酯）为黏结物质，加入改性材料、填料、固化剂等而制得的胶黏剂，一般为双组分。特点是黏附性好、耐低温性能优异、韧性好、可室温固化，且对多种材料都有良好的黏接性，可以黏结陶瓷、木材、不锈钢、玻璃等材料，也可用于制作防水材料、管道密封材料，还可作为聚氨酯涂料的主要成膜物质，涂刷木器家居。

④环氧树脂类胶黏剂　是含有环氧基的树脂的总称。通常使用的环氧树脂为黄色至青铜色黏稠液体或固体，它与多种材料都有很高的黏结力，加入固化剂后，使固化的环氧树脂有相当高的强度，同时有较好的耐热性和化学稳定性，且收缩率、吸水率都较小，不易老化。其可用于黏接金属、玻璃、木材等，也可用于配制涂料，配置环氧混凝土、环氧砂浆，还可以作为灌浆材料用于混凝土补强。

⑤不饱和聚酯树脂胶黏剂　除了用于制造玻璃钢制品外，也是一种性能良好的黏接材料。其工艺性能好，可在室温固化，但固化时收缩率较大。不饱和聚酯树脂胶黏剂可用来黏接陶瓷、玻璃钢、金属、木材和混凝土等材料。

⑥酚醛树脂胶黏剂　是以酚醛树脂为基料配置而成。优点是具有良好的耐久性、耐老化性、耐水性以及黏结强度高等优点。缺点是脆性大、玻璃剥离强度低，需在加压加热条件下进行黏结。其主要用于胶结纤维板、非金属材料及塑料等。

13.6　建筑涂料

涂料。是一种常用的建筑装饰材料，涂刷于材料表面能硬结成膜。涂料不仅色泽美观，而且能起到保护主体材料的作用，从而提高主体建筑材料的耐久性。

涂料应能满足使用功能上的要求，并具有适当的黏度和干燥速度，所形成的涂膜应能与基面牢固结合，具有一定的弹性、硬度和抗冲击性，同时应有良好的遮盖能力。

根据涂料的组成成分，建筑涂料。可分为溶剂型涂料、水溶性涂料、乳胶漆。

溶剂型涂料。是以高分子合成树脂为主要物质，有机溶剂为稀释剂，加入适量的颜料填料及辅助材料，经研磨而成的涂料。涂抹薄而坚硬，有一定的耐水性，缺点是有机溶剂价格高、易燃、挥发物质对人体有害。

水溶性涂料，是以水溶性树脂为主要成膜物质、以水为稀释剂，并加适量颜料填料及辅助材料，经研磨而成的涂料。该涂料直接溶于水中，无毒、无味，工艺简单，涂膜光洁、平滑，耐燃性及透气性好，价格低廉，缺点是耐水性较差，潮湿地区易发霉。

乳胶漆，是将合成树脂以 $0.1 \sim 0.5 \mu m$ 的细微粒子分散于有乳化剂的水中，构成乳液，以乳液为主要成膜物质，并加入适量颜料、填料和辅助原料，共同研磨而成的涂料。该涂料以水为分散介质，无易燃溶剂，施工方便，可在潮湿基层上施工，耐候性好，透气性好，但必须在气温 10℃ 以上施工，以免影响涂料质量。

根据涂料在建筑上使用的功能要求，建筑涂料可以分为外墙涂料、内墙涂料、地面涂料、防水涂料。

13.6.1　外墙涂料

外墙涂料主要功能是装饰和保护建筑物的外墙面，使建筑物外貌整洁，美观，并延长其使用寿命。因此外墙涂料要求色彩丰富多样，耐水性、耐候性、耐污性良好，施工及维修方便。

(1)过氯乙烯涂料

过氯乙烯涂料是以过氯乙烯树脂为主要成膜物质，掺入增塑剂、稳定剂、颜料和填充料等经混炼切片后溶于有机溶剂中制成。该涂料具有良好的耐腐蚀性、耐水性和抗大气性。

（2）苯乙烯焦油涂料

苯乙烯焦油涂料是以苯乙烯焦油为主要成膜物质，参加颜料填充量及适量有机溶剂等，经加热熬制而成。这种涂料具有防水、防潮、耐热、耐碱及耐弱酸的特性，与基面黏接良好，施工方便。

（3）聚乙烯醇缩丁醛涂料

聚乙烯醇缩丁醛涂料是以聚乙烯醇缩丁醛树脂为成膜物质，以醇类溶剂为稀释剂，加入颜料、填料经搅拌混合、溶制、过滤而成。这种涂料具有柔韧、耐磨、耐水等性能，并具有一定的耐酸碱性。

（4）丙烯酸酯涂料

丙烯酸酯涂料，是与热塑型丙烯酸酯合成树脂为主要成膜物质加入引发剂过氧苯甲酰、溶剂二甲苯，醋酸丁酯等，通过溶液聚合反应而制得的高分子聚合物溶液。该涂料耐候性良好，长期光照、日晒、雨淋，不易变色、粉化、脱落，与墙面结合牢固，可在严寒季节施工。

（5）聚氨酯系涂料

聚氨酯系外墙涂料是以聚氨酯树脂为主要成膜物质加颜料、填料、辅助材料组成的优质外墙涂料。该涂料具有橡胶般的高弹性性质，对基层裂缝有较大应变性、较好的耐水性、耐酸碱性、耐沾污性、耐候性。经 1000h 加速耐候实验，其伸长率、硬度、抗拉强度几乎不降低。但施工时应注意防火。

（6）彩色瓷粒外墙涂料

彩色瓷粒外墙涂料，可以丙烯酸类合成树脂为基料，以彩色瓷粒及石英砂粒等作骨料，掺加颜料及其他辅料配置而成。这种涂层色泽耐久，抗大气性和耐水性好，有天然石材的装饰效果，是一种性能良好的外墙饰面。

（7）无机建筑涂料

无机建筑涂料是以碱性金属硅酸盐或硅溶胶为主要成膜物质。碱金属硅酸盐包括硅酸钠、硅酸钾、硅酸锂及其混合物加入相应固化剂或有机合成树脂乳液组成的涂料。硅溶胶是用有机合成树脂、颜料及填料等所组成的涂料。

无机建筑涂料与有机涂料相比较，其耐水性优异，水中浸泡 500h 无破坏；黏接力强，适用于混凝土预制板、砂浆、砖墙石膏板等；耐老化性能达 500~800h；成膜温度低，施工方便，生产效率高，原材料丰富。

13.6.2 内墙涂料

内墙涂料主要功能是装饰和保护室内墙面，使其美观整洁。除色彩丰富、细腻外，还要求色彩浅淡明亮，涂层质地平滑柔和，有耐水性和耐洗刷性，透气性良好，涂刷方便。

（1）聚乙烯醇水玻璃涂料（106 涂料）

聚乙烯醇水玻璃涂料是以聚乙烯醇树脂水溶液和钠水玻璃为成膜物质，掺加颜料、填料及少量外加剂，经研磨加工而成的一种水溶性涂料。这种涂料成本低、无毒、无臭味、黏结力好、干燥快，涂层表面光洁，能配成多种颜色，装饰效果好。

（2）聚乙烯醇缩甲醛涂料（803 涂料）

聚乙烯醇缩甲醛涂料是以聚乙烯醇缩甲醛为成膜物质，掺加颜料、填料、石灰膏及其他助剂，经研磨加工而成的涂料。这种涂料无毒、无臭味，可喷可刷、涂层干燥快、施工方便、颜色多、装饰效果好，而且耐水、耐洗刷。

（3）聚醋酸乙烯乳液涂料

聚醋酸乙烯乳液涂料是以聚醋酸乙烯乳液和颜料、填料经混合配置而成的薄质涂料。该乳液涂料色泽好、抗大气性和耐水性高、无毒，不污染环境、施工操作方便，适用于砂浆、混凝土、木材表面的喷涂，涂膜透气性良好、细腻平滑，有一定装饰效果。

（4）滚花涂料

滚花涂料是适应滚花新工艺的一种新型涂料，系由 108 胶、106 胶和颜料填充料等分层涂抹、打磨、滚涂而成。这种涂料滚花后貌似壁纸，色调柔和、美观大方，质感强；而且施工方便，耐水、耐久性好。

（5）芳香内墙涂料

该涂料以聚乙烯醇添加合成香料、颜料、助剂等配置而成，具有色泽鲜艳、气味芳香、浓郁无毒、清香持久的特点，并有净化空气、驱虫灭菌的功能；同时具有洗涤性、耐水性、涂抹表面光洁、附着力强、不脱粉等特性，适用于住宅楼、医院、宾馆等的内墙。

（6）内墙花样涂料

该涂料属于高档丙烯酸系列内墙涂料，是以丙烯酸酯共聚乳液加以体质颜料、着色颜料和各种助剂制成底涂料、中涂料和面涂料，经过喷涂形成的单排或多彩的细小立体花纹。涂膜附着力强、硬度高，并带有光泽，耐污染，可喷涂、辊涂、刷涂，也可做成复层花样涂料，用于室内装饰，有较好的装饰效果。

13.6.3　地面涂料

地面涂料主要功能是装饰和保护室内地面，使室内地面清洁美观，同时与墙面装饰相适应，让居住者处于优雅的室内环境之中，还要求涂料与地面有良好的黏结性能以及耐碱性、耐水性、耐磨性和抗冲击性，不宜开裂或脱落，施工方便。

（1）过氯乙烯地面涂料

过氯乙烯地面涂料是以过氯乙烯树脂为成膜物质，掺入增速剂、稳定剂和填料等，经混炼、滚轧、切片后溶于有机溶剂中配置而成的溶剂型地面涂料。其具有一定硬度、强度、抗冲击性、附着力和抗水性，生产工艺简单，施工方便，涂膜干燥快，涂膜后地面光滑美观，易于清洗。

（2）苯乙烯地面涂料

苯乙烯地面涂料是以苯乙烯焦油为成膜物质，经熬炼处理，加入颜料、填料、有机溶剂等原料而成的溶剂型地面涂料。该涂料涂膜干燥快，与水泥砂浆、混凝土有很强的黏接力，同时有一定的耐磨性、抗水性、耐酸性和耐碱性，用于住宅建筑地面，效果良好。

（3）环氧树脂地面涂料

环氧树脂地面涂料的主要成膜物质是环氧树脂，以低黏度液体状的为佳（牌号 6101）。

涂料施工方法简单，但施工前地面必须干燥。地面可做成大理石花纹或仿水磨石地面。涂布地面后进行养护，夏季 4~8h、冬季 1~2d 可固化。为使其充分固化，养护 7d 后再交付使用。

（4）不饱和聚酯涂料

不饱和聚酯涂料是以不饱和聚酯 370-2 为主要成膜物质，加入固化剂过氯化环己酮，为便于溶解，将其与苯二甲酸二丁酯共同研磨成浆，常用环烷酸钴为促进剂，用大理石渣作填料，可制成磨石状地面。该涂料固化很快，一般 12h 后可以上人进行磨光，不过可能产生裂缝或起鼓现象。

（5）聚氨酯地面涂料

聚氨酯地面涂料是由聚氨酯预聚体、交联固化剂、颜料和填料等所组成。其具有许多独特的优点，特别是耐磨、弹性、耐水、抗渗、耐油、耐腐蚀性能，而且施工方法简便。

（6）聚乙烯醇缩甲醛胶水泥涂料

聚乙烯醇缩甲醛胶水泥涂料是以水溶性乙烯醇缩甲醛胶为主要成膜物质，与普通水泥和一定量的氧化铁原料组成的一种厚质涂料。其光洁美观，具有一定的耐磨性、耐水性、耐热性、抗冲击性、耐化学药品性等。

13.6.4 防水涂料

防水涂料是可隔绝雨水、地下水及其他水渗透的材料。防水涂料的质量与建筑物的使用寿命密切相关。目前防水涂料品种很多，使用较多的防水涂料有如下几种：

（1）聚乙烯醇缩丁醛防水装饰涂料

聚乙烯醇缩丁醛防水装饰涂料成膜性好，黏结力强，漆膜柔韧、耐磨、耐晒，具有良好的防水性能，可配置成各种颜色，装饰效果良好。

（2）苯乙烯焦油涂料

苯乙烯焦油涂料，具有良好的防水性和黏接力，有一定的耐酸、耐碱性，适用于各种轻型屋面板构件的自防水。

（3）氯丁橡胶—海帕伦涂料

氯丁橡胶—海帕伦涂料，是以 2 种涂料做成膜物质，基底涂料是氯丁橡胶，而面层涂料是海帕伦涂料。这 2 种涂料都是耐久的弹性体，耐候性及抗基层发丝裂纹的能力较好。

（4）聚氨酯涂膜防水材料

聚氨酯涂膜防水材料，是双组分型，甲组分是含异氰酸酯基的聚氨酯预聚物，乙组分是由含有多羟基的固化剂、增韧剂、增黏剂、防霉剂、填充剂和稀释剂等配置而成。涂布固化后，形成柔软、耐水、抗裂和富有弹性的整体防水涂层。

（5）JM-811 型防水涂料

JM-811 型防水涂料，是以聚醚型聚氨酯为主体的双组分溶剂型防水涂料，其特点是不仅能防水而且装饰性好，具有较高的耐化学腐蚀性、抗渗性、黏结性和弹性，可以冷作业施工。

（6）JG-1 型防水冷胶料

JG-1 型防水冷胶料，是油溶性再生橡胶沥青防水冷胶料，具有高温不流淌、低温不脆裂、弹塑性能良好、黏接力强、干燥速度快、老化缓慢、操作简单等特点。其适用于屋面、墙面、地面、地下室，也可用于嵌缝、补漏、防渗、防腐等工程。

（7）JG-2 型防水冷胶料

该涂料是水乳性双组分防水涂料，A 液为乳化橡胶，B 液为阴离子乳化沥青，两者混合后涂刷于基层上形成防水涂膜。该涂料具有橡胶弹性、耐低温性、黏接性、不透水性、高温不流淌、低温不脆裂的特性，是一种无毒无味的新型防水涂料。其可用于屋面、地下室、冷库、蓄水池、嵌缝、防腐、防水等工程。

复习思考题

13.1　建筑装饰材料根据化学组分和装饰部位如何分类？

13.2　简述建筑装饰材料的选用原则。

13.3　简述大理石和花岗石应用方面的主要区别。

13.4　简述釉面内墙砖和陶瓷墙地砖性能上的主要区别。

13.5　简述中空玻璃的主要特点及其应用领域。

13.6　简述 108 胶的化学名称、主要特点及应用领域。

13.7　简述 106 涂料和 803 涂料的化学、主要特点和应用领域。

13.8　乳胶漆涂料的主要组分及其特点分别是什么？

第14章 新型土木工程材料

14.1 概述

14.1.1 新型土木工程材料的定义

传统土木工程材料，主要包括钢材、砂石、胶凝材料、混凝土、烧土制品（如砖、瓦、玻璃类等）、沥青和木材。在科学技术相当发达的今天，传统的土木工程材料越来越不能满足建筑工业的需求，随着科学技术的快速发展，新型土木工程材料不断涌现。

新型土木工程材料是相对传统土木工程材料而言的，具有传统土木工程材料无法比拟的功能。广义上说，凡具有轻质、高强和多功能特点的土木工程材料，均属新型土木工程材料。采用新型土木工程材料不但使房屋功能大大改善，还可以使建筑物内外更具现代气息，满足人们的审美要求。有的新型土木工程材料可以显著减轻建筑物自重，为推广轻型建筑结构创造了条件，推动了建筑施工技术现代化，大大加快了建房速度。另外，在生产过程中，新型土木工程材料产品在能源和物质的投入、废物和污染物的排放等方面与传统土木工程材料相比都降低了许多，制造过程中副产物能再生利用，产品不再污染环境，有助于降碳，发展绿色建筑。

新型土木工程材料的发展对节约能源、保护耕地、减轻环境污染和缓解交通运输压力具有十分积极的作用。因此，新型土木工程材料的开发、生产和使用，对于促进社会进步、发展国民经济和实现经济建设的可持续发展都具有十分重要的意义。新型土木工程材料学已经是现代土木和建筑工程科学中的重要分支。

14.1.2 新型土木工程材料的特点

新型土木工程材料及其制品工业是建立在技术进步、保护环境和资源综合利用基础上的新兴产业。一般来说，新型土木工程材料应具有以下特点。

①复合化　随着现代科学技术的发展，人们对土木工程材料的要求越来越高，单一材料往往难以满足。因此，利用复合技术制备的复合材料便应运而生。所谓复合技术是将有机材料与有机材料、有机材料与无机材料、无机材料与无机材料在一定条件下，按适当的比例复合，然后经过一定的工艺条件有效地将几种材料的优良性能结合起来，从而得到性能优良的复合材料。现在复合材料的比例已达到土木工程材料的50%以上。例如，管道复合材料有铝塑复合管、钢塑复合管、铜塑复合管、玻璃钢复合管等；复合板材料有铝塑复

合板、彩钢板泡沫塑料夹心复合板等；门窗复合材料有塑钢共挤门窗、铝塑复合门窗、木铝复合门窗、玻璃钢门窗等；复合地板材料有强化木地板、塑木复合地板等。

②多功能化　随着人民生活水平的提高和建筑技术的发展，对土木工程材料功能的要求将越来越高，要求从单一功能向多功能发展，即要求土木工程材料不仅要满足一般的使用要求，还要求兼具呼吸、电磁屏蔽、防菌、灭菌、抗静电、防射线、防水、防霉、防火、自洁、智能等功能。例如，建筑内墙板不但要求有装饰维护功能，还要求有呼吸、吸声、防霉或净化室内环境、调节室内温湿度等功能。

③节能绿色化　随着我国墙体材料革新和建筑节能力度的逐步加大，建筑保温、防水、装饰装修标准的提高及居住条件的改善，对新型土木工程材料的需求不仅是数量的增加，更重要的是质量的提高。尤其是"生态建材"或"绿色建材"的需求，不仅能源消耗低，也可大量利用地方资源和废弃资源，对环境、人身均无害且有利于生态环境保护，维持生态环境的平衡，可以循环利用。

④轻质高强化　轻质主要是指材料多孔、体积密度小。如空心砖、加气混凝土砌块轻质材料的使用，可大大减轻建筑物的自重，满足建筑向空间发展的要求。高强材料（强度不小于 60MPa）在承重结构中的应用，可以减小材料截面面积提高建筑物的稳定性及灵活性。

⑤生产工业化　生产工业化主要是指应用先进施工技术，采用工业化生产方式，使产品规范化、系列化，使土木工程材料具有巨大市场潜力和良好发展前景，如涂料、防水卷材、塑料地板等。

在建筑行业如火如荼高速发展的今天，高层建筑的建造对新型土木工程材料的开发利用具有很大的推动作用，反之，新型土木工程材料及其制品也使现代的高层建筑实现更多的建筑功能，满足人们日益增长的办公、公共设施以及社会活动和文化的需要。新型土木工程材料的发展是经济发展和社会进步的必然趋势，并且将会一直更新，新的绿色建材产品将不断涌现。研发多功能和高效的新型土木工程材料及制品，才能适应社会进步的要求。使用新型土木工程材料及制品，可以显著改善建筑物的功能，增加建筑物的使用面积，提高抗震能力，便于机械化施工和提高施工效率，而且同等情况下可以降低建筑价。推广应用新型土木工程材料不仅社会效益可观，而且经济效益显著。因此，发展新型土木工程材料及制品是促进社会进步和提高社会经济效益的重要环节。

14.2　新型道路路基填料——泡沫轻质土

14.2.1　泡沫轻质土概念及特点

泡沫轻质土是通过发泡机的发泡系统将发泡剂用机械方式充分发泡，并将泡沫与水泥浆均匀混合，然后经过发泡机的泵送系统进行现浇施工或模具成型，经自然养护所形成的一种含有大量气孔的新型轻质复合材料（于可孟等，2021）。泡沫轻质土具有如下特点：

（1）初期流动性大

刚刚拌制的泡沫轻质土浆料能够充满空隙并自然硬化密实，浇筑时无需振捣和碾压。

（2）质量轻

在实际工程应用中，泡沫轻质土的表观密度可在 5～12kN/m³ 自由调节，相比于传统路基填料，泡沫轻质土的质量更轻。

（3）强度低

硬化后，强度较低，可以根据需要进行配合比设计，可调节强度范围 0.6～3MPa，能够满足各个层级的路基填料强度要求。

（4）孔隙率大

利用 X-CT 技术分析，可知泡沫轻质土具有较高的孔隙率（超过50%），内部结构连通孔隙率在 20% 以上。

（5）低弹减震

刘晨阳（2020）开展了泡沫轻质土路基的抗震性能实验和路基数值模型的地震动力响应参数敏感性分析，研究表明泡沫轻质土路基比一般路基具有更优越的抗震性能。

14.2.2　泡沫轻质土的应用

泡沫轻质土现浇技术于 21 世纪初从日本传入我国，近年来得到逐步的重视与应用，特别是在高速公路改扩建工程中应用前景广阔。相对于一般路基填料，泡沫轻质土具有以下优点：轻质性，可有效降低回填荷载及地基附加应力，减小地基差异沉降，降低维护成本；良好的自立性，路堤可以设置成垂直状态，外立面不用放坡，大量节省土地占用面积；高流动性，终凝时间短，无需碾压，施工便捷高效，可大幅缩短施工工期。

为保证施工质量，我国先后出台了《现浇泡沫轻质土路基设计施工技术规程》（TJG F10 01—2011）、《气泡混合轻质土填筑工程技术规程》（GJJ/T 177—2012）、《公路工程泡沫混凝土应用技术规范》（DB33/T 996—2015）、《公路路基设计规范》（JTG D30—2015）等规范。目前泡沫轻质土这一新型材料，已在唐津高速公路、柳南高速公路、滨莱高速公路等改扩建工程中得到了成功的应用。

除了高速公路路基填料上的应用，泡沫轻质土也可以作为一般道路路基填料。路基和桥梁连接处的桥背回填、路基与涵洞连接处的涵背回填、挡土墙的墙背回填，容易出现压实机械和空间狭小的矛盾，采用传统的一般路基填料难以压实，后期容易出现沉降、强度弱化等质量问题，而泡沫轻质土的高流动性很好地解决了这个问题。

我国近年发展迅速，基本建设规模不断扩大，高速公路、高铁建设突飞猛进，这些项目的推进需要大量的原材料，特别是路基填料需求量急剧增加，加之我国政府高瞻远瞩，强化可持续发展理念，不断强化生态环保理念，传统路基填料的无序开采状态已经结束。2020 年 9 月 22 日，中国政府在第七十五届联合国大会上提出：中国将提高国家自主贡献力度，采取更加有力的政策和措施，二氧化碳排放力争于 2030 年前达到峰值，努力争取2060 年前实现碳中和。

上述各种因素交织，导致路基填料缺口加大。显然，泡沫轻质土为路基填料提供了新选项，是路基填料的有益补充。

14.2.3　泡沫轻质土应用思考

泡沫轻质土自身结构特质所表现出来的物理力学特性在路基上得到应用，在缓解路基填料缺口、桥背回填等方面起到不可忽视的积极作用。科研团队在泡沫轻质土的科研和应用中，发现泡沫轻质土存在理论滞后于应用现象，不少课题需要进一步实验研究。泡沫轻质土应用中，最大的问题不是强度问题，而是水的问题，下面就泡沫轻质土有关水的问题进行分析。

14.2.3.1　泡沫轻质土抗渗问题

弄清泡沫轻质土抗渗性能，对其抗渗能力、抗冻性、耐久性等方面至关重要。

在泡沫轻质土内部结构中，如果孔隙之间是相互连通的，则称这种孔隙为连通孔隙，反之为孤立孔隙。相互连通的孔隙通道是容易渗水的（图 14.1）。

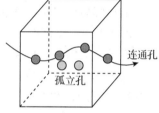

图 14.1　泡沫轻质土孔隙类型

准确识别连通孔隙率是判断泡沫轻质土是否抗渗、抗渗能力大小的关键。由于泡沫轻质土抗压强度低，抗渗能力弱，难以采用普通混凝土抗渗实验衡量泡沫轻质土的抗渗，这是由于水泥混凝土抗渗仪施加的渗水压力较大（0.2~1.2MPa），泡沫轻质土内部孔隙率大，吸水量大，吸水后体积膨胀大，加压渗水后试件难以完整取出。

（1）钢结构压力水箱——泡沫轻质土试件多维等压力渗水

基于泡沫轻质土抗渗实验的复杂性，黄显彬科研团队研制了专门针对泡沫轻质土试件的抗渗实验的钢结构压力水箱，压力水箱中间采用钢丝网等限制泡沫轻质土使试件上浮（图 14.2）。压力水箱顶盖采用法兰连接，便于密封和取放试件，水箱外侧连接手动加压泵对水箱进行施压，施加的压力较低（0.01~0.06MPa），0.01MPa 可以近似理解为 10m 水柱产生的压强，相当于泡沫轻质土埋置在地面以下 10m。实验过程中试件放入压力水箱进行规定时间的加压渗水实验。该钢结构压力水箱巧妙解决了泡沫轻质土低压力渗水实验的难题，实现了能够进行泡沫轻质土抗渗实验的突破和尝试。该压力水箱实验特点是，泡沫轻质土试件处于多维多角度全方位等压力渗水。

（2）单向渗水抗渗仪——泡沫轻质土试件单向压力渗水

在地下水丰富的地方，压力水对泡沫轻质土影响最大，而压力水往往具有方向性，即沿着有压力的一个方向流动。图 14.3 中钢结构压力水箱适用于多维等压力渗水，不适用

图 14.2　新型钢结构压力水箱抗渗仪

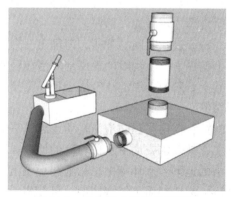

图 14.3　单向渗水抗渗仪示意图

于单向压力渗水。

为此，黄显彬教学科研团队研制了单向渗水抗渗仪(图 14.3)。单向渗水抗渗仪中，泡沫轻质土试件放置在不锈钢管道中，试件横向被限制固定在管壁和塑料层，难以渗水。在施加手动压力下，试件渗水只能从规定的管道纵向路径流动。对此，团队成功申报并被授权实用新型专利，该技术有效解决了泡沫轻质土低压力单向渗水难题。

14.2.3.2　泡沫轻质土抗冻问题

在冰冻地区，采用普通材料填筑路基频繁出现翻浆冻胀病害。黄显彬教学科研团队分析了泡沫轻质土路基在冻害地区的应用问题，并被授权发明专利《一种抗冻土公路》(专利号：ZL2019 1 0584379.8)。

本发明提供一种抗冻土公路，所述路基位于冰冻线之下的两侧分别设置隔水层，所述路基为泡沫轻质土材质，并由地面线之上延伸至冰冻线之下，进一步在路基位于地面线与冰冻线之间的两侧分别设置防护层。本发明提供的抗冻土公路，试图隔断一个关键要素——水，通过防护层和隔水层从路基两侧和底部阻断水分进入路基，防止路基产生冻融。新型路基填料泡沫轻质混凝土与隔水层、防护层结合，使该路基在无水环境工作，巧妙解决了路基冻融病害，特别适用于位于季节性冻土地区或常年冻土地区。

冰冻的前提条件是水和温度，该发明专利的思路是如何阻断水源，使得泡沫轻质土路基在无水环境工作。有关泡沫轻质土在冰冻地区的应用还需要实验验证。

14.2.3.3　泡沫轻质土抗浮力问题

由于泡沫轻质土表观密度比水小得多，水的浮力可能导致泡沫轻质土路基产生 2 种不利后果：泡沫轻质土路基整体上浮、泡沫轻质土顶面开裂。

2017—2019 年，黄显彬教学科研团队参与了成都至乐山高速公路扩容项目(4 车道拓宽至 8 车道)。该项目部分路段路基设计采用泡沫轻质土填料，施工过程中惊奇地发现 K59+520～K59+540 出现"T"字贯通裂缝、主次贯通裂缝。

一般来说，结构裂缝分为贯通裂缝和不贯通的微裂缝，贯通裂缝一定是结构本身受到较大内力和外力所致。采用排除法分析泡沫轻质土贯通裂缝，首先排除了水化热等内力影响，把关注焦点放在外力上。在寻找外力过程中，费尽周折，观点较多，争论不断，很难有一个合理的解释让人信服。

团队经过长时间的分析，清理出一个重要的原因：下台阶全部浸泡在水下，下台阶受到向上的浮力；上台阶的表层部分泡沫轻质土在水面以上，不受浮力作用；这个向上的浮力导致上台阶的表层泡沫轻质土顶面受拉，而泡沫轻质土抗拉强度极低，导致其表面产生贯通裂缝。

对此，提出了预防泡沫轻质土路基贯通裂缝措施：

①在地表水或地下水位较高的地方，建议在设计上少用或不用泡沫轻质土；在具有较高压力的地下渗水环境中忌用泡沫轻质土，压力渗水不仅容易使路基上浮、贯通裂缝，还可能渗入泡沫轻质土结构内部，可能降低其力学性能，并弱化其耐久性。

②开挖基坑后，发现基底存在地下水，应采取相应措施抽排或降低地下水，确保在干

燥状态下施工泡沫轻质土路基。

　　③地表水丰富或地下水位较高的地方，即使在干燥状态下施工泡沫轻质土路基，最为重要的工作就是采取相应的抗浮力措施。设计上的抗浮力措施，可以明确开挖截水沟、集水坑，将地下水降低至基底 0.5m 以下；可以增设角钢、钢丝网，角钢打入基底一定深度，通过钢丝网、角钢与泡沫轻质土之间的摩阻力，把泡沫轻质土按住，阻止其上浮。施工上的抗浮力措施，可以考虑开挖截水沟、集水坑措施；可以考虑在泡沫轻质土顶面压重；可以考虑尽快施工上承层，路面基层和路面面层施工后，路面的密度远远大于泡沫土，且路面具有相当厚度，相当于在泡沫顶面上均匀地压上一层厚厚的重物，因此其他抗浮力措施都是临时的措施。

14.3　3D 打印混凝土

14.3.1　3D 打印混凝土简介

　　我国逐渐步入老龄化时代，劳动力越来越紧张，人力成本越来越高。劳动力成本在建筑工程的总体造价中所占比例越来越高。劳动密集型的建筑行业发展面临巨大挑战。近年来，可以有效提高建造效率并降低劳动强度和成本的 3D 打印混凝土技术越来越受到重视。3D 打印混凝土技术是将 3D 打印与混凝土相结合而产生的新型建筑技术，其主要原理是将混凝土构件利用计算机进行 3D 建模，然后将配制好的混凝土，按照设定好的程序，通过机械控制，由喷嘴喷出进行打印(图 14.4)，最后得到混凝土构件(孙晓燕等，2021)。3D 打印混凝土，由于其具有较高的可塑性以及在成型过程中无需支撑的特点，成为一种新兴的无模板混凝土成型技术。3D 打印混凝土充分利用智能打印控制，使建筑物一次成型，可节约材料 60%，同时减少建造过程中的工艺损耗，还可以降低能源消耗、提高建造效率、降低劳动强度和成本、有效改善施工粉尘和噪声影响并避免环境污染。

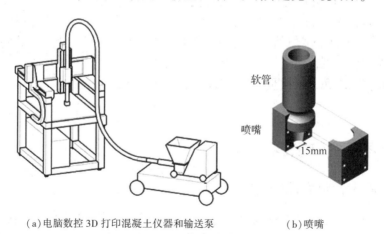

　　　　(a)电脑数控 3D 打印混凝土仪器和输送泵　　　　　(b)喷嘴

图 14.4　3D 打印混凝土设备

14.3.2　3D 打印混凝土的制备要求

为满足建筑构件 3D 打印的需求，混凝土的制备必须满足某些特定的性能要求。首先，3D 打印混凝土构件是从低到高一层层打印而成。如果混凝土凝结时间较短，当某一层混凝土由喷嘴喷出进行打印时，其下层混凝土已具有较高的强度，但 2 层材料之间的黏结强度会下降。与之相对应，如果混凝土凝结时间较长，两层材料之间的黏结情况较好，但下层混凝土的强度较低，新打印材料的重量可能会造成结构的塌陷。因此，需要对水泥的矿物组成以及细度等进行调节，使其在黏性和凝结时间等方面达到 3D 打印的要求。其次，3D 打印是通过喷嘴来实现的。喷嘴的大小决定了混凝土拌和物配制中的骨料颗粒大小，必须找到最合适的骨料粒径大小。骨料粒径过大，堵塞喷嘴；粒径过小，包裹骨料所需浆体的比表面积大，浆体多，水化速率快，单位时间水化热高，将会导致混凝土各项性能的恶化。最后，3D 打印混凝土还必须具备较高的强度，良好的耐久性，出色的拌和性能以及优秀的工作性、可泵性和可建筑性。作为现代混凝土必不可少的组分之一，外加剂的使用是改良 3D 打印混凝土性能以满足上述要求的一种重要方法和技术。

14.3.3　3D 打印混凝土的现状

目前开发的大多数 3D 打印水泥基材料为净浆和砂浆形式，其骨料尺寸通常小于2mm。与传统混凝土相比，3D 打印混凝土往往具有更高的水泥含量和更低的骨料质量比。在大多数 3D 打印水泥基材料中，水泥的质量比例超 20%，而骨料与胶凝材料的质量比小于 2。作为对比，高强混凝土(28d 时抗压强度等于或大于 60MPa)中的骨料与胶凝材料质量比一般为 3~3.5。而对于普通混凝土(28d 时抗压强度约为 30MPa)，该质量比一般为 5(Mehta P K et al.，2017)。过高的波特兰水泥用量极大削弱了 3D 打印混凝土在材料利用效率方面的优势。为解决这一问题，近年来研究人员一直研究尝试使用不同的手段来开发一种更为绿色的 3D 打印混凝土材料。例如使用工业副产品作为矿物掺和料部分代替普通硅酸盐水泥(Panda B et al.，2019)，或者使用再生骨料部分替代天然骨料(Ding T et al.，2020)。其中经常使用的矿物掺和料包括粉高炉矿渣、粉煤灰和钢渣，这是目前减少 3D 打印混凝土中波特兰水泥使用量最常用的策略。矿物掺和料的使用不仅可以有效减少 3D 打印混凝土中波特兰水泥的使用量，还可以改善其堆积密度、凝聚性和流动性(Jiao D W et al.，2017)。

14.4　地质聚合物水泥

14.4.1　地质聚合物水泥概述

近年来，由于基础设施建设的快速发展，我国水泥需求量持续高速增长。水泥制造是一种高能耗的生产过程。而水泥生产所需能源主要来自化石燃料燃烧，因此水泥生产行业是温室气体排放的重要来源之一。寻找一种部分或完全替代传统波特兰水泥的新型"绿色"胶凝材料成为了土木工程材料研究领域的热点课题。在众多潜在的"绿色"胶凝材料中，由地质聚合物(偏高岭土、高炉矿渣和粉煤灰等)和碱性激发剂(氢氧化钠、硅酸钠和硫酸钠等)组成的地质聚合物水泥由于其良好的力学和工作性能越来越受到重视，被认为在工程中具有广泛的应用前景。

Davidovits 于 20 世纪 70 年代首次提出地质聚合物水泥的概念，并以无机铝硅酸盐天然矿物或固体废弃物为原材料，在碱性激发剂条件下制备出了性能优异的三维网状胶凝体(张大旺等，2018)。此后，地质聚合物水泥的研究在世界范围内蓬勃开展。在众多在碱性条件下具有活性的地质聚合物中，矿渣和粉煤灰作为工业生产中大量出现的副产品是目前地质聚合物水泥最广泛使用的材料。其中，根据钙含量的不同，粉煤灰主要分为 C 类和 F 类 2 种。地质聚合物水泥中通常使用碱金属的氢氧化物和硅酸盐作为碱性激发剂。尽管有时碳酸盐和硫酸盐也被用作激发剂，但研究表明，使用氢氧化物和硅酸盐作为激发剂可使基于矿渣和粉煤灰的地质聚合物水泥具有更好的力学性能(Provis J L，2018)。

地质聚合物水泥，尤其当硫酸盐作为激发剂时，通常比具有类似水胶比的波特兰水泥拥有更致密的微观结构，如图 14.5 所示(Li Z M，2021)。其最主要原因是碱性激发剂不仅为反应物的溶解提供了较高的 pH 值环境，而且为反应产物的生长提供了必要的凝结核；另一个重要原因是地质聚合物水泥的反应产物通常比普通水泥中的水化产物具有更强的空间填充能力。

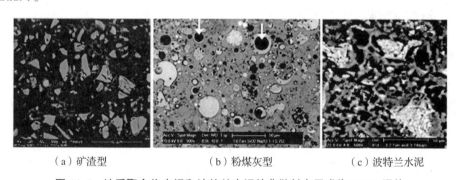

| (a)矿渣型 | (b)粉煤灰型 | (c)波特兰水泥 |

图 14.5　地质聚合物水泥和波特兰水泥的背散射电子成像(BSE)照片

14.4.2　地质聚合物水泥的特性

作为一种新型"绿色"胶凝材料，与传统波特兰水泥的相比，地质聚合物水泥在性能上具有以下特点：

①地质聚合物水泥的凝结特性很大程度上取决于构成系统的化学组成以及配方，即地质聚合物以及碱性激发剂的种类和配合比。

②较之传统水泥，矿渣型地质聚合物水泥具有更高的黏度和屈服应力，泌水并不是一个十分严重的问题。F 类粉煤灰型地质聚合物水泥通常表现出黏性特征，然而当搅拌时间延长时，在水胶比较高的情况下会出现泌水现象。和矿渣型地质聚合物水泥类似，C 类粉煤灰型地质聚合物水泥也具有较高的黏性以及不易发生泌水的特点。

③矿渣型地质聚合物混凝土表现出比普通波特兰混凝土更强的抵抗拉伸的能力，这是因为矿渣型地聚物混凝土具有更大的徐变、更低的弹性模量和更高的抗拉强度。养护 28d 后，粉煤灰型地质聚合物混凝土的抗压强度可达 55MPa。与抗压强度相似的普通波特兰混

凝土相比，粉煤灰型地质聚合物混凝土通常还具有更高的劈裂强度和抗弯强度以及更低的弹性模量。

④尽管地质聚合物水泥具有良好的力学性能，但长期困扰其实际应用的一大问题是较大的自收缩及其造成的开裂现象。自收缩是水泥基材料在与外界无物质交换的条件下，由于胶凝材料的水化反应引起的内部相对湿度降低而导致的宏观体积减小的现象（Jensen O M，2001）。大量研究表明，矿渣型地质聚合物水泥的自收缩随着碱性激发剂中 Na_2O 和 SiO_2 含量的增加而增加，随着水胶比的增加而减小，但即使在较高的水胶比（0.4~0.5）情况下，自收缩现象依然十分明显。相比于普通波特兰水泥和矿渣型地质聚合物水泥，粉煤灰型地质聚合物水泥的自收缩较小，开裂倾向性较低。其相对较小的自干燥被认为是粉煤灰型地质聚合物水泥自收缩较小的原因。矿渣和粉煤灰混合型地质聚合物水泥的反应不需要较高的养护温度，其自收缩也小于矿渣型地质聚合物水泥。研究发现，对于混合型地质聚合物水泥，较低的矿渣与粉煤灰的比例会导致较小的自收缩。而对同样的混合型地质聚合物水泥，当使用氢氧化钠作为碱性激发剂，自收缩比使用硅酸钠作为碱性激发剂时小得多。

14.5 新型墙体保温节能材料

14.5.1 发泡水泥保温板

(1)发泡水泥保温板技术特征

发泡水泥保温板也称水泥泡沫板、泡沫混凝土板、无机防火保温板等。泡沫混凝土早已有之，但现在外墙外保温系统中应用发泡水泥保温板是近年来在现有新材料基础上通过不断改进研究的结果，其在干密度、强度、保温隔热性能（导热系数）、吸水率以及产品质量稳定性等方面都远超传统泡沫混凝土。发泡水泥保温板是将通用硅酸盐水泥或硫铝酸盐水泥、粉煤灰和添加剂（包括发泡剂）等加水搅拌制成混合浆体，通过化学发泡或化学和物理相结合的发泡方式进行发泡，再通过养护、切割等工艺过程制成。发泡水泥保温板具有耐火不燃、适当的强度和一定的保温隔热性能，能够满足目前建筑节能的要求，即通过适当调整保温板的厚度，既可以应用于夏热冬冷地区，也可以应用于寒冷地区。

发泡水泥保温板材料既可用作外墙保温的主体保温材料，即构成外墙外保温系统，也可以应用于有机外墙外保温系统中的防火隔离带，可在江苏、浙江、重庆、安徽等夏热冬冷地区大量应用。

发泡水泥保温板是水泥基材料，对环境没有影响，其强度高、安全可靠、吸水率低，而且不消耗矿物资源，原材料来源非常广泛等，是可以大量应用的材料。其最大的性能优势在于耐火性能能够满足对外墙保温材料的 A 级防火要求，与岩棉保温板这类无机保温材料相比，其性能优势非常明显。其不足有两点：一是性脆，在搬运、施工过程中易于破碎，因而不能制成尺寸较大的制品（保温板的尺寸一般为 300m×300mm）；二是保温性能与有机材料相比有较大差距，以及吸水率高等。

(2)发泡水泥保温板外墙外保温系统

发泡水泥保温板外墙外保温系统是指采用聚合物水泥基黏结砂浆将发泡水泥保温板黏

结于基层墙体上，并采用锚栓辅助固定，再在保温层表面使用抗裂性能好的抹面胶浆复合耐碱网格布，形成抗裂防护层，然后采用涂料饰面而形成的外墙外保温系统。这样形成的外墙外保温系统比之无机保温砂浆外墙外保温系统、岩棉保温板外墙外保温系统等具有更好的技术、节能综合效益，既为建筑节能提供一项新技术，也增加了外墙外保温系统种类的可选择范围。

14.5.2　酚醛泡沫板

（1）酚醛泡沫的特性

酚醛泡沫塑料保温材料常简称酚醛泡沫，也简称为 PF 泡沫。酚醛泡沫以酚醛树脂为主要原材料，加入固化剂、发泡剂和其他辅助组分，在树脂交联固化的同时，发泡剂产生气体而均匀地分散于物料中而形成的泡沫塑料。

酚醛泡沫具有如下一些优异的性能和不足：

①具有均匀的闭孔结构，导热系数低，绝热性能好，与聚氨酯相当，优于聚苯乙烯泡沫。

②在火焰直接作用下具有结碳、无滴落物、无卷曲、无熔化现象，火焰燃烧后表面形成一层"石墨泡沫"层，有效的保护层内的泡沫结构，抗火焰穿透时间可达 1h。

③适用的温度范围大，短期内可在-200~200℃使用，140~160℃下可长期使用，优于聚苯乙烯泡沫（80℃）和聚氨酯泡沫（110℃）。

④酚醛分子中只含有碳、氢、氧原子，受到高温分解时，除了产生少量 CO 气体外，不会再产生其他有毒气体，最大烟密度为 5.0%。25mm 厚的酚醛泡沫板在经受 1500℃的火焰喷射 10min 后，仅表面略有炭化却烧不穿，既不会着火更不会散发浓烟和毒气。

⑤酚醛泡沫除了可能会被强碱腐蚀外，几乎能够耐所有无机酸、有机酸、有机溶剂的侵蚀，长期暴露于阳光下，无明显老化现象，因而具有较好的耐老化性。

⑥具有良好的闭孔结构，吸水率低，防蒸汽渗透力强，在作为隔热目的（保冷）使用时，不会出现结露。

⑦尺寸稳定，变化率小，在使用温度范围内尺寸变化率小于 4%。

⑧酚醛泡沫的成本低，仅相当于聚氨酯泡沫的 2/3。

⑨酚醛泡沫保温材料存在着脆性大、强度低的缺点。针对酚醛泡沫这两方面的性能不足所进行的增韧和提高力学性能的改性，以使之能很好地用于建筑外墙外保温薄抹灰系统。

（2）酚醛泡沫在外墙内保温中的应用

①酚醛泡沫的阻燃性和无毒无害的特性，使之能够安全地应用于外墙内保温、隔热顶棚、各类房屋及吊顶隔板等。以酚醛泡沫板为保温措施的外端内保温系统的基本构造如图 14.6 所示。

②施工流程

墙面清理—弹线、分档、拉水平控制线—粘贴保温板—贴灰饼—第一遍翠面—贴耐碱玻璃纤维增强网格

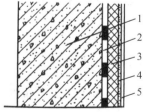

图 14.6　酚醛泡沫板外墙内保温系统的基本构造

1-基层墙体；2-黏结层；3-酚醛泡沫保温板；4-罩面层；5-饰面层

布—刮腻子、做踢脚。

③施工工艺与技术要点 用扫帚或者钢丝刷清理墙面浮灰，混凝土墙面必须做拉毛处理，拉毛的毛钉高度不大于 4mm。

以 50cm 线为基准线弹出垂直中心线，用吊锤找出垂直，并以门窗为基准，向两侧按照保温板宽度分别弹出垂直分档线；按照保温层厚度，在墙、顶、地面上弹出保温墙面的边线，在保温墙面四角分别打入水泥钉，根据边线拉出贴板的水平控制线。

采用点框黏贴的方式，在保温板的四边分别打 6~10cm 宽的黏贴带，并在其余部位均匀分布 6 个黏贴点，黏贴带和黏贴点的胶黏剂厚度应为 3~4mm，且黏贴带要留出 8~10cm 的出气孔。此外，可以参照膨胀聚苯板薄抹灰外墙外保温系统施工时黏贴面积不小于聚苯板的 40% 的要求，应保证酚醛泡沫板具有一定的黏贴面积。

以 90cm 线为基准线，窗口以下从中心线向两侧贴板，窗口以上从窗楣向两侧贴板。贴板时要适当用力将保温板贴实并利用水平控制线控制整个保温面的平整度。板与板之间不留缝隙。

贴完保温板 5h 后，在保温层上贴 5cm×5cm 的灰饼，灰饼间距应在 1.5~2.0cm。

14.5.3 磷石膏玻化微珠内墙

磷石膏是磷酸厂、磷肥厂和洗涤剂厂等排出的工业废渣，每生产 1t 磷酸约排放出 5t 磷石膏。随着化学工业的发展，磷石膏的排放量很大，因此回收和综合利用磷石膏意义重大。

磷石膏的主要成分是二水石膏（$CaSO_4 \cdot 2H_2O$），其含量在 64%~69%。除此之外，还含有磷酸 2%~5%，氟（F）约 1.5%，以及游离水和不溶性残渣等，是带酸性的粉状物料。由于磷石膏含有害物质，其大量排放不仅增加费用、占用场地，而且污染环境，给人类健康和生态环境带来危害。因此，各国都非常重视磷石膏的开发利用，各种磷石膏制品也纷纷应市。磷石膏除了能代替天然石膏生产硫酸铵以及农业肥料外，对于符合国家标准《建筑材料放射性核素限量》（GB 6566—2010）和《建筑材料用工业废渣放射性物质限制标准》（GB 6763—86）的磷石膏，可以作为水泥的缓凝剂，也可以用于生产石膏胶凝材料及制品。

实际上，人们对于使用磷石膏生产建筑工程材料已经进行了很多研究，例如使用磷石膏生产建筑石膏、制备石膏空心砌块、配制内墙腻子和自流平地坪材料等，都取得一定的效果。这里介绍已经预处理的磷石膏为胶凝材料、膨胀玻化微珠为保温隔热轻骨料制备的磷石膏玻化微珠内墙高保温砂浆及其施工技术。

14.5.3.1 原材料和配方

制备磷石膏化微珠内墙保温砂浆的原材料、配方，见表 14.1。

14.5.3.2 施工工序与技术

（1）磷石膏玻化微珠内墙保温砂浆施工工序

施工工序：基层墙面清理—润湿墙面—吊垂直、套方、弹抹灰厚度控制线—涂刷界面剂—做灰饼、冲筋—抹磷石膏玻化微珠保温砂浆—保温层验收—抹石膏抗裂砂浆同时压入耐碱玻纤网格布—验收—抹面层粉刷石膏—抹平压光—验收。

表 14.1 制备磷石膏玻化内墙保温砂浆的原材料和配方

原材料名称	功能或作用	用量(质量比)
磷石膏	胶凝材料,赋予保温砂浆力学强度和黏结性能	90.0~90.4
缓凝剂	胶凝材料改性材料,减缓磷石膏加水拌和后的凝结硬化速度,延长凝结时间,使保温砂浆具有适当的可操作时间	0.2~0.4
甲基羟乙基纤维素醚	保水剂,赋予保温砂浆施工性、保水性和抗拉强度和与基层黏结强度	0.3~0.5
可再分解乳胶粉	增强保温砂浆的柔性,提高抗折、抗拉强度和与基层的黏结强度	3.0~5.0
木制纤维素	降低保温砂浆的干燥收缩,赋予保温砂浆抗裂性,并提高和易性	0.3~0.5
填料	重质碳酸钙粉末,提高保温砂浆的密实度	1.0~3.0
膨胀玻化微珠	轻骨料,增大保温砂浆的体积,赋予保温隔热性能	50.0~55.0

(2)施工技术

基层处理。清理主体施工时墙面遗留的钢筋头、废模板,填堵施工孔洞;清扫墙面浮灰,清洗油污;墙表面突起物不小于 10mm 时应刷除;施工前一天应润湿表面,如天气干燥、气温过高,则在当天抹灰前应再次湿润,但抹灰时墙面不得有明水。

界面处理。用辊刷将界面剂均匀涂刷于基层表面。吊垂直、套方找规矩、弹厚度控制线;根据墙面基层平整度及保温层厚度要求弹出抹灰控制线;按厚度控制线用保温砂浆做标准厚度灰饼、冲筋。

磷石膏玻化微珠内墙保温砂浆的调配。将水加入容器中(用水量可按砂浆稠度仪锥入度 70~80mm 为宜),再加入保温砂浆干粉料,搅拌 3~5min,使料浆成为均匀膏状体,并且静置 3~5min 再次搅拌即可使用。料浆必须随配随用,一定要在初凝前用完,使用过程不允许加水,已凝结的灰浆决不能再次加水使用。

磷石膏玻化微珠内墙保温砂浆的施工应分层进行,配好的保温砂浆第一遍抹灰时应在涂刷界面砂浆后的基层墙体上由左至右、由上至下进行,抹灰厚度不宜大于 10mm;第二遍抹灰应在第一遍抹灰初凝之后进行,直至达到灰饼冲筋厚度,并用大杠搓平。保温砂浆在抹灰操作中按压应适度,既要保证与基层墙面的黏结,又不能影响抹灰层的保温效果,保温层的抹灰表面无需压光。

保温层验收。抹完保温层后,用检测工具进行检验,保温层应垂直、平整,阴阳角方正、顺直,对于保温层厚度不符合要求的墙面,应进行修补。

抹石膏抗裂砂浆和粉刷石膏面层。在保温层固化干燥后,抹石膏抗裂砂浆 2~3mm 厚,不得漏抹,同时在刚抹好的砂浆上压入裁好的耐碱玻纤网格布,要求耐碱玻纤网格布横向绷紧铺贴并全部压入石膏抗裂砂浆内。耐碱玻纤网格布不得有干贴脱象,黏贴饱满度应达到 100%,搭接宽度不应小于 10mm,2 层搭接网网格布之间要布满石膏抗裂砂浆,严禁干槎搭接。在阳角处加贴 2 层耐碱玻纤网格布条,在门窗洞口的四角处还应以 45°斜向加铺 1 道耐碱玻纤网格布,耐碱玻纤网格布尺寸宜为 400mm×300mm。抹完石膏抗裂砂浆层,应检查垂直、平整和阴阳角方正。

当石膏抗裂砂浆终凝后,再抹面层粉刷石膏,并在面层粉刷石膏接近终凝时压光。

14.5.3.3 施工注意事项

（1）保温浆料的施工顺序

宜自上而下进行；保温层固化干燥后（用手掌按不动表面）后方可进行下道工序的施工。

（2）踢脚及其他节点处理方法

做木踢脚时需要剔洞（30mm），然后嵌入木垫块（中距600mm），并用强力胶或用聚合物水泥基胶黏剂将木踢板黏结于墙面。然后，用钉子将木踢板钉于木垫块上，背面衬1层油纸。做地砖踢脚板时，可用墙力胶直接黏贴，或用聚合物水泥基胶黏剂黏贴。做水泥踢脚时，用聚合物水泥砂浆打底井施工，按照设计要求进行。其他节点处理，按照设计要求进行。

14.6 纤维增强水泥基复合材料

不连续离散纤维掺入混凝土中可以提高混凝土的抗裂性、韧性、疲劳寿命、抗冲击性和其他工程性能。这种纤维增强混凝土的制备一般用硅酸盐水泥作为主要胶结材料，并常常掺入辅助性胶凝材料。纤维可由金属材料、有机材料或天然材料制成，有各种形状和尺寸。对结构应用和许多非结构用途，钢纤维是用得最普通的一种纤维。纤维混凝土也需要使用骨料，但骨料的粒径分布应根据纤维的种类和性能目标来定。

14.6.1 超高性能混凝土

14.6.1.1 UHPC 特点与性能特征

超高性能混凝土（Ultra-High Performance Concrete，UHPC）作为现在和未来的重要水泥基工程材料，在国内外得到了广泛关注（LI Y E et al.，2015）。UHPC 发明的标志是丹麦Hans Henrik Bache 先生 1979 年申请第一个专利以及他建立了 DSP 理论。在 20 世纪 80 年代，丹麦开展了 UHPC 材料与应用研究。当时 UHPC 被称作新型混凝土（Ny Beton）、密实增强复合材料（CoMPact Reinforced Composite，CRC），即 R-UHPC 或纤维和钢筋增强水泥基复合材料），以及 Densit ©商标的商业化 UHPC 预混料产品（洪辉，2021）。20 世纪 90年代，法国是 UHPC 研究发展最活跃的国家。其中，法国多个企业参加的"活性粉末混凝土"（Reactive Powder Concrete，RPC）研究项目，发表了系列研究论文使 RPC 在世界范围获得重视和研究发展（JIA L J et al.，2014）。UHPC 名称是 1994 年法国学者建议的，因能更好表达这种超高性能水泥基纤维增强材料的优越性能，逐步被广泛接受和采用。经过四十多年的研究与发展，UHPC 已经进入了实用化阶段，标志着水泥基复合材料向着高强、高韧和高耐久方向不断迈进。

经过 20 年的发展，在我国一些高校、企业已经造就出一批专注于 UHPC 的研发团队，成为我国 UHPC 技术进步和推广应用的主要驱动力。如湖南大学在我国最早开展 UHPC 材料和结构性能研究、桥梁设计与应用研究以及工程实践；同济大学着重于研究和提升 UHPC"应变强化"(应变硬化)性能，长安大学、武汉理工大学、东南大学和西南科技大学等也相继开展了对 UHPC 材料的相关研究；西南科技大学研究团队利用废旧钢纤维代替传统的镀铜钢纤维制备活性粉

图 14.7　高速摄影机下的 UHPC 弯折破坏

末混凝土，图 14.7 是利用高速摄影机拍下的 UHPC 弯折破坏的过程；为进一步提高 RPC 的韧性，还提出基于内生晶须和外掺钢纤维多尺度协同增韧的新思想制备 RPC 材料。

(1)UHPC 特点

①在进行配合比设计时，水胶比一般小于 0.20，且不宜超过 0.25；最大骨料粒径通常小于 2.5mm，但可以根据应用需求使用粒径更大的骨料。

②采用抗拉强度高的短纤维进行增韧。例如使用钢纤维时，抗拉强度不宜低于 2000MPa，也可以使用其他抗拉强度高的有机或无机纤维。

(2)UHPC 性能特征

①抗拉强度和抵抗变形的能力较好，抗拉强度一般大于 5MPa，峰值应变大于 $1500\mu\varepsilon$，延性较好；在单轴拉伸条件下具有应变硬化特征；具有高抗冲击性能，可用于防爆或防侵砌。

②抗压强度较高，一般大于 120MPa。

③经过高温蒸汽养护(蒸汽养护 90℃，恒温 48h，升降温速率不超过 15℃/h)后收缩基本完成。

④对于常见的钢筋腐蚀、碳化、冻融循环破坏、碱骨料反应、硫酸盐侵蚀等常见的水泥基材料劣化或破坏的作用，UHPC 具有良好的抵抗或免疫能力。

(3)UHPC 不足之处

①耐强酸或高腐蚀性盐类的能力不足。

②UHPC 的早期收缩不可忽略。

③UHPC 在多数情况下呈现各项异性，受纤维分布和取向影响，有尺寸效应。

14.6.1.2　UHPC 原材料与制备程序

(1)原材料

UHPC 基本原材料为水泥、硅灰、高效减水剂、细骨料和纤维。其中高效减水剂能起到对水泥颗粒拌和的分散作用，减少单位用水量，改善混凝土混合物的流动性；细骨料主要成分为石英砂；纤维的长径比为 30~100，能有效增加纤维和砂浆之间的黏合。

(2)制备程序

UHPC 制备工艺流程如图 14.8 所示。

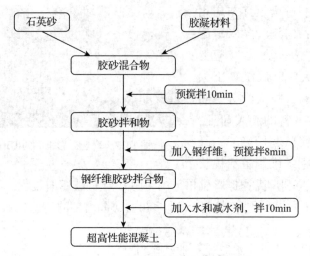

图 14.8 UHPC 制备工艺流程示意图

14.6.1.3 UHPC 工程应用

与普通混凝土相比，UHPC 可以使施工工序简化，且可以在恶劣、复杂的环境中提高建筑的使用寿命，使结构具有更高安全性能的同时降低了后期维护费用，其全寿命周期的综合成本更优于普通混凝土(周建庭等，2020)。现全球有 1000 座桥梁采用了 UH-PC 材料。

14.6.2 高延性水泥基复合材料

14.6.2.1 ECC 简介

高延性水泥基复合材料(engineered cementitious composite，ECC)是经系统的微观力学设计，在拉伸和剪切荷载下呈现高延展性的一种纤维增强水泥基复合材料(Malvar L J et al.，1998)。这种复合材料最早是在 20 世纪 90 年代，由美国密歇根大学土木工程系的 Victor C Li 教授提出来的。ECC 具有高延性、高耐损伤能力、高耐久性、高强度(抗压、抗拉)、良好的裂缝控制能力。

ECC 通常是以水泥或者以水泥加填料或粒径不大于 5mm 的细骨料作为基体，用纤维作增强材料(周颖，2021)。ECC 的特点是具有超高韧性，其拉应变值大于 3%，且饱和的多点开裂裂缝宽度小于 3mm。微观结构的优化处理使 ECC 的纤维体积含量低于 3%。在增强结构的安全性、耐久性及可持续性方面，ECC 具有很大的优势。ECC 典型的拉伸应力应变曲线和裂缝宽度发展图(Weimanm M B et al.，2003)如图 14.9 所示。

国内近年来 ECC 研究进步很快，青岛理工大学研究表明，随着加载速率的降低，材料表现出更好的应变硬化性能，微裂缝条数增多；大连理工大学研究了增稠剂对 ECC 材料性能的影响；东南大学、同济大学、西安建筑科技大学以及西南科技大学等也先后开展了相关研究。

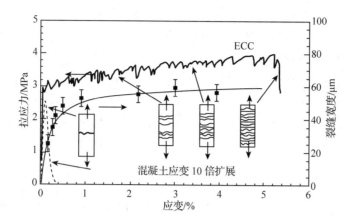

图 14.9　ECC 典型的拉伸应力应变曲线和裂缝宽度发展图

14.6.2.2　ECC 力学性能

（1）抗压及抗劈裂力学性能
①受压破坏实验具有较高韧性。
②劈裂破坏实验具有韧性。
③破坏后二次加载仍具有较高的残余强度（90%）。
④较大压缩变形（7%）时仍具有良好的完整性。
（2）抗弯曲性能
①表现出挠度硬化特性。
②裂缝分散而细密。
（3）拉伸性能
①拉伸时出现应变硬化特性。
②试件裂开后强度可以继续保持。
③极限拉伸应变可达普通混凝土的 100 倍以上。

14.6.2.3　ECC 特点

相比普通混凝土，ECC 有以下优势：
①对于具有应变硬化特性的材料，开裂后承载能力的增加使其不会立即被破坏，这使人们有充足的时间在破坏前发现裂缝并及时采取措施。因此，使用 ECC 浇筑、加固结构可有效提升结构安全性，减少结构失效造成的生命财产损失。
②在受到冲击荷载作用时，普通混凝土就像玻璃，耗能能力不足，会产生脆性破坏，而开裂的 ECC 就像被子弹击中的防弹玻璃，通过致密裂缝的生成消耗能量，因此 ECC 可表现出极强的韧性，在冲击荷载的作用下能裂而不坏，可用于抗震、抗爆加固。
③普通的钢筋混凝土梁受拉区常出现混凝土开裂现象，裂缝渗水会导致受拉钢筋锈蚀，对构件承载能力造成不利影响。由于 ECC 开裂后裂缝宽度小，其抗渗性能优于开裂后的普通混凝土。因此，使用 ECC 作为钢筋保护层既可提升构件的承载能力与变形性能，

也可有效避免混凝土开裂渗水导致的钢筋锈蚀，提高结构的耐久性。

④水泥基材料都具有不同程度的自愈合能力，这是由于在开裂后，基质中未水化的水泥等物质在外界的作用下水化，起到了填充裂缝的作用。研究表明，水泥基材料的自愈合能力很大程度受到裂缝宽度影响，裂缝越小自愈合现象越明显。实验结果表明，ECC 具有更强的自愈合能力，一方面源于其细密的裂缝分布，另一方面是因为 ECC 的水灰比较小，水泥含量比普通混凝土多。ECC 的自愈合能力使其无需在轻微开裂时检修，节省了建筑的维护成本。

14.6.2.4　ECC 工程应用

ECC 适用于对混凝土材料的韧性、抗裂性能和耐损伤能力等有较高要求的工程，但考虑到高温下可能导致 ECC 的延性降低，其适用的环境温度不应超过 80℃。

ECC 可应用于砌体结构及混凝土结构加固、结构关键节点、耗能构件等诸多领域，且目前在既有建筑加固领域已经有较成熟的研究和应用。例如，ECC 柱的破坏形态跟普通混凝土柱有很大的不同，极限状态时，ECC 柱裂缝宽度基本控制在 50μm 以内，并且未曾出现柱压溃崩碎现象，柱体最终破坏形态如图 14.10 所示。

 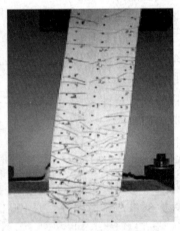

（a）RC　　　　　　　　　　　　（b）ECC

图 14.10　ECC 周期反复荷载作用下柱体破坏形态

①加固　可用于钢筋混凝土剪力墙的抗剪加固、钢筋混凝土梁的抗剪加固、钢筋混凝土柱的受压加固。ECC 加固砌体结构技术已经被成功应用于 200 余栋中小学房屋的抗震加固，并在甘肃、北京等其他地方已有大量工程案例。

②修缮　由于其微裂缝结构，ECC 表现出优越的屏蔽性能，能提高抗震性，可用于钢筋混凝土剪力墙及楼板的修缮处理（赵艳亮，2008）。日本广岛辖区内的 Mitaka 大坝，在该坝的上游表面喷射了 30m 的 ECC 保护层，厚度为 30mm，增强对已破坏混凝土表面的保护，并设置铰钉来确保 ECC 和底层混凝土的紧密黏结。

③建筑减震　采用 ECC 制成的结构可承受更大的拉应力，不会因地震引起的振动而

破坏。ECC-钢筋复合结构可以吸收大量的能量,利用与 ECC 复合来减震。日本大阪的北滨大楼(60 层),在建筑核心用了工程胶结复合材料,用于减震。

④桥面板 薄断面 ECC 和钢板复合结构比普通钢混结构具有更高的抗弯强度。日本北海道的 Mihara Ohashi 大桥,由 40mm 厚的 ECC 代替桥上钢板的沥青覆盖物的 1/2,通过减少应力产生来增强桥面板的承载能力和刚度。

⑤桥面伸缩缝 桥面的伸缩缝经常堵塞,ECC 随着温度波动移动而实际扩展和收缩。它消除了热胀冷缩相关的许多常见问题,例如连接处堵塞和裂缝,这导致水和除冰盐渗入联结处并腐蚀钢筋。

⑥混凝土帆布 混凝土帆布也可以用 ECC 制成,混凝土帆布比普通帆布更坚固耐用,可以用在军事领域。

14.7 新型屋面保温防水材料

14.7.1 概述

硬泡聚氨酯保温材料是一种用途广泛的节能防水材料,其将防水和保温功能结合为一体,组成可靠的屋面系统,解决屋面的渗漏难题和保温与防水相互影响的通病,使屋面具有长期的节能效果。其在屋面上应用时得到极好的发挥,施工时绝大多数是现场喷涂施工,被称为"硬泡聚氨酯屋面保温防水工程"。

硬泡聚氨酯材料具有无毒、无污染、自重轻、强度高、防水保温性能好、使用寿命长、与其他土木工程材料黏结能力强等优异性能。

14.7.2 硬泡聚氨酯屋面特征

喷涂硬泡聚氨酯应用于屋面保温防水工程具有如下特征:

(1)防水功能强

硬泡聚氨酯是一种结构致密的微孔泡沫体,闭孔率达 92% 以上,具有光滑的自结皮,既不透水且水蒸气渗透阻很高。采用直接喷涂成型施工技术,使硬泡聚氨酯层成为无接缝壳体,形成完整的不透水层,防止水从缝隙渗入。

硬泡聚氨酯与基层黏结牢固,黏结强度可超过泡沫体本身的撕裂强度,不会与基层脱离,避免水沿层间渗漏。

(2)保温节能效率高

硬泡聚氨酯是结构致密、封闭的非连通孔隙。材料中的孔隙率小,不产生热的对流作用,导热系数低,保温隔热性能好,节能效果明显。

在实际工程应用中,相同的建筑与传统做法的屋面相比,硬泡聚氨酯防水保温复合屋面室内温度冬季可提高 5~6℃,夏季可降低 4~5℃。

(3)可靠性高

硬泡聚氨酯是一体化材料,由于功能可以兼顾互补,防水和保温性能同时得到保证,大大增强了系统的可靠性。

（4）力学性能好

硬泡聚氨酯表观密度小，强度高，延伸率大，抗冲击性好，不开裂，适应基材变形能力强。例如表观密度为 $35\sim40kg/m^3$，抗压强度为 $0.2\sim0.3MPa$，伸长率平均为 $10\%\sim14\%$。

（5）耐化学腐蚀性强

在苯、汽油等一般溶剂和稀浓度的酸、碱、盐溶液等环境作用下，硬泡聚氨酯具有良好的化学稳定性，也不会发生霉变和腐烂。

（6）无毒性，无生物寄生性

硬泡聚氨酯泡沫无毒，无刺激性，操作安全便捷，更不会像玻璃棉那样在作业时使人产生瘙痒，不会寄生细菌或者菌类，也不会滋养寄生虫。

（7）耐温性和防火性

在 $-50℃$ 低温下硬泡聚氨酯体积收缩率小于 1%，也不会发生变脆和开裂等现象；在 $120℃$ 条件下，体积和强度无明显变化；在 $150℃$ 较高温度下，聚合体不会发生降解，因此可供高温下使用。它不会像膨胀聚苯板或挤塑聚苯板材料那样发生熔化滴落现象，而且硬泡聚氨酯材料在燃烧的过程中，会形成一个焦化的保护层来抑制燃烧的蔓延。

（8）使用寿命长

为确保硬泡聚氨酯长期发挥防水保温作用，使其外表面不受阳光、大气侵蚀和外力损坏，在外表面层上涂覆一层厚 $3\sim5mm$ 的聚合物砂浆保护层，保护层与防水保温层材料相容，不仅保护了防水保温层而且本身具有很强的防水性能，将 2 种材料黏结在一起，提高防水保温材料的耐久性。欧美发达国家大量工程经验表明，具有保护层的屋面，其工程耐用年限可达 30 年以上。

（9）施工简便

硬泡聚氨酯采用浇注发泡和喷涂发泡等成型技术，工艺、设备简单，操作方便；材料固化速度很快，喷涂后 20min 即可上人，简化整体施工工序，缩短施工周期；适用于任何形状的屋面工程，如平面、立面、波纹状等结构，适用于旧屋面翻新维修和改造等；尤其适合形状复杂、管道纵横的基层表面施工，易于保证工程质量。硬泡聚氨酯屋面施工时不需大型吊装设备，一套设在良好条件下每天可完成屋面 $1000m^2$ 左右。

（10）适用于既有建筑屋面的改造

硬泡聚氨酯特别适用于既有建筑屋面的保温改造。它集保温与防水于一体，且重量轻、强度高、保温防水效果好，能防止屋顶结露，适用于形状复杂的屋面，施工时不会破坏原有的屋面保护层。

14.8 新型节能环保涂料

14.8.1 反射隔热涂料

14.8.1.1 基本应用原理

建筑反射隔热涂料也称为反射太阳热型绝热涂料，其基本原理是通过涂膜的反射作用将日光中的红外辐射反射到外部空间，从而避免物体自身因吸收辐射导致的温度升高。

建筑反射隔热涂料在建筑工程领域中主要用于隔热，即在外墙表面采用高反射性隔热涂料，减少建筑物对太阳辐射热的吸收，阻止建筑物表面因吸收太阳辐射热导致的温度升高现象，减少热量向室内的传入。

在我国夏热冬暖、夏热冬冷气候区，该涂料除了具有普通外墙涂料的装饰效果外，还能够反射太阳辐射热而降低涂膜表面温度，并减轻因夏季涂膜表面温度过高而带来的一系列问题，例如减少热量向室内的传入，消除或缓解外墙外保温系统中因夏季墙面温度高、温度变化冲击大等原因带来的开裂和渗水现象，以及改善涂膜本身的热老化环境状况，延长使用寿命等。

14.8.1.2　建筑反射隔热涂料的应用方式

和普通外墙装饰涂料不同，建筑反射隔热涂料除了满足装饰效果外，还需要实现节能目的，因而其应用方式非常重要。首先，该涂料只适合于在夏热冬暖、夏热冬冷气候区应用；其次，其在夏热冬冷地区不应作为独立的外墙节能材料应用，否则，不能满足国家对建筑节能 50% 的要求。

下面介绍建筑反射隔热涂料在夏热冬冷地区的应用方式：

（1）无抗裂防护层的保温砂浆—建筑反射隔热涂料涂层系统

在夏热冬冷地区，建筑反射隔热涂料应当配合适当的保温措施应用于墙体节能系统。在其应用于外墙外保温系统时，由于涂料的等效热阻，可以适当减薄保温层的厚度。但是，由于使用聚苯板类外保温系统时，根据节能要求，聚苯板的厚度本来要求就不高，因而减薄聚苯板厚度的意义不大。从更好地应用建筑反射隔热涂料的角度来说，应当配套新的外墙保温系统更为合理。

无抗裂防护层的保温砂浆—建筑反射隔热涂料涂层系统就是一个非常合理的实用系统。该系统以建筑保温砂浆为保温层，建反射隔热涂料为饰面层。

建筑保温砂浆—建筑反射隔热涂料涂层系统通过提高保温砂浆物理力学性能而取消抗裂防护层。通过适当提高普通外墙外保温系统中使用的柔性腻子的批涂厚度，能够达到更好的抗裂效果，而且可消除因耐碱玻纤网格布耐碱性不良导致的一些弊端。这种做法具有一定优势，如材料层之间界面减少，保温砂浆性能得到提高，保温层施工时表面更容易抹平，以及外保温系统的材料费用基本上都花费在保温材料上。同时，因取消了抗裂防护层，具有构造简化、施工工期缩短、工程造价降低、耐久性延长等优点。

保温层表面配套涂装建筑反射隔热涂料，能阻止建筑物表面因吸收太阳辐射导致的温度升高现象，减少热量向室内的传入，改善涂膜本身的热老化环境状况，同时大大降低夏季墙体表面向室内传导的热量，提高节能效果。

（2）在有自保温性能的外墙表面应用

应用于有自保温性能的墙体，增加节能效果。这里的自保温墙体，是指砌体材料本身具有较好的热工性能，所得到的墙体热阻较大，能够满足建筑节能要求的砌体墙体。这类墙体如加气砌块墙体、芯孔中插聚苯保温板的空心砌块砌体等。通常，这类砌体墙体的开裂问题也是很常见的，在其表面涂装反射隔热涂料，能够降低墙体温度和温度骤变的冲击，减少开裂的可能性以及降低夏季热量通过墙体向建筑物内的传导，增加节能效果。

实际涂装时，可以按照一般建筑涂料的施工方法，即施涂底漆—批涂柔性腻子（弹性耐水腻子）—涂装反射隔热涂料。

自保温砌块墙体虽然具有很好的保温效果，但还不能满足节能设计要求，需要再额外设置辅助外保温层时，可以使用保温腻子作为保温层材料，在这种情况下，保温腻子的使用还能够解决梁、柱节点冷、热桥的处理问题。

实际涂装时的施工工艺：施涂弹性底料—批涂保温腻子—批涂柔性腻子—施涂底漆—涂装反射隔热涂料。

14.8.2 水性环保材料

水性涂料可以减少挥发性有机化合物（VOC），具有低污染、工艺清洁的优点，属于环保型涂料，这是溶剂型涂料所不具有的，因此世界各工业发达国家都很重视水性涂料的开发。

国外的环保涂料已经绝大多数使用水性涂料，只有很少比例的溶剂型涂料。而有关资料表明，2008 年水性工业涂料的应用水平为 38%～45%，年均增长速度为 8%～9%。其中用量最多的是建筑涂料市场，占一半以上，其次是汽车、仪器设备防腐、木制品等方面。目前水性涂料的发展速度迅猛，特别是工业用水性涂料需求最为迫切，我国工业涂料的年需求量在 170 万 t 左右，其中可由水性工业防腐涂料替代的达 100 万 t。

14.8.2.1 常见的水性环保建筑涂料

水性环保建筑涂料以水为分散介质和稀释剂，与溶剂型和非水分散型涂料相比较，最突出的优点是分散介质水无毒无害、不污染环境，同时还具备价格低廉、不易粉化、干燥快、施工方便等优点。常见的水性环保建筑涂料类型主要有水性聚氨酯涂料、水性环氧树脂涂料、水性丙烯酸树脂涂料等。

（1）水性聚氨酯涂料

水性聚氨酯涂料包括水溶性型、水乳化型、水分散型，按分子结构可分为线型和交联型，都存在单组分与双组分 2 种体系。水性聚氨酯涂料除具备溶剂型聚氨酯涂料的优良性能外，还具有难燃、无毒、无污染、易贮运、使用方便等优点。但与溶剂型聚氨酯涂料相比，水性聚复酯涂料还存在许多不足之处。例如，干燥时间较长，涂膜易产生 CO_2 气泡，部分原材料成本较高，由于新型助剂缺乏，导致涂膜性能和外观效果不够高要求等。针对水性聚氨酯涂料存在的缺陷，进行改性是研究的重点。目前，水性聚氨酯涂料的发展主要还受到原材料、固化剂、封闭剂、交联剂等的限制。因此，研制相应的原材料和助剂是发展水性聚氨酯涂料的关键。

（2）水性环氧树脂涂料

水性环氧树脂涂料由双组分组成：一组分为疏水性环氧树脂分散体（乳液），另一组分为亲水性的胺类固化剂。其中的关键在于疏水性环氧树脂的乳化，该乳化过程的研究经历了以下阶段：1975—1977 年主要以聚乙烯醇为乳化剂，并开始探究多酰多胺与环氧化合物的加成物，聚亚乙氧基醚等作为乳化剂。1982—1984 年采用含环氧基团的乳化剂，并且出现自乳化型环氧树脂。自乳化的方法是将环氧树脂同带有表面活性基团的化合物反应，生成带有表面活性的环氧树脂。其中选择中和所用的胺是最重要的技术配方问题。胺相对于水性涂料的其他材料来说是比较昂贵的，而且会增加挥发性有机化合物 VOC 的排放。为提高环氧树脂与固化剂的相溶性和室温固化性能，水性环氧树脂涂料可广泛地用作高性能涂料、建筑设备底漆、工业建筑厂房地板漆、建筑运输工具底漆、建筑工业维修面漆等。

（3）水性丙烯酸树脂涂料

水性丙烯酸树脂涂料具有易合成、耐久性好、耐低温性好、环保性好以及制造和贮运无火灾危险等优点；同时也存在硬度大、耐溶剂性能差等缺点。水性丙烯酸树脂涂料大致可分为单组分型、高性能型和高固化型 3 种类型。要将不耐溶剂的丙烯酸树脂原料制备成耐溶剂的水性丙烯酸树脂涂料是比较困难的事情，因此现在很少研究传统的单组分丙烯酸树脂涂料。目前研究的热点在于丙烯酸树脂原料的改性，这种技术被称为"活聚合"，可以很好地控制丙烯酸树脂的分子量及其化学结构（如单体排列顺序等）与分布。水性丙烯酸树脂涂料的用途很广泛：交联型丙烯酸树脂涂料用于建筑业；丙烯酸-4-羟丁酯、单丙烯酸环己二甲醇脂等交联型功能性化合物可用来制备汽车涂料、粉末涂料；紫外线固化丙烯酸树脂涂料具备优异性能；特别值得关注的是丙烯酸树脂防腐涂料，是防腐涂料中一大体系。

14.8.2.2　特殊的水性环保建筑涂料

（1）水性环保建筑防腐涂料

水性环保建筑防腐涂料最常见的三大体系有丙烯酸体系、环氧体系和无机硅酸富锌体系，此外，还有醇酸体系、丁苯橡胶体系和沥青体系等。水性丙烯酸防腐涂料以固体丙烯酸树脂为基料，加以改性树脂、颜料、填料、助剂、溶剂等配制成具备耐候性、保光、保色等性能的丙烯酸长效水性防腐涂料。

水性无机硅酸富锌防腐涂料主要分为硅酸乙酯和硅酸盐系列，硅酸盐系列包括硅酸锂、硅酸钠、硅酸钾等品种，是钢铁防腐涂料的重要部分。该涂料利用锌粉的强活性进行电化学阴极保护，从而阻止钢铁腐蚀。以无机聚合物（硅酸盐、磷酸盐，重铬酸盐等）为成膜物，锌与之反应，在钢铁表面形成锌铁配合物涂层。该涂层具有优异的防腐性、耐候性、导热性、耐盐水性、耐多种有机溶剂性；同时具有良好的导静电性以及长时期的阴极保护性能；而且焊接性能优良，能带漆焊接，可长时期耐 400℃ 高温；可长期抵抗 pH 为 5.5~10.5 的化学腐蚀；更加重要的是对环境无污染，对人体健康无影响。

（2）水性环保建筑闪光涂料

水性环保建筑闪光涂料是一种透明的发光水性涂料，主要是由聚乙烯醇基料、发光材料和甘油增塑剂配制而成，利用发光材料在光照时吸收光能，在黑暗时以低频可见光发射出去。聚乙烯醇作为基料具有透光性、柔韧性、耐磨性，同时具有优良的附着力，而且无毒、无害、不污染环境。以丙烯酸乳液为基料，以稀土激活锶盐发光材料为发光体制备的水性发光涂料，广泛地用于建筑道路、建筑装饰、建筑装修等领域。我国水性环保建筑闪光涂料的研究和生产水平已达到国际先进水平，通过调节成膜基料内部结构、官能团的性质和数量，使该水性闪光涂料具有高触变性，适合于汽车面漆的"三涂一烘"的生产工艺，并成功地解决了"回溶"问题。

（3）水性环保高性能氟树脂建筑涂料

水性氟树脂涂料具有耐高湿、耐候，耐药品、耐腐蚀、耐沾污、耐寒的特点，尤其是与食品接触时既安全又卫生，其使用效果可达 20 年之久。这些优异的性能使得水性环保高性能氟树脂涂料具有广阔的市场和发展前景。

（4）新型水性环保吸收烟雾涂料

新型水性环保吸收烟雾涂料能吸收空气中的有毒烟雾，清除城市主要的空气污染物，解决交通繁忙地段人们的呼吸问题。用这种涂料粉刷墙壁后，在五年之内，被粉刷过的墙壁都会像海绵一样吸收并中和空气中的有毒烟雾。

这种涂料的秘密在于它含有一种极小的二氧化钛和碳酸钙球形粒子。这种粒子与一种特殊的、能吸收有毒烟雾的多孔聚硅氧烷材料混合在一起。然后，紫外线使其发生特殊的化学反应，有毒的氧化氮就被分解成了硝酸，而硝酸很容易被雨水冲刷掉或者被碳酸钙的碱性粒子变成二氧化碳、水或硝酸钙。

14.8.3　自清洁涂料

由于纳米颗粒尺寸微小，根据纳米材料的表面效应，将其添加到涂料中后，可使涂层在紫外线和氧的作用下具有某种自清洁能力，如分解某些有机物等。目前，对 TiO_2 自清洁纳米涂料研究得较多。

纳米二氧化钛（TiO_2）是一种 N 型半导体材料，在充满电子的价带和由空穴组成的导带之间存在一个禁带，当照射在纳米 TiO_2 满膜表面的紫外光的能量大手禁带宽度，纳米 TiO_2 价带中的电子被激发，跃迁到导带，同时在价带形成空穴。导带中的电子与空气中的 O_2 反应生成超氧负离子（O_2^-）；价带中的空穴与表面吸附的 H_2O 形成羟基自由基（—OH）。羟基自由基具有强氧化性，能将吸附在纳米 TiO_2 涂膜表面的各种有机物降解为 H_2O 和 CO_2。

纳米 TiO_2 薄膜的光致亲水性是紫外光激发产生的电子（空穴对）与表面下 TiO_2 晶体作用，在晶体表面形成均匀分布的亲水微区和疏水微区，每个微区的宽度只有十几个纳米，一个水滴要远比亲水微区大，因此可以在 TiO_2 薄膜表面不断铺展。紫外光在 TiO_2 薄膜表面形成的亲水微区是不稳定的，停止光照后，O_2 在 TiO_2 表面富集，使薄膜表面亲水性逐渐衰减，水与表面的接触角逐渐增大。再次有紫外光照射表面，又会有新的亲水微区再次形成。作为一种理想的超亲水自清洁涂层，就要尽量缩短光照射亲水响应时间，延缓暗处亲水性衰减的速度。

通常情况下涂料表面的污染主要是吸附了空气中悬浮的灰尘和有机物造成的，这种吸附在初期主要是由于静电力造成的静电吸附和范德华力造成的物理吸附。自清洁涂层受到紫外线照射后，纳米 TiO_2 涂膜表现出超亲水性能，在涂膜表面形成化学吸附和物理吸附水，吸附水的存在有利于消除涂层表面的静电，消除静电力。自清洁涂层表面形成的羟基是亲水的，当雨水滴落在涂层表面时，表面羟基与水之间形成氢键，氢键的作用力要远大于范德华力。因此水取代灰尘吸附于涂层表面，表面上原来吸附的灰尘被剩余的水带走，而很难被水带走的有机吸附物，在纳米 TiO_2 的光催化作用下被分解，形成水、二氧化碳和可以被水带走的小分子物质，从而达到幕墙表面自清洁的目的。

14.9　新型生态装饰材料

现代室内设计的发展日新月异，室内空间呈现出多流派、丰富多彩的繁荣姿态。随着我国人民生活水平和环境质量的不断提高，对建筑装饰材料提出了更高的要求。目前广泛使用的传统建筑装饰装修材料虽能起到美化室内环境的作用，但其功能比较单一，甚至有些材料在使用过程中释放出有害气体，危害人体健康。因此，采取高新技术制造多功能、有益于人体健康的生态建筑装饰装修材料是今后重要的发展方向。

生态建筑装饰材料又称绿色建筑装饰材料、环保建筑装饰材料和健康建筑装饰材料，是指利用清洁生产技术，少用天然资源和能源，大量使用工业或城市固态废弃物生产的无毒、无污染、无放射性、有利于环境保护和人体健康的装饰材料。

14.9.1　生态装饰陶瓷

（1）保健抗菌陶瓷

保健抗菌陶瓷的釉面不仅能够抑制附着在其表面上的细菌增殖。而且还能抑制尿碱的生成，如厨房的自来水池、卫生间的浴池和坐便器等都可采用抗菌卫生陶瓷。抗菌卫生陶瓷可分为金属离子掺杂型、光催化型和无机复合型 3 种。其中无机复合抗菌卫生陶瓷是在卫生陶瓷釉中添加无机复合抗菌材料烧制而成的，主要通过金属离子的溶出和光催化功能协同增效，达到阻碍或抑制微生物的生长与繁殖的目的。该工艺一次高温烧制就可以达到较高的抗菌效果，因其具有工艺简单、操作简便等特点，目前国内已有多家卫生陶瓷企业使用该技术。

（2）空气净化陶瓷

有研究表明，一种载有 TiO_2 光催化剂和铜离子催化剂的新型陶瓷可在常温下直接分解 NO_2 成为 N_2 和 O_2；另一种新型陶瓷可以吸收并固定 SO_2。日本、美国的材料专家已经研制出具有上述功能的墙地砖。

（3）再生陶制品

指利用各种废弃物生产的各种陶瓷质建材产品，生产和利用再生陶制品也是减少污染、净化环境、变废为宝的重要途径。

14.9.2　绿色装饰板材

20 世纪 60 年代起，我国就已开始用废木料与塑料或用农作物剩余物与塑料混制成木塑泥合材，做成地板、墙面材料，但质量并不理想。应从原料处理、制造方法及添加剂等方面进行改进，表面也要适当再处理，这样可提高质量，经表面美化后可成为精美的"绿色板材"。利用无机物来代替有机物制造板材也是发展方向，如利用水泥、石膏、陶土、粉煤灰和纤维材料混合制成人造板的方法，在国外发展很快。国内石膏板已有多条生产线，产量很高，品种也有多种。粉煤灰与水泥制成的板材，在 20 世纪 60 年代已投产，此类板材能充分利用城市废弃物。20 世纪 90 年代初，曾有人用水泥和木纤维混合做成人造板，成本低，产品可刨、可锯、可钉、不变形、不裂、无毒、不虫蛀、可油漆、可贴面，像这类产品若能进一步提高质量，则很有发展前景。近年来，用废纸浆或再生纸为原料制成板材，表面在装饰后用作装饰装修材料，国外称其为"绿色材料"，我国废纸浆原料比较丰富，这种方法值得效仿。

另外，新型节能装饰板材也在不断发展。例如，矿棉装饰吸声板，它作为我国主要的矿棉制品，是世界现代建筑领域最流行的装饰吸声板之一，属于多功能的环保型新型装饰装修材料，已广泛用于商场、超市、车站、机场、码头、影剧院、宾馆、地铁及住宅的装饰装修与保温中，既是理想的吸声材料，又是高效的保温节能材料。纸面石膏板，它是新型土木工程材料的主导产品，是替代黏土砖、节约耕地、降低能耗的产品，适合于大规模的工业生产，可广泛用于各种工业建筑和民用建筑，可作为内墙材料和装饰装修材料，如用手框架结构中的非承重墙、室内贴面板、吊顶等，耐水纸面石膏板可用于洗脸间、厨房等，耐火纸面石膏板可用于电梯井等。铝塑复合板，它是一种新型高档装饰材料，国际上称为"三大幕墙"之一，由2层铝面板与1层聚乙烯芯板利用高分子黏结膜经热压复合而成，作为一种复合材料，铝塑复合板集中了金属、涂料和塑料的优点，同时又具有高的抗风、抗弯曲强度，广泛应用于大楼外墙、室内装饰，家具和车厢等，是一种很有发展前景的新型建筑装饰材料；聚苯乙烯挤塑泡沫保温板（XPS板），它是一种硬质挤塑聚苯乙烯保温隔热材料，具有完美的闭孔蜂窝结构，这种结构让XPS板在吸水率、导热系数以及蒸汽渗透系数等方面均低于其他类型板状保温材料，XPS板在欧美国家是极为普遍的保温热材料，特别适用于采用倒置式屋面保温隔热工艺（up-set down）的屋面保温隔热系统、冷冻库、墙体内外的保温隔热、家庭装饰装修等场合，该产品适用于屋面隔热层，无论隔热效果、施工简便性、总造价、使用寿命等都比传统的珍珠岩更具有优势，为新型环保节能材料，是目前建筑装饰行业的首选材料。

绿色板材中的清洁生产也是人造板生产中值得注意的问题。人造板生产中所产生的废渣，现在已基本解决。另外，制造人造板时，现在已用水性或乳液合成树脂来代替溶剂型合成树脂；也可以利用木质纤维中木质素的化学性能，制成不用胶黏剂的无胶人造板。此类板材是依靠木材自身木素的熔融在热压过程中起的作用，节约了胶黏剂，减少了污染。其他绿色板材还有利用非木材纤维为原料生产的人造板，推广最成功的是麦秸人造板。麦秸产地遍布全国十多个省，产量也大。目前此类人造板在东北、中南、华东各地均有生产，效果奇佳。此品种是木材综合利用的另一途径之一。此外，树皮、农村剩余物中的果壳类，也是人造板材原料的发展方向。

复习思考题

14.1 传统土木工程材料有哪些？
14.2 广义上来说，什么是新型土木工程材料？
14.3 新型土木工程材料有哪些特点？
14.4 新型道路路基填料—泡沫轻质土有哪些特点？
14.5 对于泡沫轻质土的应用，需要注意哪方面的问题？
14.6 什么是3D打印混凝土？
14.7 3D打印混凝土有哪些优势？
14.8 超高性能混凝土UHPC有哪些特点？
14.9 常见的水性环保建筑涂料有哪些？

参考文献

白宪臣，2020. 土木工程材料[M]. 北京：中国建筑工业出版社.

曹文聪，杨树森，2005. 普通硅酸盐工艺学[M]. 武汉：武汉工业大学出版社.

陈惠敏，2001. 石油沥青产品手册[M]. 北京：石油工业出版社.

陈惠敏，郑毓权，1989. 道路沥青的黏度和黏温关系[J]. 石油炼制，5：51-56.

陈先华，2021. 土木工程材料学[M]. 南京：东南大学出版社.

陈杨，章红梅，2017. 高延性纤维增强水泥基复合材料在建筑结构中的应用现状[J]. 结构工程师，33
　　（3）：208-221.

陈志源，李启令，2012. 土木工程材料[M]. 武汉：武汉理工大学出版社.

戴国欣，2020. 钢结构[M]. 武汉：武汉理工大学出版社.

邓德华，2004. 土木工程材料[M]. 北京：中国铁道出版社.

符芳，2001. 建筑材料[M]. 南京：东南大学出版社.

高长明，2013. 我国水泥工业与世界水泥强国的差距[J]. 水泥，4：1-3.

高长明，2016. 水泥工业"四零一负"理念的前世今生与未来[J]. 新世纪水泥导报，4：1-5.

高长明，2020. 2019年度世界水泥7强发布及其对我国水泥工业的启示[J]. 中国水泥（专家论坛），10：
　　62-64.

洪辉，2021. 超高性能混凝土的应用与经济性分析[J]. 建筑科技，5(3)：32-35.

黄廷林，王俊萍，2020. 水文学[M]. 北京：中国建筑工业出版社.

黄维蓉，熊出华，2020. 沥青与沥青混合料[M]. 北京：人民交通出版社.

黄显彬，陈伟，莫优，等，2020. 土木工程材料试验及检测[M]. 武汉：武汉理工大学出版社.

黄显彬，李静，2015. 建筑材料试验及检测[M]. 武汉：武汉理工大学出版社.

黄显彬，李静，郭子红，等，2018. 建筑材料[M]. 武汉：武汉理工大学出版社.

黄显彬，邹祖银，郭子红，2014. 建筑材料[M]. 武汉：武汉理工大学出版社.

黄显彬，邹祖银，廖曼，等，2017. 土木工程材料课程试验与创新：以水泥混凝土抗渗试验为例[J]. 高
　　等建筑教育，26(2)：119-123.

黄政宇，吴慧敏，2011. 土木工程材料[M]. 北京：中国建筑工业出版社.

李军，2015. 建筑材料与检测[M]. 武汉：武汉理工大学出版社.

李立寒，孙大权，朱兴一，等，2020. 道路工程材料[M]. 北京：人民交通出版社.

刘晨阳，2020. 泡沫轻质土路基抗震性能研究[D]. 雅安：四川农业大学.

刘艳，2013. 我国钢铁产业发展研究[D]. 昆明：云南大学.

刘瑜，刘晓贝，黄荆，2022. 超高性能混凝土研究与应用进展[J]. 价值工程，41(5)：163-165.

钱晓倩，詹树林，金南国，2009. 建筑材料[M]. 北京：中国建筑工业出版社.

申爱琴，2020. 道路工程材料[M]. 北京：人民交通出版社.

施惠生，孙振平，邓恺，等，2013. 混凝土外加剂技术大全[M]. 北京：化学工业出版社.

孙晓燕，叶柏兴，王海龙，2021. 3D打印混凝土材料与结构增强技术研究进展[J]，硅酸盐学报，49
　　（5）：9.

王立久，2013. 建筑材料学[M]. 北京：中国水利水电出版社.

杨彦克，李固华，潘绍伟，2013. 建筑材料[M]. 成都：西南交通大学出版社.

游普元，王光炎，魏一然，等，2012. 建筑材料与检测[M]. 哈尔滨：哈尔滨工业大学出版社.

翟晓静，赵毅，2014. 道路建筑材料[M]. 武汉：武汉理工大学出版社.

张大旺，王栋民，2018. 地质聚合物混凝土研究现状[J]. 材料导报，32(9)：1519-1527.

张金升，贺中国，王彦敏，等，2013. 道路沥青材料[M]. 哈尔滨：哈尔滨工业大学出版社.

张令茂，2013. 建筑材料[M]. 北京：中国建筑工业出版社.

张玉贞，2012. 石油沥青[M]. 2版. 北京：中国石化出版社.

赵艳亮，2008. 新型材料 ECC 在结构工程中的应用[J]. 企业科技与发展(22)：145-148.

周建庭，周璐，杨俊，等，2020. UHPC 与普通混凝土界面黏结性能研究综述[J]. 江苏大学学报(自然科学版)，41(4)：373-381.

周颖，2021. PVA/玄武岩纤维水泥基复合材料性能试验研究[D]. 武汉：湖北工业大学.

Chen Y, 2021. Investigation of limestone-calcined clay-based cementitious materials for sustainable 3d concrete printing [D]. Delft：Delft University of Technology.

Ding T, Xiao J Z, Zou S, et al, 2020. Hardened properties of layered 3D printed concrete with recycled sand [J]. Cement & Concrete Composites, 113, 103724.

Huang X B, Liu C Y, Wang Y H, et al, 2019. Cause Analysis and Countermeasures of Through Shakes in Foamed Concrete Subgrade [J]. Advances in Civil Engineering, 2019, 7958285.

Jensen O M, Hansen P F, 2001. Autogenous deformation and RH-change in perspective[J]. Cement & Concrete Research, 31(12)：1859-1865.

Jia L J, Hui H B, Yu Q H, et al, 2014. The Application and Development of Ultra-High-Performance Concrete in Bridge Engineering [J]. Advances in Materials Research, 859(5)：238-242.

Jiao D W, Shi C J, Yuan Q, et al, 2017. Effect of constituents on rheological properties of fresh concrete-A review [J]. Cement & Concrete Composites, 83：146-159.

Li Y E, Guo L, Rajlic B, et al., 2015. Hodder Avenue Under Pass：An Innovative Bridge Solution with Ultra-High Performance Fibre-Reinforced Concrete[J]. Key Engineering Materials, 629-630：37-42.

Li Z M, 2021. Autogenous shrinkage of alkali-activated slag and fly ash materials from mechanism to mitigating strategies [D]. Delft：Delft University of Technology.

Malvar L J, ROSS C A, 1998. Review of strain rate effects for concrete intension [J]. ACI Materials Journal, 95 (6)：735-739.

Mehta P K, Monteiro P J, 2017. Concrete：microstructure, properties, and materials [M]. McGraw-Hill Education.

Panda B, Ruan S, Unluer C, et al, 2019. Improving the 3D printability of high volume fly ash mixtures via the use of nano attapulgite clay [J]. Composites Part B：Engineering, 165：75-83.

Provis J L, 2018. Alkali-activated materials [J]. Cement & Concrete Research, 114：40-48.

Weimanm M B, Li V C, 2003. Hygral behavior of engineered cementitious composites (ECC)/vergleich der hygrischen eigenschaften von ECC mit beton [J]. Restoration of Buildings and Monuments, 9(5)：513-534.